中国地震局地壳应力研究所志

（1966～2010）

《中国地震局地壳应力研究所志》编纂委员会

地 震 出 版 社

图书在版编目（CIP）数据

中国地震局地壳应力研究所志（1966～2010）/《中国地震局地壳应力研究所志》编纂委员会编. —北京：地震出版社，2012.7

ISBN 978-7-5028-4095-2

Ⅰ. ①中… Ⅱ. ①中… Ⅲ. ①地应力—研究所—概况—中国
Ⅳ. ①P315.1-242

中国版本图书馆 CIP 数据核字（2012）第 118794 号

地震版 XM2544

中国地震局地壳应力研究所志（1966～2010）
《中国地震局地壳应力研究所志》编纂委员会
责任编辑：王 伟
责任校对：庞亚萍

出版发行：地震出版社
北京民族学院南路 9 号　邮编：100081
发行部：68423031　68467993　传真：88421706
门市部：68467991　传真：68467991
总编室：68462709　68423029　传真：68455221
专业图书事业部：68467982　68721991
E-mail：68721991@sina.com
http://www.dzpress.com.cn
经销：全国各地新华书店
印刷：北京天成印务有限责任公司

版（印）次：2012 年 7 月第一版　2012 年 7 月第一次印刷
开本：889×1194　1/16
字数：1022 千字
印张：32.25　插页：19
印数：0001～1200
书号：ISBN 978-7-5028-4095-2/P（4773）
定价：180.00 元

求实创新
防震惠民

丁国瑜

中国科学院院士丁国瑜题词

监测地壳应力变异
实践地质力学原理
探索地震事件规律！
做好防震减灾服务

宋瑞祥

中国地震局原局长宋瑞祥题词

创业艰辛

拼搏奋斗业货丰盈

科技创新

与时俱进锦绣前程

陈章立

二〇一二年二月八日

中国地震局原局长陈章立题词

I hereby sincerely wish Institute of Crustal Dynamics of China Earthquake Administration and its staffs continuous success in their future work about seismic hazards, rock stress and crustal dynamics.

Ove Stephansson

Ove Stephansson
Honorary Professor at Institute of Crustal Dynamics
China Earthquake AdministrationBeijing
Visiting Professor CFZ-Potsdam,Germany

国际著名岩石力学家奥韦·斯特凡松教授题词

1．地震地质大队三河驻地全貌
2.3．地壳应力研究所办公区原貌
4．地壳应力研究所驻地科研楼新貌
5．院容院貌
6．职工活动室

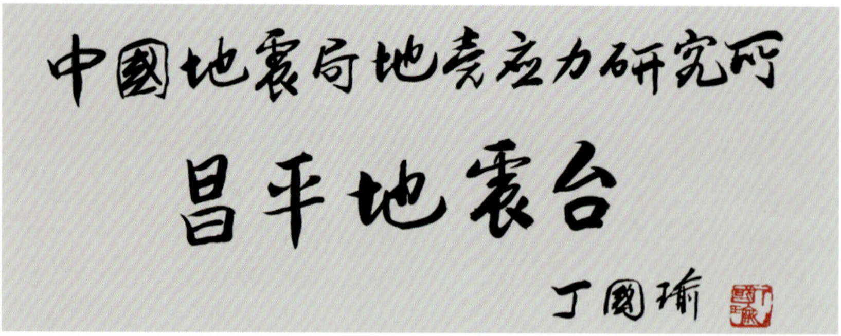

中国地震局地壳应力研究所

昌平地震台

丁国瑜

1. 丁国瑜院士为昌平地震台题写的台名
2. 1984年以前的昌平地震台
3. 昌平地震台新颜
4. 昌平地震台观测室原貌
5. 新建的昌平地震台观测室

1
2 3
4 5

1. 1970年7月23日李四光（前排左三）视察地震地质大队（三河驻地）
2. 李四光在观察岩石试验标本
3. 李四光在察看地应力解除试验
4. 李四光（前排右四）和实验室职工合影
5. 李四光（右三）视察延庆张山营地应力台址

1．1977年国家地震局政委周村（右一）视察地震地质大队及三河台站
2．国家地震局安启元局长（右二）参观地震地质大队科技成果展览
3．国家地震局方樟顺局长（左四）视察地震地质大队驻地
4．2001年3月陈章立局长视察地壳应力研究所并与干部座谈（左三）

①②
③
④

1. 2003年2月宋瑞祥局长（右二）视察地壳应力研究所
2. 宋瑞祥局长（左一）听取所长工作汇报
3. 2008年2月陈建民局长（左二）到地壳应力研究所视察工作
4. 2001年科技部副部长、党组书记李学勇（左二）视察地壳应力研究所负责的三峡库区地质灾害监测和预警项目现场

①②
③
④

华主席·叶付主席·邓付主席·李付主席·汪付主席，党和国家领导人接见出席全国科学大会代表合影 一九七八年四月二日于北京

①
②
③

1. 1978年4月党和国家领导人和出席全国科学大会代表合影（赵国光、王瑛为代表）
2. 1978年8月方毅副总理在金川和科技人员合影（施兆贤等参加）
3. 1999年1月党和国家领导人接见国家科技奖获奖代表（勾波为获奖代表）

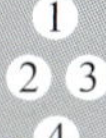

1．1977年在芜湖召开第一届全国地应力专业会议

2.3．1994年在北京召开的第三届全国地应力会议

4．2004年在海口召开的第四届全国地应力会议

2010年地壳应力研究所主持召开第五届国际岩石应力研讨会

1. 开幕式
2. 主会场
3. 专题研讨会分会场
4. 会间休息
5. 招待会

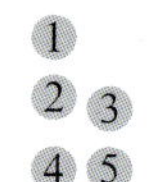

《中国地震局地壳应力研究所志》编纂委员会名单

一、编委会

主　编：谢富仁

副主编：杨树新　祝景忠　张卫东　黄锡定　刘光勋

编　委：（以姓氏笔划排序）

马保起　卞兆银　王　勇　王　瑛　王文清　王兰炜
王建军　王恩福　勾　波　田家勇　付子忠　刘光勋
刘耀炜　吕悦军　安　欧　江娃利　阮晓龙　何　玉
宋富喜　张卫东　张世民　张景发　李　宏　李　暐
李方全　李俊红　杜春涛　苏恺之　邱泽华　陆　鸣
陈　虹　陈书贤　陈学波　陈连旺　杨树新　欧阳祖熙
祝景忠　徐宗和　袁雷雄　郭　林　郭啟良　崔效峰
黄汉松　黄忠贤　黄锡定　谢富仁　韩文华　窦淑芹
雷建设

二、顾　问（以姓氏笔划排序）

马荣坚　王树华　吴荣辉　陆远忠　赵国光　唐荣余
聂宗笙

三、编委会办公室

主　任：祝景忠

副主任：张卫东　卞兆银　王文清

成　员：黄锡定　王　瑛　魏庆云　吴玉荣　李俊红　陈亚策
石　英　庞冬青　韩文华

撰稿人（以姓氏笔划排序）

丁立丰	马廷著	马保起	勾　波	卞兆银	王　勇	王　瑛
王　瑞	王一新	王子影	王文清	王兰炜	王秀英	王建军
王恩福	王福江	田家勇	石　英	刘仲温	刘丽娟	刘耀炜
吕悦军	安　欧	朱守彪	江娃利	许桂林	吴玉荣	张　超
张卫东	张世民	张红艳	张国宏	张景发	李　宏	李方全
李来有	李志全	李海亮	李咸业	李俊红	杜春涛	杨承先
沙海军	苏恺之	邱泽华	陈　军	陈书贤	陈连旺	陈学波
周振安	孟宪梁	庞冬青	欧阳祖熙	郑东炎	姜文亮	祝景忠
赵国存	闻　明	殷翠兰	袁雷雄	郭　林	郭啟良	高忠宁
崔晓峰	续春荣	黄汉松	黄忠贤	黄诗斌	黄相宁	黄锡定
游丽兰	焦　青	蒋丽芳	韩文华	雷建设	樊文奎	潘宝琪
颜爱苗	魏庆云					

序　言

在《中国地震局地壳应力研究所志》即将付梓出版之际，特致以热烈的祝贺！

1966 年，河北省邢台地区发生强烈地震后，党中央、国务院决定加强我国的地震工作。在原地质部李四光部长的推动和亲自组织下，地质部组建了地震地质大队（地壳应力研究所的前身），运用地质力学的观点调查研究活动构造体系、分析区域地壳稳定性、探讨地震的地质成因，以地应力、断层活动测量为基本手段，研究地震孕育、发生及震后的地应力变化和断层位移状况，探索地震预报的方法和途径。

45 年来，地壳应力研究所自始至终秉承严谨、求实、奋发、创新的精神，在地震科学研究领域中努力探索和实践。承担了大量地震现场科学考察、国家重点科研项目和防震减灾工作任务，并取得了丰硕的研究成果，有一批科研成果获得国家级、省（部）级奖励。同时，构建了多层次的国际（地区）交流合作平台，尤其在地壳应力场理论与测量技术、地震观测技术方面，处于全国领先水平。围绕地震监测预报的目标，在地震科学基础理论研究等方面，逐步形成和丰富了地壳动力学体系，成为我国地壳动力学研究的重要基地，在国内外地学界享有一定的声誉，为我国的防震减灾事业做出了应有的贡献。

45 年岁月峥嵘，45 年沧桑巨变，45 年铸就辉煌。地壳应力研究所通过几代地震工作者的顽强拼搏，不懈努力，以坚韧不拔的精神，从一个主要从事地震地质调查工作的野外工作队，成长为以大陆地震构造活动和地壳力学状态、地震观测技术、地震预测方法等基础理论研究和应用研究为主要任务的综合性社会公益类研究所。研究所科技实力稳步提升，发展特色日益凸显，在科学研究、技术研发及成果转化诸方面均取得了长足的进步，成为我国防震减灾事业中一支不可或缺的生力军，具备了在防震减灾主战场上大展宏图的条件和基础。

目前地震科技发展的总体水平还不能满足防震减灾事业发展的需要，与我国国民经济和社会发展需求不相适宜的矛盾依然存在，与人民群众的期望还存在较大的距离。但同时，我国经济社会发展为防震减灾事业提供了广阔的空间；科学技术的进步为地震科技创新带来良好的机遇；《国家防震减灾规划（2006～2020年）》为防震减灾事业发展提出了更高的要求。抓住有利时机，实现跨越发展，地壳应力研究所需用世界的眼光，战略的思维，锐意进取的精神，埋头苦干的实践，加强地震科学基础理论研究、应用研究，加强前瞻性、战略性的地震科技创新能力建设，遵循研究所建设的发展规律，在防震减灾事业上，突出特色，把握方向，搞好规划，重点突破，紧紧围绕科学技术的发展，把科技成果不断升华到转化为生产力的层面，在减轻地震灾害，为地震系统和社会提供科学技术的服务产品等方面，提升能力，见到实效。

希望地壳应力研究所站在新的起点，以科学发展观为指导，进一步增强使命感、责任感、紧迫感，不断创新思路，求真务实，开拓进取，不辱使命，为最大限度减轻地震灾害损失做出新的贡献。

中国地震局局长：陈建民

前　　言

经过全体编著人员历时 3 年的共同努力，《中国地震局地壳应力研究所志》终于在这个早春时节得以出版发行，特以此纪念地壳应力研究所成立 45 周年。

1966 年 3 月，河北邢台发生 7.2 级地震，打破了中国东部地区几十年无强烈地震的相对平静历史。面对地震给国家和人民造成的严重威胁，为减轻地震灾害，党中央、国务院决定加强地震工作，在周恩来总理的亲切关怀和原地质部部长李四光的亲自推动下，组建了地震地质大队。这是中国第一支国家级的地震专业工作队伍，主要承担的任务是利用地质力学理论开展地震地质和活动构造体系调查，查明活动构造带的范围，选择适当地点建立地应力和断层位移观测台站，测量地应力变化和断层位移情况，探索地震发生的内在规律及地震预报的方法途径。从 1966～1985 年，老一辈的地震科学工作者特别能吃苦、特别能战斗，他们曾为确保“四大（大城市、大水库、电力枢纽、铁路干线）”和确保大三线工程建设等任务，开展活动构造调查与区域地壳稳定性研究，寻找安全岛；他们以地震预报为目标，调查活动构造体系，研究发生地震的构造环境，探讨地震的地质成因，于 1970 年编制完成中国第一张地震危险区预测图《中国主要构造体系与震中分布图》（1∶400 万）；他们在 1976 年唐山地震后，参加了著名的北京地震地质会战，完成了《北京地区活动构造体系图》的编制；他们根据李四光先生提出的用电感法地应力测量进行地震预报研究的思路，开展地应力及其地震观测技术研究及仪器研制，在全国建立了 50 多个地应力、形变电阻率和断层形变观测站。这些台站的建设，不仅为监测预报工作提供了宝贵的前兆监测资料，为地震预报奠定了良好的基础条件；更为重要的是，他们热爱地震事业、崇尚科学精神、艰苦奋斗、百折不挠、求真务实、脚踏实地的优良传统给后人留下了一笔宝贵的精神财富，值得坚守，值得传承。

1986 年，经国家地震局批准，地震地质大队改称为地壳应力研究所，2000 年，被列为科技部社会公益类科研院所首批改革试点单位之一。如果说 1966～1985 年是组建培育队伍、加强基本建设、开展大量监测预报调查研究、奠定基础工作的起步时期。那么 1986 年至今，则是适应社会变革、深化科技体制改革、突显研究所特色、科技工作取得较快发展的时期。改制后的地壳应力研究所，紧随时代的脉搏，与时俱进，因地制宜，适时调整研究所的科研任务，明确了学科方向，形成了以地质力学、地震构造力学机理、地震预测理论与方法为主要导向，以原地应力测量、地震前兆观测、构造应力场、空间信息技术应用研究为主要特色，以地震预测、震害预防、应急救援为主要任务，以探索地震发生的动力成因和地壳运动的演化过程为目标的综合性、多学科、有深度科研内涵、有较高学术影响力的社会公益类研究所。在地壳所几代科研人员的艰辛努力下，研究所在相关研究领域取得了诸多重要研究成果，创造了众多光辉业绩。

——从初期在传统地质学的基础上进行野外研究实践，到现在引入数学、力学原理研究断层破裂过程和地震发生机理等一整套理论与方法的形成、完善及其广泛应用，标志着从感性认识到理性认识的转化，从定性分析到定量研究的飞跃，从孤立的地质现象描述到全球构造分析、探索地壳运动规律的重大转折。

——从最初简陋的压磁应力观测仪、跨断层位移测量仪到如今的高精度、多功能的地倾斜、地热、地震地电磁扰动、应力应变深井综合观测仪，地震观测仪器不断地更新，地震观测数据不断地丰富，地震预测预报手段不断地发展。

——从《中国主要构造体系与震中分布图》的编制，到“中国大陆地壳应力环境基础数据库”的建立、《中国现代构造应力场图》的完成，系统总结了中国大陆地震构造带的性状、地壳应力观测的研究成果，推动了中国大陆地震构造机理和地壳动力学研究的深入开展。

——从大庆油田油水井破损、六枝煤矿瓦斯突出、金山矿山巷道变形、三峡水库诱发地震到首次测得 2008 年 5 月 12 日汶川 8.0 级强震前后应力状态的变化，原地应力测量为国家重大工程病害治理、基本建设服务提供了重要保障，为科学研究地震应力过程提供了宝贵的数据。

——从“山西地堑系强震非均匀分布的地壳动力学环境”、“青藏高原东北缘构造应力环境研究”等为数不多的几个“地震科学联合基金”到“深部煤岩体应力场与采动叠加效应”及“中国大陆岩石圈及软流圈各向异性研究”等“973”、“国家自然科学基金”多个国家、省、部级重大、重点科研专项的成功申请，认真实施，圆满通过验收，科研项目数量在不断增加，科研项目层次在不断提高，科研人员的研究水平在不断提升，科技实力在明显增强。

——从汶川 8.0 级强震到玉树 7.1 级大震，从盆山边界到高原腹地，一切突如其来，一切猝不及防，一切又都高速运转，有力有序有效。抗震救援队伍加强救援理论学习、进行救援设备研制、更新应急技术装备，在地震救援中发挥了重要作用。

——从地震地质大队组建时以野外工作为主的工作机构到现有的 9 个专业研究室，建成在地壳动力学、地震观测技术领域具有领先水平的现代化实验室，以及副研究员、研究员和拥有博士学位的科研人员 118 人，造就了一支老、中、青相结合的多学科、高素质、能攻关的优秀科技队伍，为地壳动力学的创新和发展奠定了良好的人才基础。

——从“第五届国际岩石应力研讨会”的成功举办到由美国、德国、加拿大、日本等多国科学家参与、挂靠于地壳应力研究所的国际岩石力学学会“地壳应力与地震”国际专业委员会的正式成立，推动了地壳应力与地震活动相关性、地震成因与岩石破裂过程的国际合作，标志着研究所在地壳动力学研究及其相关领域步入世界前沿，走向国际。

45 年栉风沐雨，45 年奋斗不懈，45 年春华秋实。地壳应力研究所的 45 年，经历了建所初期工作的艰难，经受了地震工作艰苦环境的考验，经历了社会主义经济体制变革的检验，经受了深化科技体制改革的磨炼，是不断学习、不断提高、不断实践探索、不断发展壮大的 45 年。45 年来取得的重要成果和辉煌业绩反映了我所地震科技领域开创、发展和跨越历程中的闪光足迹，也是科研战线探索前进的生动写照。

经过 45 年的发展，地壳应力研究所站在了一个新的历史起点上。在当前科技发展总体水平不能满足防震减灾事业发展需要、国民经济和社会发展需求仍不相适宜的状况下，我们必须适应新的形势新的要求，与时俱进，积极进取，努力开创新的局面。要大力深化科技体制改革，提升为社会服务的科技含量；要弘扬李四光精神，妥善处理好继承与创新的关系；要面向地震监测预报、防震减灾，加强新理论、新方法、新技术的研究；要强化科研理论与实际调查的紧密结合；要主动把科技创新融入科学研究全过程，实现多学科综合、多领域集成，促进成果高效转化。当今的地壳应力研究所，不能只停留在求生存、谋发展的步子上，必须进一步坚定信心，准确把握政策，大胆开拓创新；必须保持优势、发挥专长，彰显特色；一定要抓住当前之良机，实现跨越式发展，在世界地震科技领域占领一席之地。

忆往昔，我们心潮澎湃；看今朝，我们豪情满怀；望未来，我们更加信心百倍！在接下来的征途中，我们将一如既往的风雨兼程、不懈探索。用地壳应力研究所人的实际行动证明：在国内，我们是不可替代的战略队伍；在国际，我们是有重要影响的力量！

45 年来，从地震地质大队改制为地壳应力研究所，集几代人之辛劳，史料纷繁。本着取经验、记鉴戒、探规律、受启迪，服务于现实，我们编辑出版了《中国地震局地壳应力研究所志》。它以时为经，以事为纬，统合 45 载。这部志书的特点：一是资料翔实，记述了不可遗忘的事实和众人亲历的史料；二是从历史到现今，内容涉及研究所方方面面，三是内容力求均衡，叙事摘要去繁，客观真实。做到咫尺之间即可纵览 45 载史事，可观其源流，窥其去向，发展演变尽收眼底。读过之后，使读者能够清晰地了解地壳应力研究所的发展脉络。

编辑研究所志书，是我们的初次尝试。虽然编辑本志书时广泛搜集资料，费时两年，众多编著者批阅增删，孜孜以校，几易其稿，但因时间跨度长、所址搬迁等原因，部分资料散乱遗失，遗珠之憾在所难免；同时受限于编辑人员的专业知识和经验，也可能会有意想不到问题出现，如有不妥，请读者见谅。

中国地震局地壳应力研究所所长： 

凡　例

一、本志在编纂过程中，坚持辩证唯物主义和历史唯物主义观点，本着实事求是、尊重历史事实的原则，群策群力，广征搏采，充分地收集资料和科学地分析资料，去伪存真，秉笔直书，力求客观、全面、翔实、系统地记录地壳应力研究所发展的历史和现状。

二、框架：本志采用篇、章、节三个层次的总体框架结构，将志书分为：组织机构、地震科学研究、科技成果、科技成果转化、学术活动与国际合作、管理与服务、人物简介共7篇、28章、98节。根据需要，在部分节内分为若干目、子目。另附大事记和附录Ⅰ、附录Ⅱ与插图。正文各篇并列，以类相随，以文为主，辅以数表。

三、体裁：本志采用记、述、志、传、表、图、录等体裁（“记”即大事记，“述”即概述，“志”即各个专篇，“传”即人物传（简介），“图”即图片，“表”即表格，“录”即附录），以志为主，使志书具有著作性、资料性和科学性。文体采用语文体、记述体。

四、结构：采用横排门类，纵述史实，纵横结合，以事论篇，以事系人，对诸多事件进行归纳、提升。概述冠以篇首，以时为经，以事为纬。章、节前视需要加序，夹述夹议，目的使读者阅读时形成整体印象。正文以记事为主，以类相聚，述而不论，横陈事实，目的为读者提供翔实资料。“地震科学研究”篇，对参加和完成项目的主要科技人员，包括本所人员或与本所合作的人员一并录入。“人物简介”篇，除现任研究所领导班子成员排居篇首外，其余人物均按任职和聘任先后时间排列。附录列出的地壳应力研究所成立以来所有工作人员名单，均以到研究所时间先后为序排列，便于读者查阅。

五、称谓：使用第三人称。叙事涉及的人物，除需要注明职位、职称外，一律直书其名。本志简称均在第一次出现全称时予以扩注。如“地质部地震地质大队”、“中国地震局地壳应力研究所”等，再次出现时均使用“地震地质大队”、“地壳应力研究所”。

地壳应力研究所建立以来曾多次改称，为尊重史实，志中按事件发生的时段称谓。

六、纪年与计量：本志采用公元纪年，世纪、年代、年、月、日均使用阿拉伯数字。涉及计量单位，以现行法定计量单位表示。

七、资料来源：本志资料主要来源于地壳应力研究所的文书档案、科技档案、人事档案及相关的学术期刊和专著，科技、人事、党务、后勤等部门的相关材料以及部分科研人员和管理人员撰写的回忆材料等。按照修志惯例，资料来源在志中不再注释。

八、断限：本志断限上及1966年4月地质部地震地质大队成立，下限断至2010年12月31日。

目　　录

第一篇　组织机构

第二篇　地震科学研究

第三篇　科技成果

第四篇　科技成果转化

第五篇　学术活动与国际合作

第六篇　管理与服务

第七篇　人物简介

Contents

I Organization Structure

II Seismological Research

III Achievements of Science and Technology

IV Applications of Scientific and Technical Achievements

VII Personage Profiles

第一篇　组织机构

概　　述

中国地震局地壳应力研究所的前身为地质部地震地质大队。

1966 年河北邢台地震后，在周恩来总理关怀下，国家计委、国家科委和地质部对地震地质工作统筹安排，在李四光部长的亲自组织和推动下，1966 年 4 月 25 日地质部[66]地办字第 50 号文宣布地质部地震地质大队成立。地震地质大队为地质部的直属单位，下设华北、西南、西北、中南四个区队。1966～1970 年李四光曾 10 余次接见大队有关领导及业务人员，1970 年 7 月 23 日李四光亲赴地震地质大队驻地（河北省三河县）指导工作并参观实验室。

1970 年 3 月 25 日地质部将地震地质大队交由中国科学院领导。同年 5 月，将地震地质大队下属的华北、西南、西北、中南区队移交各省（市）地震工作部门领导。

1972 年地震地质大队迁至北京市海淀区西三旗。

1972 年 8 月中国科学院办公会议决定，地震地质大队由国家地震局直接领导。

1986 年 2 月 6 日国家地震局下发〔86〕震发计字第 053 号文，将国家地震局地震地质大队更名为国家地震局地壳应力研究所。

1998 年 3 月 29 日国务院国发〔1998〕5 号《国务院关于机构设置的通知》，将国家地震局更名为中国地震局。同年 4 月 20 日中国地震局中震发人[1998]6 号《关于部分机构更名的通知》，将国家地震局地壳应力研究所更名为中国地震局地壳应力研究所。

2000～2002 年地壳应力研究所被列为科技部社会公益科研院所管理体制改革试点单位。2002 年底至 2004 年，地壳应力研究所列入科技部、财政部、中编办、中国地震局等部委科技体制改革试点单位。

从 1966 年地震地质大队成立至 2010 年，地壳应力研究所已经走过了 45 年的历程。

第一章　历史沿革

第一节　地质部地震地质大队

（1966～1970 年）

1966 年河北邢台地震后，为减少地震对人民的危害，避免国家财产受到重大损失，保证国家建设地区安全的需要，党中央、国务院决定加强中国的地震工作。根据周恩来总理关于“抓住华北邢台地区的地震，进行研究，抓住不放，一抓到底，研究解决地震预报”的指示精神和国家计委、科委关于以华北为重点并对三线建设进行全面规划安排地震地质工作的指示，地质部在李四光部长的推动和组织下，整合地质部有关单位及人员，决定成立地震地质大队，加强对地震地质工作的组织领导，统筹全国的地震地质工作。

一、地质部地震地质大队成立

1966 年 4 月 25 日，地质部[66]地办字第 50 号文《关于成立地震地质大队的通知》，宣布地质部地震地质大队（简称“地震地质大队”）成立。1966 年 5 月 5 日，地质部[66]地办字第 57 号文《地震地质工作初步规划》，对地震地质大队的组织机构、领导体制、主要任务、人员编制等作出明确规定。

地震地质大队的组织机构是：地震地质大队下设华北、西南、西北、中南四个区队（地震地质队），由大队统一领导。其中：

（1）西南区队，原四川省地质局地质队（即 112 地质队）①，队址设在四川省冕宁县；

（2）西北区队，新建，队址设在甘肃省天水县；

（3）中南区队，原广东省地质局新丰江地震研究队②，队址设在广东省河源县；

（4）华北区队，新建，为避免机构重复，不另设立队部，由大队直接管理华北区队的工作。另外在地震地质大队下设一个机动的物探队、一个机动的测量队和一个实验室。1966 年 5 月，确定的地震地质大队组织机构设置见表 1-1-1。

表 1-1-1　　地震地质大队组织机构设置表

机构编制	机构名称	机构数量（个）
政治机构	政治处、监委、工会、团委	4
行政机构	队部办公室、总工程师办公室、保卫科、地质勘探科、综合计划科、后勤科	6
业务机构	实验室（下设专业组）、物探队（下设专业组）、测量队（下设三个分队）、修配间（下设组）	4
区　队	西南队（下设五个分队）、西北队（下设三个分队）、中南队（下设专业组）、华北队（下设五个分队）	4

① 四川省地质局 112 地质队，1964 年底地质部将广东省地质局 726 地质队调往四川省组成。其承担的科研任务是，负责云贵川三省的地震地质工作，研究该区近代地质活动构造和地震的关系，为西昌钢铁工业基地选择相对稳定的场址，为大西南三线建设服务。

② 广东省地质局新丰江地震研究队，1962 年 5 月成立，所承担的科研任务是，遵循李四光的地质力学观点，采用地质和物探手段，通过地震工作和多种手段方法的综合研究，探讨本区地震活动与地质构造的关系。该队在技术上接受地质部地质力学研究所的指导，还建立有地应力观测站，用电感法进行水平地应力观测，是全国首次运用地应力方法观测、预报地震，也是地质部地震科研部门开展地震预报研究的开端。

地震地质大队为地质部的直属单位，有关计划、财务、劳动工资，以及国家统一分配物资的供应等，由地质部有关司局专门立户，并由地质科学院归口代地质部管理。另在地质力学研究所设地震地质工作办公室（5 人），具体负责技术业务指导。西南、西北、华北、中南地震地质队实行以大队为主和所在省地质局双重领导。地震地质大队按地质部有关方针、政策负责四个区队的统一规划和技术业务领导工作，以及人员、设备在地区之间的调度。有关省地质局负责政治思想工作和日常行政工作。

地震地质大队的方向任务是：运用地质力学的观点调查研究活动构造体系，为国家建设提供安全基地；在活动构造带中选择适当地点建立地应力、断层位移等项观测，探索地震预报的方法和途径。

地震地质工作的主要内容：

①查清活动构造地带的范围和它们之间的联系，这项工作的目的，是为了确定当前发生地震地区的界限，并推断地震有无向那个方向扩展的可能。

②在处于活动状态的构造地带中，选择适当的地点，建立地应力和断层位移的观测站。这项工作的目的，是为了观测地震发生以前地应力的变化和断层或裂隙两旁的微量位移，并探索它们变化的规律，从而企图进行对强烈地震或一群较小地震的预报。

同时，广泛搜集群众关于地震预兆的经验，并加以核实和分析。

开展地震地质工作的程序：地震地质是一项新的工作，要认真总结过去对地质构造、岩石力学实验和新丰江、大冶等地初步工作经验。开展这项工作首先要确定活动构造体系的类型和范围，然后再在构造活动的地带或地区中，选定适当的地点，设立地应力和断层位移观测站，进行地应力变化的观测和断层微量位移的测量。

地震地质大队人员编制：1966 年 5 月，地质部确定地震地质大队 1966 年地震地质工作的总人数控制在 1200 人以内。各类人员的编制情况见表 1-1-2。

表 1-1-2　　地震地质大队 1966 年各类人员编制（单位：人）

组织机构	合计	政工干部	行政干部	工程技术干部	生产工人	服务人员	备注
华北队	627	40	59	254	247	27	含大队部 108 人
西南队	282	18	29	106	113	16	
西北队	139	7	11	63	50	8	
中南队	151	6	10	76	51	8	
合计	1199	71	109	499	461	59	

地震地质大队成立初期，队址暂设在河北省正定县地质科学研究院水文研究所。筹备工作由原四川省地质局 112 地质队朱林青、王民负责，采取边开展工作，边组建队伍。在广东省地质局新丰江地震研究队和四川省地质局 112 地质队划拨人员陆续到达工作岗位后，立即开展工作。1966 年 6 月 22 日，地震地质大队[66]地震办字第 001 号文宣布：地质部地震地质大队在河北省正定县正式办公。

1966 年 9 月，地质部任命地震地质大队领导班子的成员：

大队长、党委书记：朱林青（代理）

副大队长：王民（代理）、母小亨（代理）

1966 年 9 月 16 日，经中共河北省石家庄地方委员会批复，同意对地震地质大队党的领导关系实行地质部党委、石家庄地委双重领导制，以地委领导为主，地委委托地委工业交通政治部具体分管领导工作。

在选定新址和基地建设基本满足工作和生活需要的基础上，1966 年 10～12 月，地震地质大队迁往河北省三河县灵山驻地。

二、地震地质大队军事管制时期

地震地质大队成立初期，文化大革命在全国迅速开展，为了保证筹备工作和地震科研工作的正常进行，1966 年 8 月地质部政治部批复，地震地质大队及所属各区队可推迟开展文化大革命。1967 年 4 月至 1973 年 5 月，中国人民解放军北京军区 4697 部队受命对地震地质大队实行军事管制，实行“军代表”领导体制。科研工作、器材设备、计划财务、人员调配和干部任免等以地质部为主，党政领导以天津地区革命委员会为主。派驻的军代表有：赵景玉、王国亮、屈华山、孙思兰、李贵宝、李海田、阎金柱、李小虎、李秀明、沈达德、毕玉铸。

1967 年 7 月 1 日，地震地质大队由领导干部代表、解放军代表、群众代表组成“三结合”的革命委员会成立，并经 1967 年 7 月 29 日中共北京军区炮兵委员会[67]党字第 026 号文批准。地震地质大队革命委员会成立时由 9 人组成，1968 年以后增补的副主任有王民、朱林青、母小亨，增补的常委有喻复先，增补的委员有欧阳发生、张安庭、李振华。中南地震地质队、西南地震地质队、西北地震地质队革命委员会也分别于 1968 年 2～12 月成立。地震地质大队及各区队革命委员会成立及人员组成情况见表 1-1-3。

表 1-1-3　　地震地质大队及各区队革命委员会组成情况一览表

成立时间	单　位	主　任	副 主 任	委　　员	备　注
1967. 7. 1	地震地质大队	赵奎华	赵景玉（军代表） 李宗才（干部代表）	赵峰（常委）　王奎正（常委） 梁寿林　邱平和　乔永良　王津	中共北京军区炮兵委员会批准
1968. 2. 28	中南地震地质队		郭祥臻 张新华	徐国清　黄忠良　李两发 黄屏露　赵　毅	
1968. 5. 23	西南地震地质队	唐俊卿	姜作良（军代表） 王治顺	覃玉玺　周良南	中共成都军区委员会批准
1968. 12. 6	西北地震地质队	梁树忠	段忠礼 （军代表暂缺）	李敦仁　冉启发　姚念庆	天水专区革命委员会批准

地震地质大队革命委员会成立后，为贯彻“抓革命，促生产”的方针，建立正常的工作秩序，对机关管理机构进行了调整，成立革命委员会办公室、生产办公室。革命委员会办公室负责办事组、人事组、批改保卫组的工作；生产办公室负责行政组、生产组、物保组、基建组、驻京办事处的工作。

1968 年 9 月 20 日，为纪念毛主席“大办民兵师”发表十周年，地震地质大队在华北地区所属各单位建立民兵营编制。1969 年 6 月对民兵组织进行整顿，把科研单位和机关部门组成 7 个连队。1972 年 2 月撤销连队称谓。

截至 1969 年 12 月，地震地质大队职工总数为 985 人。

为了实现党的一元化领导，1970 年 1 月经天津地区革命委员会核心小组批准，地震地质大队党的核心小组成立，组长：赵奎华，成员有王国亮、王民、朱林青、喻复先，实行党委领导为主的体制。

三、李四光接见地震地质大队领导和科技人员的部分谈话③

1966～1970 年间，李四光曾 10 余次接见地震地质大队有关领导及科技人员，就地震地质大队的方向和任务、 地震地质工作的性质和特点、工作内容及步骤、地震预报的方法与途径等，进行具体的指导。

1966 年 12 月 9 日，李四光在接见地震地质大队各区队在京参加会议的人员时指出：地震地质大队已经有一个架子，但光有架子还不行，党和国家要求我们去解决问题，这个问题就是地震地质问题。地震地质是个新的研究课题。在国外有各种地质，如水文地质等，但是还没有地震地质，这是我国首

③ 国家地震局地震地质大队编，李四光同志有关地震工作谈话选辑，1976 年 9 月。

先提出的。大家来自五湖四海，来自不同的工作岗位，工作性质不同，工作经验不同，但对地震地质这个课题，我们大家要有个共同的认识，没有统一的认识，就很难搞好工作。

研究地震的目的：首先就是尽量避免地震时造成的损失，或者使损失减少到最低限度。地震这个敌人是埋在地下的，它曾数次突然袭击过我们，今后还可能再袭击我们。因此，我们应该时刻有所准备，以免造成伤亡和损失。另一个目的是抗震，当我们在某些可能发生地震的地区非要进行建设不可时，则必须考虑如何能使建筑物抵抗住地震的破坏。

我们要认识地震将在哪里发生，可能的震级多大，这是我们当前工作中的关键性问题。要研究地震的发生原因。根据过去的经验，结合世界各地的情况，有90%以上都是构造地震，就是由于构造变动使地壳发生断裂引起的。凡是抵抗不住地应力作用的地方，特别是对那些地应力现今最活动或可能发生地震危险的地点、地带或地区，应该搞清楚。要从地质构造的角度对此调查清楚，其作法有两条道路：第一，用地质的方法，进行详细的地质构造的工作，了解哪些地区、地带或地点最危险，可能发生地震。第二，收集历史地震资料。

1967 年 11 月 2 日，李四光在和地震地质大队部分科技人员座谈时说，地质部是地下情况的侦察部，不是月球部，也不是太阳部。所以，我们地质部的任务就是要搞清地下构造与地震的关系。我们把这项工作叫“地震地质”。

“地震地质”这个名字成立不成立？我说能成立。地震如果与构造有关，我们就要去侦察它，不能放弃这个职责。这一点，要向群众说清楚。

地震之所以发生，我们看，主要矛盾是地应力的活动与组成地壳的岩石的抵抗能力之间的矛盾。这种形变，一般是弹性形变，只有一小部分力因发生塑性形变或结构变化而释放，而大部分会积蓄起来，地应力达到一定程度，岩石抵抗不住了，便发生破裂，释放能量产生震动，而造成地震。但是，这种力量不是突然来的，而是有一个过程的，有一个逐渐加强的过程。这个过程的长短，我们现在还不知道，但我们可以说，这个变化是在破裂之前，而不是在以后。

1968 年 1 月 12 日，李四光在听取地震地质大队仪器试验小组汇报后说，观测地应力变化是抓本质的问题，它的大方向是正确的。工作中可能有很多具体问题，但不能说这个方法就不行，关键在仪器和元件的性能及稳定性。一是仪器的精度，二是仪器精度与元件不相适应。要用构造体系特点推测地应力集中情况来布置台站，了解地应力变化情况。

1968 年 12 月 28 日，李四光在接见地震地质大队革命委员会主任赵奎华等时说，地震大队我总想去看看，但由于某些原因给拖住了。地质部搞地震预报工作，地震地质是首要的，主要搞构造，侦察地下强烈的、毁灭性的变化。我们不要跟着地震屁股后面跑，而要争取走在地震前面。这就是地质部地震地质工作的特点。

1970 年 7 月 23 日，李四光亲临地震地质大队三河驻地，参观了实验室等。在全体职工大会上演讲时，阐述了地震地质工作的一般要求、特点和任务，指出：地震地质工作是地震工作落到实处的一个必不可少的步骤，在寻找可能发生地震的危险地带，特别是危险地区的工作中，它应该起先行作用。在茫茫大地上，如果我们对可能发生地震的地带或地区，完全无所察觉，我们的“以预防为主”的工作和措施，将从何着手？

地震地质工作当前的首要任务就是，要查明活动构造带的所在，追索它伸展的方向和范围；测定活动构造带的程度和频度；鉴定活动构造带的性质；尽可能找出和一个活动构造带有密切联系的其他构造带。

震源有时在活动构造带中流窜，位置不定，也有时偏向于大致固定在活动构造带上的某一点或某几点，这种现象不是偶然的，不能没有客观存在的规律。不掌握这条规律，光讲活动构造带，对我们的地震预测工作的要求，起不了多大的作用。

第二节　中国科学院（管理）地震地质大队

（1970～1972 年）

根据国务院业务组主持研究中国科学院革命委员会“关于地震工作所需人员、经费、物资的申请报告”精神和统筹兼顾的原则，1970 年 3 月 25 日，中国人民解放军地质部军事代表《关于将地震地质工作队伍移交中国科学院领导的请示报告》（[70]地军代字第 24 号）决定，将地质部地震地质大队建制移交中国科学院领导，专门从事地震地质工作的 996 人和其地震专用仪器设备全部调给中国科学院。同年 5 月，地质部将地震地质大队和下属的华北、中南、西南、西北地震地质队，整建制分别移交中国科学院和各省地震工作部门。

1971 年 5 月 5 日，中央地震工作小组办公室《关于地震台站下放交接工作的几点意见》（[70]震办字第 037 号）决定，根据中国科学院计划座谈会精神，就地震台站的下放、移交问题进行协商提出，现在各地工作的地震台站的建制原则上均下放给所在地区地震地质大队、地震队。未建地震工作管理机构和地震队的省、市、自治区的地震台站，下放各省、市、自治区科技部门管理。同年 5 月起，地震地质大队与有关省、市、自治区进行协商，将 1966 年以来地震地质大队建立的 45 个地应力观测站和形变电阻率观测站，除保留隆尧、昌平、三河 3 个观测站作为地震研究试验台站外，分别整建制移交河北、山西、山东、北京、辽宁、新疆、浙江各省、市、自治区地震工作部门或科技部门管理。

1971 年 4 月，中国科学院地球物理研究所昆明分所地壳构造测深队并入地震地质大队。

1971 年 8 月，国务院批准成立国家地震局，地震地质大队更名为：国家地震局地震地质大队（简称“地震地质大队”），为国家地震局的直属事业单位。

1972 年 5 月 20 日，中国科学院党的核心小组批准，同意地震地质大队队部迁回北京西三旗。同年 6 月 20 日，地震地质大队机关办事组、政工组、业务组、后勤组、行管组和前兆队的前兆分析组开始在新址办公。

1972 年 8 月，中国科学院办公会议决定，同意地震地质大队由国家地震局直接领导。

第三节　国家地震局地震地质大队

（1972～1986 年）

1973 年 2 月，国家地震局报中国科学院党的核心小组的报告中明确，地震地质大队按所级待遇。

地质部将地震地质大队整建制移交中国科学院时，北京西三旗驻地的房地产没有办理移交手续。1973 年 9 月，地质部综合物探大队就西三旗的房地产产权问题与地震地质大队发生争议。经国务院机关事务管理局多次调解，地质矿产部、国家地震局经协商，于 1986 年 1 月达成协议，地质矿产部综合物探大队将西三旗的房地产的产权及征地手续，全部移交给地震地质大队。其中，土地面积 26.61 亩，建筑面积 2850m^2，包括办公室和宿舍 110 间。

1978 年，根据国家地震局的指示，地震地质大队考虑到多年以来的工作经历和现状及今后地震科研的发展需要，将科研工作的方向、任务及机构设置问题，拟定一个草案报请国家地震局。同年 11 月中旬，地震地质大队领导及有关人员应邀与国家地震局相关部门进行了商讨。此后，地震地质大队学术委员会根据商讨的意见，充分考虑全局工作的协调分工，从突出地震地质大队的特点，发挥学科的专长，以地质力学的理论和方法指导地震预测预报及基础理论研究等问题，提出地震地质大队方向任务和科研体制设置的建议，经党委会 1979 年 9 月 11 日研究同意，印发执行。

确定的方向任务是：重点研究地应力的分布、变化及其与地震的关系。探索地震成因和地震预报方法。其主要途径是在地质构造（着重活动构造）调查研究的基础上，开展地应力实地测量和现代构造运动（着重是断层运动）的测量技术，实际观测及其力学分析工作，加强构造应力场基础理论和实验研究。

1981 年 6 月 30 日，国家地震局震发计字第 198 号文《对地震地质大队方向、任务和机构设置的批复》，明确地震地质大队的方向任务是：

重点研究地应力的分布、变化和现今构造运动及其与地震的关系，进行地震预报。主要途径是在地质构造（着重活动构造）调查研究的基础上，进行地应力测量和断层运动测量工作。开展地应力观测技术和观测方法的研究，以及室内试验和理论分析工作。并负责对全国地应力台站进行业务技术指导，汇总、处理、分析地应力观测资料。

其工作性质是：根据上述方向、任务，从实际出发，可逐步过渡到以研究工作为主，并通过野外各方面的实际观测工作，不断提高地震预报水平。

根据方向任务要求，确定的主要研究领域是：

区域构造应力场、应变场研究；

断裂带运动学、动力学的观测、实验和理论研究；

地壳应力、应变状态测量技术的研究；

大地震应力、应变前兆研究；

地震危险区划和烈度区划；

工程地震学和岩石力学实验及理论研究。

此外，承担国家重点工程项目的工程地震地质、地震基本烈度、区域稳定性的评价工作，开展地应力测量咨询服务。

根据确定的方向任务和主要研究领域，明确科研机构设置为六室一队一厂，即：地应力第一研究室、地应力第二研究室、断层运动研究室、应力模拟实验研究室、地震地质队、分析预报室、情报资料室、机械加工试制维修工厂。

1984 年，国家地震局汽车修配厂整建制划归地震地质大队，职工 40 人，未带人员编制。

1985 年，根据《中共中央关于科技体制改革的决定》和国家地震局地震系统管理体制改革会议精神，遵循“经济建设必须依靠科学技术、科学技术工作必须面向经济建设的战略方针”，地震地质大队在坚持以地震科研和监测预报为主导的前提下，推进技术开发和生产服务，开展以科技开发支持科研，以科研促进开发的科技体制改革的探索和尝试。对科技体制进行了调整，成立了技术开发处、生产服务处，设置了技术服务室、地应力测量技术咨询服务部，广泛利用专业技术力量及装备，在绝对和相对应力测量、地壳形变及断层活动测量、地震地质、地震基本烈度及小区划、地壳测深、工程地质、水文地质、供水勘探、矿产普查、岩石力学试验、仪器研制等技术领域，采取科技咨询、技术入股联营、产品加工、联合生产、委托研究等灵活多样的办法对社会提供技术服务。当年提交 45 项技术开发工作的报告及研究成果，满足工程建设部门的需要，为国民经济建设服务。

第四节　中国地震局（国家地震局）地壳应力研究所（1986～2010 年）

1986 年 2 月 6 日，国家地震局[86]震发计字第 053 号文批复地震地质大队：经过近五年的过渡，你队已具有明确的专业研究方向和相应的科技力量；科研设施得到充实，已基本具备研究所的条件，经局党组研究同意，将你队由原国家地震局地震地质大队称谓，改为国家地震局地壳应力研究所(简称“地壳应力研究所”)。

批复地壳应力研究所的科研任务与方向主要是：研究地壳构造运动和应力场及其随时间变化的过程与地震孕育发生的关系，包括构造活动、构造应力，以及相应的测量技术与实验理论研究，着重应用于解决地震预报和工程地震中的问题，为国民经济建设服务等。

同年 2 月，国家地震局副局长、学部委员马杏垣为地壳应力研究所拟定的英文名称为：Institute of Crustal Dynamics。

同年 7 月，国家地震局确定了地壳应力研究所的领导班子组成。

称谓改变后，地壳应力研究所为贯彻落实改所后的方向任务，适应科学研究工作的需要，拟定了研究所的管理机构、科研机构的设置报国家地震局。1986 年 7 月 17 日，国家地震局[86]震发计字第 295 号文批复，同意地壳应力研究所机关机构设置为七个处（室、组），业务机构设置九个研究室及科研辅助机构，两个野外队，三个技术、服务机构（处级单位）。调整后的机构设置见第三章。为了适应科技体制改革的需要，有利于学科事业的发展，其后几年对研究所的科研机构和管理机构曾进行过多次调整。

根据国家地震局关于对下属部分单位的方向任务进行评议的决定和要求，1986 年 8 月 12～15 日，国家地震局综合计划处会同学术委员会和科技司，组织对地壳应力研究所的方向任务进行评议。安启元局长出席了第一天的会议。参加评议的专家有：王仁（学部委员、教授）、胡聿贤（研究员）、陈庆宣（研究员）、陈运泰（研究员、代所长）、高龙生（副研究员）、许忠淮（副研究员）、邓起东（副研究员、副所长）、马瑾（研究员）、张奕麟（高工）、赖锡安（副研究员、副所长）、骆鸣津（副研究员）和黄立人；参加评议的局领导和局机关的人员有：丁国瑜（学部委员、研究员）、陈颙（副研究员）、陈鑫连（研究员）、陈章立、王福山、蒋克训、戎绍昌、汪纬林、刘昌祥和朱世龙。评议认为：国家地震局地壳应力研究所的前身是国家地震局地震地质大队，最初是在李四光教授指导下，于 1966 年邢台地震后由地质部组建的。多年来，该单位的主要工作是用有关地质力学观点研究现代地质构造、地壳运动和应力场，探索地震危险区划和地震预报的方法途径，为国民经济建设服务。这些工作推动了地质力学在地震科研中的应用和发展，作出了一定的贡献。专家们认为，地壳应力研究所有一个良好的科研环境，科研人员的精神风貌也有很大转变，有一种思想解放、奋发向上的精神和良好的工作作风。专家们讨论了研究所的名称问题，认为“地壳应力”这个名称基本适合该所的现状和该所所承担的一些国家重点科研课题任务的内容。这个领域的探索研究在地震科学中很重要，以此命名的研究所不但国内过去没有，在世界上也是第一个。国家地震局在批准地震地质大队改名为地壳应力研究所的批文中再次明确地壳应力研究所的方向任务，基本符合该所的现状和特点，符合当前的需要，与局系统其他研究机构的分工也是明确的。地壳应力研究所除了开展应力测量外，也应适当地开展其他方面工作。同年 10 月 17 日，国家地震局[86]震发计字第 416 号文再次明确：国家地震局批准将地震地质大队改名为地壳应力研究所时，对所的方向任务有过明确意见。此次评议活动专家们认为该意见基本符合你所科学研究的现状和特点，也适应今后一段时期任务的需要。因此，你所方向任务仍维持原意。希你所认真吸取《纪要》中专家们提出的合理建议，加强学术领导，加强科技管理，使你所在地壳应力的观测、研究和地震预报、工程地震等领域为减轻地震灾害、为国民经济建设服务的工作中做出优异的成绩。

1988 年，国家地震局[88]震发计字第 317 号文下达地壳应力研究所人员编制数 638 人，其中机关编制 60 人。根据上级对事业单位机构编制的清理和审批工作，妥善处理好精简与工作关系的原则，地壳应力研究所落实职工离退休制度，制定了编余人员流动、严格进人等制度和措施，1990 年职工人数压缩 5%，1992 年压缩 10%，1994 年压缩 15%，共减少 105 人，实现国家地震局关于将原有人员压缩 1/7 的要求，压缩后的编制数为 592 人。

1988 年 3 月 15 日，国务院国办通[1988]17 号文批复劳动人事部，国务院批准分期分批地解决国家地震局地壳应力研究所部分职工户口迁京问题。至 1990 年 7 月，在国家地震局支持下，按照户口迁京要求经 11 次报批，将地壳应力研究所 171 名职工家属的户口从河北省三河县迁入北京市。

1989 年，为了贯彻国机中编[1989]4 号《关于中央国家机关所属事业单位的清理和审批问题的通知》和国家地震局召开的搞好机构编制清理和审批工作座谈会的要求，地壳应力研究所召开中层干部会议并分别征求各研究室、机关各职能部门领导意见，经所长办公会议研究认为，原有的 7 个机关业务管理机构，3 个附属事业单位，10 个研究机构，3 个业务辅助机构，经过三年科研、生产、工作实践，符合地壳应力研究所科研任务与方向的实际，确定机构设置仍保留现状，不做调整，以利于科研、生产的延续顺利进行。

1997 年 1 月 29 日，国家地震局震发人[1997]028 号文通知，中央机构编制委员会批准重新组建北京市地震局，决定将有关单位及人员整建制划归。同年 2 月，地壳应力研究所将所属断层形变测量队（含大灰厂地震台、八宝山地震台、康庄地震台、华山地震台）整建制移交北京市地震局，有 36 名职工的事业编制随其划转。同年 4 月，将断层形变测量队占用的全部国有资产分别移交北京市地震局及国家地震局。

1998 年 3 月 29 日，国务院国发[1998]5 号《国务院关于机构设置的通知》，将国家地震局更名为中国地震局，为国务院直属事业单位。同年 4 月 20 日，中国地震局中震发人[1998]6 号《关于部分机构更名的通知》，为规范统一机构名称，将国家地震局地壳应力研究所更名为中国地震局地壳应力研究所（简称“地壳应力研究所”或“地壳所”），其内设机构、领导班子和方向任务均无变动。

2000～2002 年，地壳应力研究所被列为科技部社会公益科研院所管理体制改革试点单位，依照改革方案和《科技体制改革试点任务书》进度要求，完成了研究所方向任务的调整，经报请中国地震局同意，地壳应力研究所的科研发展方向是：以地壳动力学研究为基础，探索板内强震机理与预测；以地壳应力应变研究为主线，研究地壳介质变形、运动与破裂的规律；以信息、传感、计算机技术为依托，开展地震前兆观测技术与数据传输技术研究；发展地应力测量理论、方法与技术；建立以地壳应力应变为特色的地震监测预报实验研究基地；推进工程安全监测和防震减灾应用技术研究；围绕地震应急救援的当前任务与发展方向，建立地震救援基础理论与技术研究基地。

重点科技发展领域为：

一、地壳动力学与地震机理研究

大陆活动构造及其动力过程研究；
构造应力场研究；
地球内部结构研究；
地震构造环境研究。

二、地震前兆观测技术研究

数字化地震前兆台网建设技术研究；
地震前兆观测技术重点实验室建设，前兆仪器的研发、测试、计量、标定、检验。

三、地壳应力、应变观测理论与应用研究

地壳应力应变观测理论、方法、技术与实验研究；
应力应变观测技术监测预报地震研究；
地应力测量应用研究。

四、地震监测及强地震短临预报基础研究

钻孔应力应变、地温地震预报新方法研究；
地震监测及应力应变地温学科技术管理；
强地震预测预报技术研究；

全国中长期趋势预报及首都圈、大华北地震监测预报研究。

五、断层力学理论与应用技术研究

断层力学理论研究；
断层监测技术研究；
工程安全监测技术应用研究。

六、地震与地质灾害监测及防治研究

地震区划基础与工程地震研究；
城市震害与地质灾害预测与防治方法研究；
大震应急及震害救助技术研究。

七、工程地球物理研究

活断层探测技术；
地球内部构造探测技术研究；
工程地球物理应用技术研究。

根据新的工作任务和科研领域，地壳应力研究所重组了内设科研机构，将原有的 12 个业务部门调整为 7 个研究室（研究中心）、1 个情报信息服务机构和 1 个向企业过渡的技术开发组织，机构减少 1／4，实现了科研机构设置与重点学科和重点科研领域的紧密结合。经中国地震局批准，机关管理部门由 5 个调整为 4 个，党群工作及老干部工作部门由 4 个合并为 2 个。机关管理部门岗位编制数由 33 个调整为 27 个。后勤条件保障工作与机关管理脱钩，向社会化服务方向过渡，压缩编制 30%，各类条件保障人员控制在 25 人以内。

根据对改革试点单位的要求，要组建精干、高效、富于创新的科技攻关队伍，地壳应力研究所精干科研队伍人员规模初步控制在 150 人（原有编制的 30%），流动编制 30 人。依据按需设岗、按岗聘任、双向选择、注重质量、分期实施的原则，经过报名、评审、双向选择，确定首批上岗科技人员 90 人。

2002 年底至 2004 年，根据《国务院办公厅转发科技部等部门关于深化科研机构管理体制改革实施意见的通知》（国办发[2002]38 号）、科学技术部、财政部、中编办《关于农业部等九部门所属科研机构改革方案的批复》（国科发政字[2002]356 号）和《非营利科研机构认证工作指导意见（征求意见稿）》，以及《中国地震局关于直属科研机构管理体制改革组织实施工作的意见》（中震发科[2002]259 号）的要求，地壳应力研究所进行了新一轮科技体制改革。改革的目标是：通过调整结构、分流人员、转变机制、制度创新，逐步建立起“开放、流动、竞争、协作”的管理体制和运行机制，使之成为适应防震减灾事业发展的国家社会公益类的非营利性研究所。

地壳应力研究所的定位：根据国家防震减灾事业发展、国民经济建设的需要，结合国际地震科学发展的趋势和地震系统三大工作体系的要求，地壳应力研究所定位于从事防震减灾事业的应用基础研究、应用研究，开展部分地震科学前瞻性、专业性的基础研究。

科研发展方向为：地壳动力学理论研究、地壳应力场和形变场研究、地震构造力学机理研究、地震预测理论与方法研究、地震前兆观测理论和观测技术研究、大地测量理论与观测技术研究、重力和固体潮理论与观测技术研究、遥感和卫星影像等空间信息技术的应用研究、地震与地质灾害的机理与监测预警技术研究、水库诱发地震研究及地震应急与救援技术研究。

围绕科研发展方向，其重点科研领域是：

大陆地壳动力学，包括活动构造、地壳结构、构造应力场及大陆动力过程研究；

地震前兆观测技术研究、数字化地震前兆台网建设技术研究、地震前兆仪器标定与监测；

地震应急、救援理论及震害救助技术研究；

地壳应力应变观测理论、方法、技术、实验及地应力测量应用研究；

钻孔应力应变、地温和跨断层形变监测强地震短临监测预报基础研究；

断层监测技术、断层力学理论与应用技术研究；

地震与地质灾害监测及防治研究；

活断层探测技术及地球内部构造探测技术研究。

科技开发领域主要有以下几个方面：

地震安全性评价；

工程区地应力测量与地应力环境评价；

断层、滑坡体、地面沉降、建筑物安全等方面的形变观测与研究；

工程地质勘察。

2002 年 11 月 26 日，中国地震局《关于直属科研机构管理体制改革组织实施工作的意见的通知》中决定，按照科技部批准的保留 5 个科研机构和 1035 人编制的方案。根据防震减灾科技工作四大支柱学科（地球物理学、地质学、大地测量学、地震工程学）的发展需要，保留地壳应力研究所等 5 个单位。这 5 个单位作为中国地震科学技术研究的骨干力量，在调整结构、转换机制、分流人员的基础上，建成非营利性科研机构。

根据确定的主要研究领域，地壳应力研究所对组织结构进行了调整。为了加强各学科间的交叉和渗透，协调多学科综合研究能力，推进地震科学研究水平的全面提高，推进地震科学研究成果的转化与应用，将研究所内科技创新基地的科研主体部门设立 7 个研究室，管理部门设立 6 个（含必设部门 1 个）。

科研主体部门是：

地壳动力学研究室；

地震前兆观测技术研究室；

断层力学研究室；

地壳应力研究室；

地震监测预报研究室；

综合减灾研究室；

地震救援技术研究室。

管理部门和必设部门是：办公室、科技发展部、人才资源部、计划财务部、党群工作办公室（含党务、工青妇、纪检、监察、审计）、离退休干部处。

按照管理体制改革精神和有关后勤管理体制改革的要求，成立了后勤服务中心。

中国地震局核准地壳应力研究所科技创新基地编制数 225 人（含武汉科技创新基地 50 人）。科技人员经过个人申报、资格审查、招聘委员会评审、双向选择；机关管理部门负责人通过个人申请、资格审查、民主测评、笔试、面试答辩、人事和纪检部门考核、公示；机关管理人员经过竞争上岗。之后经所长会议研究决定，首批聘任进入科技创新基地总人数 129 人，其中固定岗位科技人员 98 人，科研辅助岗位人员 12 人，机关管理人员 19 人（含所领导 3 人）。另外设立流动科技岗位 6 人。

中国地震局在《关于直属科研机构管理体制改革组织实施工作的意见的通知》中还明确，将地震研究所并入湖北省地震局，转为地震事业单位，保留 50 人的精干科研队伍进入地壳应力研究所的武汉科技创新基地，支持其优势学科大地测量、重力、水库诱发地震和地震仪器研发的发展。2003 年 1 月 30 日，中国地震局中震发科[2003]23 号《关于武汉科技创新基地和兰州科技创新基地管理的若干意见》中指出，地震研究所并入湖北省地震局之后，在武汉设立科技创新基地，作为地壳应力研究所创新基地的组成部分（机构称谓：中国地震局地壳应力研究所武汉科技创新基地）。武汉科技创新基地由湖北省地震局和地壳应力研究所共同组建和管理。日常工作由湖北省地震局负责，地壳应力研究所不另派管理人员。经中国地震局批准，先后聘任武汉科技创新基地的主任是：李强、姚运生，副主任：吴云。

武汉科技创新基地的研究方向与任务是：

大地测量：定点形变理论与技术研究；卫星定位测量与地球动力学研究。

重力与固体潮：重力场变化观测与研究；重力固体潮观测与研究。

地震观测技术与仪器：地震观测技术；前兆观测技术；其他观测技术。

水库诱发地震：水库诱发地震成因与机理研究；水库诱发地震监测与工程防护。

地震监测卫星技术与应用：卫星观测技术；卫星观测数据分析处理与地震预测。

2003 年 8 月，经地壳应力研究所和湖北省地震局研究决定，在武汉科技创新基地组建 5 个研究室（中心），研究主体机构设置是：

大地测量研究室；

重力与固体潮研究室；

水库诱发地震研究室；

地震观测技术研究室；

空间技术与应用研究中心。

另在武汉科技创新基地内设立的 3 个科研辅助部门是：计算机网络中心、期刊编辑与图书资料室、财务室。

武汉科技创新基地首批聘任进入基地的科技人员为 31 人。

2005 年，地壳应力研究所科研机构管理体制改革经过科技部、财政部、人事部、中国地震局等单位验收通过，重新确定为国家社会公益类的非营利性研究所。

2010 年 11 月，为适应地震科技事业发展需要，地壳应力研究所经科学技术委员会和所长办公会研究决定，将研究室调整为 9 个，并重新确定了各研究室的研究方向，详见第二章。

第二章　领导更替

地壳应力研究所（地震地质大队）从 1966 年 4 月建立至 2010 年 12 月，期间领导班子进行过 15 次换届更替，其中：地震地质大队 8 届，地壳应力研究所 7 届。

第一节　地震地质大队领导更替（1966～1986 年）

地震地质大队 1966 年 5 月至 1986 年 6 月历届领导班子成员见表 1-2-1。

表 1-2-1　　地震地质大队历届领导班子成员一览表

单位名称、时间	姓　名	职　　务	任　职　时　间	备　注
地震地质大队（1966.5～1967.3）	朱林青	筹备负责人、大队长、党委书记（代理）	1966.5 ～1967.6	
	王　民	筹备负责人、副大队长（代理）	1966.5 ～1967.6	
	母小亨	副大队长（代理）	1966.12～1967.6	
地震地质大队（1967.4～1967.6）	赵景玉	军管组组长	1966.4～1967.6	
	王国亮	军管组副组长	1966.4～1967.6	
地震地质大队（1967.7～1971.10）	赵奎华	革命委员会主任	1967.7～1971.10	
	赵景玉	革命委员会副主任	1967.7～1968.9	军代表
	李宗才	革命委员会副主任	1967.7～1972.8	干部代表
	王　民	革命委员会副主任	1968.1～1971.10	
	朱林青	革命委员会副主任	1969.3～1971.10	
地震地质大队（1971.11～1973.5）	王国亮	党委书记、革命委员会副主任	1971.11～1973.5	1972 年更名为国家地震局地震地质大队
	朱林青	党委副书记、革命委员会副主任	1971.11 ～1973.5	
	王　民	党委副书记	1971.11～1973.5	
	母小亨	革命委员会副主任	1972.9 ～1973.5	
地震地质大队（1973.6～1975.9）	徐　炬	大队负责人、党委书记（代理）	1973.4～1975.9	
	苏　民	大队负责人、党委负责人	1973.6～1975.9	
	朱林青	副大队长、党委副书记	1973.6～1975.9	
	王　民	副大队长、党委副书记	1973.6～1975.9	
地震地质大队（1975.10～1978.2）	王剑一	党委书记	1975.10～1977.9	离职疗养
	苏　民	大队负责人	1975.10～1978.2	
	徐　炬	大队负责人	1975.10～1978.2	
	王　民	党委副书记	1975.10～1978.2	
	张荣珍	大队负责人	1976.5～1976.10	
	崔风轩	党委副书记	1977.10～1978.2	

续表

单位名称、时间	姓　名	职　务	任职时间	备　注
地震地质大队 （1978.3～1983.3）	解兆元	党委负责人、党委书记	1978.2～1983.4	
	徐　炬	副大队长	1978.2～1983.4	
	王　民	党委副书记	1978.2～1980.11	
	陆友勋	副大队长	1978.3～1983.4	
	张荣珍	大队负责人	1981.10～1982.4	
	韩子文	副大队长、党委副书记	1980.10～1983.4	
地震地质大队 （1983.4～1986.6）	宫士湘	党委书记、纪委书记	1983.5～1984.12	
	王树华	大队长	1983.5～1986.2	
	郭志涛	副大队长	1983.5～1985.2	
		党委书记、纪委书记	1984.12～1986.2	
	韩子文	副大队长、党委副书记	1983.5～1986.2	
	刘光勋	副大队长	1983.5～1986.2	
	赵国光	副大队长	1985.5～1986.2	

第二节　地壳应力研究所领导更替（1986～2010年）

1986 年 2 月，国家地震局地震地质大队更名为国家地震局地壳应力研究所，领导班子于同年 7 月调整。1986 年 7 月至 2010 年 12 月历届领导班子成员见表 1-2-2。

表 1-2-2　　地壳应力研研究所历届领导班子成员一览表

单位名称、时间	姓　名	职　务	任职时间	备　注
地壳应力研究所 （1986.7～1988.5）	王树华	所长	1986.7～1988.5	
	郭志涛	党委书记	1986.7～1988.5	
	赵国光	副所长	1986.7～1988.5	
	徐明治	副所长	1986.7～1988.5	
地壳应力研究所 （1988.5～1991.6）	郭志涛	所长、党委书记	1988.5～1991.6	
	徐明治	副所长	1988.5～1991.6	
	许厚德	副所长	1988.5～1991.6	
	黄汉松	党委副书记	1989.3～1991.6	
地壳应力研究所 （1991.6～1995.7）	赵国光	所长	1991.6～1995.7	
	陆远忠	党委书记、副所长	1991.6～1995.7	
	聂宗笙	副所长	1991.6～1995.7	
	黄汉松	党委副书记	1991.6～1994.8	
	陈书贤	副所长	1992.6～1995.7	
	张卫东	副所长、纪委书记	1994.10～1995.7	
地壳应力研究所 （1995.7～2000.6）	杜振民	所长、党委书记	1995.7～2000.6	1998年4月更名为中国地震局地壳应力研究所
	杨流平	副所长	1995.7～2000.6	
	张卫东	副所长、党委副书记、纪委书记	1995.7～2000.6	
	唐荣余	副所长	1995.7～2000.6	
	李　克	副所长	1998.4～2000.1	

续表

单位名称、时间	姓　名	职　　　务	任 职 时 间	备　注
地壳应力研究所（2000.6～2004.3）	杜振民	所长、党委书记	2000.6～2001.3	
	唐荣余	副所长	2000.6～2001.3	
		所负责人、所长	2001.3～2004.3	
	张卫东	副所长	2000.6～2004.3	
		党委负责人、党委书记	2001.3～2004.3	
	谢富仁	副所长	2000.6～2004.3	
	何　玉	纪委书记	2000.8～2004.3	
	阮晓龙	副所长	2001.7～2004.3	
	吴荣辉	副所长	2003.12～2004.3	
地壳应力研究所（2004.3～2010.2）	唐荣余	所长、党委副书记	2004.3～2010.2	
		党委书记	2006.8～2010.2	
	巩曰沐	党委书记、副所长	2004.3～2006.3	
	谢富仁	副所长	2004.3～2010.2	
	阮晓龙	副所长	2004.3～2010.2	
	吴荣辉	副所长	2004.3～2010.2	
	何　玉	纪委书记	2004.3～2010.2	
	陆　鸣	副所长	2007.1～2010.2	
地壳应力研究所（2010.2～　　）	谢富仁	所长、党委副书记	2010.2～	
	阮晓龙	副所长	2010.2～	
	陆　鸣	副所长	2010.2～	
	何　玉	纪委书记	2010.2～	
	陈　虹	副所长	2010.2～	
	杨树新	副所长	2010.2～	

第三章　机构设置

1966～2010 年，地壳应力研究所（地震地质大队）随着研究所的更名、科研任务的变化以及上级主管部门的要求，其内设研究机构、管理机构及辅设机构进行过多次调整。

第一节　科研机构

一、地震地质大队科研机构

1966 年 5 月至 1986 年 2 月，地震地质大队科研、辅设机构的设置、主要任务及主要负责人见表 1-3-1。

表 1-3-1　　地震地质大队科研机构设置一览表

时　间	机构名称	主　要　任　务	主　要 负责人	备　注
1966.5～ 1969.5	华北地质一分队	北京地区，重点是密云水库地区地震地质条件及地震预报的研究；研究本区构造体系展布特征，近期活动性及其与地震活动的关系，对该区稳定性作出评价	王　仲	
	华北地质二分队	怀来盆地及周围山区地震地质条件及地震预报的研究；本区构造体系展布特征，近期活动性及其与地震活动的关系，对该区稳定性作出评价	孙德林	
	华北地质三分队	滦县地区地震地质条件及地震预报的研究；查明本区活动性断裂带的展布、性质、规模及其与地震活动的关系，对该区稳定性作出评价	杨柳河	
	西南地震地质队	四川马边—雷波地震带构造特征的研究，查明该地震带构造展布特征、近期活动性及其与地震活动性的关系；云南永胜、华坪，贵州水城地区地震地质调查，查明地震带对攀枝花等地区的影响；断层微量位移测量影响因素试验和实地观测对比的研究，寻求消除影响测量因素的途径	常乐远 杨志成	
	西北地震地质队	银川地区地震地质条件及地震活动与地壳形变和地应力变化关系的研究；查明该区构造体系展布特征，近期活动性及其与地震活动的关系；选择适当地段布置地应力观测站和断层位移观测站，结合历史地震和现代地震的发生发展，研究该地区地壳形变速率及地应力变化与地震活动的关系，探讨本区地震危险性	梁树忠 唐连祥	
	中南地震地质队	鄂西地区地震地质调查；地震预报多种方法的试验研究	郭祥臻 张新华	
1969.6～ 1972.1	华北地质队（一连）	以地质手段为主，运用地质力学方法，结合流动性仪器观测，重点研究断裂的活动性。寻找现今仍在活动的地区、地带和地点，确定活动性构造体系和地应力场的分布与变化；通过地震和构造背景的综合研究，确定活动性构造体系或构造带与地震活动的内在联系；找出发生地震的危险地带和相对安全地带，综合各种资料进行地震区划，为国家建设选择“安全岛”并部署各种微观手段，为探测地震预报提供地质依据	王树海 马荣坚 王炳臣	

续表

时间	机构名称	主要任务	主要负责人	备注
1969.6～1972.1	地震地质物探队（二连）	查明华北平原与山区交界部位等地质工作条件；进行云南下关等地区电法勘探工作	母小亨 欧阳法生 贺　杰	1971年4月
	地震地质测量队（三连）	进行微量位移测量和水准基线测量，在大灰厂、密云、房山等地开展断层微量位移测量研究工作，探索与地震预报的关系	欧阳法生 王　仲 王炳臣	1971年4月
	前兆队（六连）	综合分析地应力地震前兆观测资料，进行短期预报	罗天赐 宋文瑞	1971年4月成立
	机械仪器修配厂（七连）	面向科研、生产第一线，紧密配合台站、车间、施工部门解决实践中的重大技术问题；承担仪器设备检修、改进；测量元件的研究试制；干扰因素的排除；新方法实验；模拟实验及各种技术指标的鉴定等	喻复先 唐连祥 孙连柱	1970年成立 1971年4月 1971年4月
	西南地震地质队	主要为满足国家三线建设的需求开展地震地质工作，辅以编图和地质构造调查工作		1970年5月移交地方地震部门
	中南地震地质队	重点开展以电感法为中心的多方法地震预报研究和编图工作，辅以地质调查工作		1970年5月移交地方地震部门
	西北地震地质队	重点为国家三线建设选择安全地带，开展区域性地震地质工作		1970年5月移交地方地震部门
1972.2～1973.8	地质一队	从事北京、河北和内蒙地区地震地质工作，主要任务是进行中长期预报，开展资料综合、室内试验、编图、绘图、地震地质、烈度鉴定、物探等项工作	马荣坚 张文涛 王树海 乔永良	1972年7月 1973年1月 1973年3月
	地质二队	从事山西地区地震地质、物探和测量研究工作，进行资料分析等	刘光勋	
	地应力方法研究队	从事地应力解除方法、地应力元件材料、探头结构、地下干扰因素识别和井下试验研究等工作	王炳臣	1973年成立 1973年1月
	钻探队	进行地应力绝对值测量系统的研究，并负责地震台站的钻探施工	欧阳法生	
	测量队	从事华北部分地区地形变测量研究工作（包括资料分析、水准、基线测量）	王炳臣 王　仲	
	前兆队	台站观测，综合分析地应力地震前兆观测资料，进行短期预报	宋文瑞 罗天赐	1971年4月成立
	机械仪器修配厂	机械加工、仪器修理和元件探头的生产（土应力仪、电感应力仪试制、机械加工）	孙连柱 贺　杰	1972年6月

续表

时　间	机构名称	主　要　任　务	主　要 负责人	备　注
1973.9～ 1979.8	综合研究队	主要进行地质、断层位移、地壳形变、应力解除、模拟实验以及地震活动等有关资料的综合研究，重点探讨华北地区现今应力场特征及与地震的关系，地震危险区划和烈度区划、烈度鉴定、复核，并提出中长期地震趋势预报意见	王树海 郭志涛	1976年7月
	地质队	主要进行山西地震带（重点是临汾盆地）构造体系、构造应力场特征及其与地震关系的研究	刘光勋 王奎正	
	测量队	进行京津地区断层微量位移测量，研究断层活动方式、位移速率和幅度与地震三要素的关系，提出短期地震预报意见	王　仲 侯振国	
	地应力测量方法研究队	主要进行以电感法为重点的地应力相对变化观测系统的研究	王炳臣	
	前兆队	主要进行地应力台站观测、管理，综合分析电感法地应力台站资料，探索地应力变化与地震三要素的对应关系，提出短期地震预报意见	宋文瑞 刘道洪	
	钻探队	主要进行地应力绝对值测量系统研究，并负责地震台站的钻探施工	欧阳法生 吕宝祥	
	新疆工作队	主要进行地应力台站观测和资料分析研究，提出短期地震预报意见，并负责新建电感法地应力台站1～2个	何怀信	
	机修厂	主要进行地应力测量探头、下井装置和定向装置的生产，并承担科研、钻探等仪器、设备零件的加工及机械维修	贺　杰 唐连祥	
1979.9～ 1984.2	活动构造研究队（一队）	活动构造体系（活动构造带）与地震关系的研究，基本烈度鉴定	王树海	
	断层力学研究队（二队）	地震区断层运动类型、特征及其位移、应变、应力场和断层运动构造背景与地震孕育过程关系的研究、重点地区断层运动位移、应变的观测及改进观测技术的研究	柴本栋	
	地应力测量第一研究队（三队）	地应力相对值测量原理、方法和技术（仪器设计、试制、鉴定与试验等）的研究。短期和临震讯息观测技术的研究及野外试验	苏恺之	下附试验台站
	地应力测量第二研究队（四队）	研究地应力绝对值测量原理、方法和技术，通过重点地区的实际测量，了解现今地壳中的应力状态及其随深度的变化规律和区域构造应力作用方式，为构造应力场和地震预报研究提供基础资料	李方全	
	分析预报研究室	汇总、处理和分析全国地应力台站观测数据及其有关资料，开展京津唐张地区5级以上、全国6级以上地震的分析预报，地应力前兆和预报强震三要素方法的研究	宋文瑞	
	构造应力场基础理论研究室	采用新的研究途径和新方法，开展构造应力场性质、成因、时空、分布规律和岩土力学特性与强震的孕育、发生、发展和迁移关系研究	安　欧	
	情报资料室	收集、翻译和分析国内外科研组织、科研动态和科研成果，定期编印专题性或阶段性科技情报资料，编辑出版《地应力与地震》学术刊物（暂定半年一期），图书和技术资料的管理	母小亨	下附图书馆、资料室

续表

时　间	机构名称	主　要　任　务	主　要 负责人	备　注
1979.9～1984.2	工　　厂	测试仪器部件、应力测量探头的加工、试制、小批量生产、钻具的加工和维修等	贾景兴	
	电算站	计算机应用研究及部分专用软件的开发研制工作，承担部分外协任务	王继存	1980 年 10 月成立
1984.3～1986.2	第一研究室（构造应力场与岩石力学研究室）	研究和完善地应力绝对值测量系统，开展地应力绝对值实地测量和岩石力学实验，对现今构造应力场分布特征，进行综合分析和理论研究	李方全	
	第二研究室（地应力观测技术研究室）	研究和完善地应力相对测量系统，开展对比试验和试验场的综合观测研究	付子忠	
	第三研究室（断层力学研究室）	研究和完善断层活动测量系统，开展断层现今活动实地观测，研究不同类型断层的运动形式及其相互关系，研究断层活动机制和应力状态及其与强震的关系	赵国光	
	第四研究室（监测预报研究室）	负责全国地应力台站的业务技术指导工作，建立和管好地应力标准台，汇总、处理、分析地应力观测资料，研究地震形成过程中的地应力变化，开展地震预报方法研究	于允生	原分析预报室及台管处部分人员
	第五研究室（构造应力场模拟实验室）	构造应力场的物理模拟及相应的理论研究	安　欧	
	第六研究室（地震地质研究队）	开展构造活动性调查和深部构造探测，研究重点地区断层活动机制及其与强震的关系，进行地震危险性预测和基本烈度鉴定	李鼎容	
	情报资料室	开展科技情报研究，及时报道国内外科技动态，编辑、出版学术刊物，介绍学术动态和科技成果，管理图书、资料和技术档案	母小亨	
	技术服务室	承担仪器标定、电算、照相复印、植字、绘图等技术服务，开展计算机应用方面的研究及部分专用软件的开发研制，承担部分外协任务		电算站及有关人员
	地应力仪器工厂	承担地应力、断层位移测量等仪器的小批量生产及零配件加工		工厂部分人员及有关人员
	地应力测量技术咨询服务部	承担科研和建站的钻探任务、国家重点工程的地应力测量、技术咨询以及其相应的服务项目	王树海	

说明：(1)主要负责人包括研究部门主任、队长、政治指导员、连长、厂长。

(2)备注中未注明内容的日期系该部门继任主要负责人的初始时间。

二、地壳应力研究所科研机构

1986 年 2 月至 2010 年 12 月地壳应力研究所科研机构及辅助机构设置、主要任务及主要负责人见表 1-3-2。

表 1-3-2　　地壳应力研究所科研机构设置一览表

时　间	机构名称	主 要 任 务	主 要 负责人	备 注
1986.2～1987.4	第一研究室（构造应力场与岩石力学研究室）	完善并发展地应力绝对值测量系统，开展原地应力测量和地球物理测井；岩石力学实验研究，对现今构造应力场特征及其与地震的关系进行综合分析和理论探索	李方全	
	第二研究室（地应力观测研究室）	研究、发展地应力相对观测技术及与其有关要素的观测技术；开展现场试验观测；建立相应的标定系统。研究地应力和有关要素的关系及与地震孕震过程的关系	付子忠	
	第三研究室（断层力学研究室）	研究、发展断层活动测量系统，开展重点地区断层现今运动的实地观测。研究不同类型断层的运动形式及其相互关系，研究断层活动机制和应力状态及其与强震的关系	赵国光	
	第四研究室（监测预报研究室）	负责全国地应力（应变）基本台站的业务指导；建立并管理地应力标准台；汇总、处理、分析地应力观测资料；开展地震预报方法研究	于允生	1987 年撤销
	第五研究室（构造应力场模拟实验室）	构造应力场的物理模拟及与地壳构造应力场的理论研究	安　欧	
	第六研究室（地震地质研究室）	地壳活动构造、地壳深部地球物理、第四纪年代学、工程地震研究；地壳活动构造与地震关系及地震发生规律研究	李鼎容	
	第七研究室（工程应力测量研究室）	完善、发展套芯法原地应力测量技术，开展地应力在工程中的应用研究	丁旭初	原地应力测量技术咨询服务部，1986 年 10 月成立
	断层形变测量队	负责重点地区断层现今活动测量，为地震分析预报和研究提供测量数据；开展测量方法、测量数据的分析处理研究	柴本栋	
	情报资料室	开展科技情报研究，为科研提供服务；编辑、出版图书和期刊，介绍学术动态和科技成果，负责图书、资料和技术档案管理	母小亨	
	计算技术室	大型电算机的应用开发及硬件与计算技术服务；各种数据库的建立	王继存	
1987.5～1996.3	第一研究室（构造应力场研究室）	研究和发展原地应力绝对值测量方法、技术、工艺，开展原地应力测量和地球物理测井及重点地区的构造活动性调查；研究地震形成的构造力学环境，为地震预报及工程服务	刘光勋	
	第二研究室（地震前兆物理研究室）	发展地震前兆观测的新技术、新手段；探索地热、孔隙压力等地震前兆现象的物理根据，研究这些前兆现象与地壳应力场的关系及其在地震预报中的应用。同时开展国民经济建设急需有关技术的研发工作	付子忠	

续表

时 间	机构名称	主 要 任 务	主 要 负责人	备 注
1987.5～ 1996.3	第三研究室（断层力学研究室）	研究、发展断层活动测量系统，开展断层现今活动的实地观测；研究不同类型断层的活动形式及其相互关系；研究断层活动机制、应力状态及其与强震的关系	赵国光 勾 波	1992年6月
	第四研究室（地壳应力应变观测研究室）	研究地壳应力应变观测技术和方法；探索地震孕育发生过程中地壳应力应变变化的规律及地震预报方法，负责本专业的技术管理；开展应力应变测量在工程中的应用研究；开展相关的理论研究	欧阳祖熙	
	第五研究室（构造应力场模拟实验研究室）	构造应力场的物理模拟及地壳构造应力场理论研究	安 欧	1992年7月撤销
	第五研究室（地震预报研究室）	综合、分析应力应变、断层位移、地面形变、地温、地震地质等观测资料进行地震预报新方法研究，全国强地震活动预测预报技术研究；中长期地震趋势研究及提出短临地震预报意见	黄福明	1992年7月重建
	第六研究室（地震地质研究室）	地壳活动构造、第四纪年代学、工程地震研究；探索地壳活动构造与地震的关系及地震发生的规律	李鼎容 聂宗笙 刘仲温	1988年6月 1993年2月
	第七研究室（工程应力测量研究室）	完善、发展套芯法原地应力测量技术，开展地应力在工程中的应用研究	丁旭初	
	第八研究室（深部构造研究室）	探测研究地震活动区及重要工程地区的深浅构造、组合特征、介质和结构的各向异性及其与应力状态的关系，探索潜在震源和烈度异常区的构造物理判据，开展岩石圈动力学有关问题的研究	陈学波	
	第九研究室（岩土力学研究室）	研究岩石、土壤和断层在地壳应力作用下的反映；开展岩石力学及土力学研究，配合地壳应力应变测量、断层力学性状、地震前兆物理机制、工程地震以及各类岩土工程问题开展理论与实验研究及样品测试	张伯崇	
	第十研究室（地震工程研究室）	配合工程建设，为减轻城市和区域的地震灾害，做好城市规划和土地利用，重点工程场地选择等，做好地震安全性评价工作；开展近场强震（高烈度）地面运动特征研究；土动力学研究及应用；逐步开展震害预测及大震对策研究	徐宗和 郭若眉	1988年10月成立 1994年4月
	断层形变测量队	进行断层现今活动测量，为分析预报和研究提供测量数据；开展测量方法、测量数据处理的分析研究	柴本栋 沈建华 苏 敏	1988年6月 1989年1月
	情报资料室	开展科技情报研究，为科研提供服务；编辑、出版图书和学术刊物，介绍学术动态和科技成果；负责图书资料和技术档案管理	张崇寿	
	计算机技术室	大型电算机的应用开发及硬件与计算技术服务；各种数据库的建立	王继存	1993年撤销

续表

时　间	机构名称	主　要　任　务	主　要 负责人	备　注
1996.4～2000.10	构造应力场研究室	研究和发展原地应力绝对值测量方法、技术、工艺，开展原地应力测量和地球物理测井及重点地区构造活动性调查；研究地震形成的构造力学环境，为地震预报及工程服务	谢富仁	
	地震前兆观测技术研究室	发展地震前兆观测新技术、新手段；探索地热、孔隙压力等地震前兆现象的物理根据，研究这些前兆现象与地壳应力场的关系及其在地震预报中的应用。同时开展国民经济建设急需的有关技术开发工作	付子忠	
	断层力学研究室	研究、发展断层活动测量系统，进行断层现今活动实地观测；研究不同类型断层的运动形式及其相互关系，研究断层活动机制和应力状态及其与强震的关系	勾　波	
	地壳应力应变观测研究室	研究地壳应力应变观测技术和方法；探索地震孕育发生过程中地壳应力应变变化的规律及地震预报方法，负责本专业的技术管理；开展应力应变测量在工程中的应用；并进行相关的理论研究	欧阳祖熙	
	地震预报研究室	综合、分析应力应变、断层位移、地面形变、地温、地震地质等观测资料，进行地震预报新方法研究，全国强地震活动预测预报技术研究，中长期地震趋势研究及提出短临地震预报意见	黄福明 陈　虹	1999年4月
	地震地质研究室	开展地壳活动构造、第四纪年代学、工程地震研究；探索地壳活动构造与地震的关系及地震发生的规律	江娃利	
	工程应力测量研究室	完善、发展套芯法原地应力测量技术，开展地应力在工程中的应用研究	郭啟良	
	深部构造研究室	探测并研究地震活动区及重要工程地区的深浅构造、组合特征，介质和结构的各向异性及其与应力状态的关系，探索潜在震源和烈度异常区的构造物理判据，开展岩石圈动力学有关问题的研究	陈学波 王恩福	1996年4月
	岩土力学研究室	研究岩石、土壤和断层在地壳应力作用下的反映；开展岩石力学及土力学研究，配合地壳应力应变测量，断层力学性状，地震前兆物理机制、工程地震以及各类岩土工程问题开展理论与实验研究及样品测试	李　宏	1999年4月更名为岩石力学研究室
	断层形变测量队	完成跨断层测点的流动测量及物理激光测距工作；完成大灰厂、八宝山、小水峪台站日常监测与维护；负责监测仪器、测量设备和测点环境检修和维护；负责跨断层测量学科管理；协助科技处组织落实地震异常；组织开展技术咨询、服务等开发工作	杨文斌	1997年1月移交北京市地震局
	情报资料室	科技情报研究，为科研提供服务；编辑、出版图书和学术刊物，介绍学术动态和科技成果，负责图书、资料和技术档案管理	郭世凤 王文清	1999年4月
	昌平地震台	钻孔应力-应变观测；承担三马坊温泉水温观测；增加地热、水位、气压等观测项目；开展观测、研究、预报三结合工作；承担国家地震局三结合科研课题；承担所内的试验性观测	王　勇	

续表

时　间	机构名称	主　要　任　务	主　要 负责人	备　注
2000.11～ 2006.6	地壳动力学研究室	活动构造及其动力学研究，构造应力场研究，地球内部结构研究，地震区划基础与应用研究，活断层年代学研究（^{14}C、热释光实验室）	黄忠贤 张景发	 2003年6月
	地震前兆观测技术研究中心	前兆观测技术研究，地震前兆台网建设技术研究，地热观测技术研究，前兆仪器测试与研究，地震前兆台网数据管理应用及计算机网络服务	付子忠 张周术 周振安	 2002年2月 2003年6月
	断层力学研究室	断层力学理论研究，断层形变观测方法、技术研究，工程地质灾害监测研究，工程安全监测研究	张鸿旭 王建军 赵营海 李　宏	 2003年6月 2003年12月 2005年12月
	地壳应力研究室	应力应变理论研究，地应力测量方法、技术研究，地应力测量应用研究，地应力测量理论与实验研究	郭啟良	
	地震监测预报研究室	钻孔应力应变、地温等观测手段地震预报新方法研究，应力应变、地热学科观测台技术管理，强地震预测预报技术研究，首都圈、大华北地震短临监测及预报研究，全国地震中长期趋势研究，地下流体学科管理与预测理论研究	陈　虹 刘耀炜	 2004年7月
	综合减灾研究室	工程地震研究，城市震害评估与预测研究，地质灾害探测与防治研究，大震应急与救助技术研究	欧阳祖熙 吕悦军	 2004年9月
	深部构造研究室	活断层探测技术研究，地球内部构造探测技术研究，工程地球物理应用技术研究	王恩福 张国宏	 2003年6月
	情报资料室	情报、图书、资料及科技档案管理与服务；图书、期刊编辑与出版；网络建设、运行管理；地震科学数据共享建设、管理与服务；地震网络科技环境建设；网络新技术应用开发研究	王文清 王兰炜	2005年4月更名地震信息网络研究室
2006.6～ 2010.10	地壳动力学研究室	地震地质、地震区划及地质灾害调查与研究；构造应力场及数字模拟技术研究；地球内部结构及地壳动力学研究；遥感技术及应用研究；活断层年代学实验室建设	张景发	
	地震前兆观测理论与技术研究室	地震前兆观测理论与技术研究；地震前兆台网建设技术研究；前兆仪器测试与研究；地震前兆台网数据管理与应用；地震前兆流动观测技术研究	王子影	
	断层力学与形变观测研究室	断层力学理论研究；断层形变观测方法、技术研究；地壳应力观测理论、测量方法实验研究；形变监测预警技术应用研究	李　宏	
	地壳应力研究室	地壳应力应变理论研究；地应力测量理论、方法、技术研究；地壳应力场及地应力测量应用研究	郭啟良	
	地震监测与预测研究室	地震地下流体动力学实验研究；地壳应力应变与地震预报方法研究；强地震孕育机理与地震预测方法研究；应力应变和地下流体观测方法、技术研究	刘耀炜	
	综合减灾技术研究室	工程地震学基础理论和应用方法研究；地质灾害勘察与危险性评估理论与技术研究；地震、地质灾害监测、预警和减灾决策系统研究；重大工程和城市减轻地震灾害新技术研究	吕悦军	

续表

时　间	机构名称	主　要　任　务	主　要 负责人	备　注
2006.6～ 2010.10	地震救援技术研究室	地震紧急救援技术研究与救援装备检测实验；活断层探测技术研究；地球深部构造探测；工程地球物理应用技术研究；震动监测技术与应用研究	张国宏	
	地震信息网络研究室	情报、图书、资料、科技档案管理与服务；图书期刊编辑与出版；网络建设、运行管理；地震科学数据共享建设、管理与服务；地震网络科技环境建设；网络新技术应用开发研究	宋富喜	
2010.11～	地壳动力学研究室	活动构造调查、构造应力场研究；地壳动力学过程研究；地震区划基础与应用研究；新地质年代学研究、地质灾害研究；地震地表过程实验室建设	张世民	
	地震前兆观测技术研究室	前兆观测理论与技术研究；地震前兆台网建设技术研究；地震地磁、地下流体观测技术研究；前兆仪器测试与研制；地震前兆台网数据管理与应用；地震观测技术实验室建设	王兰炜	
	断层力学研究室	断层力学理论研究；断层形变观测理论、方法及技术研究；钻孔应力应变观测理论、方法及技术研究；工程地质灾害监测研究；工程安全监测研究；地震应力过程实验室建设	李　宏	
	地壳应力研究室	原地应力测量理论、技术、方法与应用研究，地壳原地应力测量及地壳稳定性研究，现今构造应力场及其与地震的关系研究，地应力测量在工程中的应用研究	郭啟良	
	地震监测与预测研究室	地壳应力-应变理论与方法研究；地震地下流体动力学研究；强地震孕育机理与地震预测方法研究；数值地震预测方法研究；应力应变和地下流体观测方法、深井观测技术研究；昌平地震综合观测基地和钻孔应力应变数据处理中心管理；地下流体动力学实验室建设	刘耀炜	
	工程地震研究室	地震区划理论和方法研究；工程结构抗震设防及其标准研究；地震活动性模型研究；地震地质灾害评价方法研究；重大工程地震安全性评价研究	吕悦军	
	地球物理探测与地震救援技术研究室	地球内部构造探测理论与方法研究；工程地球物理应用技术研究；活断层探测技术及其应用研究；地震救援理论与技术研究；生命搜救与救援技术及装备研制；地震救援装备检测与鉴定技术、方法及相关技术标准研究；地震救援装备检测实验室建设	雷建设	
	地壳运动与遥感应用研究室	InSAR、GPS 观测理论及应用研究；地震应急信息支持技术研究；活动断层多源信息处理研究；电磁观测试验卫星部分技术研发；地壳运动环境与数值模拟；空间遥感与测量实验室建设	张景发	
	地震信息网络研究室	情报、图书、资料、科技档案及期刊管理，研究所网络管理及维护（科研辅助）；现代信息技术在地震监测、预警及应急救援中的运用研究	宋富喜	

说明：备注中未注明内容的日期系该部门继任主要负责人的初始时间。

第二节　管理机构

一、地震地质大队管理机构

1966 年 5 月至 1986 年 2 月地震地质大队管理机构设置情况见表 1-3-3。

表 1-3-3　　地震地质大队时期管理机构设置

时　间	机构名称	主　要　任　务	主　要 负责人	备 注
1966.5～ 1967.6	政治处	负责职工调配、劳动工资、党的基层组织建设、职工教育和宣传工作、负责共青团和工会工作	赵奎华	
	队长办公室	负责决定、计划等问题的检查及督促落实，会议的组织、准备，负责文、印、电的收发和管理，处理队长交办的有关工作及办公室日常工作	杨柳河	
	总工程师办公室	负责科研生产计划的制定和长远规划的编制工作，并检查落实情况	陈庆宣 徐明治	
	保卫科	负责安全、保卫、武装工作	包能安	
	地质勘探科	负责科研业务的组织管理，负责绘图组的工作	马荣坚	
	综合计划科	负责财务计划和管理，按国家规定制定有关财务工作的制度，物资计划的编制及申报工作等	沈柏华	
	后勤科	负责物资采购和供应，管理车辆、车间工作和行政服务工作	孟昭珍 邢　开	
1967.7～ 1971.4	革命委员会办公室	掌握党的政策的贯彻情况，华北地区职工政治思想工作，革命委员会的日常事务，负责办事组、人事组、批改保卫组工作	赵奎华	
	革命委员会生产办公室	负责生产任务、计划安排、生产人员调配，负责驻京办事处、行政组、生产组、物保组、基建组工作	王　民	
	办事组	深入基层、深入群众，上情下达，下情上达，调查了解党的方针政策执行情况和职工思想，分析研究形势，当好革委会的参谋；负责会议的组织、准备、文件印发；处理革委会日常事务工作	乔永良	
	政工组	组织负责党团工作，职工管理及劳动工资，保卫武装工作；负责办报，组织宣传队，学习资料、图书、广播、电影、文体等宣传工作；举办各类型学习班，抓好大批判，抓好活思想，组织检查，总结经验，推广典型	王树海	
	地研组	生产、科研工作的组织管理，地震试验台站管理。负责综合研究组和山地钻机、绘图、资料情报工作	尚　波 马荣坚	
	后勤组	负责计划管理、物资供应、车辆运输、车间、行政服务等工作	乔永良	
1971.4～ 1975.11	办事组	掌握和研究贯彻执行革命路线和政策的主要情况，准确及时传达党委及革委会决定，检查执行的重要情况向领导报告；负责党委会、革委会、办公会的具体组织和纪要等有关文件的起草工作；管理机要、印信、文书档案和保密工作；接待和催办人民来信来访；汇总安排每月工作计划；组织建立全局性规章制度，筹备有关会议	孙连柱	

续表

时　间	机构名称	主 要 任 务	主 要 负责人	备 注
1971.4～ 1975.11	政工组	组织检查开展思想和政治路线教育情况；研究党团组织状况，负责思想和组织建设；举办读书班，主办《工作简报》，办好黑板报和有线广播等，表扬好人好事。培养典型，掌握群众思想动态 00000；贯彻执行党的干部路线和政策，做好干部的培养、选拔、调配、考核、审查、任免；负责职工福利、奖惩和退休安置工作；做好治安保卫和民兵工作；组织开展文体活动，管理子弟小学	喻复先	
	业务组	编制科研生产计划，统筹安排科研生产任务并负责审查实施情况，组织建立健全作业规范、统一技术操作规程。处理重大技术业务问题。检查计划执行情况和作业质量。进行安全教育，组织安全生产；负责内外科研协作；组织开展技术革新和技术革命，鉴定、推广科研生产新成果；搜集、整理、介绍国内外地震科研技术情报，管理地震科研资料和机密、绝密用图；组织地震趋势会商，提出地震预报意见；组织职工学习业务技术	母小亨 马荣坚	1973 年 3 月
	后勤组	负责科研、生产、基建、行政等方面的财务预算、收支、决算和综合计划、统计、劳动工资、考勤和经济核算工作。进行经济活动分析，严格控制非科研生产性开支；科研生产等方面所需的物质、器材、设备以及车辆调配、管理和维护；负责劳动防护用品、办公用品的购置、发放和管理工作；负责仪器、元件等列入国家计划项目的批量产品管理；组织清仓查库、核资工作，开展综合利用；负责机械仪器修配厂和汽车修配厂的业务工作	乔永良	
	行政管理组	负责房屋及家具的分配、调整、修缮、收费和管理；负责基建工程的设计、筹建、施工和验收及绿化工作；卫生防疫、医疗、体检、洗理，组织职工开展爱国卫生运动；办好职工食堂、托儿所，安排来往人员食宿，保证用水、用电和冬季取暖；管理机关行政生活，抓好机关民兵训练，办好家属生产队	罗天赐 王　仲	1972 年 2 月成立 1974 年 11 月
	西三旗办公室	负责对上级机关和当地党政部门联系、接洽工作；在机关支部的统一领导下，代管驻地食堂及机关留守驻地工作人员的管理工作；负责驻地安全、卫生等日常性的管理工作	黄汉松	1974 年 11 月成立
1975.12～ 1983.10	办公室	掌握贯彻执行政策的情况，重大问题及时向领导报告，会议的组织、记录，负责文印、文书档案管理和保密工作，财务计划和管理，人民来信来访及群众工作，有关制度的制定	王　民	
	政治处	职工思想政治教育，时事政治和政策宣传，掌握群众思想动态，执行干部政策，了解干部情况，做好干部的管理工作，负责劳动工资和治安保卫工作，组织开展文体活动	胡　畏	1980 年 5 月撤销
	业务处	制定科研计划和规划，负责学术委员会和学术交流，科研项目选题和实施，科研成果鉴定和验收，地应力台站业务管理，组织震情监视、分析预报，地应力测量仪器生产、分配、管理，业务干部培训	郭志涛	1979 年 8 月分为业务一处、二处

续表

时　间	机构名称	主　要　任　务	主　要 负责人	备　注
1975.12～ 1983.10	业务一处	制定科研长远规划和年度计划及协调工作（包括统计工作）；组织学术交流活动，承办学术委员会工作；重点科研项目的选题检查、组织实施；组织科研成果鉴定和验收工作；承办国家地震局科研处、计财处、外事部门下达的各项业务工作	郭志涛	1979 年 8 月成立
	业务二处	全国地应力台站业务管理；组织震情监视、分析预报工作；地震测量仪器（指定型验收后正式投产的仪器）的生产、分配和管理；负责业务教育和干部培训；对上承办国家地震局地震处、京津唐工作委员会、分析预报中心和教育工作管理部门下达的各项业务工作	侯振国	1979 年 8 月成立
	人事保卫处	贯彻执行党的干部路线和政策，做好干部的培养、选拔、调配、考核、审查、任免，负责劳动工资、职工福利、和退休安置工作；做好治安保卫工作，经常性的职工安全教育，负责消防工作	胡　畏	1980 年 5 月成立，1980 年 12 月更名为人事处
	保卫科	重要部门、重要设备和办公场所的安全保卫工作，进行“四防”教育，建立安全防范制度，负责户籍管理、消防工作，处理刑事案件工作	赵双琪	1980 年 12 月成立
	后勤处	制定物资设备计划，按照上级下达的指标，做好仪器设备的供应、调配、维护，保证科研、生产的需要，车辆的管理和运输服务	戚超云	1980 年更名为物资处
	基建办公室	基本建设项目计划的制定、申报和落实，基建项目的组织实施，基建经费的预算、审核，房屋管理和维护，水、电、暖及管道线路维修，负责澡堂、开水供应等工作	张玉山	1980 年更名为房产基建处
	党委办公室	负责政治思想工作，组织党员和群众学习党的方针、政策。负责思想建设，组织建设，恢复和发扬党的优良传统和作风，负责共青团、工会等工作	黄汉松	1981 年 5 月成立
1983.11～ 1986.2	办公室	协助领导处理日常事务工作，协调各部门有关工作；参与方针政策性问题的调查研究；负责文件的起草，通报重要事件；负责秘书、文书、文印、人民来信来访、机要文件和收发、印鉴、文书档案的管理；贯彻各项财务制度，对财务工作实现监督；编制和管理地震事业经费预决算，参加经济合同草签工作；通管预算内外经济收支、结算和日常财务管理工作；负责科研课题的核算和野外作业成本定额管理工作；参加科研计划讨论和检查计划执行情况	韩文华	
	计划科研处	负责科研计划的制定、计划的实施和协调、科研成果管理、综合统计、协助地方做好地应力基本台站的技术管理，以及对外科技协作、服务和交流工作	郭志涛 马荣坚	1984 年 2 月

续表

时间	机构名称	主要任务	主要负责人	备注
1983.11～1986.2	人事教育处	贯彻执行党和国家有关干部、劳资、劳保、人事统计、人事档案、职工教育的方针、路线、政策，编制劳动计划，提出改革机构、编制人数、人员调整的建议，组织开展文化教育、科技人员培训、进修工作	胡先坤	
	物资基建处	根据国家地震局下达的科研、生产、基建及维修等项任务，按照物资管理“五统一”的原则，做好物资供应、管理及统计工作	侯振国	
	行政服务处	负责行政事务管理，为职工生活服务；加强车辆管理，保证科研、生产用车，搞好安全运输；负责房屋、公用家具的调配、维修和管理；办好职工食堂、职工家属保健、医疗以及供暖、供水、供电等工作；配合有关部门，做好绿化、卫生、计划生育、义务献血	戚超云	
	保卫科	贯彻党和国家保卫工作方针、政策；负责重要部门和贵重仪器设备的安全保卫工作；建立健全安全防范制度，对职工、家属开展防特、防火、防盗、防自然灾害事故的教育；负责私人猎枪的登记，监督枪支弹药、剧毒药品的保管和使用；负责户口的管理工作；负责一般刑事案件的侦破处理及消防工作	赵双琪	
	党委办公室	负责组织、宣传、统战、党委秘书工作，负责团委日常工作	黄汉松	
	综合委员会办公室	负责绿化、爱国卫生、计划生育、“五讲、四美、三热爱”、交通安全以及人防、献血和防汛等组织工作	程启尉	
	三河办事组	负责留驻单位人员的党政管理工作，驻地职工家属工作、生活服务，对房产的维护管理工作	曾令奖	
	技术开发处	制定为国民经济建设服务的规划与计划，并监督执行；组织地震科研成果的推广，挖掘技术、设备、人员潜力，为社会服务；对外承揽服务项目，对内组织承包和协调工作；对承接服务项目组织检查、验收和鉴定工作；制定技术咨询开发的有关规章制度与经济政策，对外经济收入的分配与管理；承担《地震工程及地应力技术咨询开发公司》的经营管理	史新华	1985年2月成立
	生产服务处	参与制定生产服务规划、计划以及具体的实施方案，并监督执行；对外联系、承揽并负责签订生产服务项目合同，对内协调各有关单位完成生产服务任务。认真执行合，坚持质量第一，荣誉第一的原则；组织制定生产服务规章制度、管理办法及经济收入分配等制度	郭铁成	1985年6月成立

说明：备注中未注明内容的日期系该部门继任主要负责人的初始时间。

二、地壳应力研究所管理机构

1986 年 2 月至 2010 年 12 月 地壳应力研究所管理机构及设置情况见表 1-3-4。

表 1-3-4　　地壳应力研究所管理机构设置一览表

时　间	机构名称	主　要　任　务	主　要 负责人	备 注
1986. 2～ 1988. 5	办公室	协助领导处理日常事务工作，负责对外联系，协调各部门工作	韩文华	
	科研处	负责科研、技术的组织管理工作，包括科研计划制定、成果管理、学术交流，组织科研活动的预测、评价及技术安全管理，管理昌平地震台站工作	马荣坚 姜　光	1986 年 8 月
	人事教育处	贯彻执行干部、劳动工资、劳保福利、人事统计、人事档案工作的方针政策，编制劳动计划，提出改革人员结构的合理化建议并付诸实施	胡先坤	
	计划财务处	负责计划编制、监督各部门的计划实施，综合统计，统管全所财务，编制经费的预、决算，协调监督各部门的财务活动	李静宜	
	物资基建处	负责材料、设备、仪器等物资供应计划的编制、采购、供应、管理及基本建设等方面的工作	李国栋	
	保卫处	负责治安保卫工作	赵双琪	
	审计组	贯彻执行国家财政方针、政策和财经纪律及地震系统的各项财务规定，对经济活动实行监督、审计	袁雷雄 （兼）	
	技术开发部	负责技术开发和生产服务有关的组织、管理工作	史新华	
	行政服务处	负责行政事务管理和后勤服务工作	高文波	
	党委办公室	负责组织、宣传、统战、党委秘书工作，负责团委的日常工作	缪惟祥	
1988. 6～ 1992. 2	办公室	协助领导处理日常事务工作，协调各处、室工作；综合性文件的起草，通报重要事件和活动；文印、人民来信来访和机要文件的管理；文件、信件、资料、电报的收发和报刊收订工作；印鉴和文书档案管理；有关会议的会务；节假日值班安排和科研楼的值班；综合委员会办公室的工作	韩文华	
	科研处	编制科研规划和年度科研计划，科研项目的组织实施；与上级有关业务部门联系，做好科研项目的组织协调工作；科技成果奖励、申报、专利申请，组织召开专业仪器、设备技术鉴定会；组织参加国家地震局年度和其他地震趋势会商会，协助领导处理六级以上地震预报意见；汇总、审查对外科技合作项目；负责外事接待	姜　光 袁雷雄 苏恺之	1989 年 3 月 1991 年 7 月
	计划财务处	协同有关部门编制长远科研规划；组织编制年度综合计划并检查督促；负责综合统计工作；对财务工作实行全面统一管理和监督；编制经费预算，管理预算内、外经济收支工作；参与对外经济合同协议的签订；负责科研课题经费核算和野外作业成本定额管理工作；负责社会集团控购物品的审核、报批手续；负责对外出售研制生产产品的成本核算工作	李静宜 袁雷雄	1991 年 7 月

续表

时　间	机构名称	主　要　任　务	主　要 负责人	备　注
1988.6～ 1992.2	人事教育处	贯彻执行党和国家有关干部、劳资、劳保、人事统计、职工教育的方针政策，根据科研生产任务的需要，提出改革机构，人员编制、调整的合理化建议；协助离休干部党支部做好政治、文体活动、医疗等组织服务工作，管理老干部活动经费；组织管理职工文化教育，负责编制科技人员的培养发展规划，建立健全考核制度和科技干部培训、进修、提高工作；负责人事档案管理等工作	胡先坤	
	技术开发处	编制为经济建设服务工作规划、计划；组织科技成果推广与转让；挖掘潜力，开拓为经济建设服务的渠道，统一承揽服务项目；技术开发规划、规章的制定和经费管理；协助学术委员会对技术开发项目方案进行论证、质量检查与成果验收；对外生产服务重大项目的谈判与签约；生产服务规章制度的审定与重要政策的决策；协助监督检查生产服务部门经费开支与财经纪律执行情况	吕培涛 史新华 缪惟祥	1988年6月 1990年6月
	物资基建处	拟定、修改、执行物资管理制度；编制年度物资申请计划；管理在用物资，提高物资利用率、完好率和完整率；报废仪器设备的技术鉴定，办理物资申报处理；提出基建总体规划，办理土地征购、申报基建任务及投资计划和开工前的准备工作；负责审查工程预算、监督施工、检查验收、造价决算及办理固定资产移交等	李国栋	
	保卫处	贯彻执行党和国家保卫工作各项方针政策，维护内部治安秩序；负责安全保卫工作；建立健全安全防范制度并监督执行；对私人猎枪登记管理；负责户口管理、消防和协助管理易燃易爆及危险品的保管和使用	赵双琪	
	审计组	贯彻国家审计法规，制定有关经济工作的规章制度；办理所领导和上级审计机构交办的审计事项；对独立核算单位资金、财产的完整、安全进行监督检查，对财务收支计划、经费预算、经济合同和协议的执行情况及经济效益进行审计监督；开展专案审计并提交审计报告	袁雷雄 周英志	1989年9月
	行政服务处	负责行政事务管理，为职工生活服务；加强车辆管理，保证科研、生产用车，搞好安全运输；负责房屋、家具的调配、维修和管理工作；办好职工食堂，搞好职工家属医疗保健及供水供电等工作；配合做好绿化、卫生、计划生育、义务献血工作	高文波 王树海 牛双海	1988年10月 1992年7月
	党委办公室	负责组织、宣传、统战工作及团委的日常工作。安排职工思想政治教育计划，检查党的组织、思想建设计划的执行情况，并提出分析意见；围绕重大政治活动和所内的中心工作开展教育活动，组织开展党内“两评”和“五讲四美三热爱”活动；负责组织出版《工作简报》	陈书贤 杜春涛	1992年11月
1992.3～ 2001.2	办公室	协助领导督促检查有关方针、政策、决定、指示和规章制度的贯彻执行。协助领导处理日常事务，协调各职能部门工作。综合性文件的起草，通报重要事件和活动。负责办公会议的组织安排，催办会议决定事项。群众来信来访、文书、文印、文书档案、机要文件、保密等工作。负责治安保卫、防火防盗等工作，承担治安综合治理办公室工作	韩文华 缪惟祥 杜春涛 祝景忠	1993年9月 1996年6月 1999年4月

续表

时间	机构名称	主要任务	主要负责人	备注
1992.3～2001.2	科研处	组织和管理科学技术研究的职能机构。组织编制科技发展的长远规划和年度计划。组织科研项目申请、签订、协调、检查。制定震情应急措施，组织实施应急任务。承办科技成果的评定、上报奖励、推广应用和申请专利工作。科技外事计划的编制、实施和管理。协助学术委员会组织科技项目的评审、鉴定、验收工作。组织学术活动和科技成果的宣传。协助领导处理六级以上地震预报意见；协助三类全国牵头单位的技术管理工作	苏恺之 李　克 张周术	1996年6月更名为科技处 1996年6月 1999年4月
	技术开发处	负责科技开发的职能管理部门。归口管理所属独立核算承包单位及其他非独立核算计划外创收。编制科技开发工作规划，制定规章制度。统一承揽科技开发项目，组织有开发价值的新技术、新仪器、新工艺、新产品、新设备的研制和攻关。科技开发和非独立核算单位计划外收入的经费管理。挖掘技术、设备、人员潜力，沟通信息，全方位为社会服务，开拓国内外科技市场	缪惟祥 李　克 高　鹤	1996年6月更名为三产开发处 1993年12月 1996年6月
	计划财务处	综合计划、财务会计、综合统计等方面管理的职能机构。汇总、编制综合长远规划和年度综合计划。编报和调整事业经费计划，监督经费使用。负责综合统计工作；对财务工作实行统一管理和监督。编制和管理经费预算，统一管理预算内、外的经济收支和日常财务管理。负责社会集团购买力指标、对外经济协议签订有关工作。负责组织国库券和其他债券的购买工作	袁雷雄 陈永德 陈立稳	1996年6月 1999年4月
	人事教育处（下附离退休办公室、人才交流服务中心）	人事和教育培训工作的职能部门。负责机构设置方案和人员编制计划，提出各单位领导班子调整配备意见，各级领导干部、科技干部、行政人员考核、政审、任免事宜，专业技术干部评聘工作。办理职工接收、调配、奖惩等工作。职工工资、奖金的管理和津贴、劳保用品发放标准的制定。职工培训规划和计划。负责研究生计划、招生，出国人员的政审，侨务工作。负责人事档案管理。负责离退休办公室、人才交流服务中心的工作	胡先坤 董玉华 何　玉	1994年4月 1996年6月
	物资基建处	负责技术装备与器材供应、基本建设的职能部门。编制物资长远规划、年度计划和专控商品申请计划。物资、器材的订购、分配、调度、报废的审批。管理各类物资器材和五万元以上仪器设备技术档案管理。负责房地产、固定资产的管理，对列入国家预算和自筹计划的新扩建、改建项目进行程序管理。负责零星、临时建筑	郭　林 卞兆银 巩　环	1999年4月更名为基建房产管理处 1996年6月 1999年4月
	审计监察处（与纪律检查委员会合署）	行使审计、监察的职能机构。参与制定有关经济工作的规章制度。对研究所及下属单位财务收支及其经济活动进行审计监督。协助培训二级单位财会人员。受理对监察对象的检举、控告、申诉及群众来信来访。配合开展遵纪守法和勤政廉政教育。负责纪委的日常工作	周英志 张卫东 李志全	1999年4月和党委办公室合署 1992年3月 1996年6月
	党委办公室	党委办事机构。安排政治理论学习计划，并负责组织实施。协助党支部对党员进行教育和管理。会同党支部培养和考察积极分子，发展新党员，接转党的组织关系，收缴和管理党费。负责党委工作报告、计划、总结等工作。负责统战工作，指导和协调团委和工会工作	杜春涛 董玉华	1999年4月

续表

时　间	机构名称	主 要 任 务	主　要 负责人	备 注
1992.3～ 2001.2	行政服务处	行政事务管理的职能部门。负责科研、办公用房和单职工宿舍及家属区的日常管理。公用家具计划编报、申购、调配和管理，水电暖设施维修和管理。负责房租、水电暖气费的核定、收缴。负责医疗保健、招待所、职工食堂等工作。负责机动车辆管理，保证地震应急和工作用车，协助办理车辆更新、报废	牛双海 曾　夏	1999年4月更名为后勤服务中心 1994年11月
	离退休干部处	负责离退休干部、工人的管理服务工作	徐忠发 刘丽娟	1996 年从人教处分出建立 1999年4月
2001.3.～ 2006.5	办公室	协助所长处理日常工作，综合协调、督促检查任务完成情况，负责文秘、文档、机要、保密、安全保卫、综合治理等工作	祝景忠	
	科学技术处	负责科技发展规划编制与实施，组织科技项目立项、检查、验收，大震应急，科技外事，科技成果管理	张周术 杨树新	2002年11月
	人事教育处	负责人事制度改革，机构设置、编制管理，职工队伍管理、考核、奖惩，人才培养，劳动工资，职工与研究生教育，职称评聘，人事档案	何　玉 窦淑芹	2002年11月
	计划财务处	负责年度综合计划，财务预、决算，国有资产管理，综合统计，财务室管理，对二级财务指导检查，配合审计工作	陈立稳	
	党群工作办公室（审计监察处）	负责党委、纪委日常工作和审计监察工作，思想政治工作和精神文明建设，参与干部管理，负责群众工作，家委会和社区工作	董玉华	
	离退休干部处	负责离退休人员管理，热心为老同志服务，接待处理来信来访，协助办理离退休人员去世有关事宜	刘丽娟 王　敏	2002年11月
	基建房产办公室（临时机构）	负责所现有土地总体规划，基本建设项目申报及工程管理验收，公有房屋管理、调配，职工住房补贴核算、发放及职工住房档案管理	巩　环	2003年7月撤销，和后勤服务中心合并
	后勤服务中心	水、电、暖运转及日常维修；房产资源的开发利用；办公区、社区建筑物设施、设备的管理、维护；办公区、社区公共环境综合治理；医疗保健、计划生育、献血、食堂、社区等工作；水、电、暖、电话等费用的收缴	陈云龙 柴建忠	2003年7月
2006.6～ 2010.5	所长办公室	协调和督办行政事务，组织拟定工作制度，对外接待，公共宣传、文秘、机要、保密、文书档案管理，综合档案协调与指导，会议及活动安排、所长日常事务、信息审定与发布	祝景忠	
	科学技术部	科技发展规划制订及实施，科研项目、科技开发项目的计划和管理，地震监测预报及地震应急管理，科技成果管理与推广，知识产权管理，科技外事管理，学术活动的组织安排，科技信息的统计与发布，科技委员会日常事务，北京震苑迪安防灾技术研究中心的管理	杨树新	
	人才资源部	人才规划的制订与实施，人才资源开发、人事调配，职工考核与奖惩，机构、干部及职称管理，劳动工资与社会保险管理，职工工伤福利，研究生教育和人事教育统计，在职人员继续教育与岗位培训，人事档案管理，学位委员会日常事务	窦淑芹	

续表

时　间	机构名称	主　要　任　务	主　要 负责人	备 注
2006.6～ 2010.5	计划财务部	综合计划、事业经费预算与决算，国有资产管理，政府采购管理，财会核算报销，税务登记与缴纳，财务统计与报表，综合统计，财会监督，财会人员的业务指导与管理	李　暐	
	党群工作办公室（审计监察处）	党委和纪委日常事务，党员干部理论学习、宣传教育，党的组织建设和政治思想工作，参与干部管理，审计监察，工青妇等群众组织及统战侨务工作，职工工伤的认定和管理工作	殷翠兰	
	离退休干部处	离退休人员的管理和服务，相关政策宣传，离退休人员的思想政治工作，文体及社会活动的组织等	王　敏	
	后勤服务中心	负责水、电、暖、燃气的正常运转和维护、修缮工作；物业管理和服务；房地产管理、房产资源开发、住房制度改革、基建房产维护、维修；治安、消防、绿化、人防防汛等；机动车辆管理服务；医疗保健、卫生防疫、计划生育和献血工作	柴建忠	
2010.6～ 至今	办公室	协调和督办所内行政事务，组织拟定工作制度，负责政务信息公开，信访、对外接待、公共宣传、文秘、机要、保密，文书档案管理、综合档案协调与指导，全所会议及活动安排，所长日常事务，信息（包括网络信息）审定与发布，政策法规协调执行	祝景忠	
	科技发展部	科技发展规划的制订及实施，科研项目的计划和管理，科技开发项目管理，地震监测预报、地震灾害防御及地震应急管理，科技成果管理与推广，知识产权管理，科技宣传与交流，科技外事管理，学会组织的日常管理，学术活动组织安排，科技信息统计与发布，科技委员会日常事务，北京震苑迪安防灾技术研究中心的管理，制定有关科技发展规章制度	田家勇	
	人才资源部	人才规划的制订与实施，人才资源开发，人事调配、职工考核与奖惩，机构与干部管理、职称管理，劳动工资与社会保险管理，职工福利的兑现，研究生教育管理，在职人员继续教育与岗位培训，人事教育统计，人事和教育档案管理，学位委员会日常事务，制定有关人事管理和教育规章制度	窦淑芹	
	计划财务部	综合计划、事业经费的预算与决算，国有资产管理，政府采购管理，财会核算报销、税务登记与缴纳，财务统计与报表，综合统计，财会监督，全所财会人员的业务指导与管理，制定有关计划财务管理规章制度	李　暐	
	党群工作办公室（纪检监察审计处）	党委、纪委、工会、职代会、审计监察日常事务，组织全所理论学习、普法宣传、宣传教育，党的建设、党风廉政建设，精神文明建设，先进文化建设，干部监督管理，审计监察，工青妇及统战侨务工作，维护职工合法权益，制定有关党委、纪委、工会、审计监察等管理规章制度	李俊红	

续表

时　间	机构名称	主　要　任　务	主　要 负责人	备 注
2010.6 ～	离退休工作办公室	离退休人员的管理和服务，相关政策宣传、离退休人员的思想政治工作、文体及社会活动的组织、生活服务等，制定有关离退休人员管理规章制度	王　敏	
	后勤服务中心	负责水、电、暖、燃气正常运转和维护、修缮；水电暖、燃气、电话费和房产开发租金收缴及有关物业管理和服务；房地产管理、房产资源开发、住房制度改革、基建房产维护维修；治安安全、保卫消防、环境绿化、人防防汛等综合治理，收发门卫及职工食堂工作；机动车辆管理和服务工作，交通安全工作，震情、应急和机要通信车辆的服务；职工医疗保健、卫生防疫、计划生育和献血工作；所交办的其他工作	柴建忠	

说明：备注中未注明内容的日期系该部门继任主要负责人的初始时间。

第三节　学术机构

一、科学技术委员会

地震地质大队学术委员会成立于1978年3月23日，1986年更名为国家地震局地壳应力研究所学术委员会。1996年研究决定，将国家地震局地壳应力研究所学术委员会更名为国家地震局地壳应力研究所科学技术委员会，1998年更名为中国地震局地壳应力研究所科学技术委员会。

第一届学术委员会（1978.03~1982.04）

主　任：徐　炬

副主任：马荣坚　郭志涛

委　员：刘光勋　安　欧　苏恺之　赵国光　李方全　张文涛　王　瑛　高莉青　黄相宁　欧阳祖熙　柴本栋　黄诗斌　张培耀

秘　书：张文涛　杨新华

第二届学术委员会 **(1982.04~1986.04)**

主　任：刘光勋

副主任：郭志涛

委　员：于允生　安 欧　苏恺之　李方全　李鼎容　赵国光　马荣坚　侯振国　张伯崇　张崇寿

秘　书：张文涛　卞兆银

第三届学术委员会 **(1986.04~1996.04)**

主　任：刘光勋

副主任：赵国光　欧阳祖熙

委　员：于允生　付子忠　安　欧　李方全　李鼎容　苏恺之　张伯崇　张崇寿　柴本栋　黄福明

秘　书：卞兆银　陈书贤

下设地壳构造应力场组、应力应变前兆组、断层运动和断层力学组、地震地质组 4 个专业组。

第四届科学技术委员会（1996.04~2001.05）

主　任：付子忠

副主任：谢富仁　唐荣余

成　员：丁建民　勾　波　王恩福　江娃利　刘光勋　李方全　李　克　李　宏　苏恺之　杜振民　张　超　张伯崇　欧阳祖熙　陆远忠　陈学波　陈　虹　赵国光　徐宗和　黄忠贤　黄福明　黄锡定

秘　书：李　克　李来友

第五届科学技术委员会（2001.05~2005.04）

主　任：谢富仁

副主任：黄忠贤

委　员：王恩福　马保起　付子忠　李　宏　李海亮　江娃利　陆远忠　陈　虹　周振安　欧阳祖熙　郭啟良　张周术　张鸿旭　唐荣余　黄忠贤　黄福明　谢富仁

秘　书：张周术（兼）　魏庆云

第六届科学技术委员会（2005.04~2010.03）

主　任：谢富仁

副主任：刘耀炜

委　员：唐荣余　谢富仁　吴荣辉　陆　鸣　张景发　江娃利　马保起　周振安　王子影　郭啟良　李　宏　刘耀炜　邱泽华　吕悦军　张国宏　王兰炜　杨树新　王建军

特聘委员：付子忠　陆远忠　欧阳祖熙　黄忠贤　黄锡定　王恩福　张鸿旭

秘　书：杨树新

第七届科学技术委员会（2010.03~）

主　任：刘耀炜

副主任：陈　虹

委　员：谢富仁　陆　鸣　陈　虹　杨树新　刘耀炜　郭啟良　张景发　王建军　邱泽华　吕悦军　陈连旺　朱守彪　李　宏　杨选辉　马保起　崔效锋　张世民　王兰炜　雷建设　田家勇　张国宏　王子影　宋富喜

特聘委员：唐荣余　吴荣辉　付子忠　陆远忠　欧阳祖熙　黄忠贤　黄锡定　王恩福　张鸿旭　周振安　江娃利　谢新生

秘　书：田家勇

二、职称评审机构

技术职称评定委员会（1980.8）

主任委员：郭志涛

副主任委员：胡　畏　侯振国

委　员：郭志涛　胡　畏　侯振国　马荣坚　刘光勋　安　欧　苏恺之　赵国光　李方全　王　瑛　黄湘宁　柴本栋　孙彦生

高级专业技术职务评审委员会（1986）

主任委员（外聘）：陈运泰　马宗晋　陈庆宣

副主任：　赵国光

成　员：　赵国光　刘光勋　苏恺之　张伯崇

中级专业技术职务评审委员会（1986）

主　任：赵国光

副主任：刘光勋　苏恺之

成　员：李鼎容　安　欧　张伯崇　李方全　张崇寿　付子忠　史新华　柴本栋　黄福明　胡先坤

高级专业技术职务评审委员会（1988）

主　任：赵国光

成　员：付子忠　刘光勋　安　欧　李鼎容　苏恺之　张崇寿　张伯崇　欧阳祖熙　徐宗和　徐明治

中级专业技术职务评审委员会（1988）

主　任：赵国光

副主任：刘光勋　苏恺之

成　员：安　欧　张崇寿　周克森　李方全　付子忠　黄福明　欧阳祖熙　聂宗笙　丁旭初　陈学波　张伯崇　柴本栋　胡先坤

高级专业技术职务评审委员会（1991）

主　任：赵国光

副主任：刘光勋

成　员：丁旭初　丁建民　勾　波　王继存　付子忠　刘光勋　安　欧　李方全　李学新　陈学波　苏恺之　陆远忠　欧阳祖熙　张伯崇　张　超　赵国光　徐宗和　高莉青　袁雷雄　聂宗笙　游丽兰　黄忠贤　黄锡定　黄福明　杨新华

中级专业技术职务评审委员会（1991）

主　任：苏恺之

副主任：黄福明

成　员：郭　林　黄锡定　黄福明　欧阳祖熙　高德禄　李　克　丁旭初　王恩福　刘长义　徐宗和　高莉青　王继存　毕尚熙　游丽兰　苏恺之　胡先坤　王焕贞　潘加初　聂宗笙　袁雷雄

高级专业技术职务评审委员会（1994）

主　任：赵国光

副主任：苏恺之

成　员：丁建民　勾　波　王恩福　付子忠　关元益　李方全　许桂林　陈学波　陈宏德　苏恺之　陆远忠　欧阳祖熙　巫映祥　张伯崇　张　超　赵国光　郭若眉　袁雷雄　黄忠贤　黄锡定　黄福明　谢富仁

中级专业技术职务评审委员会（1994）

主　任：苏恺之

副主任：李　宏

成　员：孟宪梁　刘瑞民　刘德权　李建春　陈　虹　黄礼良　高建理　司洪波　刘向军　董立本　郭世凤　李　克　郭　林

高级专业技术职务评审委员会（1996）

主　任：付子忠

副主任：李　克

成　员：付子忠　李　克　谢富仁　李方全　黄锡定　周振安　勾　波　张鸿旭　张　超
黄福明　黄忠贤　江娃利　郭啟良　丁建民　王恩福　王福江　巫映祥　梁海庆
陈　虹　王文清　王　勇　陆远忠　唐荣余

中级专业技术职务评审委员会（1996）

主　任：李　克

副主任：于慎谔

成　员：李　克　于慎谔　孟宪梁　谢新生　栾成强　陈连旺　李健春　焦　青　杨树新
张国宏　刘德权　李　宏　杨文斌　董立本　张宝红

高级专业技术职务评审委员会（2000）

主　任：唐荣余

副主任：付子忠

成　员：杜振民　唐荣余　谢富仁　张鸿旭　付子忠　张周术　王恩福　李　宏　郭啟良
黄忠贤　欧阳祖熙　侯志春　陈　虹　王　勇　王文清　周振安　于慎谔

高级专业技术职务评审委员会（2002）

主　任：谢富仁

副主任：黄忠贤

成　员：唐荣余　谢富仁　张周术　王建军　陈　虹　江娃利　郭啟良　陈群策　杨树新
王恩福　李海亮　张鸿旭　马保起　李　宏　周振安　于慎谔　王文清　欧阳祖熙
张国宏　黄忠贤　王　勇　杨选辉　吕悦军　张景发　高国宝

高级专业技术职务评审委员会（2004）

主　任：谢富仁

成　员：唐荣余　谢富仁　吴荣辉　江娃利　郭啟良　王建军　杨选辉　陈群策　张景发
杨树新　李海亮　张世民　邱泽华　张鸿旭　周振安　赵营海　赵树贤　马保起
李　宏　张国宏　吕悦军　窦淑芹　张宝红　王子影　王　勇

高级专业技术职务评审委员会（2006）

主　任：谢富仁

成　员：谢富仁　唐荣余　吴荣辉　江娃利　张景发　陈连旺　朱守彪　马保起　张世民
周振安　李海亮　王子影　李　宏　王建军　郭啟良　陈群策　刘耀炜　杨选辉
邱泽华　吕悦军　王兰炜　张国宏　谢新生　窦淑芹　杨树新

高级专业技术职务评审委员会（2008）

主　任：谢富仁

副主任：刘耀炜

成　员：唐荣余　谢富仁　吴荣辉　陆　鸣　杨树新　田家勇　窦淑芹　张景发　张世民
崔效锋　谢新生　雷建设　王兰炜　王子影　李　宏　李海亮　郭啟良　刘耀炜
邱泽华　朱守彪　陈连旺　吕悦军　张国宏　宋富喜　王建军

高级专业技术职务评审委员会（2010）

主　任：谢富仁

副主任：刘耀炜

成　员：谢富仁　吴荣辉　陆　鸣　陈　虹　杨树新　田家勇　窦淑芹　张景发　张世民
崔效锋　谢新生　雷建设　王兰炜　王子影　李　宏　李海亮　郭啟良　刘耀炜
邱泽华　朱守彪　陈连旺　吕悦军　张国宏　宋富喜　王建军

三、学位委员会

1990 年，经国务院学位评定委员会批准，地壳应力研究所成为第四批硕士学位授予单位。1991 年成立了地壳应力研究所学位评定委员会，1992 年开始招生。

第一届硕士学位评定委员会（1991）

主　任：赵国光

副主任：刘光勋　聂宗笙

委　员：赵国光　刘光勋　聂宗笙　苏恺之　安　欧　欧阳祖熙　徐宗和　王焕贞

秘　书：王焕贞

第二届硕士学位评定委员会（1996）

主　任：杜振民

副主任：陆远忠　黄忠贤

委　员：杜振民　唐荣余　陆远忠　黄忠贤　黄福明　勾　波　李方全　欧阳祖熙　丁建民
谢富仁　付子忠　赵国光　苏恺之　李俊红

秘　书：李俊红

第三届学位评定委员会（2001 年）

主　任：唐荣余

副主任：谢富仁　黄忠贤

委　员：唐荣余　谢富仁　黄忠贤　付子忠　周振安　张鸿旭　郭啟良　陈　虹　欧阳祖熙
王恩福　李俊红

秘　书：李俊红

第四届学位评定委员会（2005）

主　任：唐荣余

副主任：谢富仁　刘耀炜

委　员：唐荣余　谢富仁　刘耀炜　吴荣辉　张景发　江娃利　周振安　郭啟良　邱泽华
李俊红

秘　书：李俊红

第五届学位评定委员会（2010）

主　任：谢富仁

副主任：陆　鸣　刘耀炜

委　员：（按姓名笔划排序）
王兰炜　王建军　吕悦军　张世民　张景发　李　宏　邱泽华　陈　虹　郭啟良
雷建设

秘　书：孙文欣

第四节　科技开发和经济实体

1985 年，中共中央《关于科学技术体制改革的决定》提出，科技体制改革的根本目的是“科学技术成果迅速地广泛地应用于生产，使科学技术人员的作用得到充分发挥，大大解放科学技术生产力，促进科技和社会的发展。”并提出科技力量要面向国民经济主战场，要为经济建设服务。国家地震局要求，研究所在确保完成地震监测、预报和地震科研任务的同时，应积极主动地承担社会上的科技开发、咨询、服务工作，努力扩大为国民经济服务的领域。科技体制改革，转变了以往的拨款方式，逐渐减少事业经费拨款，推动研究所为经济建设服务，多渠道拓展经费来源。在管理上，由直接控制为主转变为间接管理，扩大了研究所的自主权，并引入市场竞争机制，调整优化结构，实行人员分流。地壳应力研究所为了扩大为国民经济建设服务的领域，弥补经费不足，安排分流的人员，将可以直接走向市场的生产、服务部门转变为企业，结合实际，采取多种方式鼓励、扶持开办了多种类型的经济实体。

一、科技开发公司

截至 2010 年，地壳应力研究所先后成立三个经营性的科技开发公司。

（一）北京震苑迪安防灾技术研究中心

2003 年 7 月 1 日，为了适应国家科技体制改革和市场经济改革的形势，成立北京震苑迪安防灾技术研究中心，同年 8 月在工商部门注册成立，注册资本 60 万元，为股份制企业。董事长唐荣余、副董事长阮晓龙。2004 年 10 月经北京市科学技术委员会批准为高新技术企业。

业务范围：地震检测仪器的研制、生产、安装和售后服务、水电站自动化监测、地质灾害监测预警及相应软件的开发研制。

震苑迪安防灾技术研究中心历届领导组成是：2003 年 12 月至 2006 年 6 月王建军任总经理，副总经理兼总工程师黄锡定。2006 年 7 月至 2010 年 6 月杨树新兼任总经理，陈军、王建军（兼）任副总经理。2010 年 7 月陈军任总经理。现有员工 50 人，其中博士、硕士以上学位 15 人，研究员 18 人，享受政府特殊津贴高级专家 7 人。中心还拥有中国地震局“九五”地震前兆仪器生产首席专家 1 人，地震前兆监测仪器研制、生产、测试方面学术、学科带头人及学术、学科组成人员数人。

震苑迪安防灾技术研究中心成立以来，先后承担了“十五”期间国家重点项目，中国数字地震观测网络项目——前兆仪器的生产任务，合同额 2600 万元。中国数字地震观测网络项目前兆和信息分项应用软件项目，合同额 300 万元。其他地方台站地震监测、水电站自动化监测等仪器生产和软件研制、技术服务等，合同额近 300 万元。

主要产品有：SZW 数字式温度计、DRSW 水位仪、WWY 气象三要素仪、RZB 多分量应变仪、TJ-II 体积式应变仪、ZD8MI 多极距地电阻率仪、DCRD-1 电磁扰动观测仪、DCXB-3W 断层形变仪、公用设备等。

2005 年 10 月，经北京市科学技术委员会认定，TJ-II 体积式应变仪、SZW 数字式温度计、WWY 气象三要素仪，获得黄卡产品资格证书。

2006 年由于经营规模不断扩大，由小规模纳税人转为一般纳税人。

（二）北京震苑经纬技术开发有限公司

北京震苑经纬技术开发有限公司于 2007 年 3 月在工商部门注册成立，注册资本 15 万元，是北京震苑迪安防灾技术研究中心控股的股份制企业，为小规模纳税人。截至 2009 年，资产总值近 541 万元。首任经理为杨树新，2010 年 7 月，陈军任经理。

业务范围：主要从事地震监测仪器的研制、生产、安装和售后服务以及相应软件的开发研制等项业务。

震苑经纬技术开发有限公司为研究所科研与市场结合搭建了技术平台，自成立以来，利用研究所的科技力量，应用已经取得的研究成果，先后承担了“十五”期间国家重点项目，中国数字地震观测网络项目—前兆仪器的生产任务，其他地方台站地震监测、水电站自动化监测等仪器生产和软件研制、技术服务等项目，为地震监测预报服务发挥了重要的作用。

（三）北京中震应检测技术研究中心

根据国家工程检测技术的管理规定，北京中震应检测技术研究中心于 2007 年 12 月在工商部门注册成立，为股份制企业。主要从事工程勘测、仪器研发、地震救援设备检测等科技服务工作，注册资本 100 万元，其中，地壳应力研究所投资 49 万元，个人投资 51 万元。北京中震应检测技术研究中心聘用员工 12 名，王恩福为董事长兼经理。

二、经济实体

20 世纪 80 年代初，国家的工作重点转向以经济建设为中心，经济体制逐渐向市场经济过渡，为充分利用现有的技术、设备、人员等资源为国民经济建设服务，研究所先后将一些有条件走向市场的单位转变为企业，并结合实际新开办一些企业。期间，因国家对研究所任务的要求，人员结构的变化，以及在激烈市场竞争中一些企业缺少经验，管理不够完善，出现经营亏损等原因，逐步地注销了企业的经营许可，终止了经营活动。

（一）北京昌海汽车修理厂

北京昌海汽车修理厂（以下简称“汽修厂”）的前身是中国科学院北京器材供应站汽车修配厂，该厂于 1970 年 8 月 13 日整建制划归地震地质大队管理，后迁往河北省三河县驻地，承担着地震系统及本单位的汽车维修任务。1972 年 8 月，为了便于地震系统各单位车辆维修和解决材料供应等方面的问题，迁回北京西三旗驻地。

1976 年 4 月，国家地震局[76]震发物字第 061 号文决定，将汽修厂改由国家地震局直接管理，名称变更为国家地震局北京汽车修理厂。1981 年 1 月，汽修厂在工商部门登记注册，注册资金 60 万元，成为独立核算、自主经营、自负盈亏的全民所有制企业，除承担地震系统和单位车辆维修任务外，开始面对社会承揽车辆维修任务。经营范围，主营：汽车大修，总成大修，汽车中小修，维修保养。兼营：零售汽车配件。

1984 年 2 月 29 日，国家地震局[84]震发办字第 070 号文决定，将汽修厂整建制移交给地震地质大队。移交后的名称变更为国家地震局地震地质大队汽车修配厂，其性质及业务方向不变，并负责安排京区各直属单位的复员转业军人以及局机关和单位待业青年的就业问题。

1986 年 7 月，国家地震局[86]震发计字第 295 号文，明确汽修厂为处级单位。1988、1992 年，汽修厂分别实行了承包经营。

1989 年 6 月，汽修厂名称变更为北京海淀地壳汽车修理厂。

1984～1993 年，历任汽修厂厂长：刘凤起、余华春、张玉。

1993 年，研究所开办了北京昌海科技开发总公司，对所属企业进行了整合，将汽修厂变更为北京昌海科技开发公司的下属企业，名称变更为北京昌海汽车修理厂，厂长为高鹤。

1998 年，汽修厂采取租赁经营的方式。2004 年 5 月二期租赁期满后，研究所无相应的人员继续经营，经 2003 年 12 月 1 日所长办公会议决定，委托会计师事务所对汽修厂占用资产进行评估，并报经中国地震局批复同意，2004 年 10 月将汽修厂转让。

（二）北京昌海科贸集团

北京昌海科贸集团（以下简称“昌海集团”），是在原北京昌海汽配件商社、北京海淀地壳汽车修理厂、北京海淀震星机械加工厂三个企业的基础上，于 1993 年 3 月经国家地震局批准成立，原称谓为北京昌海科技开发总公司。为全民所有制企业，注册资金 1000 万元，实行独立核算、自主经营、自负盈亏，经理（法人代表）高鹤。昌海集团成立后，又组建北京昌轮轮胎销售中心和北京京都精密科技中心两个企业。1993、1996 年研究所与昌海集团签定两期承包合同，承包负责人为高鹤。

1998 年 6 月，研究所以震应[1998]053 号文决定更换经营负责人，聘任李志全为昌海集团常务副经理、梁中庠为副经理兼财务主管。

2000 年，北京市工商部门对集团类企业进行清理整顿中，由于昌海集团注册资金及下属企业规模均未达到集团类企业的新标准，2000 年 8 月 23 日被工商部门注销。

北京昌海科贸集团下属企业情况见表 1-3-5。

表 1-3-5　　北京昌海科贸集团下属企业一览表

企业名称	成立日期（年.月）	企业性质	注册资金（万元）	主营范围	主 要 负责人	说 明
北京昌海汽车配件商社	1987.1	全民所有制企业	82.7	汽车配件、电气设备、五金工具、轮胎、日用百货	高 鹤 李志全 梁中庠	2009 年底停止经营
北京昌轮轮胎销售中心	1993.6	集体所有制企业	500	轮胎、化工原料、橡胶制品	高 鹤 李志全 梁中庠	2009 年底停止经营
北京海淀震星机械加工厂	1986.6	集体所有制企业	20	机械加工、扳金	林泽堤	1996 年 12 月注销
北京京都精密科技中心	1993.4	全民所有制企业	100	计算机软硬件的技术开发	高 鹤	2001 年 10 月注销

（三）北京中震地壳岩土工程勘察院

北京中震地壳岩土工程勘察院的前身是地壳应力研究所地质工程勘察队。

1987 年 4 月地质工程勘察队建立，王树海任队长。同年，经国家地震局批准，在建设部勘察管理处注册登记，取得工程勘察乙级资质。

为适应改革开放形势，增强地质工程勘察的活力，促进勘察工作的发展，1988 年 6 月，地质工程勘察队采取独立核算、自主经营、自负盈亏、定额补贴的承包经营管理模式。1989 年 2 月，地质工程勘察队在工商部门登记注册，成为全民所有制企业法人，注册资金 200 万元，经营范围：工程地质、水文地质勘察。

1988～1996 年，地质工程勘察队经过三轮承包经营，其法定代表人分别是王雅杰、毕尚煦、关元益，董立本曾担任总工程师。

1996 年 9 月至 2001 年 9 月，地壳应力研究所制定《勘察队管理办法》，确定地质工程勘察队为事业单位企业化管理，实行队长负责制。期间分别担任队长的是梁海庆、柴建忠。

2001 年 10 月，根据国家工商局有关文件要求，地质工程勘察队名称变更为北京中震地壳岩土工程勘察院，院长为柴建忠。

北京中震地壳岩土工程勘察院（地质工程勘察队）自对外承揽工程以来，先后承担了建筑、交通、能源、冶金、矿山、水电等部门的工程地质勘察、水文地质勘察与钻井、资源勘探等工程项目。完成的首都机场高速路南湖渠高架桥、将台渠高架桥、大山子高架桥、三元桥－北皋村段路基、主路北河段路基等一批岩土工程勘察项目，获中国地震局优秀工程二等奖。完成京都华城 C 区、北京天龙温泉康乐中心、中国国际战略研究基金会大厦、海淀区天秀花园 B 区住宅楼、马家堡西路 K 1＋200 人行天桥及北京市重点工程朝阳北路道路改扩建工程等 20 多个项目的勘察。完成的水文地质勘察及水井施工项目主要有，河北省迁安地区农业灌溉用水水文地质调查及凿井、公安部北京警犬训练基地生活用水选址勘察等。其中，海淀区天秀花园住宅楼项目获中国地震局工程优秀二等奖。

根据北京中震地壳岩土工程勘察院技术人员退休，运营发生困难的情况，研究所于 2002 年 3 月面向社会公开招标，寻找合作单位。经过筛选和考察，决定将北京中震地壳岩土工程勘察院经营管理权，承包给山东省地矿工程勘察院。同年 10 月 21 日，地壳应力研究所与山东省地矿工程勘察院签定了五年的承包协议书。2007 年 12 月承包期满后停止了经营活动。

（四）其他经济实体

1980 年后，地壳应力研究所成立的规模较小、经营时间较短的独立核算、自主经营、自负盈亏的经济实体见表 1-3-6。

表 1-3-6　　其他经济实体一览表

企业名称	成立日期（年.月）	企业性质	注册资金（万元）	主营范围	主要负责人	说明
海力商店	1984.6	集体所有制企业	50	百货、副食、五金	李振华 范九善 谷　晓	1988 年 8 月停业
地质矿产品开发公司	1988.1	全民所有制企业	30	宝石加工、矿物岩石标本、石质工艺品、石材加工机械	史新华 张文涛	1995 年 2 月转让
北京地壳应力科贸中心	1996.4	全民所有制企业	50	科技开发、日用、百货、文化用品、建筑材料、五金交电	沈芝江	2002 年 4 月注销

第二篇　地震科学研究

概　　述

地壳应力研究所的初期工作以野外考察为主，运用地质力学观点调查活动构造体系、分析区域地壳稳定性、探讨地震的地质成因；进而以地应力理论研究及原地应力测量技术引进开发为重点，开展强震震中区及重点活动构造带应力应变及断层活动测量，探索基于地应力和断层力学分析的地震预测预报方法；现今发展为以地壳动力学为理论基础，开展地震监测预测、震害防御、地震应急救援为主要任务的国家级地壳动力学研究的重要基地。在 40 多年的发展中形成了自己的学科特色，尤其在地壳构造与地壳应力研究、地震预测与前兆观测技术、工程应力测量等地壳动力学理论研究及应用实践方面在国内外地学界享有盛誉，为国家防震减灾事业做出了重要贡献。

地壳应力研究所根据中国不同时期防震减灾工作的需要，以及李四光地震工作的思路，根据地质力学理论开展具有鲜明时代特点的地震地质调查与研究。1966～1969 年，结合保“四大（大城市、大水库、电力枢纽、铁路干线）”和确保三线工程建设等任务，开展活动构造调查与区域地壳稳定性研究，寻找安全岛；以地震预报为目标，调查活动构造体系，研究发生地震的构造环境，探讨地震的地质成因；以地应力、断层活动测量为基本手段，探索地震前兆现象和地震预测预报方法。其主要工作成果集中反映在 1970 年编制的中国第一张地震危险区预测图《中国主要构造体系与震中分布图》（1∶400 万）中。继而，对中国典型活动构造带进行专项研究，参加北京地震地质会战、并编制《北京地区活动构造体系图》，参加大震科学考察，进行地震危险区与地震烈度区划，开展城市活断层探测、地貌及第四纪地质、地裂缝与活动构造的关系、历史地震与古地震等项研究。1986 年开始沿阿尔金断裂与昆仑断裂开展活断层定量研究。1988～1994 年，完成大青山山前、忻定盆地边界断裂、狼山山前断裂 1∶5 万地质填图，并对山东沂沭、青海东昆仑、四川龙门山、鲜水河断裂带等活动断层进行专题研究。1996～1999 年，开展首都圈平原区隐伏活动断层的定量化研究，通过探槽探明了南口—孙河断裂、夏垫断裂带上的全新世古地震事件。2004～2007 年，在北京、太原、深圳、海口等大中城市开展大城市活断层探测研究。2008 年汶川 8.0 级地震后，承担华北地区与南北地震带南段共 13 条活断层的地质填图工作。在多个国家自然基金的支持下，开展地震地表过程研究。

地壳应力是现今构造运动的主要动力，控制着构造地震的孕育和发生过程。45 年来研究所一直致力于地壳应力研究，紧跟国际相关领域的研究发展趋势，在地应力测量和构造场研究方面循序渐进地进行了系统的研究。地震地质大队成立之初，应用钻孔套芯法进行地应力绝对值测量，20 世纪 70 年代引进水压致裂绝对地应力测量方法，在全国、尤其华北地区测得大量原地应力资料。1982～1988 年地壳应力研究所与美国地质调查局佐巴克(M.D.Zoback)博士、美国威斯康星大学海姆森(B.C.Haimson)教授合作在云南滇西地震预报试验场红河断裂北段四个地点 400～500m 深度进行水压致裂应力测量，为研究地震成因提供基础资料。地壳应力研究所在海城、唐山、龙陵、汶川地震区进行了大量原地应力测量，尤其测得汶川地震发震断层震前应力集中、地震后应力降至正常水平的地震动力学和运动学过程。几十年来地壳应力研究所全面开展构造应力场研究，研究领域涉及全球大陆；利用活动断裂带运动学特征反演构造应力场；数值模拟分析构造应力场；通过光弹、岩石力学、岩石残余应力、天文地质、震源力学等构造物理实验，研究构造应力场和地震构造物理过程。21 世纪初地壳应力研究所完成了“中国大陆地壳应力环境基础数据库”的建设任务，编制出“中国现代构造应力场图”。在此基础上，系统开展了中国大陆构造应力场非均匀性研究，创新性地提出了中国大陆现代构造应力场分区的划分原则和方法，并将中国大陆及邻区现代构造应力场分为 2 个一级应力区、4 个二级应力区、5 个三级应力区和 26 个四级应力区，推动了地壳动力学研究向纵深发展。

构造地震伴随断裂构造的活动而发生，因而，地壳应力研究所早期便进行了跨断层水准、基线测量。研制出系列化的断层形变监测仪器，实现连续自动记录，为研究与震源过程密切相关的断层运动学和动力学特征，及其所伴生的多种物理力学效应提供了原始的实测资料，为用不同观测手段的资料分析地震前兆机理，探讨震源稳定性和失稳形态的综合判定指标，应用多种观测资料综合分析震源过程提供了理论依据。目前，这些测量数据仍是地震分析预报重要的基础资料之一。

地壳应力研究所始终将地震前兆观测技术作为重点，长期坚持地震前兆观测技术研究与测试仪器的研制。地壳应力研究所在压磁应力仪的基础上，相继研制出电容式钻孔应变仪、体积式钻孔应变仪、断层形变测量仪、地热前兆观测仪、地下流体观测仪、地电磁扰动观测仪、多极距地电阻率仪、数字化地震前兆台网公用技术与设备、地震前兆观测台网公用平台技术，建立了地震前兆观测台网数据管理数据库。地应力观测技术从压磁应力仪发展到高精度钻孔应变仪，再到深井综合观测系统，达到国际先进水平。这些观测仪器和技术被装备到全国 300 多个地震前兆观测站进行震情监测，在全国地震监测预报工作中发挥着积极作用。昌平地震台被建成以应力应变观测为主的标准综合观测样本台站。

地壳应力研究所的监测预报经历了以下三个阶段，20 世纪 60～80 年代依据地质力学理论，应用地应力观测资料进行地震预报研究和实践阶段；20 世纪 80～90 年代末是以地震构造机理和应力场研究为基础，地震活动、应力应变、断层形变、地热前兆综合预报研究和实践的阶段；进入 21 世纪是以地壳动力学为理论基础，利用多学科观测数据，分析地震前兆特征，探索强震孕震机理，尝试从经验性统计地震预测预报向动力性数值地震预测预报过渡，发挥地壳应力研究所钻孔应力应变和流体学科牵头单位的作用，开展全国地震大形势、年度危险区和地震短临信息强化跟踪的研究和实践阶段。

1966 年组建之后，便开始为北京及周围地区大型工程的地震安全开展地震地质调查工作。地壳应力研究所防灾减灾研究工作经历了地震基本烈度鉴定、地震安全性评价、地震动参数区划各个发展阶段，形成一套完整的震害防御技术和应用研究体系，开展震害防御关键性技术和应用基础研究，为国家重大工程建设服务。

为适应地震救援工作需要，地壳应力研究所开展地震应急救援理论与技术研究。推出地震烈度分布快速判断分析方法，开发出地震救援现场网络管理与信息发布软件系统，引进无人微型飞机开展震害信息调查，研究人体气味标志化合物检测方法，研制生命探测仪。在地震应急救援实践中取得一定成效。

步入 21 世纪，地壳应力研究所提出建立地壳动力学研究体系的科学思路，从全球三维视野研究破坏性大地震的动力源，研究中国大陆强震发生的地震构造条件，期望在准确判定地震大形势和发震动力背景的前提下，研究地壳运动引起的各类前兆量微观变化行为，探索实现地震物理预报的方法途径。2010 年 10 月国际岩石力学学会成立“地壳应力与地震”国际专业委员会，该专业委员会挂靠在中国地震局地壳应力研究所，不仅为地壳应力研究所开展地壳动力学研究提供有利的平台，同时推动地壳应力研究所深入开展地应力研究与地震预测预报实践。

45 年来，地壳应力研究所在基础理论研究方面从以地质力学观点研究地震的构造成因，到深入研究断层的力学特征和区域构造应力场，探索地震的力学机制和破裂过程，发展到以地壳动力学观点进行地震重点监视区构造应力环境研究和地震前兆物理力学机理研究，深入探索地震孕育的力学过程，这是对地震成因认识的深化；在地震前兆观测技术方面，由单一的地应力前兆观测仪器，发展到应力应变、断层活动、地下流体等高精度地震前兆观测仪器，观测仪器逐步从模拟记录创新为数字记录，实现数字化、网络化、自动化的飞跃，这是观测技术的提高；地壳应力研究所的地震预测预报工作从早期的单一地应力预报研究和实践时期发展到以地壳动力学为理论基础、基于多学科观测资料的地震预报深化研究时期。同时大力开展工程防震减灾研究和地震救援技术开发应用，减轻地震灾害。

地壳应力研究所的地震科研工作始终以力学为主线，研究与地震这一自然现象相关联的活动构造、断层位移与形变、地下流体运移等问题；开展断层力学、岩石力学、土壤力学研究，应用多种自行研制的仪器系统进行地应力测量，研究各种尺度的构造应力场，逐步形成了系统开展地壳动力学研究的新局面，走出了一条既符合防灾减灾科学研究基本规律又具有自己鲜明特色的地震科研道路。

第四章　地震地质调查与研究

地震地质学科，是前地质部部长李四光创立的。它运用地质力学理论和方法，通过对构造体系活动和现代构造应力场与地震关系的调查研究，探索地震活动规律，进而对地震进行预测预报的一门边缘学科。其任务是实现地震的中长期预测预报，为国家经济建设寻找“安全岛”或者提供相应的抗震防震依据，也为监测地震发生的地应力台站的布设选址，提供依据。

地震地质调查工作始于 1962 年。当年广东新丰江水库建成后曾发生一次 6.1 级破坏性地震，威胁着下游广大地区和广州市的安全。为研究水库地震，找出水库地震与构造活动的关系，在李四光部长的倡导下，地质部组建了广东新丰江地质队，开展新丰江河源水库地区的地震地质调查，对坝址的加固提供了地质依据。

1964 年为了给“大三线”建设寻找“安全岛”，地质部组建了四川 112 地质队。在四川石棉至云南元谋，开展大面积地震地质调查和地震地质填图工作，为攀枝花钢铁基地等重大工程的建设提供地震地质背景资料。

1966 年邢台地震后，党中央十分重视地震工作，周总理亲自主持召开会议，并确定地震工作要保“四大”（大城市、大水库、电力枢纽、铁路干线）的方针。为此地质部组建了地震地质大队，并确定了地震地质工作的主要任务：①查明活动构造地带的范围和它们之间的联系，推断地震是否有扩展的趋势。②在活动构造带中，选择适当地点，建立地应力和断层位移观测站。1966～1970 年间基本上是围绕“保四大”和为三线建设寻找“安全岛”的任务而开展工作。在华北地区承担了密云、官厅、黄壁庄等大中型水库及周边地区的地震地质调查，进行安全性评估，为加固水库大坝提供地质依据。西北、西南、中南地区的地震地质工作继续为“三线”建设和有关重大工程服务。

1970～1985 年主要是围绕编制活动构造体系与地震关系图、危险区划和烈度区划图以及烈度鉴定、烈度复核而对相关地区进行地震地质调查，对重点地区的活动构造带进行专题研究，如 1970 年后对历史上曾发生过两次大震的山西临汾盆地活动构造进行调查研究。1976 年唐山地震后，地震地质大队投入大量人力、物力参加北京地震地质会战，取得一批研究成果。通过大量野外地震地质调查和资料收集，经过分析、研究，相继编制了“中国主要构造体系与地震震中分布图（包括地震危险区的划分）”、“华北地区烈度区划图”、“北京地区活动构造体系图”、“京津唐地区烈度区划图”、“京津地区活动构造与地震关系图”等十多份图件，完成数百项地震基本烈度鉴定、烈度复核和一些大震的科考任务。

1985～2007 年地震地质工作以研究单条断裂活动性为主，先后对大青山山前、狼山—色尔滕山山前、忻定盆地边界断裂开展 1∶5 万地质填图，对山东沂沭、青海东昆仑山、四川龙门山等活动断层进行专题研究，在重点地区开展地震地质填图；在首都圈对孕震构造作定量化研究；对海口、北京、太原等大中城市的活动断层进行试验探测；并对大同口泉、内蒙大青山、辽宁海城及山西太原盆地等地区的古地震进行调查；还承担百余项国家重点工程的安全性评价。

2008 年汶川地震后，活断层探测与地震构造基础研究受到重视。在华北及川滇等地区承担了 13 条活断层（汾渭地堑系的口泉断裂、恒山北麓断裂、天镇—阳高盆地北缘断裂、交城断裂、太谷断裂、罗云山山前断裂与秦岭北缘断裂带，河套盆地的乌拉山山前断裂与岱海断裂带，以及南北地震带的丽江—小金河断裂、元谋断裂、鹤庆—洱源断裂与德钦－中甸－龙蟠断裂）的地质填图任务；承担了多项国家自然科学基金项目，如五台山北麓断裂晚第四纪分期活动特征、华北平原区隐伏断层的地表过程、断层崖宇宙成因核素暴露年代及元谋断裂、龙日坝断裂地震复发行为等项研究；完成了地震行业专项华北地区第四纪断层活动分期特征研究和2008 年汶川地震以及 2009 年玉树地震的地震地质考察任务；建立了多手段年代测试、沉积环境分析、近地表探测与地表测量于一体的地震地表过程实验室。

随着地震地质工作的不断深入，工作方法的不断完善，大面积的地震地质调查被各类的专题研究所取代。随着经济条件的改善及科研经费的增加，研究手段也渐趋多样化：钻探、人工地震、探槽开挖和绝对年龄测定技术，逐渐由定性向定量化方向发展，地震地质科研工作已步入一个全新的发展时期。

第一节　地震地质调查与构造体系划分

地震的发生与断裂活动密切相关，地震地质调查需要重点查明晚第三纪以来，特别是第四纪还在活动的断裂及断裂带。查明断裂的活动方式、强度、频度、幅度，断裂的分布规律、展布范围和断裂之间的复合关系。根据已查明的活动断裂的活动性质，研究活动断裂构造与地震的关系，划分活动构造体系，编制活动构造体系图。

一、京、津及河北地区地震地质调查

1．河北省黄壁庄水库地区

1966 年 6～10 月，尚波等人在黄壁庄水库地区开展构造稳定性地震地质调查，为库区地震基本烈度提供地质依据。野外工作查明本区存在 EW 向及新华夏系构造，前者发育时间较早，后者较晚。坝址区在构造上主要受牛山、东焦断裂带的控制，未见活动迹象，是比较稳定的地区。

2．河北省井陉、获鹿测鱼断裂带及其附近地区

1966 年 3 月邢台地震时，测鱼断裂带通过的地段及其附近为地震烈度异常区，为查明该烈度异常区的地质构造背景，华北三队丁旭初、黄相宁、杨承先、李学新、吕庆书、高词等人于 1966 年 10 月对该断裂带进行了地震地质调查。

3．河北行唐、灵寿地区

为确保石家庄和太行山山前一系列水库的安全，1966 年 7～9 月，华北二队黄全忠、王瑛、夏怀宽等 10 余人对行唐、灵寿地区进行地震地质调查，重点调查口头断裂带的展布及其活动性。地震地质调查认为该断裂带无明显活动迹象。

4．河北省岗南水库地区

1966 年 10～12 月，黄全忠、王瑛、夏怀宽等人在河北省岗南水库及其周边地区开展构造形迹、活动构造及历史地震宏观调查，发现 NW 走向的下奉良断裂有明显活动性。

5．北京市密云水库地区

1966 年 6 月至 1967 年 12 月，华北一队孙叶、赵文峰等人，为保卫密云水库安全，对库区及周边进行地震地质调查。开展 1∶10 万地震地质填图，并对库区水工建筑物所在地段的 $20km^2$ 范围开展 1∶2.5 万地震地质填图。查明本区存在新华夏系、EW 向、NE 向和山字型等构造。对程各庄、二甲峪、北石城和坝址区的诸断裂进行了重点研究。选定地应力解除点三处，断层位移测量点 7 处。

6．北京市八宝山地区

1967～1968 年，曾秋生、刘仲温等人承担了北京八宝山断裂带和八支线铁路通过地段的地震地质调查。查明八宝山断裂、妙峰山断裂、霞云岭断裂的展布特征，近期活动及其与地震的关系，认为八宝山断裂有一定的活动性，但强度和频度不大，目前处于稳定阶段。

7．河北省涞水、易县地区

1967 年，华北一队对河北涞水、易县一带历史地震的地质构造背景进行调查。查明 NNE 走向的下岭村、井儿峪、双营等断裂的展布情况，认为本区历史地震与新华夏系及 EW 向构造有关。

8．河北省怀来、北京市延庆地区

1967～1970 年，为保卫官厅水库安全，尚波、滕瑞增、王瑛、夏怀宽、丁旭初等人在怀来、延庆地区开展地震地质工作，查明该区构造体系展布、活动特征及其与地震的关系，了解本区历史地震

的构造背景。对本区大部分地段进行了 1∶5 万地震地质填图。

9．河北省滦县地区

1967 年 5～11 月，黄相宁、吕庆书、李学新、高词等人在河北省滦县开展地震地质调查。查明 1945 年滦县地震的构造背景及沧东断裂向北延伸情况，还查明滦县地区褶皱和断裂构造较为发育，属于 EW 向及新华夏系构造的复合部位，二者呈反接关系。滦县地震与新华夏系的桃园断裂和 NNW 向断裂复合相关。未见沧东断裂延至本区，有关资料揭示沧东断裂止于天津附近。

10．北京市西山地区

1968 年，曾秋生、刘仲温等人对北京西山地区开展地震地质调查。查明了八宝山断裂、妙峰山断裂、斜河涧断裂、三家店、碧云寺断裂的展布特征。

11．北京市平谷、河北省三河地区

1969 年，徐成忠、李学新等人与北京师范大学地理系合作，对 1679 年三河－平谷大震的地质构造背景及本区今后的地震危险性开展地震地质调查。

12．河北省易县紫荆关地区

1969 年，曾秋生等人查明紫荆关断裂的活动性及构造体系归属，认为紫荆关断裂属于新华夏系的一条主干断裂，具有多期活动，第四纪有明显的活动迹象。

13．太行山东麓及张家口、承德地区

1972 年，为编制华北地区 1∶50 万构造体系图，王瑛、高词、李庆山等人承担太行山东麓及张家口、承德地区的地震地质调查。核实了本区断裂构造的展布，对河南安阳、林县地区和河北丰宁地区的断裂作了修正。

14．河北省文安、霸县地区地震地质特征研究

1980 年，文安、霸县地区出现地震宏观异常，曾秋生、卞兆银等人对该区地震地质特征进行了研究。测量资料表明文安、霸县地区 1974～1976 年相对下沉 130mm，唐山地震后出现相对抬升，至 1979 年最大抬升幅度达 80mm。据深部人工地震剖面揭示，霸县至河间莫氏面相对隆起，地壳厚 32km，有错开莫氏面 2km 的深部断裂。具有可能发生强震的危险地段。

15．河北蔚县盆地、涞源盆地和山西灵丘盆地及其周边地区

1983～1984 年，为编制京津地区 1∶50 万活动构造与地震关系图，王瑛、简春林、孙为国、张亚军等人对蔚县、涞源和灵丘盆地及其周边地区进行地震地质调查。认为这些盆地形成于晚第三纪之后，是由盆地南缘 EW 向断裂的拉张和盆地东缘 NE 向断裂的顺时针扭动而形成，并发现断至上更新统的活动断裂。震中多位于 NNE 向活动断裂与 NW 向或 NWW 向活动断裂的复合部位。

二、山西地区地震地质调查

1．昔阳、和顺地区

1969 年，山西省和顺县发生一个群震，最大震级为 4.8 级。为查明其地质构造背景，吕庆书、王瑛、孙彤彰等人对长治断裂带北段进行地震地质调查，查明了该断裂带的展布特征，未发现断裂活动的证据。

2．霍县、赵城地区

1970～1971 年，为查明 1303 年赵城 8 级地震的地质构造背景，李学新、陈伟添等人前往地震地质调查。查明了本区的地震地质特征和大震构造背景，划出地震危险区，并进行基本烈度区划。认为新华夏系和祁吕系为区内规模宏伟和活动强烈的两大构造体系。

3.临汾盆地及其周围地区地震地质会战

1972 年，国家地震局组织地震地质大队、山西省地震队、地球物理研究所、地震测量队、地震物探队和河北省地震队等单位，对临汾盆地地区进行地震地质会战，并将其作为地震预报的实验场之一。地震地质大队刘光勋负责，李学新、肖振敏等人参加，北京大学地质系协作，在前人工作基础上，

运用地质力学观点，对活动构造体系的晚近活动、人类历史时期及现今的活动和地震规律进行了综合研究，取得下述成果：

（1）该地区的地震活动主要受祁吕系活动构造带控制，地震多发生在应力容易集中的拗陷区，特别是其端部。隆起区一般较为稳定；拗陷区构造复杂，晚近时期以来地质活动强烈，特别是第四纪晚期活动强烈；构造活动方式有改变的地段，发生地震的震级高、频度大。

（2）根据该地区活动性构造特征及其地震活动规律的研究，认为历史上1695年临汾8级地震震级定得偏高，今后本区最大震级为6～7级。主要危险地段有：洪洞附近、临汾以南至襄汾附近；并圈定了5级左右的地震危险地段。

4．晋、冀、蒙三省交界地区

1977年，全国地震趋势会商会提出晋、冀、蒙三省交界地区存在地震前兆异常，1977年4月李学新等人对本区活动构造及构造复合部位进行了地震地质考察，指出区内近期不可能发生大于6级以上地震的看法。

5．山西省多字型盆地的地震地质调查

1981年，李学新、吴治中等人对山西多字型盆地开展地震地质工作。查明盆地总体受NE20°～25°方向展布的高角度正断层控制，认为新生代形成的山西多字型盆地是新华夏系构造体系最活动的地带，为大震的发生提供了构造背景。NNE向的活动断裂是强震发震断裂。

三、西南地区地震地质调查

1．四川省安顺场至石棉、镇西、海棠地区

1966年，西南地震地质队开展了石棉至越西沿线地震地质复查。查明安顺场至石棉、镇西、海棠NNW向断裂与NS向断裂之间的复合关系及其活动性。1966年7月提交的“石棉一越西沿线地震地质复查简报”认为，在石棉城以西存在一组NNW向的断裂带，往南与石棉、冕宁断裂带相接，属NS向构造的组成部分，安顺场、新民断裂有明显的活动迹象。

2．四川省攀枝花地区

1966年，西南地震地质队李守林等人在该区开展地震地质调查，查明该区地震的发生与构造带的关系，以及地震的活动趋势，为有关部门提供了烈度区划依据。

3．四川省牛郎坝地区

1966年，柯义恭、徐永起等人通过地震地质调查，查明牛郎坝地区的断裂展布范围及活动特征，为某工厂的建设提供了地震烈度依据。

4．四川省西昌地区

1966年，对该地区的地震地质概查，划分出构造体系，查明了活动性断裂与地震分布的关系。NS向构造是本区主要构造带，历史上多次活动；走向NS的凉山断裂、安宁河断裂、雅龙江断裂和走向NNW的西昌至宁南断裂、石棉至普雄断裂是本区主要活动构造带，与地震关系密切。

5．四川省锦屏地区

1966年至1967年3月，西南地震地质队为锦屏水电站工程的安全，对该区及外围地区进行了地震地质调查。查明本区存在冕宁弧型构造、新华夏系、NNW向三种构造带，冕宁弧型构造为雅龙江断裂带的一部分，近期活动性显著，具有发生地震的地质构造条件。

6．四川省会泽和云南以礼河地区

1966年11月至1969年1月，西南地震地质队对云南会泽以礼河地区开展地震地质调查。认为一级、二级、三级电站工程区未发现较大断裂，地震烈度按Ⅶ度设计比较合理。四级电站工程位于小江断裂带东侧2km，地震基本烈度应按Ⅷ度设防。

7．贵州省土城地区

1967年开展以土城地区工程为中心的1∶1万和1∶5万的地震地质调查。取得在该工程地区展布的主要断裂带的规模、性质和活动特点的认识。

8．四川省炉霍地区

1967 年 8 月，四川炉霍朱倭、旦都地区发生 6.8 级地震，西南地震地质队通过工作认为甘孜至理塘、炉霍至道孚等断裂活动强烈，这次地震就发生在炉霍至道孚断裂带上，等震线长轴方向与断裂带走向完全一致。

9．云南省永胜、华坪地区

1969 年,西南地震地质队为查明永胜、华坪地震带对渡口地区的影响，通过野外踏勘和资料分析，认为 NS 向构造带为本区较强烈活动性的断裂带之一，沿断裂带永胜至大理地区，历史上到现今均有地震发生，但与渡口地区无地质构造上的关联，不影响渡口地区的地震基本烈度。

四、西北地区地震地质调查

1．宁夏回族自治区石嘴山地区

1967～1968 年,西北地震地质队开展宁夏地区地震地质工作，查明石嘴山地区历史地震与现今小震活动的地质构造背景，构造体系展布特征、活动断裂分布和相互关系，探讨了该地区的地震危险性；并划出本区的构造体系和构造带，认为弧形构造活动较为强烈，尤其是 NS 向构造与 EW 向及弧形构造的交接部位，是地震易于发生的危险地段。

2．甘肃省清水、张家川、武山及靖远地区

1969 年,为了给军队建设寻找安全岛，西北地震地质队在清水、张家川地区开展地震地质工作。认为陇西系是本区的活动构造体系，处于不稳定状态。通过对各场址的地震地质条件进行对比，认为所选场址处于相对稳定状态，应按地震烈度Ⅷ度设防。

出于同样的目的，同年还开展了武山地区的地震地质调查，认为厂区处于相对稳定区，但邻区地震不可忽视。

1969 年,在靖远地区石板沟、武家大川、二十里铺等 9 个地段开展了地震地质调查，认为水泉—大水米、打拉地段断裂规模大、活动性强，水泉、邵家水多处见老地层逆冲于第四系砾岩之上，因而石沟滩、红渠、红山水、车轮口、邵家水等地不宜作为工程场址。石板沟、武家大川一带较为稳定，杨梢、沙河一带相对稳定，可作为工程场址。

第二节　活动构造带研究

研究表明，大于 6 级以上的强震大都发生在活动构造带内，地震带与活动断裂带密切相关。李四光曾指出：①查明活动构造带所在，追索它的延伸方向和范围；②测定活动构造带活动程度和频度；③鉴定活动构造带的性质；④尽可能找出和一个活动构造带有密切联系的其他构造带。一般与地震的发生有关的主要是第四纪活动断裂，尤其是第四纪晚期活动的断裂。同一条断裂的不同段落的活动性并不完全相同。活动断裂的交汇复合部位或拐弯部位是地应力易于集中的部位，易于积累发生强震的能量，是强震发生的有利部位。

一、京、津、河北地区活动构造带研究

1．河北唐山地震与构造关系研究

根据国家地震局下达的任务，1978～1980 年，孟宪梁、杜春涛、李学新等人对唐山地震与地质构造的关系进行了研究。认为唐山地震处于 NNE 向强烈活动构造带与 EW 向构造带的复合部位,“闭锁”区在 EW 向压应力作用下逐渐积累应变能，孕育成为大的震源体因破裂而发震。

2．河北阳原泥河湾地区活动断层与地震的关系研究

1981～1982 年，王安德等人对该区活动断层进行野外调查，发现一条 5.5km 长的活动断层，为黏滑性的同生断层，认为是古地震的震中所在地。

3．河北易县地区紫荆关断裂带概查

1982 年，李嘉麟、梁金鹏、肖振敏等人对该断裂带进行野外踏勘，认为狼山断层为第四纪以来活动的正断层，蚕房营、方家冲多处见到断裂的活动形迹。石门断层上盘下降，年平均速率达 1.75mm。乌龙沟断层上的 9 条水系有 7 条遇断裂而右拐，最大扭距达 750m。黄安断裂东南盘上升，具顺扭特征。三家台断裂有 6 条水系通过断裂，有 4 条遇断裂右拐，最大扭距 600m。大河南断裂有 12 条水系通过，有 8 条水系右拐，最大扭距 500m。

4．太行山东侧强震构造特征研究

1982 年 5 月至 1983 年 2 月，高词等人经过野外地质调查，运用卫星照片解释成果，并在邯郸地区施工的 15 个浅层钻井取样作 ^{14}C 分析，认为太行山断裂的南段断裂在地表表现为东倾，地下深部为西倾，控制着太行山山前南段的新生代基性和超基性岩的岩浆活动。

江娃利、聂宗笙等人对太行山断裂带的展布、活动特征、深部构造及形成演化进行了研究和部分地段的地质调查。认为该断裂带主体形成于早第三纪始新世初期，晚第三纪和第四纪时期仍在强烈活动。断裂带不同构造部位后期活动存在差异。

5．河北文安、霸县地区活动构造体系与地震关系的研究

唐山地震后，文安、霸县地区出现地形变隆起异常，国家地震局组织地震地质会战，调查研究该区形变异常的原因。王瑛、许成林等人对本区地貌、第四纪地质及其与构造活动的关系进行了野外调查。通过探槽揭露，实测四条泥炭层形变剖面，并取样进行 ^{14}C 年龄测定。发现多条第四纪时期活动的 NNE 向逆冲断层，该区的地面形变异常可能与这些断层的活动有关。并对本区地震危险性进行了初步探讨。

6．北京八宝山、高丽营断裂带的发育与演变研究

1983 年，杨承先等人根据人工地震剖面和地面地质调查资料的研究，提出北京断陷是中生代形成的叠合式断陷，是由张剪性断裂作用，到断陷的充填，再到压剪性断裂作用的旋回中不断演化而来。

7．京、冀、晋、蒙交界地区活动断层与发震断层特征及近年地震趋势的专题研究

1987 年，李学新、王瑛、王进英等人对本区活动断裂进行了野外考察。并对多种资料进行研究，指出本区近期无发生 6 级以上破坏性地震的可能。

8．延庆、怀来盆地第四纪活动断层及其地震预测研究

延庆、怀来盆地是首都圈地震重点监视区。1989 年，李学新、张英礼、樊文奎等人对本区第四纪活动断裂开展野外地质调查。认为黄土窑—良田屯、狼山山前和施庄村断裂是第四纪以来的主要活动断裂，具有发生 6.5 级以上地震的构造条件，但百年内发生大于 6 级以上地震的可能性不大。1990 年对施庄村断层的野外调查和取样测定认为，该断层为侏罗纪晚期至白垩纪时期形成的左旋滑动的正断层，在中更新世晚期发生过边断、边沉积的蠕滑活动，在晚更新世早期发生过一次强烈地震事件，尔后一直无活动。据跨断层基线和短水准测量结果表明，该断层现今的活动主要表现为走滑性质。

9．华北平原 NW 向强震构造全新世活动特征的研究

1993 年 5 月至 1995 年 5 月，江娃利、刘仲温、张英礼承担地震科学联合基金课题，研究 1830 年磁县地震、1937 年菏泽地震及 1975 年海城地震区的 NW 向断裂全新世活动特征。发现了 1830 年河北磁县地震地表破裂带，这对磁县地震区 NW 向断裂的全新世活动特征有了进一步认识，并查明 1937 年菏泽地震地表破裂特征，还通过航空照片解译发现海城地区的 NW 向活动断裂带。

10．首都圈孕震深浅活动构造的定量化研究

1996～1999 年，江娃利、侯治华、张英礼、苏怡之、谢新生等人承担中国地震局“九五”重点项目“强地震预报预测技术研究”课题“首都圈孕震构造精细探测研究与强震危险地点和震级上限的地质—地球物理孕震模型预测”专题，主要内容是编制首都圈 1∶20 万活动构造分布图和首都圈平原区 1∶50 万活动断裂分布图。提供活动断裂展布及主要活动断裂活动参数，给出首都圈地壳速度结构

等参数，判定未来工作区内强震可能发生的地点及相应的震级上限；对夏垫断裂、黄庄—高丽营断裂、南口—孙河断裂、大兴断裂晚更新世以来活动性状及古地震特征进行研究，对夏垫断裂、南口—孙河断裂带实施探槽开挖，对高丽营断裂实施钻孔探测，获得了断裂带全新世多期活动依据。

11．华北地区第四纪断层活动分期特征研究

2007～2010 年，张世民、任俊杰、丁锐、罗明辉、刘旭东、赵俊香等人承担地震行业科研专项课题，研究华北地区第四纪构造活动的分期问题，认为华北地区自唐县期夷平面解体以来，即 3.6 万年以来，发生了 6 期强烈断块活动事件。提出了华北地区晚第四纪最新构造事件及构造活动分期的断层时代分类方案。

二、山西地区活动构造带研究

1．山西地区地震与活动构造关系的研究

1970 年，李学新等人对山西地震与地质构造关系进行研究。认为Ⅵ度以上的破坏性地震集中在大同、太原、霍县、平陆一线，Ⅷ度以上的强震完全有可能出现在同一地区，形成一个 NNE 向展布的强地震带，与 NNE 向展布的构造带相吻合。1303 年 8 级地震的极震区走向及等震线长轴方向呈 NNE 向延伸，与 NNE 向活动断裂带展布方向一致。

2．山西地堑系及其地震构造研究

1978～1979 年，刘光勋、肖振敏等人，通过对地质、物探、钻探、测震、形变等资料的综合分析，得出山西地堑系是由两组方位不同的断陷盆地所组成，一组为 NE 向，另一组为 NNE 向，前者以扭性为主，后者以张性为主。NNE 向盆地的地震活动强度大，频度高，认为地堑系的形成以水平运动为主导。

3．山西多字型盆地及其地震构造研究

1978～1980 年，李学新、吴治中等人对山西多字型盆地进行研究。认为山西多字型盆地为一系列新生代盆地，长达 1200 多公里，总体呈“S”形展布，是山西中部新华夏系桑干河至汾河褶断带新生代活动的产物。

4．山西断陷带主要活动断裂专题研究

1985～1988 年，刘光勋、孟宪梁等对山西断陷带主要活动断裂的进行了研究。野外地震地质调查发现多处 1303 年 8 级地震的形变遗迹，认为霍山山前断裂是 1303 年地震的发震断裂，临汾盆地东缘存在着挤压构造带，发表了“山西临汾盆地第四纪构造与断裂活动”和“山西洪洞 8 级地震形变遗迹研究”等论文。

5．忻定盆地边界断裂 1∶5 万地质填图

1988～1994 年，刘光勋、于慎谔、窦淑芹、张世民、梁海庆、许银贵等人完成地震科学联合基金资助课题。通过航空影像解译，结合野外地质地貌调查、探槽开挖和断层年代测定，完成五台山山前断裂、系舟山山前断裂、云中山山前断裂与恒山南麓断裂 1∶5 万比例尺分布图与说明书。确定五台山山前断裂、系舟山山前断裂为全新世活动断裂，以正倾滑错动为主，并估算了这两条断裂的晚第四纪滑动速率。

6. 山西交城断裂活动性、大震复发间隔及强震构造研究

1996 年 8 月至 1998 年 8 月，许桂林、马保起、江娃利等人承担地震科学联合基金资助课题。通过卫星照片解译，野外地质地貌调查，探槽开挖和断层年代测定等工作，认为该断裂以正倾滑活动为主，兼右旋走滑，清徐至交城一段全新世以来最大倾滑速率达每年 1.3mm，全新世早、中期发生过两次古地震事件，震级 7～7.3 级，重复间隔在 400 年左右，太原盆地值得重视。

7.口泉断裂 1∶5 万地质填图

2009～2011 年，张世民、刘旭东、徐伟等人申请到全国地震重点监视防御区活动断层地震危险性评价项目。通过卫星影像解译，结合野外地质地貌调查、探槽开挖和断层年代测定，完成口泉断裂

1∶5 万比例尺分布图与说明书。并发现该断裂晚第四纪多期活动证据，确定其最新活动发生在距今4900～5700 年之间，晚第四纪滑动速率为 0.4mm/a 左右。

8. 交城断裂 1∶5 万地质填图

2009 年，谢新生、张路、孙昌斌等人承担中国地震局《全国地震重点监视防御区活动断层地震危险性评价项目》的一个分项目——山西交城断裂带长 125km、两侧宽各 1km 地段条带状活断层填图。完成了山西交城断裂带条带状活断层分布图(1∶5 万)及填图报告。

9. 中国活断层综合探查——华北构造区

2009 年 9 月，谢富仁、于慎谔、谢新生分别申请到地震行业科研专项的三个专题，负责太谷断裂、恒山北麓断裂与罗云山山前断裂的 1∶5 万地质填图。通过地质、地貌、探槽和年代测试等技术，对山西省临汾盆地西界长 145km 的罗云山山前断裂带进行 1∶5 万条带状地质填图。基本查清罗云山山前断裂、太古断裂、恒山被断裂的空间展布特征，确定出其活动参数，获得了这些断裂带晚更新世晚期以来活动的基础资料。

三、内蒙河套盆地、大青山山前、狼山山前地区活动构造研究

1. 内蒙河套断陷的形成及演化研究

1981～1982 年，李克、聂宗笙等人对内蒙河套盆地的边界断裂及其活动特征，盆地基底结构与新生代沉积进行研究，并探讨了河套断陷盆地的形成和演化。1983～1984 年聂宗笙、李克等人对大青山山前断裂带的展布，第四纪活动期次、活动幅度、活动速率、活动复发间隔及其与地震的关系开展地震地质调查，认为大青山山前断裂是一条长期发育、反复活动的重要断裂，最新活动延至全新世中期。

2. 内蒙红山—八里罕断裂带地质特征及其地震活动性研究

1983 年，杨承先、王贵华、陈健等人对内蒙红山—八里罕断裂带进行地震地质调查。认为该断裂带经历了三个构造变形阶段，各阶段活动性质不同，是一条活动性很强的断裂。

3. 内蒙古大青山山前活动断裂 1∶5 万地质填图与综合研究

1989 年,李克、吴卫民、聂宗笙、马保起、梁金鹏与内蒙古地震局杨发、郭文生、何福利等承担大青山山前断裂长 200km 1∶5 万地质填图及综合研究任务。取得近百个 ^{14}C、热释光年龄样品和 100 多个钻孔资料，利用断裂两盘相应地层层位对比和断层崖高度，分别计算出晚更新世晚期以来和全新世时期的断错位移和平均滑动速率及其在各段的分布状况。通过 10 余个探槽剖面的研究，初步查明断裂上全新世古地震的期次、复发间隔和最新古地震事件的发生时间。

4. 内蒙古狼山、色尔腾山山前活动断裂带 1∶5 万地质填图

1994～1995 年，聂宗笙、吴卫民、许桂林、江娃利等人承担了狼山、色尔腾山山前活动断裂 150km 地段的野外地质填图与综合研究任务。对断裂带山麓地区第四纪地层进行了划分和对比，重点研究了山前夷平面、山前台地、河流阶地、洪积扇及断层陡坎等构造地貌。基本查明断裂展布、结构、活动时代及晚第四纪活动特征和活动速率，并依据探槽开挖，对断裂带的晚第四纪古地震获得初步认识。

5. 正倾滑活动断裂分段理论与未来破裂尺度研究

该子专题为地震科学联合基金“九五”重点课题。江娃利、肖振敏、谢新生、王焕贞等选择鄂尔多斯周边断裂系作为正倾滑活动断裂分段的研究地区，收集和分析了鄂尔多斯周边 4 个断陷系发生的 7 级以上历史地震的宏观破坏或地表破裂资料，以及活动构造、古地震及其复发间隔等资料，探讨正倾滑活动断裂地震破裂分段的总体特征；在大青山山前断裂带上，实施探槽开挖和断错全新世地层剖面剥落，实测 26 个地层测年样品，对该断裂带的地震破裂进行了分段。

6. 乌拉山山前断裂活动性和大青山山前断裂分段性研究

1996～1998 年，马保起等承担地震科学联合基金课题“河套北缘断裂活动习性的定量研究”。对乌拉山山前断裂的活动性进行了较为详细的探讨，从而得出其构造地貌学特征、晚更新世晚期和全新

世的抬升速率、断裂的分段性活动性，认为晚第四纪以来断裂活动有向西扩展的趋势。大青山山前断裂研究，将有限元数值模拟方法引入到单条断层活动性差异的研究中，得出大青山山前断裂中间段活动强、两端活动弱的结论，这一认识与以前的结论有所不同。

7. 乌拉山山前断裂 1∶5 万地质填图与综合研究

2009～2011 年，马保起、何仲太、黄学猛与内蒙古地震局郭文生、刘智明等承担中国地震局《全国地震重点监视防御区活动断层地震危险性评价项目》子专题“乌拉山山前断裂 110km 条带状地质填图”任务。在 GPS RTK 实测地貌面和断层崖（坎）高度的基础上，分别估算出晚更新世和全新世的移动平均滑动速率及其在各段的分布状况。对近 50 个样品进行光释光、^{14}C、热释光年龄测定，通过 10 余个构造剖面分析，查明了断裂晚第四纪时期的古地震事件及其复发间隔。

四、山东郯城庐江断裂带调查研究

1. 山东郯城庐江活动构造调查研究

1978～1980 年，曾秋生、鞠德祥、李庆山、刘宝祥等人承担郯城、庐江断裂带活动性调查任务。着重对其构造展布、活动特征及地震危险性开展了野外调查，认为莒县至郯城和五河至嘉山、定远是未来发生 7 级以上强震的危险地段，新沂、宿迁至泗洪和肥东、庐江至桐城地区未来有发生 6～7 级地震的可能。研究报告认为，该断裂带活动强烈，近 1 万年来其活动有明显的阶段性，并以 17 世纪中叶最为强烈，并推断未来 50～100 年的活动趋势。

2. 山东沂沭断裂带（南段）年代学研究

1986 年，王安德、张康富等人对沂沭断裂带的南段进行野外地质调查，根据测年得出断层泥形成于中更新统晚期，表明断层最后一次活动在 17 万年左右。何庄剖面测得断层泥的年龄，表明断层经历多次活动，最晚一次活动相当于晚更新世早期。

3. 山东沂沭活动断裂中段微地貌定量研究及多元地貌要素分析

1997 年，江娃利、张英礼等人对山东沂沭活动断裂带 40 条剖面陡坎及 99 条冲沟开展微地貌调查，实测逆断层陡坎发育状况、冲沟跌水分布，断面附近冲沟平面形态及冲沟切割深度的变化，分析工区冲沟水系的分级、冲沟密度特征、冲沟纵剖面类型及冲沟平面扭曲形态，并对比不同时间及不同地貌应力形成的构造地貌的空间差异，获得逆断层基岩陡坎坡角随时间的非线性变化曲线及冲沟上游裂点后退速率；依据实测结果还讨论了沂沭活动断裂晚第四纪时期的活动方式、活动幅度、活动速率及事件期次。

4. 山东文登东殿后 EW 向断裂活动性研究

2003 年 7～9 月，马保起、刘光勋等人通过地震地质调查发现，山东半岛东北部地区晚第四纪的构造活动以整体性抬升为主，内部的断裂活动相对较弱。ETM 影像解译结合实地考察，新发现一条活动断裂——东殿后断裂。断裂总体近 EW 走向，全长约 20km，地貌上表现为 3 条河流上游组成的谷地。断裂错断最新地层的热释光年龄为 8400～7500 年。断裂剖面特征和断错地层的年龄表明断裂的最新活动时代是晚更新世早中期，构造剖面约束的垂直活动速率不小于 0.16mm/a，晚更新世晚期后停止活动。据构造类比，断裂最大潜在地震为 6.5 级。

五、西南地区活动性构造带研究

1. 云南程海等断裂带的活动性研究

1983 年，李鼎容、朱桂云、于慎谔等人对程海等断裂进行活动性调查，认为程海断裂是长期活动的岩石圈断裂，其东北与金河、箐河断裂相连，东南与红河断裂相接。第四纪初表现为张性运动，晚更新世至全新世转为以右旋走滑运动为主。认为 1515 年永胜地震的震级应为 7～7.4 级。

2. 云南曲靖至昭通断裂带北段晚第四纪活动性研究

1997 年 8 月至 1999 年 8 月，侯治华等人通过卫星、航片判读，野外地质、地貌调查、槽探开挖和取样测年，认为各断裂在晚更新世时期都有过活动，其中大毛滩断裂在全新世时期的活动速率较高。确定晚更新世以来发生的古地震事件 11 次，1844 年地震的震级约为 7 级。

3．龙门山断裂带中段晚第四纪活动性研究

受四川省公路设计院委托，2001 年 7～9 月，郭啟良、马保起、吕悦军、彭艳菊等承担都江堰至汶川高速公路的地震安全性评价工作。利用岷江阶地变形约束龙门山断裂带晚第四纪的滑动速率，实测 8 个一、二、三级阶地堆积物上部组成物质的年龄。三级阶地均被龙门山断裂带的 3 条断裂错断，阶地的垂直和水平位错量表明，茂汶－汶川断裂晚更新世中期以来的右旋滑动速率为 0.8～1.0mm/a，全新世逆冲滑动速率为 0.5mm/a。北川－映秀断裂晚更新世中期以来断裂的右旋滑动速率为 1mm/a，晚更新世中期以来的平均逆冲滑动速率为 0.6mm/a，晚更新世晚期以来为 0.4mm/a，全新世以来为 0.3mm/a，逆冲活动呈逐渐减弱的趋势。根据断裂长度、滑动速率及预测震级估算了未来百年的最大位错量。

4．云南国际铁路玉溪至蒙自段主要断裂活动性研究

2002 年 12 月至 2003 年 7 月，郭啟良、马保起、李德文、田勤俭、侯治华、舒塞兵等通过对断错地貌面的年代测定、晚第四纪地层中构造剖面的分析和历史地震地表破裂的追踪调查，查明了小江断裂带南段的建水东断裂和李浩寨断裂、曲江断裂、石屏—建水断裂、黑泥地—白沙冲断裂、大田山—鸡街断裂、蒙自东山断裂等断裂晚第四纪的活动性；用古地震或历史地震法、滑动速率法、断层长度转换法、预测震级转换法和加权综合法估算了建水东断裂、石屏—建水断裂等 6 条断裂未来百年的最大位错量。

5．滇西北通甸—巍山断裂中段的晚第四纪滑动速率研究

该课题为地震科学联合基金资助，任俊杰、张世民、侯治华、刘旭东等人完成。野外地质、地貌调查和年代学研究表明，通甸—巍山断裂中段是一条以右旋走滑运动为主，兼有张性正断的全新世活动断裂，其最新活动距今约 2200 年。晚更新世以来断裂中段平均水平滑动速率为每年 1.25mm，全新世晚期以来垂直运动趋于增强。

六、西北地区活动构造带的调查研究

1．阿尔金断裂(中段)研究

阿尔金断裂是国家地震局 1982 年活动断层工作会议上确定要详细调查研究的重点活动断裂之一。1986 年刘光勋等人对阿尔金断裂中段进行了地震地质调查，发现多处古地震遗迹，首次发现索尔库里至库什哈约 200km 长的地震断层，研究了地震断层的组成和形变类型，以及水平和垂直运动的位移量。

2．青海东昆仑断裂带活动性和 1937 年地震破裂带研究

1986 年，国家地震局下达“青海花石峡地震断层和东昆仑断层活动性调查及地震重复率研究”任务。刘光勋负责、肖振敏、王焕贞、谢新生等人参加。研究认为，库玛断裂东段的花石峡断层是一条继承性活动断层，断裂带也是一条强震活动带。断层活动以左旋走滑运动为主，花石峡地震断层形变带是 4 期强震形变的产物。在公元 771～871 年期间可能发生过一次大于 7.5 级的地震。确定 1937 年 7.5 级地震的震中、地震破裂带的展布及规模。

七、其他地区

1．广东省河源新丰江地区新华夏系构造最新活动与地震的关系

1969 年中南地震地质队根据多年测量资料对新丰江水库地区新华夏系构造最新活动与地震关系进行了研究。新丰江水库区出现一系列 NE 至 NNE 向的波状断裂群，其中河源断裂和人字石断裂是控制本区构造活动和地震活动的两条“S”形断裂。河源断裂、人字石断裂是逆时针水平扭动，葫芦拗断裂是顺时针扭动。

2. 中国海域的活动断裂

1989 年，马廷著、刘国民在编制“岩石圈动力学图集”中的“中国活动断裂图”之时，对渤海、南黄海、东海和南海北部活动断裂的时代、性质、活动速率等进行分析研究，并对其危险性进行了探讨。

3. 辽西朝阳—北票断裂活动性研究

2009 年 2 月至 2010 年 10 月，马保起、侯治华、田勤俭等对辽西分布的 20 余条断裂进行活动性研究，新发现一条活动性断裂——朝阳—北票断裂。并发现其晚更新世活动的证据。在北洼村附近，经人工开挖揭露朝阳—北票断裂错断了晚更新世地层。

八、地裂缝与构造活动关系研究

1. 河北邯郸地裂缝调查

1968 年 8 月，国家科委地震办公室组织地震地质大队在内的多家单位对邯郸市及其郊区的地裂缝进行普查。南从磁县，北到永年，东到东小屯、东辛庄调查人员对地裂缝可能延伸的方向进行了追索。地裂缝总体呈 NS 和近 EW 向展布，最长达 1200m。考察结果认为是 1966 年 3 月邢台地震波及到本市产生的，不是地震的前兆现象。

2. 广东雷州半岛地裂缝考察

1969 年，中南地震地质队对雷州半岛出现的 4 条地裂缝进行了考查。由于这些地裂缝呈现有规律的分布，认为可能与构造活动存在一定的关系。

3. 广东省儋县北部地区地裂缝调查

1969 年 11 月，广东儋县新州地区出现地裂缝，中南地震地质队调查发现地裂缝都出现在地势较高处，方向性不明显，一般深度在 2m 以内。认为地裂缝与井水水位的明显下降和降雨量减小有直接关系。

4. 唐山大震地裂缝与构造应力作用方式研究

1979 年 6～12 月，杜春涛、孟宪梁、陈书贤等人通过对唐山 7.8 级地震地裂缝的综合分析，认为唐山地区的几次大震是在统一构造应力场作用下，NNE 向构造带活动的结果，应力场的主压应力方向为 NWW 至近 EW 向。

5. 河北省任丘、河间地区地裂缝及泥炭层形变与新构造运动关系研究

1981 年张英礼、简春林等人研究认为，该区泥炭层大面积分布，厚度稳定，为全新世中部之标准层位，其形变与构造活动相关。1981 年河间邱家庄地裂缝与构造有关，而其他裂缝均为非构造因素所致。

6. 河北省邯郸市地裂缝成因探讨

1982 年 10 月至 1983 年 12 月，聂宗笙、江娃利、吴舒敏等人前往考察，查明地裂缝呈 NNE 至 NS 向三个条带展布，总体显示张性，裂缝东侧伴有不均匀沉降，有两处显示顺扭。形成时间为 1966～1968 年和 1978～1983 年两期，并通过钻孔地层剖面，讨论了邯郸断裂的活动。

九、通过航、卫片解译研究活动构造

1. 郯庐断裂带的活动特征

1978～1979 年，关元益、吴治中、江娃利等人开展卫星影像岩性和构造判读标志研究，对苏鲁皖地区的构造轮廓作出判读，结合对郯庐断裂带进行野外地质调查。认为郯庐断裂带对第四纪的地貌起着控制作用。

2. 应用航片进行强震区地震断层变位地形研究

在地震科学联合基金资助下，1989～1990 年，江娃利、李咸业、刘仲温、李庆山、樊文奎等人研究了 1668 年发生在山东郯城—莒县 8.5 级地震的沂沭断裂全新世断裂及 1830 年发生河北磁县 7.5

级地震的NW向地震断层，给出沂沭断裂全新世断层陡坎的分布图像，及河北磁县西部山区NW向南山村断裂新活动的证据。

3．TM遥感在活动断裂带中的应用研究

据地震科学联合基金课题，张景发、王四龙、刘德权等人以鲜水河断裂带为例，研究鲜水河断裂带的构造环境，对其水系、地貌形态、纹理结构、断裂活动特征及地震危险性进行了分析。

第三节　古地震研究

人类对地震的记载最多只有几千年，中国是用文字记述地震最早的国家。中国从未见8级以上破坏性地震在原地重复发生的记载，7级地震重复周期大于500年。研究认为，地震的震级越大重复的周期越长。由于8级以上的破坏性强震，需要数千年至数万年应变能的积累，只有通过考古及古地震遗迹研究，来补充历史记录的欠缺，以加深对地震发生规律的认识。

地震地质大队成立后部分技术人员对一些古地震遗迹就行了调查研究。

1．1679年三河、平谷8级古地震地质考察

1971年，黄礼良、李咸业、王瑞等人通过考察，发现大量古地震遗迹和地震断层，认为此次大震的震中应位于大厂县的二里半村至潘各庄一带。

1981～1982年，孟宪梁、杜春涛、王瑞、刘士平等人运用考古方法，对此次地震的遗迹进了行考察。指出这次地震的发震断裂为NNE走向的夏垫断裂。断裂活动方式为张性顺扭，区域应力场为NEE至近EW向。

2．北京宣武门古地震遗迹考察

1980年5～10月，黄兴根、焦振兴、张英礼等人对北京宣武门古地震遗迹的考察，依据其喷砂、冒水等遗迹，以及呈NW走向、倾向NE、倾角80°～90°平面上呈NNE向雁行排列、具有张性特征的地裂缝。认为这次地震应与发生在辽代1057年的固安地震相对应，震级大于7级，震中烈度达Ⅹ度。

3．山西洪洞郇堡村古地震遗迹和山西平遥地区活断层研究

1980年6～8月，刘光勋、肖振敏等人对山西洪洞郇堡村古地震遗迹进行考察。详细研究了地震断层、泥流堆积、地震滑坡等遗迹，对1303年大震的震中位置提出看法。由于断裂活动，婴溪河河道改变流向，河流阶地发生显著变化，断层在近代曾有过明显活动。

4．青海库赛湖古地震遗迹研究

1981年，刘光勋、肖振敏、谢新生等人根据库赛湖地区航空照片解译，认为在库赛湖北侧及以西地区有一条走向NW82°、长52km、与库玛活动断裂带平行展布的地震形变带。地震断层以左旋走滑为主。形变带曾发生两次以上的强古地震。一次在一级洪积扇形成之后，二级洪积扇形成之前；另一次在二级洪积扇形成以后，三级洪积扇形成之前。

5．河北省阳原古地震遗迹研究

1982年，李鼎容、谢振钊、王安德、王焕贞等人在河北阳原泥河湾第四纪地层中，发现遭受地震扰动形成的不规则同生褶皱。桑干河断裂北侧的下更新统上部下降，上更新统底部的形变构造属地震重力滑动形变；也有学者认为是第四纪时期的冻融所形成。

6．云南鹤庆盆地古地震遗迹研究

1983年，黄兴根、焦振兴在鹤庆盆地西部山麓第四纪地层中发现有第四纪的断层、地裂缝、地震陡坎、地震坍塌、地震变形层和喷水、冒沙现象。认为这次地震发生在晚更新世或全新世时期，震中区的最低烈度应为Ⅸ度。

7．唐山古地震遗迹

1984年，黄兴根、张英礼、王瑛等人在唐山开挖的土坑中发现大量古地震遗迹——喷沙、冒水、变形层及地震小断层等现象。在三个点仔细查看沙脉的分布状况，发现沙脉均未穿过顶部的全新世地

层，估计这些古地震裂缝产生于1万年前的早全新世，震中烈度可达X度。

8．山西口泉断裂古地震研究

1992年12月至1994年12月，刘光勋、闫凤忠、梁海庆等人对山西口泉断裂进行野外地质考察、探槽开挖和地层年代鉴定。查明口泉断裂全新世以来发生古地震的期次、震级、时间与地震复发的时间间隔，对未来地震的危险趋势进行了探讨。

9．内蒙古大青山山前公元849年地震地表破裂带专题研究

1993年8月至1995年8月，聂宗笙、吴卫民、江娃利等人对内蒙古大青山公元849年地震遗迹进行了探槽开挖，辨认出地震形变带在晚更新世以来的活动期次和6次古地震事件，查明了大青山山前断裂带的5条活动断裂。认为公元849年地震是最新一次断裂活动的结果。

10．辽宁海城NW向构造全新世活动特征及古地震

1997年8月至1998年8月，江娃利、张英礼、李咸业等人通过野外地质调查，在海城地震极震区发现一条长41km,NW走向的拉木房—大房身断裂。探槽开挖证实该断裂全新世时期有过活动，沿断裂带在地表有一条陡坎。该断裂与1975年海城地震区地表破裂带的展布相吻合。

11．山西断陷地带全新世古地震活动序列研究

2003～2005年，江娃利、谢新生、王瑞等人通过航片判读、断错地貌调查、探槽开挖和样品测年对山西大同盆地的口泉断裂、恒山北缘断裂和晋中盆地的太谷断裂、交城断裂展开全新世古地震活动调查，获取这些断裂带全新世以来古地震多期活动的地质证据，对1303年洪洞8级地震破裂带的延伸提出了新认识。

第四节　地貌及第四纪地质研究

地貌、第四纪地质是研究构造活动的重要手段。关于第四纪地层的划分历来争论较大，在北京地震地质会战期间，在对顺5等钻孔的第四系研究中，发现了有孔虫化石，从而确定了北京地区第四纪地层的划分底界，为北京地区的断裂活动时代提供了研究尺度。

一、北京及华北地区的地貌、第四纪地质研究

1．北京下更新统昆虫化石显微熔融石的发现及其古地理研究

1979年，王安德、刘清四、谢振钊、李鼎容等人，在北京地震地质会战二专题组的顺1井钻孔中，发现双翅目食虫虻科、鞘翅目步行虫科、粉蠹虫科、金龟子科等昆虫化石，这是在中国下更新统地层中首次发现这些昆虫化石；并且还发现一些直径少于1mm的玻璃质物质，热释光测年得出其为早至中更新世的显微熔融石，是陨石或彗星冲击地球的产物，大约平均每6万至8万年发生一次。

2．北京平原及华北地区上新统、更新统的划分

1979～1981年，李鼎容、谢振钊、王安德等人以北京地震地质会战二专题组的30多个钻孔资料为基础，依据钻孔岩性、微体古生物、岩相特征、古地磁等，对该区第四系下更新统及第三系上新统进行综合研究。在第四系下更新统中首次发现有孔虫化石，证实北京地区的第四纪海侵，并为解决北京地区的第四系下限提供了依据。

3．北京地区第四纪全新世海侵及新构造运动

1982年黄兴根、赵希涛（中科院地质研究所）等人根据晚第四纪地层及所含孢粉、微体化石的分析和鲸骨化石 ^{14}C 年代测定，并联系到中国东部全新世以来海平面变化、海岸线变迁及地壳运动性质与幅度的研究，否定了北京地区有第四纪全新世海侵的结论。

4．北京平原3万年来的古地理演变

1982年，张英礼、黄兴根、焦振兴、赵希涛（中国科学院地质研究所）、孙秀萍（北京师范大学地理系）等人，根据北京地震地质会战及新构造运动等研究成果，对北京平原晚更新世晚期地层进行

划分，对北京平原 3 万年以来的古地理环境演变进行了研究。根据地貌、沉积层序、动植物化石及其所反映的古气候以及 ^{14}C 测定结果，将本区晚第四纪地层划分为上更新统下段、中段、上段和早、中、晚全新统 6 个层段。认为全球的气候变化是北京平原古地理变迁的主因。

5．河北涿鹿地区第四纪冰缘现象

1977～1982 年，黄兴根、焦振兴、张英礼等人经过三次野外考察，对涿鹿县温泉屯第四纪地层中的褶曲进行采样分析。认为该现象是在冰缘气候条件下，由冰融造成的结果。

6．山西汾河南段河流阶地与新构造运动

1973 年，刘光勋、肖振敏等人对汾河南段河流阶地及形成时代进行了划分，按阶地结构进行分类，分析构造运动的性质、活动期次，并计算了活动量。

7．河北阳原泥河湾地区晚新生代地层划分及第四系下限问题

1982 年 11 月，王安德等人研究了地震地质大队 1975～1982 年在该地区的地质工作成果，认为该区第四系下限为蔚县组。虎头梁、小渡口一带的湖泊地层底部应有一部分属于上新统。晚更新统的灰绿色黏土不应与泥河湾组等同。

8.河套盆地晚更新统底层的研究

1984 年以来，聂宗笙、李克、吴为民等人在调查大青山、狼山—色尔腾山山前断裂活动性过程中，在包头市郊航锦旗西北，五原县北的山前台地地层中发现大量的哺乳类动物化石，先后经黄万波、杜衡俭、程捷、祁国琴等人鉴定，其主要化石有包头鹿新种，诺氏古菱齿象、披毛犀、普氏野马、马鹿、大脚鹿未定种，王氏水牛，东北野牛等（化石捐内蒙古博物馆）。这些化石为华北地区晚更新世常见的化石种属，有的为晚更新世标准化石。在该地区采样做热释光年和 ^{14}C 绝对年龄测定，时代距今 4.0 万至 2.2 万年，表明河套盆地北侧的山前台地的河湖地层时代为晚更新世晚期。

9．呼包盆地晚第四纪环境变化与地貌演化

马保起、李德文、何仲太、侯治华等人承担了国家自然科学基金面上项目《洪积扇上全新世古土壤年龄与断层活动时间的关系》、地震科学联合基金《洪积扇上全新世古土壤发育与倾滑断裂活动时间的关系——以大青山山前断裂为例》的课题。课题组对呼包盆地晚第四纪环境变化进行研究，发现两次环境突变事件；对呼和浩特市深 250m 的第四纪钻孔进行研究，获得早更新世晚期以来断裂活动和环境变化的信息。断裂两侧的沉积特征及其空间变化显示 4 万 7 千年至 2 万 2 千年前大青山山前断裂活动不明显。结合区域对比，可以发现同期的湖泊环境变化在其他湖泊中也有所反映。呼包盆地的晚更新世晚期湖河转换事件是对区域气候变化响应的结果。

10．山西省西龙池水库第四纪地层的地质时代划分

1998 年，窦淑芹、苏刚等人对山西省西龙池水库区的地貌、第四系进行野外调查，分析地貌的成因类型及期次，实测典型的第四系剖面，对采集的样品进行孢粉、热释光、电子自转共振、^{14}C 室内测试、鉴定，对第四系地层进行划分，并对构造、地貌、气候环境的演化进行了分析。

11．五台山北麓层状地貌与断块隆升

2005 年，任俊杰通过 1∶1 万地貌填图，对五台山北麓多条冲沟两侧断裂与河流阶地地貌的对比分析，推断 T2～T7 级阶地均为构造成因阶地。划分出五台山断块自晚第三纪晚期以来经历 7 次快速的构造隆升。

二、其他地区的地貌、第四纪地质研究

1．郯庐断裂带水系及地貌特征研究

1980 年，刘保祥等人对郯庐断裂带的水系和地貌特征以及断裂带的构造活动性开展调查。认为沂河、沭河受断层活动的控制，马岭山至七级山是郯庐断裂带第四纪以来上升幅度最大的地段，由于挤压反扭活动，导致断层的逆冲上升。

2．滇西北地区第四系地层划分

1983～1984 年，李鼎容、黄兴根、王安德、于慎谔、朱桂云等人对云南永胜、下关、鹤庆、丽江、剑川、兰坪等地区的第四纪地层及主要活动断裂进行野外调查，第四纪下限划在蛇山组与三营组之间，距今 248 万年；其上限为 1.4 万年。全新世地层可分为 2 层，认为区内有五期新构造运动。

3．湖南湘西地区水系格局与新构造应力场研究

湖南湘西是 “七五”水电建设重点地区。1986 年王宝杰、侯治华等人为研究本区构造活动性，对湘西地区的水系进行统计分析。认为该区新构造运动的构造应力场，其主压应力方向为 SE108°。

4.地衣测年法研究及其应用

1986～1988 年，谢新生、王维斌、肖振敏等人在地震科学联合基金资助下，对北部新疆、甘肃、宁夏、陕西、黑龙江、辽宁、吉林、河北、山西等省进行测年地衣普查。在多种测年地衣中选择生长区域较广泛、生长年限较长、易于测量的地衣作为测年地衣，研究这种地衣生长（直径增大）与气候、地质、地理的关系，建立了适合于不同环境的地衣测年公式。

5．东南沿海 5000 年海岸线升降周期与地震周期专题研究

1994 年,毕福志、袁又申对“东南沿海 5000 年海岸线升降周期与地震周期”和“东南沿海古地震及大震构造背景”开展研究。获得了大地构造、新构造、全新世海滩岩的新认识以及自然周期等方面的成果。

第五节　北京地震地质会战及城市活动断层研究

1966 年邢台地震后，华北地区又相继发生了 1967 年河间地震、1969 年渤海地震、1975 年海城地震和 1976 年唐山地震。这引起中央和各级地方政府对大城市地震工作的高度重视，北京市委市政府组织包括地壳应力研究所在内的数十家单位参与北京地震地质会战。其后，上海、太原、海口、衡水等大中城市也开始组织力量开展城市活断层调查。地壳应力研究所参与了这些城市活断层的探测试验研究。

一、北京地震地质会战

唐山地震后，北京市委、市政府于 1976 年 12 月 25 日联合下文开展北京地区地震地质会战。地震地质大队刘光勋、林辉德参加了北京地震地质会战办公室的组织工作。地震地质大队参加六个专题的研究工作，并指定地震地质大队和北京市地质所为二专题牵头单位。主要工作如下：

⑴在北京地震地质会战第二专题组，地震地质大队王瑛、李咸业负责完成了北京地区活动构造体系图的编制及说明书的编写。由李咸业、王瑛等人选定和设计的、首都钢铁公司勘探队、国家建材局北京地质勘探大队和北京地质局 104 队共同施工完成的钻井共 45 个，总进尺 20874m。北京矿务局勘探队在牛堡屯地区进行了人工地震勘探。谢振钊、王安德、李鼎容、樊文奎等人对施工钻井的岩芯进行了重新编录、岩芯取样，并做了古生物鉴定、第四纪地层的划分等工作。许成林等人对良乡地区的构造进行了电法勘探和部分物探资料的收集及解释。

⑵孟宪梁、张英礼、黄兴根等人参加第四专题组“北京平原全新世构造活动调查”项目。通过地面考古探索断裂带的活动形变，发现从田村关帝庙至倒影庙之间坡降梯度大，由定慧寺往西坡降为 1m/km，往东坡降为 0.4m/km，反映出高丽营断裂的活动性；还研究了北京平原 3 万年以来的古地理演变。

⑶业成之、王宋贤参加第五专题组“北京地区地壳形变”研究。分别提交了“北京地区主要构造现今活动特征”和“北京地区断层活动的阶段性特征”的专题研究报告。

⑷卞兆银、王进英、李建斌、王宝杰等人参加第六专题组“北京地区地震活动特征”研究。根据华北地区震源机制，结合地震宏观资料和区域地质成果分析了本区的发震构造及其力学特征。

⑸安欧、李群芳、李淑恭、陈葛天、郭世凤、高德禄等人参加第七专题组“北京及华北地区现今

应力场模拟分析”课题研究。提交了“华北地区现代受力方式与地球自转角速度变化趋势”、“华北地区大震的构造应力场背景”、“华北地区大震后局部应力场调整的光弹模拟实验”等专题研究报告。

⑹杨承先为第八专题组副组长，承担“北京平原区地震影响小区划”项目。杨承先与他人合作完成专题总结报告。张国庆、朱秀岗等人提交了“玉田地区低烈度异常区原因的初步地质分析”和“造成北京大兴轻震害区有关地质条件的初探”的研究报告。杨承先提交了“北京地区地震烈度区划”的专题研究报告。林辉德提交了“城市烈度小区划原则、方法的探讨”和“唐山地震对减轻城市地震灾害的主要教训”的专题研究报告。

⑺在北京地震地质会战中，地震地质大队科研人员提交研究报告的还有：刘光勋、肖振敏等提交了“北京地区新构造运动与地震”专题报告。肖振敏提交了“以狼山断裂为例，看北京地区北北东向构造新活动与地震的关系”专题报告。业成之、殷翠兰、沈洁贞与其他单位合作完成“北京地区构造体系的现今活动”专题报告。黄相宁提交了“北京地区地应力趋势异常”专题报告。李方全、孙世宗、李立球等提交了“京津地区地应力测量结果及区域构造应力场分析”专题报告。林辉德提交了“华北断陷盆地基本特征与成因类型”和“唐山地震构造破裂过程及后效的基本特征”专题报告。黄诗斌提交了“从土层应变探讨唐山 7.8 级地震前北京地区构造活动”专题报告。黄相宁提交了“唐山地震前北京地区地应力短期临震异常与发震断裂走滑”专题报告。

二、大城市活断层试验探测

1．大城市活断层探测定位技术研究

（1）遥感技术在上海活断层探测与地震危险性评价应用方面的研究。

2004～2007 年，张景发、姜文亮、龚丽霞、王冬雷等人把遥感图像处理与地质构造解译应用于上海市、太原市活动断层探测研究。收集了 MSS、TM、ETM、SPOT 及 ASAR 影像，以及地理信息、重力、航磁及水系等资料，对研究区地貌特征及地质构造进行了全面解译。

（2）利用卫星雷达影像和 ETM 影像进行大城市隐伏断裂快速初步定位。

2004～2007 年，王峰等人在北京、西安、乌鲁木齐三个目标区实验利用星载雷达影像结合 ETM 影像进行大城市隐伏断裂快速初步定位的方法，对不同覆盖区、不同运动性质的隐伏断裂的影像表现进行识别，得到了此探测方法所能识别的隐伏断裂最深埋藏深度。

2．大城市活断层活动性定量技术研究

(1)中等地震活动强度地区活断层定量研究。

2004～2007 年，江娃利、谢新生、闫成国等人选择郯庐断裂带北段的舒兰—伊通断裂带和浑河—敦化断裂带各 400km 地段，在卫片、航片判读基础上开展断错地貌野外调查，并在舒兰—伊通断裂带铁岭—叶赫段开挖 2 个大型探槽，获得这 2 条断裂带在全新世活动的断错地貌依据；铁岭探槽揭示出全新世的 2 次古地震事件，最近的一次距今 2890～5880 年。

(2)城市活断层定量研究中的地貌学方法研究。

2004～2007 年，马保起、侯治华、李德文、何仲太、李玉森等研究受大青山山前断层控制形成的洪积扇上全新世古土壤（黑垆土）的期次和年龄，总结古土壤期次和年龄与断层活动的期次和时间的关系，提取古土壤中断层活动的期次和时间信息。初步建立了洪积扇上古土壤年龄与断层活动关系的模型。认为古土壤法比探槽方法的古地震事件要完整和精细。

(3)应用探槽及断错地貌调查活动断裂古地震参数。

2004～2007 年，谢新生、江娃利、孙昌斌、王焕贞等人选择山西晋中盆地西界的交城断裂带为研究对象，对断裂带山前台地陡坎、冲沟平面分布、冲沟裂点分布等断错地貌进行调查，揭示出地貌要素对断裂活动事件的响应；并通过探槽开挖揭露断裂带晚更新世以来的古地震事件，显现出交城断裂带北段全新世时期的多期断错。

(4)钻探技术与沉积地层学相结合探测隐伏活断层。

2004～2007 年，张世民、刘旭东、王瑞、罗明辉、任俊杰、赵俊香等人选择南口—孙河断裂西北段，针对应用钻探技术探测隐伏活断层的几个关键技术问题，如孔距的设计、地层对比、断层位错量估计、断层多期活动分析、地表断错型古地震事件的识别等进行方法探索。得到南口—孙河断裂晚更新世中期以来古地震事件序列与不同时段的垂直滑动速率。

3．南口—孙河断裂带钻孔联合剖面探测、探槽开挖和条带状地表填图

2004～2007 年，王恩福、张国宏、赵国存、刘德权等人在南口—孙河断裂带西北段开展浅层地震勘探、测井和三维地震层析成像以及高密度电阻率等地球物理探测，取得了研究区浅层精细结构。谢新生、江娃利等人在断裂带西段、中段和东段实施 3 排钻孔联合剖面探测，揭示出断裂带西段及中段断错和地表断层，东段断错了晚更新世早期的地层。在跨断裂带西段南口镇七间房和昌平县百泉庄开挖 2 个大型探槽，揭示出断层断错晚第四系现象。

4．构造应力环境与活断层地震危险性、危害性评定

（1）地壳应力状态与活断层地震危险性、危害性评定。

2004～2007 年，谢富仁、李宏等人在乌鲁木齐市和北京市目标区完成了钻孔的基岩应力测量和土层应力测量；开展了利用断层擦痕和震源机制资料确定 2 个目标区构造应力场的工作；较准确刻画了目标区的构造应力环境，给出了断层附近地壳浅部构造应力状态以及与远场应力的关系，提出了基于平均剪切强度和应力环境进行断层危险性分析的方法。

（2）概率分析与数值模拟在活断层地震危险性评价中的综合应用。

2004～2007 年，陈连旺、王峰、张永庆、荆燕，杜义等人以乌鲁木齐地区西山活断层为目标断层，利用概率计算和数值模拟方法联合进行了活断层地震危险性评价的综合研究，对西山活动断裂在未来百年内的发震概率、复发间隔、震级上限给出判定。

（3）地震活断层探测数据的综合分析与可视化。

2004～2007 年，赵树贤、刘玉娟以乌鲁木齐目标区为研究实例，提出一套活断层探测成果的三维可视化方法，并综合显示在 AreCIS 扩展模块 3D Analyst 提供的三维空间交互环境中，为活断层探测成果的三维综合分析奠定了基础。

（4）利用钻孔相对应变观测资料研究活断层的现今运动状态。

2004～2007 年，邱泽华、唐磊、阚宝祥、易志刚、焦青等人依据位错理论和钻孔应变仪观测资料反演断层活动，用遗传算法反演可以在全局搜索的同时大大提高计算效率。利用 2003～2005 年的钻孔应变资料对北京地区断层活动的反演表明，在此期间顺义－良乡断层北段和南口－孙河断层东南段的活动可能起主导作用，活动程度及与小震活动有关系。

5．城市活断层浅层地震探测

2002～2005 年，张国宏、赵国存、刘德权等人先后完成呼和浩特市和乌鲁木齐市城市活断层的浅层地震探测任务。

三、海口市活断层探测与地震危险性评价

2006～2007 年，地壳应力研究所承担国家“十五”重大建设项目《中国数字地震观测网络》中国地震活断层探测技术系统分项，24 个专题中 7 个专题的工作。并负责该项目的初查与目标区主要活动断层鉴定报告、施工设计以及该项目工程技术报告的编写。

1．遥感图像处理与活动构造解译

2006 年张景发、姜文亮、江娃利等人收集 MSS、TM、ETM、ASTER、SPOT5、ENVISATASAR 遥感影像和目标区 1∶1.2 万彩色红外航片，对这些数据进行图像校正、去噪声、镶嵌、融合、滤波处理，数字高程模型数据处理，重、磁数据处理，开展了海南岛海口市活断层探测、目标区及重点地段的遥感图像活动断层解译。

2. 目标区地震地质调查与编制 1∶5 万活断层分布图

2006 年，江娃利、谢新生、孙昌斌、阎成国等人在收集前人资料基础上，开展目标区航片判读及野外调查，实施洛阳铲探测、探槽开挖、全站仪实测及地层测年，编制目标区 1∶5 万活断层分布图及调查报告编写，对目标区马袅—铺前断裂、长流—仙沟断裂、铺前—清澜断裂、海口—云龙断裂进行了活动性鉴定。

3. 琼东北地区小震精确定位

2007 年，雷建设采用区域地震层析成像和远震层析成像技术，给出琼东北地区三维壳幔速度结构，对其地震波地方震相走时给予修正，给出地震的精确位置，协助分析小震与断层活动之间的关系。

4. 钻孔联合剖面探测

2007 年，江娃利、谢新生、阎成国、王瑞等人通过钻孔剖面和年代数据综合对比研究，对马袅—铺前断裂、长流—仙沟断裂、铺前—清澜断裂、海口—云龙断裂的活动性再次进行鉴定。

5. 探槽开挖研究

2007 年，江娃利、谢新生、阎成国、王瑞等人对马袅—铺前断裂带实施 2 个大探槽开挖，通过样品测年和所获微体古生物样品，得出马袅—铺前断裂带晚更新世晚期以来的活动特征、活动年代和断错量的地质依据。

6. 编制条带状地质地貌图

2007 年，江娃利、谢新生、阎成国等人对马袅—铺前断裂，马村—苍西村段和石山地区进行 1∶1 万地质地貌填图。所填图件展示出马袅—铺前断裂西段的地质地貌特征，对地表陡坎、水系扭曲等断错地貌进行调查，揭示出石山地区的火山和断层现象。

7. 海口市活断层数据库及管理系统建设

2007 年，赵树贤等人完成工作区 1∶25 万、目标区 1∶1 万、研究区 1∶1 万三种比例尺图件的基础地理数据库；利用专题数据库成果可集成产出多种专题图件；安装、调试中国地震局统一研发的专业应用软件和用户界面系统集成，使整个数据库信息系统正常运行。

四、北京市活断层探测与地震危险性评价

该项目是国家“十五”重大建设项目《中国数字地震观测网络》中国地震活断层探测技术系统分项，执行时间 2007 年。地壳应力研究所承担其中 2 个专题。

1. 地震活动断层鉴定（专题负责人江娃利）

该专题分 3 个子专题。

(1) 东北旺—小汤山断裂带钻孔联合剖面探测。

马保起、卢海峰、侯治华等人根据浅层人工地震探测，在小汤山断裂带的沙陀和东北旺断裂带的树村实施 2 排钻孔联合剖面探测。光释光测年结果表明，小汤山断裂带的最新活动时代为早更新世，中更新世以来小汤山断裂不活动；东北旺断裂的最新活动时代为中更新世末期，晚更新世以来不活动。

(2) 南苑—通县断裂带钻孔联合剖面探测。

于慎谔、赵俊香、黄鹤桥等人根据浅层人工地震探测，在断裂带北端顺义县李桥镇南庄头和断裂带南段大兴县黄村鹅房实施 2 排钻孔联合剖面探测。得出该断裂带北段最新活动时代为晚更新世早期，除钻孔联合剖面展示地层断错外，在钻孔岩芯中也见到断面；该断裂带南段在中更新世晚期以来没有明显活动。

2. 北京市活断层探测目标区 1∶5 万活断层编图

张世民、任俊杰、王瑛等人充分收集分析已有的地质和地球物理资料，以及“十五”期间“北京市活断层探测与地震危险性评价”项目成果，编制了目标区 1∶5 万活动断层分布图，并给出主要断层活动性的初步鉴定结果。

第六节　地震地质图件编制

地震地质大队组建初期重点开展了四个方面的工作：①对重点地区，通过野外地震地质调查，编制1：5万～1：20万比例尺构造体系图；②对地震活动频繁区域，充分收集有关资料，并对重点地段进行实地调查，编制1：50万或1：100万比例尺构造体系图，对部分省、区编制1：300万构造体系图；③作为地震危险区划和烈度区划工作的基础，编制全国1：400万构造体系图；④对研究程度较高，资料比较充分，相对重要的地区，编制多种活动构造体系与震中分布图。

一、重点地区构造体系图的编制

地震地质大队华北和西南地震地质队编制了一系列构造体系图，见表2-4-1。

表2-4-1　西南地震地质队编制的地震地质构造体系图

编图名称	比例尺	编图单位和人员	完成时间
石棉冕予地区构造体系图	1：20万	西南地震地质队，罗凤乐、李开星	1965.8
西昌地区构造体系图	1：20万	西昌大组，林警命	1965.8
会理地区构造体系图	1：20万	会理大组，王治顺	1965.8
元谋地区构造体系图	1：20万	二分队，张治兆、赵振才、袁雷雄	1965.10
米易地区构造体系图	1：20万	米易组，李学新、李述靖	1965.10
四川攀枝花地区构造体系图	1：10万	李守林、刘振源、	1966.7
西昌牛郎坝地区构造体系图	1：20万	柯义恭、徐永起	1966.7
锦屏地区构造体系图	1：10万	西南地震地质队	1966.7
云南以礼河地区构造体系图	1：20万	西南地震地质队二队	1969.9

邢台地震发生后，华北地震地质队对北京及其周边地区，特别是大水库如密云水库、黄壁庄水库、官厅水库等地区，编制了地震地质构造体系图，见表2-4-2。

表2-4-2　华北地震地质队编制的地震地质构造体系图

编图名称	比例尺	编图单位及人员	完成时间
黄壁庄水库周围地区地质图	1：10万	地质二队尚 波等	1966.10
河北平山县南岗水库周围地震地质图	1：5万	地质二队黄全忠等	1966.10
密云水库地区构造体系图	1：10万	地质一队	1966.12
北京邻近地区地质构造与震中分布图	1：20万	地质一队	1967.11
滦县地区地质构造图	1：20万	地质三队	1967
北京密云地区构造体系图	1：10万	地质一队	1968.2
样田—延庆—大村构造地质图	1：10万	地质队一大组	1968.11
北京西山主要构造与地震震中分布图	1：10万	地质队	1968.12
京津地区构造体系图	1：20万	地震地质大队	1969.12
平谷地区地质构造体系图	1：20万	地震地质大队一连三班 北京师范大学协作组	1969.12
怀柔延庆地区构造体系图	1：20万	地震地质大队一连一班	1971.1
山西霍县赵城地区构造体系图	1：10万	地震地质大队一连	1971.2
承德—遵化地区构造体系及震中分布图	1：20万	地震地质大队一连四班	1971.3

西北地震地质队1968年12月编制完成1：20万比例尺的宁夏银川地区构造体系图。

二、区域构造体系图的编制

编制地震多发地区的地震构造体系图，对今后的防震减灾、地震预测具有重要的指导作用。李四光 1970 年 3 月在谈到地震地质图的编制问题时曾说："这样一张图，作为指导和部署工作是很有必要的。从图上要能够比较清楚地看出队伍应该往哪里去工作，各种台站应该怎样布局。一句话，就是要根据地震地质情况部署工作。"

本类图件是地震预测、预防的基础工作，大都完成于 1970 年之前。

⑴ 1967 年 3 月，西南地震地质队编制完成西南三省（云、贵、川）构造体系图（1∶100 万）。

⑵ 1967 年 4 月，地震地质大队与地质力学研究所合作编成华北平原北部地质构造略图（1∶50 万）。

⑶ 1970 年，西南地震地质队编制完成西南三省构造体系与地震震中分布关系图（1∶100 万）。

⑷ 1970 年 2 月，中南地震地质队编制完成华南六省区（湘、赣、鄂、闽、粤、桂）破坏性地震震中位置及构造体系图（1∶100 万）。

⑸ 1970 年，中南地震地质队编制完成华南六省区构造体系图（1∶100 万）。

⑹ 1970 年 12 月，马廷著等人完成山西地区构造体系图（1∶50 万）的编制。

⑺ 1970 年，地震地质大队编制完成河北省构造体系图（1∶50 万）。

⑻ 1974 年，地震地质大队完成京、津、晋、冀构造体系与震中分布图（1∶50 万）的编制。

⑼ 1976 年，地震地质大队，京、津、唐地震指挥部与石油部 641 厂，科学院地质研究所，地质部华北地质科学院协作完成华北平原北部地震地质图（1∶100 万）的编制。

⑽1986 年，王瑛、张英礼、简春林、樊文奎、龚复华、罗克平、王文庆等编制完成京津地区活动构造与地震关系图（1∶50 万）。

三、中国主要构造体系与震中分布图（1∶400 万）

1970 年 3 月，赵文峰、李学新等数十人编制完成中国主要构造体系与震中分布图（1∶400 万）。本图是根据中南、西南、西北及华北区队多年来取得的地震地质成果，并参考各有关单位资料，运用李四光的地质力学观点和方法编制的。图中对燕山运动以来的构造体系进行了初步划分，分析了活动性构造带与地震活动的关系，总结了历史强震发生的构造背景，指出未来可能发生破坏性地震的地段和地点。该图是中国第一张地震危险区预测图，编制出版以来，我国发生的 7 级以上地震，有 70%以上发生在该图圈定的地震危险区之内或其附近，四川汶川 8.0 级大震也在该图圈定的地震危险区范围之内。

四、活动构造体系图

1．北京地区活动构造体系图（1∶10 万）

1976～1980 年，王瑛、李咸业等完成北京地区活动构造体系图的编制。该图不仅展示出各活动断裂所属的构造体系，还直观地反映了每条活动断裂不同段落在新第三纪和第四纪活动的幅度，从而为该区的地震危险区划和强震发生地段的预测提供了依据。

2．临汾地区活动构造体系图

1972 年，在国家地震局组织的临汾盆地及其周围地区地震工作会战中，地震地质大队刘光勋等人与北京大学地质地理系协作，共同完成临汾地区活动构造体系图的编制。

第七节　地壳和地幔深部构造研究

大多数地震发生在地表以下数公里至数十公里，深部构造对于研究地震的发生具有十分重要意义。地区应力研究所采用多种方法，包括利用天然地震波资料开展层析成像和人工地震测深开展地球深部结构构造的研究。

一、用地震面波进行层析成像研究

从 20 世纪 90 年代，黄忠贤等人涉足地震面波层析成像研究，发展了面波层析成像的 Occam 方法，地壳及上地幔速度的各向异性为地球动力学研究提供了宝贵的深部信息。应用面波资料分析面波速度方位各向异性，同时也运用 SKS 波分裂作补充和对比研究。

考虑各向异性的面波成像对于资料的数量及分析处理都有较高的要求。收集了中国及周边地区固定和流动台网的数字面波资料，特别是利用了“九五”期间新建立的全国数字地震台网资料，进一步改善面波路径的覆盖情况。在资料的分析处理方面采取了以下重复提取面波频散的方法：首先利用第一步提取的频散资料进行各向同性反演，得到一个横向不均匀的各向同性面波速度分布模型。然后对所有可利用的面波路径重复进行频散分析，此时利用以上得到的速度分布模型通过正演计算给出理论频散曲线，作为提取频散时的参考。通过这一步骤希望最终的频散资料误差倾向于各向同性模型，减少产生虚假各向异性的可能，从而提高各向异性结果的可靠性。

采用 Occam 反演方法反演研究区域内不同周期面波群速度分布，采用 Smith 和 Dahlen 的公式表示各向异性。同时反演出平均速度 V_0的分布及各向异性参数 A、B的分布。采用棋盘模型、尖峰模型和初步反演结果作为理论模型，按照实际资料的路径和误差来合成理论资料，对各向异性分辨能力作了理论试验。结果表明在中国大陆及周边地区对 300～400km 尺度的速度结构和各向异性有较好的分辨能力。

通过面波层析成像研究，得到了中国大陆及邻近地区三维 S 波速度结构及地壳和上地幔各向异性的大尺度图像，为东亚地区大陆动力学研究提供了非常有用的信息。

二、多尺度多震相体波地震层析成像的理论与应用研究

雷建设 21 世纪初在国家自然科学基金、北京市自然科学基金、地震科学联合基金、留学回国人员基金、基本科研业务专项和国家科技支撑项目子题等项目资助下，开展多尺度多震相体波地震层析成像理论与应用研究。

提出将 PKiKP（内外核界面反射波）、PKKPab 和 PKKPbc（核幔边界下界面反射波）震相应用于全球地震层析成像工作，较好地解决了中下地幔模型空间分辨率的问题。

在“台站稀疏、余震密集”地区，把 Moho 面反射波(SmS)和地壳内多次反射波(sSmS)应用于天然地震层析成像，可大大提高中下地壳模型空间的分辨率。

雷建设应用多尺度多震相体波地震层析成像理论和技术揭示出我国东北长白山火山是与太平洋板块深俯冲以及在地幔转换带内滞留、脱水形成上地幔软流圈热物质上涌等动力学过程相关的弧后火山；云南腾冲火山的形成可能与印度板块俯冲至地幔转换带后滞留、脱水和上地幔热物质上涌等动力学过程密切相关；海南琼北热点下方往深向东南方向倾斜的低波速异常体可能与菲律宾海洋板块的俯冲与大陆板块的挤压相关；中天山地区塔里木岩石圈物质北向逆冲和哈萨克斯坦岩石圈物质南向逆冲、碰撞造成了岩石圈物质断裂；并揭出示出汶川地震的发生与印度板块在青藏高原下方俯冲挤压形成(高温高压条件下)的深部物质向北东方向运移，沿四川盆地边缘的上浸降低了龙门山断裂带上陡峭断层面上的有效正应力密切相关。

三、用人工地震探测地壳深部构造

1985 年，地震地质大队组建人工地震测深研究室，开展以潜在震源区地壳与上地幔构造特征为主的深部人工地震探测研究。先后承担国家重点科技攻关项目 1 项，地震科学联合基金 4 项。

应用新一代模拟地震测深仪器参加了国家地震局深地震测深技术协调小组组织的累计近万公里深部人工地震测深剖面的数据采集和部分解释与研究工作。开展了二维速度结构计算、射线追踪与理

论地震图计算。在国内深地震测深探测中较早地开展了三分量地震数据采集和剪切波观测与应用研究。

1988 年以来国家地震局深地震测深技术协调小组，在组长陈学波主持下实施并完成了国家“七五”重点科技攻关项目第 16 项第 2 课题第一子专题“长江三峡坝区及外围深部构造特征探测研究”。获得了一批较为重要的研究成果，为长江三峡大坝建设提供了宝贵的基础资料。

陈学波、王恩福等人在探测地壳深部结构方面还做了如下工作：

⑴在 20 世纪 70、80 年代，利用矿山工业爆破与河湖水下爆破，相继开展了数条地壳剖面的探测工程项目。如：为长江三峡葛洲大坝地壳稳定性，实施了四条交叉的纵与非纵剖面人工地震探测工程项目。四条剖面是：①NWW—SEE 向的奉节—香溪—宜昌—袁码头—江陵的长江剖面；②近 SN 向的五峯—资丘—香溪—马桥剖面；③近 EW 向的袁玛头—沿市口—资丘—南滩河清江剖面；④SW—NE 向的渔关—沿市口—宜昌—远安剖面。获得四条纵与非纵剖面的地壳速度结构低速/高速相间耦合共轭二维动力活动机制特征和莫霍 M 面等深度构造分布成果图，为长江三峡葛洲坝工程地区的地壳稳定性与地震活动关系提供了详实的基础资料。

⑵1983 年在南北地震活动构造带的中段，实施了龙门山，岷山，龙泉山三条活动构造带的川西三条剖面探测工程项目。三条剖面是：①NW—SE 向的唐克—马塘—汶川—成都—新津剖面；②NWW—SEE 向的唐克—松潘—平武—马角坝—阆中剖面；③SW—NE 向新津—三台—阆中剖面。

⑶王恩福等在国内深地震测深工作中较早开展了剪切波观测和 S 波与偏振异常试验研究，在天水和三峡深地震测深项目中开展了介质各向异性及其特征研究。

1986～2010 年，王恩福、张国宏、赵国存等拓展并开发了浅层地震勘探、地质雷达、高密度电阻率、地脉动、声波振动和 P、S 波测井等地球物理技术在地震安全性评价、地质灾害评估和工程质量检测等领域的应用。先后承担内蒙古、新疆和北京等部分地区城市活断层地球物理探测任务，开展了浅层三维 S 波地震勘探和垂直地震剖面综合试验研究，进一步提高了城市活断层探测能力。还及时引进悬浮式 P、S 波测井仪，开展 P、S 波测井工作。是我国能在海上和深孔提供可靠 P、S 波速度探测的为数不多的单位之一。

作为中国地震局深地震测深数据库之一，司洪波、张国宏等先后完成了 31 条深地震测深剖面模拟记录和数字化记录汇编工作，建立了数据文献系统和深地震测深数据软件包。

第八节　地震危险区划分与地震烈度区划图编制

第一个五年计划期间，中央政府就已经明确规定，在地震区的一些重要工程都需要进行抗震设防，规定建设工程要有当地的地震基本烈度数据，作为抗震设防的依据。中国科学院地球物理研究所李善邦先生 1957 年编制了全国性的烈度区划图，被称为第一代烈度区划图。

地震地质大队组建后，就把地震危险区的研究作为其主要任务之一。多年来，参与了几代全国地震区划图的编制，同时还对多个地区性的地震危险区划和地震烈度区划进行研究，并编制出其区划图。

目前防震减灾最关键的任务是查明活动构造带和地震的时空分布规律，确定发生地震的危险地段和地点，地震烈度区划工作才能真正落到实处，达到防震减灾的目的。1976 年唐山地震、2008 年的汶川地震和 2010 年玉树地震，对几代地震烈度区划图给予了检验。事实证明，在目前的情况下，烈度区划图的数据只能作为工程设计的参考依据，因此对一些重大的工程项目，还需要做更深入的地震地质工作。

一、全国地震危险区的划分及地震烈度区划图编制

1．中国活动构造体系与地震震中分布图的编制

1970 年，赵文峰、李学新、黄礼良等数十人参加编制完成的 1∶400 万构造体系与地震震中分布

图，划出了地震危险区及危险地段。

2．1977 年版中国地震烈度区划图（第二代地震烈度区划图）

为了适应国民经济建设与发展的要求，国家地震局 1972 年启动第二代中国地震烈度区划综合研究工作，编制 1：300 万中国活动构造和强震震中分布图。地震地质大队许桂林参加华北地区的地震烈度区划。这次烈度区划首先考虑发震构造背景，划分出地震危险区、危险地点及震级大小，具有地震中长期预测预报的性质。

3．1990 年版中国地震烈度区划图（第三代地震区划图）

1987～1990 年开展第三代地震烈度区划图的编制。在第二代烈度区划图的基础上，这次区划图的编制在技术方法上具有创新性，采用地震危险性分析概率方法。该图以超越概率的形式定义了地震基本烈度的概念。其概率水平为 50 年超越概率 10%，即图中所标示的烈度在 50 年被超越的可能性为 10%。该图 1991 年 11 月通过国家科委组织的专家验收，出版后，由国务院批准，国家地震局和建设部联合颁布，作为一般建设工程抗震设计的依据。地壳应力研究所徐宗和、许桂林、林德辉、卞兆银、朱秀岗等人参加编图工作。

4．2001 年版中国地震烈度区划图（第四代地震区划图）

2001 年版地震区划图采用地震动参数代替地震烈度表征地震动作为编图指标，所以又称为中国地震动参数区划图。它给出了该图的技术要素和使用规定，包括中国地震动峰值加速度区划图、中国地震动反应谱特征周期区划图、地震动反应谱特征周期调整表及关于地震基本烈度向地震动参数过渡的说明等，满足反应谱设计阶段的要求，使该地震区划图成为国际上最先进的地震区划图之一。

作为强制性国家标准，GB18306－2001《中国地震动参数区划图》由国家质量监督检验检疫总局于 2001 年 2 月 2 日批准发布，并于同年 8 月 1 日实施。

地壳应力研究所谢富仁为该图编委会副主编，负责第一专题“中国地震与构造环境的研究”。参加编图的还有：于慎谔、张世民、孟宪梁、韩德润、许桂林、崔效锋等。地壳应力研究所为第四完成单位。谢富仁研究员为第五完成人，徐宗和为第十二完成人。

5．新一代地震区划图编制

2006 年中国地震局启动了新一代地震和区划图的编制工作。新一代地震区划图在充分吸收国内外有关地震区划的最新科研成果和最新资料的基础上，采用概率地震危险性分析方法，充分考虑建筑物抗倒塌设防要求，编制用于一般建设工程、以地震动峰值加速度和反应谱特征周期表征的地震动参数区划图。

地壳应力研究所唐荣余、刘光勋、徐宗和为顾问组成员。谢富仁为编委会副主编，吕悦军、马保起为编委。

吕悦军负责第一专题“工作组基础资料收集整理与基础图件编制”，彭艳菊、沙海军、崔效锋、张红艳、马保起、张世民、刘冬英、谢卓娟、张力方等人参加。

谢富仁负责第三专题“地震活动性参数确定”，张世民、彭艳菊、张永庆、陈连旺、任俊杰等人参加。

二、早期的地区性地震危险区研究及地震烈度区划图编制

1．山西地区地震基本烈度预测图（1：50 万）

1970 年 10 月，地震地质大队地质二队编制完成 1：50 万山西地区地震烈度区划图。

2．河北省承德、遵化地区地震基本烈度预测图的编制

1970～1971 年，华北地质一队为查明承德至遵化弱震带的地质构造背景，通过野外工作查明了该区分布有 EW 向构造、帚状构造、新华夏系和 NW 向构造带。新华夏系为控震构造，主要有承德至遵化及平泉至丰润两条构造带。对该区地震烈度进行了区划，进而编制出其烈度区划图。

3．华北地区地震烈度区划图的编制

1972 年，地震地质大队 20 余人参加了国家地震局组织的中国地震烈度区划图的编制工作，负责华北地区的地震烈度区划。根据任务性质，又组成三个小组，地震地质小组负责人杨承先；地震活动小组负责人刘仲温；烈度小组负责人彭少华。

自 1973～1974 年按照工作部署，编制了京津晋冀构造图（1∶50 万）；内蒙地质构造图（1∶100 万）；华北地区弱震震中分布图（$M_S \leqslant 4.75$，1∶200 万）；华北地区强震震中分布图（$M_S \geqslant 6$，1∶200 万）；华北地区活动性构造与强震震中分布图（1∶200 万）；华北地区地震危险性区划图（1∶200 万）；华北地区历史地震烈度分布图（1∶200 万）；华北地区地震烈度区划图（1∶200 万）。

4. 京津唐地区地震基本烈度区划图

1976 年 7 月 28 日唐山 7.8 级大地震发生后，国家地震局紧急要求地震地质大队在三个月内作出“京津唐地区地震基本烈度区划”。杨承先、彭少华、刘仲温等人在华北地区地震烈度区划的基础上，根据唐山地震的烈度分布与唐山地震后地震活动的趋势、烈度衰减资料，编制出“京津唐地震基本烈度区划图（1∶50 万）”。

5. 华北盆地北部断裂活动特征及其与地震关系研究

该课题为国家地震局的重点项目，拟对华北地区地震构造活动和今后 10 年地震危险性进行预测。1983～1984 年，许桂林、范国胜、王文庆、周玉卿、赵建荣、鹿霞霞等人，搜集大量地质资料，编制出华北盆地北部及周边活动断裂和地震震中分布等一系列图件，总结出盆地与坳陷区的基本特征，探讨了断裂活动与地震的关系。

6. 京津唐渤张地区强震断裂与地震危险区研究

1983 年，王瑛、张英礼、简春林、樊文奎等人承担国家地震局京津地区活动构造与地震关系研究的任务。提出划分本区强震断裂的标志和划分地震危险区的原则和依据。指出该区的地震在空间上具有成带性和迁移性，在时间上具有周期性及重复性，并给出其震级大小及危险地段上的类比性原则，划出了该区的地震危险区。

7. 华北地区强震发生构造条件研究

1987 年，许桂林、孟宪梁、王贵华等人为编制中国第三代地震区划图，着重分析华北地区大于 7 级地震的构造条件。采用类比性原则划分出强震构造带，分析总结 19 次强震的构造背景，研究断裂组合和新构造时期乃至现代的活动特征，归纳出具有普遍意义的强震发震构造标志。

8. 胶辽、渤海地区地震重点防御区孕震活动构造定量化研究与强震危险性评估

1996 年，于慎谔等人根据国家地震局“九五”重点项目计划专题合同，承担“胶辽、渤海地区孕震活动构造的定量研究与强震危险性评估”项目。通过对研究区主要活动断裂的野外调查和定量研究，编制出 1∶100 万活动构造图，圈定出 9 个大于 6 级的地震危险区和相应的概率预测。

第九节　大震科学考察

大地震现场考察又称为地震宏观调查，主要考察以下内容：①地震地质构造背景，发震断裂，地震产生的地震断裂、地表破裂带、喷沙冒水和滑坡等；②地震对建筑物、房屋、桥梁、道路破坏程度的调查及其地震烈度评定；③地震宏观前兆现象调查等。

地震调查通常由国家地震局或当地地震部门和政府部门统一组织。各单位在考察现场分工合作。调查报告由参加震区调查的工作队编写。本节多以调查人员的回忆或部分文字记录编写。

一、吉林省怀德地震

1966 年 10 月 2 日吉林省怀德 5.2 级地震。1966 年 10～12 月，地震地质大队成立后首次派遣滕瑞增、马廷著、乔永良、梅国政参加由地质力学研究所和吉林省地震地质队组成的地质部地震地质考察队赴怀德震区考察。对范家屯震区建筑物破坏情况进行调查，确定震中烈度为Ⅶ度，并对震区东部

伊兰—依通断裂带进行了地震地质考察。用地质力学观点和方法，对构造体系、活动断裂进行了分析和研究。

二、河北省河间地震

1967 年 3 月 27 日河北省河间地区发生 6.3 级地震。国家科委组织中科院下属的地质所、地球所和地震地质大队等单位前往考察。地震地质大队承担河间至任丘东部及外围永清、固安、香河、武清的地面宏观考察。参加人员有马廷著、袁雷雄、王瑛、石英源、孙叶等 20 多人。

三、四川省炉霍县朱倭—旦都地震

1967 年 8 月 30 日四川甘孜州炉霍县朱倭一旦都 6.8 级地震。西南地震地质队前往现场考察，对震区建筑物破坏情况进行调查，并做了地震地质和鲜水河断裂考察。

四、广东省阳江地震

1969 年 7 月 26 日广东省阳江 6.4 级地震。中南地震地质队前往进行地震宏观调查，对地震前兆现象、建筑物破坏情况，以及地震的自然破坏、如地裂、山石崩落和喷沙冒水等现象做了详细调查。

五、渤海地震考察

1969 年 7 月 18 日渤海 7.4 级地震。中央地震工作领导小组组织有关单位及人员进行考察。地震地质大队乔永良、韩文华、赵国光等人参加对长山岛、庙岛群岛的地震宏观调查。1970 年 6 月鞠德祥、黄相宁、赵其强（北京地质学院）等人在安次、武清、承德县南部至兴隆县北部等地区对 1969 年渤海地震又进行了历史性宏观调查。

六、云南省通海地震

1970 年 1 月 5 日云南省通海 7.8 级地震。中央地震工作领导小组组织地震人员赴灾区考察，王树海、李克明等 3 人参加。地震发生在 NW 向的曲江断裂带上，沿峨山经通海高大到建水曲溪一带产生一条 NW 向的地震断裂，延伸约 60km，走向呈 NW55° ～65° ，呈雁列状张性裂隙，并出现喷沙冒水、地表鼓起现象，切断山脊、沟谷错动现象十分壮观，水平错距在 0.14～2.2m 之间，断层上盘逆冲达 0.15～47cm。

七、宁夏自治区西吉地震

1970 年 12 月 3 日宁夏西吉 5.7 级地震。中央地震工作小组组织五个单位进行考察。崔作舟、孙世宗、陈书贤参加了宏观调查，详细考察了建筑物破坏、地表地震裂缝和山体滑坡情况。

八、四川省炉霍地震

1973 年 2 月 6 日四川省炉霍县 7.9 级地震。高词、邱平和、赵振臻、张虎南、谢振剑参加调查。主要负责宏观烈度、地震宏观前兆、地震破裂带和地震地质等项工作。

九、云南昭通（永善—大关）地震

1974 年 5 月 11 日云南省昭通 7.1 级地震。王瑛、卞兆银、孟宪梁、王贵华、江娃利等参加国家地震局第二考察队于 6 月 28 日至 7 月 21 日赴现场考察。考察内容有地震前兆、震源物理、地震地质、地表破坏、抗震和立体摄影六部分。

十、辽宁省海城地震

1975 年 2 月 4 日辽宁省海城 7.3 级地震。地震地质大队先后派遣王树海、张文涛、彭少华、黄礼良、关元益、刘保祥、高词、母小亨、刘光勋、聂宗笙、刘仲温、王贵华等人分两批次赴现场考察。在辽宁省地震局组织下，对鞍山、海城、营口、盘锦、锦县、锦州一带进行宏观考察，并对锦县八千村地裂缝进行了实测。马廷著、李健春参加地应力的总结，并编写海城 7.3 级地震地应力异常场报告。

十一、内蒙古和林格尔地震

1976 年 4 月 6 日内蒙古和林格尔 6.3 级地震。鞠德祥、刘仲温、王贵华、谢新生参加宏观调查，对地震构造、地震地质、微观异常（土地磁、土应力、土倾斜、生物电）、宏观异常（地下水、动物、气象、地声、地光等），以及建筑物震害开展调查、并对其地震烈度进行了评定。

十二、云南省龙陵地震

1976 年 5 月 29 日云南省龙陵 7.4 级、7.3 级地震。侯振国、李学新、王瑛等人参加了由国家地震局及云南省地震局组织的地震考察。进行了地震地质、宏观前兆、震害烈度评定、地震裂缝等调查，李学新参加考查报告的编写。

十三、1976 年河北省唐山 7.8 级大地震

⑴唐山 7.8 级强烈地震使得京津地区所有测震仪的记录全部出格，确定不出地震震中的位置。7 月 28 日凌晨 5 点钟左右地震地质大队接到国家地震局指示，要求派人尽快去搜寻地震震中，大队立即组建三个搜寻小组，边希武、曾秋生、卞兆银、伊聚昌往东搜寻。约早晨 6 点钟，搜寻小组来到蓟县县政府了解受灾情况时，唐山矿务局李玉林等人匆匆从外面跑进来说：“快向中央报告，唐山地震了，唐山倒平了”。曾秋生立即用电话将震情向国家地震局汇报，刘英勇局长即刻到中南海向中央报告震情。随后唐山矿务局李玉林、地震地质大队卞兆银及驻唐山某部的刘忽然等人赶往北京中南海向中央汇报灾情，参加接见的有纪登奎、李先念、吴德、陈锡联、陈永贵、吴桂贤等。

⑵1976 年 7 月 28 日 至 8 月中旬，侯振国、崔作舟、李学新、高词、鞠德祥、黄兴根、许寿椿、卞兆银、林辉德、孙叶、谢新生、杜春涛等人对北京至唐山一线以北，遵化至丰润一线以西和唐山以南地区进行全面考察。1976～1979 年考察人员陆续有专题论文发表。根据宏观考察，对唐山地震烈度分布特征、分布规律、地质构造、局部地质条件等因素进行探讨分析，对烈度的衰减特征以及局部高、低烈度异常区进行研究。考察组于 10 月绘制出唐山 7.8 级地震烈度分布图，并提交唐山 7.8 级大地震烈度分布图说明书。

⑶协助拍摄唐山地震灾情纪录影片。

中央领导要了解唐山地震灾情，国家地震局派地震地质大队卞兆银以及工程力学研究所蔡之瑞和河北省地震局王振山协助中央新闻电影制片厂编导王映东用 16 毫米摄影机拍摄了地震震情。8 月 27 日晚华国锋等中央领导观看了唐山地震灾情汇报片。

十四、内蒙古自治区五原地震

1979 年 8 月 25 日内蒙古五原 6.0 级地震。杨承先、王贵华、江娃利、王宝杰、冯云峰等人于 9 月 5 日奔赴震区，穿越了震区的几条剖面开展考察，同时对河套盆地以北的色尔腾山山前、乌拉山和大青山山前断裂，以及黄河南岸断裂的个别地段进行了地震地质调查。

十五、河北省隆尧牛家桥地震

1981 年 11 月 9 日河北隆尧县牛家桥 5.1 级地震。李咸业等人对极震区及其外围进行了调查，并结合周围的地质构造进行了分析。

十六、北京顺义—通县地震

1986 年 11 月 10 日北京顺义—通县间发生 3.7 级地震，高忠宁等前往进行宏观调查。

十七、山西大同阳高地震群

1989 年 10 月 18、19 日山西大同—阳高发生 5.7 级和 6.1 级地震。国家地震局和山西地震局组织 50 余人赴震区调查，地震地质大队李学新、杨修信、谢新生参加了考察，对震害和烈度进行了评定，并绘出 6.1 级地震烈度分布图。

十八、山西大同地震

1991 年 3 月 26 日山西大同 5.8 级地震。黄礼良、谢新生等人前往考察，对宏观异常现象如地下水、动物、地光等进行了调查，并对建筑物的破坏情况进行了地震烈度评定。

十九、新疆伽师地震群

1996 年 3 月 19 日新疆阿图什伽师发生 6.9 级地震。在其后一年多的时间里，又相继发生 8 次 6 级以上地震。国家地震局委派谢富仁等赴震区进行地震宏观考察和地震地质工作。

二十、青藏昆仑山口大地震

2001 年 11 月 14 日青海西藏昆仑山口布喀达坂峰附近发生 8.1 级地震，中国地震局组织包括地壳应力研究所苏刚、于慎谔在内的 12 个单位 140 多人，从 11 月 16 日至 2002 年 5 月 21 日对震区进行考察。这次地震在地表形成了长达 350km 的地震破裂带，最大左旋水平错距约 4m，是我国大陆多年来从未发生过的最大地震。

二十一、西藏北部 6.1 级和云南大姚 6.2 级地震

2003 年 7 月 8 日藏北 6.1 级地震；2003 年 7 月 22 日云南大姚 6.2 级地震。中国地震局组织地震现场考察，于慎谔参加。对地震的宏观震中、极震区、地震烈度和震害进行了评定。

二十二、河北文安地震

2006 年 7 月 4 日河北文安发生 5.1 级地震。地壳应力研究所启动应急预案，马保起等人赴文安地震现场进行了地震科学考察。

二十三、四川省汶川 8.0 级大震考察与研究

2008 年 5 月 12 日汶川 8.0 级地震发生后，地壳应力研究所在地震发生后第一时间组成考察队，开展地震现场救援、现场应急和科学考察、震情研究 、应急救援保障等工作。在中国地震局组织下，先后派遣 6 批 50 多人赴地震灾区开展救援、应急和科学考察。参加人员有：唐荣余、谢富仁、陆鸣、张世民、马保起、江娃利、谢新生、何仲太、任俊杰、杜义、卢海峰、刘耀炜等。研究所拨出科研业

务专项资金，设立 20 多个课题，对这次地震开展系统性科学考察和研究。从 2008 年 5 月至 2009 年 5 月共提交考察和科研报告数十篇：

⑴ 汶川 8.0 级地震异常现象科学考察报告　刘耀炜

⑵ 汶川 M_S8.0 级地震断层滑动机制研究　杜义、谢富仁

⑶ 2008 年汶川 8.0 级地震科学考察专集和图集　宋富喜

⑷ 汶川地震主震区活动构造形迹调查与构造应力场的研究　杜义

⑸ 汶川 8.0 级大地震沿中央断裂崩塌滑坡分布特征统计分析　黄雅虹

⑹ 龙门山断裂带北段晚第四纪活动性研究　马保起

⑺ 龙门山断裂带南段晚第四纪活动性与古地震研究　田勤俭

⑻ 龙门山断裂带断层滑动与构造应力场的研究　谢富仁

⑼ 龙门山前山断裂带晚第四纪活动特征研究　谢新生等

⑽ 龙门山断裂带中段晚第四纪活动性与古地震研究　张世民

⑾ 利用遥感资料绘制汶川地震烈度图　蔡山、张景发等

⑿ 平武-青川断裂第四纪活动特征的遥感解释研究　路静、张景发等

⒀ 都江堰移动通信系统及其建筑物震害特征研究　陆鸣、李鸿晶等

⒁ 汶川 8 级强震记录的近断层效应的分析研究　兰景岩、吕悦军等

⒂ 汶川 8 级大地震中央断裂带崩塌滑坡分布规律的研究　陈明金、黄雅虹等

⒃ 龙门山断裂带大震复发特征与复发间隔的专题研究　任俊杰、张世民等

⒄ 汶川 8 级地震发震断层逆冲活动的断错阶地与古地震初步研究　田勤俭、马保起

⒅ 汶川 8 级地震地表破裂带平通段的形变特征的研究　何仲太、马保起等

2008 年 7 月 18 日，按照中国地震局《汶川地震科学考察》工作安排，刘耀炜带领宏观异常考察队，对四川、甘肃和陕西等省进行汶川地震前的宏观异常现象进行科学考察。考察组由 24 个人组成，分 6 个工作组，其中四川省 4 个组、甘肃省和陕西省各 1 个组。

科学考察工作从 7 月 18 日开始至 8 月 16 日结束。共抽样调查 822 个点，其中四川境内 524 个点，陕西 224 个点，甘肃 74 个点，填写《汶川 8.0 级地震前宏观异常现象调查表》827 份，调查地区总面积超过了 11 万平方公里，调查路线总长度超过 32000km。对有异常表现的测点按照信度分为 A、B、C、D 四个级别。

根据这次宏观异常科学考察资料，2011 年出版了《汶川地震宏观异常现象》一书。

二十四、青海省玉树地震

2010 年 4 月 14 日青海省玉树发生 7.1 级地震。陆鸣等人三次赴灾区进行地震震害调查，首次运用小型无人机进行现场鸟瞰和拍摄，取得结古镇地区清晰的遥感震害图像，为全面了解和进行震害评估，提供了可靠的资料。

第五章　地应力测量与构造应力场研究

地震是地壳构造运动中的一种现象，是构造应力与岩体强度矛盾转化的结果。构造应力场的时空分布和动力来源是开展地壳动力学研究的重要内容。

地壳应力研究所 45 年来始终把地应力测量和构造应力场及其与地震孕育和发生的关系作为重点研究方向。在地应力测量方法上，从套芯应力解除法发展到水压致裂法、孔壁崩落法等应力应变观测技术，从现代时期的原地应力测量到地质时期的地应力测量；在资料运用方面，从地应力数据的整理分析到构造应力场的综合研究，从构造应力场动力来源到地震孕育发生物理过程研究；在构造应力场研究方法上，从物理模拟到数值模拟，从区域应力场综合图件的编制发展到创建地应力数据库。总之，地壳应力研究所在地应力测量和构造应力场及其与地震孕育和发生关系、大地形变、断层活动、地震物理成因和预测等方面的研究已形成多手段、多渠道、多层次的研究序列，并获得一系列研究成果。

第一节　地应力绝对值测量理论与技术研究

20 世纪 30 年代，美国利尤兰斯发明了在岩体中测量地应力的应力解除法，并在科罗拉多河上修建的胡佛水坝首次进行地应力测量，为大坝建设提供了科学依据。20 世纪 50 年代以来，哈斯特(N.Hast)在瑞典、挪威、芬兰斯堪的纳维亚等地区进行了大量的地应力测量工作，加拿大、美国、澳大利亚、苏联、法国和南非等许多国家和地区也都进行了地应力测量。这些测量绝大部分在矿井中进行，其目的是为了解决矿山及其他岩石工程的合理设计及稳定性问题。中国著名地质学家李四光非常重视地应力测量工作，把它作为地质力学研究工作的一个重要方面，在 20 世纪 50 年代末着手地应力测量研究工作，60 年代初在广东新丰江进行了地应力测量。

地震地质大队组建后，在李四光教授直接指导下，进行了地应力测量技术研究并开展了地应力测量，研究活动构造体系，活动构造带的构造应力状况。

20 世纪 60～70 年代，为适应地震监测和防灾需要，引进套芯应力解除技术。1980 年，一种新的深部应力测量方法——水压致裂法被引进，并得到快速发展。另外，还有震源机制法、孔壁崩落法、断层测量法、波速测定法、光弹性应力测定法、X 射线应力测定法及声发射测定法等地应力测量技术的研究也取得了一定进展。

一、地应力绝对值测量方法研究

地壳应力研究所李方全、李立球等人在 20 世纪 60～70 年代先后引进套芯解除法和水压致裂法两种绝对地应力测量方法。通过不断地分析研究、室内野外实验和绝对地应力测量的大量实践，研制出并逐渐完善了中国的绝对地应力测量仪器系统。

1. 套芯应力解除法

20 世纪 60 年代，李方全、李立球等人对套芯应力解除法测量地应力的原理、测量元件、测量仪器、标定方法和应力解除技术及计算方法等作了系统研究，逐步完善了套芯应力解除法绝对值测量系统，能够较精确地测量原地应力状态。这期间，地震地质大队与地质力学研究所合作研制出 YJ-73 型压磁应力计。通过磁芯材料及热处理工艺试验研究，提高了测量元件的精度，改进了元件结构以及与孔壁的接触问题；随后与地质力学研究所、辽宁省开源机电修造厂合作研制出 CW-250 型传感器围压率定机，用于现场解除岩芯标定，改进了元件与岩石的耦合。

20 世纪 70 年代初，章名川与地质力学研究所及北京无线电技术研究所合作研制出 SYL-1 型数字式压磁应力仪，可以测量地应力的大小及随时间的变化，配合数字打印机自动纪录，还可进行数据传输和数据处理。

1989～1993年，丁旭初、李文、李立球等人利用压磁传感技术、无线电子技术和自动控制技术，研制出一体化深井自采地应力测量系统。

2001年杨树新等对“压磁法三维全应力测量系统”实用化进行了研究。

2．水压致裂法

水压致裂法是当前世界上测量深度最大的地应力测量方法。

1980年，李方全等人把海姆森等（B.Haimson）研制的水压致裂地应力测量法引入国内，对其测量原理及其适用性进行广泛深入的调研，对测量方法、测试技术开展实验研究。首先在岩石试件中进行水压致裂实验，研究压裂液粘度对水压致裂应力测量的影响，以及不同流量对水压致裂应力测量结果的影响； 1980年在河北易县一个100m深的钻孔中，用套芯应力解除和水压致裂两种应力测量方法开展对比研究，结果表明，两种测量方法的应力值大小及主应力方向均比较一致。该成果在国际岩石力学学会在美国召开的第一次水压致裂专题研讨会上进行交流。

1984年，李方全等人对测量系统的封隔器结构进行改进，实现多次连续测量，与辽宁铁岭橡胶厂合作，研制出适用不同孔径（56～150mm）的封隔器和印模器；研制出双回路测量系统和井下照相式井下定向装置。1986年完成《DSH-86型水压致裂应力测量系统》的研制，实现水压致裂地应力测量小型化、轻便化。

1987年，在美国召开的第二届水压致裂应力测量专题讨论会上，李方全提出提高和改进水压致裂资料的解释方法，如曲线拐点法、单切线法、双切线法、低流量法、阶梯流量法等多种方法及其对比结果。在本届会议上成立了国际岩石力学学会水压致裂资料解释委员会，李方全成为该委员会委员。为了研究尺寸效应对应力测量结果的影响，又成立了国际岩石力学学会地应力尺寸效应工作组，李方全为成员之一。

1994年，地壳应力研究所与日本电力中央研究所开展“水压致裂裂缝的产生及扩展”合作研究。在房山完整花岗岩中钻一个300m深的钻孔，共进行67次水压致裂试验。这些现场试验对水压致裂方法的改进，压裂参数的精确判读及地应力测量结果的精确计算，都取得了重要成果。

水压致裂应力测量技术经过改进和完善，成为中国20多年来原位地应力测量的主要技术，为地壳构造应力场研究、地震科研、工程设计和灾害预防应用奠定了基础。丁建民、郭啟良、李宏、陈群策等人在实际应用中，对水压致裂应力测量技术不断进行完善，丁建民试验“以油代水”进行测量，翟青山、梁国平根据孔壁崩落资料测定主应力方向，翟青山、毛吉震应用超声波井下电视测定主应力方向，郭啟良、丁立丰等完善了多参数、高精度、三维应力测量系统。地应力测量技术经过几代人的努力，使之不断改进而日趋完善。

3.其他地应力测量方法研究

（1）震源机制法。

震源机制法测量的是震源处的深部应力状态，地壳应力研究所使用的震源机制解主要是P轴、断节面方位、滑动方向及错动距离。地震的P波初动呈正负相间四象限分布，震源二节面共轭剪切错动给出的P轴指示出震源体在震源深度的最大主应力方向。

1981年，黄忠贤、王恩福等人先后做了震源P波辐射场实验。实验结果表明，用这种方法确定出的震源区的最大主应力方向有一定的误差。而使用多个地震P轴统计出的最大主应力优势方向则较为精准。

1984～1989年，安欧用震源机制解的P轴及相应的实验和理论并结合地震等烈度线长轴方向及断层的活动方式，研究了全球、东亚大陆、中国中部地区的地应力作用方式。

1999年，崔效锋、谢富仁用震源机制解反演得出中国西南地区的构造应力场。其后，崔效锋、谢富仁等用震源机制解研究了华北地区的现代应力场和中国西南川滇地区的应力分区。

（2）孔壁崩落法。

铅直钻孔壁上两个最小主应力方向点上集中的应力当$\tau \geq \tau_0 + \mu\sigma_n$时，孔壁便发生剪压性破裂而使得碎裂的岩石碎块崩落，主应力方向点的孔径变长，通过测量孔径方位角的变化，其优势的孔径长轴方向即为水平最小主应力方向，垂直孔径长轴的方向为水平最大主应力方向。20世纪70年代，丁建民、郭啟良、梁国平等人用这种方法进行了地应力方向的测量。

（3）断层测量法。

断层测量法反映的是近地表处的平均应力。根据一个地区断层活动性质测量结果，统计出其受力的优势方向，得出测区的平均水平最大主应力方向。

1976年，安欧对京津地区的断层活动进行统计，得出测区逐年的水平最大主应力方向及其变化情况。

2007年，张红艳、谢富仁等用首都圈跨断层测点的形变观测资料拟合了地壳上部应力状态。

（4）岩体波速法。

1988年，刘建中与油田合作，用人工地震波资料测量深达3km的地应力状态，给出了岩石最大主压应力。

（5）声波发射法。

日本电力中央研究所金川忠于1978年提出用kaiser效应测量地应力（即声波发射法，又称AE法）。其测量深度达800m。

1991年，王福江、祁英男等与日方合作进行了AE法与水压致裂法的对比研究，在三峡茅坪800m钻孔中，这两种方法的测试结果有着较好的一致性。

（6）岩石声学应力测量。

岩石声学是研究岩石介质的声学理论及其应用的科学。2007年田家勇研究了岩石声学在现代地应力测量中的应用。通过非接触方法测量钻孔波速的变化测定岩石应力，即地应力测量的声弹法，比较适合深部地应力测量，且不破坏钻孔，测量探头可重复使用，便于维修，可与石油声波测井技术相接合。

（7）光弹性应力测量。

高德禄、郭世凤等研究利用光测弹性力学理论进行地应力测量，研制了“光弹应力仪”。

（8）X-射线地应力测量方法。

构造应力场从形成时间上分为古构造应力场、古构造残余应力场、现今构造应力场。现今构造应力场是古构造残余应力场与现今构造应力场的叠加场。安欧曾对迁西古构造残余应力进行了测试和研究。20世纪80年代，安欧、高国宝用“X-射线地应力测量方法”开展了滇西红河断裂带北段残余应力的测试和研究。

二、绝对地应力测量仪器系统研制

1．YJ-73型压磁应力计

YJ-73型压磁应力计是20世纪70年代李方全、李立球等人与地质力学研究所合作研制完成的。通过对压磁材料成分及热处理工艺的大量实验研究，提高了测量元件的精度和稳定性。同时，改进了元件的结构，较好地解决与钻孔孔壁的接触问题，并对元件在钻孔中的预加应力方式和元件的安装方法进行研究和改进，以期能在较深的钻孔中进行地应力测量。这种应力计使地应力绝对应力测量技术有了很大改善和提高。在地应力的测定和构造应力场的研究以及矿山开采、水利水电工程、交通及军事工程等领域得到较好的应用。YJ-73型压磁应力计获1983年国家地震局科技进步二等奖。

2. CW-250型传感器围压率定机

CW-250型传感器围压率定机是李立球、李方全与地质力学研究所、辽宁省开源机电修造厂合作研制的。该机为绝对应力测量的配套设备，可以在野外现场直接对应力解除得到的岩芯进行标定，解决测量元件与岩石耦合产生的接触问题和了解岩石弹性模量等岩石力学参数对测量结果的影响，提高了地应力测量的精度，是元件标定的一个革命性进展。围压率定机结构简单、合理，符合力学原理，曾获 1979 年国家科学技术委员会颁发的国家发明三等奖。

3. SYL-1 型数字式压磁应力仪

SYL-1 型数字式压磁应力仪由章明川与地质力学研究所和北京无线电技术研究所合作研制。该仪器是测量地应力的专用仪器，可以测量地应力的大小及随时间的变化。通过自动或手动切换，可同时测量三个传感器的数值变化。配合数字打印机可进行自动纪录，还可进行数据传输和数据处理。具有测量速度快、精度高、记录处理数据方便等优点。

4. DSH-86 型水压致裂应力测量系统

20 世纪 80 年代，李方全、刘鹏、张钧、柴建忠、张志国等人为使水压致裂应力测量设备国产化、轻便化、小型化，在国家地震局地震科学基金的资助下，研制了 DSH-86 型水压致裂应力测量系统。并与辽宁省铁岭市橡胶厂合作研制出可多次连续使用的水力压差式封隔器、印模器，大大降低了成本。研制出井下开关及井下照相装置，开发了单回路及双回路应力测量系统，使测量过程易于掌控，方便对裂缝的定向，即便于确定主应力的方位，提高了测量效率及可靠性。

“DSH-86 型水压致裂应力测量系统的研制及其应用”获 1993 年国家地震局科学技术进步三等奖。

三、钻孔应力测量技术中的问题及其改进研究

1989、1990 年，安欧对钻孔应力测量技术中存在的主要问题及其改进方法进行了研究。认为当代钻孔地应力测量存在的主要问题有，钻孔应力测量理论假定岩体力学性质是各向同性，没有考虑钻孔效应，测量时忽视了时间效应，忽视了岩体力学性质的多变性。对此他提出了钻孔应力测量技术改进的方向：钻孔地应力测量应考虑岩体的各向异性，并在测量原地同时测出岩体各向异性的其他力学参量；减小或避开钻孔效应的影响、用固结灌浆封堵微裂、恢复钻孔施工时造成的围岩强度下降和建立非均匀的钻孔围岩地应力测量理论和方法，考虑或避开测量的时间效应，避开岩体力学性质多变的影响，在地应力测量的原地测量围岩的其他力学参量、卸载时测出其弹性曲线、围岩的弹性模量和泊松比。测量上述参量时宜选用力学性质稳定的造岩矿物的力学参量，取代含有微裂的围岩的力学参量。

四、震中区应力状态探测和区域构造应力场研究

地震地质大队成立后，李方全、丁建民、郭啟良等人在华北、西南、西北及华东地区相继开展大量地应力测量工作，为地应力台站建设、地震科学研究、区域构造应力场研究以及许多国民经济工程建设项目提供了基础资料。

1. 大震后震中区及附近的应力测量

1975 年 2 月 5 日辽宁海城发生 7.3 级地震。同年 7～10 月，在震区的海城牌楼、大石桥陈家堡用套芯解除法进行地应力绝对值测量，取得了震中区及邻近地区的大震后的应力状况。主要参加人员：安其美、祝武、施兆贤、刘旭、刘玉琢等。

1976 年 5 月 29 日云南龙陵、潞西相继发生 7.5 级和 7.6 级地震。同年 6～10 月丁旭初、李立球、梁海庆、孙世宗等人在潞西至下关的汉邑村、保山登高村、潞西户育龙洞用套芯解除法进行地应力绝对值测量，分析滇西地区现今构造应力场和龙陵地震区应力场的分布特征。

1976 年 7 月 28 日唐山发生 7.8 级和 7.1 级地震。同年 8～10 月，李方全等人在凤凰山、滦县等地进行地应力绝对值测量，获取震后的测量结果。1978 年 5～7 月，李方全、马长安等人再次在凤凰山、滦县等地用套芯解除法进行了地应力绝对值测量；1981 年梁发明等也在唐山地区进行了应力解除法地应力绝对值测量；1983 年李方全、张钧、刘鹏、毛吉震、赵仕广等在唐山东矿区 350m 深孔进行水压致裂应力测量，对比唐山地震发生后测得的结果，研究该区地应力大小及方向随时间的变化，同时对 11 个岩样进行声发射测试；1987 年景鸿利等也在赵各庄煤矿进行水压致裂应力测量。通过上述一系列测量，初步了解了唐山大震发生前后地应力的变化情况。

1976～1979 年，丁旭初、梁海庆、李立球等人在云南西部的下关汉邑村、保山登高村和潞西户

育三处进行地应力测量。认为滇西地区现今应力场与康滇歹字型构造形成时期的应力场基本一致。但歹字形中段的东西两个构造带活动强度并不一致，龙陵地震的发生可能是这种应力场加强所致。龙陵地震后，震中区和外围区不一致的应力值表现为前者小、后者大，可能是地震后地应力释放效应。测量结果表明本区的地应力均为压应力，未发现张应力的存在，最大主应力和最小主应力之比值均在0.3～0.7之间。

海城、龙陵及唐山等地震发生后，这三个震区及其外围的套芯应力解除测量结果显示：震后震中区的应力值比周围低；距震中区较远处的最大剪应力值比震中区高；震后不久在震中区测得的最大主应力方向与区域构造应力场方向有较大偏离。实地应力测量结果显示，强震后震中区的应力值远低于周围地区，证实地震确实产生了应力降，地震释放了集中于震中地区的应力。

2. 在地震重点监视区和活动构造带进行地应力绝对值测量

1982～1988 年，李方全、翟青山、刘建中等人与美国地质调查局佐巴克(M.D.Zoback)博士、美国威斯康星大学海姆森（B.C.Haimson)教授合作在云南滇西地震预报试验场红河断裂北段四个地点，深度400～500m进行水压致裂应力测量，研究试验场地区的地壳应力分布和特征，并为研究地震成因、地壳动力提供基础资料。

1983 年在北京及其附近地区（首都圈）进行的地应力测量有：李方全等人在密云邓家湾进行水压致裂应力测量，孙世宗等人在顺义吴雄寺、怀柔桃峪口进行应力解除，翟青山等人在房山花岗岩中进行了水压致裂应力测量。

1980 年李方全等在华北及郯庐断裂带上进行地应力测量；丁建民等在山东渤海岸边进行深部地应力测量；1982 年李方全等在江苏新沂红砂岩中进行了水压致裂原地应力测量。依据华北及郯庐断裂带的地应力测量资料发现，郯庐断裂带上的剪应力值随着与断层的距离增大而增加。

3. 四川省汶川8.0级大震前、后震中区原地应力测量

迄今，世界上尚未见有任何国家在发震构造带上于临震之前进行原地应力测量的报道，因而无从确切判定和分析发震断裂带临震之前的地壳应力分布状态，也就谈不上对地震前后的地应力分布状态进行对比分析。巧合的是，因四川省交通建设需要，郭啟良、张彦山、赵仕广、张志国、侯砚和、包林海、毛吉震等人于2008年5月12日汶川8.0级大地震发生之前的几天，在极震区、龙门山构造带上的青川县及其附近开展了4个深钻孔的水压致裂法原地应力测量，获得汶川8.0级地震之前发震构造龙门山断裂带上的原地应力状态的测量资料。“5.12”汶川大地震之后，又进行水压致裂法原地应力重复测量，从而获得汶川大震前后极震区极为宝贵的原地应力测量资料，这无疑是分析和深入研究地震孕育、发生机理不可多得的原地应力测量资料。

汶川8.0级地震之前的4～5月初，郭啟良等人于龙门山断裂带映秀—北川断裂北段的青川广元一带，先后在4个深400m左右的深孔中进行了水压致裂应力测量。其中，距极震区木鱼镇7km的ZK1深孔，于大震发生前一周的5月6日完成现场测量。ZK1孔位于汶川大震发震构造—映秀北川断裂带上，其余3个测孔位于该断裂带下盘。在ZK1孔测得震前最大水平主应力值高达21～22MPa。这一测量结果与正常应力分布状态下的主应力值明显高出很多，说明该地区已经积累了很大的能量，并正在承受着较为强烈的现今构造应力的作用。ZK1 孔的原地应力测量结果表明，其水平主应力（S_H）占主导地位，垂直主应力（S_V）为最小主应力，三个主应力方向的分布关系为 $S_H>S_h>S_V$，显示出该地区的地壳应力场处于水平构造应力强烈作用状态之下的特征。

大震发生后，立即在强震区选点进行应力测量。并在原来的ZK1和ZK3孔进行震后原地重复测量。汶川8.0级大震前后发震构造附近的地应力测量资料及震源区应力场特征揭示，龙门山中央断裂带震前地应力出现高值异常，表现为有利于断裂带逆冲错动的现今构造应力场特征；测量结果还显示，下盘被动稳定、上盘主动逆冲错动的动力学过程。

各测段水压破裂形态印模测量结果表明，最大水平主应力方向为 N50° W，即最大水平主应力的作用方向为NW—NWW向，这一地应力测量结果与汶川大震的震源机制解及发震断裂以逆冲错动为主的地震考察结果均相吻合。

五、原地应力测量技术规范编制

原地应力测量技术规范是根据中国地应力实测技术现状、参考国际岩石力学学会（ISBM）试验方法委员会确定岩石应力的建议方法、岩土工程试验监测手册以及国内外原地应力实测经验和成果制定。

本标准包括水压致裂法和套芯应力解除法两种测量方法。

本标准由中国地震局提出并作为行业标准于2000年11月29日发布，2001年5月1日开始实施。

本标准起草单位：中国地震局地壳应力研究所。

本标准主要起草人：王建军、李方全、陈群策、苏恺之、杨树新。

第二节　构造应力场研究

自1966年起，地震地质大队全面调查，研究断裂的现代活动规律，探索构造的应力集中和演化特征，反演区域构造应力场。1987年刘光勋与李方全在构造活动性调查和应力测量的基础上研究构造形成的力学环境，较深入开展了构造应力场研究。

地壳构造应力场有现代构造运动形成的现代应力场、地质时期的古构造应力场和一个地区最后一场强构造运动残留至今的残余应力场。于是，现今岩体中同时存在着现代构造应力场与残余应力场，其相叠加的应力场便简称为现今地壳应力场。

一、现代构造应力场研究

地震是构造运动中的一种现象，而构造运动是持续不断发生的。构造运动的发生、发展、形成和转变的动力学过程及其时空分布规律，构造运动引起的变形以及断裂和岩石后生组构都是构造应力场作用的表象和结果。通过大量野外地震地质调查，研究各种构造形迹和构造体系的分布状态及力学特征、开展广泛的原地应力测量、进行岩石力学实验和数学物理模拟，是研究现代构造应力场时空分布规律的最有效途径。

（一）全球大陆构造应力场研究

2003年，谢富仁、崔效锋等在“国家科学技术部基础性工作专项”与“中国科学院创新项目”中，以全球构造应力研究方面的新进展和“世界应力图”的资料为背景，结合最新研究成果，阐述了全球构造应力场的分布特征及其与板块构造运动之间的联系。认为：①全球存在大尺度的统一性构造应力场；②全球大多数板块内部地区受挤压应力作用，其应力作用方式多为逆断型、走滑型或逆断走滑型；③大陆板块内部的扩张区大多位于高海拔异常地区，其应力作用方式为正断型或正断走滑型，如青藏高原内的断陷、东非裂谷和贝加尔裂谷等；④全球大部分地区地壳上部构造应力的作用较为均一，形成一个统一的区域应力场；⑤全球大部分地区的最大水平主应力方向与板块绝对运动（角速度）迹线保持较好的一致性，反映出构造应力与板块运动的关系密切；⑥板块汇聚、洋脊扩张可能是岩石圈上部构造应力变化的主要成因。

1984、1985、1987年，安欧研究了全球、东亚大陆、中国中部大地震震源机制解的P轴分布与地球自转速率的关系，及其与相应的发震断裂活动有共轭剪切配套的关系。

（二）中国大陆构造应力场研究

1．现今构造应力场分布特征

1981年1月至1982年12月，业成之等人对中国现今构造应力场的区域分布特征进行了研究。依据跨断层位移测量相对矢量的累计推算，认为陕、甘、宁、青地区基本上保持祁吕系的活动特点，京、津、华北地区为新华夏系活动方式，以压性兼顺时针扭动为主。在川、滇地区与歹字型构造或经向构造的活动保持一致。

2．中国主要活动断裂及其现代运动

1982～1986 年，马廷著、刘光勋、黄佩玉、白玉芹等人对中国主要活动断裂及其现代运动进行研究，把晚第三纪以来形成、而第四纪或现代仍在活动的断裂称为活动断裂。并把中国活动断裂分为滨太平洋和特提斯—喜马拉雅两大活动体系。根据其展布特征划分为若干断裂系和断裂带，把其现代运动根据跨断层测量所获得的活动量级分为三级：一级速率每年大于或等于 10mm，二级速率每年 1～10mm，三级速率每年 0.1～1mm。于 1983 年编制完成“中国主要活动断裂及其现代运动图”。

3．构造应力分区方法研究

1999 年，谢富仁、崔效锋等承担国家攀登计划项目和地震科学联合基金重点课题，将断层滑动方向拟合法引入应力分区研究中，依据震源机制解反演出的断层面上剪应力的方向和相对大小作为判定条件，对震源机制解进行逐一筛选，确定出受各个不同构造应力场控制的地震，然后再根据地震的震中分布划分应力分区，称为逐次收敛法。对 297 个地震的震源机制解进行反演计算，认为中国西南及邻区可分为 5 个应力分区，并计算出 5 个应力分区相应的 3 个主应力方向和应力形因子 Φ的大小。

2004 年在中国科技部基础工作专项和地震科学联合基金共同资助下，崔效锋、谢富仁、赵建涛等利用《中国大陆地壳应力环境基础数据库》收录的中国及邻区 2660 个地震的震源机制解资料，在分析中国及邻区震源机制解及其分布特征的基础上，重点分析探讨中国境内 6 级以上地震震源机制解的分区特征：东北－华北应力区震源机制的水平最大主应力为近 EW 向和 NEE 向，震源机制解类型相对较为单一，以走滑型为主。华南应力区的水平最大主应力为 NW～SE 向，主要是逆断型和走滑型。新疆应力区的水平最大主应力为近 SN 向，也是以逆断型和走滑型为主。青藏高原南部应力区的水平最大主应力分布相对集中，为近 SN 向，其震源机制解类型只有走滑型和正断型两类。而青藏高原北部及北东边缘应力区的水平最大主应力方位变化较大，以走滑型为主，同时还有一定数量的正断型和逆断型震源机制解。

4．中国大陆及邻区现代构造应力场分区

在国家重点基础研究发展规划项目和科技部基础性工作专项基金共同资助下，谢富仁、崔效锋、赵建涛、陈群策、李宏等人以“中国大陆地壳应力环境基础数据库”资料为基础，总结了中国大陆及邻区现代构造应力场的基本特征，提出划分构造应力分区的原则，将中国大陆及邻区现代构造应力场划为四级应力区。一级构造应力区又划分为：中国东部应力区（A)，其现代构造应力场的主体特征表现为 NEE－SWW 方向的挤压，力源主要来自太平洋板块向西部欧亚大陆下俯冲和菲律宾板块向北西朝欧亚大陆下俯冲的联合作用；中国西部应力区（B)，该区现代构造应力场的主体特征为近 SN－NNE 方向的挤压，力源主要来自印度板块向北对欧亚大陆碰撞的影响。一级构造应力区主要受板块边界几何特征和作用在边界上力的控制，应力的作用在大范围和长时间内保持均匀和稳定；二级构造应力区受控于区域块体间的相互作用，在较大区域范围内应力作用具有较强的相关性；三级构造应力区受控于区域内部块体间的相互作用，在一定区域范围内应力结构具有相似性；四级构造应力区受控于块体和断裂相互作用的影响，其应力性状（方向、强度、结构等）一致性较好。

5．中国大陆地应变率场

2007 年朱守彪等将地质统计学中的 Kriging 方法引入到 GPS 观测的速度场研究中，通过 Kriging 插值得到研究区域均匀网格节点上的速度值，然后运用有限单元中形函数(Lagrange 插值函数)的求导方法，计算每个网格单元积分点处的地应变率分量，从而获得较稳定的地应变率场的分布。

计算给出的中国大陆及邻区应变率特征与地质、地震等结果符合得很好。中国大陆西部地区的应变比东部地区高 3～5 倍，而在地质上稳定的地区应变率很低；最大剪应变率与地震活动性基本一致。

（三）华北地区构造应力场研究

1．华北地区地壳形变与构造体系活动的关系

1977～1978 年，业成之等人根据地形变和断层位移测量资料进行的研究，认为本区新华夏系断裂分布广，活动强度大，具有继承性等特点，与近期地震密切相关。

2．华北东部的现今构造运动

1978 年，王宋贤等人根据形变测量资料分析，认为华北东部地区的断裂活动具有继承性和新生

性。1966～1973 年地球自转减慢，本区受 NWW—SEE 构造应力场控制新华夏系构造表现最为活动。1973 年地球自转加快，纬向构造带活动性加强。华北地区应注意新华夏系和纬向构造带的活动。

3．唐山地震孕育过程及地震前后断裂运动特征研究

1978 年，马廷著、陈学波、黄佩玉、赵静娴等人根据地质构造、水准测量、跨断层位移测量资料以及大量前兆观测资料，研究唐山地震孕育的过程。将其分为构造应力积累期、微破裂期和断层快速蠕动期，把京、津、唐地区其及附近的活动断裂运动划分为震前加速、震时滑动和震后调整三个阶段。分析了断裂各阶段的速率变化、活动性质和时空分布特征。

4．唐山地震断裂活动特征研究

根据国家地震局重点科研项目，1979 年王宋贤、舒桂林等人研究了唐山地震断层的活动特征和大震前的断层位移异常。认为两组不同走向的断层活动互为共轭，受统一构造应力场控制，异常半径达 300km。

5．华北地区现代地壳运动特征初探

1979～1980 年，马廷著、黄佩玉等人根据大地测量、水准测量、地震断裂和震源机制等资料研究了华北地区现代构造特征。认为其具有继承性、新生性和不均匀性等特点，并把断裂的地壳运动划分为构造形变和地震形变两种方式，地震形变运动又划分为地震前的快速运动，地震时的突然滑动和地震后的调整三个阶段。

6．中国东部活动断裂的现代构造运动

1981 年 6～11 月，马廷著、刘光勋、黄佩玉、王宋贤等人分析了中国大陆东部地区晚第三纪以来活动断层的展布和基本特征。提交了“中国东部活动断裂的现代构造运动”和“中国东部活动断层基本类型及近期活动”研究报告，讨论了活动断层的类型、近期活动及其运动方式。

7．华北地区主要活动断裂近期活动方式及现代地壳运动

1983～1985 年，马廷著、黄佩玉、高忠宁、白玉芹、刘国民、赵国光等人对华北地区主要活动断裂的活动方式、现代地壳运动及地震危险性进行了研究。提交的“华北地区现代地壳运动与地震活动及其运动方式”和“华北地区主要活动断裂近期活动方式与地震危险性”研究报告，分折了现代地壳运动的主要特征，地壳垂直升降运动区，地壳的现代活动带与强震带，地震断裂、裂缝带与构造地裂缝。详述了现代地壳运动的多样性、阶段性、不均匀性和水平运动特征。根据所测断层的活动量级和相关公式计算，推测 2002 年前的地震危险性。

8．河北省唐山、滦县地区断层的近期活动性分析

1984 年，戴樑焕等人分析了 1969 年以来的断层位移测量资料认为，石门—冷口断裂垂直运动较小，差异变化 0.5mm，水平长度变化在 0.6mm 以内，主压应力为 NW39°；李官营断裂活动性较强，15 年累计变化 5.6mm。

9．北京八宝山断裂带现今活动性研究

1988 年，王宋贤等人根据以往 20 多年地面流动观测和跨断层台站观测资料的分析认为，八宝山断裂带现今仍在活动，但活动量较小。

10．华北北部的现代地壳垂直运动

1991 年，马廷著、刘国民等人应用 20 世纪 50 年代初至 80 年代初华北北部包括渤海周围的辽东半岛、山东半岛和苏北地区的水准测量资料，把地壳垂直运动分成若干区和带，并探讨了与地貌、地质构造的关系，还根据水准测量的跨断层测量数据，探讨了断裂活动的量级及活动性质。

11．北京及其西北地区断裂的现今运动

1993～1994 年，马廷著、蒋承恩等人利用地形变、水准测量、跨断层短水准、短基线、流动测量和 ME-3000 测距等资料，分析北京及其西北地区断裂现今运动的主要特征，探讨了断层活动分区、以及区域应力场的作用方式，并对本区大于 6 级的地震趋势作了估计。

12．雁行构造与山西地堑系强震规律研究

1992～1994 年，在地震科学联合基金会资助下，谢新生、王维襄（中国地质大学）、肖振敏等利用已知边界条件，计算出雁行褶皱的雁列角，由已知雁列角和剪切带的宽度，得出雁行褶皱的间隔，

进而获得由褶皱运动所产生的应力场、应变场及其所产生破裂的空间位置(产状)，研究了山西地堑系中新生代的构造演化，地堑系形成的力学成因，地堑系的应变能密度分布并对地堑系可能发生强震的位置进行了预测。

13．唐山地震前后华北地区现代构造应力场的时空变化特征

2001 年，崔效锋、谢富仁受国家重点基础研究发展规划“大陆强震机理与预测”项目和地震科学联合基金资助，对华北地区 1963～1998 年间 126 个地震（M_S≥4.7）的震源机制解逐一筛选，运用逐次收敛法对中国华北地区现代构造应力场作反演分析，发现华北地区现代构造应力场的方向在时间和空间上有较明显的变化：中等主应力近于垂直，最大和最小主应力都接近水平，但其方向在时间和空间上确有一定变化。1976 年唐山地震以前，华北地区现代构造应力场的方向基本一致，最大主应力方向为 NEE 向。1976 年唐山地震以后，华北地区现代构造应力场的方向出现变化，华北北部地区和郯庐断裂带以东地区现代构造应力场的方向没有明显改变，最大主应力的方向仍为 NEE 向，而华北中南部地区最大主应力方向则发生顺时针的转动，为近 EW 向。

14．延庆、怀来盆地活动断裂与现代构造应力场

2007 年,在国家发改委“城市活断层试验探测”项目和国家重点基础研究发展规划项目共同资助下，谢富仁、张红艳等人的野外地震地质调查和断裂滑动观测研究表明：延庆盆地 NE 向活动断裂以右旋走滑为主，兼具正断层分量；怀来盆地 NE 向活动断裂以正断层为主，兼具右旋走滑分量；盆地内 NW 向断裂以左旋走滑为主，兼具正断层分量。野外观测取得 10 个测点 337 条活断层的擦痕数据，利用断层滑动资料反演构造应力张量的办法，获得研究区现代构造应力场的主要特征：延庆盆地现代构造应力场为 NEE 到近 EW 向的挤压、NNW 到近 SN 向的拉张为主要特征，应力作用方式均为走滑型。怀来盆地以 NNW 向拉张为主要特征，应力作用方式以正断型为主。断层滑动反演结果与北京及周边地区震源机制解资料反演的结果基本一致。

15．首都圈地区跨断层形变观测与地壳应力场

2007 年，张红艳、谢富仁等人承担国家发改委 “城市活断层试验探测”与国家重点基础研究发展计划项目，根据首都圈地区 11 个跨断层测点的形变观测资料，将断层两盘作为不变形的刚体，定量分析了断面相对滑动与地表两盘点位的相对位移，并以唐山地震及其余震为时间界限，将所得到的断层滑动矢量分为 2 大时段，拟合区域 2 个不同时段的现今地壳上部应力状态，发现依据跨断层形变观测资料反演的首都圈地区地壳上部应力状态在唐山地震前后出现了明显的变化：第一时段（唐山地震及其余震期间），地壳应力状态以 NNE—SSW 向挤压，NWW—SEE 向拉张为主，反映该区构造应力场 NNE—SSW 向的构造应力作用逐渐增强；在 NWW—SEE 方向，构造应力作用相对于 NNE—SSW 方向有所减弱，表现为相对松弛状态。第二时段，在唐山地震及其余震之后的 3 个次级时段内，地壳上部的应力状态以 NNW—SSE 向拉张为主，表明在唐山地震及其余震之后，研究区的构造应力作用一直处于近 SN 向的松弛状态。

16．张渤构造带陆地段现代构造应力场的非均匀特征

2008 年，受中央级公益性科研院所基本科研业务专项资助，张红艳、谢富仁等依据活动构造展布及震中分布等情况，将张渤构造带（张家口－渤海断裂带）陆地段划分为 6 个应力区，利用格点尝试法计算出 1967～2006 年间这 6 个分区 529 个震源机制解。

17．华北地区构造应力场非均匀特征与煤田深部应力状态

2009 年，在国家重点基础研究发展计划（973）项目和中央级公益性科研院所基本科研业务专项共同资助下，崔效锋、谢富仁、李瑞莎、张红艳等人依据华北地区近期 1111 条中小地震的震源机制解数据，将华北地区分成 11 个应力小区，利用格点尝试法分析华北地区主应力方向的分布特征，结果显示：华北地区现今构造应力场以水平作用为主。

18．京西北盆岭构造区现代构造应力场的非均匀特征

2009 年，张红艳、谢富仁等在中央级公益性科研院所基本科研业务专项和国家重点基础发展计划课题中，通过对该区大量活动断层擦痕的测量，用断层滑动资料反演构造应力张量的计算方法，获得研究区 24 个测点的构造应力张量数据；同时利用格点尝试法对研究区两个不同应力分区的中小地

震震源机制解进行了分析。

（四）西南地区构造应力场研究

1．活动断裂带附近剪应力研究

1981 年，丁旭初、梁海庆等人利用郯庐断裂带、滇西洱海断裂带和甘肃龙首山北麓断裂带的地应力解除资料，分析了活动断裂两盘剪应力的分布，并结合有关实验得出活动断裂附近的剪应力如果增大或大于周围地区的剪应力时，有可能是未来地震发生地点的结论。

2．据断层位移测量资料探讨川滇西部地区主要构造的现今活动

1983 年，业成之、侯治华等人根据鲜水河断裂、小江断裂、安宁河断裂及红河断裂 10 多年的位移测量成果，研究了其断裂的受力方向，认为本区主要受 NW、SE 向主压应力场的控制。构造活动强度高，断层位移量大，但也存在活动不显著的“闭锁”地段。

3．滇西北地区新构造与现今构造应力场

1987 年，侯治华、李鼎容、王宝杰等人通过地质构造调查，水系格局的分布和地应力测量、震源机制、三角网测量和断层位移测量资料的对比分析。以金沙江－红河断裂为界分为东西两区，东区主压应力方向向右旋转约 10º，西区向左旋转约 10º。全新世以来的构造应力场在西区显示反扭特点，而在东区总体显示为向右旋转的趋势。

4．西南地区现代构造应力场的基本特征

1993 年，谢富仁、祝景忠、刘光勋、崔效锋等在地震科学联合基金资助下，通过对中国西南地区大量活动断层擦痕的观测，用断层滑动方向反演构造应力张量的计算方法，获得西南地区 41 个测区（点）58 个构造应力张量的方向结构特征，综合震源机制解、原地应力测量得出中国西南地区现代构造应力场的基本特征：①中国西南地区现代构造应力场自第四纪早更新世末期或中更新世以来是持续稳定的；②构造应力作用以水平为主；③最大主应力轴方位由北到南呈规则转动趋势。在北部松潘、龙门山地区为 NEE－SWW 方向，到中部川西地区转为近 EW 方向，再到云南地区转为 NNW－SSE 或近 NS 方向；④区域构造应力场具有明显的分区特征；⑤地壳深部与浅部应力状态在主方向和应力结构类型上有较好的一致性。此外，构造应力张量分期研究的结果还初步表明，在第四纪早期，西南地区主要受到来自印度板块的侧压作用，受此侧压的影响，区域构造应力场主要表现为 NE 至近 EW 方向的挤压。

5．川滇地区现代构造应力场分区及动力学成因探讨

2006 年，崔效锋、谢富仁、张红艳等受国家重点基础研究发展计划和南北地震带震情强化跟踪项目共同资助，利用震源机制解确定应力分区的逐次收敛法，并结合水压致裂原地应力测量结果和断层滑动反演资料，对川滇地区应力分区进行了较为详细的厘定。结果表明，2 条 NNW 向近似平行的应力转换带将川滇地区分成 3 个应力区，2 条应力转换带之间形成的川滇应力区的最大主应力方向正好是 NNW 向。川滇应力区东边界（东边的应力转换带）基本上与川滇菱形块体的东边界相吻合；川滇应力区西边界（西边的应力转换带）与川滇菱形块体的西边界并不完全一致，西边的应力转换带的北段基本沿金沙江断裂带，与川滇菱形块体的西边界相一致，往南应力转换并没有继续沿着川滇菱形块体的西南边界—红河断裂带、与东边的应力转换带形成交汇，而是延续 NNW 走向，应力转换带的南段与营盘山断裂带相重合。研究结果认为，在印度板块北移，青藏高原东侧物质南东向侧移，以及华南块体强烈阻挡的共同作用下，川滇地区构造应力场格局并不完全受已有构造的控制，而很有可能形成新的应力转换带。

6．昆明周边地区活断层滑动与现代构造应力场

2007 年，荆振杰、谢富仁等在中央级公益性科研院所基本科研业务专项和国家科技支撑项目资助下，根据野外观测取得 22 个测点共 706 条活断层的擦痕数据，利用断层滑动资料反演构造应力张量的方法，获得研究区现代构造应力场的主要特征：昆明盆地及其周边地区现代构造应力场以 NNW－SSE 向挤压、NEE－SWW 向拉张为特征，其最大主压应力方向为 333°～2°，平均倾角 21°；最小主压应力方向为 44°～93°，平均倾角 14°；中间主应力倾角较陡，近于垂直。应力作用方式为走滑型。断层滑动反演结果与震源机制解资料分析结果基本一致。

7．汶川 M_S8.0 级地震断层滑动机制研究

2008 年，杜义、谢富仁等受地壳应力研究所基本科研业务专项与国家科技支撑计划资助，对龙

门山断裂带震后断层的擦痕进行测量，得到 311 条断层擦痕数据，用断层滑动资料反演构造应力张量的计算方法，得到该区 8 个测点的构造应力张量数据，并获得研究区的构造应力场特征：其现代构造应力场以近水平挤压为主，最大主应力方向为 76° ～121° ，平均倾角 9° ，应力作用方式以逆断型为主。受构造应力场作用及断层几何特征影响，地表破裂呈现出分段性：映秀－北川段主要以 NW 盘逆冲为主，垂直位移明显；北川以北区段显示为逆冲兼走滑运动，水平位移量与垂直位移量基本相当，或水平位移略大。

（五）西北地区构造应力场研究

1．新疆伽师及周围地区现代构造应力场特征

2005 年，崔效锋在国家财政部巴楚伽师地震专项中，对伽师及周围地区震源机制解、钻孔崩落、断层滑动等地应力数据进行统计，分析区域构造应力场的总体方向特征。3 类不同方法的地应力数据给出的水平最大主应力方向差异不大，表明该区构造应力场在水平向上总体呈 SN 向挤压。据 137 个地震震源机制解数据，对伽师及周围地区现代构造应力场的时空变化特征进行了反演分析。结果表明，伽师周围地区区域现代构造应力场最大主应力为 NNW－SSE 向，方位角为 162° 。在 1997～2003 年伽师巴楚地震前，伽师震源区最大和最小主应力方向相对于周围区域构造应力场发生了顺时针偏转，最大主应力变为 NNE－SSW 向，方位角为 25° 。在这一构造应力场的作用下，发生了包括 1997 年伽师强震群在内的一系列地震。其后，伽师地区的构造应力场可能再次进行调整，控制 2003 年伽师巴楚地震的构造应力场与周边的区域应力场相一致。

2．乌鲁木齐地区活断层滑动与现代构造应力场

2006 年，张红艳、谢富仁等在国家发改委资助下，对乌鲁木齐地区的大量活断层擦痕进行了测量，用断层滑动资料反演构造应力张量的计算方法，获得研究区 5 个测点的构造应力张量数据，与震源机制解资料对比，获得研究区现代构造应力场特征：区域现代构造应力场以水平挤压为主，最大主压应力方向为近 SN 向，应力作用方式以逆断型为主。

（六）广东新丰江及山东泰安地区构造应力场研究

1．广东新丰江地区地壳运动与地震的关系

中南地震地质队对广东省水电厅测量队、中科院测地所和地震地质队的测量资料进行分析，研究新丰江地区地壳运动与地震的关系。指出河源断裂西部地区以上升为主，河源盆地下降，水平运动为逆时针方向旋转。认为新丰江地震前 9 个月至前 2 个月断裂两盘呈逆时针方向运动，位移量较大。震后 2 个月至 4 个月断裂两盘呈顺时针方向运动，位移速度达最大值。震后 4 个月至 7 个月断裂错动方向不明显，位移速度较慢。

2．山东泰安新汶矿务局协庄矿区构造应力场

2007 年，谢富仁、荆振杰等受国家重点基础研究发展规划基金和科技部科技支撑基金项目资助，用断层滑动方向反演构造应力张量的计算方法，获得山东省泰安协庄矿区深部 10 个测点 11 个构造应力张量方向的结构特征，揭示出协庄地区中新世末期以来存在 2 期主要构造应力作用：自中新世末期至上新世初期，协庄地区构造应力场以 NNW－SSE 向拉张为主要特征，应力结构为正断型；上新世以来，协庄地区的构造应力场以 NEE－SWW 向挤压，NNW－SSE 向拉张为主要特征，应力结构为走滑型，并与由震源机制解获得的最新构造应力场的结果基本吻合，表明协庄地区现代构造应力场具有一定的稳定性。

（七）震源区构造应力场研究

⑴郭世凤、高德禄、陈葛天、李淑恭等人利用光测弹性力学实验对 1976 年唐山 7.8 级地震前该区地应力场的时空变化进行了实验研究。

⑵1993 年，梁海庆等人利用中国西南地区原地应力测量数据，推导了对应断裂面上的有效应力 τ 和 σ_n 及其比值。由断层失稳理论计算出，龙门山断裂带上的 τ/σ_n 值偏高，存在发生强震的危险。

⑶1996 年，安欧、高国宝等人在龙门山断裂带布设 6 条测线共 57 个测点，并选取 3 个小区的深钻孔（其中有一个钻孔深达 7058m）的岩芯，以岩体正交异性弹性理论为基础，用 X 射线法测量了岩

体中的宏观残余三维应力场，及其应变能密度随深度的分布，估算了龙门山断裂带岩体中储存的宏观残余弹性应变能的量级。结果表明，研究区段岩体中储存的宏观弹性应变能，可足以提供数个8级大震释放的能量。

⑷2004年，安其美等人在龙门山构造带两侧9个100～500m深钻孔中进行了水压致裂地应力测量，获取其两侧地表浅部的构造应力大小、方向和分布特征。这些实测地应力资料与该断裂带的逆冲性质相一致；并得出在其西段与鲜水河断裂带、南北向构造带复合部位的二郎山地区，现今构造应力状态比较复杂，实测最大水平主应力值已经达到了逆断层活动的临界状态。

⑸2007年，马保起等人用岷江都江堰—汶川段晚第四纪阶地面的变形量估算了龙门山断裂带中段的滑动速率，表明龙门山断裂带中段在现今地应力场的作用下仍在持续活动中。

（八）构造应力场基础研究

⑴1975年黄忠贤、何承恩研究了断层周围应力场的分布及变化特征。

⑵1976～1993年，安欧、李群芳、郭世凤等研究了构造、地形、岩性对应力场的影响。

李群芳用三维有限元研究了，①单条断层不同倾角和不同深度水平应力场最大、最小主应力和最大剪应力的分布；②带形、Y形、X形、雁行形、入字形断层中段锁结应力场最大、最小主应力和最大剪应力随深度的水平分布；③红河断裂带测区水平应力场的三维分布。

安欧、蒋丽芳、李群芳用网格法模拟实验研究了弹性模量和断面摩擦系数对应力分布的影响。

郭世凤、高德禄通过光弹实验研究了圆洼形地形对各深度水平应力场的影响，和断裂延裂引起的附加应力场。

安欧研究了①层状地层中背斜铅直剖面上的延裂分布规律；②各典型断裂工作和各类型构造体系的应力场；③断裂边端、接头、弯折、交叉处的最大剪应力分布；④弹性模量、泊松比对延裂分布的影响。

⑶20世纪80年代，王继存、祝景忠用有限单元法研究了活动断裂、岩体性质对应力场的影响及热应力场。

⑷1998～2000年，谢新生、王维襄、江娃利等在地震科学联合基金会资助下，开展雁行断裂及临界应力场随地壳深度变化定量研究，根据固体宏观断裂和数学力学理论，对均质岩层的共轭破裂形成的力学条件、共轭角的空间变化进行了定量研究，获得震源处的共轭破裂角和极限主应力随地壳深度的增加而发生非线性变化，震源处共轭破裂角和极限主应力比地壳浅处的共轭破裂角和极限主应力大，为地震预报提供一种计算方法。

二、地质时期古构造应力场研究

作为地壳构造运动和地壳应力场演化过程中的一个重要环节，对古地应力场的研究也是地壳动力学研究的重要内容。其研究方法主要是对保留下来的各种构造形迹、地质结构面的力学分析和岩石组构分析来揭示古地应力场的演化过程。

地壳所对古代地应力场的研究主要有断面擦痕分析法、结构面鉴定法和岩石组构分析。

⑴1975年，曾秋生等人对华北地区构造应力场及其演变的研究，根据华北地区构造形迹的发生、发展及其性质转变，推断了华北地区各个地质时期的构造应力场。

⑵1978年3月，曾秋生等人根据历史地震、河流水系、湖泊、海岸线的历史变迁、文化层堆积特征反映出的地面形变等研究结果，研究了华北地区全新世时期构造活动特征。认为华北地区构造活动频繁，地震的发生与相应的活动构造体系相联系。

⑶1978～1984年，聂宗笙、刘仲温等人对华北地块破裂过程及构造活动规律进行研究，认为华北地块为兴凯构造运动形成，震旦至三叠纪经历了漫长的相对稳定时期，中、新生代以来受断裂控制逐渐解体为规模不等的断块。

⑷1986年，王瑛等人研究了华北地区构造运动与构造应力场的演变。根据华北地区构造形迹的

发生、发展及其性质转变，以及在华北平原多处发现NNE向第四纪逆冲断裂，推断了华北地区各个地质时期的构造应力场。

(5)1988年，谢富仁、刘光勋在地震联合基金的资助下，研究阿尔金断裂带中段区域构造应力场的演化。认为阿尔金断裂中段自上新世以后经历两期不同的区域构造应力作用。第1期主压应力方向大体为SN向，时间为上新世—早更新世，相当于喜玛拉雅山运动第三幕，正是青藏高原大幅度抬升时期。在该期应力作用下阿尔金断裂以逆冲为主，兼有左旋运动。自早更新世后期至今受第2期区域构造应力作用，最大主压应力方向为NE—SW向。此时印度板块继续与欧亚大陆碰撞，使相邻的青藏亚板块内部发生纵向压缩变形，同时，还发生横向物质流动或推挤作用。位于塔里木块体和西藏块体之间的甘青块体受其作用向NEE方向移动，与北边的阿拉善块体和塔里木块体发生相对挤压，共同塑造了阿尔金断裂带的现今构造应力场，阿尔金断裂带在这一时期表现为显著的左旋运动。

(6)1996～1998年，谢新生、江娃利、王维襄等在地震科学联合基金资助下，利用弹性稳定理论获得挤压带的“串珠状褶皱力学解析”，解释了新疆天山纬向褶皱带的力学成因，计算出天山纬向褶皱带的应变能密度分布并对未来发生强震的位置进行了预测。

(7)1998年，谢富仁、张世民、窦淑芹、崔效锋、舒赛兵等承担地震科学联合基金和国家攀登计划项目。根据两期断层滑动资料确定的构造应力场解释了青藏高原北、东边缘自中新世中晚期以来的地壳动力学演化特征。

(8)1999年，安欧根据测区上覆岩体的平均重力近似求得其垂直主应力，并用凯利法求出水平及垂直主应力比，进而求得两个水平主应力值及其方位角，于是得出三个主应力的大小和方向。

(9)20世纪90年代，刘建中通过断面擦痕分析，研究了油田的地应力场分布。

(10)1999年，谢富仁、舒赛兵、窦淑芹、张世民、崔效锋等受地震科学联合基金资助，利用断层滑动资料反演构造应力张量的方法，对海原、六盘山断裂带至银川断陷的第四纪两期构造应力场进行了研究。结果表明：①研究区存在两期主要构造应力场作用。第1期约从第三纪晚期延至早更新世末期，以NE—SW向挤压为主；第2期为早更新世末期至中更新世以后，主压应力方向由NE—SW转变为NEE—SWW向；②构造应力作用以水平为主。反映该区构造运动的动力主要是块体间的水平相互作用；③应力分区。研究区现代构造应力场可划分为海原断裂带走滑应力区，六盘山逆断、走滑混合应力区和银川断陷拉张应力区。

第三节　残余应力场研究

残余应力的测量方法有X射线法、矿物光性法、光弹分析法和机械测量法。

早在20世纪60年代，安欧即把X射线法应用于测量河北省迁西矿物中的残余应力。2001年安欧在《X射线地力学》中详细总结了岩体三维残余应力X射线测量技术，介绍了其理论基础、原理、技术以及测量试件中选测矿物石英或方解石轴对称力学参量的测量方法，系统分析了岩体残余应力的标志和X射线方法测量岩石矿物中残余应力的特点。

1992年安欧提出测量岩体残余应力的矿物光性法。在偏光显微镜下用五轴旋转台测出受力矿物二光轴的方向，其所在平面光轴的平分线是第3主轴的方向，垂直二光轴所在平面的方向为主轴2，二光轴面上垂直主轴3的方向为主轴1。利用一轴晶矿物受力后变为二轴晶的折射率这一变化，测量其残余应力的大小。由于应力主轴与折射率曲面主轴重合，折射率与主应力有函数关系，由此推导出主应力用三个主方向折射率的表达式，再将从矿物测片上测出的折射率代入表达式，便能求得三个主应力值。

(1)1985～1994年，安欧与高国宝等受地震联合基金资助，四川省石油和地质部门提供钻孔（最深孔达7058m，是中国目前最深的钻孔）资料和岩芯，研究了中国西南部的残余应力场。

在中国西南地区龙门山、安宁河、红河、鲜水河四个测区，平行和横跨断裂带布设26条测线共

223 个测点、47 个钻孔取样，以岩体正交异性弹性理论为基础，用 X 射线法测量正交异性岩体三维残余应力，取得四个地区残余应力三维主分量及其应变能密度的分布。

上述地区的残余应力场是晚第三纪古构造运动的残余应力场。研究结果表明，水平最大和最小残余主应力，以龙门山测区最高，红河测区居次，再次为安宁河测区，鲜水河测区最低；红河、鲜水河测区水平最大残余剪应力高于铅直最大残余剪应力，断裂带以水平错动为主；安宁河和龙门山测区铅直最大残余剪应力高于水平最大残余剪应力，断层表现为冲压型；红河测区北部的剑川、鲜水河测区中段炉霍—乾宁、龙门山测区沙章—汶川、平武是应变能高密度区。

⑵残余应力场研究在地震预测中的应用。

安欧依据残余应力场研究结果，分析历史强震的构造机理和力学过程，研究残余应力的控震作用，对研究区内 1995 年武定 6.4 级地震、1996 年丽江 7 级地震进行了中长期预测。1999 年根据研究结果，对 2008 年汶川 8 级地震进行了预测。

①据发震“断层活动机制”，取残余水平剪应力和现今最大水平剪应力同向叠加场中高值区段，划出 8 个强震危险区段。其中“上限震级”达到 7.0 级的区段有 4 个：汶川为 M_S7.2、沙章为 M_S7.3、虎牙为 M_S7.2、北川 M_S7.1。

②龙门山地区地壳 15km 深处为花岗岩层，处于高温高围压状态，地震重复发生的机制应是“裂面烧结再断机制”，震源深处断裂带与残余水平剪应力、现今水平剪应力一致性，在 8 个危险区段中汶川区段安全系数最小。因此汶川区段发生强震的危险性最大。

③根据龙门山地区历史上 6 级以上强震与地球自转速率变化关系分析，龙门山以西 6 级以上强震多发生在地球自转加速两年以上或减速两年以上时段；发生在龙门山断裂带上的 6 级以上强震多发生在地球自转减速两年以上时段。拟合曲线外延，危险性最大的汶川和二级危险的北川地区，位于龙门山断裂带，发生强地震危险时段可能是 2007～2012 年或 2021 年以后。

④安欧在研究了残余应力对岩石力学性质的影响后，提出岩石“综合弹性模量”、“综合强度”、“裂面综合烧结强度”的概念。并根据残余应力值多高于现代应力值，分析了残余应力场对大震分布的控制。

第四节　构造应力场动力来源研究

⑴1976～1987 年，安欧依据地球自转速度和角速度变化、以及震源机制解的 P 轴等资料，研究了中国大陆大震活动与地球自转角速度的关系；中国中部大震与地球自转的关系；全球大震活动与地球自转速率的关系；东亚大陆地震地球自转动力观测资料分析。结果认为地球自转速度和转角速度变化引起的动能和惯性影响着全球各地的水平地壳应力场的作用方向分布。

⑵1976 年，安欧、李群芳、蒋丽芳、沈洁贞研究了华北地区现代应力场的作用方式与地球自转角速度变化趋势的关系。

⑶1977 年，曾秋生研究了加里东运动以来地球自转角速度变化与构造运动规律的关系。

⑷1985 年，王贵华、张包等研究了东亚大陆在地球自转减速时地表形变的云纹法测定和东亚大陆在地球自转加速时地表形变的网格法测定。

⑸1989 年，安欧、张包、马德元、王东霞、李桂荣对东亚大陆地震地球自转动力理论开展研究、实验，并推导出地球自转变化引起的地壳水平应力场的变化规律。

⑹1990 年，黄礼良以中国大陆地质构造为基础，研究輓近地质时期的构造活动，认为以垂直运动为主，动力源来自地球自转角速度的减慢。

第五节　构造应力场物理模拟与实验研究

除了野外地震地质调查、物理探测和原地应力测量，进行各种模拟实验以及数值模拟是认识地壳动力学、研究地壳构造应力场演化过程的有效途径之一。

从 1966～1986 年地震地质大队改称为地壳应力研究所之前这一时段，相继建立了光弹实验室，泥巴实验室，岩石力学实验室，X 射线实验室，天文地质实验室，云纹实验室，震源力学实验室，地壳动力学数值模拟实验室开展各种构造形迹、构造运动和构造应力场的物理模拟实验研究。

一、构造应力场物理模拟研究

1. 光测弹性力学实验研究

1972 年，郭世凤、高德禄、陈葛天、李淑恭等人开展光弹实验研究，即在光弹性材板上刻划一个地区的断裂构造，然后在周边以不同方式加力，获得该地区应力分布状况和应力集中部位。主要研究内容:①华北地区光弹模型在东西、南北、北东、北西诸方向应力压缩下应力场高值区的分布和转移；②华北地区光弹模型按大震发生次序解锁所造成的构造应力场变化、应力集中区转移及下一个高应力集中区预测；③北京及外围高应力集中区预测；④1976 年唐山 7.8 级地震前该区地应力场的时空变化等实验研究。

2. 云纹法实验研究

1979 年，王文清、刘长义、马德元应用云纹法开展了唐山地震前地表形变的分布和变化，断层活动引起的地表形变场，破裂对应力传递的影响等实验研究。

3. 天文地质实验研究

1979 年，王贵华、张包、王东霞应用自制的地球模型进行东亚大陆在地球自转减速时地表形变的云纹法测定，东亚大陆在地球自转加速时地表形变的网格法测定，唐山地震前地表水平最大剪应变场的时空分布等实验研究。

4. 岩石热学实验研究

1979 年，林素珍等人进行了红河测区热形变场，红河测区的热应力场与通海地震等岩石热学实验研究。

二、震源力学实验研究

地壳中岩体的破裂过程也就是地震的孕育过程，是地壳中的介质——岩石长期受地应力作用，以弹性应变能方式储存于岩体中，当所受应力达到其强度极限时，岩体发生破裂，随之向四周发射出纵、横波而产生地震。从地震成因、震中分布与断裂带的关系、极震区等震线形态与震源活动断裂的关系、地震波性质与弹性回跳观测、震源机制实验与地震纵波初动分布的关系均证明岩体断裂说是符合实际的。

20 世纪 70 年代后期，黄忠贤、王恩福、刘长义、何承恩等人开展地震破裂与地震波初动图像关系的研究，实验证明震源机制解取决于断层运动方式，而与震前的应力场没有严格的对应关系。王恩福、魏庆云等人开展的实际断层初动三维地震模型研究，进一步探讨了在三维模型下 P 波图案与断层剪切运动和作用力的关系。

1981 年，王恩福等人的震源力学实验研究表明，已经破裂的岩块，即含有裂纹的岩块，其力学性质与继续受载的裂纹延裂情况及裂纹固结后的再破裂情况有关。其应力降随裂纹继续延裂强度或固结后再破裂强度的减小而降低。岩块内的古构造残余应力对岩块的力学性质有显著的影响。岩块的压缩弹性模量和变形模量均随同方向的宏观残余应力的增大而减小。安欧的研究成果表明，岩块中的最大宏观残余主压应力增大时，其同方向的抗压强度降低。而与其垂直的最小宏观残余主压应力方向的抗压强度则升高。

此外，还做了 P 波初动辐射场象限分布的实验证明，包体对 P 波初动辐射场符号的影响等震源力学实验。

三、构造应力场与地震预测预报方法研究

(1)1976 年，安欧、王文清研究了震前地应力应变异常变化，提出用应力应变异常时间预报震中的两个方法。

(2)1976 年，安欧、王文清、蒋丽芳、李群芳对 1966 年邢台地震震源力学中的几个问题进行了研究。

(3)1976 年，王贵华对 1976 年和林格尔 6.3 级地震的发震构造、震区受力方式和发震机制作了探讨。

(4)1977 年，王文清等根据实际资料，并通过模拟实验研究了唐山大震前地表形变场的分布和变化。

(5)1978 年，安欧、王文清等研究了唐山大震前地表水平最大剪应变的时空分布。

(6)1988 年，林素珍等研究了红河测区热应力场与通海地震的关系。焦青等人完成了滇西热应力场研究。

(7)2010 年，安欧在《地力学地震预测基础》中研究了地壳动力学在地震预测中的应用问题。探讨了地球力学、地壳力学、地震力学和测震力学，论述了岩体应力场、岩体强度场与地震孕育过程的关系，提出了震源破裂、震源释能、控震因素以及观测台网、观测项目之间的力学联系、数据提取、震情分析、前兆标志、安全系数以及震例方向等问题。

四、岩石力学实验研究

1977 年，张伯崇主持建立岩石力学实验室。地壳应力研究所的岩石力学实验侧重地应力测量原理和方法、构造应力基础理论、地震成因、台网布设和选址、观测资料综合分析、构造运动的动力过程分析等领域的研究。

1．岩石破裂过程实验研究

主要是测试岩石力学性质、岩石孔隙率、声发射定位等。

岩石力学实验表明，岩块中的应力值增大到其破裂强度值时，岩块便会发生破裂。高温、高围压、慢加载、水饱和、晶粒细及造岩矿物具有低弹性等条件，有利于增强岩块的韧性；常温、常围压、快加载、干燥、晶粒粗及造岩矿物具有高弹性等条件，有利于增强岩块的脆性。岩块在应力作用下，强度极限随加载持续时间的延长或加载速率的减小而降低。这个临界应力值，称其为长期强度。

2．岩块力学性质研究

研究岩块力学性质，是为了将其结果用来研究地壳中的各种力学过程，地震孕育过程及岩体变形断裂和后生组构的成因。

实验结果表明，岩块的力学性质具有如下特征：岩块的所有力学参量都不是恒量，皆随其各种影响因素的变化而变化；岩块的纯弹性变形只是瞬时现象，受载时间增长、都有塑性变形发生； 在一定状态下，岩块的一些力学性质参量之间存在一定的关系；岩块压缩到一定阶段发生体积膨胀，膨胀量随应力的增大或时间的延长而增加；岩块在恒应力作用下，其应变随着时间的延长、温度升高、围压降低、浸水增多、孔隙压的增大而增大，因之岩块形变的增大并不一定反映应力的增加，然而岩块形变的增大却反映了它在向破裂发展；岩块力学性质参量随其各向异性、应力大小和岩块形状而变。对处在同一应力场中一定方位的地壳岩块，必须先测得现场应力的大小和方向，才能选取当地分布在某一方位的岩块在相应应力状态下的力学性质参量；岩块力学性质与受载历史有着密切的关系，过去

受载造成的压密、松胀、压碎和微裂，影响岩块的现今力学性质，因此必须考虑以前各历史阶段或施工过程中的加卸载对以后实际使用的影响；岩块破坏的途径有多种：有增大变形应力，在一定变形应力条件下升高温度、降低围压、增添浸水、减慢加载、增加孔隙压，在 σ_1和 σ_3一定的情况下减小中间主应力 σ_2或在 σ_1 σ_2一定时减小最小主应力 σ_3 ，还可用一定大小的载荷进行循环加载；体积应力是围压，等效于在三个主轴上均等的应力，因此只有当三个方向主应力相等时才能测得体积弹性模量。

3．岩体力学性质与构造运动研究

实验表明，岩体力学性质可对构造运动产生下列影响。地壳中岩体力学性质不同部位的构造运动，有不同的表现形式；受同样量级的应力作用时，强度大的岩体在变形，强度小的岩体则可能因应力已达其强度极限断裂；在同样应力作用下，柔性岩体因抗剪强度较小而易产生剪切断裂，脆性岩体因抗张强度较小而易产生张性断裂；岩体力学性质不同部位的运动速度和程度也不同；在同样应力作用下，柔性岩体的形变可以比脆性岩体的形变大；彼此相邻、力学性质不同的岩体中可形成局部偏歧的或特殊形态的构造形迹；岩体力学性质有不同程度的各向异性，尤其是大范围内的各向异性，必然会对构造形迹的形态、方位产生不同程度的影响。

4．岩石空隙率测定

20 世纪 80 年代，张伯崇等人在岩石力学实验室从事岩石力学性质和岩石空隙率测定，以及开展 AE（声发射）、ASR、DSCA 法在构造应力场和地应力测量方面的新技术研究。主要有①岩石力学性质影响因素研究，②岩石后生组构实验，③岩石孔隙压与钻孔孔隙压的对比实验研究，④岩石受载膨胀的实验研究。探讨了“应力对岩石中孔隙流体压力的影响和井孔映震前兆机理”（张伯崇），“应力对岩石中孔隙流体压力的影响——地下水位震前前兆机理研究”（邬慧敏），“云南大理岩三轴压缩试验中气体发射现象及 CO_2气体产生机制”（杨新华、王福江），“花岗岩抗压强度试验和在水压致裂测量中的应用”（马元春），“岩石中孔隙压力变化与应力关系研究”（邬慧敏），“单轴压缩下花岗岩的声发射活动性及其凯塞效应研究”（李宏）。

5．构造失稳和地应力状况研究

1987 年李方全和张伯崇等带领课题组在三峡水库坝址区茅坪镇 800.65m 深的钻孔内进行 16 段次水压致裂应力测量，并做了 36 个层位孔隙压力绝对值测量，分段渗透率测量和全井井温测量，取得地应力和岩层系列化的动态参数资料。苏恺之等人在钻孔内安装孔隙水压测量仪，对 250m 和 500m 深处孔隙水压进行了二年连续观测。张伯崇等人对三峡水库坝址附近三种主要岩石（花岗岩、灰岩、砂岩）进行基本力学参数测试，研究天然断层或其他不连续面的滑动准则，并对其摩擦性状和孔隙水压的影响进行了试验研究。综合分析后给出三峡水库坝址区及邻近地区在水库蓄水后诱发地震的可能性不大的结论。

安欧在其出版的专著《构造应力场》中认为，东亚大陆 7 级以上的大地震其震源都位于活动断裂带上。地壳中的岩体长期经受不断变化着的地应力的作用，已被规模不等的断层和节理切割成零碎的块体，岩体构造运动中的变形量已逐渐被越来越多断层的活动所体现。这是地壳运动演化至今其活动特征的必然表现。

岩块抗断强度＞裂面再裂或失稳延裂强度＞裂面稳定滑动或缓慢延裂强度。区域内连续岩块的抗剪强度分布在 10～1000MPa 量级，测得的区域内的水平和垂直最大剪应力多小于 10MPa，总体来说达不到连续岩块的抗剪强度值。因此，7 级以上大地震都是已有断裂的再活动或延裂的结果，而不是连续岩块的初次剪切破裂所造成。

第六节　地应力场与地震孕育发生物理过程数值模拟

自 1986 年，李群芳、黄忠贤、王继存、祝景忠、安欧、陈连旺、陆远忠、朱守彪等人根据实测资料、结合构造模型和边界条件设计，通过有限单元法，反演不同地区的二维、三维构造应力场、动力成因、地震孕育过程等问题。这也是当前研究构造应力场、地震中短期预报的重要方法之一。

一、中国大陆及邻区地应力场分布及其动力成因的数值模拟研究

中国大陆及邻区是新构造运动与地震活动最为强烈的地区之一。构造应力场的分布及其动力来源一直是国内外地学工作者非常关注的问题。

⑴1996～2000 年，陈连旺、陆远忠、张杰等承担“九五”国家科技攻关课题子专题“不同尺度应力应变场动态演化图像的数值模拟及其与强震活动关系的研究”中“华北地区构造应力应变场及其动态变化”的数值模拟研究。建立了华北地区三维地壳有限元模型；数值模拟了华北地区构造应力场的总体特征及分区特性，分析了活动断裂的走向、产状以及介质非均匀性对构造应力场大小及方向的影响；利用跨断层位移监测资料，模拟计算了 1986～1997 年华北地区构造应力应变场的动态变化图像，分析了区域应力应变场动态演化特征与地震活动的关系；对库仑破裂应力变化的震时、震后几年以及震后几百年时间尺度的动态演化图像及其多种控制因素进行了模拟研究，分析了地壳深部介质的流变效应所导致的地壳上部应力调整集中的过程及其力学机制；探讨了 1966 年邢台 7.2 级地震对于 1976 年唐山 7.8 级地震的可能的加速触发机制。

⑵2005～2009 年，陈连旺、陆远忠等人与北京大学共同承担国家重点基础研究发展计划 973 项目子课题“川滇地区构造应力场特征与演化研究”，2008 年承担中央级公益性科研院所基本科研业务专项“汶川地震震后效应分布特征的数值模拟研究”。①建立了川滇地区三维弹性活动断裂有限元模型和川西地区三维黏弹性有限元模型，这是研究活动地块边界带动力过程与强震发生的物理机制的动力学模型；②开展了不同时空尺度的强震机理与强震预测数值模拟实验，模拟计算了川滇地区地震序列之间的相互作用、强震引起的库仑破裂应力的加卸载特征以及百年时间尺度的地震扰动应力场的松弛调整的模拟分析，探讨了强震演化的动力过程，分析了强震孕育、迁移的时空特征与构造应力场演化之间的关系；③为强震预测提供了数值模拟分析平台，尤其汶川 8.0 级地震发生之后，利用上述数值模型开展了震后应力应变场调整的数值模拟分析，开展了川滇地区年度地震活动趋势模拟分析，从 2007 年度起，每年为中国地震局地壳应力研究所的地震趋势年度会商总报告提供应力应变场变化特征分析报告。

⑶2006～2008 年，陈连旺、张永庆、任俊杰等人承担国家科技支撑计划项目子专题“地震动力学环境与大震复发周期研究”。利用大震前后地震活动性和大震震源参数获得了震源区的应力状态，利用速率—状态关系式与大森定律的内在关系，拟合计算出应力累计速率，为依赖于应力信息解决大震周期的方法提供了大震复发周期评估所需的力学参数；根据应力累计速率和地震矩率的内在联系，提出利用应力累计速率估计大震复发周期的方法；建立了云南地区三维非线性有限元模型，获得云南地区主要活动断裂大震复发周期的模拟计算结果；建立了川西-藏东地区三维非线性黏弹性有限元模型，获得龙门山断裂带西南段、东北段 M_S8 级地震复发周期的模拟计算结果。

⑷朱守彪等人在国家自然科学基金及其他项目的资助下，运用改进的遗传有限单元方法，根据震源机制解、钻孔观测、地质调查等资料，并采用 GPS 观测结果作为约束，对整个中国大陆及邻区的应力场进行反演，重点研究构造应力场的成因，寻找边界作用力，地形扩展力以及下地壳对上地壳的拖曳力。

研究结果显示，板块边界力对中国大陆应力场起主导作用，其中印度洋板块的作用力最大，力的作用方向为 NNE 向；菲律宾海板块作用力次之，方向为 NW 向； 太平洋板块对中国大陆的作用方向为 SWW 向。中国大陆及邻区除受到三大板块的边界力作用外，还受到局部地区的地形扩展力和下部地壳对上部地壳的拖曳力作用，其大小对应力场的影响不容忽视。青藏高原东部地区的下部地壳对上部地壳有拖曳力作用。

⑸2007～2010 年，陈连旺、陆远忠、叶际阳、詹自敏、李玉江等人承担地震行业科研专项“青藏高原现今构造变形分布特征的大型数值模拟实验”以及地震联合基金课题“青藏高原现今构造变形机制的对比研究”。综合考虑青藏高原介质的流变本构关系、大型走滑活动断裂的滑动摩擦机制以及高原重力势能，建立比较精细的青藏高原三维地壳非均匀流变学有限元模型；考虑重力、活动断裂、流变效应的模型，在青藏高原内部从西向东，EW 向位移分量逐渐增大，模拟结果与 GPS 实测位移场相符，反映青藏高原物质东移的构造特征；模拟结果显示，青藏高原的重力势能对于绕喜马拉雅东构

造结的顺时针转动具有重要作用。

⑹2008～2010 年陈连旺、杨多兴、詹自敏、李玉江等人承担国家科技支撑计划项目子专题“典型水库三维黏弹性应力场和孔隙弹性渗流场分析”。利用非线性有限元模拟过程中的单元生死技术，开展了水库蓄水水位动态变化所引起的构造应力应变场调整的模型研究，获得不同水位载荷导致的附加应力应变场的分布特征，分析了蓄水载荷附加应力场对于不同区域断裂活动所产生的影响；建立新丰江水库地区、三峡水库地区和龙滩水库地区三维黏弹性有限元模型，模拟计算库区三维构造应力场空间分布特征，分析了应力集中区与历史地震活动之间的关系；模拟计算了三峡水库蓄水之后附加重力载荷可能的孔隙压变化对区域应力场的影响；开展了孔隙压扰动在水库诱发地震中的流体动力作用的数值模拟，表明，水库水位扰动产生的孔隙压扰动对水库诱发微震活动的时空分布具有控制作用。

二、地震孕育、发生及震后全过程的模拟研究

地震过程是断层上的应力经过长期缓慢积累，当进一步集中并超过其破坏极限时，断层产生突然错动释放应变能的过程。模拟断层在构造力作用下的力学表现是理解地震孕育、发生的关键，也是开展数值地震预报的前提。

⑴2001～2002 年，陈连旺、陆远忠等与地震预测研究所共同承担中国地震局“十五”重点项目子专题“基于断层相互作用理论的地震孕育发生过程和短临前兆模型研究”中“基于断层相互作用理论的地震孕育发生过程”的数值模拟研究。建立川滇地区三维地壳上地幔有限元模型，模型考虑了印度板块与欧亚板块的强烈碰撞、青藏高原物质向东的挤出、喜马拉雅东构造结的作用、活动断裂带以及川滇地区深部的下地壳和上地幔可能存在某种程度的物质流动；模拟了川滇地区构造应力场的总体特征及分区特性，分析了区域应力状态与主要活动断裂运动方式的关系；利用 GPS 观测资料，确定川滇地区有限元模型的边界位移速率，模拟川滇地区构造应力应变场的年平均变化图像和川滇地区主要活动断层无震滑动所引起的扰动应力应变场；研究了川滇地区主要活动断裂的强震活动对其他活动断裂地震活动的加卸载效应，对川滇地区强震活动机制提出了一种具有一定物理力学基础的解释。

⑵2008 年朱守彪等在国家自然基金及 973 项目资助下，开展对龙门山断裂带上强震复发间隔、汶川地震的同震破裂过程及台湾集集地震震后变形调整动力机制的研究。研究认为，龙门山断裂带的大地震平均复发间隔约为 3300 年，这与古地震调查及其他方法给出的结果有一致性；朱守彪等分析认为台湾集集地震后的地表变形是由震后断层余滑、下地壳/上地幔的黏弹性松弛、震源区介质的破裂、孔隙弹性回跳、地下流体的运移、介质孔隙度及孔隙压的变化等多种因素共同影响决定。

⑶2009～2011 年，陈连旺、陆远忠等人承担中央级公益性科研院所基本科研业务专项“华北地区现今应力状态变化与强震孕育进程的综合数值分析技术系统”课题研究。建立了华北地区三维黏弹性有限元模型，为利用地壳动力学方法开展地震预测研究提供一个技术平台，实现了物性参数较为连续的变化；模拟计算了华北地区现今位移场空间分布图像，分析了华北地区位移场的整体特征以及分区特性；还模拟计算了 1966 年邢台地震以来华北地区 6 级以上强震对华北地区主要活动断裂面上库仑破裂应力加卸载效应。

⑷2008～2010 年，胡幸平、崔效锋等在国家科技支撑计划项目专题“汶川地震孕育发生的应力环境研究”和中国地震局地壳应力研究所基本科研业务专项“汶川 8.0 级地震序列的震源机制解研究”的资助下，利用改进的格点尝试法，对汶川地震序列的震源机制解进行求解，从汶川地震序列震源机制解的角度，通过有限元数值模拟手段，对龙门山地区构造变形模式及其对汶川地震序列的影响进行了模拟和探讨。建立了龙门山地区三维弹性有限元模型，对龙门山地区的构造应力场进行模拟，结果表明，龙门山地区边界上构造变形速度水平方向上的差异是影响区域构造应力场的主压应力方向的主要因素，构造应力场是影响汶川地震序列震源机制整体规律的重要力学因素，而发震断层影响着地震序列震源机制的具体形态。

第七节　地壳应力环境数据库建设与构造应力场编图

地壳应力研究所几十年来积累了大量地应力环境的基础数据，为编制与区域构造应力场有关的综合图件提供了丰富的资料。截至 2010 年，完成“中国大陆地壳应力环境基础数据库”的建库任务，编制了“中国现代构造应力场图”。

一、中国大陆地壳应力环境基础数据库建设背景

地壳应力环境研究是地球科学的一个重要分支。20 世纪 80 年代开始的国际岩石圈计划开展了世界应力图编制计划。中国著名地质学家马杏垣是国际岩石圈计划专家组成员，负责主编《中国大陆岩石圈动力学图集》。地壳应力研究所是参与编图的单位之一。编制了《主要活动断裂及现今运动图》、《现今地壳应力状态图》、《华北地区全新世时期地壳变动图》。

20 世纪 60 年代，中国就开展了原地应力测量及相应的地应力场研究，并相继开展套芯地应力解除、水压致裂、声发射等原地应力测量工作，研发压容式、压磁式、体积式等应力应变观测技术，同时应用震源机制解、地震矩张量、活动断层滑动资料反演、孔壁崩落等进行构造应力场研究，积累了大量基础资料和研究成果，并在科学研究、防震减灾和经济建设中发挥了重要作用。据不完全统计，全国现有各类地壳应力数据，包括水压致裂原地应力测量、套芯地应力解除、震源机制解、断层滑动反演、钻孔崩落、火山锥链等资料近 4000 条。另外还有间接反映地应力状态的地形变测量、跨断层测量、GPS 测量等资料。

建立地壳应力观测数据库，对已有资料进行收集、整理并进行系统分析，为全球范围的应力测量和构造应力场研究提供服务，其重要性已成为许多科学家的共识。现有的地应力资料，不同程度上忽视或淡化了实测数据与其环境的影响，各种方法手段得到的应力资料缺乏统一对比基础，从而限制和降低了地应力数据的使用价值。随着地应力研究的更加深入，测试方法的不断完善，应力测量资料也逐渐增多。网络技术的迅猛发展，为建立高度集成化、开放式、可视化的数据库在技术上已成为可能，使得这些宝贵的地应力基础数据能更好地服务于社会。2001 年在中国科技部基础性工作专项资助下，谢富仁、陈群策、崔效锋、李宏、郭启良、杨树新、陈连旺等人承担了“中国大陆地壳应力环境基础数据库”的研发工作。

二、中国大陆地壳应力环境基础数据库总体目标和内容

“中国大陆地壳应力环境基础数据库”的总体目标是通过收集 6 类主要地壳应力数据，参照相应的国际通用标准格式建立资料齐全、数据准确、易于维护和最新的“中国大陆地壳应力环境基础数据库”。数据库将涵盖全国范围各类地应力基础数据资料、地应力环境综合研究成果、地理和活动构造信息等。利用先进的计算机和信息传播技术，使之成为具有时效性的动态数据库，其基本数据可随时补充和更新；建成面向社会、界面友好、查询方便、开放式的数据库；实现目录网上检索、数据资料网络传输，以达到地壳应力数据为全社会共享的目的。

“中国大陆地壳应力环境基础数据库”的内容主要包括三个方面：①参照国际已有的标准和规范，依据资料的可靠性和完整性制定不同类型地应力数据的入库格式、技术标准和规范；严格按照制定的规范标准，对散落在各研究机构和科技文献中的各类地应力资料进行收集整理、系统分析和归档工作。②综合国内外最新数据库的设计经验，选择合适的地理信息系统（GIS），完成各子数据库构架及整个系统的总体设计，编制相应的管理软件。将经过整理的各类地应力数据转换成空间数据，建立系统的图形数据库，将文字资料输入相应的系统文献资料库，形成多层次、多功能的地应力数据库。③根据收集整理的地应力基础数据，对活动构造、地震活动性、GPS 形变观测资料进行综合分析，以此为基础，对中国大陆及邻区进行应力场综合模拟研究，编制“中国大陆地壳应力环境”系列图件。

三、中国大陆地壳应力环境基础数据库的基础资料

1．基础资料类型及其代码

《中国大陆地壳应力环境基础数据库》包括的地应力基础资料共分 6 大类，分别为：水压致裂原地应力测量、应力解除、震源机制解、钻孔崩落、断层滑动反演和应力应变连续观测资料。各类数据在数据库中所占比例：水压致裂原地应力测量 4%，应力解除 7%，钻孔崩落 10%，震源机制解 70%，断层滑动反演和应力应变连续观测资料占 9%。

（1）水压致裂应力测量数据。

从数据的地域分布来看，水压致裂应力测量数据覆盖了除内蒙、吉林、江西三省外的中国大陆境内的所有省区。数据来源以地壳应力研究所的科研和工程应力测量资料为主，此外还收录了中国大陆周边地区的水压致裂应力测量资料。

（2）应力解除资料。

应力解除资料主要来自于地壳应力研究所、地质力学研究所、四川省地震局、中国科学院以及北京科技大学等科研机构的测试报告和刊物上发表的资料。

（3）钻孔崩落资料。

钻孔崩落资料主要取自大庆、辽河、大港、克拉玛依、河南南阳、山东东营、南海和四川等油田的钻井观测资料。取样深度一般大于 1000m。钻孔崩落数据填补了原地应力测量数据与震源机制解数据之间深度上的空白，是在较大空间尺度上研究地壳应力分布规律的重要资料。

（4）震源机制解资料。

《中国大陆地壳应力环境基础数据库》共收录 1908～2001 年中国及周边国家和地区 2599 个地震的震源机制解 3320 条。数据主要来自国内外众多公开发表的文献。

（5）断层滑动反演资料。

断层滑动反演资料主要来自中国地学工作者近年的研究成果，覆盖中国大部分地区。资料给出了三个主应力的方向。

（6）连续应力应变测量资料。

整理和分析了 23 个台站的地应力连续测量资料，占全国台站总数的 53%。其中体积式钻孔应变测量台站 15 个，压容式应变测量台站 8 个。

考虑到数据库的扩充和发展，对已收集的上述六大类型地应力应变资料分别赋予类型代码，见表 2-5-1。代码是资料的英文缩写，以与国际标准接轨。

表 2-5-1　地应力类型代码

资料类型	代码	说明
震源机制解	FMS	单个震源的震源机制解
	FMA	多个震源机制解反演平均应力
	FMC	多个地震的综合震源机制解
钻孔崩落	BO	由单个崩落分析得到的钻孔崩落方位
	BOC	由整个钻孔横截面形态分析得到的钻孔崩落方位
	BOT	由井下电视获得的单个崩落的形态分析得到的钻孔崩落方位
	BOCT	由井下电视获得的整个钻孔横截面形态分析得到的钻孔崩落方位
水压致裂	HF	水压致裂测量
	HFG	水压致裂测量，量值以梯度分布形式给出
	HFM	多孔交汇法水压致裂三维应力测量，给出全应力的大小和方向
	HFP	在先存裂缝上进行水压致裂测量（ＨＴＰＦ技术），量值由整个深度段的测量结果反演得出
应力解除	OC	套芯或其他应变恢复法应力测量

续表

资料类型	代码	说明
断层滑动	GFI	利用不同产状断层的滑动资料反演平均构造应力张量
	GFM	利用地震断层滑动确定的古地震震源机制解，P 轴与断层面滑动矢量成 30°角
	GFE	利用地震形变带上的构造组合确定构造主应力方向
	GFS	由断层产状和断层运动性状确定构造主应力方向
火山排列	GVA	火山排列
其他	PC	花瓣形破裂，方位是定向岩芯上花瓣形破裂方向的平均值
	SW	剪切波分裂，目前没有作为应力代码，现有的结果定为 E 级
	BS	钻孔切槽法
	DIF	钻进诱发的破裂

2．基础资料质量标准分类

根据国际标准，把中国的地应力应变资料质量标准划分为 A、B、C、D 和 E 五个级别。A 级资料的最大水平主应力方位标准偏差在±10°～15°范围，B 级在±15°～20°范围，C 级在±25°范围，D 级资料给出的标准偏差大于 25°，E 级仅作为资料入库保存，不在应力图中显示。

3．基础资料数据入库格式标准

基础资料数据入库格式标准主要参照世界应力图计划的地应力数据入库格式及标准，并针对本项目的总体目标和特性，分别编写各类数据入库属性的条目，并确定数据格式。

四、中国大陆地壳构造应力场编图

1982～1985 年，曾秋生、卞兆银、业成之、王进英、沈洁贞等人编制“中国地壳应力状态图”（《中国岩石圈动力学图集》中的专业图之一），以中国 20 世纪 60 年代以来的地应力绝对值测量资料为主，集合震源机制解资料、地震破裂资料、大地测量和断层位移测量资料，综合处理汇集成图。给出了中国现今地壳构造应力场主应力方向的分区特征，东部地区区域构造应力场主应力方向总体呈近 EW 向，西部地区持续处于近 SN 向压应力状态，甘、青、川、滇东部地区为近 EW 向。现今最大主应力值和剪应力值随深度增大而增大，但主应力方向随深度变化不大。并探讨了现今应力状态地震活动的关系。

1986 年，李方全、刘光勋根据实地地应力绝对值测量资料，同时利用其他地应力资料，对中国现今地应力状态进行综合分析，讨论了我国现今地应力状态的区域特征、随深度的变化，并讨论了活动断裂附近及强震区应力状态。

1991～1994 年，丁建民等在国家自然科学基金资助下编制“中国地壳应力图”，主要依据钻孔崩落、水压致裂、震源机制解、套心应力解除、断层滑动、火山锥链等资料编制。

1997～1999 年，谢富仁、崔效锋等人在中国地震局“九五”重点项目专题“中国大陆地震与构造环境的研究”的支持下，编制出“中国现代构造应力场图”。该图是一幅以资料性为主，兼有一定学术意义的图件，是中国地震区划图编制工作的基础图件之一，它汇集了中国几十年来所积累的各类应力数据资料，包括震源机制解、断层滑动反演资料、水压致裂原地应力测量数据、应力解除和钻孔崩落实测资料。提供了一幅建立在实测资料基础上反映现代构造应力场基本轮廓和应力非均匀分布特征的基础图件。通过编制“中国现代构造应力场图”，获得中国大陆及邻区现代构造应力场的主要特征为：中国现代构造应力场以水平作用为主，在一定地域和地质时期具稳定性、分区性，深部和浅部有较好的一致性，中国的地应力绝对值，西部地区要比东部地区高。

2001～2002 年，在科技部基础性工作专项“中国大陆地壳应力环境基础数据库”的支持下，“中国现代构造应力场图”得到了进一步改进与完善。①主应力方向和构造应力类型用水平最大主应力方向和构造应力类型两个参数，展现每个数据点的应力状态特征；②构造应力分区，将中国大陆及邻区现代构造应力场分为 2 个一级应力区、4 个二级应力区、5 个三级应力区和 26 个四级应力区，一级构造应力区主要受板块边界的几何特征和作用在边界上的力所控制，二级应力区，其构造应力状态主要受控于区域块体间的相互作用，三级构造应力区受控于区域内部块体间的相互作用，四级构造应力区主要受块体和断裂相互作用的影响；③构造应力类型划分，按构造应力作用强度和应力作用方式将中国大陆应力分区分为 11 种类型，强挤压应力区、中强挤压应力区、强剪切应力区、中等剪切应力区、弱剪切应力区、拉张应力区、张剪应力区、弱张剪应力区、强压剪应力区、中强压剪应力区和弱压剪应力区；④区域主应力优势方向和板块运动方向，依据各类应力资料的统计分析，结合现代构造变形特征，确定出各应力区的主应力优势方位。综合地球动力学分析结果，给出中国大陆相邻板块的运动方向；⑤活动断裂，主要给出全新世和晚更新世的活动断裂。

第六章　断层力学研究与断层形变测量

断层力学在地壳动力学研究中占有重要的位置。研究与震源过程密切相关的断层运动学和动力学特征，及其所伴生的各种物理力学效应，探讨震源失稳的综合判定指标，是断层力学研究的主要目标。20 世纪 70 年代，国内外关于地震震源模式的研究取得显著进展，许多地震学者就断层力学涉及的有关问题开展了研究。断层力学针对地壳断层的存在和震源问题，以构造地质学、地球物理学、大地测量学、实验室岩石力学模拟实验、数值模拟、力学等多学科的手段与方法为基础，侧重研究地震孕育发生的力学环境，地震断层预滑动及破裂的演进过程，探索地震孕育发生机制。断层力学研究贯穿震间、震前、震时和震后的整个地震周期。

地壳应力研究所的断层力学研究将野外观测、室内实验和理论分析研究相结合，探讨地震孕育发生的过程以及断层失稳的力学条件，取得实质性进展，形成特色学科。

第一节　断层力学基础研究与地震预测探索

地壳中岩体破裂和失稳滑动是浅源构造地震的主要形式，这种事件与地壳中断层的存在及其展布密切相关。自 20 世纪 70 年代起，国外对这种过程作了相应的研究。其中引人关注的现象是，在与地震对应的失稳事件之前，普遍存在有稳态的蠕动过程。探讨这种过程对地壳稳定性和地震前兆分析具有重要意义。鉴于地壳应力研究所具有断层活动的监测系统，积累了多年的现场观测资料，为地震活动与断层运动之间关系的深入研究提供了宝贵的基础资料。自 20 世纪 80 年代初，赵国光、张超等在国内外相关研究的基础上，以多种观测资料和实验结果的综合分析为依据，建立并应用有关物理和力学模型，研究了与震源过程密切相关的断层运动学和动力学特征，及其所伴生的多种物理力学效应；并通过岩体破裂和摩擦机制的综合分析，探讨在地壳的物理和力学环境下，构造的稳定性和失稳性态的综合判定方法。这些研究的中长期目标是，以构造运动背景下的断层力学状态为核心，探讨多种手段的观测现象与地震孕育背景及其发展过程可能存在的某种关系和物理机制，进而为应用多种资料综合分析震源过程提供理论依据和方法。

赵国光等在活断层研究方面进行了深入工作。戴樑焕等对地震预测预报方法进行了探索。

⑴1980 年和 1987 年，黄福明等分别研究了“倾斜断层弹性位错的应力场模型的解析及应用”。研究导出不同弹性介质参数对应的半无限弹性空间中任意倾角的矩形断层错动产生的应力场的解析表达式，给出走向滑动和倾向滑动的倾斜断层的应力场在地面的等值线图。讨论了弹性介质参数，断层面的几何参数对地面应力场的影响。并以此分析了通海地震、海城地震和唐山地震断层近场的应力场特征和地震强余震的空间分布的关系，论证了其中大多数强余震分布于流体静应力的引张区内。研究了鲜水河断裂带的地震活动性，分析了该断裂带的应力积累和释放过程和历史大地震复发周期与应力场关系的内在机制。

⑵1981 年，赵国光等建立了“黏弹性介质倾斜断层的位错模型”。相对于已有的弹性位错模型，本模型将弹性介质设定拓展为考虑到地壳岩体流变形的黏弹性介质。相对于已有的黏弹性介质直立断层位错模型，将断层推广到更符合实际的任意倾角的断层，并将断层运动设定为随时间变化的函数。这些发展的意义在于，可以推动中长时间尺度断层运动形变效应时空上的量化分析。应用这一模型，论证了 1976 年唐山地震主震前夕极震区地壳上部存在有前兆蠕动，而主震后断层滑动速率持续呈指数型衰减的特征。另外，还估算了震前数年(1968～1975 年)孕震断裂带的滑动参数和应力积累过程。

⑶1981、1983 和 1993 年，张超等人进行“断层运动其他物理效应研究及断裂带特征构造的模型研究”。①黏弹性介质断层位错对应重力场变化的模型研究，讨论了唐山地震前数年孕震断裂带重力

监测异常的分布和成因，以及地质时期滦南断裂活动对应的布格重力异常分布；②震前断层闭锁段应力积累和伴随闭锁段收缩的应力高度集中所对应区域应力场变化的模型分析，解释了1975年海城7.3级地震前区域地应力异常分布和震前两个月内出现的地下水位异常向震中靠拢的过程；③用边界单元模型分析活动断裂带特征构造的形变效应，数值分析了断层的羽列构造和弯折部位的区域形变分布，根据鲜水河断裂带地质考察资料，分析了其部分特征地貌的构造力学成因及其对导致其破裂发展的控制作用。

⑷1981、1987和1993年，张超等人研究跨断层形变测量资料的分析方法和多测点资料的综合分析，论述了跨断层短水准短基线资料组合的基本分析方法，应用断裂带不同段落跨断层形变资料综合分析断层运动参数的原理和方法,研究了鲜水河断裂部分形变动态观测资料。

⑸1984～1986年，张超在实验室研究和地震前相关测量资料的基础上建立了“黏弹性介质中断层蠕动传播过程的位错模型”。这种模型将已有的定常滑动面发展为随时间变化的非定常滑动面，即在逐步扩展的位错面中，滑动是时间和空间的函数。通过数值积分，给出了黏弹性介质中蠕动传播对应的地面位移场，分析了沿断层带不同段落的垂直和水平位移的时空分布特征。应用这一模型，根据1976年唐山地震前沧东断裂带测量资料，推算了地震前沧东断裂带蠕动方式及其传播过程。根据鲜水河断裂的断层监测资料,反推1973年炉霍7.9级地震至1981年道孚6.9级地震期间,该断裂的断层作用方式及蠕动传播形式,以及这种过程与道孚地震的关系。

⑹1991、1992和2001年，张超等对“地壳断层稳定性和失稳性态控制因素”进行综合研究。根据岩体破裂和断层黏滑的失稳机制，分析在地壳不同深度的物理力学环境下，断层稳定性和失稳性态控制因素的综合判定指标。通过破裂函数和摩擦滑动函数，给出涉及断层产状，深部应力环境，地壳密度，孔隙压力和大地热流分布的地壳稳定性的量化分析方法。揭示出中国浅源构造地震多为走滑为主的断层作用，以及大都局限特定深度的内在原因。

⑺1997年，张周术等运用数值模拟方法研究鲜水河断裂带的强震活动，建立了鲜水河断裂带断层活动与强震序列间的数字模型，预测地震趋势。黄福明研究了多段断层均匀滑动的应力分布特征。

⑻2004～2005年，荆燕引入双三次样条计算方法，综合利用地震、大地测量、GPS、断层运动等原始资料研究不同时间尺度的地壳变形场，丰富了断层形变研究方法。

⑼赵国光、肖振敏、刘德权、谢新生等运用地质构造活动标志结合卫星图解译、古地震、地形地貌、探槽揭露、测年等多种方法综合开展活断层判断评价研究。1984～1987年在鲜水河断裂带开展了系统的勘察与研究，在断层活动敏感段选择10个适合建设断层形变监测台站的地点。

⑽戴樑焕等人在地震预测预报方面，综合考虑地质构造背景条件、地应力状态和地震活动性，利用遍布全国19个省市的290处断层形变观测资料，开展地震预测预报研究，总结了断层形变的异常划分与中短期异常的识别方法以及预测地震三要素方法。1971年即对云南保山地震（1971年2月5日，5.8级）做出比较准确的预报。此后对1976年龙陵7.3级和7.4级地震、1976年唐山7.8级地震、1986年台湾7.6级地震等都曾经提出过相应的预报意见。

⑾张景发在中国地震局系统率先引入卫星遥感Insar技术,并应用其研究西藏马尼地震前的断层形变。

第二节　断层形变观测技术研究与应用

地震地质大队组建初期即开展了跨断层测量专用仪器的探索实验。1967年根据李四光的地质力学理论把断层看作地应力场的边界，在北京郊区的二甲峪、大灰厂和房山布设与地应力观测台站配套的断层位移观测仪器，开展断层位移实验观测。断层形变水平分量测量采用电阻丝法。断层形变垂直分量测量采用目视连通管。断层位移台站的选址都经过严格的科学认证，几批地质专家曾前往二甲峪现场勘查断层位置和破碎带，李四光部长曾亲赴房山站确认断层活动擦痕。观测实验表明，以上两种仪器存在误差大、量程小等问题，予以淘汰。

20 世纪 70 年代，为了提高捕捉地震短临前兆信息能力，地震地质大队提出跨断层测量实现连续观测的发展目标。勾波、张鸿旭等人历时 30 多年，自主研制出断层形变监测仪器 7 种，为工程建设服务的形变类监测仪器 4 种，在地震前兆监测、城市地质灾害中的地裂缝及地面沉降、大型工程区基础稳定性评价、建筑物安全评价等领域得到大量应用，取得明显的社会效益和经济效益。其间，还研制出观测倾斜固体潮的 ZQ 型自记水管倾斜仪和观测应变固体潮的 SS 型丝式伸缩仪。这是中国最早实现固体潮电记录的两种仪器。

断层形变观测技术研究分为四个研究阶段。每个阶段的课题独立立项，形成独立的科技成果。在每个研究阶段之后，开展新仪器的推广应用，针对存在问题研究改进措施，同时致力于新的技术储备，为下一阶段的研制工作准备条件。

1．第一阶段

1974～1976 年为断层形变监测仪器研制工作的第一阶段。初期参考美国地质调查局的蠕变仪（creepmeter）进行研制。对样机考核实验发现，滑轮—刀口式支点方式具有抗震动能力差、存在死区；使用美国应用的 Fe-Ni 合金丝温度系数大、抗拉强度较低。显然，美国地质调查局的蠕变仪不符合中国大陆内断层比圣安德列斯断层活动速率低一个数量级的实际情况。为提高仪器的灵敏度和稳定性性能，在基线材料、支点方式、仪器布置方式等方面进行了改进。委托首钢冶金研究所研制超低膨胀系数材料含 Nb 超因瓦合金丝，解决了基线材料问题。针对改进的单片簧支点回程误差较大问题，中国计量科学研究院建议采用十字片簧。在此基础上，重新设计制作仪器，综合性能显著改善。1976 年研制出跨断层自动记录仪器 DY-1 型断层活动测量仪。

DY-1 型断层活动测量仪在国家地震局第一次全国科技成果鉴定会（1978，长沙）上通过技术鉴定。专家认定，该仪器的问世填补了我国断层形变自动监测仪器的空白。

应用该仪器建成北京大灰厂、八宝山断层形变监测站和唐山赵各庄煤矿深巷道内的东Ⅲ和西Ⅶ两个断层形变观测站。

1976 年 7 月 28 日唐山 7.8 级大地震发生后 7 小时，DY-1 型断层活动测量仪在北京八宝山断层上的大灰厂台站投入观测，即刻记录到唐山大地震之后地壳急速调整以及当天下午滦县 7.2 级地震之前的异常变形信息、震时断层受激振动和震后调整过程中八宝山断层的运动变形响应。这是中国第一次在非地震断层上观测到的受震源激发影响的断层形变动态记录。证实非地震断层存在着动态变形，确立了断层形变动态观测的科学意义。

随着新型断层形变测量仪投入观测，1986 年 DY-1 型断层活动测量仪停止生产与应用。

参加这一时期工作的人员有勾波、张鸿旭、刘瑞民、李天初、吕越、苏恺之、潘加初等。

2．第二阶段

20 世纪 80 年代初，地震地质大队和四川省地震局为提高四川西部地震短临前兆监测能力，决定在地震多发区鲜水河断裂带合作开展断层形变监测。

为适应鲜水河地区温差大、没有供电条件、技术力量薄弱等特定情况，1983 年开始步入第二阶段断层形变监测仪器的研制工作。针对 DY-1 型断层活动测量仪存在的问题，在基础理论、仪器结构、材料选用、提高稳定性措施、抑制环境影响措施、仪器性能检验方法等方面开展了系统的基础研究和实验工作。为了了解含 Nb 超因瓦合金丝在长期连续承受张力下的蠕变量级，和中国计量科学研究院合作开展蠕变规律专项实验，证实其蠕变量在微米量级，满足基准要求。利用杠杆原理采取 3 级接力放大方式放大信号。推导出最佳张力公式。应用先进的挠性支撑十字组合片簧做平衡支点，设置仪器系统保护装置，将国家计量基准导引到仪器，采取温度自动补偿措施，设计检验仪器性能的实验方法。在高寒、高热、潮湿等极端环境地区开展了适用性观测实验。

1986 年完成 DSJ 型断层活动测量仪的研制。同年通过国家地震局的技术鉴定。专家们评价该仪器具有优良的综合性能，稳定、可靠、实用，符合中国国情。《光明日报》为该仪器问世发了消息，《地震》杂志对仪器的研制成功进行了报道。

DSJ 型断层活动测量仪（MD4281）首先在北京的大灰厂台、八宝山台投入应用。在郯卢断裂带上的山东安丘常家庄台开展对比观测实验后继续留用，在广东桑普山断层上的汕头台开展了观测实验。1987 年用该仪器建成怀来小水峪断层形变台。分析预报中心的牛口峪台、新疆呼图壁台引进使用了该种仪器。1987 年开始，在鲜水河断裂带上用 DSJ 型断层活动测量仪陆续建成虾拉坨台、恰叫台、沟普台、龙灯坝台、老乾宁台、紫玛垮台等 6 个断层形变动态观测台站。

此种仪器在水电工程涉及的断层现今活动性评价、高边坡稳定性监测、城市地质灾害地裂缝活动规律研究等领域大量运用。

“DSJ 型断层活动测量仪”获 1986 年度国家地震局科技进步 3 等奖。四川省地震局、地壳应力研究所、武汉地震所应用该仪器联合取得的成果“鲜水河断裂带断层形变台网建设与试验观测” 获国家地震局 1993 年度科技进步 2 等奖。

勾波、张鸿旭、李根远、胡凤珍、孙启伟等参加了第二阶段的工作。

3．第三阶段

1986 年以后，课题组持续开展基础研究，实现断层形变三维配套自动监测的技术条件逐渐成熟，1992 年向国家地震局申请“系列化断层形变仪器的研制”合同承包制课题得到支持，开始了第三阶段的断层形变监测仪器研制工作。

在此前工作的基础上，深入开展了一系列基础研究。研究了悬丝式仪器的静特性与动特性；根据流体力学和热力学原理，更改传统方法，设计应用软管做连通管并和大地直接偶合，以抑制环境温度影响；研究设计了独特的中心对称三螺线函数片簧，以提高线性范围；研究了连通管仪器的静特性和动特性；设计了三维精密升降平台，保证仪器工作在最佳工作状态并用以标定仪器；设计应用中间钵体，抑制环境温度梯度影响。研究监测数据实时分析判断和遇异常事件自动加密采样方法。研究仪器保护、多重数据保护、多重保证观测数据连续完整、防止在干扰背景下程序跑飞的技术措施。研究可靠、先进的数据管理、数据处理、数据传输方法。

1997 年研制出包括数字化智能型 MD4211 型水平变形测量仪（DSD），MD4412 型垂直变形测量仪（FZL），机械式 MD4482 型垂直变形测量仪（YSL）3 种断层形变监测仪器以及包括数据库管理系统和数据库处理系统的数据库，实现了课题目标。

这一时段还推出用于工程建设的 MD4452 型多点垂直变形测量仪（静力水准仪），MD4271B 型引张线测量仪，MD4671 型垂线测量仪（垂线坐标仪）。

1997 年，国家地震局组织对该阶段研制的仪器进行了技术鉴定。其中两种断层形变仪器达到了国际同类仪器先进水平。“系列化断层形变仪器的研制” 成果获得国家地震局 1997 年度科技进步 1 等奖。

1998 年，系列仪器（含第二阶段研制的仪器）研制成果和在地震前兆与工程建设方面的应用成果获得 1998 年度国家级科技进步（推广类）2 等奖。

勾波、张鸿旭、陈浩、陈葛天、张周术、刘凤秋、孙启伟、闫学良、李根远、赵营海、罗光禄、董建业等参加了这一阶段的工作。

4．第四阶段

1996 年，国家地震局“九五” 重点项目“强地震预测预报技术研究”中“中短期前兆观测仪器的研制”一级课题的子专题“断层位移测量仪器的研制”立项，进入断层形变监测仪器研制工作的第四阶段。该阶段，对 CCD 光电荷偶合器件进行深入研究，在像元内部挖掘潜力，将 CCD 的分辨率提高一个数量级。在此基础上，研制出基于 CCD 的光机电一体化数字型位移传感器。1999 年研制出 MD4271 型水平变形测量仪和 MD4472 型垂直变形测量仪。两种新型断层形变测量仪器解决了灵敏阈和量程的矛盾问题，提升改善了断层形变仪器的各项技术指标。当年通过中国地震局的验收。该项成果获 2002 年度中国地震局优秀成果 3 等奖。

张鸿旭、罗光禄、赵营海、陈葛天、刘凤秋、孙启伟等参加了第四阶段的工作。

此后，不断对已有仪器进行改进。2000 年以后，张鸿旭等将 CCD 光机电一体化数字型位移传感器移植到工程监测仪器。2002 年，张鸿旭等设计专用模具制作机壳，将传感部件和电气操控系统装配在规范的机壳中，方便了现场安装调试和互换，提高了仪器的可靠性。同年，张鸿旭、罗光禄等应用基于激光准直技术和以 CCD 为基础的数字位移传感器，研制出光电型仪器，用以监测断层形变切向分量，试图在与断层走向垂直的一个坑道内实现断层形变三分量监测，可减少台站的建设投资。仪器样机在新疆独山子断层形变台投入观测实验。2006 年，张鸿旭、刘凤秋等研制了对断层形变监测仪器的自动标定装置，消除了人工标定对仪器的影响。2004 年，张鸿旭等研制出和断层形变仪器观测量相关联的 BSQ 型数字倾斜仪。这种仪器既可以用于对断层形变监测数据进行校验，也可以单独应用监测地壳倾斜地震前兆。基于其稳定可靠的独特性能，受到地方地震部门的欢迎。2010 年，借鉴在水电工程中成熟应用的倒垂线技术思路，熊玉珍、张鸿旭等研制出倒垂线数字倾斜仪，为将垂线倾斜仪向井下发展做了技术储备。

1978～1984 年，勾波、吕越、刘瑞民、孙启伟、凌晋等研制出观测倾斜固体潮的 ZQ 型自记水管倾斜仪，在阳坊防化兵研究院和香山开展了观测实验； 1980 年携 ZQ 型水管倾斜仪样机参加国家地震局在上海举行的观测技术公关会议，引起参会代表关注。1982 年通过国家地震局组织的鉴定。1982～1984 年，勾波、张鸿旭、孙启伟等研制出观测应变固体潮的 SS 型丝式伸缩仪，在香山公园开展观测实验。国家地震局主管领导对观测资料高度赞许。应邀在地震学会地震仪器专业会议（1984，昆明震庄）上报告了研制和实验观测情况，得到与会代表好评。这两种仪器是中国最早实现固体潮电量转换与记录的仪器。由于单位专业分工限制，两种仪器均未推广应用。

第三节　断层位移人工测量

跨断层位移测量的测线跨越地震活动带相关断层的主断面，从连续观测资料中获取断层随时间变化的三维活动图像，能为地震前兆的发现提供依据。而且，在时间上填补了大面积形变复测周期过长的空档，在空间上弥补了形变台站覆盖面不足的缺陷。地震地质大队 1967 年组建了断层形变测量队。到 20 世纪 80 年代测量队已成为一支技术力量雄厚的队伍。一方面担负着北京地区主要活动断裂带的形变监测，同时又承担国家地震局成果汇编、清理攻关、技术牵头等局级课题。

地震地质大队测量队有四个作业班约 50 余人。在京津唐地区共布设跨断层流动观测场地 33 处，其中环线水准两处，基线、水准配套场地 15 处，短线水准场地 16 处。在选点、建点、监测、进行地震分析预报的同时，还抽出专人，对仪器和附件进行便携化改造，以实现减轻负荷，便于操作、运输，提高测量精度之目的。

⑴观测场地优化是针对中短期地震预报的特殊要求提出的，要求短测线、跨断层、能快速流动观测。在水准网对比观测中发现长线水准投入大、收效低、尤其在中短期地震监测预报中受限较多，难于推广铺开等缺点。在对场地进行优化时，使用短测线，尽可能把水平位移测量与垂直位移测量配套重叠，基线、水准、测距、测角等测项力争全上，构成综合流动测量场地。场地优化后，测量队承担北京地区、怀来、延庆、唐山等地共约 18 处场地的观测任务。

⑵模拟实验。

流动测点的测值曲线普遍出现年周期性变化，幅度因测点而异。1968 年后，陆续对一些断层两盘的岩石进行膨胀系数测定，结果表明岩石膨胀系数的差异是引起年周期变化的重要原因。之后，戴樑焕、蒋成恩、高忠宁等人还曾通过室内实验给予验证。1984 年国家地震局对一些科研项目进行清理攻关，这一问题被列为重点攻关项目之一。游丽兰、韩晔首次应用广义多元线性回归、逐步回归、褶积滤波等数据处理模式，设计出处理不连续资料的程序，研究断层活动规律和各种干扰因子对测值的影响；还用卡尔曼滤波程序对大灰厂测点资料进行动态处理。综合各种方法最终处理的结果认为：基岩测点的主要干扰源为地温，半基岩测点、土层测点的主要干扰源是土层的湿度和水位变化。并证实观测数据中虽然存在着各种干扰，断层活动的信息在测值中仍起着主导作用，震前出现的中短期异常十分明显；跨断层测量资料的信息量与信噪比远远超过不跨断层应变测量资料的信息量与信噪比。

王贵华、蒋丽芳等人进行了模拟实验，把测量场地断层产状（走向、倾向、倾角）刻在试件上，模拟在不同方向应力作用下，断层位移量的变化、性质、特点及转换方式，从而定性认识断层活动与地壳应力作用方式之间的关系。

1976 年，王宋贤等人发现一些断层形变流动测量点的资料出现异常，在唐山大地震之前 6 个月预感到地震将要发生，提出 1976 年 2～3 月在通县、宝坻等地区将发生 4.5～5.5 级地震的预测意见。

地壳应力研究所测量队承担的跨断层测量场地多、条件艰苦，在政治指导员王仲，历届队长郑东炎、柴本栋、苏敏等人带领下，三个作业班（华山班、康庄班、大灰厂班）常年居住在测区，日常工作中不断进行技术革新，建立稳固的过渡桩、滑轮架，桩石点针改造等，确保了北京地区跨断层资料质量的连续、可靠。

随着工作的深入和需要，有针对性地又在一些主要活动断层上增设测点开展跨断层测量，并相继对观测点进行了调整，对不符合要求的测点进行改造和完善，还撤销一批未跨断层主断面的测点。同时，还对一些测点增加 ME－3000 测距项目，尽可能在同一场地兼有水平形变与垂直形变观测。

一、跨断层测量场地简况

截至 1996 年，地壳应力研究所测量队共有跨断层测量场地 23 处，其观测手段及所跨断层情况详见表 2-6-1。

表 2-6-1　　地壳应力研究所跨断层测量场地一览表

<table>
<tr><th>测量手段</th><th>测点名称</th><th>所跨断层名称</th></tr>
<tr><td rowspan="3">水准测量+基线测量+ME3000 测距
（共 3 处）</td><td>小水峪</td><td>安营堡断层</td></tr>
<tr><td>德胜口</td><td>南口山前断裂</td></tr>
<tr><td>万全（水关台）</td><td>梁家断层</td></tr>
<tr><td rowspan="8">水准测量+基线测量
（共 8 处）</td><td>八宝山</td><td>八宝山断层</td></tr>
<tr><td>大灰厂</td><td>八宝山断裂带</td></tr>
<tr><td>上万</td><td>高丽营－黄庄断裂</td></tr>
<tr><td>施庄村</td><td>施庄村断裂</td></tr>
<tr><td>燕家台</td><td>沿河城断裂</td></tr>
<tr><td>墙子路</td><td>墙子路－兴隆断裂</td></tr>
<tr><td>张家台</td><td>程各庄断裂</td></tr>
<tr><td>张山营</td><td>大西山断裂</td></tr>
<tr><td rowspan="5">水准测量+ME3000 测距
（共 5 处）</td><td>桃山</td><td>高丽营断裂</td></tr>
<tr><td>北石城</td><td>北石城断裂</td></tr>
<tr><td>沿河城</td><td>沿河城断裂</td></tr>
<tr><td>镇罗营</td><td>程各庄－上营断裂</td></tr>
<tr><td>古北口</td><td>古北口断裂</td></tr>
<tr><td rowspan="6">ME3000 测距
（共 6 处）</td><td>大庄</td><td>黄安乌龙沟断裂</td></tr>
<tr><td>姜屯</td><td>南口－孙河断裂</td></tr>
<tr><td>夏垫</td><td>夏垫断裂</td></tr>
<tr><td>石门</td><td>石门断裂</td></tr>
<tr><td>小河</td><td>乌龙沟断裂</td></tr>
<tr><td>一间房</td><td>紫荆关断裂</td></tr>
<tr><td>单水准测量（1 处）</td><td>麻地营</td><td>崇礼断裂</td></tr>
</table>

二、测量仪器及器材

⑴水准测量：①德国蔡司 Ni002 水准仪（1980 年前使用 Ni004，Ni007，N3 水准仪）；

②线条式因瓦水准标尺。

⑵基线测量： ①法国赛克来当因瓦线状基线尺；

②国产因瓦线状基线尺。

⑶短程测距： ①瑞士 ME-3000 测距仪；

②国产 DP-86 测频仪。

⑷外业记录器：①PC-1500 计算机（1990 年以前主要以手工记录簿为主）；

②记簿程序：a. 跨断层水准测量记簿程序“JM-SZJB-92”；

b. ME－3000 短程测距记簿程序“JM-ME3000-92”。

三、作业依据

⑴ 1990 年以前执行《国家一等水准测量规范》、《一等基线测量规范》、《大地形变测量规范》、《跨断层测量补充规定》等。

⑵1991 年起执行国家地震局颁布的《跨断层测量规范》。

四、成果精度

测量队作业人员靠着丰富的经验、较高的业务素质，严格遵守规范，加之使用精密的仪器，因此取得的成果精度较高，全部满足规范要求，均达到优良等级。

⑴水准测量：每公里高差中数的中误差偶然达到±0.30mm（规范规定为±0.5mm）；

⑵基线测量、ME－3000 测距：丈量相对中误差均小于 1/100 万（规范规定不大于 1/70 万）。

五、观测周期及成果整理

1. 水准和基线每月测量 1 次；

2. ME-3000 测距每年测量 1 次。

以 1996 年为例，全年观测达 350 场次。其中：水准测量场地 17 处，观测 204 场次；基线测量场地 11 处，观测 132 场次；ME－3000 测距场地 14 处，观测 14 场次。

测量队设有业务科（原内业班），郑东炎、刘向军、刘执枢、于庆才等坚持实时对野外测量成果进行检查验收整理，并指导解决野外测量中出现的各种技术问题，从根本上保证了测量成果的高精度、真实可靠。

六、承担和参与的重大科研课题

进入 20 世纪 80 年代，测量队在确保完成地震监测任务的同时，完成了国家地震局下列重大科研课题。

1.《中国大地形变测量成果表》汇编

1982 年 3 月，国家地震局组织《中国大地形变测量成果表》汇编工作，其中的跨断层测量部分由地震地质大队牵头负责编纂。主要参与人员有杨文魁、巫映祥、舒桂林、田柳、郑惠敏等，1983 年底编纂工作结束。内容包括：测点的大地经纬度、海拔高程、行政属区、观测手段、基线水准布设方式，所跨断层的名称及各要素，地质素描图、环境及交通条件、埋设结构、建点时间、测量仪器的基本元素、观测成果及其精度等，涵盖 1966～1981 年 16 年的成果。1984 年《中国大地形变测量成果表》出版。

2.“大地形变测量清理攻关”及相关研究

1984～1985 年，国家地震局组织进行“地震监测与预报方法”清理攻关，地震地质大队郑东炎、游丽兰、高忠宁、蒋成恩、张超等人参加大地形变测量方面的清理攻关。

通过清理攻关及进一步研究，从复杂的跨断层流动测量资料中提取断层异常活动信息，游丽兰等人根据时间序列的不等间隔、并考虑到观测数据又是环境因子的函数，提出干扰因子记忆叠加影响的新思路。利用不同地区不同类型和不同环境参数的跨断层测量资料，给出排除干扰的三种基本数字模型——广义多元线性回归法、褶积滤波法和逐步回归法。并在统计回归法基础上，引用卡尔曼滤波原理将静态分析提升为动态分析。论文发表在 1994 年美国纽约出版的 EARTHQUAKE RESEARCH IN CHINA (ERC)上。游丽兰、韩晔、刘玉权的“跨断层流动测量排除干扰方法的研究”，蒋成恩、黄佩玉的“京津地区断层活动方式与异常识别方法的研究”，张超、过家元的“应用短水准、短基线监测断层运动的原理和方法” 三篇成果被收纳入《地震监测与预报方法清理成果汇编——大地形变分册》。

3. 编写《大地形变测量地震分析预报方法指南》

1990 年，国家地震局组织编辑《大地形变测量地震分析预报方法指南》，地壳应力研究所沈建华为编写领导小组成员。《指南》选录了 59 种方法与思路，游丽兰提出的“多元线性回归法”、“褶积方法”被选入其中。

1992 年，周克昌研制的“跨断层流动测量数据处理软件 SEIE”通过国家地震局评审。科技监测司发文把“该软件作为大地形变测量预报方法实用化攻关软件的补充，推广使用。”

4. 全国跨断层测量技术管理

1988 年 3 月，国家地震局委托地壳应力研究所参与跨断层测量技术管理。研究所组建管理小组，组长：游丽兰，主要成员：范九善、刘向军、周克昌、樊智勇、戴樑焕、田柳等。

通过基本情况调查，制定《跨断层测量规范》，编写《全国跨断层测量监测系统调整优化方案》，统一了全国外业观测记录程序及记录手簿；还制定《跨断层测量成果资料质量评定标准》，研制数据处理软件，建立专业数据库和相应的管理系统，形成一套完整的跨断层测量体系，实现了跨断层测量的标准化、现代化。

1997 年，地壳应力研究所断层形变测量队整建制划归北京市地震局。

第四节　高精度定点断层形变测量

断层形变自动记录仪器问世后，中国开始了高精度断层位移动态测量。断层形变信息既含有长期缓慢（几天到几年）的蠕变，也含有快速蠕滑、突发跃变、高频颤动、地震时的快速振动成分，还有震后调整期间的复杂变化。用传统的大地测量仪器基线尺、水准仪进行人工观测，只能观测到大于复测周期（一般一个月）的长周期信息成分，而动态监测仪的频带宽度可以覆盖秒级到零频极其宽广的频率域，断层形变动态监测能够监测到广谱断层形变信息。断层形变动态监测仪的灵敏阈比人工观测仪器高一个数量级以上，能发现极微小（微米量级）的异常现象。此外，人工观测只能对各监测点依序施测，无法对观测数据进行实时对比，从而影响对观测异常的识别判断。定点断层形变动态观测可对多测点监测数据进行实时对比。特别是在实现数据传输之后，可以把各监测点的同期观测数据实时传送到数据分析中心进行综合分析。断层形变动态测量能收集到断层形变更丰富的信息。

1976 年唐山 7.8 级地震之后 7 小时，DY-1 型断层活动测量仪在北京八宝山断层上的大灰厂台站投入观测，记录到唐山地震后地壳应力急速调整以及当天 18：30 时滦县 7.2 级地震之前的变形异常，以及滦县地震时的断层受激振动和震后调整全过程的八宝山断层的运动变形响应。这是中国在非发震断层上第一次观测到受震源激发影响的断层形变动态记录。观测资料证实非发震断层也存在着动态变形，确立了断层形变动态观测的科学意义。大灰厂断层形变动态监测台站在多次地震（例如 1977 年宁河 6.2 级地震）之前都监测到短临异常。据此总结出从加速到转折再到发震的断层形变观测资料地震短临异常的特征规律。唐山老震区赵各庄煤矿有两个断层形变动态监测台站，其地震监测人员根据动态监测资料，较准确地预报了唐山大地震后的 12 次强余震，而成为当时地震预报的骨干台站。

四川省鲜水河断裂带上中国第一个断层形变动态观测网已连续运行 20 多年。地震分析预报人员在 1996 年白玉—巴塘 5.5 级地震前观测到中短期异常，作为依据之一，四川省地震局地震分析预报人员对这次地震做出较准确的预报。

新疆几个断层形变动态监测台也都观测到台站周围一定范围的地震异常。如石河子台对 1995 年 10 月 3 日乌苏南 4.7 级地震、独山子台对 1995 年 5 月 2 日乌苏南 5.6 级地震（Δ=60km）、1996 年 1 月 9 日沙湾南 5.2 级地震（Δ=80km）都做了较好的预报。库尔勒台在 1993 年 1 月 16 日和静哈拉莫敦 5.2 级地震（Δ=54km）、阿克苏台在 1993 年 12 月 1 日疏附 6.0 级地震、1995 年 9 月 26 日拜城 5.3 级地震之前断层形变动态监测都出现了明显的异常。

1990 年 7 月 21 日怀来大海坨发生 4.5 级有感地震。距震中 28km 安营堡断层上的小水峪断层形变台在震前 5 天观测到显著的异常变化。

2007 年安装在四川省汶川大地震震中区德阳的 BSQ 型垂线数字倾斜仪，在大地震发生前 15 天，观测数据出现大幅度急速突变。这一异常事件引起德阳市地震局的关注。在汶川大地震发生之前的四川省地震局月会商会上作了汇报。

青海拉西瓦水电站依黑龙断层上的断层形变动态监测台站观测到 1990 年共和 7.0 级地震的中短期异常。

第五节　大中城市活断层及建筑物安全监测研究

⑴1999～2002 年，张鸿旭、罗光禄、赵营海等人受深圳勘察研究院委托，承接“深圳市罗湖区断裂带活动性及主要建筑物变形监测及其变化趋势预测”项目。应用 MD4452 型多点垂直变形测量仪在帝王大厦等 17 座超高层建筑物布置监测系统监测各建筑物组成部分的不均匀沉降。此外，开发出光电型水平位移变形仪器试图监测建筑物之间的相互水平位移，开展了实验性监测。

⑵2003 年，王建军、张鸿旭、赵营海、荆燕等人承担实施科技部公益性专项基金课题《大中城市活断层活动性监测及建筑物安全评价与示范》。由于科技部大幅度削减了课题经费，该项工作侧重于软工作。在系统研究国内外断层活动监测方法技术及应用情况、城市活断层监测关键问题及对策的基础上，探讨了适应城市复杂环境的断层活动监测方法和活动信息提取途径；编写出三维跨断层形变监测台站建设和观测规范稿；根据建设部颁布的有关建筑物变形监测及可靠性鉴定等技术规程，研究了建筑物安全监测参量的选定、适用监测方法技术、监测仪器选型以及建筑物安全临界状态评估标准，提出了基于监测数据的建筑物安全综合评价方法。研究了 D-InSAR 技术用于断层活动带地区地面变形分析的可行性；研究了深圳市卫星遥感 ETM 影像的分析处理方法。

⑶2004～2006 年，陈连旺、王峰、张永庆、李宏等承担中国数字地震观测网络城市活断层试验探测子专题“概率分析与数值模拟在活断层地震危险性评价中的应用”。主要成果：

①建立了乌鲁木齐地区的活断层三维非线性接触摩擦分析有限元模型。模型共有单元 38259 个，节点 13343 个。对乌鲁木齐地区西山断裂的地震危险性进行了数值模拟。

②建立了乌鲁木齐地区西山断裂复发模式和概率模型，利用专家意见法组合相应的 Poisson 模型和 BPT 模型计算活动断裂各级地震的复发概率。

③利用概率计算与有限元数值模拟相互结合、互相补充验证断层活动危险性评价方法，对西山断裂未来百年的地震危险性进行了综合分析。通过本子专题的实施，课题组通过数值模拟方法把构造应力应变场分析引入到城市活断层的探测工作中进行了有益的尝试。在此基础上，分别承担了由中国地震局地质研究所主持的“上海市地震活动断层鉴定和危险性评价”工程和“广州市地震活动断层鉴定和危险性评价”工程中“构造应力场与断层活动性质的三维数值模拟研究”的模拟计算及分析工作。

第七章　地震前兆观测技术与仪器研制

地震前兆观测是地震监测和预测预报的基础。地震前兆是与地震的孕育和发生有着密切关联的科学事实的总称，地震前兆观测借助多种观测方法和技术系统去揭示、发现这些科学事实。

地壳应力研究所始终将地震前兆观测技术作为重点方向任务之一，长期坚持开展地震前兆观测技术研究与测试系统研制，经历见证了中国地震前兆观测技术和地震前兆监测台网从无到有、快速发展、清理整顿、数字化和网络化的发展过程。

第一节　地应力应变相对观测技术

相对地应力应变测量是在绝对原地应力测量的基础上，建立地应力综合观测站，进行长期跟踪观测地应力应变的变化，监测地震孕育、发生过程中地壳应力集中、释放过程，根据其观测资料研究构造应力场的动态变化，捕捉地震前兆信息，进行地震预报。

1966 年以来，在欧阳祖熙、苏恺之、黄锡定、张培耀等一大批科研人员的不懈努力下，经广泛调研、深入研究、精心设计、反复试验，先后研制出压磁应力仪、高灵敏度钻孔应变仪以及地壳变形深井综合观测仪，提高了地震监测能力及地震预测水平。

一、电感法地应力测量仪

20 世纪 60 年代邢台大地震发生后，李四光教授提出用电感法地应力测量进行地震预报研究的思路，并在河北省邢台地区建立了隆尧应力站。采用 65 型压磁应力计，使用 6035 交流电桥，中国第一个钻孔电感法地应力测量台站开始连续观测地壳应力状态的变化。

1．DL1-69 型电感应力仪

DL1-69 型电感应力仪是在地质部地震办公室主持下，由地质力学研究所、北京地质仪器厂和地震地质大队合作研制而成的。这种仪器可交直流两用，仪器的电流稳定性较高，提高了测量精度，减少了干扰，适合野外使用，这是为地应力相对观测（也可用于地应力绝对值测量）专门设计的第一台观测仪器。参加人员有李方全、刘瑞民等。

2．71 型电感应力仪

20 世纪 60 年代末，地震工作快速发展，作为地震预报前兆手段之一的电感法地应力测量新建了一批台站，迫切需要仪器装备。欧阳祖熙、黄锡定、黄仁禄、黄诗斌、张存德等又研制出 71 型电感应力仪。该仪器采用阻抗比较法的原理，测量范围 100～450Ω，供给电感元件的磁化电流连续可调，电源适应范围较宽（150～240V 市电），具有使用方便、操作简单、成本低等特点，是地震地质大队建立以来具有知识产权、自行设计和生产的第一台地震前兆观测仪器设备。

二、　压磁应力仪

1．　4101 型压磁应力仪

在认真总结 71 型电感应力仪在各台站观测实践的基础上，对仪器信号源的频率稳定度、失真度、温度系数以及电源适应性、输入阻抗、过电压（过电流）保护、提供满足压磁传感器所需 1～8mA 的磁化电流等方面做了重大改进。在欧阳祖熙、黄锡定等主持参与下于 1973 年初研制完成了基于阻抗比较法测量原理的改进型仪器 4101 型压磁应力仪。该仪器的各种性能指标，特别是对压磁传感器磁化特性、最佳工作频率与最佳工作点的研究结果，为后来新型压磁法地应力测量仪器的研制打下了基础。

2．4103 型压磁应力仪

在 4101 型压磁应力仪研制的同时，欧阳祖熙、黄锡定、李秉元等根据压磁应力测量的特点，基于电桥法测量原理，于 1973 年初完成了 4103 型压磁应力仪的研制。该仪器吸收了以前电桥法测量压磁传感器的优点，对信号源的稳定性、失真度、温度系数以及供桥电压稳定可调、有过电压（过电流）保护、抑制三次谐波等方面做了重要改进。该仪器首次被国家地震局确定为电感法地应力测量专用仪器，并在全国台站推广使用。

3．DIL-110 型压磁应力探头

1967 年之后，张培耀等人对地应力测量探头传感元件的磁性材料选取、灵敏度、稳定性、元件尺寸、元件数量、安装方位、探头结构、加力装置、定向装置、密封绝缘、耦合技术、悬空元件以及环境干扰因素等进行了一系列的实验研究，于 1975 年研制完成 DIL－110 型压磁应力探头，与多种压磁法（电感法）地应力测量仪器配套使用，形成了钻孔地应力测量系统，并在全国建起一百多个地应力观测台站。

4．4101A 型自动记录压磁应力仪

4101A 型自动记录压磁应力仪是根据地应力测量特点和压磁传感器特性，采用阻抗比较法原理设计的，与 DIL-110 型压磁传感器配合使用，进行岩石中的应力测量。该仪器除提供适合地应力测量和磁弹性元件特性要求的稳频、稳幅、失真小的信号源外，还具有零漂小、稳定性高的检测器等关键部件，与 XWC-300 型自动平衡记录仪配接可实现多道打点记录。由黄锡定、欧阳祖熙、张存德等于 1982 年研制完成。该仪器在电感法测试系统中首次记录到大地震的面波信息，使地应力相对测量电感法测试系统在动态观测捕捉地震信息方面有了突破。

5．768 数字式地应力仪

为与地震局 768 工程配套，付子忠等于 1980 年研制完成了 768 数字式地应力仪。该仪器采用不平衡电桥法原理设计，具有稳定性好、数字化测量、功耗低、温度范围宽等特点，可在前兆遥测设备的控制下，对各传感元件进行自动循测，通过 768 工程留出的一条低速信道，以 3.2bit/s 的速率传输数据。该仪器还可以与 LY4 型数字打印机配套工作用于普通地应力台站。

6．DIL-Ⅱ型压磁应力探头

1980 年，张培耀等人围绕大口径、四分量（便于数值互检验证）压磁传感器的研制，对传感探头的结构、与岩石的耦合技术、元件绝缘技术、下井安装技术、自标装置、夹板式悬空元件等进行了重大改进，研制完成 DIL－Ⅱ型压磁应力探头。该探头提高了安装成功率和测量结果的可靠性，降低了对钻孔的技术要求和经济成本，延长了探头的使用寿命，部分台站获得了固体潮显示记录。鉴定小组认为：经过三年多的室内试验和野外测试表明，各项性能指标均达到了设计要求，达到了同类传感器的国内先进水平。

三、电容式钻孔应变仪

1968 年，欧阳祖熙等人开始研制电感法地应力测量仪，1970 年欧阳祖熙担任方法研究队仪器组组长期间，曾两次得到李四光部长的接见和亲自指导。

1975 年，欧阳祖熙、罗光禄、张存德等对微位移测量传感器和测量技术展开全面调研，查阅中、外文文献，最终选择以差动式三端电容和比率臂变压器电桥为核心技术的电容式钻孔应变仪的技术方案。1977 年在《全国第一届地应力学术会议》上，展示了“RDB-1 型电容式钻孔应变仪”样机。1978 年 RZB 测量系统纳入国家地震局重点仪器研制计划。

1．RZB-1 型电容式钻孔应变仪

欧阳祖熙担任项目负责人和总体设计，课题组成员有李秉元、贾维九、张宗润、高银秀等。经过数年研究，研制出“RZB-1 型电容式钻孔应变仪”。该探头含 4 个互成 45° 夹角的电容式位移传感器，可实现多分量应变观测，求解地壳水平应变场各分量，以及面应变和差应变。1981 年在北京温泉建成的第一个实验观测站便记录到固体潮、地震波和震时应变阶等宝贵的资料。并相继建立新疆乌什、四川姑咱等 5 个试验观测站，取得一批高质量的观测数据。1985 年国家地震局组织项目验收鉴定，领导小组成员有陈鑫连、王仁、秦馨菱、陈庆宣和张奕麟等。专家们评价“RZB-1 型电容式钻孔应变仪”具有灵敏度高（达 1.6×10^{-10} 应变，能清晰地记录固体潮和长周期应变地震波），动态范围大、非线性误差小、便于长期连续观测，在同类固结方法中稳定较快，仪器零漂小，设有稳定的静态标定装置等优点。

会议认为“独立、自行研制的《RZB-1 型电容式钻孔应变仪》已达到同类仪器国际先进水平”。该项成果获 1987 年国家地震局科技进步二等奖。“RZB-1 型电容式钻孔应变仪”的研制成功标志着中国高精度四分量钻孔应变仪问世。

RZB-1 型钻孔应变仪在多个台站取得地震监测预报的突出成果，特别是新疆乌什地震台主要应用钻孔应变仪资料成功预报了 1987 年 1 月 24 日 M_S6.4 级地震。其后，国家地震局立项在中国西部多震的新疆、甘肃、四川三省建立 RZB-1 型钻孔应变仪观测网，计有新疆乌什、库尔勒、乌鲁木齐；甘肃高台、武都；四川西昌、攀枝花等站。还在北京昌平建成深达 170 多米的 RZB-1 型观测站。

2．RZB-2 型电容式钻孔应变仪

20 世纪 90 年代，中国西部 RZB-1 型钻孔应变仪试验台网在对新疆、甘肃与四川等地一些强震的监测预报中逐渐发挥出积极的作用，受到台站的欢迎。但是，10 多年过去后，仪器的部分元、器件老化，产生接触不良和工作不稳定的现象，2003 年地壳应力研究所决定支持研制 RZB-2 型仪器，以满足各地台站日益增长的需求。

2003 年欧阳祖熙主持研制 RZB-2 型电容式钻孔应变仪。重新设计比率臂单元及其屏蔽结构，以提高测量系统的稳定性和可靠性，完善数据采集与通讯功能，并增加了井温和水位等辅助测项。

2004 年“RZB-2 型电容式钻孔应变仪”研制成功，建设了重庆市钻孔应变台网（6 个子台）、浙江珊溪水库钻孔应变台网（3 个子台），更新了新疆、四川南北带几个地应力台站的仪器。

3．RZB-3 系列电容式钻孔应变仪

“RZB-3 型地壳变形深井综合观测系统”是欧阳祖熙承担科技部《深井地壳变形宽频带综合观测系统》项目取得的成果。是技术性能全面提高的新一代仪器，它突破多项核心技术，实现深井、多分量观测的要求。该系统可以是单个测项的钻孔应变仪，也可以是含应变、倾斜、应变地震波与地温等多测项的综合观测系统，安装深度在 100～300m 之间。

四、体积式钻孔应变仪

1973 年，中国赴美地震考察团带回美国华盛顿“卡耐基研究所”I.S.SACKS 博士研制的钻孔应变仪有关资料。1974 年，苏恺之、勾波，吕越、李天初等人就其工作原理、探头结构及技术和工艺难点进行反复讨论、详细分析，开始体积式应变仪的研制工作。

1． TJ-1 型体积式钻孔应变仪

1983 年苏恺之、裴玉珍等人研制出 TJ-1 型体积式钻孔应变仪，它是中国第一台体应变仪。能连续记录体积应变固体潮、地球脉动、震时应变阶和地震波，可用于地震前兆观测和地学研究，先后在北京、河北、江苏等地多个台站安装使用。其主要技术指标达到国际同类仪器的先进水平，填补国内体应变测量仪器的空白。获得国家地震局科学技术进步三等奖。

2． TJ-2 型系列体积式钻孔应变仪

在国家“九五”科技攻关项目“中短期前兆观测仪器研制”课题支持下，苏恺之、刘瑞民、李桂荣等人又研制出 TJ-2 型系列化的体积式钻孔应变仪（TJ-2A 、TJ-2B、TJ-2C 为岩石钻孔型应变仪，TJ-2D 为土层钻孔型应变仪），实现体积式钻孔应变仪的小型化、系列化和实用化，于 1998 年 1 月通过国家地震局验收。该系统配备了双探头、防雷部件，可不依靠钻机安装，有数字化输出接口供通信传输数据。先后在全国各地安装了 100 多台套，“TJ-2 型体积式钻孔应变仪实用化研究与推广使用”

获国家地震局防震减灾优秀成果二等奖。

3. TJ-3 型三分量体积式钻孔应变仪

为实现观测地壳水平面上的面积应变，在 TJ-1、TJ-2 型体积式钻孔应变仪的基础上，将三套功能元件组合在一个腔体内，三个元件互不干扰，集成为世界上长度最短、体积最小的三分量体积应变仪。探头长度 1.3m、直径Φ89mm，其余技术指标同 TJ-2 型体积式钻孔应变仪。

体积式钻孔应变仪是地壳应力研究所长期坚持发展的钻孔应变测量系统，是地壳形变测量的一个重要技术手段，在国内外具有一定影响。

五、其他相对地应力测量仪

1973 年，欧阳祖熙、黄锡定、张鸿旭、罗光禄、黄诗斌、李秉元、张存德、闻琦、张秀兰等人系统研究相对地应力测量方法和测试技术，相继开展多种地应力测量方法和测试技术研究，先后研制石英振子法、钢弦法、超声波法、电阻应变片法和土层地应力测量仪器。

土层地应力应变观测研究及其测量仪器研制与应用推广工作持续时间较长。黄诗斌等人的研究认为，地震前土体里出现的应力应变变化属于小应力应变理论范畴。实验表明，当剪切应变幅值小于 10^{-2} 时土体可作为弹性体处理。地震前土体受地应力作用所产生的应变量通常小于 10^{-2}，对于缓慢的应变变化其弹性范围更大。可以通过观测土层的地应力应变变化来提供地震预测预报有用的信息数据。

黄诗斌、闻琦、张秀兰等人研制出“75-1 型简易应力仪”，后简称为“土层应力仪”。整套仪器设备本着能较灵敏的反映土层中的应力应变变化，原理明确，价廉物美，制造工艺简单，便于安装、操作、维护和维修，仪器在长期观测中需稳定可靠等原则进行研制与生产。该仪器研制成功后，在全国迅速推广，尤其是在华北及北京周边地区遍地开花。为 1976 年唐山大地震的预测预报积累了丰富和宝贵的经验。

2009 年，苏恺之、李海亮、马京杰、马相波等人研发了应用于地震前兆连续观测的全数字化精密观测的土层四分量应力仪。2010 年在云南省昆明市的东川区洞室内安装后，观测到了日本大地震前的地震波动，同震应变阶跃等重要观测资料。主要技术指标：①适合钻孔直径：130～150mm，②埋设深度：100m 以内，③应力灵敏度：1Pa(百分之一毫巴，十万分之一大气压力)，④量程：1×10^5Pa（1 个大气压力），⑤数字输出，1 次/每分钟。

为了适应一些坑道、地下室、洞室内土层中、破碎岩石,软岩石中的观测，苏恺之、李海亮等人又研制了 TYL-4（M）型大直径钻孔土层应力仪，它的直径达 290mm。其应力灵敏度更高，技术指标为：①适合钻孔直径：350～500mm,②埋设深度：10m 以内,③应力灵敏度：优于 0.3Pa,④量程：3×10^4Pa（0.3 大气压力）,⑤数字输出，1 次/每分钟。

在联合国全球计划——灾害科学与公共管理相结合项目中国协调办公室（UNGP-IPASD）“地震地质、地应力、卫星云图灾害预测研究”课题的资助下，黄相宁等人在压磁应力仪 30 多年研制的基础上，成功研制出一种适合于多种地质岩石条件，便于在基层推广的 CY 型数字压磁地应力仪，它由 CZ-1 型数字应力仪和 YCT-1 型压磁探头组成，在我国建了 60 多个这种类型的压磁应力观测站。同时，在菲律宾吕宋岛建立了 10 个站组成 CSCAN 民众压磁地应力台网，对监视当地震情起了一定作用。

第二节　断层形变测量仪器

1974 年以来，勾波、张鸿旭等研制出 7 种不同制式、类型的断层形变测量仪器和 4 种工程形变类仪器。

断层形变测量仪器按监测量区分分为水平分量和垂直分量两类，按仪器工作方式区分包括应用传感器转换和纯机械式两类。水平分量仪器应用超低膨胀系数含 Nb 超因瓦合金丝在确定张力下形成的弦长做基准的比较法测量原理。除早期的 DY-1 型仪器，配置最佳张力，应用两组挠性支撑十字交叉组合片簧做力平衡系统的支点，仪器系统全密封保护，采取温度自动补偿措施，引入计量基准对仪器系统整体标定。垂直分量仪器应用以地球重力位面作为参考基准面的连通管原理。应用软管做连通管，和基础直接偶合；应用双层中心对称三螺线函数片簧做浮子支点；配置三维精密调节基座，引入计量基准对仪器系统整体标定。

一、断层形变测量仪器

1．DY-1 型断层活动测量仪

用十字片簧做力平衡系统支点，用交流差动变压器将位移信号转换为电信号，用分立电子元、器件组成操控传感器和电信号处理的电气主机，用外接模拟记录仪实现自动记录。

2．MD4281 型水平变形测量仪（DSJ）

由 3 级杠杆接力放大输入信号，用弹性储能记录装置实现自动模拟记录。不怕雷击，不受电磁干扰，性能高度稳定，便于管理，适于在没有供电条件的地区使用。

3．MD4211 型水平变形测量仪（DSD）

应用直流差动变压器将水平微量位移信号转换为电信号。以单板机为基础组成操控传感器和信号处理的数据采集器，具有对观测数据实时计算分析、遇异常事件加密采样、自动判断仪器工作状态等智能功能，采取了光电隔离、掉电保护措施、抗雷击措施，数字记录。配置了数据通讯接口。交、直流电源自动切换。

4．MD4412 型垂直变形测量仪（DFZ）

应用直流差动变压器将浮子位移信号转换为电信号，由以单板机为基础的数据采集器操控传感器和信号，具有对数据实时计算分析、遇异常事件加密采样、自动判断仪器工作状态等智能功能。采取了抗雷击措施，采取了光电隔离、掉电保护措施。数字记录。设置了数据通讯接口。交、直流电源自动切换。

5．MD4482 型垂直变形测量仪（YSL）

应用组合杠杆将浮子位移信号进行三级机械放大，用弹性储能装置以笔绘方式实现模拟记录。适宜在没有供电条件的地区应用。

6．MD4271 型（DSG）水平分量测量仪

用基于 CCD 器件的光机电一体化数字位移传感器将微量位移转化为数字量。应用单板机数据采集器操控传感器和采集处理数据。传感器及操控电气系统整体集成在标准机壳中，便于现场安装，互换。具有故障自诊断和超阈值自动加密采样等智能功能。对仪器系统遥自动控整体标定。兼顾了高灵敏阈和宽量程。采取了光电隔离、掉电保护措施，采取了抗雷击措施，采取了防雾化措施。数字记录。配置了数据通讯接口。交、直流电源自动切换。

7．MD4472 型（DFG）垂直分量测量仪

应用基于 CCD 器件的数字位移传感器将浮子位移信号转换为数字信号。应用单板机为基础的数据采集器驱动传感器和采集处理数据。传感器及操控电气系统整体集成在标准机壳中，便于现场安装，互换。兼顾了高灵敏阈和宽量程。采取了防雾化措施、抗雷击、光电隔离、掉电保护措施。数字记录。设置了数据通讯接口。交、直流电源自动切换。

二、工程形变类仪器

1.MD4452 型多点垂直变形测量仪（静力水准仪）

应用连通管原理，设置 N 个测点，用于监测基础与建筑物的多测点的相对垂直变形和倾斜变形。先后实验应用多种不同的液面检测方法，几经改进完善。定型仪器设置零位循检功能，以实现无漂移测量。采用地址编码及总线方式传输信号，有效地解决信号衰减问题。设置光电隔离的 RS485 差分数

据通讯接口，以提高抗干扰及抗雷击能力。设计了主从分布式监测网络，以提高仪器系统的可靠性。具有抗干扰能力强、测点容量大、配置灵活方便等特点和功能。

2．MD4271B 型引张线测量仪

应用基于 CCD 技术的光机电一体化数字位移传感器，设计了可靠的光学投影系统和微调系统。具有测量范围宽、测量精度高、非接触测量、不需校准定度、没有漂移、可识别和排除微小异物侵入干扰等特点。传感器外装，不影响原来人工观测时引张线的力学状态。本仪器可监测大坝、桥梁等大型建筑物多点横向位移变形。

3．MD4671 型垂线测量仪（垂线坐标仪）

应用基于 CCD 技术的光机电一体化数字位移传感器，设计了可靠的光学投影系统和微调系统，无接触观测，不影响原来人工观测时垂线的力学状态。本仪器可监测大坝、高层建筑物、桥梁等大型建筑物不同高程的多部位水平位移变形。

4．BSQ 型数字倾斜仪（MD4672）

应用金属垂线做铅直基准，用基于 CCD 技术的数字位移传感器检测标志点的微量偏移，监测标志点的倾斜变形。具有目标自动识别和自动诊断功能。测量范围宽，同时测量两个倾斜分量。无电学漂移，具有高稳定性和高可靠性。可用于地震前兆地倾斜监测和建筑物倾斜变形监测、基础倾斜监测。可因地制宜安装，方便快捷。

第三节　地热与水位地震前兆仪器

一、 SZW－1 型数字式温度计

SZW－1 型数字式温度计是付子忠等人于 1976 年开发研制的第一台数字化观测地热的仪器，使用国产中小规模集成电路实现线性化处理，采样时序控制，温度定标，具有打印、显示接口，解决了石英温度传感器国产化，探头密封、信号远传技术，高稳定测温电路等问题，使该仪器很快成为地下流体学科主测项的重要观测仪器。获 1985 年国家地震局科技进步三等奖。根据国家地震局安排在滇西地震预报试验场开展“地热地震前兆探索”研究，在滇西建成 5 个地热地震前兆观测站，在滇东、滇南建成 6 个地热地震前兆观测站，形成云南地热地震前兆监测网。在 1988 年 11 月澜沧 7.6 级地震及强余震的监测预报中，地热前兆监测表现突出。“云南地热前兆监测网及地热前兆技术方法研究” 获国家地震局科学技术进步二等奖。

30 多年来,SZW-1 型数字式温度计根据国家地震局要求和实践经验的积累先后进行了三次重大改进。顺利完成世界银行贷款项目、“九五”地震前兆台站（网）技术改造、首都圈防震减灾示范工程和“十五”中国地震观测网络等任务。

二、DRSW－1 型地热水位综合观测仪

2001 年,付子忠等人在“十五”国家科技攻关“新型地震前兆观测仪器的研制”项目的支持下，完成 DRSW—1 型地热水位综合观测仪的研制工作，实现了水温和水位的综合观测。“DRSW-1 型地热水位综合观测仪” 是在“SZW-1A 型数字式温度计（V2004)”基础上扩展 5 位半 AD 转换器，增加水位传感器电源、水位数据存储器和水位传感器而成。整机实现小型化、低功耗；数字化设计，以 RS-232C 接口连接地震前兆台网。

三、 DRSW－2 型地热水位气象三要素综合观测仪

为了地震前兆观测仪器的实用化，又研制出“DRSW—2 型地热水位气象三要素综合观测仪”。该仪器实际上是“DSC-1A 型 地震前兆数据采集器”接石英温度计探头、水位探头、RTP-1 型雨量气温

气压观测仪构成的。从而实现了一个探头多种测项、减少了繁琐的多个探头下井程序。

第四节 地震地电磁扰动研究与仪器

一、地电磁地震前兆观测技术研究

地震电磁观测是通过连续的、或定期重复地定点监测地球电磁场以及地球介质电性的时空演化，并研究这种时空演化与地震的孕育和发生过程的物理联系，寻求各种与之相关的异常现象，从而提取与地震孕育过程相关联的电磁前兆信息。这些信息既包括场的变化信息，也包括研究区域内固体地球介质电性变化信息。研究区域内的固体地球介质电性变化，将直接影响着前兆信息的提取和对孕震物理过程的深入分析和探索。

2002 年,王兰炜等人在“十五”国家重点科技项目子专题“甚低频电磁接收机研究”和“甚低频电磁接收机实用化研究”的支持下，研制出新型电磁扰动观测系统；在地震行业专项的支持下，开展了地电阻率新仪器——多极距地电阻率观测系统的研究。近年来，电磁扰动和多极距观测系统已开始在地震前兆观测台阵中应用，对于进一步推动地震电磁观测方法的研究具有重要意义。

二、DCRD-1 型地电磁扰动观测仪研制

目前全国共有电磁扰动观测台站150余个，使用的观测仪器种类较多，观测对象不一致（电场、磁场、电磁场），观测频段不相同（超低频（ULF）、甚低频（VLF）、低频（LF）），观测装置不相同，观测仪器（传感器）的性能差异较大，传感器架设（埋设）方式不同，仪器标定方法不一致，观测结果表述不一致，观测环境和台址条件差异较大。这些因素给资料共享、数据分析研究、地震预测应用带来困难，也对观测方法与理论研究造成障碍。

为规范电磁扰动观测，2005年在科技部国家科技基础条件平台项目“数字地震前兆观测地电方法标准”的支持下，进行包括电磁扰动观测方法标准在内的地电方法行业标准研究，并于2009年颁布了《地震地电观测方法 低频电磁扰动观测》行业标准（DB/T35-2009）。

王兰炜等人研制的新型DCRD-1型电磁扰动观测系统是目前国内唯一符合电磁扰动观测方法行业标准规定的观测系统，该观测系统由主机、感应式磁场传感器、测量电极构成。其观测对象是地表的电场强度E和磁场强度H（或磁感应强度B）的水平分量，能对选定地点一定频率范围内（0.1～10Hz）地表电场、磁场能量随时间的变化以及发生的电磁事件进行连续观测。

三、ZD8MI 型多极距地电阻率仪研制

中国目前的地电阻率观测系统主要是采用单一极距的四极对称装置的观测方法，该方法无法完全消除一些非地震因素(如表层地电阻率季节性变化)引起的变化，给震前异常的识别和判定带来一定困难。王兰炜等人研制的多极距地电阻率观测系统，能在一定程度上消除单极距地电阻率观测法受浅层环境干扰的问题，减小或消除年变化现象对地电阻率观测的影响。通过多极距观测，能够识别测区内人为原因（在测区内填土、埋设管线等）造成的测区电性结构改变。还可以通过对多极距观测资料的反演得到地下介质的分层电性结构，以期获得地下各层介质电阻率的变化信息，为复杂电性结构的反演打下基础，促进地电阻率方法预报地震从“看图识字”的被动状态向“物理预报”方向转变。

第五节 深井综合观测技术与综合探头

进入 21 世纪，地震观测技术呈现由平面观测向立体监测发展的趋势，即由单一方法向宽频带综

合观测发展，由地表观测向空间与深井观测发展，由陆地观测向海洋观测发展。地壳应力研究所于2004 年得到科技部科研院所社会公益研究专项支持，开展《深井地壳变形宽频带综合观测系统》研制。尔后，参与国家“十一五”重大科技支撑专项中的“深井综合观测系统集成研制”和所长基金支持的 “深井地震综合观测系统”研究。

一、RZB 型地壳形变深井宽频带综合观测系统研制

2004 年，欧阳祖熙申请的《深井地壳变形宽频带综合观测系统》项目得到科技部 2004 年度科研院所社会公益研究专项立项支持。欧阳祖熙担任总体设计，张钧、陈征、师洁珊、李涛、张宗润、吴立恒、范国胜等针对数字化传感器、测项集成、探头密封、下井安装、水泥固结、数据传输等关键技术展开攻关。地壳变形深井宽频带综合观测技术取得了重大进展，2008 年研制成功《RZB-3 型地壳变形深井宽频带综合观测系统》。该系统主要包括：4 分量水平应变单元，系统参考原件，应变地震波测量单元，钻孔倾斜单元和精密地温测量单元，以及电子罗盘等。

2008 年 9 月 28 日，在北京昌平百善 215m 深井安装了第一台 RZB-3B 型综合观测仪。同年 12 月 7 日在福建漳州 252m 的深井中安装一台 RZB-3D 型综合观测仪。连续观测以来，取得一批高质量的观测数据。

《RZB-3 型地壳变形深井宽频带综合观测系统》主要测项有应变测量，倾斜测量，地温变化测量等。还可记录宽频带应变地震波。与地面数据采集器连接，能实现程序控制与数据通讯功能。

2009 年通过了中国科技部基础司与中国地震局科技司组织的验收，石耀霖、马瑾院士等验收专家认为“新系统以独立发展的数字化电容式位移传感器，井下数据总线，多种地壳形变观测项目集成技术，以及深井水泥固结安装工艺为特点，区别于美国、日本现行的技术方案”。该项目“获得创新性成果，填补该领域国内空白，具有国际先进水平。”

二、深井应力应变测试技术研究

2006年，李宏、李海亮、赵刚等人参与中国地震局科技支撑项目“深井综合观测系统集成研制”，2007年李宏等承担地壳应力研究所基本科研业务专项 “深井地震综合探头研制”，设计集成分量应变观测、倾斜观测、水温观测的组合式深井宽频带综合观测系统，拟在一个探头内实现观测地壳水平应变4个分量、钻孔倾斜、井温、测震和地磁。地面主机通过RS-422接口对传感器进行数据收集，时钟修改、收集，标定、调零等，通信协议符合地震前兆通信行业标准。

目前“深井综合观测系统集成研制”工作正在进行过程中。

第六节　数字化地震前兆观测台网公用技术研究

一、地震前兆观测台网建设、系统集成技术研究

地震前兆观测台网是由一批地震前兆观测台站在采集记录数据和遥测通信技术支持下实现的。黄锡定、付子忠等人于 1987 年研制完成第一台 32 路地震前兆综合数据采集器，采用 STD 总线技术，将台站地震前兆仪器的输出信号接到采集器，实现台站观测数据自动采集，通过串口与计算机连接，实现数据的传输、存储和数据的自动处理。该采集器通过国家地震局组织的鉴定，在 1990 年世界银行贷款项目中中标，产品已供台站使用。

地震前兆综合数据采集的技术思路、结构模式、数据采集、通信传输、存储处理以及实践经验反映在地震前兆观测技术白皮书《中国地震前兆观测技术系统研究》中，为“八五”国家科技攻关项目中的“地震前兆试验台网研究”打下了基础。

付子忠、黄锡定等人完成了“八五”科技攻关一级课题中的子专题“数字地震前兆遥测试验系统

研制”。该项目首次对我国地震前兆台网进行数字化技术改造的技术途径和技术方案进行探索，是我国地震前兆观测技术走向数字化和遥测化的良好开端，为我国“九五”期间进行前兆观测技术改造提供了完整的技术装备。河北省的 9 个台站，采用公用电话网进行前兆数据通信汇集，全部数据汇集到石家庄。“地震前兆试验台网”形成以电话网为通信平台、MODEM 为数据通信设备，以台站为单位的前兆台站集成技术方案，初步形成了地震前兆通信控制协议的雏形。

“九五”期间，付子忠等人完成科技攻关项目一级课题“中短期地震前兆仪器研制”。使用现代传感技术、计算机技术、数据通信技术、现代测控技术、安全供电技术、避雷技术等，将前兆台站多个前兆仪器（传感器）连接组成一个观测系统，在台站专用计算机管理下，完成数据自动采集、数据汇集、数据处理、数据报送等任务。

“数字化地震前兆遥测台网和地震前兆信息处理技术的研究”是该课题的一个专题（专题负责人黄锡定），包括 6 个子专题：数字化地震前兆遥测台网总体设计、联调方案和调试技术研究；适合不同类型台站条件下的前兆数据采集器的研制；多途径的地震前兆信息传输技术的研究；台网供电及避雷技术的研究；区域台网中心与前兆信息处理技术的研究；地震前兆遥测台网建设与组织实施。经过 4 年，完成数字化地震前兆遥测台网和信息处理技术 6 个子专题的研究和相应设备、软件的研制。并建立了以山东省济南市为中心，下属 12 个台站组成的数字化地震前兆遥测台网。该台网经过联调、试运行，考核达到了设计要求。通过中国地震局组织的验收。

山东试验台网经完善提高而成为该省实用的前兆监测台网，其新型数字化地震前兆遥测台网的建设、实施和管理经验为“中国数字地震前兆台站（网）技术改造”项目在全国推广奠定了基础。1999 年在全国 26 个省（市、自治区）全面启动“中国数字地震前兆台站（网）技术改造”，完成全国 152 个前兆台站的数字化技术改造，26 个省级地震前兆台网中心以及形变学科、电磁学科、地下流体学科中心的建设。2000 年编写了“首都圈防震减灾示范工程项目前兆台网技术实施方案”，并完成北京市、天津市、河北省地震前兆台站的数字化建设和改造。

至此，中国首次地震前兆观测技术数字化改造全面完成。改造台站总数超过 1/3，数字化地震前兆仪器达 700 余套，第一次实现前兆遥测组网、数据自动采集传输、前兆数据实时入库和数据库管理与共享。

“十五”期间，在中国地震局“新型地震前兆监测仪器研制”课题中，地壳应力研究所在新研制的 8 种仪器中占了 4 种：杨选辉的“深部地声测量传感器的研制”、王兰炜的“甚低频电磁（ELF）接收机的研制”、李海亮的“硐室多分量定点高精度地应变测量传感器研制”、赵刚的“DRSW-1 型地热水位综合观测仪”，这 4 种仪器都设计了以太网接口，如果台站的局域网接到因特网上，就可以实现前兆仪器使用因特网技术组网，实现前兆数据共享。地壳应力研究所有两个节点、10 种测量手段的仪器、570 多台套设备在“十五”项目中应用。

付子忠、黄锡定等人通过“九五”、“十五”项目的执行，已经建立起一套较完善、实用、可靠的地震前兆监测系统集成技术。并确立了我国地震行业的行业标准：《DB/T12-1 地震前兆观测仪器传感器接口》和《DB/T12-2 2004 地震前兆观测仪器第二部分通信与控制》。

“十五”项目要求所有入网的前兆仪器都必须有以太网接口。赵刚、何案华等人专门研究以前数字化地震前兆台网的前兆仪器接入“十五”网络的方法、方案，研制出相应的转接设备，经接入试验，效果良好。通过了中国地震局组织的验收。

二、地震前兆观测台网公用平台技术

“八五”期间，付子忠、周振安、王子影、王秀英、孙杰等人进行地震前兆观测台网公用平台技术方面的研究和试验。1996～2000 年，在国家“九五”科技攻关计划“数字化地震前兆遥测试验系统研制”课题支持下，承担中国地震局前兆台网数字化改造工程任务，完成台站仪器总线集成、台站（网）数据通信、数据管理等技术的研发；编制《地震前兆观测传感器接口》标准，统一多种类型传感器与主机的接口类型；编制《地震前兆观测仪器 通信与控制》标准，规范前兆仪器的通信接口类型、数据存储格式、通信控制指令等；编制《地震前兆台网通信控制软件》，实现了远程数据通信仪器的远程管理；编制《数据管理服务软件》，与通信控制软件协同完成数据入库，和数据管理复制与数据预处理。

“十五”期间，王子影、李海亮、王兰炜等人在地壳应力研究所经费支持下，实现地震前兆仪器的 IP 网络化通信，为“十五”项目地震前兆仪器的 IP 网络化通信做出了示范。还利用软件信息技术开发出“前兆台网运行管理系统”。该系统以三维空间信息形式对前兆仪器和前兆技术系统进行全方位监视控制，有故障主动报警，全时采集观测数据入库和多源数据交换。实现了智能化、自动化的前兆台网运行管理。

三、地震前兆观测台网数据管理及应用

在国家“九五”科技攻关计划“数字化地震前兆遥测试验系统研制”课题支持下，为实现地震前兆观测仪器产出数据的存储和管理，1997～2001 年，王秀英、余书明等人承担地震前兆数据库的研发。根据项目需求，对数据结构进行调整优化，对数据管理软件进行升级，并在全国前兆观测台网推广应用。

软件分为台站版和台网中心版。数据管理软件在全国地震前兆台站和区域中心部署运行后，实现了地震前兆监测数据的准实时在线服务，形成当前地震前兆观测新的常规工作模式，并制定出新的标准和规范。

2007～2009 年，王秀英等人继续对地震前兆数据的共享应用模式进行探索。通过新建高速行业网，将前兆数据及其产出环节的各类信息集成，为地震行业网用户提供在线前兆综合信息服务以及与 WebGIS 结合的空间应用，使前兆数据的应用效率得到提高，也使更多用户可以通过在线平台获得前兆信息。首次将空间应用引入前兆观测系统，使前兆观测由单点应用推进到空间应用。该项目 2010 年获地壳应力研究所防震减灾优秀成果二等奖。

四、地震前兆观测公用技术设备

目前地震前兆观测台网使用的前兆观测仪器是数字式仪器，观测工作自动进行，数据量大幅度增加，精度提高；观测数据可以通过仪器的通信口传送到计算机，台站的前兆仪器可以集中管理，所有台站可以在前兆台网中心管理下，组成遥测台网；各台站的观测仪器产出的数据可以由前兆台网中心自动收集、自动处理，数据传输更及时；观测数据由数据库管理，可以实现更广泛的数据共享；前兆数据在计算机中使用专用的软件进行处理。付子忠、黄锡定等人在国家科技攻关项目支持下，研制出数据采集、通信传输、供电避雷的硬件设备和数据汇集处理与数据库的软件以及界面与接口协议，并制定了行业标准。

1. DQS 系列数字化地震前兆台站公用设备

数字化地震前兆台站依其结构可分为主台、单纯主台、现场总线子台、有线无人值守子台、无线无人值守子台等 5 种前兆台站结构。数字化地震前兆观测台网对前兆台站采用系统设计、整体集成解决方案。在设计时统一考虑了仪器配置，连接方式，仪器供电、避雷，通信，计算机控制，时间服务和控制软件等。这 5 种前兆台站结构都配备专用的集成模式机柜。

2. DSC 系列地震前兆综合数据采集器

数据采集是数字化地震前兆台站的关键技术之一，其技术性能指标及运行状态直接决定着前兆数据的质量。

DSC 系列地震前兆数据采集器是一套通用的数据采集器，其研制和完善过程大约经历了十几年。早在“七五”期间，地壳应力研究所即已对地震前兆观测的数字化技术进行研究，并研制出地震前兆观测第一台综合数据采集器（DSC-1 型)。“八五”期间，地壳应力研究所科技攻关课题子专题研制出

具备组网功能的DSC-2型数据采集器。“九五”期间，研制出DSC-2A型、DSC-2B型、DSC-3型数据采集器。从而形成以DSC-2系列前兆数据采集器为主，其他类型数据采集器为辅的DSC系列地震前兆数据采集器，实现高精度、宽温度范围、不同采样率的选择、具备一定数据保存能力、可远程遥测遥控的基本功能。“十五”后期，根据数据采集环节的发展趋向和台网的实际需求，地壳应力研究所又研制出“DSC-1A型地震前兆数据采集器”，是采集各种前兆仪器传感器输出信号的通用地震前兆数据采集器。属于专业级的地震前兆数据采集器。

3. 通信单元系列

数字地震前兆观测台网中使用的付子忠、黄锡定、孙杰、梁焕贞、于世亮、王继哲等研制的通信设备和装置有：TYZ 型地震前兆台网中心有线通信单元、TY-1 型地震前兆主台有线通信单元、TY-2型地震前兆子台有线通信单元等三种有线通信设备；TC-1型地震前兆主台超短波通信单元、TC-2型地震前兆子台超短波通信单元等二种超短波通信设备；GSM无线通信单元和CCU-1型通信控制器等。

4. 电源控制器系列

数字化、综合化、遥测地震前兆观测技术系统需要高可靠的供电系统作保证。地震前兆台站的供电目前普遍存在电压波动较大、停电频繁、部分停电时间较长等问题，远不能满足观测系统长期连续工作的需要。黄锡定、梁焕贞、于世亮、王继哲等人研制的DK-2系列电源控制器为地震观测台站提供了一套可靠性高、稳定性好、能连续工作、具有防雷能力的供电系统。

5. 避雷装置

黄锡定、于世亮、梁焕贞、王继哲等人先后研制出**ZH-1**型单相交流电源避雷箱和ZHDL-1型电话防雷器。有效地预防从电源输入线和电话线引入的感应雷，减少台站的雷害损失。

6. 现场总线技术与光隔离器

现场总线技术是解决台站多种前兆仪器集成实现遥测、遥控的方法，可实现自动观测，遥测组网，提高观测质量，节约投资，节省人力甚至无人值守的目的。地震前兆观测台站现场总线集成技术是“九五”计划中的科技攻关项目，由付子忠、黄锡定等人研制完成已在全国推广应用。

RS232C/M 光隔离驱动器主侧是台站现场总线的关键设备，是地震前兆台站对现场总线的要求。可实现总线驱动、传输线与两端设备的隔离、连接多台被控设备，有RS-232C接口。

RS232C/S 光隔离驱动器副侧也是台站现场总线的关键设备，通过与主侧配合实现地震前兆台站现场总线的数据通信传输与隔离要求。

光隔离驱动器（包括主侧和副侧）都是一端接RS-232C设备，被设计定义为数据终接设备，使用DB-9孔式插座；光隔离驱动器另一端接现场总线电缆，被设计定义为数据终端设备，使用DB-9针式插座；为了便于级联，每个光隔离驱动器都使用两个完全并联的DB-9针式插座，以便现场总线电缆从一个插座插进，又能从另一个插座引出接到相邻的光隔离驱动器副侧。

7. 其他仪器

(1) RTP-1型雨量气温气压观测仪。

RTP-1型雨量气温气压观测仪是付子忠等人根据地震前兆观测对气象三要素辅助观测的要求专门设计的。这三种传感器均为电压量输出，与地震前兆数据采集器连接方便。气温传感器使用双铂电阻桥式传感器，灵敏度高，测量精度高，稳定性好,传输距离可达30m以上。气压传感器使用美国EG&G高精度，高稳定性半导体压力传感器，高精度仪表放大器。雨量传感器使用上海气象仪器厂生产的SL-3 型雨量感应器，是气象部门的专用雨量计。为方便与地震前兆观测系统连接，设计一个脉冲—电压变换器，将SL-3型雨量感应器的翻斗翻转次数转换为电压输出，由前兆数据采集器采集。

(2) WYY-1型气温、气压、雨量综合测量仪。

2002 年在地壳应力研究所“‘十五’地震前兆台站集成关键技术研究”项目支持下，周振安、王秀英、刘爱春等人研制成功WYY-1型气温、气压、雨量综合测量仪。该仪器由主机和传感器两部分组成。主机采用自主研发的高精度AD扩展板与低功耗工控机主板。整机采用较流行的一体化设计思想，集传感技术、数据采集、网络通信为一体，属网络化仪器。

(3) SWY-1 型水位仪。

SWY-1 型水位仪是由付子忠等人研制完成，用于观测钻孔水位变化。在地震监测预报中，钻孔水位变化能提供震前、震时和震后的大量信息，是地震地下流体学科前兆观测的主测项之一。SWY-1 型水位仪与 DSC-2 型，DSC-2A 型地震前兆数据采集器连接，可实现水位连续自动、高精度测量，可用计算机调取观测数据进行处理，也可由台网中心、中心台、各级地震局（办）通过拨号电话收取数据，在计算机上处理。

本仪器使用高稳定性精密半导体压力传感器，灵敏度高，稳定性好,为 4～20mA 电流输出，具有较好的远传能力，传输距离可达 30～50m。

第八章　地震预报理论研究与实践

1966 年，地震地质大队成立后，即开始了以地震预报为目标、以地壳应力应变、跨断层测量前兆观测为手段的短临地震预报研究与实践。同时，从地质构造活动角度，探索中近期强震趋势，为短临预报提供背景资料。40 多年来，在应力应变、断层形变、地下流体等前兆观测技术发展的基础上，分析预报人员捕捉地震前兆信息，总结预报经验，研究预报理论，积极探索地震预报的方法和途径。

地壳应力研究所的监测预报历程大致划分为三个阶段：

20 世纪 60～80 年代依据地质力学理论，应用地应力观测资料进行地震预报研究和实践阶段；

20 世纪 80～90 年代末是以地震构造机理和应力场研究为基础，地震活动、应力应变、断层形变、地热前兆综合预报研究和实践阶段；

进入 21 世纪是以开展地壳动力学研究为前提，探索地震前兆机理和具有地壳应力研究所特色的多学科地震预报方法，发挥地壳应力研究所钻孔应力应变和流体学科牵头单位的作用，开展全国地震大形势、年度危险区和地震短临信息强化跟踪的研究和实践阶段。

第一节　地应力预报地震研究和实践

1966 年 4 月地震地质大队成立后，在 20 世纪 60～80 年代是以李四光的地质力学为理论基础，利用地应力观测和断层现今活动测量资料，开展地震预报的探索。这是从观测技术到台站建设，直至前兆信息分析，预测预报地震发生时间、地点、强度的系统工程。

1966 年河北邢台 7.2 级地震后，又相继发生 1969 年渤海湾 7.4 级地震、1970 年云南通海 7.8 级地震、1973 年四川炉霍 7.9 级地震、1974 年云南昭通 7.1 级地震、1975 年辽宁海城 7.3 级地震，1976 年唐山、龙陵、松潘又接连发生 6 个 7 级以上地震。这个地震活动的小高潮为地震预报研究和实践提供了一个难得的好机会。地震分析预报人员在用地壳应力观测和断层活动测量资料进行地震监测预报的实践中，积累了大量的经验和教训，为防震减灾做出了一定贡献。

一、压磁应力仪观测到的地壳应力变化反映出地震的前兆信息

地震前兆观测仪器是获取地震前兆信息最直接的手段。1966 年 3 月 15 日隆尧地应力站安装了三分量压磁应力仪。3 月 20 日观测曲线第一次出现下降，当曲线平稳并开始上升时，发生了邢台 7.2 级地震，这是压磁应力仪第一次观测到的近场临震异常。隆尧地应力站观测数据每天通过专用无线电台直接上报，整理后送李四光部长阅示。3 月下旬，观测曲线又出现下降，并及时上报。武云在《周恩来在邢台地震的日子里》（《紫光阁》1998 年第一期）记叙了在 3 月下旬的一个晚上总理和李四光部长根据地应力观测曲线下降的密报及震区其他网点报告的异常信息，决定在震区发布预报，结果当晚在老震区发生了 6 级强余地震。

1966 年 6 月，隆尧地应力站由地震地质大队管理，朱林青大队长亲自抓台站的观测和预报。隆尧站在不同深度安装了不同规格的压磁应力仪，还安装有钢弦法、超声波法、电阻片法等类型的仪器进行观测试验。1967 年中央地震工作领导小组成立，下设预报组，马廷著为副组长。1969 年，地震地质大队成立地震分析预报组，蔡火片、马廷著曾任组长。根据地应力台站数据进行分析预报，预报意见直接报送中央地震办公室，并参加有关会商会。1967 年河间发生 6.3 级地震，地震地质大队加快了地应力观测站的建设。1969 年渤海 7.4 级地震后，尤其重视在沿郯庐断裂带的辽宁、山东布设地应力观测站和形变观测站。

1971 年 4 月成立前兆队，集中管理地应力仪器的研制和技术攻关，加强对台站的建设和管理。

分析预报组迁至西三旗并入前兆队。地震监测预报任务由邢台老震区强余震监测预报扩展到华北及周围地区的地震分析预报。至 1972 年，北京、河北、陕西、辽宁、山东共建成 26 个地应力前兆观测站和 3 个形变电阻率站。

1972 年以后，随着 4101、4103 型压磁应力仪、DIL-110 型压磁应力仪、4101-A 型自动记录压磁应力仪的研制成功，成为当时地应力台站的主要专用仪器，安装在西南、西北、东南地区的地应力观测站进行地震监测。1972 年开始对西南、西北、台湾地区的地震进行预测预报。

1966 年至 1983 年 7 月，地震地质大队在全国共建了 104 个地应力观测站，使用着不同类型的压磁应力仪。这些台站的观测资料成为地应力预测预报地震的主要依据。分析预报人员在 20 世纪末的地震活动高潮中，承担着全国地应力台站观测资料的处理分析和京津唐地区 5 级以上地震、全国 6 级以上地震的分析预报任务。

中国的强破坏性地震都与断层的活动有关，观测断层活动可能捕捉到地震的前兆信息。1967 年组建了测量队，成立 3 个作业班对京津唐地区 33 处场地进行跨断层测量。其中，环线水准场地 2 处，基线水准配套场地 15 处，短水准场地 16 处，半个月至 1 个月复测一次。随着场地优化和施测内容的配套，1968 年调整为在北京地区、怀来—延庆地区、唐山地区三片 18 处综合流动测量场地，进行断层活动监测。

二、地应力预报地震方法探索

当时的台站工作人员是 24 小时正点读数记录，数据用电话报分析预报室。分析预报人员根据台站报来的观测数据，进行日均值和 5 日均值处理，手工点绘曲线图。不断总结震例，分析地震前地应力异常与地震强度、发震时间和发震地点的关系，探索地震预报方法。

李四光通过分析总结认为，地应力曲线的“凹兜”与地震的发生具有内在的联系。

黄相宁、康仲远等于 1971～1973 年编制了夹角为 60°、45° 地应力方向和大小计算表，在日常地应力观测资料分析中应用。

1969 年，谢挺认为，“凹兜”负异常的应力方向指向震中，提出应用多台异常交汇震中的预报地震发生地点的方法。

1971 年，黄相宁、陈章壮系统解析尧山地应力站“凹兜”负异常，认为异常最大时，异常主应力方向指向震中效果最佳。

1973 年，李健春和张超分别计算了压扭性断裂的数学模型。

分析预报研究人员通过对地应力异常与地震关系的探索和研究，不断总结震例，积累预测预报经验，总结出识别地应力前兆异常预测预报地震三要素的依据：

震级预测：依据异常时间的长短，幅度大小，预测未来地震震级大小；

地点预测：依据出现异常台站的主应力方向交汇未来地震震中区域；

时间预测：依据异常结束时间，即负异常回升时间，预测未来地震发生时间；

临震标志：地应力观测值突跳现象的出现，为临震异常。

在低分辨率、低采样率、缺少辅助观测和对比观测的条件下，预报人员得到的前兆信息有限，环境因素影响着预报人员对异常的识别。当时在分析各种手段的观测曲线时都是以“看曲线、识异常”的经验进行地震分析预报。而总结这些经验依据的震例样本是以中等强度（4～5 级）地震为多，强破坏性地震的样本较少，为预报强震三要素带来不确定性。每次强烈地震发生后留给人们的印象是地震前地应力异常确实存在，而短临预报结果总在某方面存在很大偏差和遗憾。

1983～1985 年，国家地震局组织对压磁地应力测量方法清理攻关，就其测量探头的灵敏度、稳定性、温度系数、频响特征、水压系数、干扰因素及前兆特征设 17 项分课题进行总结。1985 年李健春的“地应力相对测量过程和所测的物理量”、肖学文的“地应力相对测量干扰因素的研究”、康仲远的“地应力所测物理量和监测预报能力”课题，获国家地震局科技成果专项二等奖。1989 年李健春代表应力清理攻关小组编写并出版《压磁地应力相对测量清理评价总结报告》。

三、地应力观测开展地震短临预报的实践

1. 短临预报实践

地震地质大队是地应力前兆观测技术牵头单位，负责全国地应力观测资料的汇总、处理和分析，与其他前兆观测技术一起为国家地震局地震预报决策提供依据。

1979 年分析预报室每日汇集全国各地应力台站资料，进行数据处理，分析可能出现的地应力异常。出现异常后，根据异常的形态和面积、速率特点、主应力方向交汇进行地震短临预报，预报可能发生地震的时间、地点和震级。定期进行周会商、月会商，遇到特殊情况进行紧急会商。地应力观测是捕捉地震前兆信息的新方法、新技术，从事台站观测和分析预报科技人员以强烈的社会责任感辛勤地捕捉地震前兆信息，监视着地震动态，适时地做出了短临预报。

2. 震例总结：

（1） 山西和顺 5.2 级地震预报总结。

1971 年 6 月 3 日 20 时，分析预报室短临预报组向中央地震办公室上报《地震预报登记卡》，预报意见："时间 1971 年 6 月 4 日；地点与震级：①昔阳、长治、平遥、临汾连线范围内发生 5 级左右地震或 3.5～4.0 级震群；②渤海地区（包括辽宁长海）发生 4 级左右。"

结果 1971 年 6 月 5 日山西和顺发生 4.8 级和 5.2 级地震。

尧山地应力观测站一边上报观测数据，一边研究干扰因素的排除，并每天进行会商，分析异常，进行地震预报。现摘录一段尧山地应力站对和顺 5.2 级地震前兆监测预报的情况：

1971 年 5 月 2 日：持续异常趋势，山西地区可能发生 5.5 级地震，邢台地区 4 级。

5 月 5 日：长短趋势异常依然存在，而且今天 N50° E 元件测值上升幅度较快，因此，5 月 2 日的预报意见仍然坚持。

5 月 20 日：①坚持原来对邢台地区的预报意见；②外区再看一下；③外区有发生 5.5 级地震的可能。

6 月 2 日：趋势异常依然存在，左权地区有 5～6 级地震，震群可能小些。本区可能有 4～5 级左右地震。

结果：6 月 5 日 18 点 18 分在山西发生 5.0 和 5.4 级地震。"（地壳应力研究所档案室 0063 号档案）

（2）海城 7.3 级地震预报总结。

1969 年渤海发生 7.4 级地震后，地震地质大队加强了对辽南地区和山东半岛沿郯庐断裂带的地震监测,在西至北京房山、北至辽宁开原、南至山东安邱 600km 范围内布设了 9 个地应力观测台站。根据观测资料，于 1974 年 6 月 9 日提出"1974 年 6 月 15 日前后，本溪—庄河—营口，可能发生 5 级左右地震"的预报意见。但时间、震级都相差甚远，不能属于有价值的短临预报。根据震后总结，震前地应力有明显的前兆异常，异常范围大、幅度大，中短临信息全，与辽宁金县水准异常存在某种程度的对应。

（3）唐山 7.8 级地震预报总结。

1976 年 7 月 14 日，地震地质大队向国家地震局上报《地震监测报告》，报告全文抄录如下：

《地震监测报告》 第 04 号 国家地震局地震地质大队 1976 年 7 月 14 日

预报意见：

时间：①1976 年 7 月 20 日左右。
②1976 年 8 月 5 日左右。

地点：①集宁—繁峙—涿鹿—张家口一带。
②宝坻—乐亭及渤海地区（最可能在中南部海域）。

震级：M_S5.0 左右

预报依据：

①西拨子、下苇店、昌平等站地应力跳动异常分别于 7 月初至 7 月 12 日结束，一般结束半个月内地震。

②镇罗营、蔚县、昌黎、锦州、沈阳、大连、烟台、安丘、昔阳、长治、宁河、泸定等站于 7 月 2～11 日期间出现可能反映华北地区的地应力速率异常。

唐山地震前，地应力观测台站捕捉到了部分地震前兆信息，适时做出短临预报，尽管预报的震级偏离很大，但受到地震预报牵头单位——分析预报中心的重视，具有积极的社会意义。地震发生后，华国锋主席听取国家地震局唐山地震预报情况汇报时，黄相宁汇报了地震地质大队的预报意见。

用地应力观测资料预报地震当时虽然处于经验性初期阶段，依据尚不完善的观测技术和不成熟的预测预报方法，预报的虚报率、漏报率很高，尤其在强震预报中三要素偏离大，存在很多不足。但总体而言，地应力前兆观测技术与其他观测技术一起支撑了这一历史时期国家地震局地震预报的决策，进行着地震预报的探索。

四、据断裂构造带现今活动性进行中期强震趋势预测

地震地质大队成立后，大力开展活动构造带调查，分析地震危险区，指导地应力台站和跨断层测量点的布设。根据断裂构造的活动性探索中期（1～10 年）强震趋势，尤其 1～2 年强震趋势预测，为短临预报提供背景资料；同时汇集、分析地应力观测资料，进行短临预报。

中短期地震趋势预测研究包括：以地应力观测资料长趋势异常为基础，对今后一、二年地震趋势的判断；以跨断层位移观测资料为基础，判断今后一、二年的地震趋势；以构造现今活动研究为基础，对今后 3～5 年（中近期）的地震趋势作出判断。目的是为全国一年一度地震趋势会商会提交“全国地震趋势研究报告”。地震地质大队的“全国地震趋势研究报告”，是三个组依据各自研究结果会商后，由分析预报室汇总编写。而从地应力观测、形变测量、构造现今活动角度提交的研究报告作为附件，一并提交大会。一般情况下，黄相宁、曾秋生、戴樑焕及其他有关人员带着各自的研究报告参加全国地震趋势会商会。

1970 年设立“中近期地震趋势研究”课题组，曾秋生等人依据地应力测量、形变、地震活动及构造带应变能积累释放特征、震源机制解资料，分析中国主要地震构造带现今活动特征，进行强震趋势分析，研究全国 3～5 年的强震趋势，预测下年度强震可能发生的地点和强度，为地震地质大队年度地震趋势会商报告提供依据。研究报告主要有“1973～1974 年我国大陆较大地震趋势意见”，“华北地区及全国 1975 年下半年地震趋势意见”、“地球自转速度变化规律的研究在地震预报中的意义”、“对我国大陆 1981 年地震活动总趋势及中强地震活动区域判断”、“1984 年地震趋势讨论”、“我国主要地震构造带的划分和 1986 年全国地震形势预测——1986 年全国 $M_S \geqslant 7$ 地震趋势研究报告”等。

1983 年，国家地震局组织“全国近期（十年）强震危险趋势的判断与研究”，卞兆银等人承担“华北地区地震构造活动和今后十年地震危险性预测”课题，1984 年 7 月提交了“华北地区地震与构造活动特征及今后十年地震形势的估计”研究报告，获国家地震局“地震预报方法清理及近期强震危险性判定研究”科学技术专项三等奖。

戴樑焕、高忠宁、后凤鸣、蒋承恩、吕越等根据 1967～1970 年跨断层基线、水准、短程测距重复测量资料，分析其测值在地震前后的变化，1971～1985 年对地震前后测值变化的干扰因素进行排除，研究断层活动特征，分析与地震的关系，判断地震趋势。

1983 年，高忠宁等人承担国家地震局组织的“地震预报方法清理和近期强震危险性判定研究”中“京津地区跨断层测量台站监测和预报地震能力的评述”、“华北主要断裂带近期活动特征及今后十年危险性判定”课题。总结华北地区主要断裂带上 37 测点和 18 条断裂带上长水准观测资料,分析唐山地震前后不同方向断裂活动方式的变化,对华北地区地震趋势和特点进行了预测。获国家地震局“地震预报方法清理及近期强震危险性判定研究” 科学技术专项三等奖。

1983～1985 年，游丽兰、蒋承恩等人承担国家地震局组织的“大地形变测量清理攻关”项目中的跨断层测量部分，对跨断层测量台、点干扰的排除、异常的识别、监测能力和预报能力进行清理和评价，并对跨断层测量资料反映的断层活动力学特征、断层受力状态与地震的关系进行探索和研究。游丽兰等人的“跨断层短水准、基线流动测量干扰因素与异常识别的研究”、蒋承恩的“京津地区断层活动方式与异常识别的研究”分别获得国家地震局清理攻关专项三等奖。

五、土层应力仪和群测群防

邢台地震后，李四光根据邢家湾水井被压成椭圆的现象，提出“松散层的应力测量也要做”。1971 年地震地质大队开展土层应力测量仪器的研制，研制成功 75-1 型简易应力仪。具有制造容易、成本低廉、安装方便、操作简单，适合重点监视区群测群防使用。

1975 年初，根据“要确保京津地区 24 小时之前报出 5 级以上地震”的要求，地震地质大队成立了“保卫京津小分队”，组长潘宝琪。小分队将 75-1 型土层应力仪安装在京津地区，相继在平谷、顺义、朝阳、通县、宝坻、蓟县、三河、香河、大厂、廊坊、固安等区县建立一批土应力观测点。地方地震办公室负责观测，每日观测 3 次，数据报小分队，经处理后制成曲线图，用以监视震情。仪器安装不久，有的测点测值就出现从平稳状态下降的异常。1976 年 3～4 月，异常点越来越多，下降幅度越来越大，甚至出现突跳现象。7 月初，异常更为明显突出。根据土层应力仪观测到的异常，结合其它宏观异常情况，小分队预测有发生地震的可能。通过各测点主应力方向计算和震中交汇、焦点集中于香河、宁河和古冶间。1976 年 7 月 14 日黄诗斌在预报室召集的会商会上提出“7 月底至 8 月初，在宝坻、昌黎、渤海北部地区（即京东南一带），可能有 5 级左右地震发生”的预报意见。

国家地震局于 1976 年 7 月 12～20 日在唐山市召开“京津唐张地区群测群防经验交流会”，地震地质大队潘宝琪参加会议。19 日（散会前一天）晚上，国家地震局分析预报中心召开座谈会，有 60 多人参加。会议主持人重温了 1974 年国务院 69 号文精神“要密切注视京津唐渤张地区的地震活动趋势，监视震情发展”，介绍了分析预报中心收集到的异常情况，“趁交流会人多，广泛了解一下京东南一带有多少异常情况”（指宏观异常情况）。潘宝琪在会上介绍了土应力异常情况和预报意见，尤其介绍到测值出现大幅度突跳和仪器表针出现摆动等现象，引起与会代表的重视。青龙县地震办公室王春青散会后回到县里立即向县委汇报了地震地质大队的预报意见，县委非常重视，当即在全县农业学大寨经验交流会上传达，要求 7 月 27 日前传达到全体群众，发动群众做好防震准备，保护牲畜。由于全县人民有了准备，大都开门睡觉，唐山地震虽然该县受灾严重，房屋倒塌上万间，但人畜伤亡很少。

唐山地震后，土层应力仪深受群测群防队伍的重视，全国各地纷纷要求建土层应力观测点。地震地质大队成立了“群测群防办公室”，刘道洪任主任，潘宝琪、黄诗斌分别担任分析组和仪器组组长。

1977 年，国家地震局在石家庄召开“唐山地震总结大会”，侯振国、潘宝琪携论文“唐山地震的土应力前兆”与会。该文发表在 1977 年第二期《地震战线》，黄诗斌著有《土层应变仪》专著。

第二节　地震综合预报研究和实践

20 世纪 80～90 年代，地壳应力研究所围绕地震孕育和发生过程进行构造应力场、断层力学机理、岩石破裂实验研究，结合应力应变前兆观测技术的进步和地热前兆技术的实用化，地壳应力研究所的地震预报进入多种前兆观测技术综合预报研究和实践时期。应力应变观测技术进入高精度、大动态地壳应变观测，跨断层测量实现连续观测，地热前兆新技术等观测资料被作为地震综合分析预报研究的重要依据。

一、地震前兆观测技术的进步

1984 年，TJ-1 体积式钻孔应变仪在中国东部地区安装应用。1988～2002 年共计安装 22 套，连同此前在台站观测使用的 TJ-1 型仪器，全国共有 33 套体积式应变仪在运行观测。

1988～1990 年，RZB-1 电容式钻孔应变仪，参加中国西部地震试验场的地震监测任务，在新疆、四川、甘肃建立由 15 个 RZB-1 钻孔应变观测台站组成的地震试验监测网。

1987 年，国家地震局确定地壳应力研究所为地壳应力应变学科牵头单位，欧阳祖熙为负责人。“七五”期间，国家地震局组织了多种前兆手段的地震预报实用化攻关研究。1989 年 7 月，欧阳祖熙等人完成应力应变学科实用化攻关和应力应变数据库建设。研究成果系统总结了应力应变学科探索地震预报的认识和经验，提出识别、分离干扰的数学与物理方法，总结出定量与半定量前兆异常的提取方法，通过震例分析和多年预报经验总结出地震三要素的预报方法和一般程序。研制出“数据处理软件系统”(BSSS)。软件经过优化，在全国地震系统推广应用，用于震情分析、地震会商和预测预报研究。1989 年通过国家地震局组织的鉴定。

1987 年成立地应力台站管理组，负责人分别为戚文忠、刘长义、邱泽华。针对压磁地应力测量系统和高精度钻孔应变测量系统制定观测技术规范和资料评比办法。从 1989 年开始，每年组织一次全国应力应变台站观测资料评比，观测资料的记录格式逐步统一，资料质量逐年提高，有利于预报人员对地应力观测资料的分析。

1976 年研制的断层活动测量仪投入观测，实现了跨断层测量的连续观测，至 1998 年共研制出四代两类 7 种断层活动测量仪，满足全方位监测断层活动的需要。该系列仪器陆续在四省一市 建 18 个断层形变前兆监测台站。

1991 年跨断层测量被国家地震局列为地震预报十大学科之一，地壳应力研究所被确定为全国跨断层测量的签头单位，游丽兰为管理组组长。编制出《跨断层测量规范》，开展观测资料质量评比，提高了观测质量和预报能力。

1983 年，地壳应力研究所研制出 SZW-1 数字石英温度计。1984 年在国家地震局支持下，建设云南地热前兆试验台网。1988 年 11 月澜沧耿马地震前后记录到大量深井温度变化信息，并对强余震作出较好的短临预报。1989 年地热前兆方法通过国家地震局组织的技术鉴定，认为地热前兆观测技术为中国地震短临预报开辟了一个有希望、有潜力的学科领域。“八五”期间，全国建立地热前兆观测台站 200 多个，是中国最大的地震前兆观测台网之一。

二、地震预报理论研究

地震预报理论研究，一方面是地震孕育过程、震源力学机理和应力场的研究，另一方面是从地震活动的相关性进行地震机理和地震预报新方法探索。

1. 断层力学机理研究

1986 年，赵国光、黄福明、勾波等人运用 DSJ 断层活动测量仪，对鲜水河断裂带进行系统观测，研究不同类型断层的运动形式及其相互关系，鲜水河断裂带活动和应力状态与强震发生的关系，探讨了断层蠕动、慢地震等复杂多样的运动形式。1986 年，张超等应用弹性和黏弹性介质断错理论，结合跨断层位移的实测资料，反演了 1973 年炉霍 7.9 级地震和 1981 年道孚 6.9 级地震期间，鲜水河断裂带的运动方式、发展趋势及蠕动传播形式；并探讨了两地震间断层运动学上的联系。1997 年张周术等运用数值模拟方法研究鲜水河断裂带的强震活动，建立了鲜水河断裂带断层活动与强震序列间的数字模型，预测地震趋势。黄福明研究了多段断层均匀滑动的应力分布特征，通过对断裂带系统、连续运动学观测，从理论上深入研究断层的力学特征和破坏机理，结合应力应变观测技术的进步，地壳应力研究所的地震预测预报研究逐步走向深入。

2. 地震孕育过程及地震成因研究

（1）地震孕育过程研究。

20 世纪 70～80 年代，黄忠贤、王恩福、刘长义、何承恩等人开展了地震破裂与地震波初动图像关系研究，实验证明震源机制解结果反映地震时发震断层的运动方式。王恩福等人还将实验拓展到三维的情况。

1981 年，黄忠贤和王恩福等人的震源力学实验研究表明，已经破裂的岩块（即含有裂纹的岩块），其力学性质与继续受载的裂纹延裂情况及裂纹固结后的再破裂情况有关。其应力降随裂纹继续延裂强度或固结后再破裂强度的减小而降低。

（2）地震成因研究。

1982 年，邱泽华提出构造塌陷地震成因假说，认为在地壳构造运动过程中，地壳的静压力状态在一些特定部位（特别是差异构造升降带）将被打破，出现实际压力明显小于理论静压力的情况。在这种地方，异常低压区上方的岩石是受周围岩石的剪应力支撑而保持平衡，一旦这种剪应力达到岩石强度极限，岩石就会断裂，继而发生类似洞穴塌陷的现象，造成地震。用这种假说解释了大地震的全球发生构造规律、大地震的大范围地面下沉、大地震的震源机制统计特征以及典型地震前兆现象等。还根据震前震中区两个钻孔应力台站观测到相似的前兆变化，对唐山地震的机制进行了分析和解释。

（3）地震应力触发问题研究。

邱泽华等人用地震应变阶资料研究地震应力触发问题，解决了四分量钻孔应变观测的实际标定问题，确认所使用的观测应变阶的可靠性；分析各类地震可能产生的理论应变场变化，特别是震级一定而震源机制解不可靠或不准确的情况，给出一定量级的应变变化可能达到的最远距离，最后将实际观测结果与理论值进行了对比。对昆仑山口西 M_S8.1 大地震应变阶资料的研究表明，很多测值与静力位错理论计算值不相符合，北方地震较活跃地区很多台站测到异常大的应变阶，而南方构造运动较不活跃地区的台站虽然也观测到了地震波动，但应变阶相对不那么明显。

3. 震源力学机理和应力场研究

1989 年，杨修信等人提出单断多段闭锁的孕震力学模型，探讨多元前兆场演变过程和震前地应力变化的形态特征，通过三维有限元理论模拟闭锁断层周围应力场、形变场时空变化特征，探讨震源孕育过程中地壳应力、形变变化，识别地震前兆异常。黄宗贤、张周术等用有限元方法构建地震发生模型，探索地震前兆机理和前期预报方法。1994 年杨修信将地震过程视为力学系统失稳现象，提出压扭性断层的力学模型，用突变理论阐明系统本身几何和力学特性是系统失稳的决定因素。1997 年黄福明根据地震波与地壳应力应变观测资料，采用环境应力法、震源机制法和应力应变法，研究现今构造应力场与地震的关系，探讨强震三要素的应力场判据与指标，为强震危险性预测提供应力场依据。

“八五”攻关后，戴樑焕、高忠宁等开展断层位移测量方法预报地震的研究与实践，对断层现今特征与现今应力状态的关系进行探索。发现 1970 年以来中国的地震活动与区域应力状态有明显改变，以华北地区为例，1970 年前主压应力为 NWW—SEE 方向，1970 年后以 NE—SW 方向为主。激光模拟和光弹模拟试验显示，在不同的孕震时期其断层活动及剪应力集中区也不相同。断层位移测量方法在 1995 年甘肃永登 6.8 级地震、1996 年云南丽江 7.0 级地震的预测预报中取得成效。

4. 测震学预测预报地震方法研究

在地震预报实践中还开展了测震学预测预报地震方法的研究，发展和改进了混合极值理论、地震活动异常动态图像、地区间地震活动相关性分析、时间－震级可预测模型、地震视应变（应力）场分析等测震学预测预报方法，并将其应用于中国大陆强震预测的实践中。1995 年陈虹将混合极值理论引入到中国大陆的地震危险性分析中，提出适合中国地震趋势分析用的混合极值统计模型。2000 年陈虹引入空区参数概念，提出一种表示地震活动异常动态图像的方法，并将其用于强震发生地点的分析。黄福明 1992 年研究了余震活动与 b 值的关系，2000 年通过地震视应变（应力）场分析，探讨了地震视应力异常区与强震发生区的关系。

5. 强震中短期预报技术的研究

陆远忠等承担了国家地震局“九五”攻关课题“强震中短期（1 年尺度）预报技术的研究”，2001 年 10 月出版《地震中短期预报的动态图像方法》，应用近 30 年来地震、地壳形变、地壳应力应变、地磁、地电、重力、地下流体及地热各学科观测资料，分析全球和中国地震活动图像时空不均匀性的动力及地震前地壳内部多种地球物理场的变化信息，探讨应力应变场及相关地球物理场动态演化及介质物性变化与强震关系，建立起跟踪孕震区孕震过程的动态图像预报系统。陆远忠等同时开发出GIS (Geographic Information System)地震分析预报信息管理系统，2002年出版《基于GIS的地震预报分析系统》一书，该系统以地震数据库为基础，在GIS平台上，建立起地震活动、地震前兆观测资、地质构造条件、地球物理环境及其空间信息的综合软件系统，目前这个系统正在地震行业推广应用。

三、地震预报实践

1988年8月，地壳应力研究所把地震分析预报调整为钻孔应变-应力、跨断层测量和京津及临近地区（即首都圈）三个预报组。组长分别为黄相宁、戴樑焕、杨修信。同时，地壳应力研究所成立“地震预报技术咨询组”，参加重大异常会商、进行预报成果评定和预报研究课题设置。

1992年地震预报研究室主任黄福明，1997年陈虹任主任。这一时期研究室除加强地震前兆理论研究之外，还承担着向国家地震局提供地震预报意见及相应任务，包括首都圈短临预报和全国中短期预报两项工作。短临预报仍坚持对应力应变和跨断层测量资料、地热观测资料、地震活动资料进行动态分析。每周、每月定期举行周会商和月会商，并将会商意见及依据报地震分析预报中心。地震分析预报人员吸收“七五”和“八五”地震预报研究成果，在应用计算机进行前兆观测资料的录入、交换、处理、分析，以及异常判定等方面取得了显着进步，逐渐告别手写抄录、人工点图和全凭借眼睛识别异常的繁重工作。中短期预报工作主要是为半年和年度会商会准备材料，每年向全国地震趋势会商会提交的“全国地震趋势研究报告”有全国总形势和重点监视区两部，材料主要由地震活动性分析、应力应变观测资料分析、跨断层测量资料分析和地热观测资料分析汇集而成。

这期间地壳应力研究所对1987年1月新疆乌什6.4级地震、1988年11月云南澜沧7.6级、耿马7.2级地震、1989年10月山西大同6.1级地震、1993年1月云南普洱6.3级地震、1994～1995年北部湾6.1、6.2级地震、1996年5月内蒙包头6.4级地震进行了预测研究，其中1988年澜沧、耿马地震获国家地震局中期预报三等奖。对1995年新疆乌苏5.8级地震进行的短临预报，受到国家地震局通报表扬。

四、首都圈地震监测预报

1987年全国地震趋势会商会确定北京以西至晋冀蒙交界地区（统称首都圈）列为一类重点监视区。地壳应力研究所是担负该区监测预报任务的单位之一，是应力应变前兆观测手段的牵头单位，也是负责调查落实形变、宏观地质现象的单位之一。

昌平地震台是地区壳应力研究所的地震前兆监测中心，肩负着首都圈地震监测预报的重要任务。在国家地震局支持下，昌平地震台安装5种钻孔应变仪进行对比观测。研究所对首都圈内的地应力观测站也都用新的钻孔应变仪进行更新改造。在张家口台、沙城台、大同台、西拨子台安装体积式钻孔应变仪和电容式钻孔应变仪；用DSJ断层活动仪对小水峪跨断层测量点进行改造，实现连续观测；建成以三马坊为中心的地热前兆观测网。

组建首都圈地震预报组，组长杨修信，成员黄相宁、戴樑焕、高忠宁。

1989年，黄福明根据北京以西至晋冀地区的地震地质构造条件和地震活动资料，用有限元法和位错理念研究该区的构造应力场和地震应力场，推断该地区的应力集中区，预测未来强震发生地点。同年10月19日，大同－阳高发生6.1级地震，昌平新安装的钻孔应变仪、三马坊地热站均观测到较好的短临前兆异常，该区跨断层测量也有较明显的短期异常。

1994年，杨修信等分析了张家口、怀柔和昌平三个台站体应变观测资料，提取了可能与地震孕育有关的中短期应变趋势变化；1995年黄福明根据震源机制、原地应力测量、小震应力降和形变测量资料，进行有限元数值计算，研究华北北部地区构造应力场特征，结合库仑剪切破裂准则，探讨强震危险区的应力标志。戴樑焕、高忠宁等人承担了国家地震局“八五”攻关“首都圈半年至几年尺度强震发生地点的预测研究”中的三级课题“首都圈断层现今活动特征及应力增强地段的研究”。

自 1991 年开始，首都圈预报组每年写出“首都圈地震趋势研究报告”，由分析预报室汇入地壳应力研究所的“全国地震趋势研究报告”，并作为附件一并上报。杨修信完成“1991 年海坨山三次地震异常小结及 1991 年首都圈及其邻区地震趋势分析”，1992～1996 年首都圈年度趋势研究报告由高忠宁完成，1997 年的报告由龚复华完成。

第三节　地震预报深化研究

新编制的“中国现代构造应力场图”系统总结了地壳应力观测资料和研究成果，更详细地勾画出中国大陆地壳应力的分布状态。朱守彪等把断层现今运动特征、现今应力状态和滑动准则相结合，探索地震动力成因和力学机理；刘耀炜等开展基于地下流体动力学、钻孔应变、地震活动性及区域应力场分析为基础的综合研究，探索地震孕育过程与地震前兆机理，研究地震孕育的应力过程与多学科预测技术和方法，开展更广泛的综合预报研究和地震预测实践。

郭啟良等人在汶川强震发生前后测得震中区原地应力状态，获得震前存在应力集中和震后应力降至正常水平的资料，为地震预测预报研究提供了新思路。

欧阳祖熙研制的 RZB-3 型地壳形变深井综合观测系统，已安装在北京昌平百善地震台、福建漳州地震台和福建 200m 以上深井内进行观测。

进入 21 世纪，随着地震观测技术的发展，地震预报研究也涌现出一批新理论、新方法、新资料，地壳应力研究所的地震监测预报研究也进入深化的新时期。

一、地震前兆异常物理机制研究

2004～2005 年，刘耀炜等人在国家“十五”科技攻关专题 “强地震短期前兆物理机理研究”中，研究短期强震预测方法的物理机制，探索强震短期前兆现象的动力机制和响应条件。主要开展了下面几项研究。

1．断层成核过程中的声发射活动特征及其影响因素

依据对含有较高微裂纹密度的花岗岩和极低微裂纹密度的花岗斑岩两种极端的岩石样本在固定应力速率的快速加载（6 MPa/m）和蠕变加载（轴向应力保持在 95%破坏强度）两个极端的加载条件下的实验结果，对预存微裂纹密度与加载速度对多晶质结晶岩变形破坏过程的影响进行了进一步的验证。一般而言，在同等加载条件下既存微破裂密度越高，或对同一岩石加载速度越慢，对应的断层成核过程便越长，因此最终破坏的可预报性便越高。

2．大震前地震活动平静现象物理机制的研究

基于一组结构不同的中尺度岩石标本的声发射实验结果，讨论了大震前地震活动平静现象的物理机制。研究认为，大地震实际上是大尺度断层（或断层段）发生整体滑动、引发断层周围介质中弹性应变能释放的结果。而断层在滑动失稳前的“蠕滑—匀阻化”过程会导致地震活动的相对平静。

3．地震短期前兆的物理机制的实验研究

以挤压型雁列式断层为例，通过对断层变形过程中多种物理场的实验观测，讨论了短期前兆及其物理机制。断层变形过程中表现出两种失稳形式，阶区破坏前沿断层发生的一系列类似于黏滑的失稳机制是，雁列区和断层端部张性区的微破裂为断层的小位移滑动提供了让位条件，使得断层发生黏滑运动，导致断层外侧弹性应变释放，而断层内侧应变积累。失稳包含着阶区的破裂和断层的滑动，是一种混合机制。

4．地壳浅层动力加载作用下的流体效应观测与研究

⑴大型水体加载效应的观测与研究。

以三峡井网地下流体动态对三峡水库第 1 期蓄水过程响应的观测资料为基础，进行地下流体动态

对大型加载响应机理的研究。动态分析表明，三峡水库蓄水没有引起库区全部流体测项的动态变化。

⑵人工震源动力效应研究。

选取甘肃清水李沟陇07井的流量、水温（地热）、水化学离子组份等观测项目,完成观测井人工震源动力载荷响应观测研究，模拟载荷应力响应结果。表明震动可以提高渗透率，水温在地震时的响应变化不大。

5．地下水宏观异常机理的实验和理论研究

根据2000年6月23日甘肃清水李沟陇07井水变色的记录，在实验室进行了模拟实验。实验结果证实，水变蓝的宏观现象是由于深部H_2S气体上升时与含Fe离子的井水发生化学反应的结果。

6．腾冲台地电场野外实验研究

对腾冲台历史观测资料的分析得出如下认识：①电场异常在强震前均显示出很好的从无序到有序的变化特点；②地震震级越大，异常特点出现的越早；③异常的方向性与震中分布的方位有一定关系，但似乎与台站附近的断裂构造等关系更强。

7．宝坻地电阻率观测基础工作与研究

宝坻地电台自1993年以来， SN和EW两条测线视电阻率呈现新的异常态势，缓慢下降、幅度不大，但持续时间较长，似与华北北部近年中强地震频发有关。对测区环境变迁的详细调查发现，宝坻地电台西侧存在着一条南北方向延伸的“活动构造”，其出现明显“活动”的时间与地电阻率近些年来变化趋势开始的时间相吻合，与地电阻率的物理机制的研究结果相一致。

通过上述一系列研究认为，地震孕育过程受到区域应力环境、断裂构造分布、介质条件特性、流体作用等诸多因素影响，短期前兆现象比较复杂，地下流体具有较强的地震信息获取能力。从地震过程的物理本质及液体前兆协调性方面来认识地震孕育演化的动力过程。提出应建设新一代地下流体学科前兆观测台网，开展深井观测和高温高压实验研究，总结地下流体强震前兆异常特征及物理意义，以推进地震短期预报。研究认为，随着应变（应力）的不断积累，阶区开始发生破裂并最终使两条断层连通，引起断层发生整体滑动，释放了阶区和断层内侧积累的应变，因此失稳包含着阶区的破裂和断层的滑动，是一种混合机制。阶区的渐进式破裂所伴随的应变缓慢释放和断层的加速预滑、声发射活动的加速和b值的下降等均是破裂过程的典型特征，破裂前阶区应力的高度集中引起温度的明显增加和热红外温度处于高值。并认为断层在滑动失稳前的“蠕滑—匀阻化”过程会导致地震活动的相对平静。

2007年，刘耀炜等通过室内实验和野外观测分析，揭示典型短期前兆现象的动力机制和响应条件：①利用大型水库蓄水过程，模拟应力缓慢加载作用下，地下介质应力应变的状态以及地下流体的变化特征，对地下流体前兆产生的机理进行研究和解释；②利用数字化观测仪器的连续采样和高精度观测仪器，完成野外动力加载的爆破实验研究工作，研究短期荷载作用下，地下流体物理、化学组分动态变化特征，探讨诸如断层活动以及应力触发作用对流体动态的影响；③通过精细的实验室分析，模拟地下物质发生变化的化学过程，开拓地下流体宏观异常的实验鉴定方法和思路。同年出版“强地震短期预测中观测资料应用与前兆物理机理研究”专著。

二、基于数字化资料的地震预报研究和实践

2005年，地震监测与预报研究室主任刘耀炜，副主任杨选辉、邱泽华、沙海军，组织科技人员进行地震监测预报深入阶段的研究和实践。

1．地震预报深入阶段的研究和实践

“九五”地震科技攻关中地震预报各学科完成了数据库的建设，汇集了近30年以来的前兆观测资料，GIS地震分析预报系统进入了实用化阶段。地壳应力研究所地震监测与预报研究室在数字化资料的基础上，精细地进行震例分析，主要对首都圈和华北地区的震情进行会商和跟踪。易志刚、宋茉负责钻孔应变观测资料，焦青负责跨断层和形变测量资料，姚宝树、孙小龙负责地温及其他地下流体

观测资料的整理、分析和跟踪，刘冬英负责地震活动资料的整理和分析，常例进行月会商，并将会商结果和异常根据报中国地震局。特殊情况下进行紧急会商，2008 年奥运会前地壳应力研究所地震监测与预报研究室进行了震情紧急会商，并对震情进行了跟踪。

自 2004 年以来，在各类前兆观测资料的基础上，对中、强震震例的中短期异常进行分析研究，为年度地震趋势会商提供依据。地壳应力研究所分析预报研究室依据地震活动、钻孔应变、跨断层及形变、地温及其他地下流体各学科，分析年度地震趋势，编写地壳应力研究所一年一度的“全国地震趋势研究报告”。地壳应力研究所年度“全国地震趋势研究报告”分别由刘耀炜、杨选辉、焦青、沙海军等人执笔完成，地下流体学科“1～3 年中国大陆地震趋势预测研究报告”由刘耀炜、刘冬英执笔完成。

结合震例，总结分析预报方法和经验。对 2002～2010 年钻孔应变资料分析，跨断层位移资料分析，水温等地下流体资料分析以及多学科的综合分析，并将这些研究成果应用于 2006 年文安地震、2008 年汶川地震和 2010 年玉树地震的预测总结中。

易志刚等从数据处理方法出发，讨论了气压、水位对体应变观测值的影响，总结了体应变观测资料的地震前兆特征，并结合地震活动性、气压及钻孔体应变观测资料，对首都圈地震活动与应变场变化关系进行了研究。对 2006 年 7 月 4 日河北文安 5.1 级地震钻孔应力－应变观测资料的异常和中期预测情况作了初步总结，认为震前首都圈东部及渤海沿岸地区部分钻孔应变资料在长、中、短、临各阶段均有不同程度的异常显示，其中 4 个台(宽城、宝坻、顺义、安丘)有长趋势异常；4 个台(宽城、顺义、昌平、安丘)有中短期异常；2 个台(昌平、代县)有短临异常。

邱泽华等研究汶川地震前，姑咱台钻孔应变仪观测到频繁的周期从数分钟到数小时的异常脉冲变化。经过高通滤波，可看出姑咱台钻孔应变仪观测到的脉冲异常变化与汶川地震有明显的相关性。为了验证这种脉冲的异常变化与汶川地震的相关性，提出 3 条判断地震前兆的相关性特点，并用超限率分析法，对这种前兆异常进行了系统的、定量的分析，其统计特征与岩石破裂前的声发射现象类同。

姚宝树的研究发现三马坊水温对应某些构造带上的地震，其前兆异常有相似性和重复性特征，通过对昌平站 2 个不同埋深地温探头，对 2002 年 10 月 20 日内蒙 M_L5.8 地震和 2002 年 12 月 25 日河北宁晋 M_L4.3 地震的重复性滞后效应进行了研究，初步分析了华北地区信号震的地热前兆异常特征。

焦青收集、整理全国跨断层位移测量、流动和定点短水准、短基线近 300 个测点、1000 余测段的资料建立数据库，研究三维量化预测指标，探讨区域应力场、区域剪应变、面膨胀的时空演化过程和地震孕育动力过程关系，进行地震中期预测。

刘耀炜（2004）研究了 2001 年昆仑山口西 8.1 级地震前青藏块体东北缘地下流体前兆特征，表明在 8.1 级地震前，流体前兆的响应范围大，异常持续时间长，异常的同步性好；祁连山构造带和西秦岭北缘构造带表现出灵敏的响应特点，地形变出现大范围的加速变化，地下流体沿构造出现同步趋势变化，持续时间达 3 年之久，研究结果表明 8 级地震孕育的前兆场范围可以达到 1000 多公里以外。提出在强地震孕育过程中，各类前兆的动力响应一般具有同源性，表现在时间和空间特征方面的协调性、配套性等特征。

刘耀炜等人（2008）以流体学科全国 7 级地震跟踪分析为目标，对地下流体学科 7 级地震判别指标进行了研究。总结了有观测记录以来我国 7 级地震研究成果，对地下流体判定指标和方法进行系统整理、分析、评价，提炼有物理基础的预测指标；按照地震活跃期和平静期，分析长期地下流体观测资料的信息特征，研究建立了一套资料处理和异常提取方法；获得了中国大陆 7 级地震发生前出现异常的时间和空间的判别指标。指标内容包括：长趋势背景异常、短期和短临异常的时间演化特征；流体化学量的异常特征；流体物理量的异常特征。异常项的空间分布特征：空间的集中性；时间的群体性；异常的配套性；异常的加速性；异常的动态演化等。单测项异常特征指标：跟踪与预测方案研究、时间的判定指标、空间的判定指标等。

沙海军、刘耀炜等人（2010）以川滇地区为研究区域，对强震前地下流体、跨断层测量、GPS 测量和测震学前兆异常动态过程进行系统总结，并利用数值模拟方法研究区域构造应力场的演化特征。

通过多学科前兆异常动态过程的综合，结合对地震孕育过程的最新认识以及川滇地区深部结构的最新研究成果，分析了在统一构造应力场作用下，各学科前兆异常动态过程的内在机制及其所反映的前兆信息。2010年出版“川滇地区强震前兆异常动态过程与预测研究”专著。

刘耀炜（2007～2010年）主持完成“十一五”国家支撑项目，重点研究地震孕育阶段井孔水位、水温协调性及其综合异常判定指标；研究提取数字化观测资料地震前兆异常和强地震判别指标；研究地下流体动态响应特征与判定指标，研究全国地下水潮汐因子时空变化特征与地震关系；研究长趋势资料处理技术，对比研究流体趋势变化与其他前兆（形变）资料的关系；研制形变、流体、电磁各学科数字化观测资料快速分析处理与实时显示软件系统。2010 年出版“地下流体动态信息提取与强震预测技术研究”专著。

2. 震例总结

（1）文安地震的预测情况总结。

2003 年前后，华北地区集中出现了部分地下流体、跨断层位移测点群体趋势转折现象。文安地震前，华北北部的部分地下流体、跨断层位移、钻孔应力应变测点先后出现了中短期异常。从异常的时间进程上看，钻孔应力应变早于地下流体和跨断层位移；从异常曲线的形态上看，各不相同，钻孔应力应变为趋势性变化，地下流体均为加速上升或加速下降，而跨断层位移资料在震前表现为以剪切活动为主，曲线加速变化. 转折后发震。异常点主要集中在首都圈北部，异常出现的时间顺序是由东向西，异常的时间与震中距相关性不明显。

震前2个月三马坊、昌平台地下流体资料中的地温出现显著的短临异常，三马坊地温观测站距文安地震震中约210 km，该台地温曲线日变化幅度为0.0001℃，5月16日曲线出现缓慢下降，平均变化速率为0.0005℃/d，到2006年7月3日，下降的总幅度达0.0025℃。昌平地温观测站距文安地震震中约148 km，2006年6月10日地温(探头在泥中)观测曲线缓慢上升，经落实，此次地温变化无人为和环境干扰，且不受台站周边抽水的影响 。到6月27日曲线上升的总幅度达0.0037℃，是5月份平均变化幅度的37倍(平均变化速率为0.0002℃/d)，属于显着异常。

无论是年度预测，还是短临预测，均未能对此次地震做出准确预测。但从前兆观测来看，这次地震发生之前，背景性趋势异常显著，中短期异常突出，还具有明显的短临异常。虽然未能做出明确的预报，震前向有关部门及时报告了短临异常情况。这是一个有前兆异常的震例，可为未来的地震预测研究提供经验和基础资料。

（2）宁洱6.4级地震实践。

云南2007年宁洱6.4级地震之前，刘耀炜负责的地下流体学科震情跟踪组根据云南地区出现的流体前兆异常，明确提出滇西南3个月内有发生6级以上地震的预测意见，上报中国地震局预报处，并通报云南省地震局分析预报中心。云南省地震根据各方面的预测意见和前兆信息，向云南省政府正式提出预报意见，该地震的成功预测得到云南省政府和中国地震局联合发文表彰。

（3）汶川地震的预测情况总结。

在地壳应力研究所《2007年度全国地震趋势研究报告》中，“利用时间一震级可预测模型预测，未来3年（2007～2009年）中国大陆发生6级以上地震的危险区域有……四川松潘震源区”，“跨断层位移资料分析……跨四川龙门山断裂的部分测点2006年也出现了较显著的变化，如耿达、七盘沟水准测点，在2006年6月21日甘肃武都一文县5.0级地震后，曲线出现大幅度变化，这样显著的影响很可能会造成该区中等地震的发生。”

在地壳应力研究所《2008年度全国地震趋势研究报告》中，曾预测“甘川交界地区2008年存在发生5～6级地震的可能性，概率0.6”，而“跨断层位移资料分析……跨四川龙门山断裂的部分测点2006年也出现了较显著的变化，如耿达、七盘沟水准测点，在2006年6月21日甘肃武都一文县5.0级地震后，曲线出现大幅度变化，这样显著的影响很可能会造成该区中等地震的发生。”虽然对龙门山断裂带发生强震的危险性有一定的认识，但未能作出短临预报。

刘耀炜等总结汶川地震前地下流体异常的认识过程认为，汶川地震前南北地震带的流体趋势异常最突出的特点是异常分布范围广。以汶川地震 800 km 范围内的观测点和各阶段异常统计，异常点总比例为 31%，其中趋势、中短期和短临异常比例分别为 17%、8%和 6%。震前趋势异常主要集中在甘东南和川滇交界地区，龙门山断裂带及其附近地区的短期和短临异常比例较小。从台网布局来看，龙门山断裂带地区的地下流体观测站密度也是四川地区较稀疏的地区，这有可能影响到前兆信息的获取。对于地震孕育的异常过程，可以归纳为以下几个阶段：①2001 年昆仑山口西 8.1 级地震后，青藏块体东北缘深井和温泉流体测点长期观测资料保持群体下降趋势；②从 2003 年开始，南北地震带深井和温泉流体测点长期观测资料在趋势下降背景下出现群体转折变化，分析认为："2007～2009 年中国大陆有发生 7 级乃至 7 级以上地震的可能，中国大陆西部将是强震活动的主体地区"（ 地下流体研究报告，2006 年）；③2007 年大部分异常结束，异常频次减少，认为 2008 年"中国大陆西部的青藏块体内部及其周边地区具有发生 6～7 级强震的背景，甘川交界地区和滇东地区发生 6 级左右地震的可能性较大"（地下流体研究报告，2007）。汶川地震前，对西部地区地震强度的判定出现了明显偏低的问题。

（4）玉树地震的预测情况总结

2008 年完成的《2009 年度中国大陆地震趋势研究报告》曾在青、藏交界提出 1 个 7 级左右地震危险区，玉树地震即发生在该危险区内。主要判据为：①地下流体：湟源水氡、嘉峪关气氡、酒泉水氡群体趋势异常变化；②钻孔应变：青海德令哈和玉树分量应变趋势转折异常；③地震矩快速释放模型（ARM 模型）；④时间－震级可预测模型。

由于对青海德令哈和玉树分量应变趋势转折异常存在争议，流体趋势异常又被归结至祁连山地震带，2009 年完成的《2010 年度中国大陆地震趋势研究报告》中撤掉了该 7 级危险区。但报告中，地震矩快速释放模型（ARM 模型）与时间－震级可预测模型的预测结果仍坚持该区的地震危险。

三、地震流体动力学与地震预测基础研究

1．地下流体实验室

2006 年，刘耀炜负责筹建地下流体动力学实验室，先后建起超净实验室、荧光实验室、化学分析实验室。购置一系列设备满足了水文地质学、构造地质学、地球物理学等众多学科的实验研究要求，为地下流体以及相关学科基础研究提供严密、精确的地震孕育过程异常流体数据的分析，对地震水位、水温、气体等前兆机理和地震孕育的研究提供了重要保证。

2．地下流体动力学基础研究

地下流体动力学以水文地质、地球化学、岩石力学等相关学科理论为技术支撑，进行深、浅部地下流体水动力学、化学动力学和热动力学实验研究，探讨流体在地壳运动中的作用机理，以及对地震孕育过程前兆的响应。应用大型化学分析和含水压力设备，分析地震孕育环境介质物性及物质组分特征，开展多孔介质渗流实验、裂隙流体浅部补给、运移等模拟实验，建立各种地下流体动力学模型，对现实地下流体观测过程进行模拟；揭示地壳流体对构造活动影响、应力-应变响应过程、介质电性、水位、水温、气体等地震前兆机理等问题。目标是为地下流体在地震孕育、发生过程中所起的作用，进而对强地震前兆机理的解释、以及地震灾害流体致灾成因等应用基础理论研究创造条件。

四、地震模拟和预报数据库建设

2003～2005 年，黄忠贤等人承担国家科技基础性工作专项"地震模拟和预报的数据库应用平台"，建立一个集数据库和数据库应用于一体的平台。用户在这个平台上可以开展地球内部结构和地球介质各向异性等研究，利用研究成果以及平台数据库提供的其他信息构建比较合理的地球模型和尽可能多的约束条件；然后，用有限元分析进行地壳形变和地震过程的数值模拟。同时，这也是一个交流平台，用户可以利用这个平台发布自己的研究成果与同行交流，更多的人可以通过 WEB 查询共享平台数据库提供的各种信息。数据库中存入地球模型、地震波形、震源信息等与上述任务相关的数据，开发用于

地球内部结构、地壳动力学和地震模拟等研究的应用软件，将不同方法和手段的研究成果集合在同一个平台上，使不同领域的研究者能共享数据资源，从而促进学科间的交叉渗透。通过项目实施，完成了平台基本架构的设计和建设，建立了包括地震波形记录、地震台站和仪器响应信息、面波频散信息、中国及邻区三维速度模型、中国大陆震源机制解、地震目录、断层构造、英文文献等信息的数据库；实现数据库的内部查询和WEB查询功能；开发出S波分裂研究、面波层析成像、面波时频分析、偏振分析、射线追踪、及地震波形资料常规处理等数据库应用模块，并利用这一平台开展了研究。

第九章　工程地震研究

地震灾害防御是减轻地震造成人员伤亡、减小经济损失和社会影响的重要途径之一。1966 年地震地质大队开始为北京及周围地区大型工程的地震安全开展地震地质调查工作。经历地震基本烈度鉴定、地震安全性评价、地震动参数区划三个阶段，逐步形成一个完整的震害防御体系。

第一节　工程场地基本烈度鉴定复核

一、地震烈度鉴定

1966 年地震地质大队成立后便开始为北京及周边地区大型工程的地震安全开展地震地质调查，如对密云水库、黄壁庄水库等大型生命线工程进行地震地质调查。根据断层活动性调查，分析其场地构造稳定性，探讨工程场址的地震安全性问题。

1970 年地震地质大队开始从事华北及京、津地区的地震工程场地基本烈度鉴定工作。

1971 年国家地震局对地震烈度鉴定工作实行分级、分地区管理。地震地质大队承担华北及京、津地区工程场地的地震基本烈度鉴定。

根据国家地震局安排，自 1981 年起，一般地震烈度鉴定项目移交各省（直辖市、自治区）地震部门承担，北京地区的地震基本烈度鉴定项目仍由地震地质大队承担。

地震地质大队还负责华北地区的地震烈度区划，成立了烈度区划组。根据任务性质又分成三个小组，地震地质组负责人杨承先，地震活动组负责人刘仲温，烈度组负责人彭少华。

1972 年地震地质大队参加《中国地震烈度区划图》的编制。

1970～1985 年，共完成华北及京津地区各类建设工程的地震基本烈度鉴定和复核达 600 多项。这些项目大体分为城镇类、工矿企业类、水库水坝类、电厂电站类、铁路交通类等。

1976 年唐山 7.8 级地震后，一大批科技人员开展现场地震灾害调查。林辉德对唐山地震烈度分布特征与地质构造的关系开展研究，张国庆等对玉田低烈度异常和北京大兴轻震害异常进行了分析，认为烈度异常与场地土结构特征相关，断裂构造和场地条件对灾害的分布有着重要影响。

二、地震烈度复核

1977 年，国家地震局组织编制的《中国地震烈度区划图》（第二代地震区划图）出版。它反映出一个地区可能遭受的地震影响程度，即地震基本烈度。重要工程建设场地不能直接采用地震烈度区划图的资料进行抗震设防。必需要由地震部门进行“地震基本烈度复核”，按照地震区划图的内容，深入开展地震地质、地震活动调查及地震烈度衰减规律分析，综合给出“地震基本烈度复核”结果作为工程建设设防的依据。

1986 年，国家地震局发布《重大工程场地工程地震工作大纲》，对地震基本烈度复核的技术方法、资料要求、结果表达等作出规定。在工程场地地震基本烈度复核工作中，地壳应力研究所发挥其技术优势，深入开展地震地质调查，采用多种手段探索断层规模、力学特征、晚更新世以来的活动性，分析工程场地地质构造的稳定性，结合强震构造条件研究和历史地震烈度衰减特征，来确定工程场地未来可能遭遇地震的影响程度。

第二节　地震灾害防御基础研究

多年来，地壳应力研究所紧紧围绕震害防御方面的科技发展方向，开展震害防御关键性技术和应用基础研究。“十五”以来，地壳应力研究所承接完成国家支撑项目、地震行业科研专项、中国地震局科技项目、中国海洋石油总公司科技项目、公益性科研院所基本科研业务专项等课题。在工程地震应用基础、场地土特征与地震动参数、海域工程地震、工程结构抗震设防、地震地质灾害防御等方面开展了大量研究和实践，并取得多项科技成果。

一、工程地震应用基础研究

1．地震目录和基础图件编制

在中国地震局震害防御司组织领导下，吕悦军负责协调中国地震局各直属单位、各省（市、区）地震局有关科研人员，收集整理近 10 年来的活断层研究成果、大城市活断层探测、中强地震考察、重大工程地震安全性评价等资料，编制和完善有历史记录以来的破坏性地震目录，建立中国及邻区中小地震目录。在此基础上，编制 1∶250 万震中分布图、地震构造图、1∶600 万地球物理场等基础图件，为地震区划和地震安全性评价提供核心基础资料。地壳应力研究所承担了下列的工作：

(1) 对 1990 年以前三要素含混不清的历史地震进行厘定，共新增 10 条地震目录、修订 26 条地震目录参数；续编 1991～2009 年 M4.7 以上地震目录（共 3919 条），完善了中国历史破坏性地震目录，编制中国及邻区破坏性地震震中分布图。补充建立了全国 1970 年以后 M 2.0～4.6 级现代中小地震目录及震中分布图。

(2) 负责编制相关基础图件及说明书。沙海军等创建地震等震线地理信息数据库，编制 1∶600 万综合等震线图；崔效锋等依据“中国大陆地壳应力环境基础数据库”中的数据，编制 1∶600 万中国现代构造应力场图；张红艳等编制了 1∶600 万中国大陆地壳厚度图。

2．地震活动性参数确定方法研究

地震活动性参数的确定是工程地震研究的核心内容之一，大震重复周期远远大于有历史地震记载和现代仪器记录资料的时间长度，对大震级地震复发规律的认识有很大局限性，确定大震的年平均发生率一直是困扰地震工作者的难题。从地壳动力环境出发，综合利用活动断裂和地震活动性等多方面资料评估大震复发周期，是当前解决此问题的一个可行方法。

1988 年，徐宗和、周克森等人结合工程场地地震安全性评价实践，开展工程地震研究。研制出土层剪切波测试仪器，进行现场波速测试；研究地震动衰减规律和工程设防要求，按不同概率水准进行地震危险性分析和土层地震反应计算，给出工程场地设计地震动参数。1988 年承担“四 0 四厂核废液水泥固化大体积浇注工程预选处置场地震地质研究”任务，这是地壳应力研究所首次用地震危险性分析方法进行重大工程抗震防灾研究。1990 年，徐宗和、周克森、孙小平等人承担“内蒙古准格尔油田薛家湾电厂和岱沟选轧厂地震基本烈度复核和地震危险性分析”项目，用自己设计的仪器对场地土层进行波速测试，给出场地的地震反应结果，并通过二维模型计算，对工程场地进行地震动参数小区划。

谢富仁等在“十一五”国家科技支撑计划“强震危险性区划关键技术研究”专题“大地震复发周期与年平均发生率的评价技术中”中，建立适于不同类型地震构造区的大震复发间隔与年平均发生率的多种方法综合评价模型。张世民等在“强震构造大震复发周期的定量评价方法研究”中，总结了适于不同复发模式的大震平均复发周期的定量评价方案，提出评价不同类型典型活动断裂的地震平均复发间隔的技术方案。陈连旺等在“地震动力学环境与大震复发周期研究”中，提出利用应力累计速率估计大震复发周期的方法。彭艳菊等在“中强地震活动区地震年平均发生率评价方法研究”中，以华中地区为例，研究利用高斯光滑法确定中强地震活动区地震年平均发生率的可能性。张永庆等在“基于震源区应力环境分析的强震年平均发生率综合评价方法”中，以 1996 年丽江地震区为研究对象，提出基于震源区应力环境分析的年平均发生率的综合评价方法，计算目标区断裂的强震发震概率。

3．地震危险性分析方法研究

此前，地震危险性分析主要使用划分潜在震源区的概率方法，该方法要求研究区的地震地质构造清晰。但中强地震活动在空间上具有一定的弥漫性与成丛性的特点，且发震构造不甚明显。针对中强地震活动地区的地震活动特点，张力方在“华北地震区地震危险性空间光滑模型研究”中，研发出地震危险性空间光滑模型方法，建立了考虑地震构造因素的椭圆光滑模型，采用二阶高斯空间光滑处理方法进行计算，并在华北地区进行了应用。刘静伟等提出一种利用基于历史地震烈度资料的危险性分析方法，并将其应用于华北地区，烈度资料的使用在一定程度上解决了现有地质构造和地震关系中难以确定潜源的难题。

二、海域工程地震研究

1．海域地震区划关键技术研究

目前，中国尚未进行海域地震区划研究，因此，海域地震监测和研究工作比较薄弱。随着海洋资源开发高潮的到来，海域地震区划已列入地震研究工作规划之中。吕悦军在地震科研行业专项“海域强震构造判断及海域工程抗震设防技术综合研究”中，以中国东部近海海域为研究区，探讨了海域地震区划的相关问题。编制了中国东部近海海域地震构造图、地震震中分布图、现代构造应力场、地球物理场等基础图件，建立近海海域强震构造判定和高震级地震潜在震源的识别方法和东部近海海域地震活动性模型与地震活动性参数评价方法，并提出近海海域地震区划试验编制方法，给出基于地震危险性概率分析模型与空间光滑模型的近海海域地震区划试编图。这是海域地震区划研究的首批成果，为编制我国海域地震区划图提供了基础资料和技术支撑。

2005 年吕悦军等承担中海石油有限公司综合科研课题“渤海海域地震动参数区划”，渤海海域的地震资料较为齐全，采用地震危险性概率分析方法，给出了渤海海域区域性地震区划图。

2．海洋工程结构抗震设防关键技术研究

海洋平台属于可能产生严重次生灾害的工程，中国近海海域的地震活动性较高，海洋平台的抗震问题受到高度关注。根据海域地震活动特征、海洋平台的设计基准期和设防目标等因素，参照工程抗震设防行业标准和经验，对海洋平台的抗震设防标准及关键性问题进行研究。

2006 年，彭艳菊等在中海石油有限公司综合科研课题“渤海海域地震动参数区划”、地震行业科研专项“海域强震构造判断及海域工程抗震设防技术综合研究”中，确定了海洋平台的两级设防目标，正常使用极限和变形极限地震的重现期分别取 200 年和 1000～3000 年。基于渤海地震危险性特征，给出海洋平台不同水准下的设防地震动参数。

2009 年，荣棉水等在公益性科研院所基本业务专项“海洋平台地震反应分析中近场大震效应研究”、“海洋平台工程结构地震动输入技术方法研究”中，考虑了近场大震效应、软表层影响结构响应因素等，分析平台结构响应与地震动输入特征参数的关系，给出确定海洋平台地震动输入的原则。

三、场地土特征与地震动参数研究

场地条件对地震动的影响很大，估算场地条件对地震动特性的影响，并在工程结构抗震设防中考虑这一影响一直是工程地震学的重要研究课题。吕悦军、彭艳菊、黄雅虹等人研究并提出场地类别划分方法、对工程地质、地形地貌、场地土力学特性等场地条件对地震动影响进行了研究。

1．场地类别划分方法研究

2006 年，黄雅虹等在“十一五”国家科技支撑计划“强震危险性区划关键技术研究”子专题“不同场地分类方法特点以及内在联系”中，对国内外抗震规范中场地分类方法进行对比分析，探讨场地分类方法的特点和内在关系，分析了场地分类方法中等效剪切波速对分类结果的影响。

2007 年，彭艳菊等在公益性科研院所基本业务专项“基于第四纪地质与剪切波速的场地类别划分方法研究”中，把北京作为研究区，采用场地的第四纪地质特征和钻孔剪切波速资料进行场地类别划分，所得场地类别划分结果可用于震害快速评估中场地影响的确定，并将其作为无钻孔剪切波速地区场地条件判定的外推依据。

2．场地条件对地震动参数影响研究

2007年，唐荣余等在地震行业科研专项“地震动参数场地条件调整技术方法研究”中，对北京、天津、南京、成都四个地区不同场地条件的地震动特征参数统计分析，给出四个地区基于工程地质分区的地震动参数场地条件调整系数建议值。结果表明，不同地区、不同工程地质分区内，相同场地类别的地震影响存在差异，这种差异应是由场地的岩性、岩相、沉积类型的不同所引起。在不同基岩地震输入强度下，场地调整系数的空间分布与工程地质分区呈现出一定的相关性，说明场地条件存在区域性差异。

2006年，吕悦军等在“十一五”国家科技支撑计划“强震危险性区划关键技术研究”子专题“不同场地条件地震动特征参数统计分析”中，根据强地震动加速度记录资料和大量的典型工程场地地震安全性评价结果，研究不同强度和频谱特性的基岩地震动输入，不同类型场地地震反应的特点，给出了场地条件与峰值加速度及反应谱之间的定量关系。

2007年，荣棉水等在公益性科研院所基本业务专项“盆地边缘地形对地震动特性的影响分析”中，研究地形特征尺寸，如盆地边缘坡地地形的高度、宽度、坡度、地震波入射角度、覆盖土层厚度的变化对地震动特性的影响。

2008 年，兰景岩等开展了海底软弱场地特征及对地震动影响的研究，在公益性科研院所基本业务专项“渤海海域典型场地土壤动力学参数的统计分析”、“海底软弱场地非线性地震反应及其特征研究”中，给出渤海海域不同工程地质分区的不同类型土体、不同埋深的动剪切模量比和阻尼比随剪应变变化的平均曲线、包络曲线及推荐值。提出运用时域非线性逐步积分方法，进行海底软弱场地非线性地震反应分析，得到更加真实可靠的海底泥面的设计地震动参数。

四、工程结构抗震设防研究

工程结构抗震设防的目的是使工程结构在服役期内能够达到预期的抗震目标，从而减轻破坏性地震造成的经济、社会和生命损失。

1．工程结构抗震设防应用基础研究

2009年，赵亚敏等在公益性科研院所基本业务专项“汶川等强烈地震竖向与水平向加速度反应谱差异性研究及其在抗震设计规范中的应用”中，通过对455组地震加速度记录的统计分析，认为在近断层地震区，竖向地震加速度反应谱幅值取水平加速度谱的约2/3不太合理，建议近断层地震区的水平与竖向反应谱应考虑断层错动类型、场地类别、震源距等因素的影响。

2007年，兰景岩等在公益性科研院所基本业务专项“剪切波速对场地设计反应谱平台高度的影响研究”中，研究场地土表层剪切波速的数值变化对设计反应谱参数的影响，统计得出表层土剪切波速与设计反应谱平台高度的经验关系。

2．工程结构抗震设防标准研究

1991年，徐宗和等人开展重大建设工程抗震设防概率水准研究，提出邮电工程抗震设防概率水准方案。

2009年，吕悦军等人在地震科研行业专项“重大建设工程抗震设防风险水准标准研究”中，依据建设工程的重要程度、地震破坏的后果、工程震害和抗震设计经验，研究提出公路工程、城市桥梁工程、铁路工程抗震设防概率水准。

五、地震地质灾害研究

地震地质灾害评价是震害防御工作的重要内容。目前的评价方法尚不够完善，评价结果常与实际存在差异。其原因是基础资料完整性差，致灾机理不明确，缺乏必要的监测手段等。

1．地震地质灾害机理研究

2008年，黄雅虹在地震行业科研专项“黄土高边坡地震失稳机理研究及稳定性预测”中，研究地震作用下黄土高边坡动力失稳的内外因机理，基于黄土高边坡失稳过程的野外现场大样本试验，分析高边坡失稳垮塌的条件、因素和过程，并通过实际滑裂面的位置与形态，完善了“三维最危险滑裂面”搜索方法，提出预防黄土高边坡失稳的设计方法和优化措施。

2009年，钱海涛等在公益性科研院所基本业务专项“强震作用下斜坡复杂岩土体性能弱化及致灾机理研究”中，通过现场调查和模拟计算，认为地震滑坡存在确定性滑面，滑面上下震动的巨大差异是滑坡发育的根本机理。建立了势能突变理论模型，理论上给出临界滑动位移的确定方法。

2．地震地质灾害工程应用研究

张力方等在公益性科研院所基本业务专项“华北地区现代强震地震地质灾害数据库平台建设”中，对华北地区1900年以来各类地震地质灾害资料进行系统梳理分析，采用ArcGis平台搭建华北地区现代强震地震地质灾害数据库。通过空间数据分析技术，自动绘制华北地区地震地质灾害（液化、震陷、地裂缝等）分布图。其研究结果可直接应用于工程选址和抗震设计。

第三节　防震减灾法规和标准编制

一、参与中华人民共和国防震减灾法的起草和修编

《中华人民共和国防震减灾法》于 1997 年 12 月 29 日经第八届全国人民代表大会常务委员会审议通过。江泽民主席签署第九十四号主席令正式公布，1998 年 3 月 1 日起施行。该法共七章，四十八条。主要确定地震监测预报、地震灾害预防、地震应急救援和震后救灾与重建四个环节的基本法律制度，对中国防震减灾领域中各个方面的社会关系作了全面的法律规定，是指导中国防震减灾工作的基本法律。徐宗和参与该法的起草及释义编写。

随着社会经济的发展，现行的防震减灾法已不能适应当前形势的需要，特别是 2008 年汶川 8.0 级特大地震反映出防震减灾工作中的一些新问题。依照科学发展观，需对防震减灾法予以修正和完善。新修订的防震减灾法 2008 年 12 月 27 日第十一届全国人民代表大会常务会议第六次会议获得通过。新法增加了地震灾后过渡性安置和监督管理等方面的内容，共十章，九十九条。徐宗和参加修订及释义编写。

二、参与地震安全性评价的法制管理与制度建设

地壳应力研究所徐宗和参与了《地震安全性评价管理条例》的制定及释义编写。

《地震安全性评价管理条例》，将地震安全性评价工作全面纳入法制化管理。大大提高地震安全性评价的质量，对建设工程的合理布局、工程场址的选择、提高抗御地震灾害的能力、减轻地震灾害损失起到了重要的指导作用。根据《中华人民共和国防震减灾法》和《地震安全性评价条例》，中国地震局相继制定了《建设工程抗震设防要求管理规定》、《地震安全性评价资质管理办法》和《地震安全性评价》技术标准。

《地震安全性评价管理条例》编制项目获 2006 年度中国地震局防震减灾优秀成果奖一等奖，地壳应力研究所为第一完成单位，徐宗和为第一完成人。

三、参与国家标准《工程场地地震安全性评价》编制

为逐步使地震安全性评价工作技术标准化，1994 年国家地震局出台行业标准《工程场地地震安全性评价工作规范（DB001-94）》，正式把重大工程项目的地震灾害防御定名为“地震安全性评价”。1999 年升级为国家标准，定名为《工程场地地震安全性评价工作技术规范》。

为了与 GB18306-2001《中国地震动参数区划图》相协调，采用地震动参数表征地震动，同时，解决地震安全性评价工作分级不能完全满足建设工程抗震设防的需求等技术问题，中国地震局组织对《工程场地地震安全性评价工作技术规范》进行修订，形成国家标准《工程场地地震安全性评价》，于 2005 年发布实施。唐荣余、徐宗和为该标准起草人。

为了保证国家标准《工程场地地震安全性评价》的贯彻实施，便于从事地震安全性评价工作的工程技术人员更好地理解和正确使用，中国地震局组织编写了宣贯教材，对标准条文进行逐条解释。对关键技术内容、技术方法、工作深度、基础资料的详细程度、评价结果的合理性及适用性等进行了详细阐述和例证。

中国地震局成立宣贯教材编委会，唐荣余为编委会副主编，吕悦军为委员，主要负责规范性引用文件、术语和定义、地震安全性评价工作分级、区域和近场区地震活动性、工程场地地震工程地质条件勘测、地震地质灾害评价等章节的编写。

四、负责国家标准《地震安全性评价技术服务规范》起草

根据中国地震局地震服务标准制定项目计划，2006 年成立《地震安全性评价技术服务规范》编制组。地壳应力所负责该规范的编制工作，唐荣余为组长，成员有陆鸣、吕悦军等。

确定《地震安全性评价技术服务规范》的编制内容、编制方法、章节组成等，编写了各章节的内容要素，具体内容包括应用范围、规范性引用文件、术语和定义、基本规定、从业条件（单位、人员、注册资金、资质、设备、场所、技术要素、管理体系）、服务内容（实施过程中的各环节的内容、合同要素）、服务质量（项目执行前、中、后的环节、质量内控机制、技术人员合理组成）、服务提供（几个阶段应提供的东西、服务的过程、后续的咨询）、服务对象权益（过程中的了解、中间成果的要求、最终知识产权）、行为准则（公平、保密、真实、客观、尊重别人知识产权）、取费依据（费用构成，核算的原则）、服务管理与监督、附则等。

第十章　地震应急救援理论与应用技术研究

破坏性地震会给人们的生命和财产带来巨大损失。开展快速的救援，可大大减轻人员的伤害程度和财产损失。地壳应力研究所通过遥感技术、借鉴外国救灾经验和引进先进的救援装备，逐渐开展地震应急救援理论和应用技术研究，取得一定的成果。在2008年四川省汶川8.0级大震和2010年青海玉树7.1级强震的地震应急救援工作中发挥了一定的作用。

第一节　震害评估技术研究

随着遥感、InSAR技术的发展，不同传感器、不同波段和不同分辨率的卫星遥感数据逐渐成为地震灾情信息获取的重要手段。这些遥感数据能够提供更多的灾情信息，使人们对灾情有更全面、准确的了解。近年，多光谱及高分辨率航空及航天遥感技术相继在国内外许多震例中得到应用，用于灾情信息的快速获取。

一、遥感影像处理技术在震害评估工作中的应用

张景发等人，在国内较早的开展了遥感处理及震害信息提取应用方面的研究，并在台湾集集地震、张北地震、伽师地震、汶川地震和于田地震的震区开展了实际工作，在遥感数据处理及应用等方面开展了大量的研究。

⑴将无控制点快速定位技术引入到震害图像处理中，对新疆巴楚一伽师SPOT影像利用共线方程原理进行了无控制点纠正定位；这种快速定位方法在人口稀少，控制点选取困难的地方具有很好的使用前景。

⑵把最新的遥感分类技术引入到震害图像处理中，应用面向对象方法提取震害信息进行震害快速评估。

⑶研究了SAR影像几何纠正及配准方法。提出一种适用于SAR影像震害信息提取的基于特征的配准方法。

⑷研究各类震害的SAR成像机制和散射特性。对SAR影像中的建筑物震害进行分类分级，并进行多特征统计分析。

⑸利用主流遥感图像处理软件ERDAS，进行针对震害图像的二次开发，开发出震害图像增强模块及震害信息提取模块，建立实用的组合模型。

⑹引进无人微型飞机，进行震中区震害调查。在2008年汶川8.0级大震的震区和2010年青海省玉树7.1级地震震区将无人微型飞机投入试飞，进行震害信息调查，获得了一定的经验。

二、震后烈度分布快速判断分析方法与应用技术研究

震后烈度分布的快速判定对于震后应急救援资源调度和决策具有重要作用。2007年，陆鸣等人在地震行业专项资助下，利用影像和历史地震资料开展震后烈度分布快速判定方法和技术的研究。

⑴收集整理全国遥感影像，并进行处理分析。以新疆为试验区，对断层精细结构进行大比例尺的修正，研究了微地形地貌构造特征，利用震源机制解对断层性质进行了修订。

⑵依据《中国大陆地壳应力环境基础数据库》中的震源机制解资料，分析了新疆地区部分典型7级以上强震震源机制解的特征；划定新疆地区活动构造分区，并对震源机制解的类型（断错性质）和节面进行分析。

⑶以活动断层为主要依据，进行活动断层构造的分区划分。

⑷统计得出地震烈度衰减关系和数字高程模型。

⑸建立一套完整的震后烈度快速计算算法。

⑹以 GIS 为系统平台，建立一套实用的 GIS 应用软件，实现震后烈度分布快速判断和动态修正。

三、“防震减灾重点地区遥感数据库”建设

2002～2005 年，张景发等人承担科技部“中央级科研院所科技基础性工作专项资金”项目“防震减灾重点地区遥感数据库”建设。

该项目在全国多源遥感影像与地理信息数据收集整理的基础上，对数据格式进行规范，并对影像进行处理分析，尤其是对典型地震区进行了 InSAR 处理分析，最终形成四个相对独立的数据库，包括大城市高分辨率数据库、1993 年以来中强地震发生区 SAR 数据库、重点地震防御区和地震危险区数据库、重要活动断裂带分布区数据库。在此基础上，建立了遥感影像网络发布系统，在互联网环境下实现了图形、图像、文本等数据的快速传递、资源共享，实现了基于网络的远程图形图像的共享与查询，显示与处理功能，活动断层遥感图像处理和专题信息提取，遥感影像的震害评估，示范成果的显示，三维影像显示，地理信息系统的处理，矢量文件与栅格影像的叠加等功能。

“防震减灾重点地区遥感数据库”是一个基础性、服务性的数据库系统。实现了对中国地震防御区遥感数据源的管理，在区域地震安全性分析评价、灾害评估、城市建设等工程领域也会得到很好的应用。

项目完成并验收之后，项目组在原有数据资源及成果基础上，在数据库中进一步扩充了高分辨率卫星影像、雷达影像，尤其是汶川地震、玉树地震后的高分辨率卫片、航片，为防震减灾工作积累了宝贵数据资源。

第二节　地震救援技术研究

一、基于 IPv6 智能型地震烈度传感器的研制及其网络技术与实验系统建设

2004～2006 年，吴荣辉、王建军等人研制出可采用两种无线通讯方式接入 IPv6 网络的（SI-1、SI-2 型）地震烈度传感器。采用电容式加速传感器模块，为集成创新成果，在国内尚无同类产品。研制的地震传感器网络管理平台，展现传感器网络的节点和网络设备工作状态，实现传感器接入管理，实时显示基于 WebGIS 的地震烈度分布彩色云图。建成基于 IPv6 的地震传感器示范网络，可快速获取监测区域的地震烈度分布。

首次将下一代互联网 IPv6 技术应用于地震监测和防震减灾。基于 IPv6 的地震烈度监测智能型传感器，集成了信息感知、数据采集、处理、智能判断、供电、定位等功能，突破了传统传感器概念。开发的传感器网络组网技术和通讯软件，为地震监测网络建设提供了全新的组网方式。研制的传感器网络业务服务与网络管理系统软件平台，为构建可管理、完整、先进、智能化的监测网络奠定了基础。

二、网络技术在地震应急救援现场应用研究

2007 年，吴荣辉、王建军等人利用 Wifi Mesh 技术，在地震救援现场迅速组建一套完善的覆盖整个救援现场，能够满足救援现场地震数据检测、语音通话、视频传输的无线网络，解决地震损坏灾区通信系统的问题。通过卫星等手段实现和上级主管单位的连接，供领导为指挥救灾提供便利条件。

开发出一套救援现场网络管理与信息发布软件系统。建立了以地震应急搜救移动办公系统为核心的信息管理平台，实现搜救现场与国家地震应急中心的数据交互以及支持现场指挥的辅助决策。功能覆盖现场地图服务、公文通报、文件传递、资料查阅、视频采集通讯、位置监控等。从而大大提升地震搜救的作业效率、最大限度发挥搜救中心信息资源的实际价值。

三、现场灾情监控与救援装备研究

王建军等人于 2009 年研制成功一套集灾情数据采集、灾后现场视频、灾情数据通讯于一体的地震灾情监控仪。该设备能够监控震后监测点的地震烈度值、发生的火灾、毒气体泄露，能采集和发回灾情现场视频和图像，给出灾情监控点的 GPS 定位，为快速获得地震灾情分布和灾情状况提供技术支撑。

开发出的地震灾情监控信息管理系统实现了现场灾情信息的分布采集与集中管理；提供灾情数据的访问、查询以及可视化等数据服务；为各救援单位和部门，以及应急救援的前后方提供统一的灾情信息平台；可为应急响应、救援决策、协调调度和组织营救等活动提供必要的可靠的信息支持。

四、地震废墟人体气味获取技术研究

2006～2008 年，王恩福、闻明等人在地震联合基金资助下，开展人体特征气味及其在废墟中的时空特征的研究。通过试验研究办公室、宿舍和地震废墟环境下人体气味共性标志化合物。对人体呼出的气体，排出的汗液、尿液挥发成分进行定性分析，确定出具有人体特征的挥发气味及其基本浓度。对多名受试者呼出的气体，排出的尿液、汗液所挥发出的有机化合物进行分析，确认呼出气体中的二氧化碳、丙酮、异戊二烯是人体气味共性标志化合物的主要成分；建立了基于传感器与 GC/MS 的人体气味标志化合物检测方法；研制出用于废墟现场人体气味采集和采集样品预处理装置；构建模拟地震废墟的狭小空间模型；建立了满足人体气味获取和试验的方法。

2010 年，闻明等人对人体气味标志化合物中共性成分及其变化规律以及存人空间背景及人体气味共性标志化合物浓度的变化开展试验研究。研制出二氧化碳生命探测仪。该仪器在中国国际救援队和中国地震培训中心废墟进行多次试验，结果表明二氧化碳生命探测仪样品采样、数据分析处理技术先进，分辨率和稳定性均达到设计要求。

第三节　地震救援装备研究

一、国家地震灾害紧急救援队搜索与营救装备集成

2001～2005 年，王恩福、张国宏、司洪波、赵国存等人通过对国内外城市搜索与救援机构、救援队规模及搜索与营救装备配置情况的调研，根据中国国际救援队的规模和任务，完成救援装备集成立项、设计、招标、采购、装备验收和人员培训等工作，为中国国际救援队配备了国际一流，功能齐全的救援装备。根据 INSARAG(国际搜索与救援顾问组)对救援队轻、中、重型的分级，研究设计了中国国际救援队轻、中、重型救援装备集成方案并根据集成方案完成轻、中和重型救援装备集成。设计并实施了救援装备集装箱车及装备集成方案、现场医疗急救车及医疗装备集成方案和通讯装备的集成方案等。

①制定国家地震灾害紧急救援队救援装备配置、集成方案。根据地震救援行动对设备装、卸和运输应便捷、迅速的要求，设计出以救援装备箱为主的轻、中型救援装备集成方案，和以装备车为主的重型装备集成方案；②根据三个救援行动级别的要求、中国救援队的规模及“一队多用”的建设目标，选定引进装备的名称、技术参数和数量；③设计了国家地震灾害紧急救援队专用装备车和集装箱车，编制救援装备引进计划；④装备验收与集成。根据国家地震灾害紧急救援队的编制，分别对 16 人小分队、42 人分队和 63 人支队所需搜索与营救装备进行集成，其功能和结构均满足陆、空运输的中、重型救援装备集成；⑤完成救援队装备使用与维护保养培训。该项目获中国地震局防震减灾优秀成果 3 等奖和基层防震减灾优秀成果 1 等奖。

撰写国家地震灾害紧急救援队培训教材：《地震救援装备手册》、《地震救援装备概论》等，共计

35 万余字。

二、地震灾害紧急救援装备检测与校准技术研究

2007 年，赵国存等人在地震行业科技专项《地震灾害紧急救援装备检测/校准技术研究》支持下，引进并研究美国和欧洲关于救援装备性能检测技术的相关规范；在全面调研我国现有地震救援队伍救援装备配置和使用维护情况基础上，建立地震救援装备检测/校准管理数据库；研发出液压救援设备检测/校准技术与检测装置、气动救援设备检测/校准技术与检测装置和机动(内燃机)救援设备检测/校准技术与检测装置；建立了气体侦检设备检测技术和检测装置；编写出适合我国国情的地震救援装备检测/校准技术规程。

第十一章 实验室建设

科学实验是各个科学领域进行科学探索、科学研究的极其重要组成部分。科学实验是以理论分析或预想假说为前提的科学实践，是认识客观规律的重要形式。通过实验，可以验证理论分析或预想假说的正确与否，也可能出乎意外地发现不为人知的新现象、新规律，可以使一种现象重复发生以检验其客观性。对于地球科学而言，模拟实验可以使地质时期已经发生的构造运动过程得以重现，以便对其直接观察、详细解剖，进而对其全过程进行研究；也可以使地壳中的大规模构造现象在小模型上出现，以发现或研究在野外没有注意到的细节详情；还可以深入研究构造应力场的成因及其分布特征等。

地壳应力研究所在20世纪70年代即已筹建了构造物理、光测弹性力学、岩石力学、岩石热学、X射线、天文地质、云纹模拟等实验室，并相继开展实验工作。随着科学研究的需要、科技的发展、经济条件的改善，研究所相继淘汰、撤销一批实验室，又逐步建立起震源力学、热释光测年、^{14}C测年等实验室。近年还改善和新建地震地表过程实验室、地震应力过程实验室、地下流体动力学实验室、空间遥感与对地观测实验室和地震前兆观测技术实验室等一批高质量高水平的实验室。地壳应力研究所各实验室的科学实验工作，取得了一批丰硕成果，推动了研究所的科研水平进一步提升。

第一节 早期实验室

20世纪70年代建立的构造物理、光测弹性力学、岩石力学、岩石热学、X射线、天文地质、云纹模拟等实验室，在认识多种方式应力作用下构造体系的形成、断裂活动、及地面形变变化与地震的关系等方面都起到了积极作用。随着科学研究的需要、科技的发展、经济条件的改善，下列完成其历史使命实验室被逐步淘汰和撤销。

一、光弹实验室（1971～1998年）

⑴主体设备：激光光弹仪一台，普通光弹仪一台；
⑵工作内容：模拟应力场变化；研制光弹应力计；
⑶工作人员：高德禄、郭世凤、陈葛天、李淑恭等。

二、云纹模拟实验室：（1971～1983年）

⑴主体设备：自行研制云纹实验系统一套；
⑵工作内容：模拟地壳应力场和形变场，直接记录等高线；
⑶工作人员：王文清、马德元、刘长义。

三、震源力学实验室（1975～1982年）

⑴主体设备：P波记录设备一套；
⑵工作内容：研究P波辐射场；
⑶工作人员：黄忠贤、王恩福、何成恩、刘长义、魏庆云、邬慧敏。

四、X射线实验室（1979～1993年）

⑴主体设备：X射线发生器一台；
⑵辅助设备：晶体结构分析X射线测角器一台，多晶体组构分析仪一台， X射线粉末相机一台，

劳厄相机一台，比长仪一台，A.S.T.M 卡生一套；

⑶工作内容：矿物结构分析，岩石矿相鉴定，岩石组构测定，地质年龄测定，岩矿力学性质测定，残余应力测量，岩矿裂隙测量；

⑷工作人员：安欧、李征兆、李占元、高国宝。

五、岩石热学实验室（1979～1992 年）

⑴主体设备：热机械分析仪一台；

⑵工作内容：测定岩石热胀系数，计算岩体热形变场和热应力场；

⑶工作人员：安欧、林素珍、古桂云、尹淑珍、焦青。

六、天文地质实验室（1979～1993 年）

⑴主体设备：自行研制地球自转仪一台；

⑵工作内容：研究地球自转引起的应力场和形变场；

⑶工作人员：安欧、王贵华、张包、王东霞、李桂荣。

七、岩石力学实验室(1977～2011 年)

⑴主要设备：国产 300 t 、150 t 、60 t 、10 t 压力试验机各 1 台；精密车床、平面磨床、外园磨床、岩石开料机、岩芯钻床各 1 台；4000 巴围压高压试验仓 1 套；岩石摩擦粘滑试验系统 1 套；配套的仪器设备数十台。

⑵工作内容：研究地壳中的岩石在高温高压条件下的物理力学特征，研究在震源深度上岩石对地应力作用的反应，为地震烈度区划和监测预报以及岩土工程的施工设计提供技术参数。

⑶工作人员：张伯崇、杨新华、李宏、王福江、刘长义、江南生、张明珍、马元春等。

八、计算中心

地壳应力研究所计算中心始建于 1977 年，所用计算机是上海无线电十三厂自行设计制造的 TQ-16 中型通用数字集成电路计算机。计算中心应用有限单元法开展构造应力场数学模拟，进行地震科学研究。

1985 年在国家地震局支持下，购置美国 DEC 公司生产的 VAX-11/750 电子计算机，提高了地壳应力研究所地震科学研究、地震数值预报方法的探索、地震工程数值计算等方面的水平。20 世纪 80 年代中期随着微型计算机的迅速普及，计算中心完成了其历史使命。

第二节　地壳动力学实验室

地壳动力学实验室包括，地震地表过程实验室、年代学实验室、地震应力过程实验室、地下流体动力学实验室、空间遥感与对地观测实验室、地壳动力学数值模拟实验室等单元，分述如下：

一、地震地表过程实验室

地震地表过程实验室是以第四纪年代学实验室为基础扩建的，2007 年以来在财政部修缮购置专项经费（650 万元）支持下购置相关的仪器设备。

1．科学目标和研究方向

实验室以地震构造的详细定位和地震地表破裂的精细测量、地表动力过程分析和第四纪年代研究为技术支撑，以地震构造活动习性与强震发生机理为科学目标。

实验室有 3 个主要研究方向：地震构造几何学特征的精细定位和测量，包括地表出露的地震构造的几何学特征、隐伏地震活断层的分布及上断点的埋深、地震地表变形的量测等；地表的动力过程恢复和重建，包括地震构造所处的外动力环境、地震地表破裂形成后的演化过程等；第四纪年代学研究，包括碳同位素测年、释光测年（光释光和热释光）、宇宙合成核素测年等方法的研究及应用。

实验室在地震构造的几何学研究方面拥有 GPS RTK 和全站仪测量系统，能够对构造位置进行精确定位，对地震地表破裂进行精细测量。高密度电法、超常电磁波探测仪、探地雷达等设备能够对隐伏活动构造的位置和上断点进行详细定位，并查明浅地表的变形层、崩积楔等构造形迹。在地表动力过程分析方面拥有粒度粒形仪和磁化率仪，能够对第四纪地层进行粒度分析和颗粒形态分析、磁化率分析，查明地震构造所处的外动力环境，恢复和重建地震地表破裂的演化过程。在第四纪年代学研究方面，建立了一套第四纪的多种测年方法和技术，开展年龄范围在百万年以内的各类第四纪地层和构造岩的测年及年代学实验研究。

2．主要科研设备见表 2-11-1。

表 2-11-1　　地震地表过程实验室的主要科研设备

目　标	设　备　明　细	主　要　功　能
地震构造定位	超低频电磁探测仪 BD-6 型	隐伏断层宏观定位、第四系厚度分布
	TrimbleR8GNSS(1+2)系统	断层定位、地表破裂测量
	DCX-1 电法层析成像数据采集系统	隐伏断层定位
	探地雷达(GPR)	浅地表的隐伏断层定位
	磁化率测试系统(MFK1-FA，MS2)	第四纪环境研究
地表动力过程分析	激光粒度粒形分析系统 QICPIC	地表动力过程分析
	超低本底液体闪烁谱仪系统	碳同位素测年主要设备
	热释光／光释光仪 RISO	释光测年主要设备
	Daybreak2200	光释光测年主要设备

二、年代学实验室

地质年代学实验室始筹建于 20 世纪 70 年代末期。1979 年鞠德祥、王焕贞等人开展热释光测年技术方法及设备的调研。同年，李鼎容、王安德、谢振钊、奚云等与北京师范大学合作开展微体古生物学分析、鉴定工作，组建微体古生物鉴定研究小组。1980 年微体古生物鉴定小组成立，购置仪器设备并开展实验研究。其主要研究方向为有孔虫、介形虫等微体古动物分析。同年，热释光测年实验小组购置了相关设备开始测年工作。

1980 年底，随着各实验小组科研工作的深入展开，年代学实验室显见雏形。为适应华北地区第四纪断代及第四纪底界确定研究项目需要，1982 年窦淑芹、奚云、张康富等人筹建孢子花粉分析小组，进一步丰富了微体古生物分析方法，形成微体古生物分析实验室。1984 年黄诗斌、古桂云、关志民等人筹建 ^{14}C 测年实验室，张文国、张杰等组建无机碳分析实验室。至 1984 年底，建设完成年代学实验室。热释光、^{14}C 测年为绝对年龄测试方法；有孔虫、介形虫和孢子花粉等微体古生物鉴定，无机碳等化学分析方法为相对年代鉴定手段；形成多方法、多手段、绝对年龄测试与相对年代确定相结合的第四纪地层断代、微体古生物分析定年的实验研究体系。2000 年以后，随着仪器设备的陈旧老化、实验室建制改变等原因，微体古生物鉴定、无机碳等化学分析逐渐停止工作。2003 年根据地学发展状况和社会需求，于慎谔、赵俊香、黄鹤桥、纪云龙等对热释光实验室和 ^{14}C 实验室进行技术改造。同年，在中国地震局“城市活断层试验探测与地震危险性评价　”项目支持下，购置了 Daybreak2200、1100 光释光测量仪、Day break801E 辐照仪、Daybreak583 厚源 α. 计数器等光释光测年系统设备。2005 年将“地质年代学实验室”更名为“新年代学实验室”。2006 年，在修购项目支持下，购置 Ris020C/D 光释光测量仪和 Quantulus-1220 超低本底液闪谱仪。2009～2010 年，完成对释光实验室和 ^{14}C 实验室技术改造和设备更新，使“新年代学实验室 ”在晚第四纪地层测年的技术与方法、测年结果和科研等方面跻身国内外实验室先进行列。

1. 热释光实验室

热释光实验室始建于 1979 年， 1981 年正式投入使用。

现有主要的仪器及实验设备有：F377 热释光剂量仪、F427 热释光剂量仪、WCF-2 多用磁性分析仪、L2-3 函数记录仪、TG328A 光电分析天平。

2. ^{14}C 实验室

^{14}C 放射性同位素测年技术对地球科学、地震科学、活断层研究至关重要。^{14}C 放射性半衰期为 5730 年，可进行几万年以内的年代测量，特别适合考古学、地震学对测年的要求。^{14}C 测年法成为测年技术中最成熟、最精确、应用最广泛的方法。根据地震工作需要，20 世纪 80 年代，按照中国地震局的要求，在北京大学考古系 ^{14}C 实验室和中国社会科学院考古所 ^{14}C 实验室的帮助下建立了地壳应力研究所 ^{14}C 实验室。

^{14}C 实验室除了为本所地震科研和工程服务外、还为水利工程中长江三峡水库、黄河小浪底水库、淮海、海河、黄壁庄和岗南水库的古洪水研究提供了数百个年代测量数据。并为考古研究提供一定数量的测年数据。

2009～2010 年对 ^{14}C 实验室进行较为彻底的改造，制样方法由钙法改为镁法。经过改造样品处理环境，效率和质量控制水平均得到显著提高。

主要仪器有：国产 FH-1916 型低本底液闪谱仪、紫金-II 型微机、Quantulua-1220 型低本底液闪仪各一台。

3. 光释光实验室

光释光实验室 2004 年筹建，2006 年正式投入使用。主要进行不同类型晚第四纪沉积物（风积物、冲积物、洪积物、湖积物、冰积物等）的光释光测年。与第四纪地质和考古测年的其他方法相比，光释光测年法具有明显的特色和优势。

光释光技术 1985 年由 Huntley 教授等提出。目前主要用来测试第四纪碎屑沉积物最后一次曝光后被埋藏的年龄，即沉积年龄。光释光技术在国内主要对广泛发育于我国北方的黄土—古土壤序列及其记录的气候、环境变化，干旱、半干旱区风砂活动及沙漠形成和演化、地貌过程、古水文演化、构造活动和古地震、古人类遗址和考古研究等进行测年和年代学研究，在古陶瓷、黄土地层测年、沙丘砂和风砂活动测年和古地震事件测年等方面取得一些研究成果。

现有主要仪器：Daybreak 2200 型光释光自动化测量仪、Daybreak 1100 型光释光 / 热释光测量仪、Daybreak801E 型多样品自动 α 源和 β 源辐照仪、Daybreak 583 型厚源 alpha 计数仪。2009 年从丹麦 DTU 大学购置 Riso TL/OSL-DA-20C/D 一台。

三、地震应力过程实验室

地震应力过程实验室是在原地应力实验室的基础上，由财政部修缮购置专项资金支持下建设的。实验室的建设目标是：以地壳动力学为学科发展方向，以地应力赋存规律及其影响因素为研究核心，以地壳应力应变理论研究和技术应用为主线，在应力应变观测成果的基础上，开展各种尺度的应力应变场数值模拟实验。研究地壳介质应力积累、形变、破裂的规律，在强震孕育和发生演化过程认识的基础上，完善经验性预报地震的方法；以井下应力应变观测技术研发为重点，发展深部地下三维应力测量技术和井下综合观测技术，提高应力应变测量仪器的稳定性、可靠性，改进观测系统的检验、检测方法。

2006 年以来，地壳应力研究所把建设现代化地震应力过程实验的任务作为科技创新体系建设的一项重要内容。到 2010 年 9 月底，共完成建设投资 905 万元，实验室建设工作按计划进行，已完成和即将完成的主要项目有：

⑴购置真三轴加载设备，微机控制的伺服试验机实验泵组设备，加上已有的动态应变仪、压力校准系统等核心设备，即可建成技术先进的全数字控制、中等尺度、能够模拟地壳岩石三维应力状态下的真三轴应力实验系统。

⑵建成高性能应力应变观测数据综合处理平台。为开展地壳应力理论研究、观测数据的处理、分析、解释、数字模拟实验提供技术支撑。

⑶购置了声发射仪、动态应变仪、压力校准系统、微位移测量系统等核心设备，并完善配套设施。针对水压致裂法，套芯法，声发射（AE）法，土应力法等地应力测量技术中存在的问题，为其提供了室内实验条件。为地应力观测技术研究，特别是深孔三维应力测量技术研究、仪器生产、标定、检验、技术标准制订以及资料归档建库工作提供更高的技术平台。通过研发配备大容量高压仓，为井下测试仪器的密封性、耐压性的测试提供了适用可靠的环境。

四、地下流体动力学实验室

地下流体动力学实验室建设由财政部《中央级科学事业单位修缮购置项目》资助。2007 年开始筹建，2010 年完成。实验室面积 210m^2。

实验室的科研目标是以水文地质、地球化学、岩石力学等相关学科理论为基础，开展深浅部地下流体动力学，化学动力学和热力学实验研究。探讨流体在地壳运动中的作用以及对动力作用的响应机理等，为地下流体在地震孕育，发生过程中的作用，强地震前兆机理解释，以及地震灾害中流体致灾机理等方面的应用研究提供科学技术平台。

实验室以地壳动力学、流一固耦合理论为指导，以动力加载过程中地下水动力学，热动力学和化学动力学为学科基础，研究流体与岩体之间物理—化学—温度—压力等因素的耦合作用。结合地下流体台网观测资料，以实验手段研究地震孕育、发生过程中流体的作用以及对地壳应力应变的响应机理。

截至 2010 年 4 月，完成一期建设任务——流一固耦合实验室、化学分析实验室、流动观测实验室和数值模拟实验室等四个专业实验室的建设。

流一固耦合实验室主要设备有 MTS 压力试验系统（MTS815），冷场发射扫描电子显微镜（JSM-6701F）、能谱仪（INCA250）、比表积与孔隙度分析仪（AUTOSORB-1）、声波检测仪（RSM-SY5）、数据采集系统（DASP-V10）。化学分析实验室（包括超净实验室）主要设备有电感耦合等离子质谱仪（XsrieSI）激光烧蚀进校系统（LSX213）、X 射线荧光光谱仪（AX10S）、空相色谱仪（7890）、紫外可见光分光光度仪（UV1000）、多参数水质分析仪（DREL2800）、多功能电化学分析仪（MEC-12B）、测汞仪（DMA80）。

流动观测实验室主要设备有：便携式测汞仪（RA915$^+$）、地下水流速流向仪、地下水定深采样器（Solinst690）、痕量汞在线自动分析仪（ATG6138）、便携式气体检测仪（X-am7000）。

流体数值模拟实验有 EFLOW5.4 地下水模拟软件和 ANSYS10.0 有限元分析软件。

实验室主任刘耀炜，工作人员有孙小龙、杨多兴、任宏微、张彬、李玉江、郭丽爽。

目前，实验室承担着地震科研领域多项重大科研项目，如“十一五”地震观测背景场与地震预报实验场建设、“十一五”国家科技支撑项目一级课题“汶川地震科学深钻一断裂带深部流体行为及其在地震过程中的作用（WFSD-10）”专题“地下流体动态信息提取与强震预测技术研究”、“水库地震监测与预测技术研究”、财政部公益性行业科研专项“地下流体物理观测方法技术标准研究”等多项基础与应用基础研究工作。

五、空间遥感与对地观测实验室

“空间遥感与对地观测实验室”由财政部《中央级科学事业单位修缮购置项目》资助建设。软件方面购置了 Gamma、Earthview、SARScape 雷达数据处理软件、Arcgis 地理信息系统软件、ENVI/IDL 遥感图像处理软件、地球科学成图及数据处理软件，硬件及设备方面已经购置了服务器、大型绘图仪、扫描仪、GPS。在这些资源的支撑下，实验室建设已初具雏形，拥有应用遥感与地理信息技术处理地震突发性事件的能力，能够在地震之后把提取的震害信息立即送交相关部门，为其快速决策提供帮助。

六、地壳动力学数值模拟实验室

地壳动力学数值模拟实验室整合了地壳动力学理论研究和数值模拟方面的优势资源，配备良好的模拟实验环境和办公条件，形成一支稳定，实力雄厚，高水平、高素质的地壳动力学研究队伍。

⑴实验室建设总目标：建设一个学术水平领先，软硬件系统先进，人员配备合理的跨学科、开放性地壳动力学数值模拟实验室，整合地壳动力学理论和数值模拟方面的资源，建立完善的科研成果和数值资源共享体系，为地壳动力学研究和地震动力预测预报试验提供数字化的高科技平台。近期目标：提高地壳应力理论研究和实际应用的整体水平，建设数值模拟实验室的初级软硬件系统，加强地壳应力理论研究和观测数据的综合处理、解释和应用，建立 10^6 量级节点的三维非线性有限元模型，开展强震迁移规律的大规模并行数值模拟研究。长远目标，建立数值模拟实验室的完整软硬件系统。建立不同时空尺度、不同精度的数字化地壳动力学模拟系统，开展地壳应力环境时空演化特征及其机理的模拟研究，借助大规模高效率的数值模拟系统，探索具有物理力学意义的地震孕育环境、孕育过程和触发机理等地震科学的关键性的难题。

⑵研究方向：根据新时期地壳动力学和地震学研究的前沿问题及其发展特点，根据国内外学科发展、国民经济建设需要、以及知识创新对重点实验室的新要求，确定实验室的研究方向为：①地壳动力学基础理论；②大规模、高效率的并行科学计算技术；③地壳应力环境时空演化规律和机理的数值模拟；④地震的数字化动力预测。

⑶实验室软硬件系统平台：①实验室硬件环境，开放式并行计算系统 1 套，16 节点的高性能微机集群；②实验室软件环境，支持并行计算技术的大型有限元软件 2 套：DANSYS Academic Research 并行有限元分析系统和 ANSYS，Inc；③PFEGP-飞箭并行计算有限元自动生成系统。

第三节　地震前兆观测技术实验室

地震前兆观测技术实验室是地壳应力研究所的重点实验室之一，始建于 20 世纪 90 年代。当时，全国有 400 多个有人值守地震前兆观测台站，各学科定点测项 1700 多项。为了保证前兆台站正常运行，产出可靠、连续、稳定的观测数据，提高地震前兆仪器的标准化测试水平，同步改善检测技术和装备，建设地震前兆观测技术实验室是十分必要的。

中国地震局对此项工作非常重视，安排由 95-01-0204 “地震前兆仪器测试技术中心建设”（项目负责人黄锡定）和 95-03-02 “地震前兆观测与测试技术实验室建设”（项目负责人付子忠）两项目的经费共同实施“地震前兆观测与测试技术实验室建设”项目。建成了包括地震前兆仪器环境测试室、地震前兆仪器电性能测试室、地震前兆仪器开发与测试技术室和地震前兆台网、台站、数据库环境技术室在内的四个实验测试技术室，拥有实验仪器 40 多台套并制定了相应的规章制度，配备了实验室用房 256m^2。

建成的地震前兆仪器环境测试室配备了平衡调温、调湿方式的温湿度试验箱，温湿度自动监测仪和相应的测量仪器，自动恒温鼓风干燥箱、低温冰柜等设备，用于地震前兆仪器、传感器及其部件的温湿度性能试验，各种元件、器件以及部件的老化、筛选试验；建成的地震前兆仪器电性能测试室配备了直流电压标准、精密直流电压表、交流电压标准、精密交流电压表、频率标准源、频率对比仪、直流精密电桥、精密直流电位差计、精密直流标准电阻、精密标准电感和电容等设备用于电参数校准测试；建成的地震前兆仪器开发与测试技术室和地震前兆台网、台站、数据库环境技术室以单片机仿真器为开发平台的研制开发环境和以工控机为开发平台的智能化仪器开发环境，可供仪器研制实验、批量生产测试、考机联调使用。

地震前兆观测技术与测试技术实验室建设项目通过了由中国地震局规划财务司组织验收专家组（组长张奕麟）进行的验收。认为“该实验室提供了环境测试实验条件、一定数量的标准器具和一批较高精度的测试设备，对地震前兆仪器测试和前兆观测技术系统的发展起到了积极作用。”该项目获得了“地壳应力研究所防震减灾优秀成果二等奖”，主要完成人黄锡定、付子忠、周振安、梁焕贞、于世亮、郭柏林、秦久刚、涂允松、王兰炜、王继哲、王子影。

“地震前兆观测与测试技术实验室建设”项目，做到了“九五”成果“九五”应用。在“九五”全国地震前兆台站（网）技术改造和首都圈防震减灾示范区工程项目的实施中，实验室提供的环境测试、老化、筛选条件，高精度信号源，各种校核试验设备对前兆仪器设备进行测试和考核，为提高数字化地震台站设备的可靠性、稳定性，保证产品质量奠定了基础。同时为“十五”科技攻关项目以及其它项目所研制的仪器设备提供测试和考核，如低功耗便携式电场仪、水位地热综合观测仪、无线通信单元等等，保证其正常工作提供了可靠的依据。实验室提供的仿真设备，为数子化设备的生产调试带来了方便，大大缩短了调试和排除故障的时间。实验室建立的数字化地震前兆台网中心、台站、子台的工作环境，为“九五”各省市以及首都圈工程的数字化地震前兆台网建设、台站设备的安装、系统集成联调的指导、培训以及考核运行期间的正常运行和提高运转率起了重要的作用。

根据地震监测的需要和地震前兆观测仪器设备计量检定的需求，在财政部修购专项基金“地震观测技术实验室设备购置（一、二期）”项目（项目负责人王子影）的支持下，自2008年以来先后购置了高稳定性温度标定恒温槽、直流标准电源多功能校准仪、微位移测量系统、电磁屏蔽室等核心设备以及配套的相应设施，使实验室的软硬件水平有了很大提高。朝着建设成为地震观测仪器和观测技术的实验基地，为提高现有观测技术水平和新观测技术的发展提供高水平的开放型实验平台目标迈进。

目前实验室已具备如下功能：

⑴环境适应性测试：

①温度、湿度测试：检测观测仪器的工作温度、湿度范围及耐压性能。

②电磁兼容性检测，检测观测仪器的电磁兼容特性。

⑵电学量测试。

配备灵活多样的电学量计量测试设备，可完成仪器的电性能指标校核和基本安全测试，包括绝缘电阻试验、电压试验、泄漏电流试验等。

⑶温度传感器测试。

配置零点、镓点温度基准以及恒温槽、测温电桥、标准温度计等测温系统设备，用于温度传感器和相关技术的研究和测试。

⑷压力传感器测试。

⑸位移传感器测试。

⑹开发测试技术。

具有系列微处理器开发系统，依据智能仪器的最新发展信息，在确保观测系统整体技术性能指标的同时，配合微电子技术的不断发展，实现软硬件的有机结合，制定相应的检测流程和规范。

⑺实验室管理技术系统。

实验室配备了先进的管理系统，对实验设备，实验过程，实验结果进行电子化管理。

第四节　地震救援技术实验室

在地震行业科研专项“地震救援装备检测/标准技术研究”资助下，建立地震救援技术实验室。

⑴实验室主要工作。

地震救援设备检测、搜救技术研究及新型搜索设备研发。

⑵实验室硬件环境。

①救援设备环境适应性检测系统。

实验室配备高低温及湿度控制实验箱，可对不同类型救援设备实施环境适应性检测。

②液压动力地震救援设备的检测系统。

液压动力救援设备，主要包括扩张器、剪扩器、撑顶器、剪切器及其动力单元等。根据设备特性和救援实践特点，结合国外相关检测标准，研制实用的专用测试设备——液压动力救援装备检测系统。

③气动起重地震救援设备的检测系统。

不同工作压力的气垫、气袋、气球等工具是国内地震灾害紧急救援队伍的常备设备，主要为国外进口产品。由于目前国内尚无相关的检测技术规范，课题组设计出可在不同行程检测输出力的专用测量设备——气动救援装置检测系统。

④机动救援设备检测系统。

项目组研发出应用于地震救援使用的小型内烯破碎镐和链锯等工具，其性能、检测设备改变了以前检测工作只能借助庞大凿岩机的现状，使检测设备更小型化，实用化。

⑤气体侦检设备检测系统。

地震灾害紧急救援队配备了氧气检测仪、可燃气体探测仪、有毒气体报警器，对工作场地进行安全性评估，并利用上述气体报警器进行危险物质侦检。

⑶实验室检测标准。

项目组系统翻译了一些国际标准，并对相关技术进行了研究。

⑷实验室主要成员。

王恩福、张国宏、赵国存、闻明、张策、陈旭庚、赵京轶、李光臣等。

⑸实验室具有《计量标准考核证书》资质。

第五节　地震信息网络中心

2000 年以后，中国地震局把地壳应力研究所的信息网络建设纳入首都圈防震减灾示范区系统工程，并批准《中国地震局地壳应力研究所地震计算机网络系统工程实施方案》。该中心为前兆数据、地应力数据、活动构造数据、深部构造数据、电子地图数据、电子出版物、管理数据等开设了接口，搭建数据平台。网络信息接入点达 118 个。

“十五”期间，地壳应力研究所数字地震观测网络信息项目纳入“十五”中国地震局数字地震观测网络项目。地震信息服务系统采用现代通讯技术，完成数据、语音、视频为一体的计算机网络平台建设；建立行业信息发布和信息服务系统，可快速传递地震消息和信息，提供综合的地震数据信息查询服务；建立网络运行管理系统，保证了网络的运行质量和地震应急和地震专业数据的传输服务。地震信息服务系统为前兆和办公等业务实现网络化，自动化，IP 到台站，到仪器提供了信道保障，成为数字地震网络系统中各技术系统的纽带，成为数据共享平台和面向政府和公众的重要窗口。

第十二章　地震监测台站与地震监测预报实验场

地震监测台站是地震预测预报工作的基础。地震监测台站布设有各类监测仪器。这些常年运行着的观测仪器时刻记录着地球物理场和地球化学场各要素的变化过程，台站工作人员定时把记录资料传输给地震分析预报人员，地震分析预报人员对这些第一手资料进行分析对比，以捕捉地震的前兆信息，从而对可能发生的地震进行预测预报。地震监测台站的建设对于地震预测预报具有着重要意义。

地震具有突发性和分区性、复发周期长等特点。选择构造活动强烈、地震频发的地区作为试验场，布设多种地震监测仪器，开展综合研究，检验各类仪器对地震反应的灵敏性，积累对地震活动的认识，以期提高地震监测预报的水平。

第一节　隆尧地应力综合观测站

隆尧地应力站位于河北省隆尧县境内，是地应力综合观测站。1966 年 3 月 15 日建立，1981 年撤销，历时 15 年。

一、隆尧地应力综合观测站简况

1966 年 3 月 8 日邢台发生 6.8 级大地震,震区房屋倒塌严重,人民生命财产遭受巨大损失。党中央,国务院对此高度重视。李四光教授经过实地考察和地质力学理论分析，提出在隆尧建立地应力综合观测站，用电感法地应力测量进行地震预报。这是中国第一个用来进行地震预报的地应力中心实验观测站。隆尧应力站最初测孔深 1.6m，探头安置于寒武系中统致密结晶灰岩中，初期用 LQJ－1A 精密电感电桥进行地应力观测，安装一套三分量压磁应力元件，夹角互为 60°，半小时读取一组数据，通过军用电台上报邢台地震指挥部和李四光部长。5 天后李方全、邢历生、姜光熹、冯任远等先后来到现场工作。3 月 21 日邢台又发生 7.2 级强烈地震,位于极震区的隆尧电感地应力测量已取得六天宝贵的资料。

1966 年 6 月，地震地质大队派朱英枢、刘绍兴、蔡火片、吴乙让等人接收隆尧地应力观测站。测孔由几米发展到几十米，再到百余米，并建立地下观测室。随后台站还在不同深度、用不同尺寸的探头进行电感地应力测量。同时，用钢弦法、超声波法、电阻片法等不同测试手段进行地应力对比观测试验,力求选取最佳方式测量地应力变化。并在周围开展了地应力解除工作。

1968～1976 年，肖学文等人在隆尧站研究电感法的干扰因素，开展多项实验，撰写了“电缆分布电容的干扰问题”等文章。

1966～1981 年，廖椿庭、李方全、朱英枢、邢洪厚、丁代华、邢开、韩德润、杜万箱作为负责人先后在隆尧站工作。

1966～1973 年曾三次对隆尧站进行改扩建，使该台初具规模。考虑到河北省地震局在其附近也布设一批台站，地震地质大队决定 1981 年 7 月撤销隆尧地应力综合观测站。

二、隆尧站开展地震监测预报探测的实践

⑴隆尧站建立不久，遵照周恩来总理的指示，隆尧站地应力观测曲线分析资料刊登在 1966 年国务院秘书厅编印的《简报》上，并报送给党中央。1966 年 3 月下旬的一个晚上，周恩来总理接到隆尧站地应力观测曲线下降和其它网点报来的异常信息，经与李四光部长研究后确定在震区发布预报。结果当晚在邢台老区发生 6 级余震。这是中国第一次发布地震临震预报获得成功。

⑵地震监测预报的实践发现，邢台地区发生的 4～5 级地震，隆尧站的地应力观测曲线均有不同

程度的异常反映。异常往往表现为震前下降，然后回升，在回升过程中，或回升到基值附近发震。这一现象在当时全国 50 多个地应力台站得到证实。李四光部长在 1972 年 10 月全国地应力会议上把这一现象概括为：电感曲线下降－回升－发震模式。这是 20 世纪 60 年代末期，在隆尧和其他地应力台站的地震监测预报实践中，从观测曲线上总结出的“凹兜”形态对应地震的初步认识。这一异常特征，已被钻孔应力、应变和其他地震前兆手段证明是一种较为普遍的地震前兆中短期趋势异常特征。

第二节　昌平地震台

一、昌平地震台概况

昌平地震台位于北京市昌平区卧虎山下，海拔高程 100m。在地应力测量方面是国家的标准台。该台地处阴山巨型纬向构造带南沿，在 NE 向南口——山前活动性断裂和 NW 向南口——孙河活动性断裂的交叉部位东侧 7.5km 处，属于应力-应变反应敏感区。台基系雾迷山组白云岩，黄土覆盖层厚 5～15m。台基岩层走向 N45° E～N52° E，倾向 SE41° ～SE45° 。岩层厚度 1.0～74.7m。观测环境符合观测规范要求。

台站分工作区和观测区两部分，分别占地 3996 m^2 和 1998 m^2，两区直线距离 300m。

昌平台始建于 1971 年 9 月。至 1984 年 8 月其观测手段有电感地应力、测震和土应力三种方法。负责人分别为张仲宽、王继哲，张学政。随着观测手段的增加，1984 年 8 月和 2001 年 7 月 15 日该站相继更名为昌平地应力综合台和昌平地震台。1984 年 8 月王勇、韩允兴负责该台工作。1986 年温泉地应力综合实验站归属昌平台领导。1990 年和 1996 年该台先后定为副处级台和正处级台。2006 年 11 月后三马坊地热观测站作为子台并入昌平台，杨选辉接任台长。2004 年 8 月 20 日原中国地震局副局长、中科院院士丁国瑜先生为昌平台题写了：“中国地震局地壳应力研究所昌平地震台”台名。

二、地应力观测标准台建设

1．整体规划

1983 年，国家地震局批准地震地质大队把昌平地应力台建成国家地应力观测标准台。

1985 年 11 月 12 日，按照要求，王勇、韩允兴、张学政等人制定了该台的整体规划。拟在台内增添国内所有先进的地应力测量手段，开展各种地应力手段的对比观测和排除干扰实验及进行预报地震探索性研究，使之建成观测、科研、预报三结合的地应力标准台。使该台在观测环境、观测资料、观测条件、科学实验、科学研究、预测预报及台站管理方面在全国地应力台中起示范和促进作用。

2．标准台的目标

申请并完成 8 项课题，逐步实现当年制定的目标。5 种高精度钻孔应变手段及地热、水位、气压等项观测都严格按规范控制观测环境，实现自动记录、自动标定；1993 年在国内率先实现每分钟一次的数字化采集和有线传输，提高应变信息的传递时效；用自编软件包进行前兆信息自动化处理，及时从应变信息中提练地震前兆；制定观测工作规范，对观测人员进行约束，提高观测人员的业务素质。在全国同类观测资料评比中，昌平台从 1992～2009 年有 10 次获前三名。

3．科学研究

（1）1996～2002 年，杨选辉、刘福生编制了该台资料处理软件包，实现该台所有手段在分钟值上对比观测，其年报程序已在全国钻孔应变台站推广使用。

（2）2002 年，王勇、李秉元申请专项经费研制 RDJ-3 型多路位移记录仪。2003 年 1 月 1 日正式观测，并通过验收。该仪器至今仍在正常工作。

（3）2003 年 7 月，王勇、杨选辉、刘福生、张国红等人研发 RDJ-3 型多路位移记录仪，实现钻孔应变资料的变化符合弹性理论的设想，证实资料的可靠性。上述结果在国内首次实现，国外尚未见有报道。

该台先后完成 9 项三结合科研项目，发表论文 21 篇，专著两部， 9 项科研成果获奖（其中省部级科技进步二等奖一项）。

4．分析预报

该台坚持每天和旬会商制度，对所测资料进行相关分析处理。每月进行一次分析例会。还进行应变、倾斜、断层位移等观测资料的对比分析及临震前兆分析。

该台用钻孔分量应变资料分析方法曾较准确地预测过两次近区地震。

1990 年 6 月 15 日，昌平台根据几种手段资料异常，填写预报卡，提出预报意见：一个半月之内，在京西北距昌平不太远的地方将发生 4～5 级地震。结果：1990 年 7 月 22 日延庆海坨山发生 4.6 级地震。

1998 年 4 月 2 日，昌平台分析了体应变、差应变等信息合成资料异常、主应变方向偏转异常及体应变抖动异常后，以文字形式向研究所上报了地震预报意见，认为：4 月底以前北京地区可能有 4 级左右地震，张北－延怀一带和唐山老震区可能有 4.5～5 级余震。结果:1998 年 4 月 17 日 10 时 47 分唐山老震区发生 4.7 级地震。

2006 年 6 月 28 日，该台水温资料出现异常，随即向地震局汇报，“中国地震局震情监视报告”对该异常给予确认，2006 年 7 月 4 日距该台 150km 的文安发生 5.1 级地震。

三、地震监测项目

昌平台安装各类观测仪器 9 台套，在三马坊子台还装有一台水温观测仪，见表 2-12-1。

表 2-12-1　　昌平台地震观测仪器一览表

仪器名称	仪器型号	研制单位及研制者	安装地点	开始观测时间
体积式钻孔应变仪	TJ-1	地壳所，苏恺之	昌平台	1987.7.1
体积式钻孔应变仪	TJ-2	地壳所，苏恺之	昌平台	2007.8.27
分量式钻孔应变仪	RZB-1	地壳所，欧阳祖熙	昌平台	1987.7.1
钻孔倾斜测量仪	CZB-1	河南地震局，马鸿钧	昌平台	2007.8.27
水位测量仪	LN-3	预测所，宁立然	昌平台	2001.7.15
水温测量仪	SZW-1A	地壳所，付子忠	昌平台	1995.1.1
水温测量仪	SZW-1A Ver2000	地壳所，付子忠	昌平台	2001.7.15
气温气压降雨综合观测仪	WYY-1	地壳所，周振安	昌平台	2007.8.27
强震仪		工程力学所	昌平台	1990.5
水温测量仪	SZW-1A	地壳所，付子忠	三马坊站	1988.9

四、科学实验及对比观测

1．第二代钻孔应变仪对比观测

1986～1989 年，在国家地震局科技监测司的主持下，王勇等人在该台开展了 5 种高精度的第二代钻孔应变仪的对比观测工作。局科技监测司认为：“从 1989 年 7 月至 1989 年 10 月的资料看，昌平台五种应变仪各有其特点，但灵敏度都比较高，稳定性较好，多数都能记录出应变固体潮，特别是在 1989 年 10 月 18 日大同－阳高 6.1 级地震前后反映较好，取得一批有价值的研究资料。昌平台的对比观测工作安排是适时的、必要的。该项工作的收获是大的、效益是好的、整个工作是按计划完成的”。这五种对比观测仪器见表 2-12-2。

表 2-12-2 对比观测仪器表

仪器名称	仪器型号	研制单位及研制者	安装地点	安装时间
体积式钻孔应变仪	TJ-1	地壳所，苏恺之	昌平台	1987.8.17
分量式钻孔应变仪	RZB-1	地壳所，欧阳祖熙	昌平台	1987.9.24
钻孔差应变仪	YRY-2	河南鹤壁市地办池顺良	昌平台	1987.8.18
振弦应力仪	ZX-79	河南省地震局，王启民	昌平台	1987.10.12
压阻应变仪	AHY-832	安徽合肥市地办，唐定轮	昌平台	1987.11

2．电磁扰动仪对比观测

2009 年 3 月，受中国地震局监测预报司委托，杨选辉等人在该台开展电磁扰动仪对比实验观测，以优选出好的仪器在全国推广。这项对比观测实验现正在进行之中见表 2-12-3。

表 2-12-3 电磁扰动对比观测仪器表

仪器名称	仪器型号	研制单位	研制者	安装时间
电磁扰动仪	DCRD-1	地壳所	王兰炜	2009.04
电磁扰动仪	DC-II	郑州晶微电子公司	丁跃军	2009.04
电磁扰动仪	CNEM-1	河北廊坊大地公司	李玉堂	2009.04

3．其他实验观测

地壳应力研究所前兆技术研究人员及其他单位生产、研制的一些新型观测仪器，安装在昌平台开展实验观测，这些仪器仍在运行之中见表 2-12-4。

表 2-12-4 前兆仪器实验观测一览表

仪器名称	仪器型号	研制单位	研制者	安装时间
三分量体应变仪	TJ-3	地壳所	苏恺之	2005.07
分量应变观测仪	YRY-4	鹤壁市地震局	池顺良	2008.10
D-inSar 角反射器		地壳所	张景发	2008.09
垂直倾斜测量仪		地壳所	熊玉珍	2010.03
地温观测仪		地壳所	刘爱春	2010.03
光纤水温仪		地壳所	李阔	2010.03
二氧化碳测量仪		地壳所	朱旭等	2010.05
测震仪		中科院地球所	冉崇荣	2009.03
高频前兆观测	EDIAS-24IP	港震公司	港震公司	2008.07
水位、水温测量仪	ZKGD-3000N	北京中科光大公司	张庆彦	2010.04

五、三马坊地热观测站

1988 年 9 月，付子忠、刘永铭等“延怀盆地地热观测试验”课题组利用河北省阳原县三马坊乡温泉疗养院的温泉井进行地热观测，安装 SZW-2 型数字式温度计。1994 年 4 月更换为 SZW-1A 型数字式温度计。1996 年 7 月在井孔南侧 5m 处投资 1.2 万元建成建筑面积 20m² 观测室和值班室。该站采用有人看管、无人值守自动打印的管理模式，地壳应力研究所地热台网技术管理组负责管理维护，日常工作由疗养院工作人员兼管，定期向地壳应力研究所报送观测数据，再由昌平台将该数据上网报送中国地震局分析预报中心。2006 年 11 月该站作为子台并入昌平台。

三马坊地热观测站的地热观测资料连续可靠，有较强的前兆映震能力。比如，1989 年 10 月 18 日山西大同 6.1 级地震（震中距 Δ=75km），1991 年 9 月 30 日内蒙苏尼特 5.4 级地震（震中距

Δ=360km)，1996 年 5 月 3 日内蒙包头西 6.4 级地震，1998 年 1 月 10 日张北-尚义 6.2 级地震，2001 年 11 月 14 日昆仑山口 8.1 级地震，震前其地热观测资料都有较明显的前兆反映。因此，其观测资料具有较高的利用和研究价值。

六、温泉地应力综合试验观测站

温泉地应力试验观测站始建于 1975 年，位于北京市海淀区温泉镇西 300m。属京西八宝山活动断裂的下盘，距主断裂带 16km。该站处于燕山期阳坊花岗岩展布区，第四纪覆盖层厚度为十几米到二十几米，其岩性和构造部位均为较理想的地应力观测试验场地。

该站安装有电感法应力仪、电容式应变仪、石英振子应变仪、体积式应变仪、简易应变仪、高模量应力计、水声、地温、水压、水位、测震等 12 种实验手段，有观测井 8 个。

吕培涛、刘永铭、王忠常、郭柏林等人曾任该站负责人。1986 年移交昌平地震台管理。

第三节　其他地震监测台站

1966年4月地震地质大队成立后，下设中南、西南、华北、西北4个区队分别在所在地区共建设42个电感地应力观测站，3个形变电阻率台站，一批断层位移和形变监测站。为发挥地方积极性，这些台站逐步移交给各省地震局管理。

一、电感地应力观测站

地震地质大队和下属的中南、西南、华北、西北4个区队共建设电感地应力观测站42个见表2-12-5。

表 2-12-5　　地震地质大队地应力台站一览表

省市	台站名	建站时间	移交(撤销)	钻孔岩性	孔深(m)	传感器类型	仪器型号	元件方位	辅助测项
北京	房山站	1967	1971.6.5	花岗岩		Φ36 压磁应力计	LQJ-1A		
北京	密云站	1967	1971.6.5	灰岩	70.5	Φ36 压磁应力计	LQJ-1A	L1 NS L2 N60° W L3 N60° E L0	
北京	西山站	1967	1971.6.5			Φ36 压磁应力计			
北京	下苇甸站	1971	1971.6.5	花岗闪长岩	79.6 59.0	Φ36 压磁应力计	LQJ-1A 2V	L1 L5 EW L2 L6 N30° W L3 L7 N30° E L4 L8 L0	
北京	平谷站	1967	1971.6.5	花岗片麻岩		Φ36 压磁应力计	LQJ-1A	L1 NS L2 N48W L3 N78W	
北京	西拨子站	1969	1971.6.5	花岗岩	92	DIL-110 压磁应力计	CD-2 型 2V	EW N45° E NS N45° W L0	室温
					86	Φ36 压磁应力计	LQJ-1A 2V	N50° E N10° W N70° W	
					43	Φ36 压磁应力计	LQJ-1A 2V	N50° E N10° W N70° W L0	

续表

省市	台站名	建站时间	移交(撤销)	钻孔岩性	孔深(m)	传感器类型	仪器型号	元件方位	辅助测项
北京	镇罗营站	1970	1971	变质岩		Φ36压磁应力计	LQJ-1A 2V	L1 N13° E L2 N47° W L3 N107° W	
北京	喇叭沟门站	1970	1971	变质岩		Φ36压磁应力计	LQJ-1A 2V	L1 N13° E L2 N47° W L3 N43° E L0	
河北	三河站	1967	1977	灰岩	100	Φ36压磁应力计	LQJ-1		
河北	陡河(唐山)站	1970	1972.1.1	灰岩	76.54 20.10	DIL-110 压磁应力计	4103型 40V	L1 EW L2 N45° E L3 SN L4 N45° W 1′ EW 2′ N45° E 3′ SN 4′ N45W	室温
河北	滦县站	1967	1972.1.1	灰岩		Φ36压磁应力计			
河北	蔚县站	1970	1972 .1.1	白云岩	56.0	Φ36压磁应力计	4103 20V	N50° E NW N70° W L0	
河北	永年站	1970	1972.1.1	闪长岩	63.73	Φ36压磁应力计	CD-2 20V	N50° E N10° W N70° W L0	工作电压 温度 湿度
					64.75	DIL-110 压磁应力计	CD-2 20V	N60° E N15° E N30° W N75° W	
河北	沧州站		1971.10.29	松散沉积岩		Φ36压磁应力计			
河北	获鹿站		1971.10.29	灰岩	59.33	DIL-110 压磁应力计	LQJ-1	L1 EW L2 N45° E L3 NS L4 N45° W	
河北	昌黎站	1970	1972.1.1	花岗岩	57.98	Φ36压磁应力计	4103 10V	N50° E N10° W N70° W	室温
					61.78	Φ36压磁应力计	4103 10V	N50° E N10° W N70° W L0	
					62.45	Φ36压磁应力计	4103 10V	N50° E N10° W N70° W	
					85.86	Φ36压磁应力计	4103 10V	N50° E N10° W N70° W	

续表

省市	台站名	建站时间	移交(撤销)	钻孔岩性	孔深(m)	传感器类型	仪器型号	元件方位	辅助测项
河北	怀来站	1971	1972.1.1	花岗岩	72.3	Φ36压磁应力计	CD-2 4V	N50° E N70° W N10° W L0	
				片麻岩	60.0	Φ36压磁应力计	CD-2 4V	N50° E N70° W N10° W L0	
福建	蒲田站		建后 移交	石英 斑岩	63.19	Φ127 压磁应力计	LQJ-2	EW SN N45° W L0	温度 湿度
山东	长清站	1968	1971.6.5	灰岩	88.93	Φ36压磁应力计	LQJ-2 23V	N60° E SN N60° W L0	温度 湿度
					46.07	Φ36压磁应力计	LQJ-2 23V	N75° E N15° E N45° W L0	
山东	安邱站	1969	1971.6.5	灰岩	80	Φ36压磁应力计	LQJ-2 12.5V	N60E SN N60W L0	地温 井孔水位 室温
					30	Φ36压磁应力计	LQJ-2 12.5V	N60° E SN N60° W L0	
山西	长治站	1970	1972 .8.13	灰岩	109	Φ36压磁应力计	4103型 30V	N60° E SN N60° W L0	室温
山西	临汾站	1970	1972 .8.18	灰岩		Φ36压磁应力计			
山西	太原站	1970	1972..1.26	灰岩	39	Φ36压磁应力计	4103型 30V	N50° E N10° W N70° W	地温 湿度 水位 绝缘度
					91	Φ36压磁应力计	4103型 30V	N50° E N10° W N70° W L0	
甘肃	天水站	1969	1970 .8	灰白色 大理岩	72.98	DIL-110 压磁应力计	4103 20V	EW N45° E SN N45° W	室温 湿度 水位
					28.87	Φ36压磁应力计	CD-2 2V	N50° E N10° W N70° W	

续表

省 市	台站名	建站时间	移交(撤销)	钻孔岩性	孔深(m)	传感器类型	仪器型号	元件方位	辅助测项
宁 夏	青铜峡站	1970	1970.8	灰 岩	47	Φ36压磁应力计	69型 3V	EW N30° E N30° W L0	
					52	Φ36压磁应力计	4103 20V	EW N30° E N30° W L0	
宁 夏	石嘴山站	1969	1970.8			Φ36 压磁应力计			
辽 宁	锦 州 站	1971	建后 移交	混合花岗片麻岩	62.05	Φ36压磁应力计	CD-2 20V	N70° E N10° W N50° E	室 温
辽 宁	沈 阳 站	1970	1979.8	花岗岩	70.7	Φ36压磁应力计	DL2-69 4.5	N60° E SN	室 温
					70.1	Φ36压磁应力计	DL2-69 4.5	N60° E SN N60° W	
辽 宁	大 连站	1970	建后 移交	灰 岩	54	Φ36压磁应力计	4103型 3V	N50° E N10° W N60° W	室 温
新 疆	乌什 站	1971	建后 移交	灰 岩	37.65 14.32 55.60	Φ36压磁应力计	RYC2-7 7.5MA RYC3-72 11～14V	N70° E N10° E N50° W L0	室 温,井水温度导线温度
四 川	泸 定 站	1970	建后 移交	花岗岩	84.9	Φ36压磁应力计	4103	N50° E N10° W N70° W L0	
四 川	汶 川 站	1970	建后 移交	花岗岩	84	Φ36压磁应力计	CD-2 2V	N70° E N10° W N50° W	温 度 湿 度
贵 州	贵 阳 站	1973	建后移交	灰 岩	53.92	Φ36压磁应力计	CD-2	EW N30° E N30° W	湿 度
云 南	建 水 站	1970	建后 移交	灰 岩	39	Φ36压磁应力计	CD-2	EW N30° E N30° W L0	室 温
云 南	剑 川 站	1970	建后 移交	灰 岩	32.29	Φ36压磁应力计	CD-2	EW N30° E N30° W L0	
云南	嵩 明 站	1970	建后 移交	泥质灰岩	39.8	Φ36压磁应力计	4103	EW N45° E SN N45° W	室 温

续表

省 市	台站名	建 站 时 间	移 交 (撤销)	钻 孔 岩 性	孔 深 (m)	传 感 器 类 型	仪 器 型 号	元 件 方 位	辅 助 测 项
广 西	邑 宁 站	1970	建后 移交	灰 岩	69.55	Φ36 压磁应力计	4103	N60° E SN N60° W	室 温 湿 度 水 位
广 东	汕 头 站	1971	建后 移交	花岗岩	77.3	Φ36 压磁应力计	LQJ-1A	N83° E N23° E N37° W	室 温 干湿度
					77.3	Φ125 压磁应力计	LQJ-1A	N83° E N23° E N37° W	
广 东	河 源 站	1966	1970	花岗岩	175	Φ36 压磁应力计	CD-2 精 密电感 电桥	N85° E N35° E N10° W N55° W	水 位 室 温 气 压 湿 度
广 东	五 山 站	1970	建后 移交	花岗岩	68.15	Φ125 压磁应力计	LQJ-2	N85° E N25° E N35° W L0	测 绝 缘
浙江	新安江站	1970	建后 移交	沙 岩	54.6	DIL-110 压磁应力计	LQJ-1A 9V	EW N45° E SN N45° W L0	

二、形变电阻率台站

1968 年前后，地震地质大队在河北省建设李旗庄、高邑、柳行 3 个形变电阻率台站。1972 年 1 月移交给河北省地震局管理。

三、断层形变监测站

20 世纪 70 年代中期以后，地震地质大队先后研制出 DY-1 型、DSJ 型和 MD 系列模拟记录及数字记录水平分量和垂直分量断层形变观测仪器。在一些断层形变监测站安装 DSJ、DSD、DSG 型断层活动测量仪进行固定观测，见表 2-12-6。

表 2-12-6　　形变位移站

省 市	台名	建台时间	监测手段	移交时间
北 京	大灰厂台	1976	DY-1型断层活动测量仪 DSJ型断层活动测量仪 DSD型断层活动测量仪 DSG型断层活动测量仪	1997年交北京市地震局
北 京	八宝山台	1978	DY-1型断层活动测量仪 DSJ型断层活动测量仪 DSD型断层活动测量仪 DSG型断层活动测量仪	1997年交北京市地震局
北 京	小水峪台	1979	DSJ型断层活动测量仪	1997年交北京市地震局
河 北	唐山赵各庄东III台	1978	DY-1 型断层活动测量仪	1978年交赵各庄矿
河 北	唐山赵各庄西VII台	1978	DY-1型断层活动测量仪	1978年交赵各庄矿

1. 大灰厂断层形变台

大灰厂断层形变台是八宝山断层上有基岩出露的断层形变测点。1976 年 7 月 28 日，安装 DY-1 型断层活动测量仪。1978 年增建和断层走向斜交的坑道，安装 MD4211 型水平形变测量仪和 MD4412 型垂直变形测量仪。台站由李根远、刘志嘉、李忠兴等负责日常管理。1997 年 3 月移交给北京市地震局。

2. 八宝山断层形变台

1978 年在北京八宝山东麓南侧山坡上建成跨越八宝山断层的地下坑道。这是中国第一个专用于断层形变动态监测的正规坑道。沿 3 个分支坑道安装了 3 台 DY-1 型断层活动测量仪，1985 年更换为 MD4281 型仪器。1989 年 12 月，又并列安装 3 台 MD4211 型水平变形测量仪进行对比观测。1996 年加装 1 台 MD4412 型垂直变形测量仪。范九善、于世亮、陈森辉、刘桂芬、李保琼、刘贵梅等人负责台站的日常管理。1977 年 3 月移交给北京市地震局。

3. 小水峪断层形变站

1987 年在河北怀来建成小水峪断层形变站。在跨安营堡断层的地下管道内，安装 2 台 MD4281 型水平变形测量仪（DSJ）开展断层形变动态监测。委托小水峪村的村民承担日常管理。1977 年 3 月移交给北京市地震局。

4. 其他断层形变台

（1）1976 年，国家地震局分析预报中心在八宝山断层上的牛口峪台引入了 DSJ 型断层活动测量仪开展断层形变动态监测。

（2）1978 年在唐山赵各庄煤矿负 500m 的巷道内跨越 5 号断层建成东Ⅲ和西Ⅶ两个断层形变站，共安装 5 台 DY-1 型断层活动测量仪。该台站是唯一没有年周期和日周期热形变变化的断层形变台站，异常容易识别。赵各庄煤矿地震测报组根据断层形变监测资料异常，曾对唐山老震区 12 次余震提出比较准确的预报意见。该断层形变台于 1978 年移交给赵各庄煤矿管理。

（3）1986 年，地壳应力研究所与山东省地震局合作，在安丘地形变台跨郯卢断层带的半地下坑道内安装两台 DSJ 型断层活动测量仪、MD4271 型水平变形测量仪和 MD4472 型垂直变形测量仪，开展三维断层形变动态监测。

（4）1988 年在新疆呼图壁台安装 MD4281 型水平变形测量仪，1989 年 11 月在石河子断层形变台和独山子断层形变台分别安装了 MD4211 型水平变形测量仪和 MD4412 型垂直变形测量仪。2002 年在独山子台又安装了基于激光准直和采用 CCD 光机电一体位移传感器的监测断层形变切向分量的仪器，开展实验观测。1992 年 11 月在库尔勒断层形变台和阿克苏断层形变台，安装了 MD4211 型水平变形测量仪和 MD4412 型垂直变形测量仪。2003 年在独山子又安装了 MD4271 型水平变形测量仪（DSG）和 MD4472 型垂直变形测量仪（DFG）。新疆这 5 个断层形变台形成了南北天山断层形变监测台网。

（5）2004 年在辽宁金州台安装了 MD4271 型水平变形测量仪（DSG）和 MD4472 型垂直变形测量仪（DFG）。

（6）2007 年在新疆独山子 2 号台安装了 MD4271 型水平变形测量仪（DSG）和 MD4472 型垂直变形测量仪（DFG）。

（7）2008 年，北京市地震局委托地壳应力研究所在八宝山断层上的大灰厂和牛口峪两个台安装了 MD4271 型水平变形测量仪和 MD4472 型垂直变形测量仪开展 3 维断层形变监测。

（8）2004 年后，在北京、四川、新疆、云南、辽宁、广东、陕西等省市的 36 个地形变监测台站安装 BQS 型数字倾斜仪。值得一提的是，装在德阳市什邡县金河磷矿机关办公楼后面硐室里的 BQS 型数字倾斜仪在 2008 年汶川大地震前半个月显示了明显的短临异常。

四、断层形变流动观测场地

1966 年邢台地震后，从全国抽调一批专业技术人员组成测量队，负责京、津、唐地区的高精度断层位移流动测量工作，见表 2-12-7。测项有一等基线、一等水准测量，测点分布在北京及周边地区的主要活动断裂带上。每半个月或一个月测量一次。

1997 年 3 月，断层形变测量队整编制划归北京市地震局。

表 2-12-7　　　　　　　　　　　断层形变（位移）监测场区基本情况表

序　号	所在断裂	种　类	测线长度	测线类别	起测时间	投资（万元）
小水峪	安营堡	双 联合	N-E 24m E-W 48m	水准 2段 基线 2段	1969.09	20
张山营	大西山	单 联合	W-E 120m	水准 1段 基线 1段	1969.08	15
德胜口	南口山前断裂	单 联合	W-E 168m	水准 1段 基线 1段	1982.07	20
施庄村	施庄村	单 联合	W-E 48m	水准 1段 基线 1段	1969.09	12
桃　山	高丽营	双 水准	W-E 519m E-E 1340m	水准 2段	1977.12	6
北石城	北石城	单 水准	W-E 70m	水准 1段	1983.10	3
古北口	石北口	单 水准	N-S 210m	水准 1段	1983.10	5
墙子路	墙子路-兴隆	双 联合	S-N 50m WS-EN 50m	水准 2段 基线 2段	1971.08	8
张家台	程各庄	双 联合	N-S 50m E-W 50m	水准 2段 基线 2段	1971.06	8
镇罗营	程各庄-上营	单 水准	W-E 80m	水准 1段	1984.04	3
燕家台	沿河城	双 联合	N-S N-E W-S 48m24m24m	水准 3段 基线 3段	1970.05	12
沿河城	沿河城	单 水准	2-1 350m	水准 1段	1981.10	5
上　万	高丽营-黄庄	双 联合	W-E 24m N-S 24m	水准 2段 基线 2段	1980.09	10
大灰厂	八宝山	双 联合	N-E N-E W-S 48m24m24m	水准 3段 基线 3段	1967.09	15
八宝山	八宝山	单 联合	N-S 24m	水准 1段 基线 1段	1982.04	6

说明：表中场地“联合”为水准、基线双手段，其他为单水准手段。

五、流动测距网观测

地壳应力研究所流动测距网建于 20 世纪 80 年代初，共有 15 个场地，主要分布在北纬 39°～41°、东经 114°～118°范围，属北京及临近地区，交通方便。15 个场地多数布设在岩石裸露处，且跨过主断层，以大地四边形为主，个别场地为三角形。由于地形条件的限制，各场地的测边长度和边数及所建桩标的个数不尽相同，以测线跨过主断面为原则。测点标志用混凝土浇灌，标基直接与基岩相连，测距仪以强制对中的方式安置于测墩上，对同一场地一般采取不同光段进行边频同测以取得最佳观测成果。1997 年前采用 ME-3000 测距仪，1998 年采用 DI2002 红外测距仪进行观测。大地四边形测量点有一间房、小河、小坝子、水观台、小水峪、古北口、北石城、夏垫、姜屯、沿河城等站；三角形测距点有大庄、石门、镇罗营等站；进行五边形测距点有桃山站；进行两边形测距点有德胜口站。

第四节　地震监测预报实验场

一、鲜水河断裂带断层形变实验场试验观测研究

鲜水河断裂带位于四川省西部，绵延约 300km。第四纪以来表现为强烈的左旋剪切错动，是中国以著名的走滑为主的强烈活动断裂带，历史上强震活动频繁。从 20 世纪 70 年代开始，四川省地震局在鲜水河断裂带设置测点开展断层形变人工流动监测。为了检验动态观测仪器性能，研究地震前兆特别是短临前兆特征现象，以及地震孕育发生规律，加强四川西部地震前兆监测能力，地壳应力研究所与四川省地震局合作建设鲜水河断裂带断层形变动态监测实验场。

从 1984 年起，赵国光、肖振敏、刘德权等连续多年应用多种方法对鲜水河断裂带全线开展了系统的勘察研究，选择了 10 个适合建设断层形变动态监测台站的地址。

1987～1990 年，应用 MD4281 型断层活动测量仪（DSJ）陆续建成沟普台、龙灯坝台、老乾宁台、恰叫台、虾拉坨台、紫马垮台 6 个台站，形成中国规模最大的断层形变动态监测台网。每个台均设置和断层走向垂直与斜交的两个分支坑道。

20 多年来，鲜水河断裂带断层形变动态监测台网应用的仪器运转正常，表明针对鲜水河地区实际情况研制的纯机械式自动记录的仪器经受住了恶劣环境条件的长期考验。最早投入工作的沟普台和龙灯坝台的仪器已连续运行 23 年，创造了中国地震前兆监测仪器工作寿命最长的记录。

2010 年，鲜水河断裂带断层形变动态监测台网全部仪器更新，重新安装 MD4281 型水平分量测量仪（DSJ）。在虾拉坨台还增加安装了 MD4271 型水平变形测量仪和 MD4472 型垂直变形测量仪开展三分量断层形变监测。

二、首都圈地震监测预报重点监视区

1987 年全国地震趋势会商会确定把首都圈（即北京以西至晋冀蒙交界地区）列为一类重点监视区，因此，可以把首都圈地区看作地震监测预报的一个实验场。地壳应力研究所是参加单位之一，并且是应力应变前兆观测方法的牵头单位和形变、宏观地质现象的负责单位之一。

承担的任务、具体工作情况详见第八章第二节（四、首都圈地震监测预报）。

三、滇西地震预报实验场

1．水压致裂原地应力测量

1982 年 9 月，李方全、翟青山等与美国地质调查局佐巴克(M.D.Zoback)博士、美国威斯康星大学海姆森 B.C.Haimson)教授合作在云南滇西地震预报试验场红河断裂北段进行水压致裂应力测量，研究该区地壳应力分布和特征，并为研究地震成因、地壳动力提供基础资料。1983～1988 年先后在下关荒草坝（孔深 500m）、永平大卓潘（孔深 500m）、剑川狮子桥（孔深 800m）、丽江团山（孔深 430m）进行水压致裂应力测量，获得 4 个地点 324～592m 不同深度的主应力值和主应力方向。根据丽江团山测量结果分析，该区构造应力场方向与场区内活动断层的现今活动方式完全一致，摩擦系数表明丽江地区断层活动以走滑为主，沿有利破裂方向发生运动，产生地震是可能的。课题参加人有刘鹏、张钧、毛吉震、祁英男、梁海庆、张志国、柴建忠、毕尚熙、郑国友、王清成。

2．地热前兆观测台网

1984 年，国家地震局安排地壳应力研究所的地热前兆技术在滇西地震预报试验场进行地热前兆观测。至 1987 年，先后在保山、腾冲、剑川、弥渡、大姚、晋宁、小哨、昭通、江川、开远、景谷 11 个地点设立地热前兆观测站。1988 年 11 月 6 日，澜沧和耿连续发生 7.6 级和 7.2 级强烈地震，震前 4 个地热前兆观测站的观测资料出现有不同形态的异常，尤其景谷站的异常最为突出。其后，根据景谷深井的地热异常变化，又成功地预报了 5 次强余震。项目负责人付子忠。

3．其他研究课题

（1）滇西北地区构造应力场数值模拟（1988 年）。

根据中美合作测得的 4 个测点原地应力资料和地壳介质特性用二元理论进行数值模拟，反演该地区的构造应力场。结合本区震源机制解结果，丽江－剑川－下关为剪应力高值带，断层主要为走滑型，为地震多发区。

课题负责人王继存，成员：黄清阳、祝景忠、王树林、谢富仁、梁海庆。

（2）滇西构造应力场研究和岩石力学试验。

1988 年，马元春根据地应力测孔岩芯的杨氏模量、泊松比，分析模擦系数及对应的模擦角。结合原地应力测量结果和岩石及断层摩擦性状，定量地判定野外断层稳定性和滑动状态。

（3）声发射测量应力研究。

1988 年江南生、祁英男运用凯塞效应理论，在云南下关平坡村片麻岩中开展声发射应力测量研究。

（4）红河断裂带古构造残余应力测试和研究。

1988 年安欧、高国宝以岩体正交各向异性弹性理论为基础，用 X 射线衍射法，在红河断裂带选

12 个大口径钻孔岩芯，测量岩体中的三维残余应力状态，并研究其弹性应变能随深度的分布。

（5）滇西北地区水系格局及现代构造应力场探讨。

1987 年，侯志华、李鼎容、王宝杰对滇西北地区地质构造、水系格局，结合震源机制解、原地应力测量、三角网测量和跨断层测量资料，进行对比分析，以红河断裂为界分东西两区，全新世一现代构造应力场西区显示反扭特点，东区仍继承了新构造应力场，总体向右旋转。

四、西部钻孔应变前兆观测台网实验场

1984 年在新疆乌什安装 RZB-1 型电容式钻孔应变仪建立地震前兆观测站，随后陆续在库尔勒、乌鲁木齐建观测站。1988～1990 年，国家地震局部署在四川、新疆、甘肃三省（区）建 RZB-1 钻孔应变观测台网，在新疆建乌什站、库尔勒站、乌鲁木齐站、石场站；在甘肃建武都站、高台站、河西堡站；在四川建西昌站、攀枝花站、江油站。站址大都选择在现今活动构造带和大断裂附近，钻孔深度在 80～100m。

1990 年基本完成中国西部台网建设任务。在近 20 年的地震监测过程中，除少数台站因选址不当停测外，大部分台站观测系统运行良好，记录到清晰的固体潮汐、震时应变阶和震后应变调整过程，并多次记录到震前非线性应变积累过程，多个台站依据观测到的应变前兆信息提出了较准确的地震预报意见。

第三篇　科技成果

概　　述

科技成果主要包括获奖成果、论文论著、专利、产品、研究报告、考察和工程测试报告等，本志只统计了公开发表的论文论著、专利及获奖成果。

自 1976～2010 年，地壳应力研究所科研人员公开发表论文 3000 多篇，其中涉及地震地质、地球动力学、地震灾害等方面的论文约 550 篇，地球物理研究领域的论文约 110 篇，地应力测量、构造应力场研究领域的论文约 500 篇，地震监测与预报研究的论文约 400 篇，地震仪器研制及观测系统开发方面的论文约 140 篇，遥感技术应用领域的论文约 100 篇，其他论文约 200 篇。被 SCI 收录 76 篇，被 EI 收录 115 篇。出版论著 71 部，译著 9 部。申请专利 24 项。

1978 年，全国科技大会召开并恢复科技成果评比奖励制度。

1980 年始，地壳应力研究所设立了所级科技成果奖，出台了评奖规则。

1980～1985 年，地壳应力研究所科技研究成果（简称科技成果）奖分两个层次，五个等级。即：一、二等奖由中国地震局授予，属省部级奖励；三、四、五等奖由地壳应力研究所授予，属基层奖励。

1986～1999 年，地壳应力研究所科技成果奖按中国地震局规定，更名为科学技术进步奖（简称科技进步奖）。科技进步奖设：国家、省部（含中国地震局）和基层（含地壳应力研究所）三个级别。国家和省部级奖励设一、二、三等；基层奖设一、二、三、四等。每级奖励限定的获奖人数为：一等奖限 15 名，二等奖限 9 名，三等奖限 5 名，四等奖限 4 名。基层奖实行限额奖励，每年度的奖项数额由中国地震局下达。奖励程序是由下而上。即：基层先评奖，获基层一、二等奖的项目由研究所推荐申报中国地震局奖励；获中国地震局一、二等奖的项目由中国地震局推荐申报国家级奖励。

2000 年，国家取消了各部委的科技进步奖。随之，地壳应力研究所取消科技进步奖。

2001 年，中国地震局设立防震减灾优秀成果奖。地壳应力研究所按照中国地震局文件要求，于 2002 年设立防震减灾优秀成果奖。奖励办法和奖励程序同科技进步奖。

自 1978 年全国科技大会恢复科技成果奖评比制度起，至 2010 年 12 月 31 日，地壳应力研究所共获各类、各级科技成果奖 486 项。其中：国家级科技成果奖 19 项，省部委级科技成果奖 106 项，基层科技成果奖 329 项，其他科技成果奖 32 项。

第十三章　论文和专（译）著、专利

正式出版的会议论文摘要及内部出版的论（译）文 1000 多篇，未列入本目录。本论（译）文目录根据中国知网、中国地震局维普网和地壳应力研究所登记标注的论文统计而来。其中：论（译）文 2058 篇，专（译）著 80 部，专利 24 项，见表 3-13-1、3-13-2、3-13-3。

第一节　论（译）文

表 3-13-1　　1976～2010 年论（译）文

序号	论文名称	作者	期刊名称	年	期
01	北京地区断层的活动	王宋贤、郑东炎、陈森辉、巫映祥等	地球物理学报	1978	04
02	华北地区地应力测量	李方全、王连捷	地球物理学报	1979	01
03	X—射线地应力测量原理和方法	安　欧	地震研究	1979	03
04	北京平原区上新统—更新统的划分	李鼎容、彭一民、刘清泗、谢振钊等	地质科学	1979	04
05	北京平原第四纪发生海浸的证据	谢振钊、李鼎容	化　石	1979	01
06	台站压磁应力仪原理质疑	安　欧	地震战线	1980	06
07	岩石在不同温度下的形变蠕变和滞后	安　欧	地震地质	1980	04
08	北京显微熔融石的发现	李鼎容、王安德、谢振钊、王焕贞等	地震地质	1980	04
09	倾斜断层错动产生的应力场	黄福明、王廷韫	地震学报	1980	01
10	构造应力方向与震源机制解	黄忠贤、王恩福、刘长义、何承恩等	地震学报	1980	02
11	大型地下构筑物的几个土木工程方面的问题——特别是关于地下油罐的抗震性能	陈宏德 译	国外地震工程	1980	02
12	地壳水平应力与垂直应力随深度的变化	丁建民、高莉青	地震	1981	02
13	断层活动与临震信息的探讨	侯振国、巫映祥、张鸿旭、姜义仓等	地震	1981	03
14	强地震与活断层附近的应力场特征	丁建民、李冰冶	地震	1981	03
15	几种测量小位移的电容传感器	李秉元	地震	1981	03
16	玉田低烈度异常的地质分析	张国庆、朱秀岗	地震	1981	03
17	跨断层位移测量与局部断层活动	张　超	地震	1981	05
18	华北新生代裂谷系的凝块结构及重力滑动构造	杨承先	地震	1981	06
19	用地应力测值定性判别测区应力状态	张　超	地震	1981	06
20	北京平原区同生断裂的某些特征及其研究意义	彭一民、李鼎容、谢振钊、王安德等	地震地质	1981	02
21	北京三里河古代砂土液化遗迹的发现及其意义	焦振兴、黄兴根、张英礼	地震地质	1981	04
22	伴随前兆蠕动和震后滑动的准静态形变——模型与观测实例	赵国光、张　超	地震学报	1981	03
23	断层活动的重力效应	张　超、赵国光	地震学报	1981	04
24	北京显微熔融石的发现	李鼎容、王安德、谢振钊、王焕贞等	科学通报	1981	02

续表

序号	论 文 名 称	作　者	期 刊 名 称	年	期
25	北京宣武门古地震遗迹的发现及其意义	黄兴根、焦振兴、张英礼	地质论评	1981	03
26	关于苏联地震预报方法的新进展概况	高莉青、丁建民	国际地震动态	1981	06
27	有限元节点编号的优化方法	王继存	土木工程中计算机应用文集	1981	
28	华北平原邢台地震活动地区的上地幔结构和地幔低速层	滕吉文、魏斯禹、李金森、赵静娴	地球物理学报	1982	01
29	实际断层初动的三维地震模型研究	王恩福、魏庆云、刘明达	地震学报	1982	01
30	地幔上涌引起的破裂危险性	许寿椿	地震地质	1982	03
31	北京地区断层活动的阶段性特征	王宋贤	地震地质	1982	03
32	中国东部活动断裂的现代构造运动	刘光勋、马廷著、黄佩玉、王宋贤	地震地质	1982	04
33	唐山 7.8 级地震前后的断裂运动	马廷著、黄佩玉	地震地质	1982	04
34	768 数字地应力仪	付子忠、崔占桃	地震	1982	01
35	“应力波”“应变波”及其他	苏恺之	地震	1982	01
36	数理统计基础知识(一)——总体、样本和随机变量	陆松澄	地震	1982	03
37	数理统计基础知识(二)——均值、方差和二项分布	陆松澄	地震	1982	04
38	关于邢台地震地质背景的讨论	杨承先	地震	1982	05
39	数理统计基础知识(三)——正态分布	陆松澄	地震	1982	05
40	数理统计基础知识(四)	陆松澄	地震	1982	06
41	华北地震构造应力场的模拟	王　仁、黄杰藩、孙荀英、安　欧等	中国科学(B 辑)	1982	04
42	泥河湾地区上新世哺乳动物群的发现及其意义	王安德	科学通报	1982	04
43	华北及郯庐断裂带地应力测量	李方全、孙世宗、李立球	岩石力学与工程学报	1982	01
44	北京平原区第四系划分及其下限问题	李鼎容、谢振钊、王安德、王焕贞等	石油与天然气地质	1982	04
45	迁西地区构造体系的 X 射线鉴定	安　欧	地质科学	1982	01
46	北京微体熔融石的初步研究	李鼎容、王安德、谢振钊、王焕贞	地理学报	1982	04
47	大面积沉陷可能是震源区相变的证据——琼州大震成因初探	许寿椿、高喜奎、李海玉	华南地震	1982	01
48	关于有限元网络非零元计算的注记	许寿椿	数值计算与计算机应用	1982	02
49	单断裂周围的三维应力场与形变场	李群芳、张云柱	地壳形变与地震	1982	01
50	唐山大震前后地壳形变与断裂活动特征	杜春涛、孟宪梁、业成之、陈书贤	地壳形变与地震	1982	03
51	郯城—庐江断裂带附近的地壳应力场特征	梁国平、丁健民	地壳形变与地震	1982	04
52	当前地壳原地应力测量中的研究动向(综述)	丁建民、高莉青	国际地震动态	1982	02
53	地震研究的新领域(汇编)	陈彭年	国际地震动态	1982	03
54	古地震的判据(汇编)	陈彭年、丁旭初	国际地震动态	1982	03

续表

序号	论 文 名 称	作 者	期 刊 名 称	年	期
55	断层蠕变测量研究概述	张鸿旭、丁建民	国际地震动态	1982	12
56	日本地震与火灾	陈宏德	国际地震动态	1982	12
57	含断层地块因温度变化引起的破裂危险	许寿椿、李海玉	地球物理学报	1983	01
58	房山大理岩的摩擦滑动试验	张伯崇、姜　光、韩　风、姚宝树	地球物理学报	1983	02
59	压扭性断裂的震前应力场与地应力变化异常	张　超	地震学报	1983	02
60	从应力解除资料反演中国东部郯庐断裂带区域应力场方向	许寿椿、朱　正	地震学报	1983	04
61	据断层附近布格重力异常分布反推地质时期断层运动的探讨	张　超、赵国光	地震地质	1983	01
62	1976 年唐山地震前土层水平最大剪应变的时空分布	安　欧、黄诗斌、王文清、蒋丽芳	地震地质	1983	02
63	数理统计基础知识(五)	陆松澄	地震	1983	01
64	房山大理岩试件的水压致裂试验	张伯崇、江南生、刘长义、马元春等	地震	1983	02
65	数理统计基础知识(六)	陆松澄	地震	1983	02
66	1679 年三河—平谷大震的地震断裂带	孟宪梁、杜春涛、王　瑞、刘士平	地震	1983	03
67	用地面电测法测定水压破裂面延伸方向的试验	梁国平、丁建民	地震	1983	03
68	准同生变形构造与古地震	李鼎容	地震	1983	04
69	应用最小二乘原理对观测值的拟合	王宋贤	地震	1983	04
70	房山大理岩的三轴压缩实验	王福江、杨新华、姚宝树	地震	1983	05
71	河北徐水—文安地区第三纪伸展断裂的地质特征及其活动性分析	杨成先	地震	1983	05
72	用充电电位对比法确定水压致裂裂缝方位的数理初探	关伟沂、祁英男	地震	1983	06
73	金川矿区原岩应力实测及在矿山设计中的应用	廖椿庭、施兆贤	岩石力学与工程学报	1983	01
74	潘家口水库坝基地应力测量和断层稳定性的探讨	张伯崇、刘玉琢、江南生	水文地质工程地质	1983	01
75	北京地区砂土液化的初步探讨	张英礼、黄兴根、焦振兴	水文地质工程地质	1983	06
76	测定水压致裂面延伸方向的地面电测法及其试验结果	丁建民、梁国平	国际地震动态	1983	07
77	粤东、雷琼地区陆壳上升率及地震活动性的比较	许寿椿、赵希涛	华南地震	1983	01
78	应变片式地应力仪	王　勇、关志民	华北电力技术	1983	08
79	华北大震趋势的构造应力场背景	安　欧	华北地震科学	1983	01
80	原地应力测量在地震地质研究工作中的应用	李方全	华北地震科学	1983	02
81	定量比较沿海地区构造运动的一个新方法	许寿椿、赵希涛	海洋通报	1983	02
82	关于地球自转角速度、地质构造和地应力与我国大地震关系的初探	于允生	四川地震	1983	04
83	中尺度地壳岩体中人工力源应力场的实验研究	于允生、李建春、王铁男、王东岩等	地球物理学报	1984	02

续表

序号	论 文 名 称	作　者	期 刊 名 称	年	期
84	伴随断层蠕动传播的准静态变形——模型理论分析及唐山地震前孕震断裂运动过程的讨论	张　超	地震学报	1984	01
85	唐山(1976)和三河—平谷地震(1679)附近的地应力场特征	丁建民、梁国平	地震学报	1984	02
86	温度变化引起跨断层位移测量结果的年周期变化	许寿椿、蒋承恩	地震学报	1984	03
87	岩体准静态运动失稳的 CUSP 型突变模型	康仲远	地震学报	1984	03
88	邯郸、汤阴断陷地质结构及其活动性	杨承先	地震地质	1984	03
89	云南鹤庆盆地的古地震遗迹	黄兴根、焦振兴	地震地质	1984	01
90	SZW-1 型数字式钻孔温度计	付子忠、吕国贤	地震	1984	01
91	断层位移测量观测值分布规律浅探	沈建华、王宋贤	地震	1984	02
92	利用岩石声发射活动性的应力履历效应估计地壳应力	陈宏德	地震	1984	02
93	随机时序分析方法对地震信息的识别	康仲远	地震	1984	03
94	南京、下关断层位移与地应力变化的探讨	戴樑焕、周　军、葛丽明、高忠宁	地震	1984	04
95	云南大理岩破坏过程中的气体发散现象	杨新华、王福江、姚宝树、张伯崇	地震	1984	05
96	从断层位移测量资料探讨川滇西部地区主要构造的现今活动特征	业成之、侯治华	地震	1984	05
97	地震预报	张文国、张宗润	地震	1984	05
98	北京平原 30000 年来的古地理演变	赵希涛、孙秀萍、张英礼、黄兴根	中国科学(B 辑)	1984	06
99	北京鲸“化石”与“全新世海侵”问题	张子斌、黄兴根	科学通报	1984	03
100	内蒙红山—八里罕断裂带地质特征及其地震活动性	杨承先、王贵华、陈　健	地震研究	1984	04
101	中国中部大震与地球自转的关系	安　欧	地震研究	1984	05
102	唐山地震后震中区断层水平活动的观测结果	龚鸿庆、勾　波、张鸿旭	地震研究	1984	06
103	构造活动强度及其分区与地震活动的关系	曾秋生	华南地震	1984	04
104	鄂尔多斯周边深部构造背景评述及其探测研究方案——汾渭、海原、银川 8 级大震区深部构造测量要点	陈学波	山西地震	1984	04
105	中国珊瑚礁分布区全新世构造运动速率的新比较	赵希涛、许寿椿	海洋学报	1984	02
106	北京延庆盆地第四纪早期有孔虫化石的发现及海侵的探讨	庞其清、黄兴根	海洋地质与第四纪地质	1984	02
107	测边大地四边形的三维间接平差	易杰军、沈建华	地壳形变与地震	1984	03
108	用褶积滤波及多元回归方法处理断层位移测量资料	游丽兰等	地壳形变与地震	1984	04
109	断层位移观测中的热位移探讨	谢新生、张　超	地壳形变与地震	1984	04
110	二滩电站的地应力测量	孙世宗、李立球、李方全	水文地质工程地质	1984	02
111	唐山大震前后震区构造应力场的光弹性模拟实验	郭世凤、陈葛天、李淑恭、鞠德祥	西北地震学报	1984	03

续表

序号	论文名称	作者	期刊名称	年	期
112	绝对弹性地形变的X射线测量与地震	安　欧	西北地震学报	1984	04
113	郯城庐江断裂带中段的近地表和深部原地应力测量	赵仕广、丁建民	地震学刊	1984	02
114	地应力波观测试验的初步结果	戚文忠、侯忠民	地震学刊	1984	03
115	华北地块破裂过程及构造活动规律	聂宗笙、刘仲温	中国区域地质	1984	02
116	东地中海地区地震构造和地震预报	张文国	国际地震动态	1984	09
117	关于强震预报研究问题的讨论	曾秋生	华北地震科学	1984	01
118	关于北京地区断层位移观测网复测周期的讨论	王宋贤、沈建华	华北地震科学	1984	01
119	太行山地区的现今地壳应力场	郭啟良、丁建民	华北地震科学	1984	02
120	太行山山前断裂带活动特征及地震危险性讨论	江娃利、聂宗笙	华北地震科学	1984	03
121	中国西部地区门源—平凉—渭南地震测深剖面资料的分析解释	张少泉、武利均、郭建明、陈学波	地球物理学报	1985	05
122	山西洪洞8级地震形变遗迹研究	孟宪梁、于慎谔、奚　云	地震地质	1985	04
123	唐山、天津和沧州地区的油井水力压裂应力测量	丁建民、梁国平	地震学报	1985	04
124	地应力相对观测的现状及发展方向	苏恺之	中国地震	1985	04
125	西南地区地壳厚度	宋子安、师洁珊	中国地震	1985	04
126	对墙子路、施庄村形变异常的认识	戴樑焕	地震	1985	05
127	钻孔法地应力测量计算中的误差传递问题	陆松澄	地震	1985	06
128	用残差—连差检验法判别地震前的趋势性异常	王宋贤、秦月发、沈建华等	地震研究	1985	02
129	地应力测量	李方全	岩石力学与工程学报	1985	01
130	华北地区的燕山运动	聂宗笙	地质科学	1985	04
131	沙脉、沙火山的特征及其地震意义	杨承先	西北地震学报	1985	02
132	黑龙江省部分地区的Q值分布	刘建中、梁海庆、何景昊	地震地磁观测与研究	1985	06
133	地应力相对测量干扰影响的正交试验	张绍治、缪惟祥、肖学文	地震学刊	1985	02
134	地应力测量及其理论研究的新进展	陈彭年	国际地震动态	1985	01
135	全球大震活动与地球自转速率的关系	安　欧	华北地震科学	1985	01
136	唐山地区深部应力测量	李方全、张　钧、刘　鹏、毕尚煦等	华北地震科学	1985	03
137	用地应力实测结果反演华北地区构造应力场	安其美、孙世宗、刘玉琢	华北地震科学	1985	04
138	河北省邯郸市地裂缝成因探讨	江娃利、聂宗笙	华北地震科学	1985	04
139	试论大庆油田高压注水所起的作用	李自强、高阿甲、刘建中	华北地震科学	1985	S1
140	试论三角洲沉积与生长断裂	杨承先、焦振兴	石油实验地质	1985	04
141	地堑系断陷盆边缘海的成因与地壳伸展运动	林辉德	中国区域地质	1985	05
142	用处理后的卫星图片研究云南省活动断裂及其与地震的关系	吴舒敏、吴一凡	中国区域地质	1985	05

续表

序号	论文名称	作者	期刊名称	年	期
143	中国中原地区随县—安阳剖面深地震测深资料的解释	胡鸿翔、陈学波、张碧秀等	地震学报	1986	01
144	我国现今地应力状态及有关问题	李方全、刘光勋	地震学报	1986	02
145	鲜水河断裂带上两次强震之间的断层蠕滑及其传播特征的模型研究	张　超、过家元、谢新生、陈连旺	地震学报	1986	03
146	水压致裂法原地应力测量及初步结果	李方全、翟青山、毕尚煦、刘　鹏等	地震学报	1986	04
147	我国滇西北地震活动区的活动构造与应力状态	刘光勋、李方全、李桂荣	地震地质	1986	01
148	从水压致裂结果讨论华北地区构造应力场	刘建中、李自强	地震地质	1986	01
149	用油田井斜资料分析构造应力场及地质构造(英文)	刘建中	地震地质	1986	01
150	鲜水河断裂带的地震迁移	王宋贤、沈建华、刘向军	地震地质	1986	02
151	我国境内乐夫波的相速度及地壳厚度计算	宋子安、师洁珊	地震地质	1986	03
152	地应力测量、地壳上部应力状态与地震	李方全、刘光勋	中国地震	1986	01
153	确定地应力探头灵敏度校正系数的一种数学方法	任庆维、张文孝、康仲远、杨修信	中国地震	1986	01
154	根据钻孔崩落椭圆确定唐山地区深部地壳应力方向	郭啟良、丁建民、梁国平	中国地震	1986	03
155	山西地堑系现今构造应力场特征	梁海庆、杨增学、郭啟良	地震	1986	01
156	高精度“分量式钻孔应变仪”研制成功	欧阳祖熙	地震	1986	02
157	水压致裂压裂裂缝的扩展及其力学特性	刘建中、曹新玲、李自强	地震	1986	03
158	伸展断裂系的序列特征——以固安、河西务断裂为例	杨承先	地震	1986	04
159	对水压致裂应力测量理论的实验与分析	刘建中、李自强	岩石力学与工程学报	1986	03
160	华北及其邻近地区北北西向断裂带初探	黄相宁、赵淑贞、吴舒敏等	科学通报	1986	09
161	安徽嘉山明光地区第四系中的浅表构造成因讨论	杨承先、焦振兴	海洋地质与第四纪地质	1986	03
162	张山营短水准热形变分析	古桂云	地壳形变与地震	1986	01
163	应用地应力元件测值比反推地壳介质力学性质和测量元件的灵敏度	张　超	地壳形变与地震	1986	01
164	外力方向对断裂周围应力场和位移场三维空间分布的影响	李群芳	地壳形变与地震	1986	03
165	山东渤海沿岸地区深部应力测量——主应力方向的测定	丁建民、梁国平、郭啟良	地震学刊	1986	01
166	试论地震前兆	安　欧	地震学刊	1986	01
167	山东渤海沿岸地区深部应力测量——主应力大小的测定	丁建民、梁国平、郭啟良	地震学刊	1986	02
168	地应力测量与矿山地质	丁旭初、苏恺之、梁发明	煤炭科学技术	1986	07
169	冀中平原深井水力压裂应力测量	梁国平、丁建民	华北地震科学	1986	04

续表

序号	论 文 名 称	作 者	期 刊 名 称	年	期
170	华北盆地北部断裂活动特征及其与地震的关系	许桂林、范国胜	华北地震科学	1986	01
171	山西临汾盆地东缘挤压构造的发现及其意义	孟宪梁、于慎谔	华北地震科学	1986	03
172	对大庆油田人工控震实验的分析	刘建中、梁海庆、祁英男 等	东北地震研究	1986	03
173	水压致裂过程中的裂缝扩展——用封闭压力确定最小水平主应力	刘建中、李自强、曹新玲	华南地震	1986	02
174	大青山山前断裂带中、晚全新世活动的发现	聂宗笙、李 克、陈 健	地质科学	1986	03
175	苏蒙两国合编的《蒙古的地震和地震区划基础》一书简介	高莉青、靳君达	国际地震动态	1986	11
176	从断层位移测量成果探讨我国主要构造体系的现今活动特征	业成之	地质力学研究所所刊	1986	
177	地质力学在地震预测预报工作中的应用	曾秋生	中国地质科学院地质力学研究所所刊	1986	
178	北京地区构造体系现今活动粗探	侯宗仁、张慧兰、叶成之	562 综合大队文集	1986	
179	从美国地调局岩石力学实验室看我国高温高压岩石力学实验室的建设	张伯崇	第一届高温高压岩石力学学术讨论会论文集	1986	
180	VAX-11/750 计算机上中文文件处理系统 CWP	续春荣、王继存、赵小平等	VAX 通讯	1986	20
181	对扶余油田套管变形的几点看法	刘建中、曹新玲、李自强、陈宗哲等	地震学报	1987	01
182	鲜水河断裂带的应力积累与释放	黄福明、杨智娴	地震学报	1987	02
183	根据钻孔崩落椭圆确定地壳应力方向	丁建民、梁国平、郭啟良、高建理等	地震学报	1987	02
184	北京地区第四纪海侵及新构造运动初析	黄兴根、赵希涛	地震地质	1987	02
185	北京房山花岗闪长岩体及其附近现今应力状态分析	梁海庆、翟青山、李方全	地震地质	1987	04
186	东亚大陆地震的地球自转动力观测资料分析	安 欧	地震地质	1987	04
187	下关地区水压致裂应力测量及构造应力状态的研究(英文)	李方全、翟青山、张 钧、刘 鹏等	地震地质	1987	06
188	用分段拟合法处理断层位移观测资料判别震前异常	王宋贤、沈建华	中国地震	1987	02
189	华北地区附加应力参数的变异特征及与该区强震间的相关性	朱思林、于允生、马兴国	中国地震	1987	03
190	华北地区盆地内地壳应力随深度的变化	高建理、丁建民、梁国平、郭啟良	中国地震	1987	04
191	地应力水平分布特征及其与地震的关系	陈彭年、高莉青	中国地震	1987	S1
192	花岗岩三轴摩擦试验	马元春、张伯崇	地震	1987	02
193	环境因素对跨断层位移测量的影响	游丽兰、韩 晔	地震	1987	03
194	云南地震震源参数与震级的定量关系	叶文华、杨智娴	地震研究	1987	03

续表

序号	论文名称	作者	期刊名称	年	期
195	中国深部应力分布与板块的动力作用	曹新玲、李自强、刘建中	地震研究	1987	03
196	滇西北区早第三纪海相灰岩的发现及其意义	李鼎容、黄兴根、王安德、于慎谔	科学通报	1987	04
197	一次地震前的地应力异常变化	康仲远、杨修信、王廷韫等	科学通报	1987	20
198	广东海山岛晚全新世"海滩岩田"的沉积相及其海岸升降特征的研究	毕福志、袁又申、尹云鹏	海洋地质与第四纪地质	1987	02
199	河北省蔚县水西堡钻孔的微体古生物群及地层划分	奚 云、王 强、高秀林	海洋地质与第四纪地质	1987	03
200	决策学与地震科研管理	王树华	华南地震	1987	04
201	台湾海峡西岸及台湾岛的现代升降运动	毕福志、袁又申、温庆兰	长安大学学报(地球科学版)	1987	02
202	滇西北大理冰期及冰后期地壳变形速率	李鼎容、侯治华、姚宝树、王宝杰	现代地质	1987	Z1
203	中国中部地区强震活动规律的光弹模拟试验研究	李淑恭、高德禄	西北地震学报	1987	01
204	1981 年内蒙丰镇 5.5 级地震浅析	杨承先	东北地震研究	1987	02
205	华南地区应力测量与分析	张 雪、祁英男、刘建中	地震学刊	1987	04
206	滇西北第四系的划分	李鼎容、黄兴根、王安德、于慎谔等	地质论评	1987	02
207	华北地区地震活动特点及地震构造带的划分	卞兆银、王进英	华北地震科学	1987	S1
208	从跨断层测量资料探讨唐山地震孕育的断裂运动特征	业成之	华北地震科学	1987	S1
209	华北地区附加应力参数的异变特征及与该区强震间的相关性	朱思林、于允生等	华北地震科学	1987	S1
210	唐山地震由应力减小引起的可能性	耿乃光、曹新玲、刘建中等	华北地震科学	1987	S1
211	用声发射法测定唐山地区历史地壳应力	祁英男、刘建中、毛吉震	华北地震科学	1987	S1
212	唐山古地震遗迹的发现及其意义	黄兴根、张英礼、王 瑛	华北地震科学	1987	S1
213	封闭的菜单式诊断管理系统的设计	续春荣、王继存、祝景忠、陈景松等	VAX 通讯	1987	32
214	我们遇到的 VAX-11/750 计算机故障及其排除方法	续春荣、陈景松、张称夫、王树林等	VAX 通讯	1987	33
215	中国主要活动断裂及其现代运动	马廷著、刘光勋、黄佩玉、白玉芹	地壳构造与地壳应力文集	1987	1
216	华北地区现代地壳运动与地震活动及其运动方式的探讨	马廷著、黄佩玉、白玉芹	地壳构造与地壳应力文集	1987	1
217	汾河南段河流阶地与新构造运动	杨景春、韩穆康、刘光勋、肖振敏	地壳构造与地壳应力文集	1987	1
218	河套断陷的形成演化与地震活动性	李 克、聂宗笙	地壳构造与地壳应力文集	1987	1
219	应用短水准短基线测量监测断层现今活动的原理和方法	张 超、过家元、谢新生、陈连旺	地壳构造与地壳应力文集	1987	1

续表

序号	论文名称	作　者	期刊名称	年	期
220	云南永胜大震与程海断裂带	李鼎容	地壳构造与地壳应力文集	1987	1
221	测定水压破裂面方向的地面电测法原理及其在华北地区的测量结果	梁国平、丁建民	地壳构造与地壳应力文集	1987	1
222	压磁法地应力测量的应力定量分析方法及有关力学问题的探讨	张　超	地壳构造与地壳应力文集	1987	1
223	确定深部地壳应力方向的一种新方法——钻孔崩落椭圆法	郭啟良、丁建民、梁国平	地壳构造与地壳应力文集	1987	1
224	钻孔应变仪的技术指标	苏恺之、欧阳祖熙、刘瑞民	地壳构造与地壳应力文集	1987	1
225	体积式钻孔应变仪与岩孔的耦合技术	苏恺之、刘瑞民、裴玉珍、张振生	地壳构造与地壳应力文集	1987	1
226	液位型与液压型体积式应变仪	苏恺之、刘瑞民、裴玉珍、张振生等	地壳构造与地壳应力文集	1987	1
227	岩石摩擦性状的实验和断层滑动准则的探讨	张伯崇、马元春	地壳构造与地壳应力文集	1987	1
228	几种典型汇交方式的断裂周围应力场和位移场的三维空间分布——论断裂对构造应力场的影响	李群芳	地壳构造与地壳应力文集	1987	1
229	单轴压缩下花岗岩的声发射活动性及其凯赛效应的实验研究	刘长义、张伯崇、马元春、江南生等	地壳构造与地壳应力文集	1987	1
230	岩石中孔隙应力的变化与应力变化关系的实验研究	邬慧敏、刘长义、韩　风、张伯崇	地壳构造与地壳应力文集	1987	1
231	影子云纹模型试验在构造应变场研究中的应用	王文清等	地壳构造与地壳应力文集	1987	1
232	地壳应力随深度的变化规律	李方全、祁英男	岩石力学与工程学报	1988	04
233	临汾裂谷现代构造应力场特征及其数值模拟	强祖基、谢富仁	地球物理学报	1988	05
234	中国大陆东部现今构造应力状态	丁旭初、张文涛	地震学报	1988	01
235	小江西支断裂的滑动速率与强震重复周期	陈　睿、李　玶	地震地质	1988	02
236	地震活动与石油天然气的分布关系	丁建民、梁国平、高建理、郭啟良	地震地质	1988	03
237	用孔壁崩落法测定冀中平原地区地壳应力方向	梁国平、丁建民、郭啟良、高建理	地震研究	1988	01
238	用云南下关测点的水压致裂结果分析地形起伏对应力测值的影响	刘建中、高　强、刘玉琢、张　雪	地震研究	1988	06
239	青海花石峡地震形变带的初步研究	肖振敏、刘光勋、王焕贞、谢新生	中国地震	1988	01
240	内蒙古包头地区萨拉乌苏组的发现及其意义	聂宗笙、李　克	科学通报	1988	21
241	断层泥的热释光测年效果	刘明达、孟宪梁	核技术	1988	11
242	广东达濠半岛近代高海滩岩的研究	袁又申、毕福志	现代地质	1988	02
243	海南岛东寨港罗豆农场的海月沉积层及其海岸升降特征	毕福志等	海洋通报	1988	03
244	从地震科研试论公益型研究所改革的途径	王树华	华南地震	1988	02
245	关于八宝山断裂带活动性的讨论——对现场高精度测试及验证北京八宝山断裂的“活动性”一文的商榷	王宋贤	工程勘察	1988	04
246	桑干河流域晚更新世介形类与冰缘沉积的关系	黄宝仁、黄兴根	冰川冻土	1988	04

续表

序号	论 文 名 称	作　者	期 刊 名 称	年	期
247	论我国相对地应力测量动态基线间的比例关系	朱思林、于允生	地壳形变与地震	1988	01
248	利用人工力源进行钻孔地应力测量原地实验的数学模拟	陈沅俊	地壳形变与地震	1988	01
249	现今断层活动与强地震	蒋成恩、黄佩玉	地壳形变与地震	1988	02
250	滇西北新构造应力场与现代构造应力场的初步探讨	侯治华、李鼎容、王宝杰	水文地质工程地质	1988	03
251	地质断层类型划分与工程抗震影响评价	林辉德	水文地质工程地质	1988	04
252	“光弹性双轴应变计”在地应力测量中应用的可行性研究	高德禄、郭世凤、李淑恭、陈葛天	西北地震学报	1988	03
253	溧阳—广德地区新生代构造应力场探讨	王宝杰	地震学刊	1988	03
254	城市工程地震中的几个灾害问题	杨承先	灾害学	1988	03
255	岩石在不同应力条件下的声发射	张　雪、曹新玲、祁英男、刘建中	东北地震研究	1988	04
256	联合国通过“国际减轻自然灾害十年”提案	许厚德	国际地震动态	1988	12
257	龙门山构造带两侧地壳速度结构特征	陈学波、李金森、吴玉荣等	中国大陆深部构造的研究与进展	1988	
258	钻孔应变仪与井壁耦合方法的研究	欧阳祖熙、张宗润	地壳构造与地壳应力文集	1988	2
259	一种钻井式地应力场测量系统	欧阳祖熙、李秉元、贾维九、张宗润	地壳构造与地壳应力文集	1988	2
260	体积式应变仪探头的力学设计	裴玉珍、苏恺之	地壳构造与地壳应力文集	1988	2
261	关于胜利油田水压致裂和孔壁崩落应力测量结果及其应用问题	丁建民等	地壳构造与地壳应力文集	1988	2
262	四川西部水压致裂深部应力测量	李方全、张　钧、刘　鹏、翟青山等	地壳构造与地壳应力文集	1988	2
263	安康水电站地应力测量研究	孙世宗、安其美等	地壳构造与地壳应力文集	1988	2
264	黄河上游某水电站地应力测量及地下厂房设计中有关问题的研究	丁旭初、杨增学、刘宗坚	地壳构造与地壳应力文集	1988	2
265	滇西实验场水平钻孔水压致裂应力测量	祁英男、张　钧、毛吉震、刘　鹏等	地壳构造与地壳应力文集	1988	2
266	用房山测点的水压致裂测量结果分析地形起伏对应力测值的影响	刘建中、梁海庆、刘玉琢	地壳构造与地壳应力文集	1988	2
267	永胜、下关、楚雄、漾濞跨断层垂直形变测量中热形变的消除	焦　青	地壳构造与地壳应力文集	1988	2
268	一种消除地震观测数据趋势周期的方法	易志刚、葛丽明、吴凤玲、伊志华	地壳构造与地壳应力文集	1988	2
269	应力对岩石中孔隙流体应力的影响——地下水位震前异常变化机理探讨	郭慧敏、张伯崇、刘长义、韩　风、马元春	地壳构造与地壳应力文集	1988	2
270	岩石摩擦试验中的两种粘滑现象	张伯崇、马元春	地壳构造与地壳应力文集	1988	2
271	岩石试件水压致裂抗张强度与试件钻孔半径关系的实验研究	刘长义	地壳构造与地壳应力文集	1988	2
272	唐山地震断层破坏及其构造应力场的数值模拟	王继存、续春荣	地壳构造与地壳应力文集	1988	2
273	圆凹地形对构造应力场影响的三维光弹性模拟实验研究	郭世凤	地壳构造与地壳应力文集	1988	2

续表

序号	论文名称	作者	期刊名称	年	期
274	云南大理岩三轴压缩实验中的气体反射现象及 CO_2 等气体产生的机理	杨新华、王福江、刘长义、张伯崇	地壳构造与地壳应力文集	1988	2
275	曲型断裂的光弹性试验研究	陈葛天、郭世凤、李淑恭、高德禄	地壳构造与地壳应力文集	1988	2
276	邢台地震震中区深浅构造关系研究	陈学波、吴玉荣、李金森、赵静娴	地壳构造与地壳应力文集	1988	2
277	青藏高原东缘低速上地幔	陈学波等	地壳构造与地壳应力文集	1988	2
278	华北地区主要断裂近期活动方式与地震危险性的探讨	马廷著、高忠宁、刘国民、赵国光	地壳构造与地壳应力文集	1988	2
279	内蒙古大青山山前断裂带第四纪晚期活动特性	聂宗笙、李　克等	地壳构造与地壳应力文集	1988	2
280	山西多字型盆地的成因及其地震危险性探讨	李学新	地壳构造与地壳应力文集	1988	2
281	华北地区 Lg 波衰减的空间特征	王恩福等	地壳构造与地壳应力文集	1988	2
282	京津地区现今断层活动与唐山 7.8 级地震	蒋成恩、黄佩玉	地壳构造与地壳应力文集	1988	2
283	地层密度倒置下的重力变形	杨承先	地壳构造与地壳应力文集	1988	2
284	深部闭锁断层周围的应力场、形变场	杨修信、陈沅俊	中国科学(B 辑)	1989	08
285	对水压致裂法测得的应力结果之重新估价	刘建中等	地球物理学报	1989	05
286	地应力测量结果的校验和震前观测事实	康仲远、杨修信、王廷韫	地震学报	1989	01
287	根据钻孔崩落资料确定剑川地区应力场方向	翟青山、毛吉震、张　钧、魏庆云、李方全	地震地质	1989	02
288	唐山地震断层破坏及其力学过程的数值模拟	王继存、续春荣	地震地质	1989	04
289	关于中国大陆强震动力源的探讨	黄礼良	地震	1989	03
290	浅谈断层运动产生的应力波	黄福明	地震	1989	06
291	从形变测量资料探讨唐山地震的断裂运动次序	业成之	中国地震	1989	02
292	高差异应力下的水压致裂实验	高龙生、刘建中、张　雪	中国地震	1989	03
293	阿尔金断裂带中段区域新构造应力场分析	谢富仁、刘光勋	中国地震	1989	03
294	走滑断裂带上的楔状旋转盆地与障碍构造	赵　翔、陈　睿	中国地震	1989	03
295	单断裂多源应力场初探	杨修信	地震研究	1989	02
296	用小震应力降估算滇西地区深部绝对应力值	刘建中	地震研究	1989	03
297	地衣测年法研究及其在陕西若干地质事件中的应用	谢新生、肖振敏	科学通报	1989	24
298	试论狭谷型水库诱发地震的一种原因和机理	李自强、刘玉琢、刘建中	华南地震	1989	03
299	由钻孔应力(应变)观测中的元件测值推断测区的附加主应力比值和方向	杨修信	内陆地震	1989	02
300	太原盆地晚古生代同生断裂的揭示及其地质意义	杨承先	煤田地质与勘探	1989	04
301	当代钻孔地应力测量的主要问题	安　欧	西北地震学报	1989	02
302	构造力学性质与地震强度的关系——以鄂尔多斯地块及其周边地区为例	刘仲温、王贵华、张文国、孙小平、苏春平	西北地震学报	1989	02

续表

序号	论文名称	作者	期刊名称	年	期
303	一种新型后掠叶片离心式压气机叶轮的造型方法流场计算和机理分析	朱士灿、陈　浩	内燃机学报	1989	04
304	我国东北地区新生代构造应力场的时空变化与地震活动	刘玉琢、梁海庆、刘建中	东北地震研究	1989	01
305	水库蓄水及其邻区应力分布	刘建中、张　钧、张　雪	东北地震研究	1989	04
306	用工作压力估算红岗油田应力值	刘建中、刘玉琢、高　强、李文印	地震地磁观测与研究	1989	04
307	中国北方新发现的大角鹿化石	黄万波、李　毅、聂宗笙	古脊椎动物学报	1989	01
308	徐州台体积式应变仪和弦频式钻孔应变仪观测资料的对比分析	陈沅俊、杨修信	华北地震科学	1989	01
309	公元1038年定襄地震的地质、地貌遗迹的研究	张世民、杨景春、苏宗正	华北地震科学	1989	03
310	水力压裂应力测量及其在油气田开发中的应用	丁建民、梁国平	中国地质科学院地质力学研究所所刊	1989	01
311	孔壁崩落应力测量——根据超声波电视测井资料确定地壳应力方向	丁建民、梁国平、郭啟良	中国地质科学院地质力学研究所所刊	1989	02
312	地震预测预报的学术思想和构思在延伸	马荣坚、丁旭初	中国地质科学院地质力学研究所所刊	1989	02
313	用深地层注浆固化方法处置核废液过程的有限元模拟	殷有泉、蔡永恩、郑顾团、祝景忠等	力学与实践	1989	06
314	中国现今地壳应力状态	曾秋生	中国地质科学院 地质力学研究所文集	1989	
315	中国现今地壳应力状态	曾秋生	中国地质科学院 地质力学研究所所刊	1989	
316	孔壁崩落应力测量——根据超声波电视测井资料确定地壳应力方向	丁建民、梁国平、郭啟良	中国地质科学院地质力学研究所文集	1989	13
317	地震预测预报的学术思想和构思在延伸	马荣坚、丁旭初	中国地质科学院地质力学研究所文集	1989	13
318	水力压裂应力测量及其在油气田开发中的应用	丁建民、梁国平	中国地质科学院地质力学研究所文集	1989	12
319	广东省国际信托投资大厦设计地震动参数的确定	吴　鹏、周克森	高层建筑与桥梁基础工程学术会议论文集	1989	
320	地震地层及其在构造地质学中的意义	王贵华、刘光勋	地壳构造与地壳应力文集	1989	3
321	中国大陆活动断裂的现代运动与地震危险性探讨	马廷著、刘国民	地壳构造与地壳应力文集	1989	3
322	中国海域的活动断裂	马廷著、刘国民	地壳构造与地壳应力文集	1989	3
323	鲜水河断裂带的不连续构造特征及其对地震破裂的控制	韦　伟、刘德权等	地壳构造与地壳应力文集	1989	3
324	从唐山地震在北京地区的震害分布特征探讨控制震害发生的因素	刘仲温	地壳构造与地壳应力文集	1989	3
325	云南丽江县团山水军430米深钻孔水压致裂应力测量	李方全、刘　鹏、毛吉震、祁英男	地壳构造与地壳应力文集	1989	3
326	四川自贡自流井背斜水压致裂应力测量	祁英男、毛吉震、刘　鹏、李方全等	地壳构造与地壳应力文集	1989	3

续表

序号	论文名称	作者	期刊名称	年	期
327	云南剑川狮子桥 800m 深孔水压致裂应力测量	翟青山、李方全、刘　鹏、张　钧等	地壳构造与地壳应力文集	1989	3
328	测定应力场方向的一种新方法：用超声波井下电视测定现今应力场方向	毛吉震、祁英男、李方全	地壳构造与地壳应力文集	1989	3
329	水压致裂原地应力测量方法的改进	刘　鹏、柴建忠、张志国、李方全	地壳构造与地壳应力文集	1989	3
330	东亚大陆地震的地球自转动力理论和实验证明及应用	安　欧、张　包等	地壳构造与地壳应力文集	1989	3
331	循环载荷对岩石孔隙压力特性的影响——地下水位震前异常变化机理探讨二	郛慧敏、刘长义、韩　风、张伯崇	地壳构造与地壳应力文集	1989	3
332	孔壁崩落与原地应力关系的实验研究	丁建民、梁国平、刘启芬、郭啟良等	地壳构造与地壳应力文集	1989	3
333	我国西南地区现代化构造应力场光弹性模拟研究	郭世凤、陈葛天	地壳构造与地壳应力文集	1989	3
334	华北地区新生代构造活动机制的探讨	聂宗笙、王文清、高　词、蒋丽芳	地壳构造与地壳应力文集	1989	3
335	断层水平错动的激光散斑模拟实验方法及其在鲜水河地区的应用	高德禄、李淑恭、邵　进、郭世凤	地壳构造与地壳应力文集	1989	3
336	滇西北地区构造应力场的数值模拟	王继存、黄清阳、续春荣、祝景忠、谢富仁	地壳构造与地壳应力文集	1989	3
337	四川自贡地区构造模型的建立及应力场反演	陈　睿、张伯崇、祁英男	地壳构造与地壳应力文集	1989	3
338	晋冀蒙交界地区构造应力场的有限元分析	李群芳、张云柱、李桂荣	地壳构造与地壳应力文集	1989	3
339	用有限元板失稳模式反演局部区域应力场方向	阮小平、赵国柱、赵仕广、梁发明	地壳构造与地壳应力文集	1989	3
340	震源体失稳性态及其控制因素的综合研究——华北平原区震源作用方式的模型分析	张　超、陈连旺、过家元	地壳构造与地壳应力文集	1989	3
341	现代地壳动力学与地质灾害研究	赵国光	地壳构造与地壳应力文集	1989	3
342	构造应力的分布特征及其与地震的关系	高莉青、陈彭年、曹月娥	地壳构造与地壳应力文集	1989	3
343	^{14}C 年代测量报告（一）	黄诗斌、古桂云、关志民、周俊萍	地壳构造与地壳应力文集	1989	3
344	龙羊峡水电站水压致裂应力测量	高建理、丁建民、梁国平、郭啟良	岩石力学与工程学报	1990	02
345	有渗透作用的断裂带破裂机理的研究	郑顾团、殷有泉、康仲远、杨修信等	科学通报	1990	15
346	闽粤台沿海北西西向最新构造带与大震构造背景	毕福志、袁又申、范国胜	地震地质	1990	02
347	内蒙呼包盆地晚更新世孢粉组合及其意义	窦淑芹、聂宗笙等	地震地质	1990	03
348	关于直立倾滑断层运动的几个问题	邱泽华	中国地震	1990	01
349	地震前地应力短临异常初探	张道仪、延　军、张培耀	地震	1990	01
350	地壳应力测量及其在工程中的应用(综述)	黄福明	地震	1990	03
351	大同—阳高 6.1 级地震断层位移测量前兆异常特征	高忠宁、蒋成恩、戴樑焕、黄佩玉等	地震	1990	04
352	对大华北地区应力方向的讨论与分析	王世顺、高　强、刘玉琢、刘建中	地震	1990	06

续表

序号	论 文 名 称	作 者	期 刊 名 称	年	期
353	对滇西北地区真实最小水平主应力的讨论与分析	张 雪、高 强、刘建中	地震研究	1990	01
354	用油田压裂资料估算应力值	刘建中、李自强、张 雪	地震研究	1990	03
355	水压致裂室内模拟实验的声发射观测	刘建中、高龙生、张 雪	石油学报	1990	02
356	石家窝铺河谷背斜	杨承先、焦振兴	辽宁地质	1990	04
357	中国大陆帨近地质时期地壳构造运动动力来源的研究	黄礼良	东北地震研究	1990	04
358	岩石在有围压条件下的声发射凯瑟效应	张 雪、刘建中、曹新玲、祁英男等	东北地震研究	1990	04
359	双衬套钻孔应变测量的计算	陈沅俊、杨修信	华北地震科学	1990	04
360	断层内闭锁区及其附近的应力分布	杨修信	华北地震科学	1990	01
361	1966 年邢台地震区地震测深资料再解释	林真明、邵学钟、陈学波	华北地震科学	1990	03
362	地震预报研究的现状与动态	黄福明	国际地震动态	1990	02
363	中亚的地热异常与强震前兆	高莉青	国际地震动态	1990	04
364	我国大陆地壳能量积累、释放过程的变化规律和未来强震趋势分析	王继存、续春荣	地壳构造与地壳应力文集	1990	4
365	中国大陆地震的成因研究	高德禄、李淑恭、邵 进	地壳构造与地壳应力文集	1990	4
366	华北北部水准测量与现代地壳垂直运动	马廷著、刘国民	地壳构造与地壳应力文集	1990	4
367	狼山活动断层及其地震可能性的探讨	李学新、王进英、樊文奎、张英礼	地壳构造与地壳应力文集	1990	4
368	汾渭地震带地震活动特征及其未来地震危险性预测	苏怡之	地壳构造与地壳应力文集	1990	4
369	滇西南西双版纳地区构造新活动特征与地震活动关系	梁金鹏、王宝杰	地壳构造与地壳应力文集	1990	4
370	从构造塌陷的角度看唐山地震的地壳铅垂运动	邱泽华	地壳构造与地壳应力文集	1990	4
371	澜沧—耿马 7.6 级地震的地热前兆异常	付子忠	地壳构造与地壳应力文集	1990	4
372	RZB-1 型电容式钻孔应变仪在台站的观测及数据预处理	张宗润	地壳构造与地壳应力文集	1990	4
373	温泉、香山部分体应变资料数据处理结果分析	王廷韫	地壳构造与地壳应力文集	1990	4
374	中原油田深井应力测量结果及其在油田勘探开发中的应用	丁建民、梁国平、高建理、郭啟良等	地壳构造与地壳应力文集	1990	4
375	钻孔崩落资料的微机处理方法	高建理、丁健民	地壳构造与地壳应力文集	1990	4
376	考虑渗水软化的块状岩体稳定性分析	殷有泉、张彦山	地壳构造与地壳应力文集	1990	4
377	自流井背斜岩石摩擦试验和断层滑动准则讨论	李 宏、刘长义	地壳构造与地壳应力文集	1990	4
378	反射波法和小应变法桩基无损检测试验研究	王恩福、卢广顺、祝水平、张正墨等	地壳构造与地壳应力文集	1990	4
379	关于 AE 法测试可靠性影响因素的研究	王建军、刘长义	地壳构造与地壳应力文集	1990	4
380	有关地震前兆现象的一些问题	苏恺之	地壳构造与地壳应力文集	1990	4
381	活动断裂鉴别中常见的假象与误解	杨承先	地壳构造与地壳应力文集	1990	4

续表

序号	论 文 名 称	作 者	期 刊 名 称	年	期
382	再论钻孔地应力测量的主要问题	安 欧	地壳构造与地壳应力文集	1990	4
383	中国门源—宁德地学大断面	林中洋、王椿镛、胡鸿翔、陈学波	中国科学院地球物理研究所40周年所庆论文集	1990	
384	节理岩体稳定性分析的特征值方法	殷有泉、张彦山	第二届全国岩石力学数值计算与模型实验学术研讨会论文集	1990	
385	人工地震测深解释结果的二维速度分布等值线表示法	彭文涛	中国地球物理学会第六届学术年会论文集	1990	
386	元氏—济南剖面的二维速度结构	赵静娴、李金森、吴玉荣、彭文涛等	中国地球物理学会第六届学术年会论文集	1990	
387	中国大陆地震能量释放的时空分布	王继存、续春荣	中国地球物理学会第六届学术年会论文集	1990	
388	三峡库区构造应力场的数值模拟	王继存、祝景忠、续春荣、黄清阳	第二届全国岩石力学数值计算与模型实验学术研讨会论文集	1990	
389	澜沧—耿马地震的震源机制研究	王 凯、高莉萍、姚振兴、张受生	地球物理学报	1991	05
390	应力对岩石中孔隙流体压力的影响和地下水位震前异常变化机理	张伯崇、邬慧敏、刘长义、韩 风等	地震学报	1991	01
391	北京以西至晋冀蒙交界地区的应力场	黄福明、李群芳、高忠宁	地震学报	1991	03
392	地壳深部稳定性——震源体破裂机制和摩擦滑动机制的综合研究	张 超、陈连旺	地震学报	1991	04
393	川滇菱形块构造应力场的数值模拟	王继存、黄清阳、续春荣、祝景忠	地震地质	1991	01
394	对中国大陆地壳上部应力状态的讨论	刘建中	地震研究	1991	03
395	Ⅱ型压磁应力仪介绍	张培耀、张翠菊	地震	1991	04
396	冀东地区某些断裂在塑性地层中转变为折曲及其引起的反思	杨承先	地震	1991	04
397	钻孔应变仪的地震监测能力	苏恺之	地震	1991	05
398	福建莆田海岸距今 2855 年的大震及华南海岸带的古地震遗迹	毕福志、袁又申等	中国地震	1991	01
399	鲜水河断裂带强震活动的模拟	张周术、黄忠贤、王建军	中国地震	1991	03
400	中国全新世海平面变化周期与世界未来海平面变化规律	毕福志、袁又申等	第四纪研究	1991	01
401	祁连山北缘晚第四纪黄土的热释光研究及其地质意义	计凤桔、刘明达	核技术	1991	02
402	就“龙羊峡水电站水压致裂应力测量”一文的更正	高建理	岩石力学与工程学报	1991	03
403	广州抽水蓄能电站水压致裂应力测量	孙世宗、高建理、丁建民、郭啟良、梁国平	岩石力学与工程学报	1991	04
404	地震危险性分析多维不确定性的复合概率模型(Ⅰ)——地震活动的非均匀性	周克森、吴 鹏、王东霞	地震工程与工程振动	1991	01
405	用量板法分析水压致裂应力测量数据	张 雪、刘建中、高 强	内陆地震	1991	01

续表

序号	论 文 名 称	作　者	期 刊 名 称	年	期
406	山东乳山海滩岩及其重要科学意义	毕福志、袁又申	现代地质	1991	02
407	河南西部及其邻近地区早第三纪生物地层特征与中国早第三纪生物古地理区系划分概要	杜恒俭、程　捷、马安成、吴卫民	地质学报	1991	03
408	活动断层的地震灾害效应	杨承先	地质灾害与防治	1991	02
409	天水地震区 S 波偏振异常	王恩福、陈学波、祝水平、李金森等	西北地震学报	1991	S1
410	初论中国部分地区历史地震记录的完整性	杨智娴等	东北地震研究	1991	01
411	跨断层测量复测周期的研究	巫映祥	东北地震研究	1991	03
412	古构造残余应力场 X 射线测量	安　欧、高国宝、李占元	华北地震科学	1991	03
413	俄文版《地壳应力场和研究应力场的地质构造方法》 一书简介	高莉青、秦国兴	国际地震动态	1991	12
414	伊敏河露天煤矿——露天区边坡稳定性分析及优化设计	祝景忠、高　谦、柴建禄	中国北方岩石力学与工程应用学术会议文集	1991	
415	水压致裂应力测量在铁路隧道设计中的应用	祁英男、李方全	地应立场测试及其应用论文集	1991	
416	原地应力测量在核废料处置中的应用	李方全、刘　鹏、张　钧、毛吉震	地应立场测试及其应用论文集	1991	
417	三峡工程坝区及外围深层界面形态特征	赵静娴、 彭文涛、陈学波	中国地球物理学会第七届学术年会论文集	1991	
418	三峡地区地壳速度结构及其构造意义	陈学波、彭文涛、李金森、司洪波等	中国地球物理学会第七学术年会论文集	1991	
419	震源机制乌尔夫网图叠加法的应用	刘建中、高　强、修济刚、张　雪	中国地球物理学会第七届学术年会论文集	1991	
420	中国东部新生代盆地与地震活动的关系	马廷著等	地壳构造与地壳应力文集	1991	5
421	黄河上游龙羊峡峡谷区伊黑龙和拉西瓦断层活动性研究	黄河拉西瓦工程活动断层专题组	地壳构造与地壳应力文集	1991	5
422	从构造塌陷的角度看唐山地震现象的区域分布	邱泽华	地壳构造与地壳应力文集	1991	5
423	河西走廊西部地区的活动构造特点	李庆山	地壳构造与地壳应力文集	1991	5
424	黄河上游地区活动构造特征	黄河拉西瓦、李家峡水电工程地震危险性课题组	地壳构造与地壳应力文集	1991	5
425	北京地区的两次古地震遗迹	聂宗笙、焦振兴	地壳构造与地壳应力文集	1991	5
426	延庆怀来地区第四纪活动断层及其地震可能性的探讨	李学新等	地壳构造与地壳应力文集	1991	5
427	太行山山前断裂北端浅部构造特征的研究	八室浅层构造组	地壳构造与地壳应力文集	1991	5
428	古构造残余应力场的性质和机制	安　欧等	地壳构造与地壳应力文集	1991	5
429	重大工程建设中原地应力测量的意义	李方全	地壳构造与地壳应力文集	1991	5
430	青海拉西瓦水电站水压致裂应力测量结果	梁国平等	地壳构造与地壳应力文集	1991	5
431	松辽盆地深部原地应力方向测量	郭啟良等	地壳构造与地壳应力文集	1991	5
432	利用断层滑动矢量反演潮汕一东山地区平均构造应力场	谢富仁等	地壳构造与地壳应力文集	1991	5
433	原地应力测量与断层稳定性评价	张伯崇	地壳构造与地壳应力文集	1991	5

续表

序号	论 文 名 称	作　者	期 刊 名 称	年	期
434	拉西瓦水电站地应力测量及有关问题的讨论	施兆贤等	地壳构造与地壳应力文集	1991	5
435	黄河上游地区地震烈度与加速度的衰减关系	黄福明、杨智娴	地壳构造与地壳应力文集	1991	5
436	向家坝水库诱发地震的危险性分析	王继存等	地壳构造与地壳应力文集	1991	5
437	裂隙岩石试件中孔隙水压力随差应力变化的实验研究	刘长义等	地壳构造与地壳应力文集	1991	5
438	三维光弹性模拟实验在震源应力场研究中的应用	郭世凤、陈葛天	地壳构造与地壳应力文集	1991	5
439	福建莆田晚全新世高海滩岩中的热带动物遗骸的发现及其科学意义	杨守仁、毕福志、袁又申、苏怡之等	中国科学(B 辑)	1992	04
440	地球磁场大面积短暂异常与灾害性天气相关性初探	曾小苹、林云芳、续春荣	自然灾害学报	1992	02
441	中国海区及其邻域的原地应力状态	高建理、丁建民、梁国平、夏大荒等	地震学报	1992	01
442	套芯法、水压致裂法原地应力测量、钻孔崩落及震源机制解分析所得结果的对比	李方全	地震学报	1992	02
443	震前地温的微变化与断层蠕动	陈沅俊、杨修信、赵京梅	地震学报	1992	03
444	大震广义影响场的讨论	黄福明、陈修启	地震学报	1992	04
445	孔壁崩落的实验研究与分级破坏模型	阮小平、毛吉震、崔占桃	地震学报	1992	04
446	1976 年唐山地震震源失稳性态控制因素的模型研究	张　超、陈连旺、唐万能	地震学报	1992	04
447	地震活动持续时间的初步研究	黄福明	地震学报	1992	S1
448	从构造塌陷的角度解释唐山地震的一些趋势异常现象	邱泽华、张宝红	地震地质	1992	01
449	唐山 7.8 级地震的震前趋势异常变化为什么加速	邱泽华、张宝红	地震地质	1992	04
450	地震短临预测的困难和出路	苏恺之、李世林	地震地质	1992	04
451	缅甸弧的俯冲作用及川滇断块的地震地质特征	刘建中	中国地震	1992	01
452	关于唐山地震前震中区地应力测值张性跳动的原因	邱泽华、黄相宁、葛丽明、张宝红	中国地震	1992	02
453	跨断层测量资料的卡尔曼滤波数学模型	游丽兰等	中国地震	1992	03
454	山西地震带活动趋势的初步研究	黄福明、李群芳、黄佩玉	中国地震	1992	04
455	四川巴塘 M_S6.7 地震前甘孜台观测到的地温短临异常	陈沅俊、刘永铭	地震	1992	01
456	三马坊地热动态观测对附近地震活动的反应	杨修信、陈沅俊、易志刚、吕悦军	地震	1992	02
457	压磁法应力测量中悬空元件变化的原因	张培耀、张翠菊	地震	1992	03
458	大同—阳高地震地热异常与机理初探	杨修信、陈沅俊、易志刚、吕悦军等	西北地震学报	1992	01
459	不同力源作用下云南中西部构造运动和应力场特征	李群芳	西北地震学报	1992	02
460	接触岩面烧结与地壳深部地震机制	安　欧	华北地震科学	1992	04

续表

序号	论文名称	作者	期刊名称	年	期
461	水压致裂应力测量在铁路隧道设计中的应用	祁英男、李方全	长江科学院院报	1992	03
462	地震危险性分析不确定性的复合概率模型(Ⅱ)——潜在震源的不确定性	周克森、王东霞、吴　鹏	地震工程与工程振动	1992	03
463	国土卫星像片在水库诱发地震研究中的应用	吴舒敏	中国空间科学技术	1992	01
464	对我国地磁核旋定点观测资料质量评定的方法探讨	林云芳、曾小苹、续春荣、邱泽华	地震地磁观测与研究	1992	04
465	1991年3月26日5.8级地震的磁效应初探	曾小苹、林云芳、续春荣、邱泽华	地震地磁观测与研究	1992	02
466	地磁观测数据处理和方法研究的程序研制	续春荣、曾小苹、林云芳、邱泽华	地震地磁观测与研究	1992	05
467	大力推进数字地震学和地震预报研究的进展——第三届地震学专业委员会会议在海口召开	陆远忠	国际地震动态	1992	04
468	汾渭地震带的地震活动性	苏怡之、王进英	内陆地震	1992	02
469	震前地热的一种微动态异常变化	杨修信、陈沅俊	中国地球物理学会第八届学术年会论文集	1992	
470	川滇的地震与山地灾害	张受生	中国地球物理学会第八届学术年会论文集	1992	
471	三峡工程原地应力测量及蓄水诱发地震探讨	李方全、张伯崇	地球物理学进展	1993	04
472	原地应力测量对某核废料处置场场地评价的应用	李方全、刘　鹏、张　钧、毛吉震等	岩石力学与工程学报	1993	01
473	利用地壳测深资料研究剪切波分裂与偏振异常	王恩福、陈学波、祝水平	地震学报	1993	01
474	自流井背斜地震活动与注水关系的研究	张伯崇、陈　睿、李　宏、祁英男等	地震学报	1993	02
475	中国西南地区现代构造应力场基本特征	谢富仁、祝景忠、梁海庆、刘光勋	地震学报	1993	04
476	鲜水河断裂带部分地貌特征成因机制的边界单元模拟	张　超、陈连旺、赵国光	地震地质	1993	01
477	鲜水河断裂带古构造残余应力场对大地震的控制	安　欧、高国宝	地震地质	1993	02
478	华北地区部分活动断裂面现今应力状态与地震活动的时域变化关系	梁海庆、刘建中、刘其向	地震地质	1993	03
479	马边——永善地震带构造形式及地震特征	韩德润	地震地质	1993	03
480	对龙羊峡水库发生诱发地震可能性的探讨	郭　杰、刘启芬、高　强	地震研究	1993	01
481	红河断裂带测区古构造残余应力随深度分布X射线测量	安　欧、高国宝	地震研究	1993	02
482	同向断裂与反向断裂	杨承先	地震研究	1993	03
483	西南部分活动断裂面上现今应力状态与断裂失稳变形的关系	梁海庆、刘建中、刘其向	中国地震	1993	01
484	用时间序列重建复杂系统动力学初	陆远忠等	中国地震	1993	01
485	用算法复杂性分析时间序列	吕悦军、陆远忠	中国地震	1993	03
486	中国大陆新生代构造应力场的研究	黄礼良	地震	1993	03
487	混沌理论与地震预报研究探讨	李东升、陆远忠	地震	1993	06
488	临汾盆地现代地震活动特征及其与深部构造关系初探	苏怡之、王进英、张家声	地震	1993	06

续表

序号	论文名称	作者	期刊名称	年	期
489	三轴压缩条件下岩石突发失稳过程的实验研究	张　路、王　威、王绳祖	西北地震学报	1993	02
490	鲜水河断裂带古构造残余应力随深度分布及带中残余能量	安　欧、高国宝	西北地震学报	1993	03
491	用地震能量释放的方位特征分析唐山地震前后的应力场	张　雪、高　强、刘建中	东北地震研究	1993	02
492	中国的三种体积式应变仪	苏恺之、刘瑞民、裴玉珍	内陆地震	1993	02
493	肯尼亚和坦桑尼亚宝石矿地质特征	孟宪梁等	建材地质	1993	02
494	TEM 在判别构造岩形成环境中的应用实例	水　汀、姜欣华、张景发	江苏地质	1993	02
495	谐波齿轮齿啮花键输出的啮合几何参数的选择	范又功	机械传动	1993	01
496	三峡工程及其邻近地区实测现今构造应力场	丁旭初、刘宗坚、杨增学、胡贞瑞	地壳形变与地震	1993	01
497	太阳辐射对北京地区跨断层形变测量的影响	焦　青、叶小鲁	地壳形变与地震	1993	02
498	渐开线谐波齿轮副波发生器的互换性问题	范又功	仪表技术与传感器	1993	05
499	广义地震特征量的初步研究	黄福明	地壳构造与地壳应力文集	1993	6
501	汾谓地震带地震活动特征及其未来地震活动趋势	李学新、王进英	地壳构造与地壳应力文集	1993	6
502	华北南部断裂构造的活动特征及强震发生的构造条件	许桂林、朱秀岗	地壳构造与地壳应力文集	1993	6
503	红河断裂带古地震区划	安　欧、高国宝、李群芳、李占元、焦　青	地壳构造与地壳应力文集	1993	6
504	阿尔金断裂带(中段)的地表地震破裂带	朱德瑜、刘光勋、舒赛兵、谢富仁、王焕贞	地壳构造与地壳应力文集	1993	6
505	关于唐山地震喷水冒沙的原因	邱泽华、张宝红	地壳构造与地壳应力文集	1993	6
506	华山北麓断裂系第四纪构造活动的不均匀性	关元益、聂宗笙	地壳构造与地壳应力文集	1993	6
507	山西交城断裂全新世活动证据及第四纪活动历史	江娃利、聂宗笙、张康富	地壳构造与地壳应力文集	1993	6
508	旅庄村断层活动特征	李学新、张英礼、樊文奎	地壳构造与地壳应力文集	1993	6
509	昌黎断裂带活动性研究	许桂林、朱秀岗	地壳构造与地壳应力文集	1993	6
510	塔尔湾陡坎成因探讨	李庆山	地壳构造与地壳应力文集	1993	6
511	鲜水河断裂带分段相互作用的边界单元模拟研究	张　超、陈连旺、赵国光	地壳构造与地壳应力文集	1993	6
512	福建莆田高海滩岩的构造成因与海岸沙丘的区别	袁又申、毕福志、苏怡之等	地壳构造与地壳应力文集	1993	6
513	一种从地应变观测资料中提取地震短临前兆的方法	易志刚、杨修信、陈沅俊、吕悦军等	地壳构造与地壳应力文集	1993	6
514	孔隙水压观测的意义和方法	刘瑞民、裴玉珍、张振声、李桂荣等	地壳构造与地壳应力文集	1993	6
515	深孔压水试验技术及其工程应用	阮小平、张　钧、李方全等	地壳构造与地壳应力文集	1993	6

续表

序号	论文名称	作者	期刊名称	年	期
516	山西地区构造应力场的有限元分析	李群芳、李桂荣、张云柱	地壳构造与地壳应力文集	1993	6
517	太阳辐射对跨断层形变测量的干扰	焦　青、叶小鲁	地壳构造与地壳应力文集	1993	6
518	中国板块地壳侧压-伸展运动	林辉德	中国地球物理学会第九届学术年会论文集	1993	
519	断层活动与原地应力状态	李方全	中国地球物理学会第九届学术年会论文集	1993	
520	水压致裂应力测量及井温观测	李方全、祁英男、刘　鹏、毛吉震等	三峡坝区水库诱发地震研究专辑	1993	
521	渗透率测量	阮小平、李方全	三峡坝区水库诱发地震研究专辑	1993	
522	超声波成像井下电视测量	毛吉震、张　均、崔占桃	三峡坝区水库诱发地震研究专辑	1993	
523	孔隙压力测定	苏恺之、刘瑞明、张振声	三峡坝区水库诱发地震研究专辑	1993	
524	孔隙压力变化测量	刘瑞民、苏恺之、张振声	三峡坝区水库诱发地震研究专辑	1993	
525	花岗岩摩擦性状的实验和断层滑动准则的讨论	张伯崇、刘长义、马元春、王福江等	三峡坝区水库诱发地震研究专辑	1993	
526	秭归砂岩的摩擦形状和孔隙水压力的影响	张伯崇、刘长义、马元春、王福江等	三峡坝区水库诱发地震研究专辑	1993	
527	围岩降低法——岩石三轴摩擦试验的新方法	张伯崇、刘长义、马元春、王福江等	三峡坝区水库诱发地震研究专辑	1993	
528	利用岩石声发射凯赛效应测量原地应力	王福江、祁英男、陈宏德	三峡坝区水库诱发地震研究专辑	1993	
529	水库坝区地质构造情况	丁旭初	三峡坝区水库诱发地震研究专辑	1993	
530	花岗岩摩擦滑动实验与库区构造应力场的反演	李宏、张伯崇	三峡坝区水库诱发地震研究专辑	1993	
531	库区测点附近地区构造应力场的数值模拟	王继存、祝景忠、续春荣、黄清阳	三峡坝区水库诱发地震研究专辑	1993	
532	水库蓄水后坝址附近诱发地震的可能性	李方全、张伯崇	三峡坝区水库诱发地震研究专辑	1993	
533	关于孔隙水压测量工作的答疑	苏恺之	三峡坝区水库诱发地震研究专辑	1993	
534	关于水压致裂应力测量中的最大水平主应力的计算	李方全	三峡坝区水库诱发地震研究专辑	1993	
535	关于岩层中孔隙水压力 P_0 对断层稳定性的影响	张伯崇	三峡坝区水库诱发地震研究专辑	1993	
536	Basic Characteristics and evolution of recent tectonic stress field in Tibet (Qinhai-Xizang)	Xie Furen（谢富仁）	EOS	1994	75
537	压扭性断层地震过程的 Cusp 型突变分析	杨修信、殷有泉、康仲远、刘光勋等	中国科学(B 辑)	1994	06
538	面波偏振与中国大陆岩石层横向不均匀性	黄忠贤、陈　虹、王贵华、吴依农	地球物理学报	1994	04
539	偏振分析程序 POLALYS 在面波研究中的应用	黄忠贤、陈　虹、吴依农	地球物理学报	1994	S2

续表

序号	论文名称	作者	期刊名称	年	期
540	雁行构造力学解析与控震意义	谢新生、阮小平	地震学报	1994	01
541	应用边界单元法研究活动断裂的分段性——鲜水河断裂带实例分析	张　超、陈连旺、赵国光、贺群禄	地震学报	1994	02
542	带断层的细胞自动机模型及算法复杂性	陆远忠、吕悦军	地震学报	1994	02
543	茅坪 800m 钻孔饼状岩芯分析	阮小平、李方全	地震学报	1994	02
544	断层物质测年的热释光研究	计凤桔、马胜利、刘明达	地震地质	1994	02
545	滇西北及邻区现代构造应力场	谢富仁、刘光勋、梁海庆	地震地质	1994	04
546	马湖与马湖地震	韩德润	中国地震	1994	01
547	河北磁县西部山区最新地表破裂带的发现与1830 年磁县 7.5 级地震的关系	江娃利、张英礼、侯志华	中国地震	1994	04
548	关于震源体物理意义的实验研究	张　路等	地震	1994	02
549	高精度岩层应力仪探头安装在土层中的实验观测	张道仪、延　军、胡遵素、朱万宁等	地震	1994	02
550	澜沧—耿马地震短期和临震阶段的地震活动特征	郑月君、陆远忠	地震	1994	05
551	地震演化指数 YH 与其细胞自动机模型检验	陆远忠、吕悦军、郑月君	地震	1994	S1
552	超声波成象钻孔电视及其在岩石工程中的应用	毛吉震	岩石力学与工程学报	1994	03
553	水力劈裂测试在天湖电站设计中的应用	郭啟良、安其美、赵仕广、王海忠	水力发电	1994	04
554	地震火灾事例调查	张宝红、陈宏德	自然灾害学报	1994	04
555	地壳体应变异常及其映震效能分析	杨修信、刘冬英	西北地震学报	1994	02
556	模型桩的声波反射法试验研究	王恩福、张正墨、张国宏、卢广顺	东北地震研究	1994	04
557	悬挂式 PS 波速测井仪的应用	张正墨、王恩福、林　宏	东北地震研究	1994	04
558	高分辨率浅层地震勘探在探测隐伏断层中的应用	李金森、王恩福、张正墨、杨仕春	东北地震研究	1994	04
559	剪切波速度测量及其在工程中的应用	王恩福、凌　宏、张国宏、赵国存	东北地震研究	1994	04
560	1830 年河北磁县强震区活动构造初步研究	江娃利、刘仲温、李咸业、李庆山等	华北地震科学	1994	01
561	地震危险性估计的一种尝试	宋惠珍、刘　洁、巫映祥、刘贵梅	华北地震科学	1994	02
562	残余和现今应力场重迭法预测强震危险时区	安　欧、高国宝、李群芳、李桂荣	地壳形变与地震	1994	01
563	关于注水地震研究的几个问题	张宝红、邱泽华	现代地质	1994	03
564	华南全新世高海滩岩与海岸大震构造	毕福志、袁又申	东海海洋	1994	03
565	日本的地震火灾对策	陈宏德、张宝红	国际地震动态	1994	10
566	全球构造与边缘盆地的建造——太平洋西部的作用	K.Tamaki; E.Honz 苏怡之	世界地震译丛	1994	02

续表

序号	论文名称	作者	期刊名称	年	期
567	北京及其西北地区断裂的现今运动	马廷著、蒋成恩	地壳构造与地壳应力文集	1994	7
568	桑干河南山前断裂活动特征	李学新、张英礼、樊文奎	地壳构造与地壳应力文集	1994	7
569	沂沭断裂带新活动特点	李庆山	地壳构造与地壳应力文集	1994	7
570	活动性断裂的遥感影象特征	韩德润、吴舒敏	地壳构造与地壳应力文集	1994	7
571	用浅层数字地震仪探测五台山山前活动断裂	李金森、王恩福、张正墨、许成林	地壳构造与地壳应力文集	1994	7
572	花海断裂几何展布及新活动特征	李庆山	地壳构造与地壳应力文集	1994	7
573	临汾地区现代地震活动与构造的关系	苏怡之、盛小青、张家声	地壳构造与地壳应力文集	1994	7
574	向家坝水库诱发地震危险性初步分析	韩德润、王继存、张国庆	地壳构造与地壳应力文集	1994	7
575	我国大陆应力场特征及与强震活动的关系	许桂林、朱秀岗、孙世宗	地壳构造与地壳应力文集	1994	7
576	京西一晋冀蒙地区水系与新构造应力场的关系	樊文奎	地壳构造与地壳应力文集	1994	7
577	沉积盆地深井孔隙压力测量	丁建民、梁国平、高建理、郭啟良	地壳构造与地壳应力文集	1994	7
578	松辽盆地油井水压致裂应力测量研究	郭啟良、丁建民、梁国平、夏大荒	地壳构造与地壳应力文集	1994	7
579	天生桥二级水电站厂房高边坡地应力测量与分析	赵仕广、安其美	地壳构造与地壳应力文集	1994	7
580	幂函数型地热动态变化与地震	杨修信、陈沅俊、付子忠	地壳构造与地壳应力文集	1994	7
581	北京附近及其西部地区构造应力场与地震活动性分析	李群芳、张云柱、李桂荣	地壳构造与地壳应力文集	1994	7
582	非均质不连续介质三维构造应力场的光弹性实验研究	郭世凤、陈葛天	地壳构造与地壳应力文集	1994	7
583	松潘震区构造应力场的三维应力计算	陈葛天、郭世凤	地壳构造与地壳应力文集	1994	7
584	高温高围压下岩石压缩组构与各向异性	安　欧	地壳构造与地壳应力文集	1994	7
585	钻孔岩芯定向技术的实验研究	张伯崇、李　宏、江南生	地壳构造与地壳应力文集	1994	7
586	热释光测年法在确定断层最新活动时代中的若干应用问题研究	盛小青、王安德、彭建琼	地壳构造与地壳应力文集	1994	7
587	地壳结构的虚空度理论	邱泽华	地壳构造与地壳应力文集	1994	7
588	模型桩声波反射试验研究	王恩福	中国地球物理学会第十届学术年会论文集	1994	
589	长江三峡工程坝区及外围深部构造特征研究	陈学波等	长江三峡工程坝区及外围深部构造特征研究专辑	1994	
590	长江三峡工程坝区测线Ⅰ深部构造特征研究	吴玉荣、彭文涛、陈学波	长江三峡工程坝区及外围深部构造特征研究专辑	1994	
591	三峡坝区基岩及结晶基底人工地震折射资料研究	唐荣余、宋文荣、刘建达等	长江三峡工程坝区及外围深部构造特征研究专辑	1994	

续表

序号	论文名称	作者	期刊名称	年	期
592	长江三峡工程坝区及外围深层界面形态特征研究	赵静娴、彭文涛、吴玉荣、司洪波等	长江三峡工程坝区及外围深部构造特征研究专辑	1994	
593	长江三峡工程坝区及外围深部构造研究中 S 波基底结构和 S 波分裂与偏振	王恩福、祝水平、李金森、司洪波等	长江三峡工程坝区及外围深部构造特征研究专辑	1994	
594	地应力测量在油田开发中的应用	欧阳祖熙	第三届全国地应力会议专辑	1994	
595	广蓄电站原地应力测量及其有关工程问题的探讨	高建理、孙世宗等	第三届全国地应力会议专辑	1994	
596	矿区应力场回归反演及在矿山设计中的应用	杨树新、丁旭初等	第三届全国地应力会议专辑	1994	
597	华北北部构造应力场分析	黄福明、马廷著等	第三届全国地应力会议专辑	1994	
598	掘进引起围岩应力变化的实测及有关问题讨论	丁旭初、杨树新等	第三届全国地应力会议专辑	1994	
599	辽东地区构造节理水系格局与构造应力场的关系	侯志华、王宝杰	第三届全国地应力会议专辑	1994	
600	三峡工程及其邻区现今构造应力场的对比	丁旭初、王建军等	第三届全国地应力会议专辑	1994	
601	用断层微量滑动矢量反演西南地区三维应力状态及其与发震断裂关系的研究	梁海庆、谢富仁等	第三届全国地应力会议专辑	1994	
602	均质与非均质三维构造应力场中应力与地震空间规律的研究	郭世凤、陈葛天	第三届全国地应力会议专辑	1994	
603	利用断层滑动资料确定构造应力场主方向和量值	谢富仁、李　宏	第三届全国地应力会议专辑	1994	
604	深井压磁套芯解除地应力测量系统的实验研究	王建军、丁旭初等	第三届全国地应力会议专辑	1994	
605	RYC—2 型多功能钻孔应变应力仪	李建春、张　路	第三届全国地应力会议专辑	1994	
606	YJ—81 型压磁地应力计的实验研究	李立秋、关伟沂等	第三届全国地应力会议专辑	1994	
607	一种新型压磁套芯深井自采地应力测量系统	丁旭初、李　文等	第三届全国地应力会议专辑	1994	
608	MSM—89 型深井智能压磁应力仪	李　文、闻　琦等	第三届全国地应力会议专辑	1994	
609	昌平地应力中心站前兆数据自动采集传输系统	黄锡定	第三届全国地应力会议专辑	1994	
610	钻孔应变应力观测与地震预报研究	张宗润、舒桂林等	第三届全国地应力会议专辑	1994	
611	构造应力场在地震中长期预报中应用初探——以华北为例	李群芳、张云柱等	第三届全国地应力会议专辑	1994	
612	青海门源—福建宁德地学断面综合地球物理研究	王椿镛、林中洋、陈学波	地球物理学报	1995	05
613	新构造学研究趋势的展望	刘光勋	地学前缘	1995	02

续表

序号	论文名称	作者	期刊名称	年	期
614	横向不均匀介质中的面波及地球内部速度结构研究	黄忠贤	地球物理学进展	1995	01
615	利用断层滑动资料确定鲜水河断裂带现代构造应力的方向和大小	谢富仁、李　宏	地震学报	1995	02
616	应用混合极值理论及最大似然法估计中国大陆地震危险性	陈　虹、黄忠贤	地震学报	1995	02
617	用地磁转换函数研究震源区介质的电性变化	曾小苹、林云芳、朱忠杰、续春荣等	地震学报	1995	03
618	倾斜断层深部不均匀滑动的反演计算	刘　洁、宋惠珍、巫映祥、刘贵梅	地震地质	1995	01
619	鲜水河断裂带区域第四纪构造应力场的分期研究	谢富仁、祝景忠、舒赛兵	地震地质	1995	01
620	鲜水河活动断裂带航磁异常特征	张景发、王四龙、刘德权、李春峰	地震地质	1995	03
621	豫西嵩县盆地周边地区地震空区地质环境初探	韩德润、苏怡之、盛小青	地震地质	1995	04
622	华北北部构造应力场	黄福明、马廷著、李群芳、黄佩玉等	中国地震	1995	02
623	华北地区中强地震发生时间的预测研究	易志刚、龚复华、葛丽明	地震	1995	02
624	鲜水河断裂带大震复发机制和时空分布原因	安　欧	地震	1995	03
625	应用$\Sigma E\sim(2/3)-t$曲线进行中期地震预报的研究	宋俊高、陆远忠	西北地震学报	1995	03
626	正交异性岩体水力压裂应力测量原理和方法	安　欧	西北地震学报	1995	03
627	上海地区地磁转换函数变化及其与近震的关系	曾小苹、林云芳、汪江田、续春荣等	地震地磁观测与研究	1995	01
628	断层活动测量仪观测序列前兆异常显示能力的研究	巫映祥、孔长善	地震地磁观测与研究	1995	03
629	鲜水河活动断裂带TM图像中雪及其影响的抑制	张景发、王四龙	国土资源遥感	1995	02
630	TM图像亮度剖面分析在鲜水河活动断裂带研究中的应用	张景发、王四龙、赵学军	遥感信息	1995	03
631	秦岭北麓断裂带晚第四纪活动的地貌表现	侯建军、韩慕康、张保增、柴宝龙	地理学报	1995	02
632	泥河湾地区晚新生代生物地层带	杜恒俭、蔡保全、马安成、程　捷等	地球科学	1995	01
633	北京微熔融石的成因初探	王安德、谢振钊、王焕贞、盛小青等	地质地球化学	1995	04
634	古构造残余应力场对震源的作用	安　欧	华北地震科学	1995	04
635	我国东部强震趋势预测	易志刚	华南地震	1995	04
636	从山西地震带看大同－阳高地震	刘光勋、闫凤忠	山西地震	1995	01
637	洛马普列塔地震破坏大部分归因于放大了的地面振动	T.L.Holzer，杨智娴	世界地震译丛	1995	03
638	日本近畿北部的地壳应力状态及其变化	田中丰，陈宏德	世界地震译丛	1995	04
639	美国地质调查局职能的改进——EOS采访美国地质调查局局长Gordon Eaton	杨智娴	世界地震译丛	1995	04

续表

序号	论文名称	作者	期刊名称	年	期
640	昌平地震台站孔应变同震变化观测资料分析	刘福生	钻孔应变同震变化观测报告文集	2005	
641	钻孔应变同震变化观测各台站映震情况分析报告	刘冬英	钻孔应变同震变化观测报告文集	2005	
642	长江三峡及邻区地壳上地幔结构特征及其在区域构造中的意义	陈学波、赵静娴、李金森、王恩福等	中国地球物理学会第十一届学术年会论文集	1995	
643	动态遗传算法及其在P波初动震源机制解中的应用	安美建、石耀霖	中国地球物理学会第十一届学术年会论文集	1995	
644	“膨胀—应变”磁效应及其应用	曾小苹、林云芳、续春荣、赵　明	中国地球物理学会第十一届学术年会论文集	1995	
645	单孔压磁全应力测量法	李立球、吕悦军、关伟沂、杨枝莲	岩石力学与工程学报	1996	01
646	地下洞室围岩应力的测量研究	安其美、郭啟良、赵仕广、王海中	岩土力学	1996	01
647	汕头－吕宋岛岩石圈速度结构与震源构造——台湾浅滩7．3级地震构造之一	陈学波、李金森、王恩福、司洪波	地球物理学进展	1996	01
648	白家疃观测井的地热干扰排除及机理探讨	胡敦宽、李淑芳、刘永铭	地震学报	1996	01
649	地震活跃期和平静期的模型研究	黄忠贤	地震学报	1996	02
650	最大似然谱估计方法及其在磁震关系中的应用	曾小苹、林云芳、赵跃辰、赵　明等	地震学报	1996	03
651	活动断裂带中遥感数字图像处理技术——以鲜水河活动断裂带为例	张景发　等	地震地质	1996	01
652	龙门山断裂带测区古构造残余应力随深度分布及带中残余能量	安　欧、高国宝	地震地质	1996	01
653	河北磁县北西西向南山村－岔口活动断裂带活动特征与1830年磁县地震	江娃利、张英礼	地震地质	1996	04
654	青藏高原北部的第四纪断层运动	赵国光	中国地震	1996	02
655	东昆仑活动断裂带及其强震活动	刘光勋	中国地震	1996	02
656	试论截直断裂与地震——以华北的3条北东向断裂为例	张闵厚、杨承先	中国地震	1996	02
657	动态遗传算法及其在P波初动震源机制解中的应用	安美建、石耀霖	中国地震	1996	04
658	中国大陆地震活动分期及其与构造运动的关系	黄忠贤、陈　虹	中国地震	1996	04
659	安宁河断裂带测区古构造残余应力场对大地震的控制	安　欧、高国宝	地震	1996	03
660	残余和现今应力场重迭法预测红河断裂带测区大震危险时区	安　欧	地震研究	1996	01
661	地球磁场对太阳风的加卸载响应与地震	曾小苹、续春荣等	地震地磁观测与研究	1996	01
662	安宁河断裂带测区古构造残余应力随深度分布	安　欧、高国宝	西北地震学报	1996	04
663	三峡水库蓄水后坝址附近诱发地震可能性探讨	李方全	地质力学学报	1996	03
664	用流动形变观测判定强震危险地点的研究	车兆宏、刘善华、刘天海、刘向军	地壳形变与地震	1996	01

续表

序号	论 文 名 称	作 者	期 刊 名 称	年	期
665	鲜水河断裂带现今断层运动短周期事件的发现与初步研究	周硕愚、施顺英、宋永厚、张鸿旭等	地壳形变与地震	1996	04
666	太原盆地构造格局及其与地震活动水平的新认识	杨承先	华北地质矿产杂志	1996	02
667	应用混合极值理论及最大似然法估计东南沿海各地震区的地震危险性	陈 虹	华南地震	1996	01
668	应变率对一组断裂的影响	H.Wu、D.D.Pollard（吴玉荣）	世界地震译丛	1996	01
669	受单轴应变循环作用层状脆性材料中一组张开型断裂的扩展	H.Wu、D.D.Pollard（吴玉荣）	世界地震译丛	1996	01
670	应用钻孔数据预测层状岩体断裂密度和排水距离	H.Wu、E.J.M.Willemse、D.D.Pollard（吴玉荣）	世界地震译丛	1996	03
671	大青山山前断裂带晚第四纪活动速率研究	吴卫民、李 克、马保起、盛小青等	地壳构造与地壳应力文集	1996	8
672	井陉—晋城断裂带的活动特征及其地震危险性	许桂林、朱秀岗	地壳构造与地壳应力文集	1996	8
673	鲜水河活动断裂带乾宁断层的构造地貌特征及全新世滑动速率	贺群禄、刘德权、苏 刚	地壳构造与地壳应力文集	1996	8
674	鲜水河活动断裂带几何结构和分段特征及成因分析	张景发、刘德权、贺群禄、苏 刚	地壳构造与地壳应力文集	1996	8
675	地震活动图象的细胞自动机模型分析	吕悦军、陆远忠、郑月君	地壳构造与地壳应力文集	1996	8
676	各类型构造带的地震活动随地球角速度的变化	戴樑焕、杨修信、黄佩玉、后凤鸣等	地壳构造与地壳应力文集	1996	8
677	大同盆地第四纪火山与盆地内地震活动的关系	窦淑芹、张世民	地壳构造与地壳应力文集	1996	8
678	用残余应力场和现今应力场重叠法预测鲜水河断裂带的大震危险时区	安 欧	地壳构造与地壳应力文集	1996	8
679	黄海地震带中强地震危险趋势的混合极值理论研究	陈 虹	地壳构造与地壳应力文集	1996	8
680	首都圈地温观测曲线的变化与地震	姚宝树、陈沅俊、赵京梅	地壳构造与地壳应力文集	1996	8
681	龙门山断裂带测区古构造残余应力场对大地震的控制	安 欧、高国宝	地壳构造与地壳应力文集	1996	8
682	中国地壳应力图简述	丁建民、梁国平、高建理、孙世宗等	地壳构造与地壳应力文集	1996	8
683	西南地区水系格局与构造应力场的关系	侯治华、王宝杰	地壳构造与地壳应力文集	1996	8
684	浅谈水压致裂应力测量资料的解释与分析	郭啟良、安其美、赵仕广、王海忠	地壳构造与地壳应力文集	1996	8
685	广西全州天湖水电站水压致裂三维地应力测量及其应用	安其美、赵仕广、郭啟良、王海忠	地壳构造与地壳应力文集	1996	8
686	关于隐伏活断层横跨断层形变测量中的问题	杨承先	地壳构造与地壳应力文集	1996	8
687	首都圈钻孔应变资料信息合成	易志刚、刘冬英、龚复华	地壳构造与地壳应力文集	1996	8
688	地球动力学研究中的地壳深部原地应力测量	李方全	地壳构造与地壳应力文集	1996	8

续表

序号	论文名称	作者	期刊名称	年	期
689	钻孔式地震前兆观测技术的进展	苏恺之	地壳构造与地壳应力文集	1996	8
690	跨断层形变测量的观测技术系统	游丽兰	地壳构造与地壳应力文集	1996	8
691	Research on Tectonic Characteristics of Historical Strong Earthquakes in North China P1ain	Jiang Wali	地壳构造与地壳应力文集	1996	9
692	Seismicity and Tectonic Stress Field Since 1900 in Shanxi Area	Su Yizhi、Zhang Jiasheng	地壳构造与地壳应力文集	1996	9
693	Measurement of Paleotectonic Residual Stress Field by X-ray Diffractometry	An ou、Gao Guobao、Li Zhanyuan	地壳构造与地壳应力文集	1996	9
694	Possibility of Reservoir-induced Seismicity around Three—Gorge Dam Site on Yangtze River	Li Fangquan、Zhang Bochong	地壳构造与地壳应力文集	1996	9
695	Analysis of Some Characteristics of Seismicity by Cellular Automation Model	Lu Yuejun、Lu Yuanzhong、Zheng Yuejun	地壳构造与地壳应力文集	1996	9
696	Anomalous Deformation Rate and Its Relation to Earthquakes in the Souteast Coastal Area ofChina	Jiao Qing	地壳构造与地壳应力文集	1996	9
697	The High-precision Geotemperature Measurement and the Characteristics of Earthquake Precursory Anomaly in the Beijing Area	Chen Yuanjun、Fu Zizhong、Yao Baoshu、Zhao Jingmei	地壳构造与地壳应力文集	1996	9
698	Application of Gumbel Mixture Extreme Theory and Maximum Likelihood to Estimate the Seismic Risk of Southeast Coastal Area of China	Chen Hong	地壳构造与地壳应力文集	1996	9
699	A Study on the Coal—mine Shafts Ruptured in Groups in Huang—Huai Area, Eastern China	Wang Jianjun、Yang Shuxin、Li Liqiu	地壳构造与地壳应力文集	1996	9
700	All Borehole Core Orientation Experiment in A 300m Borehole in Granite	Li Hong、Zhang Bochong、Jiang Nansheng	地壳构造与地壳应力文集	1996	9
701	东南沿海地震区地震活动特征及未来趋势研究	黄福明、易志刚、陈　虹	地壳构造与地壳应力文集	1996	9
702	首都圈的断层在唐山 7.8 级地震和大同阳高 6.1 级地震前后的活动特征	高忠宁、龚复华、蒋承恩	地壳构造与地壳应力文集	1996	9
703	晋中南断陷盆地中新生代构造演化及临汾盆地现今构造应力场研究	谢新生、肖振敏、王维襄	地壳构造与地壳应力文集	1996	9
704	阳曲断陷的新构造特征及形成演化	马保起、曹代勇、关英斌、张杰林	地壳构造与地壳应力文集	1996	9
705	马边—永善地震带及其邻近地区水系分形几何学特征与构造活动的关系	侯治华、苏怡之	地壳构造与地壳应力文集	1996	9
706	超声波成象钻孔电视在地学领域中的应用	毛吉震、陈群策、祁英男	地壳构造与地壳应力文集	1996	9
707	花岗岩抗拉强度试验和在水压致裂应力测量中的应用	马元春、杨新华	地壳构造与地壳应力文集	1996	9

续表

序号	论文名称	作者	期刊名称	年	期
708	浅层数字地震仪在沙漠煤田勘探中的应用	李金森、凌　宏、张国宏、张正墨、卢广顺、许桂林、陈学波	地壳构造与地壳应力文集	1996	9
709	鲜水河活动断裂带的数字地形模拟分析	张景发、王四龙等	活动断裂研究理论与应用	1996	
710	遗传有限单元反演法及其在应力场分析应用的初步研究	安美建、石耀霖、李方全	中国地球物理学会第十二届学术年会论文集	1996	
711	遗传算法在确定钻孔裂缝产状中的应用	安美建、李方全、石耀霖	岩石力学与工程学报	1997	05
712	深井孔隙压力测量及其与地震活动性的关系	高建理、孙世宗、丁建民、梁国平	地震学报	1997	01
713	唐山地震发震断层运动学特征与大震重复周期	刘　洁、宋惠珍、巫映祥、刘贵梅	地震学报	1997	06
714	北京夏垫断裂活动地段又一新发现	黄礼良	地震地质	1997	03
715	华北平原周边北西向强震地表地震断层及全新世断裂活动特征	江娃利、张英礼	中国地震	1997	03
716	广义边界力作用下剪切带屈曲及其构造意义	谢新生	科学通报	1997	08
717	大别造山带地壳 S 波分裂和介质各向异性	王椿镛、丁志峰、陈学波	科学通报	1997	23
718	用算法复杂性分析地震活动演化特征	吕悦军、陆远忠、郑月君	地震	1997	01
719	东南沿海地震区地震活动特性与未来趋势分析	易志刚、李祥村	地震	1997	02
720	Evolution characteristics of crustal dynamics in the north and east margin of Tibet Plateau	Xie Furen（谢富仁）	30th IGC Symposium 5, VSP	1997	
721	中国西南部强震带大震复发机制	安　欧	地震研究	1997	04
722	青海湟水盆地活动断裂构造格架激光散斑模拟试验研究	王赞军、涂德龙、宋晓明、高德禄	西北地震学报	1997	04
723	地震前兆观测仪器标定问题的探讨	苏恺之、刘瑞民	地震地磁观测与研究	1997	05
724	静海地震台地磁短周期变化及其在地震短临预报中的应用	田　山、李文栋、郑文俊、崔效峰等	地震地磁观测与研究	1997	06
725	重大工程场址地震地质环境评价中遥感应用	李发祥、刘仲温、许桂林、张康富等	国土资源遥感	1997	02
726	小型化体积式钻孔应变仪	苏恺之、李桂荣、张　涛、李秀环	内陆地震	1997	04
727	合理布局　开发资源	江妮利	地震科技情报	1997	03
728	中外大城市震灾管理模式的对比分析	王廷韫	灾害学	1997	02
729	潜在震源区边界划分的 GIS 分析方法	李发祥、张景发	地球信息	1997	01
730	闽粤台琼海岸大震构造的定量标志——兼论定性标志	毕福志、袁又申	地质学报	1997	04
731	近期强震危险区应力场的动态分析与预测强震的判据和指标	黄福明等	地壳构造与地壳应力文集	1997	10
732	体应变观测在中短期地震预报中的作用	李群芳	地壳构造与地壳应力文集	1997	10
733	RZB 型电容式钻孔应变仪的观测实践及地震预报效果综述	舒桂林、张宗润	地壳构造与地壳应力文集	1997	10

续表

序号	论文名称	作者	期刊名称	年	期
734	1995年7月至1996年2月中缅边境、武定及丽江大地震的断层形变前兆初步分析	戴梁焕、焦　青、周俊萍、张兴华	地壳构造与地壳应力文集	1997	10
735	包头西 M_S6.4 地震形变前兆异常及特征分析	龚复华、戴樑焕	地壳构造与地壳应力文集	1997	10
736	1995年10月6日古冶地震的地温前兆反应和同震效应	姚宝树、陈沅俊、赵京梅	地壳构造与地壳应力文集	1997	10
737	应力场重叠法预测安宁河断裂带大震时空强分布	安　欧	地壳构造与地壳应力文集	1997	10
738	红河活动断裂中南段航片变位地形判读及野外检验	江娃利	地壳构造与地壳应力文集	1997	10
739	山西断块中新生代构造演化及强震地点预测	谢新生、肖振敏、王雏寰	地壳构造与地壳应力文集	1997	10
740	燕山隆起南斜坡带的构造特征与地震带的活动——一个重要的构造地震带的划分	杨承先	地壳构造与地壳应力文集	1997	10
741	1990年青海共和7.0级地震发震构造特征	朱德瑜、肖振敏等	地壳构造与地壳应力文集	1997	10
742	大青山地区构造应力场与构造活动方式及地震活动特点	梁金鹏、谢富仁、李　克	地壳构造与地壳应力文集	1997	10
743	地壳密度平衡理论在水库诱发地震中的应用研究	韩德润、吴舒敏	地壳构造与地壳应力文集	1997	10
744	大同第四纪火山群的活动特点	张世民、窦淑芹、杨景春	地壳构造与地壳应力文集	1997	10
745	北京房山花岗岩体AE法应力测量研究	李　宏、陈景松、王福江、张伯崇	地壳构造与地壳应力文集	1997	10
746	水压致裂地应力测量在油田开发中的应用	祁英男	地壳构造与地壳应力文集	1997	10
747	水压致裂及其三维应力分析在张河湾蓄能电站中的应用	李　明、丁建民、梁国平、卓　越、孟宪美	地壳构造与地壳应力文集	1997	10
748	矿压实测技术与数值模拟分析方法在矿山稳定性研究中的综合应用	杨树新、萧其仁、刘炳扬	地壳构造与地壳应力文集	1997	10
749	首都圈强震追踪方法研究	李淑恭、高德禄、龚复华、邵　进	地壳构造与地壳应力文集	1997	10
750	依据滑动准则、原地应力测量讨论红河断裂的北段地震活动性	马元春、刘长义、王福江	地壳构造与地壳应力文集	1997	10
751	遗传有限单元反演法对理想模型反演的初步研究	安美建、石耀霖、李方全	地壳构造与地壳应力文集	1997	10
752	大灰厂台站断层形变信息合成的探讨	巫映祥、刘贵梅	地壳构造与地壳应力文集	1997	10
753	关于地壳中存在虚空区的问题	邱泽华、张宝红	中国地球物理学会第十三届学术年会论文集	1997	
754	临震预报试验获得重要进展	任振球、李均之、黄相宁	中国地球物理学会成立50周年文集	1997	
755	卫星可见光、热红外地震中期(一年为主)遥感信息及机理研究	黄相宁、吕　杰、葛丽明、刘学彬、莫　慧	中国地球物理学会成立50周年文集	1997	
756	水力阶撑法用于原地应力测量的工作原理及其工程实践	陈群策、李方全	岩石力学与工程学报	1998	03
757	德国南部地区Love波相速度分布	黄忠贤	地球物理学报	1998	06
758	穿过青藏高原的面波传播路径与速度结构	陈　虹、黄忠贤	地球物理学报	1998	S1

续表

序号	论文名称	作者	期刊名称	年	期
759	利用时频偏振分析技术研究面波传播的复杂性	陈　虹、黄忠贤	地震学报	1998	02
760	用逻辑树方法估计地震年发生率的不确定性	杨智娴、张培震、郑月君	地震学报	1998	02
761	用遗传有限单元反演法研究东亚部分地区现今构造应力场的力源和影响因素	安美建、石耀霖、李方全	地震学报	1998	03
762	面波震级与体波震级、地方震震级间的经验关系及不确定性评价	杨智娴、张培震	地震学报	1998	05
763	山西地堑系现今构造应力场	安美建、李方全	地震学报	1998	05
764	干涉成像雷达(INSAR)技术及其应用现状	张景发、邵　芸	地震地质	1998	03
765	地球磁场对太阳风的加卸载响应与川滇中强地震	续春荣、林云芳等	中国地震	1998	02
766	跨断层垂直位移速率的动态演化特征与强震的关系	焦　青、周俊萍	地震	1998	03
767	1990 年共和 7.0 级地震的发震构造讨论	陈玉华、张　敏、张晓青、朱德瑜等	西北地震学报	1998	03
768	广东省未来十年强震趋势分析	冯绚敏、黄福明、易志刚、陈　虹等	华南地震	1998	02
769	水压致裂法三维地应力测量的理论探讨	陈群策、安美建、李方全	地质力学学报	1998	01
770	网络化之路始于足下	江妮利	地震科技情报	1998	08
771	从第 29 届 IASPEI 大会看世界地震危险性评估研究进展	杨智娴、张培震	国际地震动态	1998	04
772	一次地震导致另一次地震	T. Henyey、陈连旺	世界地震译丛	1998	02
773	测量震源辐射的谱震级和谱地震图	S.J.Duda、H.K.Gupta、杨智娴	世界地震译丛	1998	04
774	建立全球历史地震活动性的总目录	杨智娴译	世界地震译丛	1998	06
775	山西断陷带历史强震及全新世古地震地表破裂特征	肖振敏、江娃利	地壳构造与地壳应力文集	1998	11
776	山西交城断裂带第四纪活动习性及其分段特征	许桂林、马保起、江娃利	地壳构造与地壳应力文集	1998	11
777	乌拉山山前断裂晚第四纪活动研究	马保起、盛小青、张守仁、李玉萍	地壳构造与地壳应力文集	1998	11
778	中国东部箕状断陷构造的初步分析	杨承先、王文清	地壳构造与地壳应力文集	1998	11
779	曲靖—昭通断裂带北段晚第四纪活动特征	侯治华、韩德润、李发祥	地壳构造与地壳应力文集	1998	11
780	青藏高原北东边界活动断裂带断层的摩擦强度	李　宏、谢富仁	地壳构造与地壳应力文集	1998	11
781	八达岭—居庸关地区隧道开挖围岩稳定性分类与评价	韩德润、张连城、侯治华、陈　鹏	地壳构造与地壳应力文集	1998	11
782	中国大陆未来三年(1998～2000 年)地震大形势研究	陈　虹、龚复华、易志刚、戴樑焕	地壳构造与地壳应力文集	1998	11
783	东亚大陆今后 50 年大震趋势动力学预测	王文清、安　欧	地壳构造与地壳应力文集	1998	11

续表

序号	论 文 名 称	作 者	期 刊 名 称	年	期
784	用地震量子模型分析大震前b值变化特征	杨树新、吕悦军	地壳构造与地壳应力文集	1998	11
785	利用跨断层位移速率的时空演化特征进行中短期地震预测的尝试	焦 青、周俊萍	地壳构造与地壳应力文集	1998	11
786	三马坊地温测点映震能力及特征分析	陈沅俊、姚宝树	地壳构造与地壳应力文集	1998	11
787	1995年7月22日甘肃永登5.8级地震断层形变前兆分析	戴樑焕、焦 青、周俊萍	地壳构造与地壳应力文集	1998	11
788	张北—尚义 6.2 级地震跨断层形变资料异常特征分析	龚复华、王刚军	地壳构造与地壳应力文集	1998	11
789	用体应变潮汐因子变化开展地震预报研究	刘冬英	地壳构造与地壳应力文集	1998	11
790	1989年10月18日大同—阳高6.1级地震前昌平台应变观测资料分析	王 勇、张国红、刘福生	地壳构造与地壳应力文集	1998	11
791	伽师地区地震活动与中国大陆其他地区地震活动的相关性研究	龚复华、陈 虹	地壳构造与地壳应力文集	1998	11
792	三峡工程永久船闸二期开挖岩体松弛范围的绝对应力测量波	吕悦军、杨树新、朱传云、卢 文	地壳构造与地壳应力文集	1998	11
793	山东新汶煤矿压磁法全应力测量	吕悦军、杨增学、康红普	地壳构造与地壳应力文集	1998	11
794	利用地震波研究地壳内部应力状态的方法(综述)	陈 虹	地壳构造与地壳应力文集	1998	11
795	X 射线法测量石英方解石的轴面异性及其在岩体应力测量中的应用	安 欧、李占元	地壳构造与地壳应力文集	1998	11
796	山西地堑系新生代共轭破裂与应力场、应变能密度分布	谢新生	地壳构造与地壳应力文集	1998	11
797	地震减灾中 INSAR 技术应用前景及关键技术	张景发、施先忠	地壳构造与地壳应力文集	1998	11
798	体积式钻孔应变仪中的讯号电路	李秀环、张 生	地壳构造与地壳应力文集	1998	11
799	超声波成象钻孔电视在地应力测量中的应用	毛吉震、陈群策、祁英男、 李方全、张 钧	中国岩石力学与工程学会第五次学术大会论文集	1998	
800	北京房山花岗岩应力测量——AE 法与水压致裂法对比研究	李 宏、 陈景松、江南生、张伯崇	中国岩石力学与工程学会第五次学术大会论文集	1998	
801	面波速度的 Occam 反演	黄忠贤、郑月君	寸丹集——庆贺刘光鼎院士工作50周年学术论文集	1998	
802	张公渡—庄墓DSS剖面基底速度结构与深浅构造变化特征	陈学波、李金森、王椿镛、唐荣余等	中国地球物理学会第十四届学术年会论文集	1998	
803	华北地区三维构造应力场	陈连旺、陆远忠、张 杰、许桂林等	地震学报	1999	02
804	挤压带褶皱构造力学解析及其地震意义	谢新生	地震学报	1999	03
805	Mecharical analysis of foldsin copressive belt and its significance to earthquakes	Xin-sheng Xie（谢新生）	ACTA Seismologica Sinica	1999	03
806	Preliminary research to determine stress distrcts from focal mechanism solutions in Southwest China and its adjacent area	Xiao-feng Cui（崔效锋）	ACTA seismologica Sinica	1999	05

续表

序号	论文名称	作者	期刊名称	年	期
807	青藏高原北、东边缘第四纪构造应力场演化特征	谢富仁、张世民、窦淑芹、崔效锋等	地震学报	1999	05
808	利用震源机制解对中国西南及邻区进行应力分区的初步研究	崔效锋、谢富仁	地震学报	1999	05
809	关于1844年云南大关北地震问题的探讨	侯治华、韩德润、梁金鹏	地球物理学进展	1999	01
810	北京平谷地区地表陡坎的成因识别	江娃利	地震地质	1999	04
811	用于中短期地震预报的一些地震活动性参量相关性讨论	陆远忠、阎利军、郭若眉	地震	1999	01
812	地震活动中期预测指标研究及其空间图像演化	蒋　淳、陆远忠等	地震	1999	01
813	张北6.2级地震地温短临异常特征	陈沅俊、姚宝树	地震	1999	02
814	万家寨水利枢纽水压致裂应力测量结果和分析	祁英男、李方全、毛吉震、陈群策等	岩石力学与工程学报	1999	02
815	压磁套芯解除法地应力测量技术研究进展	王建军	岩土工程学报	1999	03
816	用VB编程绘制台站日常数据曲线	王　勇、杨选辉、刘万琪	西北地震学报	1999	02
817	1998年1月10日张北—尚义6.2级地震前昌平地震台应变资料的异常变化分析	王　勇、刘福生、张国红、张学政	西北地震学报	1999	03
818	利用定向岩心进行AE法原地应力测量	李　宏、陈景松、江南生、王福江等	地质力学学报	1999	01
819	大青山河谷地貌特征及新构造意义	马保起、李　克、吴卫民、聂宗笙	地理学报	1999	04
820	新疆地区强震前中短期阶段地震活动异常动态图像	陈　虹、刘冬英、沙海军	内陆地震	1999	03
821	云南曲靖—昭通断裂带北段晚第四纪以来的古地震	侯治华、韩德润、李发祥、钟南才	防灾技术高等专学校学报	1999	04
822	山西地堑系地震重力地貌发育及其与水土流失的关系	李有利、谭利华、张世民、杨景春	水土保持研究	1999	04
823	山西应县木塔变形原因之浅见	刘光勋	山西地震	1999	02
824	用Mapinfo编制索引图——一种检索“区测图”及其他图件的最佳系统	王珊玲	地震科技情报	1999	09
825	深化改革是发展地震科技图书情报工作的必由之路	朱秀芳	地震科技情报	1999	10
826	地壳应力观测与研究	谢富仁、陈群策	国际地震动态	1999	02
827	1998年西太平洋地球物理会议——地震预报现状与发展专题概况	陈　虹	国际地震动态	1999	03
828	1679年三河—平谷8级地震夏垫地震破裂带右旋走滑位移量计算	江娃利	地壳构造与地壳应力文集	1999	12
829	山西交城断裂活动的构造地貌学研究	马保起、许桂林、盛小青等	地壳构造与地壳应力文集	1999	12
830	晋中南新生代裂谷系雁列断裂带与岩桥构造——据地球物理资料对晋中南新生代裂谷系构造的再解析	杨承先、王文清	地壳构造与地壳应力文集	1999	12

续表

序号	论 文 名 称	作　者	期 刊 名 称	年	期
831	青藏高原北东缘构造演化特征	舒塞兵、谢富仁	地壳构造与地壳应力文集	1999	12
832	辽宁海城 NW 向构造全新世活动特征及古地震研究	江娃利、李咸业、张英礼	地壳构造与地壳应力文集	1999	12
833	云南曲靖—昭通断裂带北段晚第四纪以来的古地震	侯治华、韩德润、李发祥、钟南才	地壳构造与地壳应力文集	1999	12
834	山西新生代运城—侯马裂谷盆地的构造格局	杨承先	地壳构造与地壳应力文集	1999	12
835	1976 年唐山地震地表断裂反映的力学信息	王文清、安　欧、王福江	地壳构造与地壳应力文集	1999	12
836	内昆线天星场至仙水段构造应力场分析	谢富仁、孟宪梁、祁英男	地壳构造与地壳应力文集	1999	12
837	六盘山东麓断裂带应力场变化的初步研究	窦淑芹、谢富仁、舒塞兵	地壳构造与地壳应力文集	1999	12
838	由震源机制解资料确定我国西南及邻区平均应力场参数	崔效锋、谢富仁	地壳构造与地壳应力文集	1999	12
839	赤城地温测点的映震能力及特征分析	陈沅俊、姚宝树	地壳构造与地壳应力文集	1999	12
840	昌平台钻孔应变资料地震前兆分析与研究	王　勇、易志刚、刘福生、张国红	地壳构造与地壳应力文集	1999	12
841	1996 年南黄海 6.1 级及 1995 年山东苍山一费县 5.2 级地震 断层形变前兆分析	戴樑焕、焦　青、周俊萍	地壳构造与地壳应力文集	1999	12
842	应力场重叠法预测龙门山断裂带测区大震时空强分布	安　欧	地壳构造与地壳应力文集	1999	12
843	胶辽渤海地区地震活动性研究	龚复华、于慎谔	地壳构造与地壳应力文集	1999	12
844	三斗坪坝址北缘地区基岩岩体速度结构分区及其在工程地震中的意义	李金森、王恩福、张国宏、司洪波等	地壳构造与地壳应力文集	1999	12
845	由井壁崩落估算水平主应力量值的研究	张彦山、梁国平、丁建民、孟宪美	地壳构造与地壳应力文集	1999	12
846	重庆市万州区三峡工程移民工作信息系统	欧阳祖熙、张　路、张宗润、师洁珊等	地壳构造与地壳应力文集	1999	12
847	中国及邻区地壳厚度隆坳构造特征与地球动力学	陈学波、唐荣余、张景发、王恩福等	中国地球物理学会第十五届年会论文集	1999	
848	Discution on the correlation Between Some Seismic Activity Parameters Used for Medium-and Short—terms Earthquake Prediction	Lu Yuanzhong（陆远忠）	Journal of earthquake prediction research	2000	08
849	用瑞利面波资料反演中国大陆东部地壳上地幔横波速度的三维构造	徐果明、李光品、周虎顺、王善恩、陈　虹	地球物理学报	2000	03
850	中国东部海域地壳—上地幔瑞利波速度结构研究	郑月君、黄忠贤、刘福田、李红谊	地球物理学报	2000	04
851	鄂尔多斯块体周边正倾滑活动断裂历史强震地表破裂分段	江娃利、肖振敏、谢新生	地震学报	2000	05
852	地震视应变场的演化与强震发生地区的关系	黄福明、易志刚	地震学报	2000	06
853	Relation between the evolution of seismic apparent stain field and the region of strong earthquake occurrence	Huang fu-ming（黄福明）	ACTA seismologica sinica	2000	06
854	Segmentations of active normal dip-slip faults around Ordos block according to their suface ruptures in historical strong earthquakes	Jiang Wa-li（江娃利）	ACTA seismologica sinica	2000	05

续表

序号	论文名称	作　者	期刊名称	年	期
855	用钻孔地层剖面记录恢复古地震序列:河北夏垫断裂古地震研究	徐锡伟、计凤桔、于贵华、陈文彬、王　峰、江娃利	地震地质	2000	01
856	海原、六盘山断裂带至银川断陷第四纪构造应力场分析	谢富仁、舒塞兵、窦淑芹、张世民等	地震地质	2000	02
857	北京平原夏垫断裂齐心庄探槽古地震事件分析	江娃利、侯治华、肖振敏、谢新生	地震地质	2000	04
858	内蒙大青山山前活动断裂带西端左旋走滑现象	江娃利、肖振敏、王焕贞	中国地震	2000	03
859	中国大陆强震构造环境统计分析	张世民、李发祥、李　克	中国地震	2000	04
860	强震前中短期地震活动异常动态图像的表示方法及其预测意义	陈　虹	地震	2000	01
861	中、强震前应力场动态演变特征综合分析	周翠英 陈　虹	地震	2000	02
862	昌平台钻孔应变固体潮调合分析	王　勇	地震	2000	02
863	应用水压致裂法测量三维地应力的几个问题	王建军	岩石力学与工程学报	2000	02
864	防震减灾中卫星遥感技术应用分析	谢礼立、张景发	自然灾害学报	2000	04
865	一种有效的防雷保护系统——综合防雷工程网络	王　勇等	西北地震学报	2000	02
866	昌平地震台地温前兆特征分析	王　勇、张国红	西北地震学报	2000	03
867	浅析中国地区体波走时层析成象研究进展	雷建设	西北地震学报	2000	04
868	东北深震与中国大陆主要构造带地震活动的相关性统计分析	刘冬英、陈　虹	东北地震研究	2000	01
869	强震发震构造环境与地震活动信息系统的研制	李发祥、李　克、张世民、张景发等	地球信息科学	2000	02
870	差分 InSAR 处理及其应用分析	张景发、李发祥、刘　钊	地球信息科学	2000	03
871	汾渭地堑系盆地发育进程的差异及其控震作用	张世民	地质力学学报	2000	02
872	青藏高原东北缘水压致裂地应力测量	王学潮、郭啟良	地质力学学报	2000	02
873	抗震设防是保障城市安全的重要措施	王文清	城市防震	2000	03
874	浅谈地形图的管理	王珊玲	防灾技术高等专科学校学报	2000	04
875	对静态应力触发的一种新的统计检验:在1987年苏必斯蒂森山地震序列中的应用	G. Anderson 、H. Johnson、 王勇	世界地震译丛	2000	04
876	北京平原主要活动断裂全新世活动定量研究及未来地震危险性预测	江娃利、侯治华、苏怡之、张英礼等	地壳构造与地壳应力文集	2000	13
877	华北平原及其邻近地区强震构造环境与地震活动趋势分析	于慎谔、龚复华等	地壳构造与地壳应力文集	2000	13
878	红河断裂孕震环境的流体作用机制研究	张　超、谢富仁、张世民	地壳构造与地壳应力文集	2000	13
879	构造稳定性评价方法研究及其在内昆铁路线天星场至仙水段的应用	谢富仁、刘光勋、赵建涛	地壳构造与地壳应力文集	2000	13
880	大青山山前断裂活动的分段性研究	马保起、李　克、吴卫民	地壳构造与地壳应力文集	2000	13

续表

序号	论文名称	作者	期刊名称	年	期
881	青藏高原北东边缘第四纪构造应力场转变的有关地质证据	舒塞兵、谢富仁	地壳构造与地壳应力文集	2000	13
882	山西大同晚更生代断陷带的构造发育史与构造岩浆过程	杨承先等	地壳构造与地壳应力文集	2000	13
883	河北省张家口断裂带的空间展布和第四纪活动特征	朱德瑜、王珊玲、许桂林等	地壳构造与地壳应力文集	2000	13
884	中国东部海域岩石层S波速度结构	郑月君、李红谊、黄忠贤、彭艳菊等	地壳构造与地壳应力文集	2000	13
885	地球化学测汞方法在断裂构造研究中的应用	侯志华等	地壳构造与地壳应力文集	2000	13
886	简述花状构造的地震地质意义	杨承先、于慎谔	地壳构造与地壳应力文集	2000	13
887	唐山地震的局部地面隆起	张宝红 、邱泽华	地壳构造与地壳应力文集	2000	13
888	卫星遥感技术应用于减轻地震灾害	张景发等	地壳构造与地壳应力文集	2000	13
889	断层地震扩容前兆现象的地震量子模型分析	杨树新、苏恺之	地壳构造与地壳应力文集	2000	13
890	古构造残余应力场研究	安　欧等	地壳构造与地壳应力文集	2000	13
891	长庆油田深层岩心AE法应力测量	李　宏等	地壳构造与地壳应力文集	2000	13
892	山东鲍店煤矿原始地应力场数值模拟及其与采区稳定性关系的研究	杨树新、王建军	地壳构造与地壳应力文集	2000	13
893	高水头电站钻孔高压压水的作用和意义	郭啟良、安其美、丁立丰	地壳构造与地壳应力文集	2000	13
894	断面分维数测算系统的建立及可靠性验收	蒋林根等	地壳构造与地壳应力文集	2000	13
895	机械阻抗法测量基桩承载力原地试验研究	王恩福、赵国存、张国宏	地壳构造与地壳应力文集	2000	13
896	岩石动态断裂过程中的能量问题	蒋林根等	地壳构造与地壳应力文集	2000	13
897	浅层地震勘探在贫水基岩区找水中的应用	刘德权、赵国存、张国宏、王恩福	地壳构造与地壳应力文集	2000	13
898	全球定位技术在三峡库区滑坡监测中的应用	欧阳祖熙、张永庆、张宗润、贾维九等	地壳构造与地壳应力文集	2000	13
899	InSAR处理算法及理论模型综合研究	张景发、李发祥、张世民	地壳构造与地壳应力文集	2000	13
900	AE法原地应力测量技术在油田中的应用	李　宏、董平川	中国岩石力学与工程学会第六次学术大会论文集	2000	
901	中国大陆及邻域地壳上地幔S波速度结构	黄忠贤、郑月君、李红谊、彭艳菊等	中国地球物理学会第十六届年会论文集	2000	
902	中国东部海域岩石层S波速度结构	郑月君、黄忠贤、李红谊、彭艳菊等	中国地球物理学会第十六届年会论文集	2000	
903	滇西南地区现代构造应力场分析	谢富仁、苏　刚、崔效锋、舒赛兵等	地震学报	2001	01
904	鲜水河—小江断裂带7级以上强震构造区的划分及其构造地貌特征	张世民、谢富仁	地震学报	2001	01
905	震源分布和强度指标控制因素的模型研究——红河断裂地震环境因素的实例分析	张　超、谢富仁、张世民	地震学报	2001	02
906	华北地区断层运动与三维构造应力场的演化	陈连旺、陆远忠、郭若眉、许桂林等	地震学报	2001	04
907	中国大陆东部及海域地壳—上地幔结构研究	李红谊、刘福田、孙若昧、郑月君等	地震学报	2001	05
908	1966年邢台地震引起的华北地区应力场动态演化过程的三维粘弹性模拟	陈连旺、陆远忠、刘　杰、郭若眉	地震学报	2001	05

续表

序号	论 文 名 称	作　者	期 刊 名 称	年	期
909	内蒙大青山山前活动断裂带的地震破裂分段特征	江娃利、肖振敏、王焕贞、龚复华	地震地质	2001	01
910	北京平原南口—孙河断裂带昌平旧县探槽古地震事件研究	江娃利、侯治华、谢新生	中国科学(D 辑)	2001	06
911	东江水电站坝址区断层活动性监测及其在电站建设中的作用	王建军、赵营海、李建军、张周术等	岩石力学与工程学报	2001	S1
912	摩擦试验加载过程中力矩作用的理论研究	邱泽华等	岩石力学与工程学报	2001	增刊
913	典型震害遥感图像的模型分析	张景发、谢礼立、陶夏新	自然灾害学报	2001	02
914	1976 年唐山地震前后华北地区现代构造应力场的时空变化特征	崔效锋、谢富仁	中国地震	2001	03
915	Application of Recent Satellite Remote Sensing Technology in Earthquake Disaster Reduction	Zhang jingfa（张景发）	IGARSS	2001	
916	Application of InSAR on the Research of Mani Strong Earthquake	LIU Zhao、Zhang jingfa	IGARSS	2001	
917	Evolution of 3D tectonic stress field and fault movement North China	Chen Lian-wang（陈连旺）	ACTA seismologica sinica	2001	05
918	Three dimensional viscoelastis simulation on dynamic evolution of stress field in North China induced by the 1966 Xingtai earthquake	Chen Lian-wang 陈连旺	ACTA seismologica sinica	2001	05
919	Crust and upper mantle structure in east China and sea areas	Li Hong-yi 李红谊	ACTA seismologica sinica	2001	05
920	Statistical Analysis of Tectonic Environment for Strong Earthquakes in China's Continent	Zhang Shimin（张世民）	Earthquake Reaearch in China	2001	03
921	Sinistral Strike-slip Movement Along Western Terminal Segment of the Active Daqingshan Piedmont Fault , Inner Mongolia, China	Jiang Wali（江娃利）	Earthquake Reaearch in China	2001	01
922	Importance Must Be Attached to Seiemic Disaster Reduction in the Surge of Urbanization	Wang Wenqing（王文清）	Natural Disaster Reduction in China	2001	03
923	伽师地震前后喀什台地磁短周期变化特征	郑黎明、朱　燕、续春荣	地震地磁观测与研究	2001	01
924	山东半岛地区活断层研究	晁洪太、于慎谔	东北地震研究	2001	04
925	北京昌平地震台 TJ-1 体积钻孔应变仪潮汐参数动态特征及其稳定性研究	唐九安、王　勇、刘福生	华北地震科学	2001	04
926	用卫星资料对阿尔金断裂带阿克塞以西进行阶地面对比和位错量分析	王　峰	华北地震科学	2001	04
927	水压致裂法三维地应力测量的实用性研究	陈群策、李方全、毛吉震	地质力学学报	2001	01
928	遥感图像中建筑物震害信息统计特征研究	曹代勇、施先忠、张景发	国土资源遥感	2001	01
929	24 位模数转换器 AD7713 及其应用	周振安	国外电子元器件	2001	12
930	塔里木盆地油气地质特征及资源前景	周　昊、周永昌	新疆石油地质	2001	06
931	日本的活动层研究现状	张宝红	地震科技情报	2001	
932	谈地震档案信息资源的开发利用	吴玉荣	地震科技情报	2001	
933	有为才能有位	江妮利	地震科技情报	2001	

续表

序号	论 文 名 称	作　者	期 刊 名 称	年	期
934	中国地震局地震监测技术勘察团访问美国	陈　虹	国际地震动态	2001	
935	塔里木盆地油田气地质特征与资源前景	周　昊	世界地质	2001	
936	北京地区第四纪岩土与桩基础加固符合地基技术方法选择	周　昊	世界地质	2001	
937	光电（CCD）重线仪与引张仪的工程应用	赵营海、张鸿旭、罗光禄	水电自动化	2002	01
938	活动构造定量研究中的地貌年代问题	赵国光	地壳构造与地壳应力文集	2001	14
939	活动地块多层次构造单元划分及强震活动的相互关联	江娃利	地壳构造与地壳应力文集	2001	14
940	青藏一西藏古高原周缘与华北地区大震构造机制初探及设想建议	陈学波	地壳构造与地壳应力文集	2001	14
941	走滑断错地貌的特征及研究方法	赵国光	地壳构造与地壳应力文集	2001	14
942	青岛地区断裂活动性的野外调查与分析	杨承先	地壳构造与地壳应力文集	2001	14
943	滹沱河系舟山段冲沟洪积扇分期及沉积环境	窦淑芹	地壳构造与地壳应力文集	2001	14
944	第三纪银川断陷主干断裂的活动性	杨承先	地壳构造与地壳应力文集	2001	14
945	1976 年龙陵一潞西 7.3、7.4 级地震的共轭破裂及其极限主应力	谢新生	地壳构造与地壳应力文集	2001	14
946	山东鲍店煤矿采矿诱发地震的应力环境分析	杨树新	地壳构造与地壳应力文集	2001	14
947	分量式钻孔应变观测数据的解释	邱泽华	地壳构造与地壳应力文集	2001	14
948	光电断层形变测量仪在安丘地震台的应用分析	蒋林根	地壳构造与地壳应力文集	2001	14
949	岩石综合抗剪强度的研究	安　欧	地壳构造与地壳应力文集	2001	14
950	溧阳地震台体应变测量与南黄海中强震对应关系的分析	陈启林	地壳构造与地壳应力文集	2001	14
951	长清地震台数字化前兆资料可靠性分析	孔向阳	地壳构造与地壳应力文集	2001	14
952	钻孔应变、应力地震中短临前兆异常特征及预报方法研究	李淑恭	地壳构造与地壳应力文集	2001	14
953	由断层活动特征探讨地震活动的前兆信息	高忠宁	地壳构造与地壳应力文集	2001	14
954	中国西南及邻区三维速度结构的研究	雷建设	中国地球物理学会年刊	2001	
955	用钻孔温度资料研究气候变暖问题	邱泽华	中国地球物理学会年刊	2001	
956	中国及外围地区莫霍面深度分布图(1/1500 万)及说明书	陈学波、张景发、唐荣余、王恩福等	中国科学技术出版社	2001	
957	影响平原区隐伏活动断裂强震地表破裂参数相关因素探讨	江娃利	新构造与环境文集	2001	
958	华北地块 8 级历史强震活动构造特征及未来危险地段预测	江娃利	学术会论文集	2001	
959	InSAR 技术在西藏玛尼强震区的应用	张景发、刘　钊	清华大学学报（自然科学版）	2002	06
960	建筑物震害遥感图像的变化检测与震害评估	张景发、谢礼立、陶夏新	自然灾害学报	2002	02
961	Quantitative Feature Extraction of RS Images and Seismic Disaster Classfication and Evaluation	J.F. Zhang、L.L. Xie、X.X. Tao	INTERNATIONAL CONFERENCE ON ADVANCES AND NEW CHALLENGES IN EARTHQUAKE ENGINEERING RESEARCH SEISMOLOGICAL PRESS	2002	

续表

序号	论 文 名 称	作 者	期 刊 名 称	年	期
962	Research on paleoearthquakes in Jiuxian trenches across Nankou-Sunhe fault zone in Changping County of Beijing plain	Jiang Wali（江娃利）	Science in China(D)	2002	02
963	The Spatial and Temporal Variatiion of Modern Tectonic Stress Field in North CHina before and after the 1976 Tangshan Earthquake	CuiXiaofeng、XieFuren（崔效锋、谢富仁）	Earthquake Research in China	2002	01
964	水压致裂应力测量在广州抽水蓄能电站设计中的应用研究	郭啟良、安其美、赵仕广	岩石力学与工程学报	2002	06
965	中国大陆及海域 Love 波层析成像	彭艳菊、苏　伟、郑月君、黄忠贤	地球物理学报	2002	06
966	帕米尔及邻区地壳上地幔 P 波三维速度结构	雷建设	地球物理学报	2002	06
967	青藏高原及其邻区地壳上地幔 S 波速度结构	苏　伟、彭艳菊、郑月君、黄忠贤	地球物理学报	2002	03
968	中国西部南及邻区上地幔 P 波三维速度结构	雷建设	地震学报	2002	02
969	唐山地震震源区构造应力场强度的初步分析	赵建涛、崔效锋、谢富仁	地震学报	2002	03
970	正倾滑活动断裂垂直位移定量研究中相关问题的讨	江娃利、谢新生	地震地质	2002	02
971	地震共轭破裂及极限主应力随地壳深度的变化——以 1975 年海城 7.3 级地震为例	谢新生、王维襄	中国地震	2002	02
972	地电场观测技术研究	席继楼、赵家骝、王燕琼、王兰炜等	地震	2002	02
973	深圳市罗湖断裂带活动性及建筑物安全监测系统设计	王建军、张鸿旭、李荣强、赵营海等	灾害学	2002	03
974	基于骨架的隐曲面造型技术	赵树贤	计算机辅助设计与图形学学报	2002	09
975	山西应县木塔在地震科学研究中的地位和意义——兼谈应县木塔维修方案的意见	刘光勋	山西地震	2002	04
976	如何写好地震观测报告	张宝红、邱泽华	地震学刊	2002	04
977	光电式垂线坐标仪与引张线仪的工程应用	赵营海、张鸿旭、罗光禄、陈葛天	水电自动化与大坝监测	2002	01
978	地震前兆数据采集器的可靠性分析	周振安、郭柏林	地震地磁观测与研究	2002	04
979	高精度模数转换器 ADS1250 的原理与应用	周振安	国外电子元器件	2002	09
980	非稳态非线性信号处理在地震资料中的应用研究	杨选辉	国际地震动态	2002	02
981	地震计传递函数的精确测定研究	李海亮	国际地震动态	2002	02
982	近期与地学研究有关的国际会议预告	陈　虹、魏庆云	国际地震动态	2002	05
983	我国钻孔应力—应变地震前兆监测台网的现状	邱泽华、张宝红	国际地震动态	2002	06
984	新形势下的地震科技档案管理与归档	吴玉荣、杜桂香、李学勤	国际地震动态	2002	09
985	日本重视防止地震二次灾害	王建军、张周术、谢富仁	国际地震动态	2002	11
986	2002 年西太平洋地球物理会议——固体地球物理部分研究进展	陈　虹、崔效锋	国际地震动态	2002	11

续表

序号	论 文 名 称	作　者	期 刊 名 称	年	期
987	影片中途停机	江妮利	减灾博览	2002	05
988	感受高原，感受神秘	江妮利	减灾博览	2002	05
989	论科技所图书馆建设与发展	江妮利	21 世纪中国图书馆建设与发展论文集	2002	
990	地球物理数据未来网络共享模式的构想	续春荣、李玉萍	中国地球物理学会第十八届年会论文集	2002	
991	昆仑山口西 M_S8.1 地震前地震活动性异常及部分前兆异常分析	陈　虹	纪念南京基准地震台建台 70 周年文集	2002	
992	倾滑断错地貌的特征和研究方法	赵国光、苏　刚	地壳构造与地壳应力文集	2002	15
993	鄂尔多斯地块周边断陷系 $6\sim6\frac{3}{4}$ 级地震空间分布特征及与活动构造的关系	江娃利、龚复华	地壳构造与地壳应力文集	2002	15
994	中国西南部强震带古构造残余应力场对大震的控制	安　欧	地壳构造与地壳应力文集	2002	15
995	西藏安多北断裂晚第四纪活动的基本特征	马保起、苏　刚、侯治华、舒塞兵等	地壳构造与地壳应力文集	2002	15
996	渤海及邻区地震活动环境	吕悦军、彭艳菊、沙海军	地壳构造与地壳应力文集	2002	15
997	内蒙狼山—色尔腾山山前活动断裂古地震事件识别及同震垂直位移	江娃利等	地壳构造与地壳应力文集	2002	15
998	建筑物震害遥感图像特征信息的增强、提取与震害识别技术	张景发等	地壳构造与地壳应力文集	2002	15
999	岩石综合抗压强度	安　欧等	地壳构造与地壳应力文集	2002	15
1000	昆仑山口西 M_S8.1 地震前地震活动异常分析	陈　虹、刘冬英	地壳构造与地壳应力文集	2002	15
1001	昆仑山口西 M_S8.1 地震前兆分析与未来趋势估计	易志刚、王　勇	地壳构造与地壳应力文集	2002	15
1002	昆仑山口西 M_S8.1 地震的地温前兆特征和同震效应	姚宝树、沙海军、王秀英、刘永铭	地壳构造与地壳应力文集	2002	15
1003	昆仑山口西 M_S8.1 地震前跨断层位移资料异常特征	焦　青、刘冬英	地壳构造与地壳应力文集	2002	15
1004	时间-震级可预测模型在中国大陆的应用	沙海军、陈　虹	地壳构造与地壳应力文集	2002	15
1005	同井不同埋深地温探头的地震前兆观测效应	姚宝树等	地壳构造与地壳应力文集	2002	15
1006	TJ-2 型体应变仪的研制	苏恺之、李秀环、张　钧、马相波等	地壳构造与地壳应力文集	2002	15
1007	钻孔体应变潮汐观测资料的映震效果	易志刚 、王　勇、邱泽华	地壳构造与地壳应力文集	2002	15
1008	对同震观测应力-应变阶跃的研究	邱泽华等	地壳构造与地壳应力文集	2002	15
1009	五强溪水电站左岸船闸边坡断层位移监测资料分析	蒋林根、张鸿旭、刘凤秋、舒桂林	地壳构造与地壳应力文集	2002	15
1010	三峡库区重庆市巫山县移民新城地质灾害GPS 监测网建设	韩文心、张　路	地壳构造与地壳应力文集	2002	15
1011	钻孔应力-应变台站地震观测报告的编写	张宝红、邱泽华	地壳构造与地壳应力文集	2002	15
1012	钻孔应力-应变观测技术发展综述——全国钻孔应力应变观测技术研讨会总结	张周术等	地壳构造与地壳应力文集	2002	15
1013	Rayleigh wave tomography of china and adicent regions	Zhongxian Huang (黄忠贤)	J G R	2003	B2

续表

序号	论 文 名 称	作 者	期 刊 名 称	年	期
1014	全球应力场与构造分析	谢富仁、崔效锋、赵建涛	地学前缘	2003	S1
1015	震害遥感快速提取研究——以 2003 年 2 月 24 日巴楚—伽师 6.8 级地震为例	王晓青、魏成阶、苗崇刚、张景发	地学前缘	2003	S1
1016	全球观测应力场的短波分量分析	黄玺瑛、魏东平、陈棋福、陈　虹	地震学报	2003	01
1017	地震造成远距离应力阶变的观测实例	邱泽华、石耀霖	中国科学 (D 辑)	2003	S1
1018	双差地震定位法在我国中西部地区地震精确定位中的应用	杨智娴、陈运泰、郑月君、于湘伟	中国科学 (D 辑)	2003	S1
1019	开采引起的层间滑动与黄淮地区煤矿井筒破裂关系研究	王建军、骆念海、白振明	岩石力学与工程学报	2003	07
1020	钻孔高压压水测试在深埋与承压洞室工程中的应用研究	郭啟良、丁立丰、王海忠、张志国	岩土力学	2003	S1
1021	中国大陆现今构造应力场的回归分析研究	杨树新、陈连旺、谢富仁	岩土力学	2003	S2
1022	测定岩体原地承载力的水力阶撑测试技术及其应用	郭啟良、冷鸿斌、李　宏、陈群策	岩土力学	2003	S2
1023	水压致裂试验过程中诱发的声发射	李　宏、张伯崇	岩土力学	2003	S2
1024	海洋石油平台的工程地震问题	吕悦军、彭艳菊、唐荣余	地球物理学进展	2003	04
1025	阿尔金断裂带东段距今 20ka 以来的滑动速率	王　峰、徐锡伟、郑荣章	地震地质	2003	03
1026	山西大同盆地口泉断裂全新世古地震活动	谢新生、江娃利、王　瑞、王焕贞等	地震地质	2003	03
1027	首都圈地区井水温度的动态类型及其成因分析	车用太、刘喜兰、姚宝树等	地震地质	2003	03
1028	山西大同盆地恒山北缘断裂全新世古地震活动	江娃利、谢新生、王焕贞、冯西英等	中国地震	2003	01
1029	断层间相互作用与地震触发机制的研究进展	韩竹军、谢富仁、万永革	中国地震	2003	01
1030	组合式应变观测仪的设计	苏恺之、马鸿钧、李海亮、张　钧等	地震研究	2003	02
1031	层状地质体建模与可视化	赵树贤、罗晓容	计算机辅助设计与图形学学报	2003	11
1032	Holocene Paleoseismic Activity Along the Northern Piedmont Fault of the Hengshan Mountain South of Datong Basin in Shanxi Province	Jiang Wali (江娃利)	Earthquake Research in China	2003	03
1033	Enhancement and feature extraction of RS seismic area and seismic disaster recognition technologies.	Jing-fa zhang、Qiming Qin	Proceeding of SPIE –The international Society for optical Engineering,	2003	0 1
1034	我国钻孔应变观测的回顾与展望	苏恺之	地震地磁观测与研究	2003	01
1035	数字化钻孔应力-应变台网的技术管理系统	邱泽华、王　勇、刘福生	地震地磁观测与研究	2003	05
1036	盐源—宁蒗地震共轭破裂及极限主应力随地壳深度变化	谢新生	地质力学学报	2003	02
1037	台湾集集地震遥感图像变化检测技术与震害评估	张景发	地理与地理信息科学	2003	09

续表

序号	论 文 名 称	作　者	期 刊 名 称	年	期
1038	渤海海底土类动剪切模量比和阻尼比试验研究	吕悦军、唐荣余、沙海军	防灾减灾工程学报	2003	02
1039	渤海 PL19-3 油田设计地震动参数研究	吕悦军、唐荣余、刘育丰、王俊勤	防灾减灾工程学报	2003	04
1040	曲线拟合法在地电场资料处理中的应用	王兰炜等	西北地震学报	2003	02
1041	地震前兆仪器嵌入 TCP/IP 协议的初步试验	王秀英、周振安、李玉萍、续春荣	华北地震科学	2003	03
1042	三马坊水温重复性前兆异常的构造特征	姚宝树	华北地震科学	2003	04
1043	地震电子档案信息管理与利用	吴玉荣、曹慧英	防灾技术高等专科学校学报	2003	03
1044	浅谈地震科技档案鉴定的意义	吴玉荣、王　强	高原地震	2003	04
1045	谈地震档案资源建设与发展	吴玉荣	中国档案	2003	
1046	“准则”使图书馆管理工作更加规范化	江妮利	中国标准导报	2003	
1047	D-InSAR 技术及其在活断层运动学研究中的应用	荆　燕、王建军、张　红、张景发等	灾害学	2003	03
1048	活动断裂带区内建筑物基础不均匀沉降监测	蒋林根、赵营海、陈葛天、刘凤秋等	灾害学	2003	04
1049	渤海海域及邻区地震活动环境分析	王俊勤、刘育丰、吕悦军、彭艳菊等	中国海上油气.工程	2003	02
1050	榆神府矿区大柳塔井田煤层群采地面沉陷可视化数值模拟	武　强、王　龙、魏学勇、傅耀军等	水文地质工程地质	2003	06
1051	一种新型地质灾害无线遥测台网	欧阳祖熙、丁　凯、师洁珊、张　勇等	中国地质灾害与防治学报	2003	01
1052	用 GPS 技术研究三峡工程万州库区滑坡的稳定性	欧阳祖熙、王明全、张宗润、张　勇等	中国地质灾害与防治学报	2003	02
1053	石油微观渗流数值模拟实验	赵树贤、罗晓容	系统仿真学报	2003	10
1054	新城金矿套芯法地应力测量研究	丁立丰	有色矿山	2003	06
1055	24 位 A/D 转换器 LTC2400 及其应用	李海亮	国外电子元器件	2003	12
1056	浅谈单片机的选型	周振安	无线电	2003	08
1057	浅谈开发单片机的必备工具	周振安	无线电	2003	09
1058	单片机发展的新台阶 C8051FXXX 系列	周振安	无线电	2003	10
1059	中国边缘海岩石层面波层析成像	彭艳菊	973 论文集	2003	
1060	论期刊指数分析及排序	江妮利、徐　方	国际地震动态	2003	06
1061	喜马拉雅地区的地震危险性	R.Bilham、V.K.Gaur、P.Molnar、陈虹	世界地震译丛	2003	02
1062	中国大陆地壳应力环境基础数据库	谢富仁 等	中国大陆地壳环境研究	2003	
1063	中国大陆地壳应力环境基础数据库——数据入库格式标准	李　宏	中国大陆地壳环境研究	2003	
1064	中国大陆地壳应力环境基础数据库在地学研究和工程实践中的意义	陈群策	中国大陆地壳环境研究	2003	
1065	中国现代构造应力场基本特征与分区	谢富仁等	中国大陆地壳环境研究	2003	
1066	中国及邻区震源机制解分析及其在构造应力场研究中的应用	崔效锋等	中国大陆地壳环境研究	2003	

续表

序号	论文名称	作　者	期刊名称	年	期
1067	中国大陆现代构造应力场与强震活动的关系	谢富仁等	中国大陆地壳环境研究	2003	
1068	祁连山—河西走廊断裂系第四纪构造应力场研究	谢富仁等	中国大陆地壳环境研究	2003	
1069	金沙江溪洛渡水电站水压致裂法地应力测量研究	安其美等	中国大陆地壳环境研究	2003	
1070	中国大陆现今构造应力场的回归分析研究	杨树新等	中国大陆地壳环境研究	2003	
1071	华北块体现今构造应力场年变化特征	陈连旺等	中国大陆地壳环境研究	2003	
1072	华北块体边界作用力变化引起的分区加卸载应	陈连旺等	中国大陆地壳环境研究	2003	
1073	唐山地震震源区构造应力场强度的初步分析	赵建涛等	中国大陆地壳环境研究	2003	
1074	构造应力状态与活断层地震危险性、危害性评定	谢富仁等	中国大陆地壳环境研究	2003	
1075	显微构造在构造应力场研究中的应用——以六盘山东麓断裂为例	窦淑芹	中国大陆地壳环境研究	2003	
1076	水压致裂应力测量方法的新发展	郭啟良等	中国大陆地壳环境研究	2003	
1077	对地应力尺寸效应的讨论	陈群策	中国大陆地壳环境研究	2003	
1078	对水压致裂地应力测量瞬时关闭压力 *Ps* 值的计算分析以及相关讨论——以北京房山300m钻孔（FR）试验为例	陈群策等	中国大陆地壳环境研究	2003	
1079	利用岩石声发射 Kaiser 效应进行原地应力测量	李　宏	中国大陆地壳环境研究	2003	
1080	糯扎渡水电站水压致裂应力测量与水力破裂试验	李　宏	中国大陆地壳环境研究	2003	
1081	利用油田水力压裂资料获取深部应力量值的研究	张彦山等	中国大陆地壳环境研究	2003	
1082	地下洞室围岩应力的测量与研究	丁立丰等	中国大陆地壳环境研究	2003	
1083	观测同震应变阶与断层活动性评价	邱泽华等	中国大陆地壳环境研究	2003	
1084	钻孔应力应变连续观测在地震监测预报中的作用	张宝红	中国大陆地壳环境研究	2003	
1085	迈入新世纪的钻孔应变观测	苏恺之	钻孔地应变观测新进展	2003	
1086	TJ-2 型体应变仪的研制	苏恺之等	钻孔地应变观测新进展	2003	
1087	TJ-2 型体应变仪的力学设计	苏恺之等	钻孔地应变观测新进展	2003	
1088	TJ-2 型体应变仪的电学设计	李秀环	钻孔地应变观测新进展	2003	
1089	TJ-2 型体应变仪的机械设计与生产工艺	苏恺之等	钻孔地应变观测新进展	2003	
1090	TJ-2 型体应变仪的安装	马相波等	钻孔地应变观测新进展	2003	
1091	地震应力触发和观测体应变阶	邱泽华	钻孔地应变观测新进展	2003	
1092	体应变资料处理与异常分析	易志刚	钻孔地应变观测新进展	2003	
1093	体应变观测曲线的震前异常特征与规律	苏恺之	钻孔地应变观测新进展	2003	
1094	地应变观测资料的物理解释（一）：漂移、噪声和突跳	苏恺之	钻孔地应变观测新进展	2003	
1095	地应变观测资料的物理解释（二）：气压、水位和降雨干扰	苏恺之	钻孔地应变观测新进展	2003	
1096	地应变观测资料的物理解释（三）：应变固体潮、地震波和地震前兆异常	苏恺之	钻孔地应变观测新进展	2003	

续表

序号	论文名称	作　者	期刊名称	年	期
1097	JZGS 系列井下综合观测仪器的基本考虑	苏恺之等	钻孔地应变观测新进展	2003	
1098	FZY-1 型多分量式钻孔应变仪的总体设计	李海亮等	钻孔地应变观测新进展	2003	
1099	组合式钻孔应变仪	苏恺之等	钻孔地应变观测新进展	2003	
1100	土层应力－应变观测中的一些技术考虑	苏恺之等	钻孔地应变观测新进展	2003	
1101	应急用中等灵敏度地形变观测仪器	苏恺之等	钻孔地应变观测新进展	2003	
1102	地应变观测中一些问题的解释	苏恺之	钻孔地应变观测新进展	2003	
1103	共同做好台站应变观测工作	苏恺之	钻孔地应变观测新进展	2003	
1104	地应力相对测量方法	苏恺之	钻孔地应变观测新进展	2003	
1105	钻孔法地应力测量中的弹性响应	苏恺之	钻孔地应变观测新进展	2003	
1106	The Measure of Coseismic Deformation ofSome Strong Earthquakes Happened in Chinese Great Land at High-Accuracy	Jing-fa Zhang、Qiming Qin	IGARSS	2003	
1107	The Research of Difference Interferometric SAR Technique.	Jing-fa Zhang、Qiming Qin	IGARSS	2003	
1108	Web Publication of Remote Sensing Images Based on ArcIMS	F.J. Zhao, et al	IGARSS	2003	
1109	Retrieve Seismic Damages from Remote Sensing Images by Change Detection Algorithm.	A.X. Dou, J.F. Zhang, Y.F. Tian,	IGARSS	2003	
1110	Remote Sensing Digital Image Processing Techniques in Active Faults Survey.	Y.F. Tian, et al.	IGARSS	2003	
1111	Change Detection of Earthquake-damaged Buildings on Remote Sensing Image and its Application in Seismic Disaster Assessment.	Jingfa Zhang, et al.	IGARSS	2003	
1112	A new method of three dimensional in situ stress measurements by hydraulic fracturing technique	Qunce Chen (陈群策)	日本会议论文集	2003	
1113	Laboratory determination of in-situ stress tensor using AE method	Hong Li (李宏)	日本会议论文集	2003	
1114	In-situ stress measurements by hydraulic fracturing and hydraulic jacking experiment at Nuozhadu Hydropower Station, Chins	Hong Li （李宏）	日本会议论文集	2003	
1115	Application study for identifying nuclear explosion from earthquake with wavelet packet method	XUANHUI YANG （杨选辉）	国际会议论文集	2003	
1116	Retrieve Seismic Damages from Remote Sensing Images by Change Detection Algorithm	A. X. Dou、J. F. Zhang、F. Tian	2003IEEE 国际地学与遥感文集	2003	
1117	新型前兆地声仪器研制	杨选辉、赵　刚、付子忠	中国地球物理学会第十九届年会论文集	2003	
1118	识别地震与核爆的小波包分量比方法	杨选辉等	中国地球物理学会第十九届年会论文集	2003	
1119	山东及邻区地壳上地幔深部结构特征	雷建设	中国地球物理学会第十九届年会论文集	2003	
1120	RDA 型滑坡变形无线遥测台网	欧阳祖熙、师洁珊、王明全、陈明金等	中国土木工程学会第九届土力学及岩土工程学术会议论文集	2003	
1121	Azimuthal anisotropy of Rayleigh waves in East Asia	黄忠贤	Geophysical Research Letters	2004	

续表

序号	论 文 名 称	作　者	期 刊 名 称	年	期
1122	Vibration analysis on electromagnetic –resonance -ultrasound microscopy (ERUM) for determining localized elastic constants of solids	Tian Jiayong（田家勇）	J.Acoust.Soc.Am.	2004	02
1123	Local surface elastic constants by resonant -ultrasound microscopy	Tian Jiayong（田家勇）	J.Acoust.Soc.Am.	2004	01
1124	Vibration analysis of an elastic-sphere oscillator contacting semi-infinite viscoelastic solids in resonant ultrasound microscopy	Tian Jiayong（田家勇）	J.Acoust.Soc.Am.	2004	12
1125	Quantitative Feature Extraction of RS Images and Seismic Disaster Classification and Evaluation	Zhang Jingfa（张景发）	Proceedings of the International Conference on Advances and New Challenges in Earthquake Engineering Research, Harbin Volume	2004	
1126	To Measure the Cumulate Crustal Deformation of Important Faults System on Western China by PS InSAR Technique	Zhang Jingfa（张景发）	IGARSS	2004	v5
1127	Study on Land Subsidence Evolvement Tendency by Means of “Integrated DInSAR”	Zhang Jingfa（张景发、常占强）	IGARSS	2004	v1
1128	Analysis of the Characteristic about the Honghe Active Fault Zone Based on the ETM+ Remote Sensing Images	Zhang Jingfa（张景发、冯万鹏）	IGARSS	2004	v5
1129	The Application of Remote Sensing Image on Structure Character Analysis of Turpan-Hami Basin	Jingfa Zhang（张景发、王冬雷)	IGARSS	2004	v6
1130	Technique for Seismic Damages Assessment by Using Remotely Sensed Images	Zhang Jingfa（张景发、田云锋）	IGARSS	2004	v2
1131	冲绳海槽地区地壳结构与岩石层性质研究	郝天珧、刘建华、郭　锋、黄忠贤	地球物理学报	2004	03
1132	中国大陆及邻区现代构造应力场分区	谢富仁、崔效锋、赵建涛、陈群策等	地球物理学报	2004	04
1133	中国大陆及邻区 SKS 波分裂研究	罗　艳、黄忠贤、彭艳菊、郑月君	地球物理学报	2004	05
1134	中国中西部地区地震的重新定位和三维地壳速度结构	杨智娴、于湘伟、郑月君	地震学报	2004	01
1135	山西太谷断裂带全新世活动及其与 1303 年洪洞 8 级地震的关系	谢新生、江娃利、王焕贞、冯西英	地震学报	2004	03
1136	山西断陷带北部块体构造活动样式及强震构造背景	于慎谔	地震学报	2004	03
1137	旋卷构造应力场与鄂尔多斯地块周缘断裂系成因探讨	谢新生	地震学报	2004	03
1138	1303 年山西洪洞 8 级地震地表破裂带	江娃利、邓起东、徐锡伟、谢新生	地震学报	2004	04
1139	观测应变阶在地震应力触发研究中的应用	邱泽华、石耀霖	地震学报	2004	05
1140	川滇地区应力场演化与强震间相互作用的三维有限元模拟	陈化然、陈连旺	地震学报	2004	06
1141	基于双树复小波包变换的地震信号分析方法	谢周敏、王恩福、张国宏、赵国存等	地震学报	2004	S1

续表

序号	论 文 名 称	作 者	期 刊 名 称	年	期
1142	国外钻孔应变观测的发展现状	邱泽华、石耀霖	地震学报	2004	S1
1143	城市周边活断层探测中遥感技术的应用	张景发、陶夏新、田云锋等	自然灾害学报	2004	01
1144	基于 GPRS 技术的地质灾害无线遥测系统	陈明金、欧阳祖熙、师洁珊、陈 征	自然灾害学报	2004	03
1145	中国东北长白山火山的起源:地震层析成像证据	赵大鹏、雷建设、唐荣余	科学通报	2004	14
1146	用力矩模型解释摩擦试验加载过程中的非线性变化	邱泽华、张宝红	岩石力学与工程学报	2004	02
1147	跨断层形变自动化观测技术的研究与应用	王建军	岩石力学与工程学报	2004	02
1148	岩石力学参数的原地综合测试技术与应用研究	郭啟良、丁立丰	岩石力学与工程学报	2004	23
1149	岩体与基础原位变形监测与稳定性评估	张鸿旭、赵营海、勾 波	岩石力学与工程学报	2004	23
1150	利用地应力实测数据讨论地形对地应力的影响	陈群策、毛吉震、侯砚和	岩石力学与工程学报	2004	23
1151	中国西部钻孔应变仪台网工作回顾与前瞻	欧阳祖熙、张宗润、舒桂林	岩石力学与工程学报	2004	23
1152	钻孔应变观测点到地面载荷干扰源最小“安静”距离的理论分析	邱泽华	岩石力学与工程学报	2004	23
1153	利用声发射震源机制解研究III型剪切断层变形破坏特征	宋富喜、马胜利	岩石力学与工程学报	2004	23
1154	中国大陆地壳应力环境基础数据库数据格式与标准	李 宏、谢富仁	岩石力学与工程学报	2004	23
1155	北京房山花岗岩原地应力状态 AE 法估计	李 宏、张伯崇	岩石力学与工程学报	2004	08
1156	水力阶撑试验在水电工程的应用研究	毛吉震、陈群策、张彦山	岩土工程学报	2004	04
1157	福建周宁水电站水压致裂地应力测量及其应用	安其美、丁立丰、王海忠	岩土力学	2004	10
1158	小天都水电站水压致裂法三维应力测量研究	丁立丰、郭啟良、陈群策	水力发电学报	2004	05
1159	小天都水电站光体承载力的水力霹裂测试	赵仕广等	水力发电学报	2004	06
1160	小天都水电站光体高压透水性的测量研究	郭啟良等	水力发电学报	2004	06
1161	单回路双栓塞止水压水技术及其应用	安其美、赵仕广、丁立丰、王海忠	水力发电学报	2004	05
1162	山东半岛东北部新发现近 EW 向活断层	马保起、舒赛兵、刘光勋	地震地质	2004	04
1163	东昆仑活动断裂带东段全新世滑动速率研究	李春峰、贺群禄、赵国光	地震地质	2004	04
1164	阿尔金断裂带西段车尔臣河以西晚第四纪以来的滑动速率研究	王 峰、徐锡伟、郑荣章、陈文彬	地震地质	2004	02
1165	金沙江溪洛渡水电站水压致裂地应力测量分析研究	丁立丰、安其美、王海忠、赵仕广	中国地震	2004	01
1166	烟台海岸软土场地特征及对地震动参数的影响	吕悦军、唐荣余、彭艳菊	中国地震	2004	04

续表

序号	论文名称	作　者	期刊名称	年	期
1167	地下流体短期前兆典型特征分析	刘耀炜、曹玲玲、平建军	中国地震	2004	04
1168	Application of the Wavelet Packet Method in Discrimination Between Nuclear Explosion and Earthquake	Yang Xuanhui（杨选辉）	Earthquake Research in China	2004	01
1169	中美两国最新地震动区划图的对比	彭艳菊、吕悦军、张晓波	地球物理学进展	2004	01
1170	中国边缘海岩石层结构研究	郝天珧、刘建华、黄忠贤	地球物理学进展	2004	03
1171	美国API RP2A-WSD规范对我国海洋石油平台抗震设防的启示	彭艳菊、吕悦军、唐荣余、沙海军	地球物理学进展	2004	03
1172	海洋石油平台的工程地震问题	吕悦军	地球物理学进展	2004	04
1173	山西大同与晋中盆地全新世活动断裂定量研究中热释光与 ^{14}C 测年方法应用	江娃利、王焕贞	第四纪研究	2004	03
1174	晚更新世晚期呼包盆地环境演化与地貌响应	马保起、李德文、郭文生	第四纪研究	2004	08
1175	大灰厂断层形变测量结果的地质解译	高忠宁、焦　青、龚复华	地震	2004	03
1176	强震短期前兆异常特征物理分析和解释的研究进展	刘耀炜等	地震	2004	04
1177	昆仑山口西 8.1 级地震前后青藏块体东北缘地下流提前兆特征	刘耀炜等	地震	2004	增
1178	倾斜观测载荷干扰源最小“安静”距离理论分析	邱泽华	地震	2004	04
1179	利用活断层资料模拟中国大陆及其邻区晚第四纪地壳形变场	荆　燕	地震研究	2004	01
1180	甘肃北山地区晚第四纪构造变形特征及演化趋势	王　峰、苏　刚、晋佩东	地震研究	2004	02
1181	山西断陷系交城断裂全新世古地震活动初步研究	江娃利、谢新生、王　瑞、王焕贞等	地震研究	2004	02
1182	高精度数据采集器网络通讯功能的实现	王秀英、周振安等	地震研究	2004	02
1183	GPRS 技术在地震前兆台网中的应用研究	赵　刚、何案华	地震研究	2004	03
1184	运用Radarsat与ETM数据融合探测隐伏断裂	王　峰、荆　燕、陈志军	地震研究	2004	04
1185	FLAC~(3D)在矿井防治水中的应用	魏学勇、武　强、赵树贤	煤炭学报	2004	06
1186	地震应变变化的理论量级与最大传递距离关系	邱泽华、石耀霖	大地测量与地球动力学	2004	02
1187	龙门山断裂带的性质与活动性研究	安其美、丁立丰、王海忠、赵仕广	大地测量与地球动力学	2004	02
1188	东昆仑断裂带地震复发周期与发震概率研究	任俊杰、陈　虹	大地测量与地球动力学	2004	03
1189	美国的板块边界观测(PBO)计划	张宝红	大地测量与地球动力学	2004	03
1190	地震前兆数据采集器的设计考虑	周振安	大地测量与地球动力学	2004	03
1191	中国大陆地壳应力环境基础数据库及查询系统	崔效锋、姜　波、谢富仁	大地测量与地球动力学	2004	04
1192	USB 接口通信控制卡在地震前兆台站(网)的应用	赵　刚、何案华	地震地磁观测与研究	2004	06

续表

序号	论文名称	作者	期刊名称	年	期
1193	地震烈度椭圆衰减的限定模型及其在华北地区的应用	沙海军、吕悦军、彭艳菊、唐荣余等	防灾减灾工程学报	2004	01
1194	天津滨海场地土类别特征及其对地震动的影响	彭艳菊、唐荣余、吕悦军、沙海军	地震工程与工程振动	2004	02
1195	不同抗震标准下的海洋石油平台设计地震动参数研究	彭艳菊、唐荣余、吕悦军、沙海军	世界地震工程	2004	04
1196	FZY-1 型多分量式钻孔应变仪的设计	李海亮、马鸿钧、张　钧、李秀环等	地震地磁观测与研究	2004	01
1197	地震前兆数据采集器常见故障分析处理	周振安	地震地磁观测与研究	2004	05
1198	地震电子档案与纸质档案配套管理初探	吴玉荣	四川地震	2004	03
1199	相关检测在甚低频电磁信号检测中的应用	王兰炜、赵家骝、王子影等	西北地震学报	2004	04
1200	浅议中国地震科技期刊	张宝红	山西地震	2004	04
1201	适应形势　做好地震科技档案管理工作	吴玉荣	山西地震	2004	04
1202	不同埋深地温探头的观测效应及异常机制的初步研究	姚宝树	华北地震科学	2004	02
1203	台网中心地震前兆数据库的结构及其管理维护	王秀英、牛从达	华北地震科学	2004	03
1204	D-InSAR 技术在地震同震形变研究中的应用	荆　燕、王建军、张景发等	测绘科学	2004	02
1205	地震短期预测方法物理机理的研究途径	刘耀炜等	内陆地震	2004	02
1206	塔河油田碳酸盐岩储层酸压技术应用	蔡大庆、周　昊	钻采工艺	2004	03
1207	基于感应耦合比率臂的高精度位移测量系统	欧阳祖熙、张宗润、何成平	电子技术应用	2004	10
1208	金沙江溪洛渡水电站地应力测量	丁立丰、安其美、王海忠、赵仕广	水文地质工程地质	2004	06
1209	含硬包体岩石破裂演化过程的声发射数值模拟	叶金铎、陆远忠、蒋　淳	天津理工学院学报	2004	04
1210	胶新铁路沂沭断裂带跨断层地壳形变监测系统方案研究	李迎春、李国和、李　翔、李　杰等	铁道标准设计	2004	02
1211	巨型条带云探寻 2004 年 7 月至 2006 年 6 月中国强震危险区	黄相宁	西安地图出版社	2004	
1212	发展钻孔应变观测的战略构想	邱泽华、谢富仁、苏恺之、欧阳祖熙	国际地震动态	2004	01
1213	天津滨海场地土类别特征及对地震动的影响	彭艳菊、唐荣余、吕悦军、沙海军	国际地震动态	2004	Z1
1214	流体短期前兆典型特征分析	刘耀炜等	国际地震动态	2004	Z1
1215	龙门山断裂带中段晚第四纪活动速率	马保起、苏　刚、侯治华、舒赛兵	国际地震动态	2004	Z1
1216	云南建水—蒙自一带断裂滑动速率与冲沟对走滑断错的响应	马保起、苏　刚、侯治华、舒赛兵	国际地震动态	2004	Z1
1217	川滇地区强震活动之间的加卸载机制	陈连旺、陆远忠等	国际地震动态	2004	Z1
1218	关于地震前兆台网建设布局的几个基本问题	邱泽华	国际地震动态	2004	Z1
1219	市场经济体制下的地震科技期刊	张宝红	国际地震动态	2004	Z1
1220	大震前的地震活动加剧和应力集聚	D.D.Bowman、G.C. P.King、任俊杰	世界地震译丛	2004	04

续表

序号	论文名称	作者	期刊名称	年	期
1221	地壳动力学在石油开发中的应用（一）——构造应力场与石油生成	安　欧	地壳构造与地壳应力文集	2004	16
1222	地壳动力学在石油开发中的应用（二）——构造应力场与石油运移	安　欧	地壳构造与地壳应力文集	2004	16
1223	差分干涉雷达方法研究及在强震形变精确测量中的应用	张景发	地壳构造与地壳应力文集	2004	16
1224	萦经－马边－盐津断裂带中段的晚第四纪活动特征	刘旭东、张世民、苏　刚、郭啟良	地壳构造与地壳应力文集	2004	16
1225	甘肃张掖长石梯沟－西流水河断层晚第四纪以来的活动特征	侯治华、马保起、舒赛兵	地壳构造与地壳应力文集	2004	16
1226	双三次样条方法反演构造变形场的基本原理与应用	荆　燕、任金卫	地壳构造与地壳应力文集	2004	16
1227	川藏公路二郎山隧址及邻区断层活动性评价和三维数字仿真地形模型的应用	刘德权、周　昊、苏　刚	地壳构造与地壳应力文集	2004	16
1228	天津滨海软泥场地类别及对震害的影响	彭艳菊、张晓波、吕悦军、沙海军	地壳构造与地壳应力文集	2004	16
1229	地温重复性异常与发震构造关系初探	姚宝树	地壳构造与地壳应力文集	2004	16
1230	体应变潮汐观测资料预测地震初探	易志刚、邱泽华	地壳构造与地壳应力文集	2004	16
1231	首都圈地区跨断层位移流动观测资料的地震预测效能	焦　青、范国胜	地壳构造与地壳应力文集	2004	16
1232	再谈“同井不同埋深地温探头的地震前兆观测效应”	姚宝树	地壳构造与地壳应力文集	2004	16
1233	周宁水电站交通洞底应力测量结果及局部岩爆分析	赵仕广、丁立丰、安其美、王海忠	地壳构造与地壳应力文集	2004	16
1234	一种用于测试水电工程岩体载荷能力的水力阶撑法	毛吉震、陈群策	地壳构造与地壳应力文集	2004	16
1235	一种基于统计模型和初至叠加的静校正量估计方法	张宁茹、徐秀力等	地壳构造与地壳应力文集	2004	16
1236	JQ-1 型钻孔式剪切应变仪总体设计	李海亮、孔向阳等	地壳构造与地壳应力文集	2004	16
1237	TJ 型钻孔式体应变仪井孔注水试验	苏恺之	地壳构造与地壳应力文集	2004	16
1238	昌平地震台数据处理系统设计与实现	刘福生、张国红等	地壳构造与地壳应力文集	2004	16
1239	内蒙古 2002 年 10 月 20 日 M_L5.2 地震前昌平台地热异常	张国红	地壳构造与地壳应力文集	2004	16
1240	昌平台日本 8.0 级地震钻孔应变观测报告	张国红	地壳构造与地壳应力文集	2004	16
1241	地震电子档案与纸质档案特性与区别	吴玉荣、张晓波	地壳构造与地壳应力文集	2004	16
1242	中国大陆地壳应力环境基础数据库	谢富仁、陈群策、崔效锋等	地壳构造与地壳应力文集	2004	17
1243	马边－永善地震带及邻区新构造应力场和现代构造应力场的探讨	侯治华、钟南才、赵建荣	地壳构造与地壳应力文集	2004	17
1244	声发射观测技术及资料处理技术综述	宋富喜	地壳构造与地壳应力文集	2004	17
1245	工程区初始地应力场综合回归分析方法研究	杨树新	地壳构造与地壳应力文集	2004	17
1246	摩擦、滑动准则和原地应力测量	马元春	地壳构造与地壳应力文集	2004	17
1247	单回路水压致裂原地应力测量系统的研制与应用	王海忠	地壳构造与地壳应力文集	2004	17
1248	2004 年 3 月 24 日东乌珠穆沁旗 5.9 级地震的中短期预报	易志刚、杨选辉	地壳构造与地壳应力文集	2004	17

续表

序号	论 文 名 称	作 者	期 刊 名 称	年	期
1249	塔院地温对 2003 年 4 月 24 日唐山地震的前兆反应及同震效应	姚宝树	地壳构造与地壳应力文集	2004	17
1250	甘肃玉门 M_S5.9 地震的中期预测分析	焦 青、范国胜、高忠宁	地壳构造与地壳应力文集	2004	17
1251	深震与中国大陆强震及大陆各区地震活动的相关性分析	刘冬英	地壳构造与地壳应力文集	2004	17
1252	时间一震级可预测模型在中国大陆强震中期预测中的应用	陈 卓、陈 虹、刘冬英	地壳构造与地壳应力文集	2004	17
1253	独山子一安集海断裂现今运动的监测与分析	荆 燕、赵营海、陈葛天	地壳构造与地壳应力文集	2004	17
1254	地质灾害遥测台网监测三峡库区重庆市巫山县残联滑坡变形分析	韩文心	地壳构造与地壳应力文集	2004	17
1255	PS InSAR 技术及其在地壳形变检测中的应用	龚丽霞、张景发	地壳构造与地壳应力文集	2004	17
1256	基于 ETM+遥感影像红河断裂带构造解译方法	冯万鹏、张景发、田云峰	地壳构造与地壳应力文集	2004	17
1257	基于 IPV6 的地震监测传感器网络	续春荣、周振安	地壳构造与地壳应力文集	2004	17
1258	昌平地震台震时钻孔应变资料可靠性分析	刘福生、张国红、宋朝忠	地壳构造与地壳应力文集	2004	17
1259	遥感图像在吐-哈盆地活动断裂带研究中的应用	王冬雷、张景发、田云峰	地壳构造与地壳应力文集	2004	17
1260	Effect of elastic anisotropy on contact stiffness in resonance ultrasound microscopy	Tian Jiayong（田家勇）	Applie Physics Letters	2005	20
1261	Transient elastic waves in a transversely isotropic laminate impacted by axisymmetric load	Tian Jiayong（田家勇）	Journl of Sound and Vibration	2005	06
1262	Quantitative Evaluation of Local Young's Modulus of Small-Scale Solids By Isolated Langasite Oscillator: Resonant-Ultrasound Microscopy	Tian Jiayong（田家勇）	Reviev of Quantitative Nondestructive Evaluation	2005	05
1263	Resonant Ultrasound Microscopy With Isolated Langasite Oscillator for Quantitative Evaluation of Local Elastic Constant	Tian Jiayong（田家勇）	Japan Society of Applied Physics	2005	6B
1264	P-wave tomography and origin of the Changbai intraplate volcano in Northeast Asia	Lei Jianshe（雷建设）	Tectonophysics	2005	
1265	A Solution to web-based Remote sensing Data Access and Analysis	Tian Y.F（田云峰）	IGARSS	2005	v2
1266	Measuring Mining induced Subsiden with InSAR	Gong Lixia（龚丽霞）	IGARSS	2005	v7
1267	Measuring Groundwater Pumping Induced Subsiden with D-InSAR	Gong Lixia（龚丽霞）	IGARSS	2005	v3
1268	Key Points in InSAR Process to Measure Surface Deformation in Cangzhou	Gong Lixia、Jingfa Zhang、Qingshi Guo	Fringe	2005	
1269	Application of Scatter-Cluster InSAR in China Country	Zhang Jingfa（张景发）	IGARSS	2005	v7
1270	Features Extracting of Active fault in Shenyang Area Based on Remote Sensing Image	Jiang Wenliang（姜文亮）	IGARSS	2005	v3

续表

序号	论 文 名 称	作　者	期 刊 名 称	年	期
1271	Application of Spatial Information Technology for Emergency Response In Traffic Accident	Li Zhihui（李智慧）	IGARSS	2005	v3
1272	Dynamic Database Connection and Dynamic Web Map Service for Internet Mapping..	F.J. Zhao、J.F. Zhang、D.Y. Cao.	IGARSS	2005	
1273	A nely discovered major fault of the 1976 Tangshan earthquake in China	Qiu Zehua（邱泽华）	Episodes	2005	03
1274	Study on Typical Characteristics of Short-Term Precursors in Underground Fluid	Liu Yaowei（刘耀炜）	Earthquake Research China	2005	02
1275	Soft Soil Site Characterization on the Coast of Yantai and Its Effect on Ground Motion Parameters	Lü yuejun（吕悦军）	Earthquake Research China	2005	02
1276	地震与核爆识别的小波包分量比方法	杨选辉、沈　萍、刘希强、郑治真	地球物理学报	2005	01
1277	青藏高原及邻区现今地应变率场的计算及其结果的地球动力学意义	朱守彪、蔡永恩、石耀霖	地球物理学报	2005	05
1278	东昆仑活动断裂带东段古地震活动特征	李春锋、贺群禄、赵国光	地震学报	2005	01
1279	福建沿海边缘陆域的原地应力测量研究	李　宏、安其美、谢富仁	地震学报	2005	05
1280	探讨渤海及周边地区海洋平台抗震设防水准	彭艳菊、吕悦军、唐荣余、沙海军	地震学报	2005	06
1281	光纤光栅传感器用于高精度应变测量研究	周振安、刘爱春	地球物理学进展	2005	03
1282	利用哈佛 CMT 目录研究全球 I 级构造系统的地震活动	王　辉、张国民、马宏生、荆　燕	地震地质	2005	01
1283	荥经—马边—盐津逆冲构造带断裂运动组合及地震分段特征	张世民、聂高众、刘旭东、任俊杰等	地震地质	2005	02
1284	利用岷江阶地的变形估算龙门山断裂带中段晚第四纪滑动速率	马保起、苏　刚、侯治华、舒赛兵	地震地质	2005	02
1285	中国及邻区震源机制解的分区特征	崔效锋、谢富仁、赵建涛	地震地质	2005	02
1286	新发现的唐山地震大断层	邱泽华、马　瑾、刘国玺	地震地质	2005	04
1287	顺义地裂缝成因与顺义-良乡断裂北段第四纪活动性讨论	张世民、刘旭东、任俊杰、刘光勋	中国地震	2005	01
1288	云南建水—蒙自一带冲沟走滑断错及其意义	马保起、李德文、苏　刚、侯治华等	中国地震	2005	02
1289	中国大陆构造应力应变场现今年变化特征的数值模拟	陈连旺、杨树新、谢富仁、陆远忠等	中国地震	2005	03
1290	昌平台钻孔应变观测资料的可靠性研究	王　勇、杨选辉、刘福生、张国红	中国地震	2005	02
1291	1995 年河北沙城 M_L4.1 地震发震断层参数测定	陈学忠、王　琼、刘冬英	地震	2005	02
1292	四分量钻孔应变观测的实地绝对标定	邱泽华、石耀霖、欧阳祖熙	地震	2005	03
1293	印尼苏门答腊 8.7 级大震对中国陆区的影响	张国民、张晓东、刘　杰、刘耀炜等	地震	2005	04

续表

序号	论文名称	作者	期刊名称	年	期
1294	独山子—安集海断裂单基线双分量斜跨断层监测研究	荆　燕、赵营海、张鸿旭等	地震研究	2005	02
1295	基于 eZ80F91 Flash 微控制器前兆仪器的嵌入式以太网接口的设计与应用	赵　刚、何案华等	地震研究	2005	03
1296	氡迁移机理研究进展概述	曹玲玲、王宗礼、刘耀炜	地震研究	2005	03
1297	用活断层资料分析中国大陆及其邻区晚更新世以来的构造应变特征	荆　燕、任金卫、王　辉	地震研究	2005	04
1298	利用压力脉冲试验测定某地花岗岩体的渗透系数	陈群策、祁英男、毛吉震、张志国等	岩土力学	2005	09
1299	压力洞室围岩的高压透水率测试技术与应用研究	郭啟良、丁立丰、张志国、侯砚和	岩石力学与工程学报	2005	02
1300	基于 3S 技术和地面变形观测的三峡库区典型地段滑坡监测系统	欧阳祖熙、张宗润、丁　凯、师洁珊等	岩石力学与工程学报	2005	10
1301	地层温度对注水井井壁开裂的影响	张彦山等	岩石力学与工程学报	2005	24
1302	深埋洞室地应力状态与岩爆相关性研究	李　宏等	岩石力学与工程学报	2005	增刊
1303	小天都水电站气垫调压室洞壁围岩的高压透水性测量研究	郭啟良、王海忠、张志国	水力发电学报	2005	01
1304	小天都气垫调压室洞壁围岩原地承载力的水力劈裂测试	赵仕广、郭啟良、侯砚和	水力发电学报	2005	01
1305	原生裂隙对水压致裂应力测量结果的影响	陈群策、毛吉震、侯砚和、张志国	岩土工程学报	2005	03
1306	水力阶撑试验在水电工程的应用研究	毛吉震等	岩土工程学报	2005	09
1307	四分量钻孔应变观测的实地相对标定	邱泽华、石耀霖、欧阳祖熙	大地测量与地球动力学	2005	01
1308	地形变连续观测技术基本问题的思考	苏恺之	大地测量与地球动力学	2005	01
1309	印尼 8.7 级地震对川滇地区地震活动的影响	焦　青、范国胜、戴樑焕	大地测量与地球动力学	2005	03
1310	北京地区八宝山—黄庄—高丽营断裂的活动与地震	焦　青、邱泽华、范国胜	大地测量与地球动力学	2005	04
1311	水压式双栓塞止水压水技术的研究与实践	王海忠	水文地质工程地质	2005	05
1312	一种新型的城市浅层地震勘探震源	兰晓雯、张国宏	工程地球物理学报	2005	04
1313	山西省典型前兆台站(网)通信集成方式及通信控制软件研究	王兰炜、王子影	地震地磁观测与研究	2005	04
1314	昌平地震台体应变资料分析	刘福生、张国红	地震地磁观测与研究	2005	S1
1315	钻孔体应变观测资料的地震短临异常	易志刚	地震地磁观测与研究	2005	S1
1316	洞室多分量定点高精度地应变测量仪器网络化的实现	王秀英、李海亮、周振安	地震地磁观测与研究	2005	05
1317	钻孔环境在钻孔地形变观测中的作用	苏恺之、张　钧、李秀环、马相波等	地震地磁观测与研究	2005	06
1318	西秦岭关家沟组的沉积环境及其物源	卢海峰等	现代地质	2005	03
1319	河北爪村区滦河沉积与地貌演化	刘运明、尹荣一、张世民	水土保持研究	2005	04
1320	极具应用潜力的 PS 技术	唐伶俐、张景发等	遥感技术与应用	2005	03
1321	综合静校正技术在山区地震资料处理中的应用	张宁茹、徐秀力	中国煤田地质	2005	06

续表

序号	论文名称	作者	期刊名称	年	期
1322	高地应力作用下乌鞘岭深埋长隧道软弱围岩流变规律研究	陶　波、伍法权、郭啟良	地球与环境	2005	S1
1323	地基基础与建筑场地类别划分	王恩福、谢周敏、赵国存、刘德权	防灾减灾工程学报	2005	01
1324	基于GIS的重庆市巫山移民工作及地质灾害监测系统	魏学勇	地质灾害与环境保护	2005	02
1325	地面沉降的自动化监测系统	武健强、张鸿旭	中国地质灾害与防治学报	2005	02
1326	大毛滩活动断裂晚第四纪活以来的古地强震研究	钟南才、侯治华	防灾技术高等专科学校学报	2005	01
1327	安丘—莒县断裂莒县盆地段晚第四纪以来的活动特征	钟南才、侯治华	防灾技术高等专科学校学报	2005	04
1328	华北地区信号震地热前兆异常特征及其预报意义初步分析	姚宝树	华北地震科学	2005	05
1329	网络通讯技术在地震前兆仪器中的应用探讨	王秀英、周振安等	华北地震科学	2005	04
1330	建议创办一种面向台站的地震科技期刊	张宝红	国际地震动态	2005	03
1331	我国地应力观测与地震预报	谢富仁、邱泽华、王　勇、苏恺之等	国际地震动态	2005	05
1332	关于推进我国地震预报进步的几点建议	陆远忠	国际地震动态	2005	05
1333	面向21世纪的地震地下流体科学问题与发展	刘耀炜	国际地震动态	2005	05
1334	地震科技发展战略的思考——建议组建地震数值模拟实验室	唐荣余、陈连旺	国际地震动态	2005	07
1335	谈“安评”工作中历史地震目录的规范化——以厦漳跨海大桥为例	彭艳菊、吕悦军、张晓梅	国际地震动态	2005	10
1336	基于IPv6的地震传感器网络及其应用前景展望	吴荣辉、王建军、续春荣、周振安	国际地震动态	2005	10
1337	提升资质提高质量开拓地震工程勘察新局面——记中国地震学会工程勘察专业委员会2005年年会	唐荣余、卢丽平	国际地震动态	2005	11
1338	岩石层应力场的起源(一)	张永庆	世界地震译丛	2005	01
1339	岩石层应力场的起源(二)	张永庆	世界地震译丛	2005	02
1340	岩石层应力场的起源(三)	张永庆	世界地震译丛	2005	03
1341	昌平地震台钻孔应变同震变化观测资料分析	刘福生	钻孔体应变同震变化观测文集	2005	
1342	中国地震局地壳应力研究所 地震监测志	王　勇	地震监测志	2005	
1343	钻孔体应变同震变化观测各台站映震情况分析	刘冬英	钻孔体应变同震变化观测文集	2005	
1344	信号震地温前兆异常特征及其预报意义	姚宝树	纪念海城地震三十周年文集	2005	
1345	智能型大坝位移监测仪器的研制	张鸿旭、赵营海、罗光禄、陈葛天等	大坝安全与堤坝隐患探测国际学术研讨会论文集	2005	
1346	利用GPS观测的时间序列资料反演地壳地幔黏性结构	朱守彪、蔡永恩	地球物理学报	2006	03

续表

序号	论文名称	作者	期刊名称	年	期
1347	青藏高原东部 Love 波偏振研究	郑月君、黄忠贤等	地球物理学报	2006	04
1348	利用对称四极横向剖面法探测走滑断层的应用	吴子泉、王成虎等	地震学报	2006	01
1349	伽师及周围地区现代构造应力场特征研究	崔效锋	地震学报	2006	04
1350	川滇地区现代构造应力场分区及动力学意义	崔效锋、谢富仁、张红艳	地震学报	2006	05
1351	用钻孔应变资料反演同震应力触发断层活动	邱泽华、阚宝祥、唐　磊、张超凡、宋　茉	地震学报	2006	06
1352	用于地震数值模拟研究的数据库及应用平台	罗　艳、郑月君、陈连旺、陆远忠等	地震学报	2006	06
1353	西南地区区域地震构造图数据库	沙海军、吕悦军、唐荣余、彭艳菊	地震地质	2006	01
1354	南天山地区巴楚—伽师地震(M_S6.8)发震构造初步研究	徐锡伟、张先康、冉勇康、崔效锋等	地震地质	2006	02
1355	有关 1976 年唐山地震发震断层的讨论	江娃利	地震地质	2006	02
1356	忻定盆地晚更新世晚期的一次构造运动	任俊杰、张世民	地震地质	2006	03
1357	水压致裂试验过程中自然电位测量研究	李　宏、张伯崇	岩石力学与工程学报	2006	07
1358	高地应力环境下乌鞘岭深埋长隧道软弱围岩流变规律实测与数值分析研究	陶　波、伍法权、郭啟良	岩石力学与工程学报	2006	09
1359	V 型河谷区原地应力测量研究	李　宏、安其美、王海忠、毛吉震	岩石力学与工程学报	2006	S1
1360	乌鞘岭长大深埋隧道围岩变形与地应力关系的研究	郭啟良、伍法权、钱卫平、张彦山	岩石力学与工程学报	2006	11
1361	基于声弹理论的地应力超声测量方法	田家勇、王恩福	岩石力学与工程学报	2006	S2
1362	利用三维细胞自动机模拟地震活动性	朱守彪、蔡永恩、刘　杰、石耀霖	北京大学学报(自然科学版)	2006	02
1363	中国大陆及邻区构造应力场成因的研究	朱守彪、石耀霖	中国科学D辑地球科学	2006	12
1364	SHPB 实验技术研究	冯明德、彭艳菊等	地球物理学进展	2006	01
1365	矿震成核过程的公里尺度研究	沈　萍、杨选辉 等	地球物理学进展	2006	03
1366	南北地震带上的钻孔应力-应变观测	张宝红、邱泽华、易志刚	地震研究	2006	01
1367	甘肃文县北部北东东向断裂带新构造活动特征	卢海峰、马保起、刘光勋	地震研究	2006	02
1368	“九五”前兆公用数据采集器的存储扩展问题	周振安、王秀英、刘爱春、郭柏林	地震研究	2006	03
1369	大兴安岭诺敏河火山喷发时代的初步研究	马保起、卢海峰、旺小东、郭文生	第四纪研究	2006	02
1370	地震震源机制解在华南及邻区潜源区长轴方向判定中的应用	郑月君、张世民、崔效锋、黄忠贤	中国地震	2006	01
1371	有关华北平原强震发震构造问题的讨论	江娃利	中国地震	2006	02
1372	珊溪水库震群发生时间的特征	牛安福、张晓东、郑大林、刘耀炜等	中国地震	2006	02
1373	乌鲁木齐地区活动断层滑动与现代构造应力场	张红艳、谢富仁、崔效锋、杜　义等	中国地震	2006	03

续表

序号	论 文 名 称	作　者	期 刊 名 称	年	期
1374	我国地震地下流体科学40年探索历程回顾	刘耀炜	中国地震	2006	03
1375	云南地区地震视应变时空演变与强震发震地区的对应关系	张　彬、杨选辉、易志刚、孙小龙	中国地震	2006	04
1376	自适应噪声消除器在地电场观测数据处理中的应用	王兰炜、赵家骝、庞丽娜	地震	2006	01
1377	用GPS位移资料计算应变方法的讨论	石耀霖、朱守彪	大地测量与地球动力学	2006	01
1378	首都圈地区数字化钻孔应变观测资料分析	易志刚、邱泽华、宋　茉	大地测量与地球动力学	2006	03
1379	某水电站高边坡在地震作用下的稳定性分	王成虎等	地震工程与工程振动	2006	03
1380	渤海某油田设计地震动参数及抗震设防标准研究	彭艳菊、吕悦军、唐荣余	地震工程与工程振动	2006	04
1381	Global P-wave tomography: On the effect of various mantle and core phases	Lei jianshe （雷建设）	Physics of The Earth and Planetary Interiors	2006	
1382	A new insight into the Hawaiian plume	Lei jianshe （雷建设）	Earth and Planetary Science Letters	2006	
1383	Key Points in InSAR Process to Measure Surface Deformation in Cangzhou	Gong Liaia （龚丽霞）	ESA	2006	610
1384	The Contemporary Tectonic Strain Rate Field of Continental China Predicted from GPS Measurements and its Geodynamic Implications	Zhu Shoubiao （朱守彪）	Pure and Applied Geophysics	2006	08
1385	A Study the Adaptive Method for Decoupling Overlapping Seismic Records	Xuanhui Yang （杨选辉）	Pure and Applied Geophysics	2006	08
1386	Transient elastic waves in a transversely isotropic laminate impacted by axisymmetric load	Tian Jiayong （田家勇）	Journl of Sound and Vibration	2006	
1387	Elastic-stiffness distribution on polycystalline Cu studied by resonance ultrasound microscopy: Young's modulus microscpy	Tian Jiayong （田家勇）	Physicl Review	2006	B 73
1388	Kinematical and Structural Patterns of the Yingjing-Mabian- Yanjin Thrust Fault Zone, Southeast of the Qinghai-Xizang （Tibet） Plateau and Its Segmentation from Earthquakes	Zhang Shimin （张世民）	Earthquake Researchin China	2006	02
1389	Numerical Simulation of Annual Change Patterns of Contemporary Tectonic Stress-Strain Field of the Chinese Mainland	Chen Lian wang. （陈连旺）	Earthquake Research in China	2006	02
1390	Focal Mechanism Analysis for Determination of Potential Source Zones in South China and Its Adjacent Regions	Zheng Yuejun （郑月君）	Earthquake Research in China	2006	04
1391	Characteristics of recent tectonic stress field in Jiashi, Xinjiang and adjacent regions	崔效锋	Earthquake Science	2006	04
1392	Recent tectonic stress field zoning in Sichuan-Yunnan region and its dynamic interest	崔效锋、谢富仁	Earthquake Science	2006	05
1393	Database application platform for earthquake numerical simulation	罗艳、郑月君	Earthquake Science	2006	06
1394	Inversion of coseismic stress-triggered fault slips using borehole strainmeter observations	邱泽华、阚宝祥	Earthquake Science	2006	06

续表

序号	论 文 名 称	作 者	期 刊 名 称	年	期
1395	Response of vertical deformation on faults to remote strong earthquakes	荆 燕、张世中	Earthquake Science	2007	02
1396	地震前兆台站网络通讯方式探讨	王秀英、李海亮、周振安	地震地磁观测与研究	2006	05
1397	国家地震紧急救援训练基地可控地震废墟设计(II)——功能设计	刘晶波、杜义欣、杨建国、王恩福	自然灾害学报	2006	04
1398	西秦岭关家沟组物源分析	卢海峰等	地质学报	2006	04
1399	地应力测量在矿床突水防治中的应用——以河南夹沟铝土矿床突水防治工程为例	李满洲、余 强、郭啟良、陈群策等	地球学报	2006	04
1400	康定杂岩锆石 SHRIMP U-Pb 定年及其地质意义	赵俊香、陈岳龙、李志红	现代地质	2006	03
1401	东昆仑活动断裂带强震地表破裂分段特征	江娃利、谢新生	地质力学学报	2006	02
1402	我国某地下油库预可行性研究地应力测量及其应用分析	侯砚和、孙炜锋、陈群策	地质力学学报	2006	02
1403	关于海洋平台抗震设防水准的考虑	吕悦军、彭艳菊、唐荣余	震灾防御技术	2006	01
1404	重大工程建设中的地应力测量及其在设计中的应用	郭啟良	震灾防御技术	2006	02
1405	华北平原强震构造带与潜在震源区划分	张世民、吕悦军、任俊杰	震灾防御技术	2006	03
1406	Hoek-Brown 岩体强度估算新方法及其工程应用	王成虎、何满潮	西安科技大学学报	2006	04
1407	基于凸函数理论的 Hopfield 网络稳定性分析	李玉萍、张素庆、叶世伟	计算机工程	2006	15
1408	基于移动 Agent 网络中层管理器的设计	李玉萍等	计算机及应用研究	2006	12
1409	基于电子商务模式 Agent 协商系统的设计研究	李玉萍等	计算机及应用研究	2006	12
1410	BP 网络在蓄电池电压监测单元中的应用	朱 旭	电源世界	2006	06
1411	IPv6 技术在地震传感器网络中的应用探讨	王秀英、续春荣、周振安	华北地震科学	2006	04
1412	华北地区信号震地热前兆异常特征及其预报意义的初步分析	姚宝树、沙海军、付子忠	华北地震科学	2006	01
1413	辐射剂量计——石英 375℃的热释光(TL)峰	黄鹤桥、魏明建	核技术	2006	11
1414	安徽绩溪萤实矿的选频热释光特性研究	黄鹤桥	原子能科学技术	2006	增
1415	水电站深部洞室群应力恶化效应初探	王成虎、何满潮	矿冶工程	2006	06
1416	谈地震重点项目档案工作中存在的问题及整改措施	吴玉荣	高原地震	2006	03
1417	地震科技档案信息资源的开发利用	吴玉荣	高原地震	2006	04
1418	浅谈活断层及其研究方法	卢海峰	江苏地质	2006	02
1419	煤田采空区对地面地震动的影响	田家勇、张国宏、王恩福	中国安全科学学报	2006	02
1420	中国国内救援队和国际地震灾害救援行动的简介与展望	李成日、孙文欣	防灾科技学院学报	2006	03

续表

序号	论文名称	作者	期刊名称	年	期
1421	辽宁浑河断裂带及其邻近地区水系格局构造节理与构造应力场的研究	侯治华、钟南才等	防灾科技学院学报	2006	04
1422	台湾车笼埔断层深井钻探计划(TCDP)概述	刘耀炜、陆　斌、孙小龙	国际地震动态	2006	01
1423	中国地球物理学会中国大陆动力学专业委员会岩石圈应力专业组成立会议在北京成功召开	杨树新	国际地震动态	2006	01
1424	PS InSAR 技术在地壳长期缓慢形变监测中的应用	张景发、龚丽霞、姜文亮	国际地震动态	2006	06
1425	地面应变场变化图像的观测	邱泽华	国际地震动态	2006	06
1426	我国地震地下流体观测研究 40 年发展与展望	刘耀炜、陈华静、车用太	国际地震动态	2006	07
1427	应力加载作用引起地下水微温度场变化的研究综述	孙小龙、刘耀炜	国际地震动态	2006	07
1428	我国在井-含水层系统对地震波同震响应方面的研究进展	陈大庆、刘耀炜	国际地震动态	2006	07
1429	“中国大陆地壳应力环境基础数据库”项目成果介绍	谢富仁	国际地震动态	2006	09
1430	“地震数值模拟的数据库应用平台”项目成果介绍	罗　艳、郑月君、陈连旺、陆远忠等	国际地震动态	2006	09
1431	“防震减灾重点地区遥感数据库”项目成果介绍	张景发	国际地震动态	2006	10
1432	一次爆破与地震事件的初步分析	杨选辉	国家安全工程地球物理研究文集	2006	
1433	基低频电磁法在四川雀儿山错坝活动断裂研究中的应用	孙昌斌、谢新生	地壳构造与地壳应力文集	2006	18
1434	场地波速测量资料处理的小波变换方法	陈旭庚、田家勇、王恩福、张国宏等	地壳构造与地壳应力文集	2006	18
1435	遗传算法的 BP 神经网络对滑坡孔隙压力时间序列恢复及预测研究	陈明金、欧阳祖熙	地壳构造与地壳应力文集	2006	18
1436	万州枇杷坪古滑坡变形的初步分析	韩文心	地壳构造与地壳应力文集	2006	18
1437	万州滑坡部位移和空隙水压力监测系统建设和初步分析	范国胜、陈明金	地壳构造与地壳应力文集	2006	18
1438	岩石声发射试验研究动态及研究成果综述	宋富喜	地壳构造与地壳应力文集	2006	18
1439	城市隐伏活断层地震勘探方法研究进展	兰晓雯	地壳构造与地壳应力文集	2006	18
1440	断层最新活动年龄测定方法的探讨	赵俊香	地壳构造与地壳应力文集	2006	18
1441	北京平原地区主要活动断裂带研究进展	焦　青、邱泽华	地壳构造与地壳应力文集	2006	18
1442	跨断层地形变观测新技术应用综述	荆　燕、赵营海、张鸿旭	地壳构造与地壳应力文集	2006	18
1443	三马坊地热前兆异常的震源特征初探	姚宝树、沙海军、付子忠	地壳构造与地壳应力文集	2006	18
1444	2005 年 10 月 8 日巴基斯坦 7.8 级地震及周边板缘地震与中国部分地区中强地震的相关分析	刘冬英、焦青	地壳构造与地壳应力文集	2006	18
1445	RZB—2 型电容式钻孔应变仪研究进展	吴立恒、李　涛、陈　征、何成平、范国胜、欧阳祖熙	地壳构造与地壳应力文集	2006	18

续表

序号	论 文 名 称	作 者	期 刊 名 称	年	期
1446	一种基于 MATLAB 的地震视应变计算方法的实现	张 彬、杨选辉、易志刚、陈大庆	地壳构造与地壳应力文集	2006	18
1447	倾斜形变观测技术发展综述	何成平、欧阳祖熙	地壳构造与地壳应力文集	2006	18
1448	活断层的常用研究方法	李玉森	地壳构造与地壳应力文集	2006	18
1449	远场大震同震水位震荡、水温下降类型机理初步研究	陈大庆、刘耀炜、杨选辉、刘永铭	地壳构造与地壳应力文集	2006	18
1450	有关制订“地震地形变观测仪器进网条件”行业标准的一些情况和思考	苏恺之	地壳构造与地壳应力文集	2006	18
1451	Origin of tectonic stresses in Chinese continent and adjacent areas	Shoubiao Zhu (朱守彪)	Science in China, Series D, Earth Sciences	2007	50 (1)
1452	Error analysis of strain rates from GPS measurements based on Monte Carlo method	Shoubiao Zhu (朱守彪)	Chinese Journal of Geophysics	2007	50 (3)
1453	Telesismic evidence for a break-off subducting slab under Eastern Turkey	Jianshe Lei (雷建设)	Earth and planetary science letters	2007	257 (1-2)
1454	Tleseismic P-wave tomography and the upper mantle structure of the central Tien Shan orogenic belt	Jianshe Lei (雷建设)	Physics of the Earth planetary Imteriors	2007	162
1455	Transport of airborne particulate matters originating from Mentougou Beijing China	Duoxing Yang (杨多兴)	China par ticuoligy	2007	05
1456	Analysis on the payloads of China Seismo-Electromagnetic Satellite	Wang Lanwei (王兰炜)	国际航空	2007	
1457	Crustal Stress Measurement for Significant Project Construction and Its Application in Design	Guo Qiliang (郭啟良)	Earthquake Research in China	2007	03
1458	Response of vertical deformation on faults to remote strong earthquakes	荆燕、张世中	Earthquake Science	2007	02
1459	Prilimary result of temperature distribution and associated thermal stress in crust in Tianshui, China	刘耀炜、高安泰	Earthquake Science	2007	06
1460	Review of Research Progresses on the Science of Earthquake Underground Fluid in China During the Last 40 Years	Liu Yaowei (刘耀炜)	Earthquake Researchin China	2007	01
1461	Discussion of Some Problems in the Research into the Seismotectonics of Strong Earthquakes on the North China Plain	Jiang Wali (江娃利)	Earthquake Researchin China	2007	02
1462	Discussion on the Seismogenic Fault of the 1976 Tangshan Earthquake	Jiang Wali (江娃利)	Earthquake Researchin China	2007	03
1463	Corresponding Relation Between the Space-time Evolution of Seismic Apparent Strain and the Region of Strong Earthquakes in Yunnan	Zhang Bin (张彬)	Earthquake Researchin China	2007	03
1464	Paragenesia of Quaternary pediments and river terraces on the north piedmont of Wutai Mountains	Zhang ShiMin (张世民)	Chinese Science Bulletin	2007	04

续表

序号	论 文 名 称	作 者	期 刊 名 称	年	期
1465	中国强震前兆地震活动图像机理的三维数值模拟研究	陆远忠、叶金铎、蒋 淳、刘 杰	地球物理学报	2007	02
1466	中国大陆及邻区海域地壳上地幔各向异性研究	彭艳菊、黄忠贤、苏 伟、郑月君	地球物理学报	2007	03
1467	钻孔差应变仪观测的苏门答腊大地震激发的地球环型自由振荡	邱泽华、马 瑾、池顺良、刘厚明	地球物理学报	2007	03
1468	基于 Monte Carlo 方法的由 GPS 观测计算地应变率的误差分析	朱守彪、石耀霖	地球物理学报	2007	03
1469	中国大陆地壳应力环境基础数据库	谢富仁、陈群策、崔效锋、李 宏等	地球物理学进展	2007	01
1470	非接触式人体气味检测实验研究	闻 明、谢周敏、王恩福	自然灾害学报	2007	05
1471	频率细化技术在超低频/极低频电磁信号检测中的应用	王兰炜、赵家骝、王子影、庞丽娜	地震学报	2007	01
1472	断层垂直形变对强远震的响应	荆 燕、张世中、李 宏、熊玉珍等	地震学报	2007	02
1473	天水地区地壳结构热分布与热应力特征初步研究	刘耀炜、高安泰、施 锦、苏鹤军	地震学报	2007	06
1474	远场大震的水位、水温同震响应及其机理研究	陈大庆、刘耀炜、杨选辉、刘永铭	地震地质	2007	01
1475	北京南口—孙河断裂带北段晚第四纪活动的层序地层学研究	张世民、王丹丹、刘旭东、任俊杰等	地震地质	2007	04
1476	延怀盆地活动断裂运动与现代构造应力场	谢富仁、张红艳、崔效锋、荆振杰等	地震地质	2007	04
1477	首都圈地区跨断层形变观测与地壳应力场	张红艳、谢富仁、焦 青、李瑞莎	地震地质	2007	04
1478	用钻孔应变观测研究北京地区活断层的现今活动	邱泽华、唐 磊、阚宝祥、易志刚、焦 青、张超凡	地震地质	2007	04
1479	山西交城断裂带西张探槽全新世古地震研究	谢新生、赵晋泉、江娃利	地震地质	2007	04
1480	滇西北通甸—巍山断裂中段的晚第四纪滑动速率	任俊杰、张世民、侯治华、刘旭东	地震地质	2007	04
1481	正断层崩积楔粒度特征及沉积环境	刘旭东、张世民	地震地质	2007	04
1482	乌鲁木齐市区断层附近原地应力测量研究	李 宏、谢富仁、刘凤秋、董建业等	地震地质	2007	04
1483	海南岛北部地区活动断裂的遥感解译研究	姜文亮、张景发、龚丽霞	地震地质	2007	04
1484	活断层探测成果的三维可视化	赵树贤、刘玉娟	地震地质	2007	04
1485	大青山山前活动断裂带分段与潜在震源区划分	何仲太、马保起、卢海峰	地震地质	2007	04
1486	乌鲁木齐地区活动断裂强震复发概率模型研究	张永庆、谢富仁、王 峰	地震地质	2007	04
1487	渤海东南部 NE 向黄河口—庙西北新生断裂带的存在	徐 杰、张 进、周本刚、吕悦军	地震地质	2007	04
1488	哈萨克斯坦地震地下流体监测、预测的现状及其震兆异常特征的分析	高小其、陈华静、魏若平、王海涛、刘耀炜	中国地震	2007	02

续表

序号	论文名称	作者	期刊名称	年	期
1489	应力释放模型的改进及其在台湾地区的应用	朱守彪、石耀霖	中国地震	2007	03
1490	巴基斯坦 7.8 级地震前新疆独山子台跨断层位移变化初析	焦　青、张鸿旭、宋光甫、荆　燕、范国胜	地震	2007	01
1491	流体力与构造应力及其相互关系的探讨	陆明勇、牛安福、刘耀炜 等	地震	2007	01
1492	钻孔体应变观测资料的实地校正	易志刚、邱泽华、宋　茉	地震	2007	03
1493	地下水超采区水位长趋势动态分析	张素欣、刘耀炜等	地震	2007	04
1494	以菏泽地震为例探讨地震学综合预测方法	张　彬、杨选辉、陆远忠	地震	2007	04
1495	地震视应力在中国大陆西部强震趋势预测中的应用	易志刚、宋　茉、杨选辉、张　彬	地震	2007	04
1496	电磁扰动观测试验及数据初步分析	王兰炜	地震	2007	增
1497	DCRD-1 型电磁扰动接收机研究	王兰炜	地震	2007	增
1498	云南通海及其周边地区地震烈度衰减关系研究	沙海军、吕悦军、唐荣余	地震研究	2007	01
1499	应力释放模型在青藏高原地区的应用	朱守彪、陈　霞、杨绪海	地震研究	2007	03
1500	压磁套芯三维原地应力测量研究	李　宏、马元春、王福江	岩土力学	2007	02
1501	水电站高边坡变形及强度稳定性的系统分析研究	王成虎、何满潮、郭啟良	岩土力学	2007	S1
1502	五台山北麓第四纪麓原面与河流阶地的共生关系	张世民、任俊杰、聂高众	科学通报	2007	02
1503	地下硐室围岩应力状态及相关参数测量结果的分析与评价	郭啟良、赵仕广、丁立丰、王成虎	岩石力学与工程学报	2007	S1
1504	川西某水电工程气垫调压室原地应力及相关岩体特性参数的测量与应用分析	郭啟良等	岩石力学与工程学报	2007	10
1505	基于小波分析的场地波速测量方法	陈旭庚、田家勇、王恩福、张国宏等	地震工程与工程振动	2007	01
1506	渤海某油田设计地震动参数及抗震设防标准研究	彭艳菊、吕悦军、唐荣余、沙海军等	地震工程与工程振动	2007	04
1507	由GPS站点速度观测误差引起的应变率计算结果的误差分析	朱守彪、石耀霖	大地测量与地球动力学	2007	06
1508	边界作用力变化引起的华北地区应力场分区加卸载效应	陈连旺、陆远忠、郭若眉、张　杰等	大地测量与地球动力学	2007	06
1509	泰安台钻孔差应变观测的实地标定	阚宝祥、邱泽华、唐　磊	大地测量与地球动力学	2007	06
1510	文安 5.1 级地震前兆变化特征分析	焦　青、刘耀炜、杨选辉、姚宝树等	大地测量与地球动力学	2007	06
1511	本溪自流井水位与水温同震变化关系研究	孙小龙、刘耀炜	大地测量与地球动力学	2007	06
1512	河北文安地震前后首都圈跨断层位移的变化特征	焦　青、范国胜	大地测量与地球动力学	2007	06
1513	中国钻孔体应变台网观测到的地球球型振荡	唐　磊、邱泽华、阚宝祥	大地测量与地球动力学	2007	06

续表

序号	论文名称	作者	期刊名称	年	期
1514	基于数据融合的滑坡综合监测信息提取方法	陈明金、欧阳祖熙、范国胜	大地测量与地球动力学	2007	06
1515	SZW-1A 型数字式温度计(V2004)的网络功能	赵　刚、李　江、何案华、王　军等	大地测量与地球动力学	2007	06
1516	新型数字化微流量观测仪的研制	刘爱春、周振安、刘耀炜、王秀英等	大地测量与地球动力学	2007	06
1517	基于 VPN 技术的无线网络在地震前兆台网中的应用	何案华、赵　刚、郭藐西、郭柏林	大地测量与地球动力学	2007	S1
1518	中国大陆地震视应力空间分布研究	张　彬、杨选辉	大地测量与地球动力学	2007	S1
1519	松潘—平武地震前地震视应变场的时空演变	张　彬、杨选辉、易志刚	西北地震学报	2007	03
1520	哈萨克斯坦与中国新疆地震地下流体监测现状与对比	高小其、刘耀炜等	西北地震学报	2007	03
1521	剪切波速对设计反应谱的影响研究	兰景岩、薄景山、吕悦军	震灾防御技术	2007	01
1522	活动断裂地震危险性的研究现状和展望	张永庆、谢富仁	震灾防御技术	2007	01
1523	地质灾害危险性评估及相关技术问题评述	黄雅虹、吕悦军、张世民	震灾防御技术	2007	01
1524	冀东南堡油田设计地震动参数研究	王文辉、韩学东、王长军、赵建涛、彭艳菊	震灾防御技术	2007	04
1525	琼北地区北西方向长流-仙沟断裂带晚第四纪活动及与火山活动关系的讨论	闫成国、江娃利	震灾防御技术	2007	03
1526	“九五”数字化地震前兆台站整体接入因特网的研究	赵　刚、何案华、秦久刚、郭藐西等	地震地磁观测与研究	2007	01
1527	邢台石膏矿矿震孕育过程及警示	闻　军、勾宪斌、赵京轶	地震地磁观测与研究	2007	02
1528	TJ-2 体积式应变仪器网络化实现	李海亮、马爱虹、马京杰、马相波等	地震地磁观测与研究	2007	02
1529	地震台站应用防雷技术探讨	黄锡定、梁焕贞	地震地磁观测与研究	2007	05
1530	关于地壳中存在大规模虚空区的问题	邱泽华、张宝红	地质科学	2007	01
1531	新一代超声波钻孔电视及其在工程勘察中的应用研究	王成虎、郭啟良、陈群策、毛吉震等	地质与勘探	2007	01
1532	福建沿海盆地第四纪构造运动模式与动力学环境	张　路等	地质通报	2007	03
1533	北京顺义地裂缝带的活动特征及减灾措施	任俊杰、张世民、唐荣余	城市地质	2007	01
1534	乌鞘岭隧道地应力特征与软弱围岩的变形防治	钱伟平、郭啟良	铁道勘察	2007	03
1535	华东某公路隧洞地应力测量与岩爆可能性浅析	丁立丰	水文地质工程地质	2007	01
1536	西秦岭关家沟组地层时代、物源及其构造响应	卢海峰、王宗起、王　涛	大地构造与成矿学	2007	03
1537	水电站深部洞室群应力场相关性研究	王成虎、何满潮	南科技大学学报(自然科学版)	2007	03
1538	D-InSAR 处理中失相干问题的研究	刘晓萌、常占强、张景发、龚丽霞	河北师范大学学报	2007	02

续表

序号	论文名称	作者	期刊名称	年	期
1539	基于形变监测成果探讨万州枇杷坪古滑坡稳定性	韩文心	中国地质灾害与防治学报	2007	03
1540	基于FLAC~(3D)的滑坡稳定性数值模拟分析	高圣益、魏学勇、周　晃	长江工程职业技术学院学报	2007	04
1541	赣北地区地台盖层中的滑脱断裂及其意义	项新葵、陈茂松、张　路	东华理工学院学报	2007	03
1542	柯坪断裂东段现今微动态运动监测与研究	荆　燕、张世中、熊玉珍、李　宏等	高校地质学报	2007	01
1543	氧化铝的热释光特性	黄鹤桥、魏明建	原子能科学技术	2007	05
1544	ZMD31050 在数字式气压传感器系统中的应用	马爱虹、李海亮、孙海霞	国外电子元器件	2007	06
1545	高精度、完全集成式电容数字转换器AD7746	孙海霞、李海亮、马爱虹	国外电子元器件	2007	07
1546	红外气体传感器的数据处理	朱　旭、陈俊峰	自动化仪表	2007	04
1547	水电站深部洞室群拱顶应力优化效应初探	王成虎、何满潮	建井技术	2007	03
1548	超声波钻孔电视在工程勘察中的应用研究及展望	孙洪艳、王成虎	工程勘察	2007	10
1549	跨断层定点形变观测资料“速率累加分析”及其异常初步提取方法	刘冠中	内陆地震	2007	03
1550	非接触式人体气味标志化合物的定性研究	闻　明、谢周敏、王恩福	分析测试学报	2007	S1
1551	浅谈地震科技资料数字化建设	吴　刚	国际地震动态	2007	17
1552	Analysis on the payloads of China Seismo- Electromagnetic Satellite	王兰炜等	国际航空	2007	
1553	基于 Ipv6 的地震烈度传感器元件示范网络	王建军等	研究与发展	2007	
1554	地震电磁探测卫星地面系统现状分析.	蔡　山、颜　蕊等	中国遥感应用协会论文集	2007	
1555	星载雷达数据沉积岩区可地浸砂铀矿成矿信息提取技术研究.	颜　蕊、张景发等	中国遥感应用协会论文集	2007	
1556	地壳动力学在石油开发中的应用（三）——构造应力场与石油储集	安　欧	地壳构造与地壳应力文集	2007	19
1557	地壳动力学在石油开发中的应用（四）——构造应力场与石油勘探	安　欧	地壳构造与地壳应力文集	2007	19
1558	地震动反应谱影响因素研究的若干进展	兰景岩、薄景山、吕悦军、齐文浩	地壳构造与地壳应力文集	2007	19
1559	大青山山前活动断裂的分段地震危险性概率评估	何仲太	地壳构造与地壳应力文集	2007	19
1560	延庆盆地北缘断裂带姚家营一张山营段活动特征探讨	刘德权、张国宏、赵国存、赵京铁等	地壳构造与地壳应力文集	2007	19
1561	北京南口一孙河断裂北西段晚第四纪活动特征研究	王丹丹、张世民、刘旭东、张英礼等	地壳构造与地壳应力文集	2007	19
1562	三峡库区巫山县滑坡地质灾害变形监测系统	魏学勇、欧阳祖熙、周　昊、周　晃等	地壳构造与地壳应力文集	2007	19
1563	基于 TM 和 DEM 的茅山地区断裂构造解译	陈文凯、张景发、姜文亮、杨映红	地壳构造与地壳应力文集	2007	19

续表

序号	论文名称	作　者	期刊名称	年	期
1564	重磁、遥感数据处理及其在山西断裂带解译中的应用	杨映红、张景发、姜文亮、龚丽霞等	地壳构造与地壳应力文集	2007	19
1565	宇宙核素测年法的基本原理及应用	闫成国	地壳构造与地壳应力文集	2007	19
1566	活断层构造建模与可视化	刘玉娟、赵树贤	地壳构造与地壳应力文集	2007	19
1567	2006 年文安 5．1 级地震前的钻孔应变异常分析	易志刚、宋　茉	地壳构造与地壳应力文集	2007	19
1568	唐山地震前地震视应变场的时空演变	张　彬、杨选辉、易志刚	地壳构造与地壳应力文集	2007	19
1569	2006 年 3 月 31 日前郭地震的预测实践回顾与总结	刘冬英、焦　青、王若兰、张洪艳	地壳构造与地壳应力文集	2007	19
1570	一种特殊形态的水压致裂记录曲线的形成机理及数据解释	王成虎、郭啟良、赵仕广、王海忠	地壳构造与地壳应力文集	2007	19
1571	北天山西部地应力测量	张志国 、王显军	地壳构造与地壳应力文集	2007	19
1572	水压致裂印模定向测量井下放水开关的研制与使用	王海忠	地壳构造与地壳应力文集	2007	19
1573	关于井下观测系统的风险讨论	吴立恒、范国胜、陈　征、李　涛	地壳构造与地壳应力文集	2007	19
1574	电源转换芯片 TPS5430 及其应用	马爱虹、李海亮	地壳构造与地壳应力文集	2007	19
1575	SZW-1 A 型数字式温度计测试软件设计	何案华、赵　刚、郭藐西、郭柏林等	地壳构造与地壳应力文集	2007	19
1576	中国大陆地应力模拟网络计算平台的网络环境建设	郭文宇、 王建军	地壳构造与地壳应力文集	2007	19
1577	IPv6 中的无状态地址自动配置初探	邹　妍、李玉萍、吴国强、刘　亮	地壳构造与地壳应力文集	2007	19
1578	Seism images under the Beijing region inferred from P and PmP data	Jianshe Lei（雷建设）	Physics of the Earth and Planetary Interiors	2008	168
1579	Estimating Air Quality Impacts of Eievated Point Source Emissions in Chongqing, China	Duoxing Yang（杨多兴）	Aerosol and Air Quality Research	2008	8
1580	A Freestanding Oscillator for Resonant -Ultrasound Microscopy	Jiayong Tian（田家勇）	Trasactions on ultrasonics ferroelectrics and frequency control	2008	55(2)
1581	Detction of artificial corner reflctor on SAR images	Lixia Gong（龚丽霞）	ESA	2008	
1582	PS INSAR monitoring of land subsidence in Suzhou	Luoyi（罗 毅）	ESA	2008	
1583	Application of permanent scatterers technique on movement monitoring of Damxiong active tault	Wenliang Jiang（姜文亮）	ESA	2008	
1584	Seismic tomography of the Moon.	Zhao, D., Lei, J., Liu, L.	Chinese Sci. Bull.	2008	53
1585	Sequence Stratigraphy Study of the Late Quaternary Activity of the Nankou-Sunhe Fault in Its Northern Segment Beijing	Zhang Shimin（张世民）	Earthquake Research in China	2008	03
1586	The Effect Analysis of Topography on the Spectrum Properties of Anti-Plane Movement	Rong Mianshui（荣棉水）	Earthquake Research in China	2008	01
1587	Study on Holocene Paleoearthquakes in Xizhang Trench on the Jiaocheng Fault Zone, Shanxi Province	Xie Xinsheng.（谢新生）	Earthquake Research in China	2008	04

续表

序号	论 文 名 称	作 者	期 刊 名 称	年	期
1588	Dynamic contact stiffness of vibrating rigid sphere contacting semi-infinite transversely isotropic viscoelastic solid	Jiayong Tian（田家勇）	Acta Mechanica Solida Sinica	2008	06
1589	超声波钻孔电视在地应力测量研究中的应用	毛吉震、陈群策、王成虎	岩土工程学报	2008	01
1590	青藏高原及邻区的 Rayleigh 面波的方位各向异性	苏 伟、王椿镛、黄忠贤	中国科学(D 辑)	2008	06
1591	北京南口—孙河断裂晚第四纪古地震事件的钻孔剖面对比与分析	张世民、王丹丹、刘旭东、张国宏等	中国科学(D 辑)	2008	07
1592	地震发生过程的有限单元法模拟——以苏门答腊俯冲带上的大地震为例	朱守彪、邢会林、谢富仁、石耀霖	地球物理学报	2008	02
1593	川滇地区强震序列库仑破裂应力加卸载效应的数值模拟	陈连旺、张培震、陆远忠、陈化然等	地球物理学报	2008	05
1594	利用 P 波初动资料求解汶川地震及其强余震震源机制解	胡幸平、俞春泉、陶 开、崔效锋等	地球物理学报	2008	06
1595	南北地震带北部 5 次（1561～1920 年）$M\geqslant7$ 级地震触发关系研究	韩竹军、董绍鹏、谢富仁	地球物理学报	2008	06
1596	昆明周边地区活动断层滑动与现代构造应力场	荆振杰、杜 义、谢富仁	地震学报	2008	03
1597	海南岛及邻区地壳三维 P 波速度结构	李志雄、雷建设等	地震学报	2008	05
1598	网络化地电阻率仪的研究	王兰炜、赵家骝	地震学报	2008	05
1599	华北北部地区现今应力场时空变化特征研究	李瑞莎、崔效锋、刁桂苓、张红艳	地震学报	2008	06
1600	我国海洋平台抗震标准若干问题探讨	吕悦军、彭艳菊、唐荣余、沙海军等	地球物理学进展	2008	02
1601	基于随机介质模型的储层非均质性分析	吴何珍、符力耘、兰晓雯	地球物理学进展	2008	03
1602	基于光纤光栅的高精度测温传感器研究	李 阔、周振安、刘爱春	地球物理学进展	2008	04
1603	我国近海地震活动特征及其与地球物理场的关系	彭艳菊、孟小红、吕悦军、谢卓娟等	地球物理学进展	2008	05
1604	地壳应变场对气压短周期变化的响应	周龙寿、邱泽华、唐 磊	地球物理学进展	2008	06
1605	基于微震监测技术的田野文物防盗方法研究	陈旭庚、王恩福、李晓东、谢周敏等	地球物理学进展	2008	06
1606	试论地质学者的地震理念	江娃利	地震地质	2008	01
1607	忻定盆地周缘山地的层状地貌与第四纪阶段性隆升	张世民、任俊杰、罗明辉、丁 锐、	地震地质	2008	01
1608	山西交城断裂带多个大探槽全新世古地震活动对比研究	谢新生、江娃利、孙昌斌、闫成国等	地震地质	2008	02
1609	汶川 $M_S8.0$ 地震地表破裂带及其发震构造	徐锡伟、闻学泽、叶建青、马保起等	地震地质	2008	03
1610	汶川 $M_S8.0$ 地震地表破裂带北川以北段的基本特征	李传友、叶建青、谢富仁等	地震地质	2008	03
1611	汶川 8.0 级地震发震断层的累积地震位错研究	王 林、田勤俭、马保起、张世民等	地震地质	2008	04

续表

序号	论 文 名 称	作　者	期 刊 名 称	年	期
1612	内蒙古河套盆地晚更新世晚期化石动物群	聂宗笙、李　虹、马保起	第四纪研究	2008	01
1613	岱海流域地貌演化及其对断裂活动性的指示意义	王　林、何仲太、马保起	第四纪研究	2008	02
1614	汶川 8.0 级地震地表破裂带	马保起、张世民、田勤俭、谢富仁	第四纪研究	2008	04
1615	汶川 8.0 地震地表破裂平通镇段的变形特征	何仲太、马保起、田勤俭、张世民	第四纪研究	2008	05
1616	塔院井水位和水温的同震响应特征及其机理探讨	孙小龙、刘耀炜	中国地震	2008	02
1617	基于中小地震应变能密度的地震活动性图像分析	张力方、吕悦军、彭艳菊、谢卓娟	中国地震	2008	04
1618	云南地区水位动态图像的前兆异常特征	张　立、赵洪声、刘耀炜	地震	2008	02
1619	断层对地下水渗流场特征影响的数值模拟	王　博、刘耀炜、孙小龙、任宏薇	地震	2008	03
1620	宾川井对印尼大震的同震响应特征及其机理解释	孙小龙、刘耀炜、王　博	地震	2008	03
1621	云南强震前震中区水位变化特征分析	张　立、赵洪声、陈　静、刘耀炜	地震	2008	04
1622	地下流体与断裂活动关系的研究综述	王　博、刘耀炜、孙小龙	地震研究	2008	03
1623	通过 C++类封装 Oracle 调用接口实现地热前兆数据库的快速建库与访问	王　军、赵　刚、何案华、郭藐西等	地震研究	2008	03
1624	串口前兆仪器的因特网接入方案与配套软件开发	何案华、赵　刚、王　军、郭柏林等	地震研究	2008	03
1625	井孔水温异常与 2007 年宁洱 6.4 级地震关系分析	刘耀炜、孙小龙、王世芹、任宏微	地震研究	2008	04
1626	广州地区活动断裂的数值模拟	李　红、陈连旺、李玉江	大地测量与地球动力学	2008	02
1627	对两次印尼地震环型振荡剪应变方向的分析	唐　磊、邱泽华、阚宝祥	大地测量与地球动力学	2008	02
1628	“九五”前兆仪器通讯软件设计	何案华、赵　刚、王　军、郭藐西等	大地测量与地球动力学	2008	03
1629	汶川 8.0 级地震前后龙门山断裂活动特征浅析	焦　青、杨选辉、许丽卿、王　博	大地测量与地球动力学	2008	04
1630	“十五”地震前兆观测设备网络通讯规程应用探讨	王秀英、周振安、刘爱春	大地测量与地球动力学	2008	04
1631	“九五”前兆台站与“十五”前兆台网的整合研究	王　军、赵　刚、何案华、郭藐西等	大地测量与地球动力学	2008	04
1632	汶川地震前川滇地区断裂活动特征分析	范国胜、焦　青	大地测量与地球动力学	2008	06
1633	汶川 8 级地震地表破裂带特征及其构造意义	任俊杰、张世民	大地测量与地球动力学	2008	06
1634	宁波台水温、水氡异常与汶川 8.0 级地震关系探讨	刘冬英	大地测量与地球动力学	2008	06
1635	地壳动力学发展战略研究	吴荣辉	大地测量与地球动力学	2008	专刊
1636	用空间光滑方法评估弱地震活动区的地震活动性参数	张力方、吕悦军、彭艳菊、谢卓娟	震灾防御技术	2008	01

续表

序号	论文名称	作者	期刊名称	年	期
1637	利用 ArcView 绘制综合等震线图的简便方法	沙海军、吕悦军、赵建涛	震灾防御技术	2008	01
1638	隐伏和出露地表断层近断层地表运动特征的研究进展	杜晨晓、谢富仁、史保平	震灾防御技术	2008	02
1639	场地条件对地震动参数影响的关键问题	吕悦军、彭艳菊、兰景岩、孟小红	震灾防御技术	2008	02
1640	我国海洋平台抗震标准若干问题探讨	吕悦军	震灾防御技术	2008	02
1641	美国最近三代地震区划图中的断裂震源模型	丁　锐、张世民	震灾防御技术	2008	03
1642	活断层定量资料在大震年发生率评定中的应用	任俊杰、张世民、冉洪流	震灾防御技术	2008	03
1643	渤海海域地震震源深度的分布特征	谢卓娟、吕悦军、彭艳菊、张力方	震灾防御技术	2008	03
1644	汶川 M_S8.0 地震发震构造大震复发间隔估算	谢富仁、张永庆、张效亮	震灾防御技术	2008	04
1645	地震前兆观测系统综合开发应用模式探讨	王秀英、周振安、刘爱春、冯　霞	震灾防御技术	2008	04
1646	土动力学参数对设计反应谱的影响	兰景岩、薄景山	地震工程与工程振动	2008	03
1647	渤海海底表层软弱土特征及其对地震动的影响	吕悦军、彭艳菊、施春花、沙海军等	防灾减灾工程学报	2008	03
1648	利用遥感技术提取震害信息方法的研究进展	陈文凯、何少林、张景发、周中红等	西北地震学报	2008	01
1649	地震动态应力触发研究进展	张　彬、杨选辉、陆远忠	西北地震学报	2008	03
1650	地震正演模拟在高分辨率隐伏断层地震勘探中的应用	兰晓雯、晏信飞、王成虎	西北地震学报	2008	04
1651	基于 GIS 研究南黄海活动断层与地震的关系	王金艳、马保起、秦志亮	西北地震学报	2008	04
1652	喀什河水电站工程区构造稳定性研究	王成虎、张彦山、熊玉珍、孔德虎	地质力学学报	2008	02
1653	祁连山中段门源盆地新构造运动的阶段划分	马保起、李德文	地质力学学报	2008	03
1654	四川汶川 8 级地震地应力异常——来自压磁频率应力测量系统的记录	张培耀、张道仪、朱万宁、范良龙等	地质学报	2008	12
1655	四川康定-冕宁地区变质侵入岩的地球化学及 Nd 同位素研究	李大鹏、陈岳龙、罗照华、赵俊香	岩石学报	2008	06
1656	康定—泸定地区变质侵入岩的地质地球化学特征及其构造环境	李志红、罗照华、陈岳龙、赵俊香	现代地质	2008	02
1657	多源遥感数据综合解译鄂尔多斯盆地杭锦旗地区地质构造	颜　蕊、张景发、姜文亮、焦孟梅	国土资源遥感	2008	02
1658	基于 WebGIS 的地震目录数据发布系统研究	侯建民、刘瑞丰、赵京轶	地震地磁观测与研究	2008	02
1659	约束混凝土砌块墙体的抗剪承载力及变形研究	熊立红、陆　鸣	建筑砌块与砌块建筑	2008	03
1660	TEQC 在 GPS 数据预处理中的应用	田云峰	计算机与信息技术	2008	12
1661	小江断裂带地下流体记震能力分析	孙小龙、王　博	华南地震	2008	04
1662	苏门答腊 8.5 级地震引起的水温响应变化	孙小龙、刘耀炜	华北地震科学	2008	01
1663	利用 Envisat-1 数据与 ETM 数据融合对陕西临潼—长安断裂中段定位	荆　燕、冯希杰、戴王强、师亚琴等	吉林大学学报	2008	03

续表

序号	论文名称	作者	期刊名称	年	期
1664	西安阎良区土层剪切波速统计分析	齐文浩、刘德东、兰景岩、陈新强	防灾科技学院学报	2008	04
1665	“5.12”汶川地震中多层房屋典型震害规律研究	熊立红、杜修力、陆　鸣	北京工业大学学报	2008	11
1666	都江堰市移动通信系统及其建筑物震害特征	陆　鸣、李鸿晶、温增平、田家勇等	北京工业大学学报	2008	11
1667	D-InSAR 与 PS-InSAR 的理论模型、技术特点及应用领域	常占强、宫辉力、张景发、龚丽霞	河北师范大学学报	2008	01
1668	多尺度数值模拟的有限点集-网格元法	谢周敏、田家勇、齐　辉、王恩福	哈尔滨工程大学学报	2008	12
1669	应用 InSAR 技术测量矿山沉降与变化分析——以河北武安矿区为例	张景发、郭庆十、龚丽霞	地球信息科学	2008	05
1670	元谋断裂晚第四纪活动性定量分析	卢海峰、何仲太、赵俊香、马保起等	地球科学(中国地质大学学报)	2008	06
1671	基于 SMS 无线传输的水库滑坡自动化采集系统	张世中、熊玉珍、董建业	长江科学院院报	2008	05
1672	YZ-CCD 型自动传高仪研制与测量方法研究	刘凤秋、董建业、孙启伟、王海忠等	长江科学院院报	2008	05
1673	时滞对桥梁主动控制的影响与时滞补偿	亓兴军、荣棉水、宋国富	工业建筑	2008	02
1674	营救幸存者	陆　鸣	城市与减灾	2008	05
1675	营口—潍坊断裂带的新构造和新构造活动	徐　杰、吕悦军	国际地震动态	2008	01
1676	《四川、甘肃、陕西部分地区地震动参数区划图》编制	高孟潭、陈国星、谢富仁	国际地震动态	2008	06
1677	云南强震前震中区水位变化特征分析	张　立、赵洪声、陈　静、刘耀炜	国际地震动态	2008	11
1678	隐伏活断层地震勘探的地震正演模拟方法	兰晓雯、宴信飞、王成虎	国际地震动态	2008	11
1679	中国卫星地震应用系统框架与地震电磁卫星计划进展	申旭辉、吴　云、单新建、张景发等	国际地震动态	2008	11
1680	钻孔应变台网记录的汶川地震前异常变化	邱泽华、唐　磊、阚宝祥、宋　茉等	国际地震动态	2008	11
1681	汶川地震前川滇地区构造活动与区域应力特征分析	焦　青、范国胜	国际地震动态	2008	11
1682	岩石应力对钻孔附近的弹性波波速的影响	田家勇、满元鹏、谢周敏、齐　辉	国际地震动态	2008	11
1683	用小波分析方法检验强震“前驱波”	周龙寿、邱泽华、唐　磊、阚宝祥	国际地震动态	2008	11
1684	汶川 M_S8.0 地震同震效应的三维非线性数值模拟分析	陈连旺、李　红、陆远忠	国际地震动态	2008	11
1685	汶川 8.0 级地震及其余震序列震源机制解分析	崔效锋、宁杰远、胡幸平、俞春泉等	国际地震动态	2008	11
1686	汶川 8.0 级地震余震序列的分形特征及应用	沙海军、刘冬英	国际地震动态	2008	11
1687	关于强震后地表变形机制的讨论——以 1999 年台湾集集为例	朱守彪、蔡永恩、石耀霖	国际地震动态	2008	11

续表

序号	论文名称	作者	期刊名称	年	期
1688	海南地幔柱新的成像结果	雷建设、赵大鹏、沈繁銮、李志雄	国际地震动态	2008	11
1689	汶川M_S8.0地震诱发崩塌滑坡特点分析	王秀英	国际地震动态	2008	11
1690	重视科技论文的参考文献规范化	张宝红	国际地震动态	2008	11
1691	青藏高原东缘北川和彭灌断层的活动构造	王金艳	世界地震译丛	2008	02
1692	根据南加州的背景地震活动性估计地震危险性	张力方	世界地震译丛	2008	03
1693	Demeter微型卫星及其地面应用系统	颜　蕊	世界地震译丛	2008	04
1694	地壳动力学在石油开发中的应用(五)——构造应力场与石油开采	安　欧	地壳构造与地壳应力文集	2008	20
1695	地壳动力学在石油开发中的应用(六)——构造应力场与钻井稳定	安　欧	地壳构造与地壳应力文集	2008	20
1696	用钻孔体应变资料检测地球球型振荡的数据处理方法	唐　磊、邱泽华	地壳构造与地壳应力文集	2008	20
1697	四分量钻孔应变观测的时间滞后标定	阚宝祥、邱泽华	地壳构造与地壳应力文集	2008	20
1698	用小波方法检验强震“前驱波”	周龙寿、邱泽华、唐　磊	地壳构造与地壳应力文集	2008	20
1699	河北省邯郸—邢台断裂晚更新世以来的活动特征	侯治华、张世民、任俊杰、赵建荣	地壳构造与地壳应力文集	2008	20
1700	北京断陷的新生代沉积与构造演化	罗明辉、张世民、任俊杰、王　英等	地壳构造与地壳应力文集	2008	20
1701	利用光学图像与雷达图像提取地质构造信息的IHS融合方法研究	颜　蕊、张景发、姜文亮	地壳构造与地壳应力文集	2008	20
1702	利用ERS-1/2数据生成西藏羊八井地区数字高程模型及其精度评价	戴娅琼、任金卫、申旭辉、张景发等	地壳构造与地壳应力文集	2008	20
1703	卫星重力发展及应用	焦孟梅、张景发、姜文亮、颜　蕊	地壳构造与地壳应力文集	2008	20
1704	Erdas开发中对感兴趣区图像增强功能的实现	张　磊、张景发、罗　毅、陈文凯	地壳构造与地壳应力文集	2008	20
1705	天津软土场地对地震动参数的影响	张力方、吕悦军、兰景岩	地壳构造与地壳应力文集	2008	20
1706	基于GIS的三峡工程万州库区滑坡灾害信息系统	魏学勇、周　昊、欧阳祖熙	地壳构造与地壳应力文集	2008	20
1707	DFG型断层形变垂直分量测量仪自动化标定	范良龙、张世中、熊玉珍、刘凤秋等	地壳构造与地壳应力文集	2008	20
1708	程控步进测控技术在DSG形变测量仪自动标定中的应用	孙启伟、范良龙、刘凤秋、董建业等	地壳构造与地壳应力文集	2008	20
1709	地热前兆观测数据录入软件的设计与应用	王　军、赵　刚、何案华、郭貌西等	地壳构造与地壳应力文集	2008	20
1710	DS600和MAX6612在温度传感器中的试验应用	孙海霞、李海亮	地壳构造与地壳应力文集	2008	20
1711	活动断层浅层地震勘探正演模拟方法研究	兰晓雯	中国地球物理学会第二十四届年会论文集	2008	
1712	云南地区壳幔波速精细结构与腾冲火山的深部起源	雷建设、赵大鹏、苏有锦	中国地球物理学会第二十四届年会论文集	2008	

续表

序号	论文名称	作者	期刊名称	年	期
1713	1999 年台湾集集地震后地表变形的动力学机制研究	朱守彪、蔡永恩	中国地球物理学会第二十四届年会论文集	2008	
1714	后续震相与地震层析成像	雷建设	中国地球物理学会第二十四届年会论文集	2008	
1715	断层破裂和强地表运动的三维数值模拟及数据可视化研究——以唐山地震为例	杜晨晓、谢富仁、史保平	中国地球物理学会第二十四届年会论文集	2008	
1716	都江堰移动通信系统及其建筑物震害特征	陆　鸣、李鸿晶、温增平、田家勇等	汶川地震建筑震害调查与灾后重建分析报	2008	
1717	四川汶川地震工程震害初步调查与启示	肖诗云、李宏男、陆　鸣	汶川地震建筑震害调查与灾后重建分析报告	2008	
1718	热释光技术测定洛川秦家寨全新世黄土剖面高分辨率年代序列方法初探	黄鹤桥、魏明建、李虎侯	第十届全国固体核径迹学术会议论文集	2008	
1719	New seismic constraints on the upper mantle structure of the Hainan plume	Jianshe Lei（雷建设）	Physic of the Earth and planetar Interiors	2009	173
1720	Seismic image and origin of the Changbai intraplate volcano in East Asia: Role of big mantle wedge above the stagnant Pacific slab.	Zhao, D.、Tian, Y.、Lei, J.、Liu, L.、Zheng, S.	Physic of the Earth and planetar Interiors	2009	173
1721	A hybrid method for transient wave propagation in a multilayered solid	Jiayong Tian（田家勇）	JOURNAL OF SOUND AND VIBRATION	2009	325
1722	A High Sensitive Fiber Bragg Grating cryogenic temperature sensor	Li kuo（李　阔）	Chinese Optcs Letters	2009	7(2)
1723	A high Sensitive Fiber Bragg Grating strain sensor with automatic temperature compensation	Li kuo（李　阔）	Chinese Optcs Letters	2009	7(3)
1724	Insight into the origin of the Tengchong intraplate volcano and seiamotectonics in southwest China from local	Jianshe Lei（雷建设）	Journal of Geophysical Research	2009	114
1725	The lithosphere of North China Craton from surface wave tomography	Zhongxian Huang（黄忠贤）	Earth and Planetary Science Letters	2009	
1726	Structural heterogeneity of the Longmenshan fault zone and the mechanism of the 2008 Wenchuan earthquake (M_S 8.0)	Jianshe Lei（雷建设）	Geochemistry Geophysics Geosystems	2009	10
1727	Abnormal Phenomena Recorded by Several Earthquake Precursor Observation Instruments Before the M_S 8.0 Wenchuan, Sichuan Earthquake	OuYang Zuxi（欧阳祖熙）	ACTA GEOLOGICA SINICA	2009	04
1728	Numerical simulation of non-Darcian flow through a porous medium	Duoxin Yang 杨多兴	particuology	2009	03
1729	A CE/SE Scheme for flows in Porous Media and Its Applications	Duoxin Yang（杨多兴）	Aerosol Air Quality Research	2009	02
1730	Dynamic mechanisms of the post-seismic deformation following large events: Case study of the 1999 Chi-Chiearthquake in Taiwan of China	Zhu Shoubiao（朱守彪）	SCIENCE IN CHINA 中国科学 D 辑	2009	11

续表

序号	论文名称	作者	期刊名称	年	期
1731	Evidence of multistage late Quaternary strong earthquakes on typical segments of Longmenshan Active Fault Zone in Sichuan China	JiangWali（江娃利）	SCIENCE IN CHINA 中国科学 D 辑	2009	09
1732	Effect of Poissons ration on stress state in the Wenchuan Ms8.0earthquake fault	Xie Zhoumin（谢周敏）	Earthquake Science 地震学报	2009	06
1733	Applicationg of EDA technology and μ Clinux operation system in the earthquake precursor instruments	He Anhua（何案华）	Earthquake Science 地震学报	2009	22
1734	Systematic examination of ′ precursor waves′ of strong earthquakes by using the wavelet method	Longshou Zhou（周龙寿）	Earthquake Science	2009	01
1735	Characteristics and Mechanisms of Co-seismic Groundwater Responses in Tayuan Well	Sun Xiaolong（孙小龙）	Earthquake Research in China	2009	02
1736	汶川 M_S8.0 地震断层滑动机制研究	杜 义、谢富仁	地球物理学报	2009	02
1737	2008 年汶川 M_S8.0 地震发生过程的动力学机制研究	朱守彪、张培震	地球物理学报	2009	02
1738	龙门山断裂带地壳精细结构与汶川地震发震机理	雷建设、赵大鹏	地球物理学报	2009	02
1739	中国东部海域岩石圈结构面波层析成像	黄忠贤、胥 颐	地球物理学报	2009	03
1740	利用 1996 年丽江地震序列反演震区应力状态	张永庆、谢富仁	地球物理学报	2009	04
1741	用格点尝试法求解 P 波初动震源机制解及解的质量评价	俞春泉、陶 开、崔效锋、胡幸平等	地球物理学报	2009	05
1742	汶川 M_S8.0 大震前后的水压致裂原地应力测量	郭啟良、王成虎	地球物理学报	2009	05
1743	汶川 M_S8.0 地震断层映秀-南坝段的活动方式、形变特征及其形成机制	卢海峰、张世民	地球物理学报	2009	05
1744	北京平原西北部地壳浅部结构和隐伏活动断裂——由地震反射剖面揭示	刘保金、胡 平	地球物理学报	2009	08
1745	京西北盆岭构造区现代构造应力场的非均匀特征	张红艳、谢富仁	地球物理学报	2009	12
1746	GPS 坐标时间序列中非构造噪声的剔除方法研究进展	田云锋、沈正康	地震学报	2009	01
1747	用小波方法系统检验强震“前驱波”	周龙寿、邱泽华、唐 磊、阚宝祥	地震学报	2009	01
1748	龙门山断裂带中北段大震复发特征与复发间隔估计	任俊杰、张世民、马保起、田勤俭	地震学报	2009	02
1749	旋转地震仪的研制	蔡乃成、付子忠	地震学报	2009	03
1750	EDA 技术结合μClinux 操作系统在地震前兆仪器中的应用	何案华、赵 刚、薛 娜、王 军等	地震学报	2009	04
1751	地震前兆设备观测网络校时服务器部署方案设计	王秀英、刘爱春、周振安	地震学报	2009	06
1752	环境同位素及其示踪技术在地震预测研究中的应用前景	刘耀炜、任宏微、王 博	地学前缘	2009	02
1753	利用断层滑动矢量反演协庄矿区构造应力场	谢富仁、荆振杰、杜 义、崔效锋等	煤炭学报	2009	02

续表

序号	论 文 名 称	作　者	期 刊 名 称	年	期
1754	强震后地表变形的动力学机制研究——以1999年台湾集集地震为例	朱守彪、蔡永恩	中国科学(D辑:地球科学)	2009	09
1755	四川龙门山活动断裂带典型地段晚第四纪强震多期活动证据	江娃利、谢新生、张景发、孙昌斌等	中国科学(D辑:地球科学)	2009	12
1756	工程地震中的场地分类方法及适用性评述	彭艳菊、吕悦军、黄雅虹、施春花等	地震地质	2009	02
1757	北京东北旺—小汤山断裂存在的证据	何仲太、马保起、卢海峰、王金艳	地震地质	2009	02
1758	小波多尺度熵在新疆跨断层形变资料中的应用	刘冠中、王建军、王在华、蒋靖祥等	地震地质	2009	03
1759	2006年文安5.1级地震的烈度异常区初探	张素灵、赵京轶、王建芳、闻　军等	中国地震	2009	01
1760	昆明盆地及周边地区第四纪构造应力场分析	杜　义、荆振杰、谢富仁	中国地震	2009	01
1761	五台山北麓断裂南峪口段晚第四纪活动与古地震	丁　锐、任俊杰、张世民	中国地震	2009	01
1762	平台地形对地震地面运动特征周期值的影响	荣棉水、李小军、吕悦军、尤红兵	中国地震	2009	02
1763	中国大陆特大地震的地震调整作用初步研究	沙海军、刘耀炜、刘冬英	中国地震	2009	02
1764	地震动输入界面的选取对地震动参数的影响	施春花、吕悦军、彭艳菊、唐荣余	中国地震	2009	03
1765	张渤带陆地段现代构造应力场的非均匀特征	张红艳、谢富仁、崔效锋、李瑞莎	中国地震	2009	03
1766	地震应急中诱发滑坡灾害致灾距离快速评估方法研究	王秀英、聂高众	中国地震	2009	03
1767	汶川8.0级地震氡观测值震后效应特征初步分析	刘耀炜、任宏微	地震	2009	01
1768	地热正常动态特征的研究	赵　刚、王　军、何案华、郭藐西等	地震	2009	03
1769	用中国钻孔应变台网资料检验大震“前驱波”	周龙寿、邱泽华、唐　磊、阚宝祥	地震	2009	03
1770	四分量钻孔应变观测资料的换算和使用	邱泽华、阚宝祥、唐　磊	地震	2009	04
1771	有限单元法在首都圈地区跨断层水准测量监测能力初步评价中的应用	和　平、李志雄、陆远忠	地震	2009	02
1772	中国地震电磁监测试验卫星地面接收站选择研究	颜　蕊、张景发	地震	2009	B10
1773	基于DEMETER卫星观测数据的电离层地震前兆分析——以汶川地震、东海地震为例	董　健、颜　蕊、张景发	地震	2009	B10
1774	基于面向对象分类的建筑物倒塌率计算方法研究	张　磊、张景发	地震	2009	B10
1775	汶川地震震灾图像处理中的融合方法及其比较——以北川地区遥感影像为例	商晓青、张景发	地震	2009	B10
1776	龙门山断裂带北段活动特征的遥感地质解译研究	路　静、张景发	地震	2009	B10
1777	粘弹性浅圆弧形山谷地形对地震动谱特性的影响	荣棉水、李小军、吕悦军、尤红兵	地震研究	2009	01

续表

序号	论文名称	作　者	期刊名称	年	期
1778	DLG 型断层位移水平切向分量测量仪自动化标定	范良龙、李　宏、张世中、张鸿旭	地震研究	2009	01
1779	2007 年云南宁洱 6.4 级地震前的地震频度空间演化	沙海军、刘冬英、张国红	地震研究	2009	02
1780	独山子山前断层现今活动特征与形变异常研究	刘冠中、王建军、王在华、蒋靖祥等	地震研究	2009	02
1781	云南会泽井水位与水温相关关系及其变异的地震预测意义	张　立、赵洪声、刘耀炜、付　虹	地震研究	2009	03
1782	我国地热前兆观测台网的现状及对汶川地震的响应	赵　刚、马文娟、王　军、何案华	地震研究	2009	03
1783	地下水超采区承压井水位变化机理探讨	张素欣、刘耀炜、盛艳蕊	地震研究	2009	04
1784	地下流体长趋势异常变化与强震预测的初步研究	陆明勇、刘耀炜等	地震研究	2009	04
1785	地震前兆设备动态监控报警功能设计与实现	王秀英、周振安、刘爱春	地震研究	2009	04
1786	四分量钻孔应变台网汶川地震前的观测应变变化	邱泽华、唐　磊、周龙寿、阚宝祥	大地测量与地球动力学	2009	01
1787	利用遥感资料绘制汶川地震烈度图方法研究	蔡　山、张景发、陈文凯、张　磊等	大地测量与地球动力学	2009	01
1788	姑咱台四分量钻孔应变观测的实地标定	阚宝祥、邱泽华、池顺良	大地测量与地球动力学	2009	01
1789	一种灵敏度系数可调的光纤光栅温度传感器	李　阔、周振安	大地测量与地球动力学	2009	01
1790	地热对汶川 8.0 级地震的同震响应及震后调整	赵　刚、王　军、何案华、秦久刚	大地测量与地球动力学	2009	02
1791	汶川 8.0 级地震前驱波的统计检验	周龙寿、邱泽华、唐　磊	大地测量与地球动力学	2009	02
1792	云南地区构造应力应变场年变化特征的数值模拟	李玉江、陈连旺、李　红	大地测量与地球动力学	2009	02
1793	利用 GPS 数据和实时概率模型评估川滇南部中长期地震危险性	张效亮、谢富仁	大地测量与地球动力学	2009	03
1794	地震前兆信息的 WebGIS 应用方案	王秀英、周振安、刘爱春	大地测量与地球动力学	2009	03
1795	云南地区构造应力场与强震活动关系研究	李玉江、陈连旺、李　红、叶际阳	大地测量与地球动力学	2009	04
1796	用超限率分析法研究汶川地震的前兆应变变化	邱泽华、周龙寿、池顺良	大地测量与地球动力学	2009	04
1797	沙河地震台地热对比观测分析	何案华、赵　刚、薛　娜、王　军等	大地测量与地球动力学	2009	04
1798	基于 LZMA 的数据库压缩存储应用研究	刘　坚、李胜乐、王子影	大地测量与地球动力学	2009	06
1799	防震减灾遥感影像网络发布系统	赵福军、张景发	自然灾害学报	2009	06
1800	广州市主要断层的危险性评价	周　庆、冉洪流、吴业彪、陈连旺等	震灾防御技术	2009	01
1801	北京地区粉质粘土土动力学参数的统计分析	施春花、吕悦军、彭艳菊、唐荣余	震灾防御技术	2009	01

续表

序号	论文名称	作者	期刊名称	年	期
1802	国内外不同抗震设计规范中场地分类方法的内在关系研究	黄雅虹、吕悦军、彭艳菊	震灾防御技术	2009	01
1803	新疆地区典型潜在震源区大震年发生率的估计	张永庆、谢富仁、张效亮、任俊杰	震灾防御技术	2009	03
1804	地震前兆观测系统综合开发应用模式探讨	王秀英	震灾防御技术	2009	04
1805	地下高压气体对汶川地震灾害的作用分析	赵京轶、汤　倩、兰晓雯、巴桑央金、赵　永	震灾防御技术	2009	04
1806	地球物理复杂信号的多尺度熵分析方法	谢周敏	震灾防御技术	2009	04
1807	利用强震记录分析汶川地震诱发滑坡	王秀英、聂高众、王登伟	岩石力学与工程学报	2009	06
1808	高黎贡山深埋隧道地应力特征及岩爆模拟试验	张永双、熊探宇、杜宇本、李德建、郭啟良	岩石力学与工程学报	2009	11
1809	地震波斜入射时水平层状场地的非线性地震反应	尤红兵、赵凤新、荣棉水	岩土工程学报	2009	02
1810	汶川 M_S8.0 地震诱发崩滑特点及其与地震动参数对应关系初析	王秀英、聂高众	岩土工程学报	2009	09
1811	北京亦庄轻轨工程场地水位下降引起地面沉降量的评估方法探讨	黄雅虹、吕悦军、周　毅、赵建涛等	岩土力学	2009	08
1812	工程区高地应力判据研究及实例分析	王成虎、郭啟良、丁立丰、刘立鹏	岩土力学	2009	08
1813	工程岩体裂隙渗透性试验方法研究及应用	丁立丰、郭啟良、王成虎	岩土力学	2009	09
1814	对岩体裂隙网络模拟及应用中几个问题的讨论	钱海涛、谭朝爽、王思敬	岩土工程界	2009	10
1815	多源遥感数据综合分析可地浸砂岩型铀矿成矿地质条件研究——以鄂尔多斯盆地杭锦旗研究区为例	颜　蕊、赵福军、张景发、姜文亮	地球学报	2009	01
1816	山西断陷北部北东东向断裂带晚第四纪活动性探讨	卢海峰、李玉森、马保起、王成虎	现代地质	2009	03
1817	双圆形洞室群开挖过程围岩应力场变化分析	王　帅、王成虎、慎乃齐	现代地质	2009	03
1818	山西忻定盆地断层崩积楔 OSL 年龄及其对古地震事件的指示意义	赵俊香、任俊杰、于慎谔、张世民等	现代地质	2009	06
1819	隐伏活断层地震勘探正演模拟方法	兰晓雯、晏信飞、吴何珍、田家勇等	现代地质	2009	06
1820	基于 IPv6 和无线网络的地震烈度计开发	王建军、吴荣辉、何加勇	现代电子技术	2009	01
1821	罕遇地震弹塑性静、动力分析方法中结构阻尼问题探讨	杨志勇、黄吉锋、田家勇	地震工程与工程振动	2009	06
1822	导管架式海洋平台的地震动时程分析	荣棉水、彭艳菊、吕悦军	世界地震工程	2009	01
1823	地下结构抗震研究现状及展望	孙　超、薄景山、齐文浩、兰景岩	世界地震工程	2009	02
1824	岩体渗透性空间对河谷地下水形态的控制作用——以洮河九甸峡水利枢纽坝区为例	钱海涛、谭朝爽、马　平	工程地质学报	2009	06

续表

序号	论文名称	作者	期刊名称	年	期
1825	一种挡土墙非线性主动压力的简单计算方法	钱海涛	建筑技术	2009	增刊
1826	营口—潍坊断裂带的新构造和新构造活动	徐　杰、牛嘉玉、吕悦军	石油学报	2009	04
1827	PLC 在超声波清洗线自动化改造上的应用	吴立恒	控制工程	2009	S1
1828	基于 C110PC 的 GPRS/CDMA 无线网络终端设计	陈　征、欧阳祖熙、李　涛	控制工程	2009	S3
1829	汶川地震桥梁震害的特征	李鸿晶、陆　鸣、温增平、罗　韧	南京工业大学学报(自然科学版)	2009	01
1830	地下水流动三维有限差分模型并行计算	杨多兴、李国敏、董艳辉、黎　明	西南大学学报(自然科学版)	2009	10
1831	汶川地震重灾区典型钢筋混凝土框架结构震害现象	温增平、徐　超、陆　鸣等	北京工业大学学报	2009	06
1832	组合式碟形弹簧竖向隔震支座的设计与性能试验研究	赵亚敏、苏经宇、周锡元、隋允康	北京工业大学学报	2009	07
1833	利用地震矩张量与GPS资料推算中国大陆现今地壳运动能量分布特征	荆　燕、李　宏、熊玉珍、范良龙等	高校地质学报	2009	01
1834	汶川 8.0 级地震前 BSQ 型数字垂直摆倾斜仪观测到的地形变异常现象	荆　燕、张鸿旭、孙　毅、李　宏等	高校地质学报	2009	03
1835	自由表面对地震辐射能的影响:以逆冲断层为例	李彦恒、史保平、张　健	科学通报	2009	07
1836	独山子台跨断层垂直形变观测资料干扰消除研究	刘冠中、王建军、王在华、蒋靖祥等	地球科学进展	2009	05
1837	数值模拟方法在应力场演化及地震科学中的研究进展	李玉江	地球物理学进展	2009	02
1838	吉林省舒兰—伊通断裂的分段及其地震活动性研究	侯治华、任俊杰、舒赛兵	地球物理学进展	2009	04
1839	基于微震监测技术的田野文物防盗方法研究	陈旭庚	地球物理学进展	2009	06
1840	元谋断裂晚第四纪活动特征及其构造应力分析	卢海峰	第四纪研究	2009	01
1841	建立在雷达卫星影像判读基础上四川龙门山断裂带晚第四纪活动特征研究	江娃利	第四纪研究	2009	03
1842	祁连山中段门源盆地新构造运动的阶段划分	马保起	地质力学学报	2009	03
1843	基于 MapInfo 平台的 GIS 应用集成开发	魏学勇、欧阳祖熙、周　昊	地理空间信息	2009	06
1844	基于 ERDAS 二次开发的震害图像信息提取方法研究	陈文凯、何少林、张景发、张　磊等	华南地震	2009	02
1845	复小波包域的微震信号分析提取方法	谢周敏、陈大庆	华南地震	2009	03
1846	地下水超采区井水位非前兆异常分析	张素欣、刘耀炜、盛艳蕊、李　非	华北地震科学	2009	04
1847	GAMIT/GLOBK 软件的安装技巧	田云锋	城市勘测	2009	02
1848	一种高温下高灵敏光纤光栅温度传感器的制作方法	李　阔、周振安、刘爱春、王秀英	光学学报	2009	01
1849	汶川地震孕震机理的研究及其对地震预报的启示	朱守彪	防灾科技学院学报	2009	01

续表

序号	论 文 名 称	作　者	期 刊 名 称	年	期
1850	现行土层地震反应分析存在的问题	刘德东、齐文浩、张宇东、兰景岩	防灾科技学院学报	2009	03
1851	基于 PHP 的 ArcIMS 网络地图应用开发	王秀英	武汉理工大学学报(信息与管理工程版)	2009	02
1852	某水电站内部观测自动化系统防雷措施	张世中、胡　哲	长江科学院院报	2009	05
1853	利用连续 GPS 进行地面沉降监测	田云锋	测绘与空间地理信息	2009	04
1854	灾情数据自动获取的地震灾情信息系统	付继华、王建军、刘晓暂、庾　露等	数据采集与处理	2009	S1
1855	冲击式破碎镐性能检测系统研究与开发	张　策、赵国存、张国宏、闻　明	电子测量与仪器学报	2009	
1856	基于 MFC 开发的振动信号监测与分析软件	谢周敏	电脑知识与技术	2009	26
1857	基于 VC++开发的微震动监控报警系统的设计与实现	谢周敏	电脑编程技巧与维护	2009	20
1858	基于 ArcEngine 开发的震后烈度快速分析软件	谢周敏、刘皓晨	电脑与电信	2009	09
1859	数字化磁场扰动传感器研究	朱　旭、胡　哲	仪器仪表学报	2009	06
1860	基于感震器的地震灾情数据采集系统	付继华	仪器仪表学报	2009	06增
1861	一种自定义分级多节点数据同步方法的实现	王秀英	计算机应用研究	2009	增
1862	导管架式海洋平台的地震动时程分析	荣棉水	世界地震工程	2009	01
1863	对岩体裂隙网络模拟及应用中几个问题的讨论	钱海涛	岩土工程界	2009	10
1864	国外搜索犬准备能力评价方法分析	孙文欣、顾建华、吴新燕	国际地震动态	2009	03
1865	汶川大地震孕震机理的研究及其对地震预报的启示	朱守彪、张培震	国际地震动态	2009	04
1866	龙门山后山断裂汶川 M_S8.0 地震地表破裂带	江娃利、谢新生	国际地震动态	2009	04
1867	青藏高原东缘上地壳的拱起冲断作用与汶川地震的动力学机制	张世民、谢富仁、黄忠贤、任俊杰	国际地震动态	2009	04
1868	汶川地震前青藏块体东缘主要活动断裂的活动特征分析	焦　青、范国胜、杨选辉、许丽卿	国际地震动态	2009	04
1869	汶川 8 级地震流体扩散特征与水库诱发因素的讨论	许丽卿、刘耀炜、杨多兴	国际地震动态	2009	04
1870	汶川地震前后地下流体异常判定的科学问题讨论	刘耀炜、张淑亮、杨选辉、孙小龙等	国际地震动态	2009	04
1871	汶川大震发震断裂带临震前的地壳深部绝对应力异常分析	郭啟良、王成虎、张彦山、丁立丰	国际地震动态	2009	04
1872	汶川 8.0 级地震氡震后效应特征及其机理分析	任宏微、刘耀炜、孙小龙	国际地震动态	2009	04
1873	汶川 8.0 级地震前周边地区钻孔体应变的相关变化	宋　茉、邱泽华	国际地震动态	2009	04
1874	对今后开展我国中长期强震预测研究的建议	江娃利	国际地震动态	2009	04
1875	地壳形变深井综合观测技术的新进展	欧阳祖熙、张　钧、陈　征、李　涛等	国际地震动态	2009	11
1876	大陆内部长余震序列及其对地震风险评估的启示	Seth Stein、刘杨	国际地震动态	2009	12
1877	汶川 M_S8.0 地震地表破裂带及其发震构造	徐锡伟、闻学泽、叶建青、马保起等	汶川大地震工程震害调查分析与研究	2009	01

续表

序号	论 文 名 称	作 者	期 刊 名 称	年	期
1878	2008 年 5 月 12 日中国汶川 M=7.9 地震预计增大了三条主要断裂系的破裂应力和地震发生率	张效亮 译	世界地震译丛	2009	01
1879	2008 年汶川地震造成的应力变化和四川盆地地震危险性增加	张效亮 译	世界地震译丛	2009	01
1880	海南地幔柱上地幔结构新的地震学约束	黎 源、李战勇 译	世界地震译丛	2009	02
1881	岩石层—大气层—电离层耦合作为震前大气层和电离层短临事件的影响机制	滕荣荣 译	世界地震译丛	2009	02
1882	圣安德烈斯断层帕克菲尔德段断层强度变化的远程触发	纽凤林、王秋月译	世界地震译丛	2009	04
1883	地球公转自转与地壳动力学	安 欧	地壳构造与地壳应力文集	2009	21
1884	龙门山构造带的演化历史及构造样式综述	黄学猛、谢富仁	地壳构造与地壳应力文集	2009	21
1885	断层位移测量方法在地震预测和预报工作中的作用	高忠宁	地壳构造与地壳应力文集	2009	21
1886	压磁应力测量地应力相对变化结果讨论	黄相宁	地壳构造与地壳应力文集	2009	21
1887	钻孔质量综合检测系统	陈 征	地壳构造与地壳应力文集	2009	21
1888	用优势应力分量逼近方法反演分析某水电站地下厂房区地应力状态	米 琦、杨树新	地壳构造与地壳应力文集	2009	21
1889	水库诱发地震讨论及其动力学机制分析	王秋月、朱守彪	地壳构造与地壳应力文集	2009	21
1890	北京市地面沉降自动化监测系统软件设计	范良龙	地壳构造与地壳应力文集	2009	21
1891	采用多项式拟合修正法提高 CCD 垂线仪的测量精度	董建业	地壳构造与地壳应力文集	2009	21
1892	基于 OpenGL 的海底 DEM 构建	焦孟梅	地壳构造与地壳应力文集	2009	21
1893	$FLAC^{3D}$ 程序及其在滑坡稳定性评价中的应用	魏学勇	地壳构造与地壳应力文集	2009	21
1894	批杷坪滑坡活动分区及坡面位移特征探讨	韩文心	地壳构造与地壳应力文集	2009	21
1895	MapInfo 集成开发在三峡库区滑坡地质灾害信息系统中的应用	魏学勇	地壳构造与地壳应力文集	2009	21
1896	Preliminary Observations of the Faulting and Damage Pattern of M8.0 Wenchuan, China, Earthquake	Furen Xie（谢富仁）	汶川 8.0 级地震地壳动力学研究专辑	2009	
1897	The Seismic Damage Of The Rural Dwelling Bearing Wall And Its Improvement Measurements	Ming Lu（陆 鸣）	汶川 8.0 级地震地壳动力学研究专辑	2009	
1898	四川龙门山断裂带典型地点汶川 8 级地震地表破裂及晚第四纪强震多期活动证据	谢新生	汶川 8.0 级地震地壳动力学研究专辑	2009	
1899	汶川 8.0 级地震发震断层逆冲活动的断错阶地与古地震初步研究	田勤俭	汶川 8.0 级地震地壳动力学研究专辑	2009	
1900	龙门山断裂带大震复发特征与复发间隔估计	任俊杰	汶川 8.0 级地震地壳动力学研究专辑	2009	
1901	汶川 8.0 地震地表破裂平通镇段的变形特征	何仲太	汶川 8.0 级地震地壳动力学研究专辑	2009	
1902	龙门山中央断裂南段晚第四纪活动的证据	吕志强	汶川 8.0 级地震地壳动力学研究专辑	2009	
1903	用雷达卫星影像判读四川龙门山断裂带晚第四纪活动及其野外调查	江娃利	汶川 8.0 级地震地壳动力学研究专辑	2009	

续表

序号	论文名称	作者	期刊名称	年	期
1904	利用遥感资料绘制汶川地震烈度图方法研究	蔡　山、张景发	汶川8.0级地震地壳动力学研究专辑	2009	
1905	平武—青川断裂第四纪活动特征的遥感解译研究	路　静、张景发	汶川8.0级地震地壳动力学研究专辑	2009	
1906	都江堰市移动通信系统及其建筑物震害特征	陆　鸣	汶川8.0级地震地壳动力学研究专辑	2009	
1907	汶川8.0级强震记录的近断层效应初步分析	兰景岩、吕悦军	汶川8.0级地震地壳动力学研究专辑	2009	
1908	汶川8.0级大地震沿中央断裂崩塌、滑坡分布规律	陈明金	汶川8.0级地震地壳动力学研究专辑	2009	
1909	汶川M_S8.0地震发震构造大震复发间隔估算	谢富仁	汶川8.0级地震地壳动力学研究专辑	2009	
1910	壳幔通道流参与下的陆内汇聚作用与汶川地震的动力学机制	张世民、谢富仁	汶川8.0级地震地壳动力学研究专辑	2009	
1911	龙门山断裂带及附近地区的形变场与汶川地震动力机制分析	朱守彪	汶川8.0级地震地壳动力学研究专辑	2009	
1912	龙门山断裂带地壳精细结构与汶川地震发震机理	雷建设	汶川8.0级地震地壳动力学研究专辑	2009	
1913	汶川地震及其强余震震源机制解与龙门山地区构造应力场分析	崔效锋	汶川8.0级地震地壳动力学研究专辑	2009	
1914	川滇地区构造应力场特征与汶川地震同震效应的数值模拟研究	陈连旺	汶川8.0级地震地壳动力学研究专辑	2009	
1915	汶川M_S8.0地震断层滑动机制研究	杜　义	汶川8.0级地震地壳动力学研究专辑	2009	
1916	汶川8.0级地震断层映秀-南坝段的活动方式、形变特征及其形成机制探讨	卢海峰 张世民	汶川8.0级地震地壳动力学研究专辑	2009	
1917	汶川8.0级地震前后龙门山断裂垂直活动特征与孕震机理解释	焦　青	汶川8.0级地震地壳动力学研究专辑	2009	
1918	汶川地震深部构造应力测量	郭啟良	汶川8.0级地震地壳动力学研究专辑	2009	
1919	利用2009年汶川地震余震序列获得的震区应力状态	张永庆	汶川8.0级地震地壳动力学研究专辑	2009	
1920	汶川8.0级地震视应力与震前地震视应变场时空演变特征	张　彬	汶川8.0级地震地壳动力学研究专辑	2009	
1921	龙门山断裂带重力场及深部构造特征分析	焦孟梅、张景发	汶川8.0级地震地壳动力学研究专辑	2009	
1922	汶川地震前电离层等离子体异常现象分析	董　健	汶川8.0级地震地壳动力学研究专辑	2009	
1923	汶川8.0级地震的地震构造问题	田勤俭	汶川8.0级地震地壳动力学研究专辑	2009	
1924	2009年汶川8.0级地震中长期预测的理论基础	安　欧	汶川8.0级地震地壳动力学研究专辑	2009	
1925	汶川8.0级地震对中国大陆地下流体影响特征分析	刘耀炜	汶川8.0级地震地壳动力学研究专辑	2009	
1926	汶川地震流体同震响应及其对强（余）震判定的指示意义	杨选辉	汶川8.0级地震地壳动力学研究专辑	2009	
1927	汶川8.0级地震地应力异常——压磁应力测量系统的记录	张培耀	汶川8.0级地震地壳动力学研究专辑	2009	
1928	汶川8.0级地震前周边地区分量式钻孔应变仪观测的变化	邱泽华	汶川8.0级地震地壳动力学研究专辑	2009	

续表

序号	论文名称	作者	期刊名称	年	期
1929	汶川8.0级地震前周边地区钻孔体应变的相关变化	宋　茉	汶川8.0级地震地壳动力学研究专辑	2009	
1930	汶川地震前川滇地区动力环境及应变积累	焦　青	汶川8.0级地震地壳动力学研究专辑	2009	
1931	汶川8.0级地震前震区附近观测到的断层形变异常特征	荆　燕	汶川8.0级地震地壳动力学研究专辑	2009	
1932	全国地热前兆台网在汶川地震前的异常分析	赵　刚	汶川8.0级地震地壳动力学研究专辑	2009	
1933	汶川地震后地热前兆台网的响应研究	赵　刚	汶川8.0级地震地壳动力学研究专辑	2009	
1934	昌平地震台汶川地震前兆测项同震响应综合对比分析	张国红	汶川8.0级地震地壳动力学研究专辑	2009	
1935	对汶川8.0级大地震“前驱波”的多台站统计检验	周龙寿	汶川8.0级地震地壳动力学研究专辑	2009	
1936	地震电磁探测卫星任务规划技术研究	刘玉荣、王红飞、阎　镇、周　冰、张景发	中国空间科学学会第七次学术年会会议手册及文集	2009	
1937	层状结构中弹性波分析的回传-传递矩阵法	田家勇、苏先樾、杨志勇	第18届全国结构工程学术会议论文集	2009	01
1938	应力测量在乌鞘领深埋隧道围岩变形防治中的应用研究	郭啟良、钱卫平、張彥山	第八届海峡两岸隧道与地下工程学术与技术研讨会论文集	2009	
1939	释光技术测定洛川秦家寨全新世黄土剖面高分辨率年代序列方法初探	黄鹤桥、魏明建、李虎侯	第十届全国固体核径迹学术会议论文集	2009	
1940	基于时空守恒元和解元（CE/SE）方法的孔隙介质多相流动计算	杨多兴	地球物理学报	2010	01
1941	1976年M_S7.8唐山地震断层动态破裂及近断层强地面运动特征	杜晨晓、谢富仁	地球物理学报	2010	02
1942	京津唐地区地震灾害和危险性评估	刘静伟、王振明、谢富仁	地球物理学报	2010	02
1943	横向黏度变化对球层中热对流的影响	朱　涛、王兰炜	地球物理学报	2010	02
1944	华北盆地强震孕育的动力学机制研究	朱守彪	地球物理学报	2010	06
1945	利用GPS数据估算川滇南部地震($M_S \geqslant 6.5$)平均复发间隔	张效亮、谢富仁、史保平	地震学报	2010	01
1946	公元849年内蒙古包头东地震地表破裂带及地震参数讨论	聂宗笙、吴卫民、马保起	地震学报	2010	01
1947	连续GPS观测中的相关噪声分析	田云锋、沈正康、李　鹏	地震学报	2010	06
1948	有限元数值模拟方法在华北地区地震地质研究中的应用进展	胡勐乾、邓志辉、陆远忠	地震地质	2010	01
1949	汶川M_S8.0地震绵竹县汉旺镇周边地表破裂带展布方式及其震害意义	孙昌斌、谢新生、江娃利	地震地质	2010	02
1950	龙陵—瑞丽断裂（南支）北段晚第四纪活动性特征	黄学猛、杜　义、舒赛兵、谢富仁	地震地质	2010	02
1951	工程场地分类中等效剪切波速计算深度问题的讨论	黄雅虹、吕悦军、兰景岩等	地震地质	2010	02

续表

序号	论文名称	作者	期刊名称	年	期
1952	SLF/ELF 电磁接收机研究及观测试验	王兰炜、赵家骝、张世中	地震地质	2010	03
1953	承压井水位固体潮 M2 波海潮负荷改正	曹井泉、朝伦巴根、刘耀炜	地震研究	2010	01
1954	川滇地区强震流体综合前兆特征初探	曹玲玲、刘耀炜	地震研究	2010	03
1955	CNEM08-I 型电扰动仪软件系统改进	何案华等	地震研究	2010	04
1956	强震地壳逸出氡和电离层异常耦合关系的讨论	滕荣荣、赵　谄、刘耀炜	中国地震	2010	01
1957	汶川 8.0 级地震氡震后效应机理讨论	任宏微、刘耀炜	中国地震	2010	01
1958	自流井水温固体潮效应及其应变响应能力	马玉川、刘耀炜、任宏微、孙小龙	中国地震	2010	02
1959	有限单元法在首都圈地区跨断层水准测量监测能力初步评价中的应用	和　平、李志雄、陆远忠、邵志刚	地震	2010	02
1960	汶川 8.0 级地震中长期预测及跟踪短期预测探讨	安　欧	地震	2010	04
1961	岩石声弹性理论与应用的研究进展	田家勇	地地球物理学进展	2010	01
1962	对高灵敏光纤光栅温度传感器的稳定性的初探	李　阔、周振安、刘爱春、叶晓平	地地球物理学进展	2010	06
1963	岩石物性变化对区域应力场的影响	李玉江、陈连旺、叶际阳、詹自敏	地地球物理学进展	2010	06
1964	遥感震害快速评估技术在汶川地震中的应用	赵福军、蔡　山、陈　曦	自然灾害学报	2010	01
1965	高地应力环境下硐室开挖围岩应力释放规律	杨树新、李　宏、白明洲、许兆义	煤炭学报	2010	01
1966	汶川地震前姑咱台观测的异常应变变化	邱泽华、张宝红、池顺良、唐　磊等	中国科学	2010	08
1967	汶川地震诱发滑坡与地震动峰值加速度对应关系研究	王秀英、聂高众、王登伟	岩石力学与工程学报	2010	01
1968	应力对岩盐溶蚀机制的影响分析	钱海涛、谭朝爽、李守定、王思敬	岩石力学与工程学报	2010	04
1969	地震滑坡灾害快速评估技术及对应急影响研究	王秀英	岩石力学与工程学报	2010	10
1970	华北地区构造应力场非均匀特征与煤田深部应力状态	崔效锋、谢富仁、李瑞莎、张红艳	岩石力学与工程学报	2010	增 1
1971	地下水封油库场址地应力场及工程稳定性分析研究	王成虎	岩土工程学报	2010	05
1972	新型引水式电站中水压致裂地应力测量技术应用研究	杨树新、王成虎、周　俊、许兆义等	岩土工程学报	2010	10
1973	Comparison of AERMOD and EIAA with respect to the Alaska tracer data	Dou-xing yang（杨多兴）	Int.J. Environment and Pollution	2010	(1-3)
1974	Anisotropy Influence of Cubic Solid on Dynamic Hertzian Contact Stiffness for a Vibrating Rigid Indenter	Tian Jiayong（田家勇）	Science Publications	2010	01
1975	A preliminary study on seismic design criteria of offshore platforms in Bohai Sea of China	彭艳菊等	地震工程与工程 振动	2010	02

续表

序号	论文名称	作者	期刊名称	年	期
1976	Generalized Reverberation Matrix formul ation for Wave propagation in Multil ayered Medium	Jiayong Tian（田家勇）	An International Journal	2010	03
1977	Vibration Analysis of an Isotropic Elastic Sphere Contacting a Semi-Infinite Cubic Solid	Tian Jiayong（田家勇）	Transactions on ultrasonics,ferroelectrics, andfrequency control	2010	04
1978	A new seismic emergency auto-handling instrument for the lifeline engineering: low cost embedded system solution	Fu jihua（付继华）	ICICTA2010	2010	
1979	Relationships between ground motion parameters and landslides induced by Wnchuan earthquake	Xiuying Wang（王秀英）	Earthquake Science	2010	03
1980	Modified optimal threshold segmentation method in small size precision measuring	Fu Jihua（付继华）	ICMTMA	2010	p699-702
1981	An Improved Measurement Model for Ipv6 Network	Li Zhitao（李智涛）	tnternational Conference on Measuuring Technology and Mechatronics Automation	2010	p500-503
1982	Study of the seismic system E-government based on Cloud Computing	Li Zhitao（李智涛）	ICEE	2010	p2129—2132
1983	Numeric Modeling of the Strain Accumulation and Release of the 2008 Wenchuan, Sichuan, China, Earthquake	Zhu Shoubiao（朱守彪）	Bulletin of the Seiemological Society of America	2010	5B
1984	Apreliminary Study on the Near-Strong-Motion Characteristics of the Great 2008 Wenchuan Earthquake in China	陆　鸣	BSSA	2010	2491-2507
1985	A Comparison of Recorded Response Spectra from the 2008 Wenchuan China, Earthquake with Modern Ground –motion Prediction Models	陆　鸣	BSSA	2010	2357-2380
1986	组合式三维隔震支座力学性能试验研究	赵亚敏、苏经宇、陆鸣	工程抗震与加固改造	2010	01
1987	3DIB 三维基础隔震模型振动台试验研究	赵亚敏、苏经宇、陆　鸣	建筑结构学报	2010	增 2
1988	中国玉树 M_W6.9 地震 InSAR 地表形变特征分析	沈　强、乔学军、王　琪、张景发	大地测量与地球动力学	2010	03
1989	前兆观测入围方案研究	何案华、黄晓华、赵　刚等	大地测量与地球动力学	2010	03
1990	钻孔应变资料的可靠性分析	张国红等	大地测量与地球动力学	2010	增
1991	库水载荷对水库触发地震的机制研究	王秋月等	大地测量与地球动力学	2010	增
1992	中国分量钻孔地应力-应变观测发展重要事件回顾	邱泽华	大地测量与地球动力学	2010	增
1993	三峡库区崩滑地质灾害变形监测技术研究及应用	魏学勇、欧阳祖熙、周　昊、李　捷、韩文心	大地测量与地球动力学	2010	增

续表

序号	论文名称	作者	期刊名称	年	期
1994	地下流体综合观测集成技术研究	刘爱春、周振安、刘耀炜、李　阔	大地测量与地球动力学	2010	05
1995	钻孔四分量应变观测自检内精度分析	唐　磊、邱泽华、宋　茉	大地测量与地球动力学	2010	增II
1996	关于地震前兆的判据问题	邱泽华	大地测量与地球动力学	2010	增II
1997	关于在土层中进行钻孔应变测量的可行性问题	邱泽华	大地测量与地球动力学	2010	增II
1998	美国板块边界观测（PBO）中的钻孔应变观测数据管理计划	张宝红	大地测量与地球动力学	2010	增II
1999	美国板块边界观测（PBO）中的钻孔应变观测设备	张宝红	大地测量与地球动力学	2010	增II
2000	钻孔应变台站记震能力研究	宋　茉	大地测量与地球动力学	2010	增II
2001	有限元数值模拟方法在华北地区地震地质研究中的应用进展	胡勐乾、邓志辉、陆远忠	地质学报	2010	01
2002	基于布格重力异常小波多尺度分析方法研究首都圈地区构造特征	姜文亮、张景发、焦孟梅、路　静	地质学报	2010	04
2003	钻孔应变观测现状与展望	李海亮、李　宏	地质学报	2010	06
2004	山西盆地现今地应力状态与地震危险性分析	陈群策、安其美、孙东生、杜建军等	地球学报	2010	04
2005	固体声弹性理论、实验技术及应用研究进展	田家勇、胡莲莲	力学进展	2010	06
2006	基于破坏概率的岩土试件剪切破坏角分析	钱海涛、谭朝爽、孙　强	工程地质学报	2010	02
2007	西南某地中缓倾角结构面成因机制与工程地质特性	钱海涛	工程地质学报	2010	增刊
2008	西南天山地区的地震重定位与活动性分析	于湘伟、雷建设、石耀霖、张　怀	中国科学院研究生院学报	2010	03
2009	2010年玉树地震的构造环境、历史地震活动及其复发周期估计	任俊杰、谢富仁、刘冬英、张爱武	震灾防御技术	2010	02
2010	天津滨海场地土动力学参数研究	史丙新、张力方、吕悦军、钱海涛、彭艳菊	震灾防御技术	2010	03
2011	地形对地震烈度衰减的影响	田家勇、兰晓雯、谢周敏、陆　鸣等	震灾防御技术	2010	03
2012	地震属性分析在高分辨率活断层地震勘探中的应用	兰晓雯	震灾防御技术	2010	04
2013	电容式倾斜传感器在地壳形变测量中的应用	吴立恒、陈　征、李　涛、欧阳祖熙	传感器与维系统	2010	10
2014	基于网络化嵌入式综合观测系统的设计与实现	刘爱春、王秀英、周振安、刘耀炜、李　阔	仪器仪表学报	2010	08
2015	Ipv6地震烈度传感器网络管理系统设计	谭　巧、王建军、刘冠中、吴荣辉	传感器与维系统	2010	10
2016	大地震与陆地下沉灾害综述	张宝红	灾害学	2010	01
2017	汶川地震触发崩滑与Arias强度关系研究	王秀英、聂高众、张　玲	应用基础与工程科学学报	2010	04

续表

序号	论文名称	作者	期刊名称	年	期
2018	多传感器分布式震情与次生灾情综合采集系统	付继华、王建军	传感器与微系统	2010	04
2019	光电池光强测量数字传感器设计	陈　征、王忠义、欧阳祖熙	控制工程	2010	增
2020	地震动数据采集模块及其在灾情远程监测中的应用	刘晓哲	仪器仪表学报	2010	08
2021	APN 技术在地震前兆观测系统中的应用	刘爱春、王秀英、周振安、李　阔	自动化与仪表	2010	10
2022	基于 PLC 和触摸屏的等离子体清洗系统	吴立恒	微计算机信息	2010	04
2023	云计算在地震系统网络建设中的应用研究	李智慧	计算机应用研究	2010	增
2024	地震应急救援现场网络技术研究	王建军	计算机应用研究	2010	增
2025	全站仪免棱镜测量技术在滑坡变形监测中的应用	李　捷、欧阳祖熙、魏学勇、周　昊	中国地质灾害与防治学报	2010	01
2022	组合式三维隔震支座力学性能试验研究	赵亚敏	工程抗震与加固改造	2010	01
2023	2010 年智利大地震及历史地震活动与地质构造背景	任俊杰、周　娜	国际地震动态	2010	03
2024	海地地震之后:一场经验教训的讨论	刘　杨	国际地震动态	2010	04
2025	地震灾害现场救援行动中的安全评估策略及步骤	王东明、闻　明、步　兵、荣建玲	国际地震动态	2010	07
2026	碳酸盐岩溶解动力学机制研究现状与思考	钱海涛、谭朝爽、王思敬、严福章	人民黄河	2010	07
2027	地下洞室群不同空间关系下的围岩应力场分析	贾　龙、王成虎、陈　奇、蒋周翔	人民长江	2010	19
2028	SBAS-InSAR 技术原理及其在地壳形变监测中的应用	胡乐银、张景发、商晓青	地壳构造与地壳应力文集	2010	22
2029	高光谱遥感在断层气监测中的应用讨论	滕荣荣、赵　谊、刘耀炜、马玉川	地壳构造与地壳应力文集	2010	22
2030	压磁应力计数据智能分析软件设计和开发	贾　龙、王成虎、陈　奇、蒋周翔	地壳构造与地壳应力文集	2010	22
2031	钻孔地温数据库建设和网络查询系统开发	谭　巧、王建军、刘冠中	地壳构造与地壳应力文集	2010	22
2032	四川华蓥山断裂带晚第四纪逆走滑特征及地震意义	盛　强、谢新生	地壳构造与地壳应力文集	2010	22
2033	三峡工程万州库区高切坡地质灾害变形监测	魏学勇、欧阳祖熙、周　昊、李　捷等	地壳构造与地壳应力文集	2010	22
2034	软弱场地的地震动效应研究	史丙新、吕悦军	地壳构造与地壳应力文集	2010	22
2035	CAN 总线在深井综合观测系统中的应用研究	李　涛、欧阳祖熙、陈　征、吴立恒	地壳构造与地壳应力文集	2010	22
2036	地震废墟现场的搜索与营救技术探讨	赵国存、闻　明、张国宏、司洪波等	地壳构造与地壳应力文集	2010	22
2037	基于 GSM 技术的地下水位动态监测系统	熊玉珍、张世中、范良龙、荆　燕	地壳构造与地壳应力文集	2010	22
2038	汶川 8.0 级地震与苏门答腊 8.7 级地震井水温度同震响应特征分析	马玉川、刘耀炜、滕荣荣	地壳构造与地壳应力文集	2010	22
2039	文安 5.1 级地震前昌平台钻孔应变及地热异常	张国红、刘福生	地壳构造与地壳应力文集	2010	22

续表

序号	论 文 名 称	作 者	期 刊 名 称	年	期
2040	测量等震线长短轴的拟合椭圆法及其 Matlab 语言实现	沙海军、吕悦军、彭艳菊、唐荣余	地壳构造与地壳应力文集	2010	22
2041	某深埋隧道地应力测量及岩爆可能性分析	包林海	地壳构造与地壳应力文集	2010	22
2042	ANSYS 有限元技术在边坡稳定性分析中的应用	李 捷、欧阳祖熙、李玉江、周 昊等	地壳构造与地壳应力文集	2010	22
2043	InSAR 测量中的大气影响及其校正方法	商晓青、张景发、胡乐银	地壳构造与地壳应力文集	2010	22
2044	华北地区构造应力场非均匀特征与煤田深部应力状态	崔效锋、谢富仁、李瑞莎、张红艳	第十一次全国岩石力学与与工程学术大会论文集	2010	234
2045	汶川地震断裂带科学钻探 WSFD-1 井垂直汞剖面特征	刘耀炜、杨多兴、谢富仁、张永久等	中国地球物理会议	2010	
2046	华北盆地强震孕育的动力学机制研究	朱守彪	中国地球物理会议	2010	
2047	1999 年台湾集集地震与 2008 年汶川地震余震序列的比较研究	刘杨、朱守彪	中国地球物理会议	2010	
2048	库水载荷对水库触发地震的机制研究	王秋月、朱守彪	中国地球物理会议	2010	
2049	2006 年文安地震震源区波速结构动态演化的尝试性研究	雷建设、赵大鹏、谢富仁、刘杰	中国地球物理会议	2010	
2050	华北地区小震精定位及构造意义	张广伟、雷建设	中国地球物理会议	2010	
2051	川西地区强震活动对区域应力场扰动的黏弹性模拟分析	陈连旺、詹自敏、李玉江、叶际阳	中国地球物理会议	2010	
2052	测震数采仪记录的钻孔应变	杨选辉、杨树新、王 勇、张国红等	中国地球物理会议	2010	
2053	地震属性分析在高分辨率活断层地震勘探中的应用	兰晓雯	中国地球物理会议	2010	
2054	Surface Rupture of the 2008 Wenchuan, China, Earthquake in the Qingpin Stepover Determined from Geomorphologic Surveying and Excavation, and Lts Tectonic Implications	任俊杰	Bulletin of the Seismological Society of America	2010	5B
2055	地震属性分析在高分辨率活断层地震勘探中的应用	兰晓雯	震灾防御技术	2010	04
2056	大气质量负荷对 GPS 基准站的影响	田云锋	大地测量与地球动力学	2010	05
2057	Study and Improvement of wireless VoIp Performance in Multi-service environment	李智涛	(ICEEE2010) International Conference of Electrical and Electronics Engineering	2010	
2058	岩石三阶性模量的高精度测定研究	田家勇	岩石力学与工程学报	2010	

第二节　专（译）著

表 3-13-2　　1970～2010 年专（译）著

序号	专（译）著名称	作　者	出版社	年
1	中国主要构造体系与震中分布图 [舆图]	地质部地震地质大队编制	地震地质大队	1970
2	地壳应力状态	(苏)裴伟 等著 国家地震地质大队情报资料室译	地震出版社	1978
3	北京地区活动构造体系图 (北京市地震地质会战第二专题组)	国家地震局地震地质大队编	地质出版社	1979
4	岩石和地壳的应力测量	国家地震局地震地质大队情报室编译	地质出版社	1980
5	地应力测量的原理与应用	中国地质科学院地质力学研究所、 国家地震局地震地质大队编著	地质出版社	1981
6	地应力测量方法	苏恺之编著	地震出版社	1985
7	地震与活断层	小出仁、山崎晴雄著 陈宏德、吕越译	地质出版社	1985
8	地震预报的地震学方法	陆远忠等编著	地震出版社	1985
9	地应力测量理论研究与应用	国家地震局地壳应力研究所编译	地质出版社	1987
10	地壳构造与地壳应力文集（一）	国家地震局地壳应力研究所编	地震出版社	1987
11	现代地壳运动	国家地震局地壳应力研究所编译	地震出版社	1988
12	地壳构造与地壳应力文集（二）	国家地震局地壳应力研究所编	地震出版社	1988
13	地壳构造与地壳应力文集（三）	国家地震局地壳应力研究所编	地震出版社	1989
14	地壳应力研究的新进展	王文清编译	北京出版社	1990
15	世界地应力实测资料汇编	陈彭年等编译	地震出版社	1990
16	地热研究与应用	莫伊谢岩科著 高莉青、陈彭年、陈宏德等译	地震出版社	1990
17	地壳构造与地壳应力文集（四）	国家地震局地壳应力研究所编	地震出版社	1990
18	地壳构造与地壳应力文集（五）	国家地震局地壳应力研究所编	地震出版社	1991
19	地应力测量与研究	(美)B.C. 海姆森; (苏)И.A. 图尔恰尼诺夫等著 丁健民、高莉青、 祁英男译	地震出版社	1991
20	跨断层测量规范	范久善等编著	地震出版社	1991
21	中国北部地衣测年研究	谢新生编著	地震出版社	1991
22	构造应力场	安　欧编著	地震出版社	1992
23	中国三峡地区地下 800 米深部地应力测量——中日合作 AE 法与水压致裂法的比较研究	李方全、张伯崇、祁英男、王福江等著	地震出版社	1992
24	三峡坝区水库诱发地震研究——茅坪钻孔的现场测试与分析	李方全、张伯崇、苏恺之等编著	北京出版社	1993
25	地壳构造与地壳应力文集（六）	国家地震局地壳应力研究所编	地震出版社	1993
26	地壳构造与地壳应力文集（七）	国家地震局地壳应力研究所编	地震出版社	1994
27	中国及其邻区构造应力场	胡凤珍、陈彭年、高莉青等编译	北京出版社	1994

续表

序号	专、译著名称	作　者	出版社	年
28	第三届全国地应力会议专辑	胡凤珍编著	地震出版社	1994
29	长江三峡工程坝区及外围深部构造特征研究	陈学波等编著	地震出版社	1994
30	构造塌陷地震	邱泽华、张宝红著	地质出版社	1994
31	跨断层测量基础理论及标准化研究	游丽兰编著	地震出版社	1995
32	长江三峡坝区地壳应力与孔隙水压力综合研究	苏恺之等著	地震出版社	1996
33	钻孔式地震前兆观测技术的进展	苏恺之	地震出版社	1996
34	地壳构造与地壳应力文集（八）	国家地震局地壳应力研究所编	地震出版社	1996
35	地壳构造与地壳应力文集（九）	国家地震局地壳应力研究所编	地震出版社	1996
36	地壳构造与地壳应力文集（十）	国家地震局地壳应力研究所编	地震出版社	1997
37	地壳构造与地壳应力文集（十一）	中国地震局地壳应力研究所编	地震出版社	1998
38	地壳构造与地壳应力文集（十二）	中国地震局地壳应力研究所编	地震出版社	1999
39	水压致裂裂缝的形成和扩展研究	张伯崇等编著 日本电力中央研究所编	地震出版社	1999
40	东昆活动断裂带	青海省地震局、刘光勋等编著	地震出版社	1999
41	土层应变与地震	黄诗斌编著	地震出版社	2000
42	中华人民共和国地震行业标准　地震前兆观测仪器第 1 部分：传感器接口与控制	付子忠等编	地震出版社	2000
43	地壳构造与地壳应力文集（十三）	中国地震局地壳应力研究所编	地震出版社	2000
44	X 射线地力学	安　欧编著	地震出版社	2001
45	地震中、短期动态图像预报方法	陆远忠编著	地震出版社	2001
46	中国及外围地区莫霍面深度分布图及说明书	陈学波、张景发、唐荣余、王恩福、李金森、张国宏、陈旭庚等编	地震出版社	2001
47	行业标准:DB/T14－2000 原地应力测量水压致裂法和套芯解除法技术规范	王建军等编	科学出版社	2001
48	基于 GIS 的地震分析预报系统	陆远忠等编著	成都地图出版社	2002
49	地壳构造与地壳应力文集（十四）	中国地震局地壳应力研究所编	地震出版社	2002
50	地壳构造与地壳应力文集（十五）	中国地震局地壳应力研究所编	地震出版社	2003
51	渤海油田工程地震研究	吕悦军、唐荣余、彭艳菊等著	地震出版社	2003
52	中华人民共和国地震行业标准　地震前兆观测仪器第 2 部分：通信与控制	付子忠等编	地震出版社	2003
53	地震前兆数字观测公用技术与台网	付子忠等编	地震出版社	2003
54	钻孔地应变观测新进展	苏恺之编著	地震出版社	2003
55	中国大陆地壳应力环境研究	谢富仁等编著	地质出版社	2003

续表

序号	专、译著名称	作　者	出版社	年
56	地壳形变数字观测技术	中国地震局监测预报司编 （张鸿旭负责第四章编著）	地震出版社	2003
57	地震救援装备概论　（试行）	赵国存等编撰	培训教材	2004
58	地震灾害紧急救援技术　（试行）	张国宏等编撰	培训教材	2004
59	强地震短期前兆异常的物理解释	刘耀炜、牛安福、卢军主编	地震出版社	2004
60	地壳构造与地壳应力文集（十六）	中国地震局地壳应力研究所编	地震出版社	2004
61	地壳构造与地壳应力文集（十七）	中国地震局地壳应力研究所编	地震出版社	2004
62	中国地震局地壳应力研究所地震监测志	王　勇编著	地震出版社	2005
63	钻孔应变同震变化观测报告文集	张宝红编	地震出版社	2005
64	数字采集系统的设计与实践	周振安等著	地震出版社	2005
65	颤抖的地球——地震科学	谢礼立、张景发编著	清华大学出版社	2005
66	强地震预测数字化观测资料应用于前兆物理机理研究	刘耀炜、张天中	地震出版社	2006
67	GB 17741-2005 工程场地地震安全性评价	胡聿贤、张裕明、高孟潭、唐荣余、陈国星、李小军、赵凤新、薄景山、徐宗和	中国标准出版社	2006
68	地壳构造与地壳应力文集（十八）	中国地震局地壳应力研究所编	地震出版社	2006
69	地壳构造与地壳应力文集（十九）	中国地震局地壳应力研究所编	地震出版社	2007
70	国际搜索与救援指南和方法	黄建发、陆　鸣、陈　虹等编译	地震出版社	2007
71	地震地下流体理论基础与观测技术	刘耀炜等编著	地震出版社	2007
72	GB 18306-2001 中国地震动参数区划图	胡聿贤、高孟潭、徐宗和、薄景山、张培震、陈国星、谢富仁、李大华、冯义钧、许晏萍编	中国标准出版社	2008
73	地壳构造与地壳应力文集（二十）	中国地震局地壳应力研究所编	地震出版社	2008
74	地壳构造与地壳应力文集（二十一）	中国地震局地壳应力研究所编	地震出版社	2009
75	汶川 8.0 级地震地壳动力学研究专辑	谢富仁主编	地震出版社	2009
76	2008 年汶川 8.0 级地震科学考察图集	唐荣余主编	地震出版社	2009
77	石油动力学	安　欧著	地震出版社	2009
78	川滇地区强震前兆异常动态过程与预测研究	沙海军、刘耀炜、陈连旺、焦　青、朱守彪、杨多兴	地震出版社	2010
79	Rock Stress and Earthquakes	Furen Xie （谢富仁主编）	CRC Press	2010
80	地下流体动态信息提取与强震预测技术研究	刘耀炜等编著	地震出版社	2010

第三节　专　　利

表 3-13-3　　1978～2010 年专利

序号	专利名称	专利类型	作者	出版地	年
1	光纤光栅温度增敏传感器	实用新型	李　阔、叶晓平、周振安、刘爱春、荣　宁、王永根	国家知识产权局	2009
2	灵敏度可调式光纤光栅温度传感器	实用新型	李　阔、周振安、叶晓平、王永根	国家知识产权局	2009
3	工作于高、低温的高灵敏度光纤光栅温度传感器的制作方法	发　明	李　阔、周振安、叶晓平、刘爱春、王永根	国家知识产权局	2009
4	一种地震灾情监控仪	实用新型	王建军、吴荣辉、付继华、陈明金、刘冠中、谭　巧、刘晓哲	国家知识产权局	2009
5	单套管蚀刻式光纤栅温度曾敏传感器	实用新型	李　阔、周振安	国家知识产权局	2010
6	一种串联式光纤光栅高灵敏温度传感器	实用新型	李阔、周振安、刘爱春、王秀英	国家知识产权局	2010
7	一种分辨率可调光纤栅拉力传感器	实用新型	李阔、周振安、刘爱春、王秀英	国家知识产权局	2010
8	一种三明治式光纤栅高灵敏温度传感器	实用新型	李阔、周振安、刘爱春、王秀英	国家知识产权局	2010
9	一种并联式光纤栅高灵敏温度传感器	实用新型	李阔、周振安、刘爱春、王秀英	国家知识产权局	2010
10	一种易耦合光纤栅应变传感器	实用新型	李阔、周振安	国家知识产权局	2010
11	一种温度、应变同时测量光纤栅传感器	实用新型	李阔、周振安、刘爱春、王秀英	国家知识产权局	2010
12	一种分辨率可调光纤栅压力计	实用新型	李阔、周振安、刘爱春、王秀英	国家知识产权局	2010
13	地震前兆观测网络综合信息服务系统	著作权	王秀英	国家版权局	2010
14	半缺口套管式高精度多功能光纤光栅传感器设计	发　明	李　阔	国家知识产权局	2010
15	实用新型专利证书	实用新型	付继华	国家知识产权局	2010
16	一种滑轮式光纤光栅传感器	实用新型	李阔、周振安、刘爱春	国家知识产权局	2010
17	一种单端固定的管式光纤光栅温度传感器	实用新型	李阔、周振安、刘爱春	国家知识产权局	2010
18	一种管式光纤光栅温度传感器的密封结构	实用新型	李阔、周振安、刘爱春	国家知识产权局	2010
19	一种温度测量装置	实用新型	李海亮	国家知识产权局	2010
20	土层应力-应变观测装置	实用新型	李海亮	国家知识产权局	2010
21	一种内嵌式金属光纤光栅温度传感器	实用新型	李　阔	国家知识产权局	2010
22	一种压板式光纤光栅传感器	实用新型	李　阔	国家知识产权局	2010
23	一种双光栅传感器	实用新型	李　阔	国家知识产权局	2010
24	压磁全应力计预应力施加装置	实用新型	王成虎	国家知识产权局	2010

第十四章　获奖成果

自国家恢复科技成果奖励制度以来，据不完全统计，地壳应力研究所获国家级科技成果奖 19 项，其中第一完成单位 5 项；省部委级科技成果奖 106 项，其中第一完成单位 51 项；基层科技成果奖 329 项，其中第一完成单位 327 项；其他科技成果奖 32 项，见表 3-14-1 至表 3-14-6。

1986～1987 年间评定的“合理化建议和技术改进”奖，统计在科技成果奖之内。

第一节　获国家级奖励成果

表 3-14-1

序号	成果名称	主要完成人	奖项名称和获奖等级	获奖时间	项目起止时间
1	中国主要构造体系与震中分布图（1∶400 万）	地震地质大队	全国科学大会奖	1978	1970
2	震前应力场的研究	实验室、分析室	全国科学大会奖	1978	1975～1977
3	京津及华北地区地震地质研究	地震地质大队一队、实验室	全国科学大会奖	1978	1968～1971
4	长江三峡工程坝区及外围深部构造特征研究	陈学波	国家科技进步三等奖	1992	1987～1990
5	断层形变系列化观测仪器及其推广应用（推广类）	勾　波、张鸿旭、陈　浩、罗光禄、陈葛天、刘凤秋、赵营海、张周术、孙启伟	国家科技进步二等奖	1998	1991～1996

第二节　获省部级奖励成果

表 3-14-2

序号	成果名称	主要完成人	奖项名称和获奖等级	获奖时间	项目起止时间
1	北京地区地震地质会战	王　瑛　李咸叶等	北京市科技成果二等奖	1981	1976～1980
2	YJ—73 型压磁应力计	李方全、王连杰、李立球、廖椿庭、范雪玲、刘　旭、区明益、丁原鹿、施兆贤	国家地震局科技成果二等奖	1983	1973～1979
3	“唐山地震前的断层活动与地应力积累”和“伴随前兆蠕动和震后滑动准静态性变”	赵国光、张　超、黄佩玉	国家地震局科技成果三等奖	1983	1978～1979
4	“倾斜断层错动产生的应力场”和“强余震空间分布特征的初步讨论”	黄福明、王廷韫	国家地震局科技成果三等奖	1983	1977～1979

续表

序号	成果名称	主要完成人	奖项名称和获奖等级	获奖时间	项目起止时间
5	山西地堑及其地震构造	刘光勋、肖振敏	国家地震局科技成果三等奖	1983	1978～1979
6	“唐山地震烈度分布与地质构造关系”及“唐山 7.8 级大震烈度说明书”	林辉德、崔作舟、李咸业、李学新、高　词、江娃利、鞠德祥、杜春涛、业成之、吴治忠、焦振兴、孙　叶、乔永良、谢新生、曾秋生、周玉卿	国家地震局科技成果三等奖	1983	1976～1979
7	“华北地区现今构造应力场的光弹模拟试验”和“华北地区大震后局部应力场调整的光弹模拟实验”	郭世凤、陈葛天、李淑恭、高德录	国家地震局科技成果三等奖	1983	1978～1979
8	“唐山 7.8 级地震断层活动特征”和“京津唐地区现代断裂运动特征”	马廷著　黄佩玉	国家地震局科技成果三等奖	1983	1979～1980
9	金川矿区原岩应力测量和构造应力场研究	施兆贤　廖椿庭	国家地震局科技成果三等	1983	1975～1980
10	768（SY-81 型）数字应力仪	付子忠、崔占桃、高福兰、马满荣、杨泽遂、李　文、牛双海	国家地震局科技成果三等奖	1983	1978～1981
11	“华北地区地应力测量”和“河北省易县石英闪长岩中水压致裂法与应力解除法原地应力测量”	李方全、李延美、王恩福、翟青山、毕尚煦	国家地震局科技成果三等奖	1984	1975～1980
12	四川二滩电站地应力测量研究报告	孙世宗、李立球、祝　武、刘国权、董建业、李复先、喻复先、刘　义、张　钧	国家地震局科技成果三等奖	1985	1980～1981
13	跨断层短基线、短水准流动测量	孔长善、王远征、徐作悦、王忠礼、韩亚娟、赵京梅	国家地震局科技成果三等奖	1985	1979～1982
14	关于我国大陆 1982 年地震趋势的讨论及分析研究	曾秋生、卞兆银、业成之、王进英、王宝杰、侯治华	国家地震局科技成果三等奖	1985	1981～1982
15	TJ-1 型体积式应变仪的研制	苏恺之、裴玉珍、黄　胜、李　刚、刘瑞民	国家地震局科技进步三等奖	1986	1975～1984
16	SZW-1 型数字式温度计	付子忠、吕国贤、郭藐西、高福兰、崔占桃	国家地震局科技进步三等奖	1986	1979～1983

续表

序号	成果名称	主要完成人	奖项名称和获奖等级	获奖时间	项目起止时间
17	DSJ 型断层活动测量仪的研制	勾　波、张鸿旭、李根远、胡凤珍、孙启伟	国家地震局科技进步三等奖	1986	1983～1985
18	中国东部原地应力测量与现今构造应力场研究	李方全、翟青山、张　钧、刘　鹏、刘光勋	国家地震局科技进步三等奖	1986	1981～1984
19	RZB-1 型电容式钻孔应变仪	欧阳祖熙、李秉元、贾维九、张宗润、高银秀、焦伟成、王继哲、雷兴利、朱　葵	国家地震局科技进步二等奖	1986	1978～1985
20	地应力测量及其在油气田开发中的应用	丁建民、梁国平、郭啟良、高建理、景朝晖	国家地震局科技进步三等奖	1989	1985～1987
21	云南地热前兆台网及地热前兆方法技术研究	付子忠、高福兰、刘永铭、王瑜青、陈桂兰、杨泽遂、洪宗杰、尤传侠、章洪珑	国家地震局科技进步二等奖	1990	1984～1988
22	长江三峡工程坝区及外围深部构造特征研究	陈学波、陈步云、张四维、王椿镛、邹宗濂、赵静娴、王石任、彭文涛、张碧秀、王恩福、李清河、蒋福珍、严尊国、宋文荣、林中洋	国家地震局科技进步一等奖	1991	1987～1990
23	钻孔应变应力预报方法指南及实用软件系统	欧阳祖熙、黄相宁、张绍治、胡益光、杨选辉	国家地震局科技进步三等奖	1991	1988～1990
24	黄河龙羊峡—李家峡段水电工程区活动构造地震基本烈度复核和地震危险性研究	赵国光、肖振敏、刘光勋、杨智娴、刘德权	国家地震局科技进步三等奖	1991	1985～1989
25	CCU-1 型通信控制器	付子忠、黄锡定、张志波、梁焕贞、申金娥	国家地震局科技进步三等奖	1992	1988～1990
26	地衣测年法研究及其应用	谢新生、肖振敏	国家地震局科技进步三等奖	1992	1986～1988
27	DSH-86 型水压致裂应力测量系统的研制及其应用	李方全、刘　鹏、张　钧、柴建忠、张志国	国家地震局科技进步三等奖	1993	1985～1987
28	DSC-1 型地震前兆综合数据采集器	黄锡定、付子忠、梁焕贞、徐文凯、郭柏林	国家地震局科技进步三等奖	1993	1987～1991

续表

序号	成果名称	主要完成人	奖项名称和获奖等级	获奖时间	项目起止时间
29	压磁套芯深井自动化地应力测量系统研制	丁旭初、李　文、李立球、关伟沂、闻　琦	国家地震局科技进步三等奖	1995	1989～1993
30	跨断层测量基础理论及标准化研究与实施	游丽兰、刘大杰、范九善、周克昌、戴樑焕	国家地震局科技进步三等奖	1995	1983～1993
31	中国大陆活动构造区现代构造应力场研究	谢富仁、刘光勋、李　宏、祝景忠、梁海庆、舒赛兵	国家地震局科技进步二等奖	1996	1986～1994
32	断层形变系列化观测仪器研制	勾　波、张鸿旭、陈　浩、陈葛天、张周术、阎学良、刘凤秋、孙启伟、李根远、赵营海、罗光禄、董建业	国家地震局科技进步一等奖	1997	1991～1996
33	跨断层水准测量成果连续五年获全国资料质量评比前三名(1991～1995)	王远征、周跃华、陈祖安、张忠武、李平安	国家地震局科技进步三等奖	1997	1991～1995
34	昌平台体应变观测与地震前兆研究（1992～1996）	王　勇、韩允兴、张学政、刘万琪、戴建华、刘福生、张国红、宋朝忠、徐铁鞠	中国地震局科技进步二等奖	1998	1992～1996
35	判定中短期地震危险区的动态场及其跟踪方法研究	陆远忠、吴　云、王　炜、李闽峰、江在森、黎凯武、张东宁、郭若眉、吴天安	中国地震局防震减灾优秀成果二等奖	2002	1996～2000
36	三峡工程万州移民综合管理系统的研究与建设	欧阳祖熙、张　路、张永庆	重庆市科技进步三等奖	2001	1998～2000
37	断层位移测量仪（光电类）研制	张鸿旭、罗光禄、赵营海、陈葛天、张周术	中国地震局防震减灾优秀成果三等奖	2002	1997～1998
38	中国数字地震前兆观测技术系统的设计、研制和集成联调	付子忠、黄锡定、周振安、余书明、梁焕贞、王子影、郭柏林、秦久刚、王继哲、王秀英、于世亮、赵　刚、孙　杰	中国地震局防震减灾优秀成果一等奖	2002	1991～2000
39	TJ-II型体应变仪的实用化研究与推广使用	苏恺之、李秀环、马相波、张　钧、李海亮、刘瑞民、裴玉珍、李桂荣、李群芳	中国地震局防震减灾优秀成果二等奖	2003	1996～2001

续表

序号	成果名称	主要完成人	奖项名称和获奖等级	获奖时间	项目起止时间
40	基于GIS的地震分析预报软件系统的研制和应用	陆远忠、邓志辉、李胜乐、刘 杰、蒋 俊、孙佩卿、杨明波、陈化然、张崇立	中国地震局防震减灾优秀成果二等奖	2003	1998～2001
41	金沙江溪洛渡巨型水电工程水压致裂原地应力测量与岩体高压透水测试研究	郭啟良、安其美、王海忠、丁立丰、赵仕广	中国地震局防震减灾优秀成果二等奖	2003	1999～2001
42	渤海海域石油平台地震动参数研究	吕悦军、唐荣余、黄忠贤、谢富仁、彭艳菊	中国地震局防震减灾优秀成果三等奖	2003	2000～2002
43	中国大陆地壳应力非均匀性研究	谢富仁、崔效锋、陈群策、李 宏、杨树新、张世民、陈连旺、窦淑芹、郭啟良	中国地震局防震减灾优秀成果二等奖	2004	1997～2002
44	国家地震灾害紧急救援队搜索与营救装备集成	王恩福、司洪波、张国宏、赵国存、周 敏	中国地震局防震减灾优秀成果三等奖	2004	2001～2003
45	岩体原地承载能力与高压透水性状试验方法在高水头电站的应用研究	李 宏、安其美、郭啟良、毛吉震、王海忠	中国地震局防震减灾优秀成果三等奖	2004	2001～2003
46	地震安全性评价法制管理研究与制度建设	徐宗和、汤 泉、卢寿德、徐 卫、王振江、左 力、邹其嘉、杜安陆、唐景见、鄢家全、金祖彬、赵凤新、金 雷、韦开波、郑 研	中国地震局防震减灾优秀成果一等奖	2006	1999～2002
47	“十五”地震前兆台站集成技术系统预研究	周振安、王子影、赵 刚、王秀英、王兰炜、李海亮、何案华、郭柏林、刘爱春	中国地震局防震减灾优秀成果三等奖	2006	2002～2003
48	基于渤海地震环境的海洋石油平台抗震设防水准研究	彭艳菊、吕悦军、唐荣余、沙海军、赵建涛	中国地震局防震减灾优秀成果三等奖	2007	2003～2006
49	中国大陆及邻区构造应力-应变场特征及其动力学机制研究	朱守彪、石耀霖、谢富仁、杨树新、郑月君、蔡永恩、	中国地震局防震减灾优秀成果二等奖	2008	1999～2007
50	防震减灾遥感数据管理与网络发布	张景发、田云锋、赵福军、姜文亮、龚丽霞	中国地震局防震减灾优秀成果三等奖	2008	2002～2006
51	强地震预测中数字化观测资料应用与前兆物理机理研究	刘耀炜、张天中、马胜利、牛安福、卢 军、许力生、黄 媛、刘希强、冯志生	中国地震局防震减灾优秀成果二等奖	2009	2004～2005

第三节 获基层（研究所）奖励成果

表 3-14-3

序号	成果名称	主要完成人	奖项名称和获奖等级	获奖时间	项目起止时间
1	山西洪洞郇堡古地震遗迹及有关问题的讨论	刘光勋、肖振敏	地震地质大队科技成果三等奖	1982	1980～1981
2	北京城区古地震遗迹的发现及其意义	黄兴根	地震地质大队科技成果三等奖	1982	
3	唐山地震总结——地应力部分	黄相宁、赵淑珍、李建春	地震地质大队科技成果三等奖	1982	1980～1981
4	唐山地震前短期前兆信息的探讨	黄相宁、赵淑珍、李建春、葛丽明	地震地质大队科技成果四等奖	1982	1980～1981
5	活动性断裂附近的剪切应力		地震地质大队科技成果四等奖	1982	
6	我国东南部地区上地幔深界面反射波	陈学波、廖其林	地震地质大队科技成果四等奖	1982	1977～1978
7	华北地区大震后局部应力场调整的光弹模拟试验	高德禄、郭世凤、陈葛天、李淑恭	地震地质大队科技成果四等奖	1982	1978～1981
8	带宽极小化程序计算简介	王继存、许寿春	地震地质大队科技成果四等奖	1982	
9	迁西地区古构造残余应力 X 射线测量及应用	安 欧	地震地质大队科技成果五等奖	1982	1962～1979
10	DY-1 型断层活动测量仪	勾 波、刘瑞民、张鸿旭 潘家初	地震地质大队科技成果四等奖	1983	1975～1978
11	北京地区断层活动	王宋贤、郑东炎	地震地质大队科技成果四等奖	1983	1976～1978
12	北京平原上新统—更新统的划分	李鼎容、谢振钊	地震地质大队科技成果四等奖	1983	1979
13	实际断层初动的三维模型研究	王恩福、刘明达	地震地质大队科技成果四等奖	1983	1978～1979
14	地应力变化与地震预报	黄相宁	地震地质大队科技成果四等奖	1983	1972～1979
15	钻孔法地应力测量中的若干力学问题	张 超	地震地质大队科技成果四等奖	1983	1977～1978
16	迁西地区构造体系形成次序的X射线测量及应用	安 欧	地震地质大队科技成果四等奖	1983	1962～1979
17	用中小型机解大型线性方程组方法	王继存	地震地质大队科技成果四等奖	1983	1978～1979
18	云南西部地区现今构造应力场与龙陵地震	丁旭初	地震地质大队科技成果四等奖	1983	1976～1979
19	郯庐断裂带挽近地质时期以来的活动特征与地震危险性的初步调查报告	曾秋生	地震地质大队科技成果四等奖	1983	1978～1979
20	前兆信息的提取和分析	康仲远	地震地质大队科技成果四等奖	1983	1976～1978
21	DIL-10 型压磁传感器及加力定向装置	张培耀	地震地质大队科技成果四等奖	1983	1976～1979

续表

序号	成果名称	主要完成人	奖项名称和获奖等级	获奖时间	项目起止时间
22	关于我国华南地区地震波速各向异性分布与深部构造的初步研究	丁建民	地震地质大队科技成果四等奖	1983	1978～1979
23	北京地区主要构造的现今活动特征和华北地区现代地壳活动特征的初步探讨	马廷著、业成之	地震地质大队科技成果四等奖	1983	1970～1979
24	华北地区新生代构造活动特征	聂宗笙	地震地质大队科技成果四等奖	1983	1976～1979
25	北京宣武门古地震遗迹的发现及其意义	黄兴根	地震地质大队科技成果四等奖	1983	1980
26	我国东南地区上地幔深界面反射波	陈学波	地震地质大队科技成果四等奖	1983	1980
27	唐山地震前短期前兆信息的探讨	高忠宁	地震地质大队科技成果四等奖	1983	1980
28	活动性断裂附近的剪切应力	丁旭初	地震地质大队科技成果四等奖	1983	1980
29	三维等参数大面体有限元静力分析程序（协作项目）	王继存	地震地质大队科技成果四等奖	1983	1979～1980
30	中国东部活动断裂的现代构造运动	刘光勋	地震地质大队科技成果四等奖	1983	1980～1981
31	钻孔法地应力测量中的弹性响应	苏恺之	地震地质大队科技成果五等奖	1983	1975～1977
32	汾河南段河流阶地与新构造运动	刘光勋	地震地质大队科技成果五等奖	1983	1978～1979
33	构造应力方向与震源机制解	黄忠贤、王恩福、刘长义	地震地质大队科技成果五等奖	1983	1977～1978
34	唐山 7.8 级地震前土层区域应力场特征	黄诗斌	地震地质大队科技成果五等奖	1983	1978～1979
35	地面形变与深部断裂活动方式关系及其在地震预报中的意义	王文清	地震地质大队科技成果五等奖	1983	1979
36	北京下更新统昆虫化石的发现及古地理意义	业成之	地震地质大队科技成果五等奖	1983	1978～1979
37	一个用于地壳应力场定量分析的三维非线性有限程序	许寿椿	地震地质大队科技成果五等奖	1983	1979
38	关于活动构造体系及其与地震的关系	王　瑛	地震地质大队科技成果五等奖	1983	1976～1979
39	唐山大震地裂缝与构造应力场	杜春涛	地震地质大队科技成果五等奖	1983	1976～1979
40	“唐山大震附近地区的断层活动、跨断层测量与唐山地震”和“唐山 7.8 级地震与断层位移测量”	戴樑焕	地震地质大队科技成果五等奖	1983	1977～1978
41	玉田低烈度异常区形成原因的初步分析	张国庆	地震地质大队科技成果五等奖	1983	1979～1980
42	磁弹性传感器压磁材料性能的研究	张宗润	地震地质大队科技成果五等奖	1983	1979～1981

续表

序号	成果名称	主要完成人	奖项名称和获奖等级	获奖时间	项目起止时间
43	断层活动的重力效应	张　超	地震地质大队科技成果五等奖	1983	1979
44	房山大理岩摩擦滑动性状的初步研究	张伯崇	地震地质大队科技成果五等奖	1983	1980
45	大面积沉陷可能是震源区相变动证据——琼州大震成因探讨	许寿椿	地震地质大队科技成果五等奖	1983	1980
46	唐山地震总结——地应力部分	黄相宁	地震地质大队科技成果五等奖	1983	1978～1980
47	郯城—庐江断裂带地应力解除报告	孙世宗	地震地质大队科技成果五等奖	1983	1979
48	山西多字型盆地及其地震构造	李学新	地震地质大队科技成果五等奖	1983	1980
49	确定水压致裂方向的地面电测法实验报告	丁建民	地震地质大队科技成果五等奖	1983	1980
50	从地震应变能的积累—释放讨论我国地壳现今构造活动特征及地震趋势	卞兆银	地震地质大队科技成果五等奖	1983	1980
51	华北地区大地震的构造应力场背景	安　欧	地震地质大队科技成果五等奖	1983	1978～1980
52	单断裂周围应力场形变场的三维空间分布	李群芳	地震地质大队科技成果五等奖	1983	1980
53	北京平原第四系划分及其下限	李鼎容	地震地质大队科技成果五等奖	1983	1980～1981
54	关于我国大陆 1982 年地震趋势意见	第四研究室 地质研究队 第三研究室	地震地质大队科技成果三等奖	1985	
55	1976 年唐山地震前短期前兆分析	黄相宁、潘宝琪	地震地质大队科技成果四等奖	1985	1981～1982
56	跨断层短基线、短水准流动测量	田　鹄	地震地质大队科技成果四等奖	1985	1981～1982
57	京津唐地区地震基本烈度区划	杨承先	地震地质大队科技成果四等奖	1985	1981～1982
58	地应力前兆资料和地震目录的微型机管理与统计分析程序系统	康仲远	地震地质大队科技成果五等奖	1985	1981～1982
59	1981 年我国大陆地震趋势预报	曾秋生、黄相宁、戴樑焕	地震地质大队科技成果五等奖	1985	1981～1982
60	对郯庐地震带及苏鲁豫皖地区近期地震危险性的估计	曾秋生	地震地质大队科技成果五等奖	1985	1981～1982
61	跨断层短基线、短水准流动测量	巫映祥（大灰厂站）	地震地质大队科技成果五等奖	1985	1981～1982
62	跨断层短基线、短水准流动测量	周跃华（大灰厂班）	地震地质大队科技成果五等奖	1985	1981～1982
63	关于天津市 高沙岭、马棚口基本烈度鉴定报告	林辉德	地震地质大队科技成果五等奖	1985	1981～1982
64	任丘油田地震基本烈度评定书	林辉德	地震地质大队科技成果五等奖	1985	1981～1982

续表

序号	成果名称	主要完成人	奖项名称和获奖等级	获奖时间	项目起止时间
65	81 型压磁应力计的研制	李立球等	合理化建议和技术改进四等奖	1986～1987	1983～1985
66	4101A 型自动记录压磁应力仪的研制	黄锡定等	合理化建议和技术改进四等奖	1986～1987	1983～1985
67	工程区活断层稳定性评价方法的改进	赵国光等	合理化建议和技术改进四等奖	1986～1987	1983～1985
68	精密石英温度计标定技术及下井工艺、台站观测技术的改进	付子忠等	合理化建议和技术改进四等奖	1986～1987	1983～1985
69	微型计算机的开发应用	欧阳祖熙等	合理化建议和技术改进四等奖	1986～1987	1983～1985
70	开拓科研成果商品化局面取得显著效益	史新华等	合理化建议和技术改进四等奖	1986～1987	1983～1985
71	改善科研管理、保持观测技术研究领域的优势	马荣坚等	合理化建议和技术改进四等奖	1986～1987	1983～1985
72	加强人才管理、消肿和使用相结合取得显著效益	胡先坤等	合理化建议和技术改进四等奖	1986～1987	1983～1985
73	改进工作方法、节省行政开支取得显著经济效益	韩文华等	合理化建议和技术改进四等奖	1986～1987	1983～1985
74	实行内部转账结算、提高资金使用的合理性	沈柏华等	合理化建议和技术改进四等奖	1986～1987	1983～1985
75	后勤保障工作的改进	韩子文等	合理化建议和技术改进四等奖	1986～1987	1983～1985
76	岩石三轴设备中孔隙流体压力加压与检测系统的改进	韩　风等	合理化建议和技术改进五等奖	1986～1987	1983～1985
77	岩石力学实验测试技术的研制	杨新华等	合理化建议和技术改进五等奖	1986～1987	1983～1985
78	小型双剪设备的研制	姜　光等	合理化建议和技术改进五等奖	1986～1987	1983～1985
79	根据岩石力学摩擦试验估计断层滑动准则在工程稳定性评价中的应用	张伯崇等	合理化建议和技术改进五等奖	1986～1987	1983～1985
80	岩石试件加工技术改进	张明珍等	合理化建议和技术改进五等奖	1986～1987	1983～1985
81	岩石矿物 X 衍射测量技术改进	安　欧等	合理化建议和技术改进五等奖	1986～1987	1983～1985
82	利用油井压裂和地层倾角测井技术测定华北地区深部应力状态中的应用	丁建民等	合理化建议和技术改进五等奖	1986～1987	1983～1985
83	体积应变仪运输方法改进	裴玉珍等	合理化建议和技术改进五等奖	1986～1987	1983～1985
84	地热前兆试验数据计算机处理程序	陈桂兰等	合理化建议和技术改进五等奖	1986～1987	1983～1985

续表

序号	成果名称	主要完成人	奖项名称和获奖等级	获奖时间	项目起止时间
85	XSD—1 袖珍打印机及功能检验程序	吕国贤等	合理化建议和技术改进五等奖	1986～1987	1983～1985
86	快速沃尔什变换地震信号实时检测程序	师洁珊等	合理化建议和技术改进五等奖	1986～1987	1983～1985
87	电容钻孔应变仪台站数据分析处理系统	欧阳祖熙等	合理化建议和技术改进五等奖	1986～1987	1983～1985
88	水压致裂过程中裂隙方位的确定	张　钧等	合理化建议和技术改进五等奖	1986～1987	1983～1985
89	水压致裂应力测量系统分割器和印模器改进	刘　鹏等	合理化建议和技术改进五等奖	1986～1987	1983～1985
90	Laser—310 软件开发	杨修信等	合理化建议和技术改进五等奖	1986～1987	1983～1985
91	昌平地应力站观测资料质量的提高	王　勇等	合理化建议和技术改进五等奖	1986～1987	1983～1985
92	康庄流动监测	王远征等	合理化建议和技术改进五等奖	1986～1987	1983～1985
93	大灰厂流动监测	刘执枢等	合理化建议和技术改进五等奖	1986～1987	1983～1985
94	华山流动监测	田　鶬等	合理化建议和技术改进五等奖	1986～1987	1983～1985
95	中近期地震预报方法的改进	卞兆银等	合理化建议和技术改进五等奖	1986～1987	1983～1985
96	1985 年地震趋势预报和短临预报及形变预报方法的改进	戴樑焕等	合理化建议和技术改进五等奖	1986～1987	1983～1985
97	DSJ 断层仪温度补偿效益检验系统	勾　波等	合理化建议和技术改进五等奖	1986～1987	1983～1985
98	跨孔法在计算地面加速度、反应谱及液化研究中的应用	杨承先等	合理化建议和技术改进五等奖	1986～1987	1983～1985
99	土工试验室筹建及其在工程中的应用	张国庆等	合理化建议和技术改进五等奖	1986～1987	1983～1985
100	科研和工程相结合提高水库烈度复核质量	刘仲温等	合理化建议和技术改进五等奖	1986～1987	1983～1985
101	潜在震源区预测方法在南水北调工程中的应用	李咸业等	合理化建议和技术改进五等奖	1986～1987	1983～1985
102	八宝山（大灰厂）台站观测质量的提高		合理化建议和技术改进五等奖	1986～1987	1983～1985
103	图书、档案资料管理工作的改进	张崇寿等	合理化建议和技术改进五等奖	1986～1987	1983～1985
104	结合科研任务，开展定题情报服务	高莉青等	合理化建议和技术改进五等奖	1986～1987	1983～1985

续表

序号	成果名称	主要完成人	奖项名称和获奖等级	获奖时间	项目起止时间
105	因地制宜实行责任承包制、提高节煤水效益	徐忠发等	合理化建议和技术改进五等奖	1986～1987	1983～1985
106	改变只靠国家拨款不能盈利的管理办法	曾　夏等	合理化建议和技术改进五等奖	1986～1987	1983～1985
107	物资计算机程序管理	潘加初等	合理化建议和技术改进五等奖	1986～1987	1983～1985
108	职工福利工作的改进	王忠跃等	合理化建议和技术改进五等奖	1986～1987	1983～1985
109	岩石矿物声发射测量技术革新	刘长义等	合理化建议和技术改进五等奖	1986～1987	1983～1985
110	地球自转模拟实验装置的研制	张　包等	合理化建议和技术改进五等奖	1986～1987	1983～1985
111	构造应力场光弹模拟实验中环氧树脂模型制作技术的改进	郭世凤、陈葛等	合理化建议和技术改进五等奖	1986～1987	1983～1985
112	光弹模拟实验中均匀加载装置的研制	高德录、李淑等	合理化建议和技术改进五等奖	1986～1987	1983～1985
113	CS101 鼓风电热干燥箱自动控温装置的研制	陈葛天等	合理化建议和技术改进五等奖	1986～1987	1983～1985
114	PC—1500 在地热数据处理中的应用	陈桂兰等	合理化建议和技术改进五等奖	1986～1987	1983～1985
115	768 数字应力仪在普通应力站应用上的技术改进	高福兰等	合理化建议和技术改进五等奖	1986～1987	1983～1985
116	钻孔应力应变仪在耦合技术的改进	张宗润等	合理化建议和技术改进五等奖	1986～1987	1983～1985
117	HP-85 微处理机在水压致裂数据处理中的应用	翟青山等	合理化建议和技术改进五等奖	1986～1987	1983～1985
118	一种消除地震观测数据趋势年周期的程序	易志刚等	合理化建议和技术改进五等奖	1986～1987	1983～1985
119	短基线短水准观测方法及观测系统的完善	刘执枢等	合理化建议和技术改进五等奖	1986～1987	1983～1985
120	断层活动水准基线测值计算程序改进	张　超等	合理化建议和技术改进五等奖	1986～1987	1983～1985
121	DSJ 断层校准数据处理程序和应变固体潮理论值计算程序	李根远等	合理化建议和技术改进五等奖	1986～1987	1983～1985
122	地震危险性分析，人工合成地震波及地震反映分析程序的建立及投入工程应用	孙小平等	合理化建议和技术改进五等奖	1986～1987	1983～1985
123	北京水源九厂的合理选址	林辉德等	合理化建议和技术改进五等奖	1986～1987	1983～1985
124	进口高压泵动力源的改进	毕尚煦等	合理化建议和技术改进五等奖	1986～1987	1983～1985

续表

序号	成果名称	主要完成人	奖项名称和获奖等级	获奖时间	项目起止时间
125	温度计探头下井轻便手摇绞车的研制	吴棣棣等	合理化建议和技术改进五等奖	1986～1987	1983～1985
126	土工试验压缩仪的制作和改进	阎学良等	合理化建议和技术改进五等奖	1986～1987	1983～1985
127	改进仪器设备的改革和吸收		合理化建议和技术改进五等奖	1986～1987	1983～1985
128	综合计算机及数据软件包	韩　晔等	合理化建议和技术改进五等奖	1986～1987	1983～1985
129	光弹模拟试验中均匀加载装置的研制	高德录等	合理化建议和技术改进五等奖	1986～1987	1983～1985
130	鲜水河断裂带的应力积累与释放	黄福明、杨智娴	地壳应力研究所科技进步二等奖	1988	1984～1985
131	鲜水河断裂带上两次强震之间的断层蠕滑及其传播特征的模型研究	张　超、过家元、谢新生、陈连旺	地壳应力研究所科技进步二等奖	1988	1984～1985
132	围压和孔隙压力作用下花岗岩的渗透性状	张伯崇、C.A.莫诺、I.D.拜尔利	地壳应力研究所科技进步二等奖	1988	1983～1988
133	VAX—11/750 机系统软件的移植开发和应用	王继存、续春荣、祝景忠、陈景松、高为民	地壳应力研究所科技进步二等奖	1988	1985～1986
134	南北地震带爆破地震测深资料解释	陈学波、吴跃强、李金森、吴玉荣、杜平山	地壳应力研究所科技进步二等奖	1988	1983～1985
135	南水北调东线一期工程区域稳定性评价	李咸业、关元益、舒赛兵、朱德瑜、孙小平	地壳应力研究所科技进步三等奖	1988	1984～1985
136	现今构造应力场影响因素的研究	安　欧、高德录、郭世凤、李群芳、张　包	地壳应力研究所科技进步三等奖	1988	1978～1985
137	滇西主要地震断裂带活动性定量分析	李鼎容、王安德、黄兴根、业成之、吴舒敏	地壳应力研究所科技成果三等奖	1988	1982～1985
138	1986～1987 年全国 M_S≥7 地震趋势研究报告	卞兆银、王进英、苏怡之、吴舒敏、李桂荣	地壳应力研究所科技进步三等奖	1988	1985～1988
139	多段断层均匀滑动的应力分布特征	黄福明、王廷韫	地壳应力研究所科技进步三等奖	1988	1981～1982
140	利用油井压裂测量深部应力状态	丁建民、梁国平、郭啟良、高建理	地壳应力研究所科技进步三等奖	1988	1985～1987
141	东亚大陆地球自转动力	安　欧、张　包、马德元、王东霞、李桂荣	地壳应力研究所科技进步三等奖	1988	1985
142	京津地区基岩地质图、活动构造与地震关系图	王　瑛、张英礼、简春林、樊文奎、龚复华	地壳应力研究所科技进步三等奖	1988	1984～1986

续表

序号	成果名称	主要完成人	奖项名称和获奖等级	获奖时间	项目起止时间
143	断层位移测量数据处理及理论模型研究	王宋贤、沈建华、	地壳应力研究所科技进步四等奖	1988	1985～1986
144	国外地应力测量信息综合研究	陈彭年、高莉青、陈宏德、张全英	地壳应力研究所科技进步四等奖	1988	1977～1986
145	从地震活动、断层位移测量估计1986年地震趋势及1986年地震预报总结	戴樑焕、蒋承恩、侯凤鸣、黄佩玉、高忠宁	地壳应力研究所科技进步四等奖	1988	1984～1986
146	地震预报和前兆基础	安　欧、王文清	地壳应力研究所科技进步四等奖	1988	1983～1984
147	地应力测量在工程建设中的意义	高莉青、陈彭年、陈宏德、张全英	地壳应力研究所科技进步四等奖	1988	1985～1987
148	科技档案索引	蒋丽芳、葛淑华、张崇寿、曹月娥	地壳应力研究所科技进步四等奖	1988	1986～1987
149	东北构造应力场研究	刘建中、李自强、曹新玲	地壳应力研究所科技进步四等奖	1988	1982～1985
150	地震小区划分方法、应用程序建立比较与评价	孙小平、吴天安、苏春萍	地壳应力研究所科技进步四等奖	1988	1984～1987
151	安康水电站坝区地质构造成因研究	李学新、黄礼良、王进英、关元益	地壳应力研究所科技进步四等奖	1988	1985～1988
152	构造应力场时空分布规律的影响因素及其在台网建设或地震预报中的应用	安　欧、高德录、郭世凤、李群芳、张　包、李淑恭、陈葛天、李桂荣、张云柱	地壳应力研究所科技进步二等奖	1989	1978～1985
153	地应力测量及其在油气田开发中的应用	丁建民、梁国平、郭啟良、高建理、景朝晖	地壳应力研究所科技进步二等奖	1989	1980～1987
154	关于云南澜沧江地震中期预报情况报告（1986～1988 全国地震趋势预报）	于允生、卞兆银、黄相宁、戴樑焕、杨修信	地壳应力研究所科技进步三等奖	1989	1985～1987
155	中国大陆近代地震活动期划分及活动趋势	李咸业、李学新、樊文奎、王进英	地壳应力研究所科技进步三等奖	1989	1986～1987
156	国外现代地壳运动研究信息综述	陈彭年、高莉青、陈宏德	地壳应力研究所科技进步三等奖	1989	1984～1988
157	华北地区未来 100 年地震潜在震源区预测研究报告	林辉德、许桂林	地壳应力研究所科技进步三等奖	1989	1986～1987
158	华北地区强震发生的构造条件	许桂林、孟宪梁、王贵华	地壳应力研究所科技进步三等奖	1989	1987
159	我国七级以上强震潜在震源区确定的方法和步骤	卞兆银等	地壳应力研究所科技进步三等奖	1989	1987～1987
160	天津无缝钢管厂基本烈度与地震危险性评定	杨承先、刘万衡、孙小平、焦振兴、朱秀岗	地壳应力研究所科技进步三等奖	1989	1985～1987
161	北京显微熔融石的发现及初步研究	李鼎容、王安德、谢振钊、王焕贞	地壳应力研究所科技进步三等奖	1989	1979～1981

续表

序号	成果名称	主要完成人	奖项名称和获奖等级	获奖时间	项目起止时间
162	1679 年三河—平谷 8 级地震	孟宪梁、杜春涛、王　瑞、卞兆银、业成之	地壳应力研究所科技进步三等奖	1989	1982～1983
163	伴随断层蠕动传播的准静态变形——模型理论分析及唐山地震前孕震断裂运动过程的讨论	张　超	地壳应力研究所科技进步三等奖	1989	1981～1983
164	黄河上游李家峡水电站地应力测量报告	丁旭初、杨增学、刘忠坚、王文柱	地壳应力研究所科技进步四等奖	1989	1985～1986
165	从地震构造活动、断层位移测量估计 1988 年地震趋势	戴樑焕、侯凤鸣、黄佩玉、蒋承恩	地壳应力研究所科技进步四等奖	1989	1987～1988
166	1988 年我国地震趋势分析与 1987 年中期预测概况	黄相宁、葛丽明、蒋红娣、莫　慧	地壳应力研究所科技进步四等奖	1989	1987～1987
167	“用地震波测量 30000 米以上深度的绝对应力”总结报告	刘建中、祁英男、张　雪	地壳应力研究所科技进步四等奖	1989	1986～1987
168	利用超声波井下电视测定构造应力场方向	翟青山、梁海庆、毛吉震、魏庆云	地壳应力研究所科技进步四等奖	1989	1985～1987
169	华北地区未来 100 年强震时间预测研究报告	林辉德、王继存	地壳应力研究所科技进步四等奖	1989	
170	潜在震源区边界对概率危险性分析结果的影响	杨智娴、高为民	地壳应力研究所科技进步四等奖	1989	
171	MSM-86 型数字地应力测量仪	李　文、闻　琦、董建业	地壳应力研究所科技进步四等奖	1989	1986.～1987
172	云南省地热前兆台网及地热前兆方法技术的研究	付子忠、高福兰、刘永铭、王瑜青、陈桂兰、杨泽遂、马满荣、洪宗杰、尤传侠、张洪珑、郭藐西、张志波、崔占桃、杜青山、吕国贤	地壳应力研究所科技进步一等奖	1990	1984～1988
173	大港油田抗震防灾规划基础工作成果报告	杨承先、周克森、黄礼良、徐宗和、焦振兴、王东霞、卫鹏飞、王优龙、张德元、张英礼、项忠权	地壳应力研究所科技进步一等奖	1990	1987.～1989
174	黄河龙羊峡—李家峡段水电工程区活动构造、地震基本烈度复核和地震危险性研究	赵国光、肖振敏、刘光勋、杨智娴、刘德权、黄福明、勾　波、张伯崇、韦　伟	地壳应力研究所科技进步二等奖	1990	1985～1989
175	中国大陆及其不同地区的断层活动和应力场变化特征及其在地震综合预报中的应用	黄福明、马廷著、黄佩玉、李群芳、高忠宁	地壳应力研究所科技进步二等奖	1990	1987～1988
176	地壳构造与应力情报研究	高莉青、陈彭年、陈宏德、王文清	地壳应力研究所科技进步三等奖	1990	1987～1988

续表

序号	成果名称	主要完成人	奖项名称和获奖等级	获奖时间	项目起止时间
177	^{14}C 实验室建设	黄诗斌、古桂云、关志民、周俊萍	地壳应力研究所科技进步三等奖	1990	1984～1989
178	四 O 四地区地震地质综合研究报告	李咸业、王安德、李庆山、孙小平、李　克	地壳应力研究所科技进步三等奖	1990	1987～1988
179	地壳所首都圈地震监测预报推进与管理工作材料汇编	卞兆银等	地壳应力研究所科技进步三等奖	1990	1987～1989
180	电感法Ⅱ型传感器	张培耀、张翠菊	地壳应力研究所科技进步三等奖	1990	1983～1989
181	地壳应变测量与 1989 年京区地震趋势分析	杨修信、陈沅俊、易志刚、伊志华	地壳应力研究所科技进步四等奖	1990	1988～1988
182	华北地区主要断裂近期活动方式与地震危险性的探讨	马廷著、高忠宁、刘国民	地壳应力研究所科技进步四等奖	1990	1985
183	地震科研文献微机管理系统	王廷韫、冯东英	地壳应力研究所科技进步四等奖	1990	1986～1989
184	国土卫星资料在京津唐地区及某些重点工程稳定性评价中的应用研究	吴舒敏、韩德润、张宝红、蔡开运	地壳应力研究所科技进步四等奖	1990	1986～1987
185	风陵渡黄河公路大桥地震基本烈度复核研究报告	许桂林、李学新、苏怡之、李　克	地壳应力研究所科技进步四等奖	1990	1989
186	山东省胜利油田自备电厂桩基无损检测报告	王恩福、卢广顺、张正墨、祝水平	地壳应力研究所科技进步四等奖	1990	1988
187	长江三峡工程坝区及外围深部构造特征研究	陈学波、陈步云、张四维、王椿庸、邹宗镰、赵静娴、王石任、彭文涛、张碧秀、王恩福、李清河、蒋福珍、严尊国、宋文荣、林中洋	地壳应力研究所科技进步一等奖	1991	1987～1990
188	钻孔应变应力预报方法指南及实用软件系统	欧阳祖熙、黄相宁、张绍治、胡益光、杨选辉、李建春、郑文卿、张宗润、蒋靖祥、葛丽明、赵淑萍、戚文忠、李祥村、舒桂林、龚　倩	地壳应力研究所科技进步一等奖	1991	1988～1990
189	地形起伏对地应力测值的影响	刘建中、梁海庆、张　雪、高　强、孙于芳	地壳应力研究所科技进步三等奖	1991	1989～1990
190	中国活动断层现代运动研究	马廷著、刘国民	地壳应力研究所科技进步三等奖	1991	1985～1990
191	大同—阳高地震总结（跨断层测量）	高忠宁、蒋承恩、黄佩玉、戴樑焕、侯凤鸣	地壳应力研究所科技进步三等奖	1991	1989～1990

续表

序号	成果名称	主要完成人	奖项名称和获奖等级	获奖时间	项目起止时间
192	1990 年全国地震趋势预测	黄忠贤、陈　虹、王贵华、张周术、王建军	地壳应力研究所科技进步三等奖	1991	1989～1989
193	利用三分相地壳测深记录研究S波分裂与偏振异常	王恩福、李金森、司洪波、陈学波、祝水平	地壳应力研究所科技进步三等奖	1991	1989～1990
194	福建南靖水化效应实验水压致裂应力测量研究报告	李方全、祁英男、毛吉震、张志国	地壳应力研究所科技进步四等奖	1991	1988～1989
195	断层周围应力场研究	杨修信	地壳应力研究所科技进步四等奖	1991	
196	1990 年地震趋势分析报告	戴樑焕、侯凤鸣、蒋承恩、高忠宁	地壳应力研究所科技进步四等奖	1991	1989
197	六枝煤矿综合防灾措施研究四角田矿围岩地应力测定研究报告	李建春、刘志增、赵玉甫、刘忠坚	地壳应力研究所科技进步四等奖	1991	
198	钻孔应变应力大同阳高地震前兆及华北近期地震趋势分析预报技术报告	黄相宁、葛丽明、蒋红娣、莫　慧	地壳应力研究所科技进步四等奖	1991	1989～1990
199	鲜水河地区形变场及断层位移与地震活动关系的激光散斑模拟实验	高德禄、郭世凤、李淑恭、陈葛天	地壳应力研究所科技进步四等奖	1991	1988～1990
200	地壳应力的研究进展及地应力实测资料汇编	王文清、陈彭年	地壳应力研究所科技进步四等奖	1991	1988～1990
201	CCU—型通信控制器	付子忠、黄锡定、张志波、梁焕贞、申金娥、郭柏林、于世亮	地壳应力研究所科技进步二等奖	1992	1988～1990
202	地衣测年法研究及其应用	谢新生、肖振敏	地壳应力研究所科技进步二等奖	1992	1986～1988
203	吉林双阳油田抗震防灾规划基础工作成果报告	杨承先、周克森、黄礼良、王东霞、焦振兴	地壳应力研究所科技进步三等奖	1992	1989～1990
204	准格尔煤田薛家湾电厂和点岱沟选煤厂厂址区地震基本烈度复核	李学新、杨　发、李　克、孙加林、黄兴根	地壳应力研究所科技进步三等奖	1992	1989～1990
205	边坡稳定性评价及优化设计	祝景忠、王继存、高卫民、柴建禄、王树林、黄清阳、王延福、薛　炜、续春荣	地壳应力研究所科技进步二等奖	1992	1990
206	1989～1990 年首都圈地震监测与预报研究	杨修信、陈源俊、易志刚、吕悦军、赵京梅	地壳应力研究所科技进步三等奖	1992	1989～1990
207	1991 年中国地震趋势研究报告	黄忠贤、陈　虹、王贵华、张周术、王建军	地壳应力研究所科技进步三等奖	1992	1990

续表

序号	成果名称	主要完成人	奖项名称和获奖等级	获奖时间	项目起止时间
208	应力对岩石中孔隙流体压力的影响和井孔映震前兆的机理	张伯崇、邬慧敏、刘长义、韩　风、马元春	地壳应力研究所科技进步三等奖	1992	1985～1988
209	山西太原—旧关汽车专用公路地震基本烈度复核研究报告	聂宗笙、许桂林、苏怡之、王进英、王文昌	地壳应力研究所科技进步三等奖	1992	1990～1991
210	太原钢铁公司峨口一期尾矿坝地震基本烈度复核研究报告	聂宗笙、刘仲温、王进英、许桂林、王文昌	地壳应力研究所科技进步三等奖	1992	1988～1989
211	我国大陆地壳能量积累和释放过程的变化规律	王继存、续春荣	地壳应力研究所科技进步三等奖	1992	1989～1990
212	跨断层测量规范	游丽兰、范九善、朱清声、余绍熙、赵祥瑞	地壳应力研究所科技进步三等奖	1992	1989～1991
213	1991 年度地震趋势研究报告	戴樑焕、侯凤鸣、蒋承恩、李秀环	地壳应力研究所科技进步四等奖	1992	1990
214	利用断层位移测量资料在首都圈进行地震监测和预报	高忠宁、蒋承恩、黄佩玉	地壳应力研究所科技进步四等奖	1992	1990
215	广州抽水蓄能电站水压致裂原地应力测量报告	孙世宗、高建理、梁国平、郭啟良	地壳应力研究所科技进步四等奖	1992	1988～1989
216	青海龙羊峡水电站水压致裂原地应力测量报告	丁建民、梁国平、郭啟良、高建理	地壳应力研究所科技进步四等奖	1992	1987～1988
217	四项大型水电工程重大工程地质问题评价监测研究	勾　波、张鸿旭、李根远、孙启伟、陈　浩、陈葛天、刘凤秋、张周术	地壳应力研究所科技进步二等奖	1992	1985～1991
218	狼山活动断层及其地震可能性的探讨	李学新、王进英、樊文奎、张英礼	地壳应力研究所科技进步四等奖	1992	1989
219	钻孔应力应变学科 1989～1991 地震趋势研究报告	黄相宁、葛丽明、蒋红娣、莫　慧	地壳应力研究所科技进步四等奖	1992	1988～1990
220	DSH-86 型水压致裂应力测量系统的研制及应用	李方全、刘　鹏、张　钧、柴建忠、张志国、毛吉震、魏庆云、郭　杰	地壳应力研究所科技进步一等奖	1993	1985～1987
221	DSC—型地震前兆综合数据采集器	黄锡定、付子忠、梁焕贞、徐文凯、郭柏林、申金娥、于世亮、张志波	地壳应力研究所科技进步二等奖	1993	1987～1991
222	全新世多种定量的环境地质和多种环境地质变化周期	毕福志、袁又申、温庆兰、李治炬、奚　云、周采中、韩慕康、杜耀光、苏怡之	地壳应力研究所科技进步二等奖	1993	1985～1990
223	跨断层流动测量数据处理软件	周克昌、游丽兰、樊智勇	地壳应力研究所科技进步三等奖	1993	1990

续表

序号	成果名称	主要完成人	奖项名称和获奖等级	获奖时间	项目起止时间
224	青海省拉西瓦水电站坝址地区原地应力场研究	丁旭初、施兆贤、李立球、李　文、赵世广	地壳应力研究所科技进步三等奖	1993	1984～1991
225	1992 年中国地震趋势研究报告	黄相宁、葛丽明、蒋红娣、莫　慧	地壳应力研究所科技进步三等奖	1993	1991
226	DSS 协调小组资料数据库	司洪波、陈学波、董保峰、曹　珏、张正墨	地壳应力研究所科技进步三等奖	1993	1983～1992
227	中日合作 AE 法与水压致裂法的比较研究	李方全、张伯崇、祁英男、王福江、陈宏德	地壳应力研究所科技进步一等奖	1994	1988～1991
228	山西省雁北地区王坪煤矿西采区断裂构造详查研究	刘光勋、梁海庆、孟宪梁、李金森、王宋贤、王贵华、阎凤忠、于慎谔、窦淑芹	地壳应力研究所科技进步二等奖	1994	1991～1992
229	1993 年度中国地震趋势研究报告	黄福明、黄相宁、戴樑焕、黄忠贤、葛丽明	地壳应力研究所科技进步三等奖	1994	1991～1992
230	冀东油田场址地震安全性报告	刘光勋、周克森、肖振敏、朱德瑜、窦淑芹	地壳应力研究所科技进步三等奖	1994	1991～1992
231	利用地壳测深资料研究剪切波分裂与偏振异常	王恩福　陈学波　祝水平	地壳应力研究所科技进步三等奖	1994	1990～1993
232	广义地震特征量的初步研究及其应用	黄福明、李群芳、黄佩玉、陈修启	地壳应力研究所科技进步三等奖	1994	1988～1991
233	京西北地区主要活动断裂及其地震可能性的探讨	李学新、张英礼、樊文奎、王进英	地壳应力研究所科技进步四等奖	1994	1989～1992
234	跨断层测量学科 1992 年度地震趋势研究报告	戴樑焕、游丽兰、侯凤鸣、李秀环	地壳应力研究所科技进步四等奖	1994	1991～1992
235	华北南部活动构造研究	许桂林、朱秀岗	地壳应力研究所科技进步四等奖	1994	1988
236	内蒙呼包盆地晚更新世孢粉组合及其意义	窦淑芹、聂宗笙、麦学舜	地壳应力研究所科技进步四等奖	1994	1992
237	钻孔应力应变学科 1993 年度地震趋势研究报告	黄相宁、葛丽明、蒋红娣、莫　慧	地壳应力研究所科技进步四等奖	1994	1992
238	压磁套芯深井自动化地应力测量系统研制	丁旭初、李　文、李立球、关伟沂、闻　琦、杨枝莲、颜雪红、王建军、杨树新、杨增学、侯砚和、刘　义、刘宛华、周　军、胡贞瑞	地壳应力研究所科技进步一等奖	1995	1989～1993
239	流动跨断层测量资料分析处理方法的研究及其应用基础理论及标准化研究与实施	游丽兰、刘大杰、范九善、周克昌、戴樑焕、黄加纳、樊智勇、于庆才、刘向军	地壳应力研究所科技进步二等奖	1995	1984～1993

续表

序号	成果名称	主要完成人	奖项名称和获奖等级	获奖时间	项目起止时间
240	地热前兆异常特征与震例分析	陈源俊、付子忠、杨修信、姚宝树、赵京梅	地壳应力研究所科技进步三等奖	1995	1992～1994
241	均质与非均质不连续介质三维构造应力场中应力与地震空间规律的研究	郭世凤、陈葛天	地壳应力研究所科技进步三等奖	1995	1987～1992
242	华北和西南地区地壳应力状态与地震活动相关性研究	梁海庆、刘建中、刘其向、李方全、杨增学	地壳应力研究所科技进步三等奖	1995	1986～1991
243	近期强震危险区应力状态的动态分析及强震预测判据研究报告	黄福明、杨修信、刘建中、黄相宁、易志刚	地壳应力研究所科技进步三等奖	1995	1992～1994
244	1994 年度中国地震趋势研究报告	黄福明、黄相宁、易志刚、葛丽明、戴樑焕	地壳应力研究所科技进步三等奖	1995	1993
245	地磁观测数据定量评估和地磁方法研究软件系统	续春荣、曾小平、林云芳、赵　明、吴凤玲	地壳应力研究所科技进步三等奖	1995	1988～1993
246	太阳辐射引起地表热形变的定量研究及应用	焦　青、叶小鲁、林素珍、张书俊、侯凤鸣	地壳应力研究所科技进步三等奖	1995	1986～1990
247	断层位移测量及其应用	巫映祥、侯振国、宋慧珍、刘贵梅	地壳应力研究所科技进步四等奖	1995	1981～1993
248	中国大陆活动构造区现代构造应力场研究	谢富仁、刘光勋、李　宏、祝景忠、梁海庆、舒塞兵	地壳应力研究所科技进步一等奖	1996	1986～1994
249	地震活动演化特征和机理在短临预报中的应用	陆远忠、吕悦军、郑月君	地壳应力研究所科技进步二等奖	1996	1992～1994
250	1995～1997 年中国地震大形势与 1995 年地震趋势研究报告	黄福明、易志刚、葛丽明、陈　虹、黄相宁	地壳应力研究所科技进步三等奖	1996	1994
251	1995 年钻孔应力应变学科的地震中期及短临预报	黄相宁、葛丽明、莫　慧	地壳应力研究所科技进步三等奖	1996	1993～1995
252	台站电源及电源控制器的研制	黄锡定、于世亮、梁焕贞、郭柏林、付子忠	地壳应力研究所科技进步三等奖	1996	1992～1994
253	DSC-2 型地震前兆数据采集器	周振安、付子忠、黄锡定、栾成强、梁焕贞	地壳应力研究所科技进步三等奖	1996	1992～1994
254	地热前兆预报指标及预报效能评价	付子忠、王瑜青、陈桂兰、谢保栋	地壳应力研究所科技进步三等奖	1996	1992～1994
255	V-24 型超短波调制解调器	栾成强、付子忠、黄锡定、周振安、孙　杰	地壳应力研究所科技进步三等奖	1996	1993～1994
256	数字地震前兆遥测有线传输系统	黄锡定、付子忠、孙　杰、梁焕贞、于世亮	地壳应力研究所科技进步三等奖	1996	1992～1994

续表

序号	成果名称	主要完成人	奖项名称和获奖等级	获奖时间	项目起止时间
257	巴图塔井田浅层地震勘探试验报告	李金森、凌　宏、张国宏、陈学波、张正墨	地壳应力研究所科技进步三等奖	1996	1992
258	水位现场标定仪器	罗光禄、董建业	地壳应力研究所科技进步三等奖	1996	1993～1995
259	我国大陆应力场特征和强震关系的分区研究	许桂林、朱秀岗、孙世宗、赵建荣	地壳应力研究所科技进步四等奖	1996	1991～1993
260	首都圈断层现今活动特征及应力增强地段的研究	高忠宁、李学新、高德禄、蒋承恩	地壳应力研究所科技进步四等奖	1996	1991～1993
261	地热正常动态预测及实用性预报软件的建立	陈桂兰、谢保栋、王瑜青、付子忠	地壳应力研究所科技进步四等奖	1996	1992～1994
262	地热前兆观测技术研究和现场实验	高福兰、付子忠、杨泽遂、刘永铭	地壳应力研究所科技进步四等奖	1996	1992～1994
263	断层形变系列化观测仪器研制	勾　波、张鸿旭、陈　浩、陈葛天、张周术、阎学良、刘凤秋、孙启伟、李根远、赵营海、罗光禄、董建业	地壳应力研究所科技进步一等奖	1997	1991～1996
264	跨断层水准测量成果连续五年获全国资料质量评比前三名（1991～1995）	王远征、周跃华、陈祖安、张忠武、李平安、苏晓菲、王忠礼、张兆祥、徐位悦	地壳应力研究所科技进步二等奖	1997	1991～1995
265	多媒体技术在防震减灾事业中的应用	陆远忠、郭若眉、吴天安	地壳应力研究所科技进步二等奖	1997	
266	混合极值理论及最大似然法在中国某些危险区的地震危险性分析中的运用	陈　虹、黄忠贤	地壳应力研究所科技进步三等奖	1997	
267	构造塌陷地震成因理论	邱泽华、张宝红	地壳应力研究所科技进步三等奖	1997	1983～1996
268	青海省花一格输油管道地震地质勘察及重点泵站地震危险性分析报告	刘光勋、谢富仁、朱德瑜、杨智娴、肖振敏	地壳应力研究所科技进步三等奖	1997	1991～1992
269	昌平台 YRY-2 型压容应变仪观测资料成果报告	王　勇、刘福生、张国红、王子影	地壳应力研究所科技进步四等奖	1997	1990～1995
270	钻孔应力应变学科 1996 年度中国地震趋势研究	黄相宁、葛丽明、莫　慧	地壳应力研究所科技进步四等奖	1997	1994～1995
271	昌平台体应变观测与地震前兆研究（1992～1996）	王　勇、韩允兴、张学政、刘万琪、戴建华、刘福生、张国红、宋朝忠、徐铁鞠、杨选辉、王子影、吕广明、段德欣	地壳应力研究所科技进步一等奖	1998	1992～1996

续表

序号	成果名称	主要完成人	奖项名称和获奖等级	获奖时间	项目起止时间
272	活动断裂带多源地学信息图象处理及综合分析方法研究	张景发、王四龙、李发祥、刘德权、苏　刚	地壳应力研究所科技进步二等奖	1998	1991～1995
273	变位地形航片判读在活动构造研究中的应用	江娃利、刘仲温、李咸业、张英礼、李庆山、樊文奎、张康富、侯治华、盛小青	地壳应力研究所科技进步二等奖	1998	1989～1995
274	中国西南部强震带残余应力场与地震	安　欧、高国宝、李群芳、张　包、焦　青	地壳应力研究所科技进步三等奖	1998	1985～1994
275	内昆线天星场至仙水段地震安全性评价与构造稳定性评价	谢富仁、孟宪梁、王　建、许桂林、祁英男	地壳应力研究所科技进步三等奖	1998	1996～1996
276	山西万家寨引黄工程地应力测试	李方全、祁英男、毛吉震、刘　鹏、张志国	地壳应力研究所科技进步三等奖	1998	1992～1995
277	大青山山前断裂活动断裂 1/5 万地质填图与综合研究	李　克、吴卫民、马保起、聂宗笙、梁金鹏、黄兴根、杨　发、郭文生、何福利	地壳应力研究所科技进步二等奖	1999	1989～1994
278	穿过青藏高原的面波偏振与速度结构	陈　虹、黄忠贤	地壳应力研究所科技进步三等奖	1999	1993～1996
279	档案的规范化管理及信息开发利用	吴玉荣、庞冬青、陈艳霞、祝景忠、江妮利	地壳应力研究所科技进步三等奖	1999	1992～1997
280	中国地震大形势及 1998 年地震趋势研究	陈　虹、易志刚、焦　青、龚复华	地壳应力研究所科技进步四等奖	1999	1997
281	中国数字地震前兆观测技术系统的设计、集成和联调	付子忠、黄锡定、周振安、余书明、梁焕贞、王子影、郭柏林、秦久刚、王继哲、王秀英、于世亮、赵　刚、孙　杰	地壳应力研究所防震减灾优秀成果一等奖	2002	1991～2000
282	首都圈平原区隐伏活动断层定量化研究	江娃利、侯治华、谢新生、王焕贞、冯西英、苏怡之、张英礼、王珊玲	地壳应力研究所防震减灾优秀成果一等奖	2002	1996～2000
283	断层位移测量仪（光电类）研制	张鸿旭、罗光禄、赵营海、陈葛天、张周术、陈　浩、蒋林根、孙启伟、刘凤秋	地壳应力研究所防震减灾优秀成果二等奖	2002	1997～1998
284	数字地震面波资料反演速度结构方法和软件研究	黄忠贤、彭艳菊、郑月君、苏　伟、李红谊	地壳应力研究所防震减灾优秀成果三等奖	2002	1998～2001

续表

序号	成果名称	主要完成人	奖项名称和获奖等级	获奖时间	项目起止时间
285	反映介质和应力场特征的地震学参数的动态图像与孕震过程关系的研究	陈　虹、蔡静观、周翠英、王绍晋、杜兴信	地壳应力研究所防震减灾优秀成果三等奖	2002	1996～1999
286	1999~2001年中国大陆年度地震趋势研究	陈　虹、沙海军、焦　青、易志刚	地壳应力研究所防震减灾优秀成果四等奖	2002	1998～2000
287	昌平地震台地热观测成果报告	宋朝忠、王　勇、刘福生、韩允兴	地壳应力研究所防震减灾优秀成果四等奖	2002	1996～1999
288	昌平地震台 RDJ-1 多路压容应变观测成果报告	张国红、王　勇、张学政、刘福生	地壳应力研究所防震减灾优秀成果四等奖	2002	1997～2000
289	TJ-II 型体应变仪的实用化研究与推广使用	苏恺之、李秀环、马相波、张　钧、李海亮、刘瑞民、裴玉珍、李桂荣、李群芳	地壳应力研究所防震减灾优秀成果一等奖	2003	1996～2001
290	基于 GIS 的地震分析预报软件系统的研制和应用	陆远忠、邓志辉、李胜乐、刘　杰、蒋　俊、孙佩卿、杨明波、陈化然、张崇立、李　刚、王俊国、楚全芝、郭若眉、樊志勇、高景春	地壳应力研究所防震减灾优秀成果一等奖	2003	1998～2001
291	金沙江溪洛渡水电站水压致裂法地应力测量与岩体高压压水试验研究	郭啟良、安其美、王海忠、丁立丰、赵仕广	地壳应力研究所防震减灾优秀成果二等奖	2003	1999～2002
292	渤海海域石油平台地震动参数研究	吕悦军、唐荣余、黄忠贤、谢富仁、彭艳菊、张世民、窦淑芹、刘育丰、王俊勤	地壳应力研究所防震减灾优秀成果二等奖	2003	2000～2002
293	首都圈防震减灾示范区系统工程——地壳应力研究所地震通信网络工程	续春荣、李玉萍、张周术、陈　军	地壳应力研究所防震减灾优秀成果三等奖	2003	2000～2001
294	“Internet Office 网络办公室”系统的研制与开发	李玉萍、张周术、续春荣	地壳应力研究所防震减灾优秀成果三等奖	2003	2000～2002
295	数字化钻孔应力-应变台网技术管理系统	邱泽华、王　勇、刘福生、张宝红、王秀英	地壳应力研究所防震减灾奖优秀成果三等	2003	2001
296	胶辽渤海地震重点监视防御区孕震活动构造的定量研究与强震危险性评估	于慎鄂、卢造勋、晁洪太、王志才、龚复华	地壳应力研究所防震减灾优秀成果三等奖	2003	1996～2000

续表

序号	成果名称	主要完成人	奖项名称和获奖等级	获奖时间	项目起止时间
297	昌平地震台 YRY-2 型差应变仪观测成果报告	刘福生、王　勇、张国红、张学政	地壳应力研究所防震减灾优秀成果四等奖	2003	1997～2001
298	中国大陆地壳应力非均匀性研究	谢富仁、崔效锋、陈群策、李　宏、杨树新、张世民、陈连旺、窦淑芹、郭啟良、许忠淮、赵建涛、苏　刚、张　超、张景发、张彦山	地壳应力研究所防震减灾优秀成果一等奖	2004	1997～2002
299	国家地震灾害紧急救援队搜索与营救装备集成	王恩福、张国宏、司洪波、赵国存、周　敏、徐德诗、田义祥、宋建新、黄宝森、尹光辉、韩　炜、任利生、马庆军、陈建英、陈永章	地壳应力研究所防震减灾优秀成果一等奖	2004	2001～2003
300	岩体原地承载能力与高压透水性状试验方法在高水头电站的应用研究	李　宏、安其美、郭啟良、毛吉震、王海忠、丁立丰、赵仕广、侯砚和、王福江	地壳应力研究所防震减灾优秀成果二等奖	2004	2001～2003
301	地壳所地应力标准台的建设	王　勇、张学政、刘福生、张国红、宋朝忠	地壳应力研究所防震减灾优秀成果三等奖	2004	1984～2002
302	地震前兆观测与测试技术实验室建设	黄锡定、付子忠、周振安、梁焕贞、于世亮、郭柏林、王兰炜、秦久刚、涂允松	地壳应力研究所防震减灾优秀成果二等奖	2005	1998～2002
303	中国大陆及边缘海岩石层面波层析成像	黄忠贤、郑月君、彭艳菊、罗　艳、苏　伟、李红谊	地壳应力研究所防震减灾优秀成果二等奖	2005	1998～2005
304	三门峡虢国古墓防盗掘振动监控报警系统	谢周敏、李晓东、赵国存、张国宏、隋卫星、陈旭庚、徐秀力、闻　明	地壳应力研究所防震减灾优秀成果二等奖	2005	2003～2004
305	昌平台体应变观测与研究	王　勇、刘福生、张国红、张学政、宋朝忠	地壳应力研究所防震减灾优秀成果三等奖	2005	1997～2002
306	有限块体摩擦试验中力矩作用的理论研究	邱泽华、石耀霖、尹建民、张宝红	地壳应力研究所防震减灾优秀成果四等奖	2005	2000～2002
307	地震安全性评价法制管理研究与制度建设	徐宗和、汤　泉、卢寿德、徐　卫、王振江、左　力、邹其嘉、杜安陆、陶裕录、唐景见、鄢家全、金祖彬、赵凤新、金　雷、韦开波、郑　妍	地壳应力研究所防震减灾优秀成果一等奖	2006	2001～2002

续表

序号	成果名称	主要完成人	奖项名称和获奖等级	获奖时间	项目起止时间
308	“十五”地震前兆台站集成技术系统研究	周振安、王子影、赵　刚、王秀英、王兰炜、李海亮、何案华、郭柏林、刘爱春	地壳应力研究所防震减灾优秀成果二等奖	2006	2002～2003
309	利用 GPS 资料计算地应变率场的新方法研究	朱守彪、石耀霖、蔡永恩	地壳应力研究所防震减灾优秀成果三等奖	2006	2002～2004
310	北京顺义地裂缝的灾害调查及减灾措施	张世民、刘旭东、任俊杰、刘光勋、肖振敏	地壳应力研究所防震减灾优秀成果三等奖	2006	2004
311	隐伏活动断层研究在城市建设中的应用	窦淑芹、赵国存、张世民、张国宏、吕悦军	地壳应力研究所防震减灾优秀成果三等奖	2006	2001～2003
312	钻孔应变和倾斜观测台站到载荷干扰源“最小安静距离”的理论研究	邱泽华、张宝红、易志刚	地壳应力研究所防震减灾优秀成果三等奖	2006	2002～2004
313	地震前兆与地应力测试技术综合实验室建设可行性研究与方案设计	阮晓龙、巩　环、宋富喜、陆远忠、李　宏	地壳应力研究所防震减灾优秀成果三等奖	2006	2004～2005
314	昌平地震台“观测、研究、预报”三结合特色建设	王　勇、张国红、刘福生、杨选辉、宋朝忠	地壳应力研究所防震减灾优秀成果三等奖	2006	1985～2005
315	多尺度多震相地震层析成像方法研究	雷建设、唐荣余	地壳应力研究所防震减灾优秀成果一等奖	2007	2002～2006
316	昌平台 RZB—1 分量应变观测与研究	张国红、刘福生、宋朝忠、王　勇	地壳应力研究所防震减灾优秀成果四等奖	2007	2001～2003
317	基于渤海地震环境的海洋石油平台抗震设防水准研究	彭艳菊、吕悦军、唐荣余、沙海军、赵建涛、黄雅虹、李新仲、王俊勤、李家钢	地壳应力研究所防震减灾优秀成果二等奖	2007	2003～2006
318	中国大陆及邻区构造应力/应变场特征及其动力学机制研究	朱守彪、石耀霖、谢富仁、杨树新、蔡永恩	地壳应力研究所防震减灾优秀成果一等奖	2008	1999～2007
319	防震减灾遥感数据管理及网络发布系统	张景发、田云锋、赵福军、姜文亮、龚丽霞、冯万鹏、王冬雷、李智慧	地壳应力研究所防震减灾优秀成果一等奖	2008	2002～2006
320	用钻孔应变观测资料研究远距离地震应力触发问题	邱泽华、张宝红、易志刚、焦　青、刘冬英、宋　茉、唐　磊、阚宝祥、张超凡	地壳应力研究所防震减灾优秀成果二等奖	2008	2004～2006
321	钻探技术与沉积地层学相结合探测隐伏活断层	张世民、刘旭东、王丹丹、任俊杰、张国宏、赵俊香、赵国存、罗明辉、丁　锐	地壳应力研究所防震减灾优秀成果一等奖	2009	2003～2006

续表

序号	成果名称	主要完成人	奖项名称和获奖等级	获奖时间	项目起止时间
322	强地震预测中数字化观测资料应用与前兆物理机理研究	刘耀炜、张天中、马胜利、牛安福、卢　军、许力生、黄　媛、刘希强、冯志生、张　立、雷兴林、李志雄、陆　斌、王　梅、张学民	地壳应力研究所防震减灾优秀成果一等奖	2009	2004～2005
323	地震活动性参数计算分析软件	王秀英、刘爱春、周振安、何案华、赵　刚、李　阔	地壳应力研究所防震减灾优秀成果二等奖	2009	2006～2008
324	地应力测量在大震预测中的应用研究——汶川 $M_S8.0$ 大震前后发震构造带水压致裂原地应力（复发）测量	郭啟良、张彦山、丁立丰、王成虎、赵仕广、张志国、侯砚和、毛吉震、王显军、李　兵、包林海、周龙寿	地壳应力研究所防震减灾优秀成果二等奖	2010	2008～2009
325	地震前兆观测网络综合信息服务系统研制	王秀英、刘爱春、周振安、赵　刚、何案华、张　玲、张秀霞、马文娟、李　阔	地壳应力研究所防震减灾优秀成果二等奖	2010	2007～2009
326	地壳所数字地震信息服务与安全流控系统	李玉萍、杨树新、吴国强、祝景忠、王　勇、李俊红、杨选辉、吴玉荣、续春荣	地壳应力研究所防震减灾优秀成果二等奖	2010	2002～2007
327	2005～2008 年度中国大陆地震趋势预测研究	焦　青、刘耀炜、沙海军、刘冬英、张　彬、孙小龙、宋　茉、陈连旺、朱守彪	地壳应力研究所防震减灾优秀成果二等奖	2010	2004～2007

第四节　合作研究课题获奖成果

表 3-14-4

序号	成果名称	参加人员	奖项名称和获奖等级	获奖时间	项目起止时间
	国家级合作研究课题获奖成果				
1	中国地震烈度区划的综合研究	地震地质大队	全国科学大会奖	1978	1973～1976
2	西南烈度区划的综合研究	地震地质大队	全国科学大会奖	1978	1968～1971
3	中国活动构造和强震震中分布图（1∶300 万）	地震地质大队	全国科学大会奖	1978	1973～1976
4	地应力绝对测量系统和方法的研究	地震地质大队	全国科学大会奖	1978	1972～1975
5	地震地质	地震地质大队	全国科学大会奖	1978	
6	CW—250 型传感器围压率定机	李立球　李方全	国家发明三等奖	1979	1972～1975
7	金川资源综合利用	地壳应力研究所	国　家 科技进步特等奖	1986	1975～1981
8	地质力学地应力测量技术及应用	李方全	国　家 科技进步三等奖	1987	1980～1986
9	国土卫片在京津唐地区国土资源与环境调查中的应用	吴舒敏	国　家 科技进步二等奖 地质矿产部 科技进步一等奖	1990	1986～1988
10	鄂尔多斯周围断陷盆地带现今活动特征及其与大地震复发关系的研究	聂宗笙	国　家 科技进步二等奖	1991	1984～1987
11	六枝矿务局综合防突措施的研究	李建春	国　家 科技进步三等奖 能源部 科技进步二等奖	1991	1987～1989
12	阿尔金活动断裂带	刘光勋	国　家 科技进步三等奖	1995	1985～1991
13	中国地震动参数区划图编制	谢富仁	国　家 科技进步二等奖	2004	1996～2001
14	青藏铁路工程	陆　鸣	国　家 科技进步特等奖	2008	2001～2002
	省部级合作研究课题获奖成果				
15	中国板内地壳动力学及板内地震	许桂林	国家地震局 科技进步二等奖	1979～1981	1975～1978
16	华北地区和南北地震带近期强震危险性判定与研究		国家地震局 科技进步一等奖	1983～1985	1983～1985
17	华北北部地区地质模型与强震迁移	聂宗笙	国家地震局 科技进步二等奖	1986	1979～1984
18	云南地区地壳上地幔构造的初步研究		国家地震局 科技进步三等奖	1988	1980～1987
19	水压致裂水文地球化学效应研究		国家地震局 科技进步三等奖	1988	1983～1987
20	《鄂尔多斯周缘活动断裂系》专著和活动断层录像片	聂宗笙	国家地震局 科技进步二等奖	1990	1984～1987

续表

序号	成果名称	参加人员	奖项名称和获奖等级	获奖时间	项目起止时间
21	中国大地形变测量成果表	杨文魁	国家地震局科技进步一等奖	1991	1982～1983
22	大地形变测量学科分析预报地震方法指南及实用软件系统	沈建华	国家地震局科技进步二等奖	1991	1987～1990
23	长江三峡工程水库诱发地震问题的研究	李方全、张伯崇、丁旭初	国家地震局科技进步一等奖	1992	1987～1991
24	地震数据库系统技术规范	沈建华	国家地震局科技进步二等奖	1992	1986～1989
25	天水地区人工地震测震资料解释与研究		国家地震局科技进步三等奖	1992	1987～1990
26	阿尔金活动断裂带	刘光勋、朱德瑜、舒赛兵	国家地震局科技进步一等奖	1994	1985～1991
27	鲜水河断裂带断层形变动态观测系统的建立和试验研究	勾　波、张鸿旭、张　超	国家地震局科技进步二等奖	1994	1981～1993
28	人工地震测深数据库系统	陈学波、司洪波	国家地震局科技进步二等奖	1994	1984～1992
29	石油和天然气长输管道工程安全评价中的活动断裂研究	刘光勋	国家地震局科技进步三等奖	1994	1991～1992
30	中国东部地学大断面的编制和研究	陈学波	国家地震局科技进步三等奖	1995	1986～1993
31	山西临汾地区地震区划与防震减灾规划	刘光勋	国家地震局科技进步一等奖	1995	1989～1992
32	中国地震分析预报软件系统	沈建华、刘耀炜	国家地震局科技进步二等奖	1995	1991～1992
33	水电站高压不衬砌隧洞的研究与实践	安其美	国家教育委员会科技进步三等奖	1995	
34	邢台大震区地壳细结构及介质物性与地震发生关系的探测研究		国家地震局科技进步二等奖	1996	
35	地磁、地电短临前兆信息开发、前兆标志体系及综合判定方法研究		国家地震局科技进步三等奖	1996	1988～1993
36	进入地震短临预报阶段地震学前兆标志体系的研究	陆远忠	国家地震局科技进步二等奖	1997	1991～1995
37	华北北部地震短临预报方法、前兆综合解释模型及短临预报判别系统的研究	陆远忠	国家地震局科技进步二等奖	1997	1991～1995
38	震源实体构造及大陆浅源地震成因研究	苏怡之	国家地震局科技进步三等奖	1997	1985～1992
39	滇西实验场区地震短临新方法试验研究		国家地震局科技进步三等奖	1998	1991～1995
40	长江三峡工程地壳稳定性与水库诱发地震问题的深化研究	苏恺之	国家地震局科技进步三等奖	1998	1993～1995
41	丰山铜矿地应力规律与难采矿体矿块崩落法研究	杨树新	中国有色金属工业总局科技进步二等奖	1998	1992～1994

续表

序号	成果名称	参加人员	奖项名称和获奖等级	获奖时间	项目起止时间
42	全国地震文献资源自动化管理与服务	江妮利	国家地震局科技进步二等奖	1999	1991～1998
43	近期（1～3 年）重点强震危险区和定量化指标体系的研究	黄福明	国家地震局科技进步二等奖	1999	1991～1996
44	已建房屋综合诊治技术（四 J 工程）研究	欧阳祖熙	北京市科技进步三等奖	1999	1996～1997
45	勘探阶段提高地质构造查明程度的综合研究方法	马保起	煤炭工业局科技进步二等奖	2000	1995～1997
46	中短期前兆识别准则和评价研究	刘耀炜、张景发	中国地震局防震减灾优秀成果一等奖	2001	1996～2000
47	中国地震动参数区划图编制	谢富仁、徐宗和	中国地震局防震减灾优秀成果一等奖	2002	1996～2001
48	活动断裂的破裂分段理论与地震危险性的定量预测方法研究	江娃利、谢新生 王焕贞、肖振敏	中国地震局防震减灾优秀成果二等奖	2002	1997～2000
49	地电场观测仪器研制	王兰炜	中国地震局防震减灾优秀成果三等奖	2002	1996～2000
50	大姚高精度地温周期变化与地震研究	刘永铭	云南省科技进步三等奖 楚雄州科技进步一等奖	2002	2000～2001
51	地面沉降数据自动采集系统研究及示范工程	张鸿旭、赵营海	上海市科技进步三等奖	2003	2000～2002
52	大别山超高压变质带的地壳结构及其构造意义	陈学波	中国地震局防震减灾优秀成果一等奖	2003	1992～1997
53	小波理论及其在地球物理中的应用	杨选辉	中国地震局防震减灾优秀成果二等奖 中国地震局数据信息中心防震减灾优秀成果一等奖	2003	1996～2002
54	ZD8B 地电仪研制和应用	王兰炜、李海亮	中国地震局防震减灾优秀成果二等奖	2003	1996～2002.
55	形变台网数据中心技术与信息系统		中国地震局防震减灾优秀成果二等奖	2003	1998～2001
56	防震减灾法律制度的研究与建立——中华人民共和国防震减灾法起草	徐宗和	中国地震局防震减灾优秀成果一等奖	2004	1994～1997
57	遥感在地震灾情信息获取中的应用研究	张景发、田云锋	中国地震局防震减灾优秀成果二等奖	2004	2001～2003

续表

序号	成果名称	参加人员	奖项名称和获奖等级	获奖时间	项目起止时间
58	中国地学大断面与深部地球物理资料整理	张国宏、司洪波	中国地震局防震减灾优秀成果三等奖	2004	1999～2002
59	地震电磁效应的前兆特征信息参量与机理研究	续春荣	中国地震局防震减灾优秀成果三等奖	2004	1996～2002
60	全球地震灾害评估项目	郑月君	中国地震局防震减灾优秀成果三等奖	2004	1992～1999
61	东亚大陆地球动力学研究	谢富仁	中国地震局防震减灾优秀成果一等奖	2005	1995～2000
62	生态环境灾变链式理论及孕源断链减灾机制	欧阳祖熙	重庆市科技进步二等奖	2006	2004～2005
63	地震科技档案资料自动化管理、集成及共享系统建设	吴玉荣	中国地震局防震减灾优秀成果三等奖	2006	2001～2003
64	重庆库区环境地质灾害演变过程综合信息跟踪技术及应用	欧阳祖熙	重庆市科技进步二等奖	2007	2004～2006
65	黄河黑山峡河段地震地质综合论证		中国地震局防震减灾优秀成果 三等奖	2007	2003
66	土体动力特性试验及场地地震反应分析理论研究	荣棉水	中国地震局防震减灾优秀成果一等奖	2008	1992～2007
67	煤矿井下地应力及多参数测量与围岩稳定性研究	谢富仁	中国煤炭工业科技进步一等奖	2008	2000～2005
68	青藏高原东部及邻区地壳上地幔结构和形变特征研究	黄忠贤	中国地震局防震减灾优秀成果一等奖	2010	2007～2008
69	地震地电观测方法系列标准研究与编制	王兰炜	中国地震局防震减灾优秀成果二等奖	2010	2004～2006
	其他合作研究课题获奖成果				
70	东南沿海地震区地震活动特征及未来趋势研究	高忠宁	广东省地震局科技进步三等奖	1996	1994～1995
71	鲍店煤矿地震监测系统建立及地震研究	王建军、杨树新、欧阳祖熙	山东煤炭工业局科技进步二等奖	2001	1998～2000

说明：合作研究课题获奖成果的参加人员，限于版面，只标出地壳应力研究所参加的人员。

第五节　清理攻关课题获奖成果

表 3-14-5

序号	成果名称	项目负责人	奖项名称和获奖等级	获奖时间	项目起止时间
1	地应力（电感法）相对测量过程和所测的物理量	李建春	“电感法地应力测量清理攻关”科学技术成果专项二等奖	1985	1981～1982
2	地应力相对测量干扰因素的研究	肖学文	“电感法地应力测量清理攻关”科学技术成果专项二等奖	1985	1981～1982
3	地应力（电感法）所测物理量和监测预报能力	康仲远、许寿椿	“地震预报方法清理攻关”科学技术成果专项二等奖	1985	1981～1982
4	根据观测资料验证电感法地应力所测的物理量	康仲远、杨修信	“地震预报方法清理攻关”科学技术成果专项三等奖	1985	1981～1982
5	断裂深部闭锁产生的应力场	杨修信	“地震预报方法清理攻关”科学技术成果专项三等奖	1985	1981～1982
6	地应力（电感法）相对测量清理	郭志涛、于允生	“地震预报方法清理攻关”科学技术成果专项三等奖	1985	1981～1982
7	压磁传感器频响实验报告	王　勇、于允生、李建春、姚志强	“地震预报方法清理攻关”科学技术成果专项三等奖	1985	1981～1982
8	全国地应力（电感法）台站基本情况调查报告	葛丽明、蒋红娣	“地震预报方法清理攻关”科学技术成果专项三等奖	1985	1981～1982
9	华北地区未来 15 年地震危险区预测研究报告	地震地质大队	“华北、南北带近期强震危险性判定”清理攻关专项二等奖	1985	1981～1982
10	华北盆地北部断裂活动特征及其与地震的关系	许桂林等	“华北、南北带近期强震危险性判定”清理攻关专项三等奖	1985	1981～1982
11	鄂尔多斯地块及周边地区地质特征和危险性评价报告	聂宗笙等	“华北、南北带近期强震危险性判定”清理攻关专项三等奖	1985	1981～1982
12	华北地区主要断裂带近期活动特征及今后 10 年地震危险性的判定	高忠宁等	“地震预报方法清理攻关及近期强震危险性判定研究”科技专项三等奖	1985	1981～1984
13	华北地区强震发生的构造条件的初步研究报告	孟宪梁等	“华北、南北带近期强震危险性判定”清理攻关专项三等奖	1985	1981～1982
14	华北地区地震与构造活动的特征及今后 10 年地震形势的估计	卞兆银等	“华北、南北带近期强震危险性判定”清理攻关专项三等奖	1985	1981～1982
15	华北地区深部构造特征及其与地震活动关系的探讨	孙小平、翁永祥等	“华北、南北带近期强震危险性判定”清理攻关专项三等奖	1985	1981～1982
16	跨断层短水准、短基线流动测量干扰因素与异常识别的研究	游丽兰、蒋承恩、韩　晔、黄佩玉	“大地形变测量”清理攻关专项三等奖	1986	1981～1982
17	应用短水准、短基线监测断层运动的原理和方法研究	张　超、过家元、谢新生	“大地形变测量”清理攻关专项三等奖	1986	1981～1982
18	京津地区断层活动方式与异常识别研究	蒋承恩	“大地形变测量”清理攻关专项三等奖	1986	1981～1982
19	京津地区跨断层测量台、点监测和预报地震能力的评述	高忠宁、侯凤鸣	“地震预报方法清理攻关及近期强震危险性判定研究”科技专项三等奖	1986	1981～1982

第六节　其他获奖成果

表 3-14-6

序号	成果名称	主要完成人	奖项名称和获奖等级	获奖时间	颁奖单位
1	TRACE 触发式磁带记录仪	欧阳祖熙等	英格兰东部地区剑桥科学发明竞赛二等奖	1982	英国剑桥大学
2	首都机场高速公路工程岩土工程勘察	侯志春、柴建忠、德贵发、高国宝	中国地震局优秀工程勘察二等奖	1995	中国地震学会
3	用算法复杂性分析时间序列	吕悦军	第三届全国青年地震工作者优秀科技论文奖	1995	中国地震学会
4	地震和前兆数字化观测试验系统研制	付子忠、黄锡定	国家“八五”科技攻关重大科技成果奖	1996	国家计委、国家科委、国家财政部
5	天秀花园 B 区岩土工程勘察	侯志春、柴建忠、德贵发、高国宝	中国地震局优秀工程勘察二等奖	2005	中国地震学会
6	GB 18306-2001 中国地震动参数区划图	谢富仁、徐宗和	中国标准创新贡献一等奖	2006	中国国家质量监督局、中国国家标准化管理委员会
7	夏威夷地幔柱起源的新的地震学证据	雷建设	第五届李善邦青年优秀科技论文二等奖	2006	中国地震学会
8	基于声弹理论的地应力超声波测量方法	田家勇	第五届李善邦青年优秀科技论文三等奖	2006	中国地震学会
9	多尺度多震相地震层析成像	雷建设	傅承义青年科技奖	2008	中国地球物理学会
10	GB 17741-2005 工程场地地震安全性评价	唐荣余	中国标准创新贡献三等奖	2009	中国国家标准化管理委员会
11	新密市规划区地质灾害危险性评估	陈明金、张世民	中国地震局优秀工程勘察一等奖	2009	中国地震局
12	特殊构造带不同尺度地震层析成像	雷建设	第十一届中国青年科技奖	2009	中共中央组织部、人力资源和社会保障部、中国科协联合授予
13	工作于高、低温灵敏度光纤光栅温度传感器的制作方法	李　阔、周振安	第十二届中国专利优秀奖	2010	国家知识产权局

第四篇　科技成果转化

概　　述

地震地质大队成立后，主要是开展地震地质调查和构造活动性研究，探索地质构造活动与地震的关系；同时，开展地应力测量，研发地应力和断层活动观测仪器，取得了一系列新成果应用于地震预报和防震减灾实践。同时，也在石油、水利水电、铁路、交通、矿山等领域的工程建设和城市建设中得到广泛应用，解决工程抗震设防、工程地质病害治理、工程安全监测、工程稳定及城市安全建设等问题。20 世纪 60～70 年代，主要为工程场地地应力测量和地震烈度复核提供无偿服务。

市场化是推动科技成果转化，为国民经济建设服务的重要途径，也是减轻单位负担，推进科技发展的重要措施。1980 年，地应力测量开始走向社会，为国民经济建设提供技术服务。1985 年，中共中央颁布《关于科学技术体制改革的决定》，地震地质大队成立技术开发处，出台“技术开发管理章程”，推出各项优惠政策，扩大服务范围，推广科研成果在工程建设中应用。1988 年组建了地壳应力研究所地质矿产品开发公司，1991 年组建了地壳应力研究所北方地应力测试中心，1991 年工程勘察队施行了自负盈亏的经营模式，2003 年组建震苑迪安防灾技术研究中心等，多路探索市场化。1992 年 4 月，地壳应力研究所召开第一次科技开发大会，促进科研成果走向市场，寻求科技成果的转化。

20 世纪 90 年代前后，国家地震局制定工程场地地震安全性评价技术规范（行业标准），进而修订成国家标准《工程场地地震安全性评价》，并执行资质证书制度。地壳应力研究所于 1994 年首批获得国家地震局核发的“工程场地地震安全性评价”甲级资质证书，2000 年获国土资源部核发的“地质灾害评估甲级资质证书”、“地质灾害防治工程乙级施工资质证书”，2001 年成为国家工程咨询协会会员，获国家发改委核发的“工程咨询甲级资格证书”，1991 年工程地质勘察院获乙级工程地质勘察资质，并获地球物理勘探资质。牵头制定了《地应力测量技术规范》（国家地震局行业标准）和《跨断层测量技术规范》（国家地震局行业标准）。地壳应力研究所已成为国内地应力测量、地震安全性评价、工程安全监测和工程地质病害防治、地震监测技术应用等领域的重要力量，技术市场开拓的越来越大，经济效益越来越好。自 20 世纪 80 年代年均对外技术服务合同额几十万元，90 年代年均对外技术服务合同额数百万元，达到 21 世纪的年均对外技术服务合同额数千万元，尤其 2010 年对外技术服务项目达 105 项，合同额 4710 万，当年到款 4245 万，推动了科研发展，形成良性循环。

第十五章　城市和工程防震减灾

对重要工程开展构造稳定性调查，判定工程的地震安全是地震地质大队的主要任务之一。1970～1985 年，承担了一大批工程场地的烈度鉴定和烈度复核任务。从 20 世纪 90 年代开始，按国家标准《工程场地地震安全性评价》要求，规范化、高质量地完成了一系列工程场地进行地震安全性评价、地震小区划、活动断层探测与地震地质灾害评估工作，为城市和工程的防震设计提供了依据。在国家地震局的支持和兄弟单位的协助下，承担了珠海伶仃洋大桥、琼州海峡跨海工程、港珠澳大桥、渤海油田、青藏铁路、京石高铁、怒江电站、兰渝铁路、唐山小区划等一系列重大工程的地震安全性评价和城市防震减灾任务。尤其在 2001～2010 年，地壳应力研究所承担并完成海洋石油平台、铁路、城市轨道、水电、公路、桥梁、建（构）筑物与城市建设等领域多项重大工程的地震安全性评价，为工程建设提供了抗震设防参数，满足了这些重大项目特殊抗震设防要求。

第一节　工程场地地震烈度鉴定复核

一、1970～1985 年期间开展的地震烈度鉴定复核

地震地质大队组建后，立即为北京及周围地区大型工程的地震安全开展了大量的地震地质、活动断层调查工作，分析场地构造稳定性，探讨工程的地震安全问题。华北一队在密云水库、华北二队在黄壁庄水库、华北三队在石家庄地区开展工作。

1970 年，华北及京、津地区的地震基本烈度鉴定工作由地震地质大队承担。《邯郸、阳泉地震烈度复核》是地震地质大队承担的第一个地震基本烈度鉴定项目。

1971 年，国家地震局成立后，对地震烈度鉴定工作实行分级、分地区管理。列入国家计划的重点建设项目场地的地震烈度鉴定由国家地震局汇总下达给局属相关单位。

根据国家地震局的安排，自 1981 年起，一般项目移交各省市地震部门，北京地区仍由地震地质大队承担。1985 年以后，遵照国家地震局《重大工程场地工程地震工作大纲》要求，地壳应力研究所又承接了全国性的一些重大项目的地震基本烈度的复核鉴定任务，对工程地区及其外围地区开展详细的地震地质工作，并收集大量地球物理、地壳形变、地震活动资料，进行潜在震源区的划分、地震活动性参数、地震烈度衰减关系、地震危险性分析，为工程设计提供地震烈度复核和设计地震动参数资料，同时收取一定的成本费用。1991 年以后改变为重大工程场地进行地震安全性评价，即用地震危险性分析方法，结合场地土动力特征，给出工程场地不同概率水准的设计地震动参数。同时，以 50 年 10%超越概率标准提供地震基本烈度鉴定复核结果。

1970～1985 年间，共完成地震基本烈度复核、鉴定任务 606 项，分为城镇、工矿企业、水库水坝、电厂电站、铁路交通和其他 6 个类别，见表 4-15-1 至表 4-15-6 。

1．城镇类

表 4-15-1　　城镇地震基本烈度鉴定复核项目一览表

序号	地震基本烈度鉴定复核项目	完成时间	负责人
1	邯郸地区、阳泉地区地震基本烈度鉴定	1970	烈度组
2	长治、高平、晋城、阳城、沁水地区地震基本烈度区划意见	1971	尚 波
3	河北易县紫荆关阳家沟、路家沟、河北兴隆县龙窝村、石家庄桥西、山海关张庄地区、山东德州市、山西宁武县马营海至公海地区、山西省五台、定襄县坪上至岭子底、石家庄市等 8 项地震基本烈度鉴定	1973～1976	王 瑛
4	涿县、黄骅县、塘沽渤海海域地震基本烈度鉴定	1973～1977	刘保祥

续表

序号	地震基本烈度鉴定复核项目	完成时间	负责人
5	河北邯郸、武安县褡裢镇地区、任丘地区等3项地震基本烈度鉴定	1974～1976	王文昌
6	北京市平谷县许家务、河北省涿县西关等2项地震基本烈度鉴定	1976～1976	朱秀岗
7	廊坊附近地区、唐山柏各庄地区、张家口市等3项地震基本烈度鉴定	1976～1977	彭少华
8	滦河镇地震基本烈度鉴定	1976	黄兰池
9	山西忻县、北京八大处、河北丰润县紫草坞、遵化娘娘庙、邢台、衡水、邢台、沙河、山西大同市、河北沧州姚官屯、邯郸、峰峰、马头、武安、褡裢、涉县、丰润县、蓟县、石家庄、沧州、太原、呼和浩特、承德、唐山、张家口、廊坊镇、邯郸、包头、河北涿县东城坊、曲阳黄岭洼、山西右玉县曾子坊和浑源县大磁等17项地震基本烈度鉴定	1977～1979	黄礼良
10	唐山新市区、北京昌平城关、山西绛县城关、翼城县城关、夏县城关和永济县孙常、大同西花园、石家庄地区各县县址、河北易县紫荆关杨家沟、路家沟、顺义、牛栏山、大兴城关（黄村）、河北滦河流域、获鹿、行唐、三河、献县、南宫地区等10多项地震基本烈度	1977～1979	陈书贤
11	河北武安县城、北京万庄地区等2项地震基本烈度鉴定	1980～1986	杨承先
12	河北涉县、磁县、曲周县等3项地震基本烈度鉴定	1981	许桂林
13	邯郸黄梁梦地区、永年县等2项地震基本烈度鉴定	1981	朱德瑜

2. 工矿企业类

表4-15-2 工矿企业地震基本烈度鉴定复核项目一览表

序号	地震基本烈度鉴定复核项目	完成时间	负责人
1	石家庄市拖拉机配件厂、天津石油化工基地等2项基本烈度鉴定	1971～1972	曾秋生
2	内蒙海渤湾乌素煤矿、天津石油化纤厂、任邱油田等3项地震基本烈度鉴定	1972～1981	杨承先
3	山西临汾钢厂地震基本烈度鉴定意见	1972	李春南
4	临汾地区塔儿山、二峰山地震基本烈度鉴定意见	1972	刘光勋
5	北京合成化学厂厂区地震基本烈度意见	1973	徐成忠
6	保定第二机床厂、山西河津铝厂、孝义克俄铝矿、阳泉铝钒土矿、北京二七车辆厂、河北衡水农机配件厂、宣化钢铁厂小吴营矿、沧州化肥厂、怀来龙凤山石灰矿、宣化钢铁公司赤铁矿焙烧磁选厂、华北产品管理处燕郊仓库、北京二里沟汽车厂、北京汽车厂、北京消防器材厂、定福庄齿轮厂、兴隆龙窝村、邯郸、邢台新建钢铁厂、邢台东庞矿井、邯郸陶庄二号矿井、河北易县紫荆关、邯郸煤炭局机修厂及中心医院、北京电梯厂、内蒙古潮格尔旗炭窑口硫铁矿及自备电厂、天津蓟县水泥厂、首钢石景山轧钢厂、北京双井、北京冷泉太舟坞、冶金地质会战三河基地、北京汽车公司第七保养厂、山西阳泉一、三矿选煤厂、河北临西县氮肥厂、山西原平刘家梁煤矿、昌平桥梁厂、山西河津杜家沟煤矿、河北乐亭县大清河盐场化工厂、内蒙海渤湾骆驼山煤矿木耳沟煤矿、山西省平遥工矿电机车厂、山西灵石县许村煤矿、山西襄垣潞安五阳煤矿选煤厂、山西平定贵石沟煤矿、房山长沟峪煤矿、内蒙古金盆金矿及哈尼河金矿、河北大厂夏垫化肥厂等45项地震基本烈度鉴定	1973～1976	王　瑛
7	五机部海渤湾工程、北京高井烟灰制品厂、北京大灰厂碳化砖车间、北京石景山地铁设备维修厂、承德化工二厂等5项地震基本烈鉴定	1973～1975	陈英远
8	河北永年大油村工程、涿县船用配件厂、河北开滦范各庄矿区、北京地铁车辆设备大修厂、迁安铁矿及滦河大桥、河北峰峰矿万年2号井、峰峰矿泉头矿井、邢台矿邵明矿井、河北邢台矿显德旺矿井、河北石家庄炼油厂、北京民航工程、北京塑料制品厂、北京液压件厂、河北张家口金矿、首钢钼矿工程、北京煤矿机械厂、北京电梯厂、天津化肥厂等19项地震基本烈度鉴定	1973～1977	刘保祥

续表

序号	地震基本烈度鉴定复核项目	完成时间	负责人
9	北京南口轴承车间、邢台玻璃纤维厂、邢台红星汽车制造厂、邯郸电机厂、开滦矿钱家营矿井、门头沟、杨坨矿、千军台坑、大安山矿、斋堂煤窑、坨里铁矿、北京钢铁设计院邯郸院址、邯郸矿云驾岭矿井、开滦矿车轴山矿井、峰峰矿梧桐庄和大淑村矿井、隆尧阀门厂、峰峰矿九龙口矿井、邯郸矿务局康二城煤矿、北京矿务局各矿厂、河北兴隆县高板河硫铁矿、承德钢铁厂厂址、北京青石岭工程等17项地震基本烈度鉴定	1974～1978	王文昌
10	北京市油咀、油泵厂、大同和忻县两地大型铁合金厂、朔县煤田露天矿矿区、北京汽车制造厂、北京内燃机总厂、北京齿轮厂、霍各庄铁矿、中国海洋石油总公司燕郊基地、北京酒厂、北京天燃气公司二里庄气罐站、天津杨柳青电厂、北京东北旺制药厂等10项地震基本烈度鉴定	1976～1985	朱秀岗
11	太原市油库和太原市皇后园冷库、临汾油库、山西化肥厂潞城地区、西曲矿井、洗煤厂、镇城底矿井、太原钢铁公司岚县选矿厂和岚县铁矿、半山里铁矿、包头钢铁公司选矿厂、长治漳村洗煤厂、山西河津煤矿矿井、河北固安县造纸机械实验厂等10项地震基本烈度鉴定	1976～1976	陈伟添
12	北京内燃机配件厂、北京第一弹簧厂等2项地震基本烈度鉴定意见	1976	王 瑞
13	首钢公司耗子沟、王家湾铁矿、唐山钢铁公司乱石沟铁矿、石人沟铁矿和选矿厂、唐山钢铁公司司家营铁矿和选矿厂、唐山钢铁公司烧结厂旧厂区、唐山钢厂棒锤山选矿厂和盘山铁矿、滦县张庄铁矿等6项地震基本烈度鉴定	1976～1976	黄兰池
14	内蒙海渤湾卡布其石灰矿、呼和浩特钢厂烧结厂、内蒙古锡盟铬矿选矿厂、北京发电设备制造厂、北京重型电机厂、第二通用机械厂、第一机床厂、北京锅炉厂地区、唐山钢厂新厂区、通县氮肥厂、一机部工程机械及军用改装车试验场地区、北京市管件厂所在地区、北京塑料制品厂所在地区、北京第二热电站所在地区、石家庄炼油厂新厂址等14项地区地震基本烈度鉴定	1976～1977	彭少华
15	束鹿化工厂硫酸分厂所在地区地震基本烈度意见	1976	史玉江
16	北京机床研究所基建工程、阳泉耐火材料厂、一机部产品管理局通县仓库、保定第一胶片厂、沙河县、磁县、峰峰矿、承德马营磷厂、三机部勘测公司有关工程、北京铁矿、内蒙古10个化肥厂、钱家营矿井与柳江煤矿、唐山钢厂旧厂区、邯郸机修厂、石家庄化肥厂、包钢呼和浩特钢铁厂、锡林浩特炼铁厂、邢台红星汽车厂和石家庄汽车制造厂、邢台钢铁厂、邯郸钢铁厂、武安午汲钢铁厂、涉县铁厂、邯郸石化机械厂、河北张北县甜菜糖厂、邢台隆尧水泥厂、大港油田、蓟玉煤矿林南仓井、内蒙准格尔煤田、河北迁安矿汽车修配厂、石家庄无极县糖厂等25项地震基本烈度鉴定	1977～1978	黄礼良
17	北京曙光电机厂、天津东方红发动机厂、天津韩家墅井冈山机械厂、石家庄柴油机厂、河北迁安化肥厂、石家庄红星机械厂、唐山机车工厂、天津新港船厂、新河船厂、张家口五机部工程、山西太原矿山机械厂、邯郸化肥厂、河北沙河县硫铁矿、涿县铝加工厂、冀东钢铁基地、怀来小南堡工程、涿鹿矾山岭矿、东欢坨机修厂、河北丰南化工区、永清化肥厂、北京张辛庄化工区、河北安新县刘李庄化肥厂、开滦、东欢坨机修厂、北京铁合金厂、承德曲轴连杆厂、张家口制氧机配件厂、河北栾城玻璃厂、邢台砂轮厂、开滦东欢坨矿井和矿井居住区、天津蓟县水泥厂等33项的地震基本烈度鉴定	1977～1979	陈书贤
18	化工机械进出口公司秦皇岛建设工程、北京市自来水公司田村水厂、北京建筑陶瓷厂厂址等3项地震基本烈度鉴定	1980～1983	张国庆
19	峰峰矿区、天津涉县铁厂等2项地震基本烈度的复核意见	1981	许桂林
20	任邱油田地震基本烈度的意见	1981	杨承先

续表

序号	地震基本烈度鉴定复核项目	完成时间	负责人
21	北京水源九厂厂址、北京水泥厂等2项地震基本烈度鉴定	1984～1985	林辉德
22	北京昌平县玻璃厂、昌平500千伏变电站工程等2项地震基本烈度意见	1986～1987	黄相宁
23	北京广安门地区、石油化工总厂扩建工程、矿务局矿区、南口机械厂、密、怀、顺水源工程、首钢大石河等十三项工程、河北玉田林南仓煤矿、西石门铁矿、天津新港、秦皇岛港、地质机械仪器设计院院址、山西芮城风陵渡氮肥厂、宣化焙烧磁选厂龙凤山石灰石矿、河北邯邢矿区、石家庄拖拉机配件厂等17项地震基本烈度鉴定	1972～1979	烈度组

3. 水库水坝类

表 4-15-3　　水库地震基本烈度鉴定复核项目一览表

序号	地震基本烈度鉴定复核项目	完成时间	负责人
1	潘家口水库地震基本烈度鉴定意见	1972	尚　波
2	内蒙多伦西水湾水库地震基本烈度鉴定	1972	杨承先
3	北京海子水库、北京黑龙关水库等2项地震基本烈度鉴定	1974	刘保祥
4	迁西大黑汀水库、河北涉县刘家庄水库等2项地震基本烈度鉴定	1974	王文昌
5	北京市房山张坊水库地震基本烈度鉴定	1974	陈英远
6	山西临汾五马水库、内蒙和林格尔前窑子水库、河北龙门水库等3项地震基本烈度鉴定	1975	王　瑛
7	邱庄水库、陡河水库、洋河水库、庙宫水库等4项地震基本烈度意见	1976	彭少华
8	于桥水库地震基本烈度鉴定意见	1976	黄兰池
9	石家庄地区灵寿县横山项水库、行唐县口头水库、唐县西大洋水库、保定曲阳县王快水库等4项地震基本烈度鉴定和复核	1976	陈伟添
10	河北云州水库、临城水库、东武仕水库、友谊水库、安各庄水库等3项地震基本烈度鉴定	1976	朱秀岗
11	陡河、洋河、大黑河和邱庄水库、张河湾水库、官厅水库、密云水库、潘家口水库、岳城水库等3项地震基本烈度鉴定、审核	1977	黄礼良
12	河北隆化大坝沟门水库、河北省大中小型水库等3项地震基本烈度鉴定	1979	陈书贤
13	河北省石匣水库坝址地震基本烈度鉴定意见	1981	杨承先

4. 电厂、电站类

表 4-15-4　　电厂、电站地震基本烈度鉴定复核项目一览表

序号	地震基本烈度鉴定复核项目	完成时间	负责人
1	北京高井电站地区、山西沁水电厂、内蒙海勃湾两座电厂、武乡电厂、彭城电厂、长治电厂、平乡、宁晋、东庞变电工程、张家口蔚县南留庄电厂等	1971	烈度组
2	黄河天桥电站地震基本烈度意见	1972	尚　波
3	涞源电厂附近地震基本烈度初步意见	1972	赵宝忠
4	唐山电厂厂区地震基本烈度意见	1973	徐成忠
5	井陉电厂、北京下苇店水电站、霍县电厂第二站址、岳城水库电厂、包头第一热电厂、包头降压变电站、呼和浩特变电站、井陉电厂、内蒙古丰镇电厂、永定河安家漩水电站、宣化下花园电厂等12项地震基本烈度鉴定	1973～1975	王　瑛
6	内蒙准格尔旗榆树湾电厂、天津北大港电站、蓟县电厂、柏乡变电站、门头沟向阳口水电站等5项地震基本烈度鉴定意见	1973～1975	刘保祥
7	北京第二地下电厂地震基本烈度鉴定意见	1974	陈英远
8	山西朔县神头电厂地震基本烈度鉴定意见	1975	王文昌
9	大同新电厂、包头第二热电厂等2项地震基本烈度鉴定	1977	黄礼良
10	内蒙乌达电厂、山西省静乐电厂、山西省襄垣县电厂、华北油田自备电站等4项地震基本烈度鉴定	1978	陈书贤
11	沙岭子电厂、十三陵抽水蓄能电站、邯郸市马头电厂、唐山电厂扩建厂房等	1981～1981	张国庆

5. 铁路、交通运输类

表 4-15-5　　铁路、交通运输地震基本烈度鉴定复核项目一览表

序号	地震基本烈度鉴定复核项目	完成时间	负责人
1	太-西线太原-延安段沿线地震基本烈度意见	1970	曾秋生
2	詹东线五-榆段、邯郸-长治铁路沿线、兴隆-蓟县铁路、通（县）-山（海关）、通-坨铁路线等 5 项的地震基本烈度复核、鉴定	1970～1972	烈度组
3	承德-隆化铁路沿线地震基本烈度意见	1972	尚　波
4	天津上古临铁路、天津枢纽、双桥-怀柔铁路线、太原-朔县铁路线、天津客运站、北京民航工程等 6 项地震基本烈度意见	1973～1976	刘宝祥
5	石太线、侯马-长治线、京九铁路线（河北段）等 3 项的地震基本烈度鉴定	1974～1975	王　瑛
6	北京铁路枢纽所在地区、太原铁路枢纽地震基本烈度意见	1974	陈英远
7	济南-邯郸铁路（河北境内）、石（家庄）-德（州）铁路复线、京山铁路唐山至山海关、天津新港、秦皇岛港等 5 项地震基本烈度鉴定	1974～1976	王文昌
8	唐古拉山口-那曲铁路线、京山线、丰台至大同铁路沿线、邯长线磁山-涉县段等 4 项地震基本烈度鉴定	1976～1977	黄礼良
9	天津塘沽新港、秦皇岛港、呼和浩特至准格尔铁路线、包头至乌达地震烈度复查、京九线、石太线、承德-隆化铁路线（河北段）、补充核定呼准线、京山线和京九线部分地下铁道管理处库房地段、地下铁道管理处库房、京山改线“大横河方案”、 北京和天津铁路枢纽、京秦铁路滦河、青龙河两大桥址、宣化至阳泉铁路线等 13 项的地震基本烈度复核、鉴定	1977～1979	陈书贤
10	京、塘高速公路地震基本烈度	1978	杨承先
11	西藏唐古拉山-那曲铁路地段地震地质工作报告	1977	刘光勋
12	关于京秦铁路滦河、青龙河两大桥址的地震基本烈度	1980	张国庆
13	关于大秦线延庆-上庄间地震基本烈度	1983	丁旭初

6. 其他类

表 4-15-6　　其他地震基本烈度鉴定复核项目一览表

序号	地震基本烈度鉴定复核项目	完成时间	负责人
1	“541”工程地震基本烈度鉴定意见	1971	尚　波
2	5401、5402 工程、石家庄体育馆、北京房山长阳 542 台、交道 564 台、北京通县马头镇 572 台、北京双桥 491 台、北京昌平半截塔 573 台等 7 项地震基本烈度鉴定	1973～1976	王　瑛
3	天津市南郊彩色电视发射塔、275 工程、四机部 802 库、新建北京电视台工程等 4 项地震基本烈度鉴定	1973～1976	刘保祥
4	五机部海渤湾工程、世界天气监视网北京区域通信枢纽地区、753 工程等 3 项地震基本烈度的鉴定	1973～1974	陈英远
5	575 工程地震基本烈度的补充意见	1974	张文涛
6	5403 工程、引滦输水工程、5502 工程、六机部第七研究院 707 研究所等 4 项地震基本烈度鉴定	1974～1977	王文昌
7	河北省定县高能加速器实验基地、太原市油库和皇后园冷库、临汾油库、永济县尊村的抽黄灌溉工程、2672 工程指挥部水泥厂、海军 804 工程等 6 项地震基本烈度鉴定	1976	陈伟添
8	关于雁北石油库、北京南苑空一所、北京 6971 厂、邯郸长途通信枢纽楼址、空 21 厂等 5 项地震基本烈度鉴定	1976～1977	朱秀岗
9	779 工程、7001 工程、邢台、临城两战备仓库等 3 项地震基本烈度鉴定	1976	彭少华
10	721 台地震基本烈度鉴定意见	1976	黄兰池

续表

序号	地震基本烈度鉴定复核项目	完成时间	负责人
11	694台、951台、752台台址、402医院、井陉县第6410工厂、884厂、874厂、368厂等6项地震基本烈度鉴定	1977～1977	黄礼良
12	北京北苑361医院、北京云岗三院、河北三河7403工程、河北满城550厂、北京电视大楼、北京妙峰山1290高地微波站、青龙757矿、装甲兵军政干校、374厂、高能物理实验中心预选点、满城550厂、井陉县542工程总部、5460厂、5470厂、北京军区空军司令部雷达兵1125工程、怀来县董庄子军事工程、解放军86570部队4034工程、四机部1446研究所、解放军4005工程等19项地震基本烈度鉴定	1977～1979	陈书贤
13	承德地区长途报话大楼、石家庄市军区步兵学校校舍、高能物理实验中心基地、河北平山县205工程等4项地震基本烈度鉴定	1978	杨承先
14	550厂、承德市体育馆工程等2项地震基本烈度鉴定	1981～1983	张国庆
15	高能所直线加速器工程地震基本烈度复核意见	1984	林辉德
16	120工程、河北邢台7301工程等2项地震基本烈度鉴定	1972	烈度组

二、1985～1992年期间开展的地震烈度鉴定复核

这期间开展的地震基本烈度复核，按国家地震局《重大工程场地地震工作大纲》要求进行，并发挥地震地质优势，在详细调查和研究工程场地断层活动的基础上进行地震基本烈度复核。地壳应力研究所在这期间所承担的地震烈度复核项目19项，每年仅完成2～3项，单项经费一般为几万到十几万元。承担并完成的主要项目见表4-15-7。

表4-15-7　　1985～1992年部分地震基本烈度鉴定复核项目一览表

序号	地震基本烈度鉴定复核项目	完成时间	负责人
1	内蒙昆都仑水库地震基本烈度复核	1985	刘仲温
2	湖南沅水五强溪水电站地震基本烈度复核	1987	王　瑛
3	湖南省酉水碗米坡水电工程地震基本烈度鉴定	1987	王　瑛
4	四〇四地区地震地质综合研究报告	1988	李咸业
5	黄河李家峡水电工程地震基本烈度复核和地震危险性研究	1989	赵国光
6	黄河拉西瓦水电工程地震基本烈度复核和地震危险性研究	1989	赵国光
7	风陵渡黄河公路大桥地震基本烈度复核	1989	许桂林
8	内蒙准格尔油田薛家湾电厂和袋沟选轧厂地震基本烈度复核和地震危险性分析	1990	徐宗和 李学新
9	太原钢铁公司峨口一期尾矿坝地震基本烈度复核	1990	聂宗笙
10	金沙江向家坝水电站区域地壳稳定性评价及地震基本烈度复核	1990	林辉德
11	内蒙托克托电厂厂址地震基本烈度复核	1992	李学新
12	新疆鄯善地区油田场址地震基本烈度复核	1992	聂宗笙
13	青海花格输油管线地震基本烈度复核	1992	刘光勋

第二节　工程场地地震安全性评价和城市防震减灾

随着国民经济高速发展和国家对防震减灾的重视，1993～2010年，城市防震减灾和工程场地地震安全性评价任务逐年增加，表4-15-8列出了地壳应力研究所1985～2010年完成的工程场地地震安全性评价项目的总体情况。

表4-15-8　　1985～2010年地震安全性评价项目总数一览表

年份	1985～1992	1993～2000	2001	2002	2003	2004	2005	2006	2007	2008	2009	2010
项数	2～3（年均）	3～5（年均）	9	12	15	16	20	27	34	51	45	60

一、1993～2000年工程场地地震安全性评价项目

地壳应力研究所1993～2000年期间，承担的重大工程地震安全性评价项目共有32项，每年完成3～5项。单项经费一般在20万～30万元之间，这期间合同额100万以上的项目仅2项。承担并完成的部分重大工程地震安全性评价项目见表4-15-9。

表4-15-9　　1993～2000年部分重大工程地震安全性评价一览表

序号	项目名称	完成时间	负责人
1	珠海伶仃洋大桥工程地震安全性评价	1993	卞兆银
2	二连浩特—河口公路山西祁县至临汾段地震安全性评价	1997	刘光勋
3	琼州海峡跨海大桥工程地震安全性评价	1999	唐荣余
4	青岛至新沂铁路线重点工程场地地震安全性评价	1999	杨树新
5	文昌油田地震危险性分析及设计地震动参数确定	1999	吕悦军
6	青岛海湾大桥工程地震安全性评价	2000	唐荣余
7	厦漳跨海大桥工程地震安全性评价	2000	卞兆银

二、2001～2010年重大工程地震安全性评价

2001～2010年期间，地壳应力研究所共承担重大工程的地震安全性评价项目289项，每年完成十几项到几十项，2010年承接60项。100万元以上的特大项目达17项， 2010年占8项。2009年的兰渝铁路地震安全性评价项目合同额达746万元。承担的合同经费在80万元以上的项目见表4-15-10。

2001～2010年地壳应力研究所承担并完成的重大工程地震安全性评价项目覆盖工程类别广，涵盖了海洋石油平台、铁路、城市轨道、水电、公路、桥梁、建（构）筑物与城市建设等重大工程项目。

1．海洋石油平台及输油（气）管线

自2000年，地壳应力研究所与中国海洋石油总公司以及美国Philips、Santa Fe、Kerr MCGee等国际石油公司合作，开展海洋石油平台及输油（气）管线的设计地震动参数研究。在渤海海域完成蓬莱、曹妃甸、锦州、丹东、南堡、渤中、秦皇岛、旅大、金县、龙口等油田，南海涠州、乐东、流花、文昌、番禺等油田，东海丽水油田等100余个工程场地的地震安全性评价。

开展海洋石油平台及输油（气）管线的设计地震动参数研究工作的难点是海域地震基础资料不完备，缺乏可依据的抗震设防标准。吕悦军等人将美国API规范的有关技术内容与中国海域地震活动特征相结合，形成一套适合中国海域地震活动特点的工程地震研究方法。其中渤海海域石油平台的设计地震动参数研究和基于渤海海域地震环境的海洋平台抗震设防标准研究，分别获2003年和2007年度中国地震局防震减灾优秀成果三等奖。

2．城市轨道交通

城市轨道交通的工程结构复杂，包括地下隧道、高架结构、以及车站等。因此，城市轨道交通工程场地地震安全性评价工作的关键技术内容是设计地震动参数要求高，需要不同阻尼比、不同设计层位的地震动峰值、反应谱及时程，设防概率水准要求多，同时线路需要进行活动断层抗断鉴定。对每个轨道工程，都作出针对性的技术方案。完成项目主要有：北京轨道交通机场线、北京地铁9号线、京沪高速铁路北京黄村站工程、北京地铁大兴线、北京地铁10号线二期、北京市亦庄轻轨工程、北京地铁7号线、北京地铁15号线、北京地铁房山线、北京轨道交通昌平线、北京地铁6号线、北京轨道交通S1线、北京地铁16号线、北京轨道交通后山线、合肥地铁2号线、石家庄地铁1号、3号

线、穗莞深城际轨道交通线等。

3．铁路工程

铁路工程场地地震安全性评价工作的难点是线路长，常常跨越多个地震活动区，甚至强震发震区。高速铁路、客运专线线路、路基、桥梁、隧道等工程的抗震设计，设防烈度大于Ⅸ度的地区或有特殊抗震要求的工程及新型结构，其抗震设计应做专门研究，并进行地震安全性评价。其评价内容包括主要活动断裂活动性鉴定、重点工程场地设计地震动参数确定、地震地质灾害评价等。地壳应力研究所完成的项目主要有：大理—丽江铁路、郑州—西安客运专线、福州—厦门铁路、丽江—香格里拉铁路、昆明—河口铁路、京沪高速铁路、石家庄—太原铁路客运专线、沈阳至大连铁路客运专线、海南东环线铁路、厦门—深圳铁路、北京至石家庄铁路客运专线、昆明—广通铁路、蒙自—河口铁路、南川—涪陵铁路、重庆—利川铁路、南京—安庆铁路、成都—都江堰铁路、贵广铁路、宁杭铁路、元谋—攀枝花铁路、湘桂铁路、兰渝铁路、大同—运城客运专线、沪昆客运专线、云桂铁路、邯郸(邢台)—黄骅港铁路、重庆—贵阳线、盘锦—营口客运专线、改建漯河—阜阳线增建二线、张家口—唐山线、成都—绵阳、乐山城际铁路、沈阳—丹东客运专线、长昆铁路客运专线、西安—运城铁路客运专线、北京—沈阳客运专线、郑州—焦作城际铁路、吉林—珲春铁路、石家庄—济南铁路客运专线、天津—保定客运专线、呼和浩特—张家口快速铁路等。

4．水电水利工程

目前，全国已建和在建的高度 100m 以上的大坝超过 100 座，这些工程多在西部高山峡谷中，且多为强震高发地区。地震是造成大坝破坏的重要原因，因此，大坝的抗震设计是大坝安全的重要保障。目前，中国大坝的抗震设计基于工程设计地震动参数，《水工建筑物抗震设计规范》对水工建筑物地震安全性评价作了规定。地壳应力研究所完成的项目主要有：云南万家口子水电站、黄河班多一级水电站、呼和浩特抽水蓄能电站、牛栏江天花板水电站、许曲河水电站、黄河羊曲水电站、白水江多诺水电站、白水江青龙水电站、白水江双河水电站、漩坪、邓家水电站、西藏雅鲁藏布江藏木水电站、黄河宁木特、玛尔挡、尔多水电站、黑河、永乐水电站、铁笼堡水电站、新疆库马拉克河大石峡水电站、金沙江巴塘水电站、黄河多松首曲水电站、永泰白云抽水蓄能电站、黄河龙羊峡水电站、白龙江苗家坝水电站、新疆滚哈布奇勒水电站、西藏尼洋河多布水电站、新疆霍尔古土水电站、福建厦门抽水蓄能电站、黄河门堂水电站、甘肃肃南抽水蓄能电站、怒江同卡、怒江桥、罗拉、俄米水电站、甘肃肃北、山口抽水蓄能电站、易贡藏布忠玉水电站、易县抽水蓄能电站、河北抚宁抽水蓄能电站、丰宁抽水蓄能电站、吉林省敦化市抽水蓄能电站、乌海抽水蓄能电站、沂蒙抽水蓄能电站等。

5．公路桥梁隧道

开展公路桥梁地震安全性评价工作的突出技术难点是：设计地震动参数要求高，需要长周期、不同阻尼比等地震动峰值、反应谱及时程；现场工作难度大，特别是跨海、跨大江大河桥梁工程的水下物探、钻探、测试、取样等。地壳应力研究所完成的项目主要有：贵州镇宁至胜境关公路 3 座桥梁 2 座隧道、港珠澳大桥、青岛胶州湾湾口海底海湾隧道、汕昆公路贵州马岭河大桥、厦金跨海大桥、福泉高速公路莆田至秀屿支线公路木兰溪大桥、大连湾海底隧道、杭州至瑞丽国家高速公路贵州境思南乌江特大桥、贵州黔西至织金高速公路六冲河大桥、贵州省毕节至都格高速公路抵母河特大桥、胶州湾跨海大桥等。

6．建（构）筑物

开展超高层建（构）筑物的地震安全性评价工作要针对新材料、新结构，重点是给出高设防的长周期、不同阻尼比等地震动峰值、反应谱及时程。同时要给出工程场地地震地质灾害评价结果。完成的项目主要有：首都机场 T3 航站楼、华骏国际中心、渔阳国际酒店、银帆西雅图、中央戏剧学院新校址、世茂山东烟台滨海景区 B 宗、天津嘉里中心、朝林国际酒店、天津西青区地块、中国华侨历史博物馆、首都世界金融展贸中心、天津站交通枢纽管理控制中心、天津周大福滨海中心、中粮天津六纬路项目、北京新机场等。

表4-15-10　　　　2001～2010年合同经费80万元以上的地震安全性评价项目一览表

序号	项目名称	完成时间	负责人
1	青藏铁路安多—当雄、羊八井—拉萨断层活动性鉴定与研究	2002	谢富仁
2	西藏墨脱地区地震活动性研究	2002	谢富仁
3	北京轨道交通首都国际机场线场地地震安全性评价和地质灾害危险性评估	2005	吕悦军
4	丽江—香格里拉铁路工程场地地震安全性评价	2005	谢富仁
5	大理-瑞丽铁路选线活动断层鉴定及地震安全性评价	2005	谢富仁
6	京沪高速铁路沿线地震区划（合作项目）	2006	马保起
7	北京地铁九号线场地地震安全性评价和地质灾害危险性评估	2006	沙海军
8	石家庄—太原铁路客运专线工程场地地震安全性评价	2006	郭啟良
9	沈阳—大连铁路客运专线工程场地地震安全性评价	2006	郭啟良
10	北京—石家庄铁路客运专线工程场地地震安全性评价	2006	郭啟良
11	北京地铁六号线一期工程场地地震安全性评价	2007	沙海军
12	西藏怒江上游水电站区域构造稳定性及地震活动专题研究	2007	杨树新
13	石家庄—武汉（河北段）铁路客运专线工程场地地震安全性评价	2007	郭啟良
14	海南东环线铁路重点工程场地地震安全性评价	2007	谢富仁
15	唐山市南湖生态风景区及周边地震小区划	2007	吕悦军
16	北京亦庄轻轨场地地震安全性评价和地质灾害危险性评估	2007	沙海军
17	邯郸—黄骅铁路工程场地地震安全性评价	2009	郭啟良
18	兰渝铁路地震安全性评价	2009	陆　鸣
19	港珠澳大桥主体工程设计地震动参数研究	2009	吕悦军
20	新建铁路张家口—唐山线工程场地地震安全性评价	2009	吕悦军
21	北京顺义航空产业园活动断层探测与工程场地地震安全性评价	2010	张世民
22	北京至沈阳客运专线（京冀段）重点工程场地地震安全性评价	2010	郭啟良
23	北京至沈阳客运专线（辽宁段）重点工程场地地震安全性评价	2010	郭啟良
24	大西铁路客运专线（大-运段）重点工程场地地震安全性评价	2010	郭啟良
25	贵阳市市域铁路工程场地地震安全性评价	2010	谢富仁
26	怒江同卡、怒江桥、罗拉水电站工程场地地震安全性及水库诱发地震评价	2010	杨树新
27	神华宁煤炭集团煤化发展基地工程场地地震安全性评价	2010	张国宏
28	西藏那曲河规划项目区域构造稳定性及地震活动性研究	2010	杨树新
29	西藏易贡藏布规划项目区域构造稳定性及地震活动性研究	2010	杨树新
30	北京至张家口城际铁路工程场地地震动参数区划及宣化站特大桥等场地地震安全评价	2010	杜　义
31	中石化公司金陵分公司所辖区域工程场地地震安全性评价	2010	张国宏

第三节　城市地震小区划和水库诱发地震研究

地震小区划是对某一特定区域范围内地震安全环境进行的划分、预测这一范围内可能遭遇到的地震影响的分布。目的是为城镇、厂矿企业、经济技术开发区等制定土地利用规划提供基础资料，为城市和工程震害的预测和预防、救灾措施的制定提供基础资料，为地震小区划范围内的一般建设工程的抗震设计提供设计地震动参数。完成的主要项目有：

1987 年李方全、张伯崇等完成三峡工程水库诱发地震研究课题。

1990 年，地壳应力研究所和内蒙古自治区地震局共同承担“内蒙古准格尔油田薛家湾电厂和岱沟选轧厂地震基本烈度复核和地震危险性分析”项目，徐宗和、周克森、孙小平等人进行了地震危险性和场地地震反应分析工作。通过二维模型计算，对工程场地进行地震动参数小区划。

1992 年刘光勋完成冀东油田地震小区划。

2004 年吕悦军完成三亚市地震小区划。

2004 年吕悦军完成云南万泉的水电站水库诱发地震研究。

2007 年吕悦军完成唐山市南湖生态风景区及周边地震小区划。

2010年杨树新完成怒江同卡、怒江桥、罗拉、俄米水电站水库诱发地震研究。

第十六章　地质灾害评价与工程地质病害防治

第一节　地质灾害评价

1985 年，李学新、黄礼良等人，对陕西安康水库坝址地区地质构造特征进行调查研究。认为坝址地区的断裂新生代以来主要表现为近 EW 向的水平挤压活动。

1992 年，刘仲温、李咸业等人承担了北京“乙烯工程”长输管线沿线活动断裂的研究。通过地震地质调查与勘察，对主要断裂进行槽探揭露和取样鉴定，并广泛收集有关资料，详细论证了燕郊、张家湾断裂，通县、豆各庄断裂，通县南苑断裂以及李家桥、西红门断裂的展布、断裂带的宽度、性质、活动方式。结论认为，管线通过的三条断裂 1 万年来未发现活动的结论，并预测百年内活动的可能性很小。

1994 年，张国宏、黄相宁等人对北京南口—孙河断裂带进行浅层人工地震勘探，查明南口—孙河断裂带在昌平水屯一带的展布及其活动情况：该断裂带呈 NW 走向，破碎带宽 200m，错断第四纪地层，属于活动断裂带。

1995 年，刘光勋、梁海庆、孟宪梁等人，应用人工地震反射探测技术，区域与采区构造相结合，深部与浅部构造相结合，对山西省雁北地区的王坪煤矿西采区断裂构造详查，查明西采区 200m 深度上断层分布的几何特征及其性质。

自 2000 年以来，在城市建设、重大工程等方面承接完成多项地质灾害危险性评估项目，主要有：首都机场 T3 航站楼、北京轨道交通机场线、北京地铁 9 号线、北京市东升供销实业总公司综合商业服务楼、北京生物工程与医药产业基地开发经营中心、北京地铁 4 号线大兴线、青岛大炼油工程、北京大兴经济开发区、中国铝业河南分公司第五赤泥堆场坝址、澳门陆上天然气输入及传输系统工程、新密市规划区、北京市亦庄轻轨、北京市顺义牛栏山粮食收储库扩建粮仓工程、大连湾海底隧道、北京地铁 10 号线（二期）、中央戏剧学院新校工程等。

2001 年，开展“大中城市活断层及建筑物安全监测研究与示范研究”，“大中城市活断层及建筑物安全监测研究与示范”项目为科技部社会公益研究专项资金项目。项目的目标是通过系统化的研究并结合深圳市罗湖示范区试验，确定大中城市活断层监测研究方法，选定反映建筑物安全的监测参数，研究大中城市建筑物安全监测系统设计原则和方法，选择适用的监测技术装备，建立活断层带（区）建筑物安全评价数学物理模型，形成一套大中城市活断层和建筑物安全监测评价技术方法。

2004 年，张世民、江娃利等承担了“北京马头庄精品住宅项目建设用地地质灾害危险性评估”。通过对场地附近断层活动性勘察和研究，黄庄—高丽营断裂具明显分段活动，由南向北逐渐加强，北段的燕丹—前桑园段活动时代为全新世，南段的黄庄—洼里段为中更新世；顺义—前门—良乡推测为晚更新世活动断裂；南口—孙河断裂可能影响到晚更新世。土壤氡浓度不支持建设用地内存在活动断层和发生地裂缝的可能。地面沉降速率属中等，建设用地受地面沉降危害性小。液化等级为轻微，建设用地受砂土液化危害可能性小。

2007 年，杨树新承担了西藏怒江上游水电站区域构造稳定性及地震活动专题研究。

2009 年，江娃利承担了新疆阿尔塔什断裂活动性专题研究 。

2009 年，杨树新承担了新疆大石峡坝址下口断层活动性研究 。

第二节　工程地质病害防治

地壳应力研究所在地震监测预报实践和科学研究的历程中孵化和发展起来的地学高新技术，对地质防灾和工程地质病害防治有着重要意义。

一、金川矿区巷道变形和破坏防治

金川镍矿是中国最大镍生产基地，产量居世界第二位。由于矿区工程地质条件复杂，地压大，致使巷道产生严重变形和破坏，严重影响矿区的建设和开采。为解决巷道变形和开采设计，1975 年地震地质大队配合中国地质科学院地质力学研究所等单位用压磁电感法进行地应力测量，探索治理方法。1978 年，被列为“全国资源综合利用”国家重点科研项目中的重点科研课题之一，课题名称为“金川矿区原岩应力测量及构造应力场研究”。通过巷道多地点原地应力测量，分析巷道变形和破坏的主要原因，提出防治巷道变形和破坏的措施，为矿山设计提供了依据。本研究专题取得较好的科研成果，向冶金部、国家科委和方毅副总理作了汇报和展示。获得国家科技成果特等奖。这是国家地震局地震地质大队最早为工程建设服务的地应力测量项目，项目参加人有施兆贤、安其美、祝武等人。

二、三峡工程坝址原地应力测量和水库诱发地震研究

三峡大坝坝高 185m，为混凝土重力坝。在三峡工程论证过程中，专家们认为地应力测量是研究水库诱发地震的重要内容，涉及工程稳定性，应重点加强研究。1987 年地壳应力研究所承担了“三峡工程坝址附近地应力、孔隙水压和渗透率测量及水库诱发地震可能性探讨”课题。该项目集中了全所技术优势，多学科联合完成，显示出地壳应力研究所在地应力测量技术和理论研究方面的雄厚基础和强大实力。项目负责人李方全、张伯崇。

李方全带领课题组在坝址区茅坪镇 800.65m 深的钻孔内进行了 16 段次水压致裂应力测量，进行了全井井径测量，全井超声波井下电视照相，并进行了 36 个层位孔隙压力绝对值测量、分段渗透率测量和全井井温观测，取得地应力和岩层的动态参考资料。

苏恺之带领课题组成员在钻孔内安装了孔隙水压测量仪，对 250m 和 500m 深处孔隙水压进行了两年连续观测。

张伯崇和有关人员对三峡工程水库压力 3 种主要岩石（花岗岩、灰岩、砂岩）进行基本力学参数测试，研究天然断层或其他不连续面的滑动准则，并对摩擦性状和孔隙水压的影响进行了试验研究，综合分析后给出三峡水库坝址区附近蓄水后诱发地震的可能性不大的结论。

在应力测量技术方面还应用了钻孔崩落测量技术。1990 年，王福江、祁英男等人还与日本金川忠教授等对应力测量钻孔中的岩芯进行声发射凯塞效应试验（AE 法地应力测量方法）进行比对研究，取得良好效果。

王继存、祝景忠等人应用有限元分析方法，对测点附近的构造应力场进行了数值模拟。

该研究成果为“七五”国家重大科技攻关成果，获 1992 年度国家地震局科技进步一等奖。

三、核废料处置场安全性评价

随着核工业的发展，处置放射性核废液的一种有效方法是用水压致裂法将放射性核废液与水泥浆混合物，高压注入地下几百米深的岩层中让其固化，以期达到永久性封存，最大限度地减少对生态环境的污染。为研究某核废料处置场用深地层注浆固化方法处置核废液的可行性，地壳应力研究所承担了该场址的地应力测量和研究任务。通过对处置场两口 500m 钻孔进行水压致裂地应力测量，获得了水平应力和垂直应力随深度增加而增加，最大和最小水平主应力均大于垂直主应力，表明处置场的应力状态有利于水平或接近水平裂隙的产生和扩展，核废料污染浅层地下水的可能性不大，给出该处置场用水压致裂法进行核废料处置的可行性。后经打孔验证，核废料浆在地下分布是接近水平的，证实评价意见。项目负责人李方全，参加人员刘鹏、张钧、毛吉震等。

四、六枝煤矿瓦斯突出煤层围岩防突治理

六枝煤矿是煤层瓦斯突出严重的煤矿之一，“七五”期间国家加强了该煤矿的防突措施研究。1986

年，地壳应力研究所承担了“突出煤层围岩地应力测定”任务，测量六枝矿务局四角田煤矿围岩地应力，并用地应力相对观测技术进行瓦斯突出监测研究。该课题为国家“七五”攻关项目“六枝矿务局综合防突措施研究”中的课题之一。

对巷道里的3个钻孔进行解除法应力测量，深度在250～350m，并布设4个相对应力测量点，进行围岩地应力变化监测。结果认为，煤层瓦斯突出方向、煤层倾向、最大主应力方向三者一致；围岩钻孔地应力监测系统可以监测研究煤与瓦斯突出的过程，是预测瓦斯突出的一种新方法。项目负责人：李健春，参加人员刘志增、赵玉甫、张培耀等。

五、安徽淮北矿务局海孜矿井筒破损综合研究

20世纪80年代初，黄淮地区煤矿井筒连续成片出现局部破裂，严重影响安全生产，海孜煤矿是黄淮地区井筒破裂集中且严重的煤矿。地壳应力研究所于1993年承担“淮北矿务局海孜煤矿基岩及松散层绝对地应力实测和井筒围岩二次应力场对井筒破裂影响综合研究”课题。项目负责人李立球，技术负责王建军。

苏恺之等为该项目专门研制土层应力测量仪，分别测量含水层和隔水层内的绝对应力，并进行一年连续观测，结论是导致井筒破裂的因素可能与水平向剪应力增加有关。在井下基岩的两个水平、三个测点，李立球等用压磁套芯解除法进行基岩原地应力测量，获得其原地应力实测资料。杨树新等设计模型，进行三维地应力回归分析，研究场址及近区域应力场状态，进而模拟井筒及围岩的二次应力场和位移场。结论认为，场址存在较大水平构造应力，是井筒破裂的主要力源，而位于基岩之上的第四含水层是井筒破裂的主要诱因。当水平应力增加时，诱发土层和基岩间层间滑动，导致井筒水平剪切破坏。在防治措施上，建议加固井筒对水平应力的抗压、抗剪强度。王建军对资料进行综合分析，完成《淮南煤矿海孜矿基岩及松散层绝对应力测量及对井筒破裂影响研究报告》。

六、大庆油田油水井成片套管损坏机理研究及防治措施

20世纪80年代中期，大庆油田出现了四个成片油井套管损坏区，油田油水井套管损坏的数量由“六五”期间每年254口急升至1986年的528口，造成了巨大的经济损失。

1987年，地壳应力研究所承担“大庆油田成片套损规律研究及防治措施课题”，欧阳祖熙为项目负责人。通过对油田资料的分析，认为油田采油过程中，随着开采年限的延长，油层压力逐渐减小，油田采用注水采油工艺，维持高产稳产，但同时也带来对油田地下应力状态、油层岩石性状的改变。地下岩层应力状态严重失衡，造成软弱层抗剪强度大幅度下降，以致在特定的地区突发性地出现油水井成片破坏，类似于地震发生的力学机理和破坏过程，据此制定出观测、试验和研究技术方案。把采油二厂作为试验区，进行试验。

在试验区布置了原地应力测量（李方全负责）和地面形变测量（测量队柴本栋负责），全面了解试验区应力应变场基本特征；研制的24道“YSL-1型油田深层地应力测试系统”，对油田深层原地应力状态进行连续观测，最大观测深度为900m。同时，也对变形、倾斜、温度、井压等多种环境因素进行连续观测；研制的JBX型钻井工程测井仪，对破损套管进行现场测量；研制的ICD型触发式磁带记录微震仪（观测精度达0.1级），布设极微震观测台网，测定油水井套管破裂的发生地点和发生过程；根据观测结果进行数值模拟（北京大学参加协作）。通过反复观测试验、数据处理、分析研究，精确地获得造成成片油水管破坏是由于注采比不合理，导致地下地应力状态严重失衡，引起局部地区附加应力增大，导致地层失稳、滑移错动造成的。通过深井连续的综合观测，能够准确地预测即将发生的油水井破损区和破裂深度，并且通过极微震台网观测得到验证。其防治措施就是在确定的应力背景下，通过反复观测试验，寻找出合理注采比的阈值，严格控制浸水域的扩展，维持注采过程中油田地应力状态的稳定。

1990年该项任务完成，采油二厂应用该成果取得了显著成效。同年不仅没出现新的成片套损区，

而且原有的套损区也得到控制，全厂油水井套损井数逐年下降。1986 年采油二厂产生套损井 113 口，到 1989 年只有 34 口，套损井数逐年递减，每年可少损失原油 20 万吨。

这项研究是结合工程病害防治，对地震构造破裂机理和应力应变前兆观测技术进行的一次中尺度试验，为地震预测预报研究积累了宝贵资料。在此基础上，于 2009 年研制成功“深井地壳变形宽频带综合观测系统”。

1993 年，《大庆油田成片套损规律研究》获得中国石油天然气总公司科技进步三等奖。

七、三峡工程万州库区地质灾害监测和预警研究

三峡库区是地质灾害多发区，2001 年欧阳祖熙承担了《三峡工程万州库区 GPS 滑坡监测示范研究》项目。参加人员陈明金、张宗润、师洁珊、魏学勇、韩文心、周昊、张路等。

项目预期目标是建立万州库区地质灾害预警监测系统，该系统具有 GPS 技术为核心的大面积监测能力和以遥测台网为核心的对崩滑体强化监测能力；基于网络通讯功能，实现灾害预警和救助；研究崩滑体失稳破坏机理，进行灾害预报，避免人员伤亡，减少经济损失。拟将研究成果推广到全库区。主要包括：

1. 万州库区滑坡灾度区划

首先利用 GIS 技术对已知样本进行数字化处理，根据滑坡灾害危险区划指标对全区进行网络化处理，并进行该区滑坡危险度区划，分为高危险区，危险区、较高危险区、低危险区和稳定区五个标度。

2. 万州库区 GPS 滑坡监测网

运用 GPS 全球卫星定位技术，建成含 130 多个流动监测站的三峡库区首个滑坡变形监测网。

3. 万州地质灾害监测网

根据三峡库区地质灾害监测预警的需要，欧阳祖熙等研制出“RDA 地质灾害无线遥测台网”，采集地面位移、深部位移、地下水动态、裂缝变形、抗滑桩内部应力、地下振动等八种应力应变动态参数。组网技术先进，具有无线传输功能，无障碍设计，自动化程度高等优势。

该系统已在重庆库区万州、巫山等地推广使用。运用该系统建设了万州地质灾害监测网，监测点约 700 个，建立太白岩等无线遥测网 18 个，覆盖滑坡 40 余处，万州重点滑坡和危岩得到连续监测。

4. 地质灾害监测预警系统

借鉴地震预报的经验与模式，依据长、中、短临地质灾害预报三级设防的思路，建立相应的监测网络，研制用于管理地质灾害监测数据与群测群防工作的 GIS 地理信息系统，在万县、巫山、奉节建立地质灾害监测系统，全面、及时、直观地解译地质灾害的分布及实时变形动态，促进地质灾害监测工作的可视化和规范化，提高了工作效率和辅助决策的科学性。

5. INSAR 技术试验研究

应用 INSAR 空间监测技术开展三峡水库大范围的滑坡与库岸变形监测。地壳应力研究所与德国地球科学研究中心、英国伦敦大学就 INSAR 技术在三峡万州库区的滑坡监测开展合作，目前在万州和巫山已安装 14 个角反射器。

三峡工程地质灾害监测和预警研究取得的成果，对地质灾害防治有着重要意义。

第十七章　地震观测技术在工程建设中的应用

第一节　地应力测量在工程建设中的应用

1975 年以前，原地应力测量主要为地震科研服务，1975 年开始为工程建设测量工程场地的原地应力状态，供工程设计使用。

一、1975～2000 年开展的工程原地应力测量

1980 年前，原地应力测量技术主要是应力解除法，1980 年后，李方全等人引进水压致裂法，并实现了轻便化，两种测量方法在工程上配合使用。1996 年以来郭啟良等人改进了水压致裂法测量技术和仪器设备。李方全、丁旭初、李立球、丁建民、郭啟良、杨树新及其课题成员推进了原地应力测量在矿山、水电、交通、能源、核废料处理等工程领域广泛应用，见表 4-17-1。

表 4-17-1　　1975～2000 年主要完成的原地应力测量项目一览表

序号	项目名称	完成时间	负责人
1	金川矿原地应力测量及构造应力场研究（合作项目）	1975	施兆贤
2	四川二滩水电工程地应力测量	1980	孙世宗
3	北京密云水库邓家湾水压致裂应力测量	1983	李方全
4	潘家口水库地应力测量和断层稳定性探讨	1983	张伯崇
5	陕西安康水电站地应力测量	1985	孙世宗
6	陕西安康水电站水压致裂应力测量	1985	祁英男
7	福建南靖汤坑水压致裂应力测量	1985	祁英男
8	云南丽江团山水库水压致裂应力测量	1986	李方全
9	六枝煤矿瓦斯突出地应力监测方法研究	1986	李建春
10	四川自贡“自浅5井”水压致裂应力测量	1987	祁英男
11	开滦矿务局赵各庄矿水压致裂应力测量	1987	景鸿利
12	三峡工程坝址地应力测量及水库诱发地震研究	1987	李方全、张伯崇
13	广州抽水蓄能电站水压致裂应力测量	1989	孙世宗
14	青海拉西瓦电站坝址应力测量和地应力场研究	1989	丁旭初
15	福建穆阳溪周宁水电站水压致裂应力测量	1990	安其美
16	青海拉西瓦水电站水压致裂应力测量	1990	梁国平
17	自贡自流井原地应力测量和断层稳定性研究	1990	张伯崇
18	黄河李家峡水电站地下厂房地应力测量	1990	丁旭初
19	安康线秦岭特长隧道水压致裂应力测量	1990	祁英男
20	丰山铜矿地应力测量及坑道稳定性分析	1992	杨树新
21	山西万家寨引黄工程地应力测量	1992	祁英男
22	山东泰安抽水蓄能电站水压致裂应力测量	1994	郭啟良
23	泰国拉姆塔空抽水蓄能电站地应力测量	1994	赵国光
24	淮南海孜矿基岩及松散层应力测量及井筒破裂研究	1995	李立球、王建军
25	温州百丈祭抽水蓄能电站水压致裂应力测量	1995	安其美
26	金沙江溪落渡水电站水压致裂应力测量	1996	安其美

续表

序号	项目名称	完成时间	负责人
27	宝泉抽水蓄能电站地应力测量	1996	毛吉震
28	老挝南俄水电工程地应力测量	1996	李方全
29	新疆天地抽水蓄能水站地下厂房地应力测量	1997	张　钧
30	福建棉花滩水压致裂应力测量	1997	安其美
31	南水北调西线工程水压致裂应力测量	1998	郭啟良
32	山西西龙池抽水蓄能电站水压致裂应力测量	1998	郭啟良
33	山西万家寨引黄工程南干线地应力测量	1998	张　钧
34	韩城电厂厂区地应力测量	1998	李　宏
35	铁路松河隧道水压致裂应力测量	1998	毛吉震
36	硗碛电站水压致裂应力测量	1998	毛吉震
37	昆明云龙水库坝址水压致裂应力测量	1999	郭啟良
38	板桥峪抽水蓄能电站高压压水试验	1999	郭啟良
39	河坝州天龙湖水电站水压致裂应力测量	1999	郭啟良
40	连云港核电站引水隧道应力测量	1999	毛吉震
41	南阳四龙抽水蓄能电站地应力测量及综合分析	1999	陈群策
42	福建霞普赤岭隧道水压致裂应力测量	1999	赵仕广
43	云南红河三级水电站水压致裂应力测量与高压压水试验	2000	赵仕广
44	河坝州天龙湖水电站水压致裂三维应力测量	2000	赵仕广
45	河南宝泉抽水蓄能电站地应力场反演分析	2000	陈群策
46	渝怀铁路隧道原地应力测量	2000	毛吉震
47	琅琊山抽水蓄能电站高压水渗透试验	2000	郭啟良

二、2001～2010 年开展的工程原地应力测量

这期间，郭啟良等人在地应力测量技术应用方面把水压致裂从平面应力测量开展到三维应力测量，并为工程进行高压压水试验，获取不同深度段在高水头压力作用下的渗透性能参数，还为工程提供水力劈裂试验，以确定岩体抗御水头压水的能力。水压致裂应力测量的测量精度和多参数测量，更贴近工程设计的需要。2001 年以来完成的地应力测量项目主要有：

1. 水电行业

主要有黄河拉西瓦电站、黄河小浪底工程、金沙江溪洛渡巨型水电站、四川雅砻江锦屏一级二级电站、北京十三陵抽水蓄能电站、山东泰安抽水蓄能电站、安徽滁州琅琊山电站、山东文登抽水蓄能电站、云南怒江马吉水电站、怒江亚碧罗水电站、云南金沙江鲁地拉水电站、云南糯扎渡水电站、四川大渡河双江口水电站、大岗山水电站、长河坝水电站、广东阳江抽水蓄能电站、福建仙游抽水蓄能电站、广东惠州抽水蓄能电站、浙江乌龙山抽水蓄能电站、四川小天都水电站、四川自一里水电站等，测试的主要类型有坝区、厂房区的水平应力、三维应力测试以及岩体高压渗透性与围岩裂隙承载力等性能的测试。

2. 道路交通行业

该类工程进行地应力测试的主要目的是掌握隧道或边坡附近的地应力值与最大水平主应力方向，为道路的安全设计提供基础数据。

公路方面：四川都汶线、318 国道、雅泸高速、大庆至广州高速、海南至兰州高速、安徽岳西至潜山公路、浙江台缙高速、浙江永嘉高速、连霍国道主干线宝天高速、榨水至安康段高速公路、湖南邵怀高速、广东广梧高速、青岛至兰州公路、福建厦蓉高速、山西大运高速等。

铁路方面：石太客运专线、兰武二线、云南通海铁路、新建铁路精伊线、重庆新渝利线、铁路长昆线、新建铁路西成线、张集铁路线、朔准铁路、云南大瑞线、云南丽香线、新建铁路贵阳至广州线等。

3. 城市建设

在一些大型城建项目中，进行了原地应力测试。如吉林省中部城市引松供水工程、新疆艾比湖流域生态环境保护工程、陕西引汉济渭输水工程、辽宁大伙房输水工程等等。

4. 国防、军工

二炮某工程场地的地应力测试、核工业部核废物处置场地应力测试等。

5. 国家石油储备与核电项目

大连石油储备库工程、锦州国家石油储备库工程、大亚湾核电站地应力测试、连云港核电站地应力测试等。

6. 矿山

河南偃师铝土矿、河北迁安铁矿边坡地应力测试等。

7. 国外工程

参与了泰国、新加坡等相关工程地应力测试。

第二节　断层形变测量技术在工程建设中的应用

自 20 世纪 80 年代以来，地壳应力研究所在城市和大型工程区地面沉降、地裂缝、高边坡、活断层等地质灾害安全监测、基础岩体稳定性评价、建筑物安全性评估中涉及的变形监测、大坝安全监测等领域广泛开展了工作。科技服务面覆盖了北京、上海、深圳、新疆、四川、云南、湖南、陕西、青海、河北、山东、河南、广西、广东、辽宁等地。已安装使用的断层形变测量仪器设备达上千台。

一、水库大坝安全监测

水电工程形变监测项目主要有：长江三峡库区边坡稳定性监测，黄河小浪底水利枢纽工程库坝区断层活动性监测，湖南省五强溪水电站左岸高边坡变形监测，湖南省东江水电站拱坝坝踵前缘断层 F2、F3 和裂隙 K5、K6 变形监测，湖南省凤滩水电站左坝肩及坝后边坡稳定性监测，新疆柯孜尔水库坝址区活断层活动情况动态监测，向家坝水电站马步坎高边坡稳定性监测，小湾水电站坝址区 F7 断层活动性判断监测，青海省龙羊峡水电站坝址区断层稳定性原位监测，青海省拉西瓦水电站坝址区伊黑龙断层稳定性原位监测等。在水电工程大坝安全监测项目主要有：湖南省东江水电站、湖南省柘溪水电站、湖南省凤滩水电站、湖南省五强溪水电站、湖南省马迹塘水电站、四川省南桠河水电站、江苏省太湖太浦闸、辽宁省英那河水电站、吉林省白山水电站、河南省小浪底水电站、广东省北江西南闸坝、广东省西江九坑和水库、贵州东风水电站、青海省李家峡水电站等。

云南澜沧江上的小湾水电站因其坝址区断层 F7 的稳定性问题，国内外很多资深专家，持有不同看法。经水电部总工潘家诤提议，地壳应力研究所从 1990 年开始，用 4 台 MD4281 型水平变形测量仪（DSJ）在断层 F7 上建设两个监测点，开展了持续 10 余年的监测。经分析研究观测数据变化特征，提出断层 F7 是稳定的明确意见。据此调整大坝设计，从而节约了巨额投资。该水电站已于 2010 年 3 月按新坝型建成运行。

五强溪水电站左岸高边坡坡高、高倾角、断裂密集，是当时我国在建水电工程中规模最大、处理难度最大的重大工程地质问题。自 1987 年开始，地壳应力研究所承担了高边坡变形监测。从 1992 年起，承担了五强溪水电站大坝安全监测。1996 年五强溪水电站所处的沅水流域出现历史罕见特大洪水，严重威胁大坝安全。国务院紧急从全国抽调几十位水电专家到现场指导决策。地壳应力研究所的基础倾斜和坝段沉陷监测资料，成为领导及专家指挥抗洪抢险及防汛决策的重要依据。观测资料显示，大坝基础沉陷则未见明显异常。

二、地面沉降监测

20 世纪 90 年代初，地壳应力研究所与上海市地质局合作，在上海市国棉一厂开展了分层标自动监测示范研究，为国内首次。为后续的地面沉降自动监测打下了技术基础。国内很多单位以及印度尼西亚、泰国的科学家曾经到现场参观。1996 年第三十届国际地质大会将地面沉降自动监测列为南线考察团重点参观内容。

1998 年，地壳应力研究所与上海市地质调查研究院合作建立上海市地面沉降自动化监测管理系统。2001～2006 年建成外滩、北蔡镇、华槽镇、国棉一厂、金山化肥厂、外高桥、顾路镇、塘镇吴泾化工厂、桃浦、国棉十七厂、青浦白鹤、政法大学、双阳、嘉定华亭等十五个地面沉降监测站。

2002～2009 年，地壳应力研究所与北京市地矿总公司工程地质勘察院合作，共同制定了北京市地面沉降自动化监测管理系统技术方案。第一期工程于 2003～2004 年首批建设了北京市地面沉降监测中心和南磨房、来广营、天竺等三个地面沉降自动化监测站；第二期工程于 2008～2009 年建设了八仙庄、平各庄、张家湾、榆垡四个地面沉降自动化监测站。

2004～2005 年，地壳应力研究所与江苏省地质调查研究院合作建设了苏州、盛泽、扬州、海门、常州五个地面沉降监测站。

2005 年，地壳应力研究所与浙江省地质调查研究院合作建设了嘉兴地面沉降监测站。

2004～2009 年，地壳应力研究所与河北省环境勘察研究院合作建设了衡水、沧州、唐县 3 个地面沉降监测站。

2010 年，地壳应力研究所与天津地质调查中心合作建设了塘沽新区地面沉降监测站。

第三节　地震观测技术在台网建设中的应用

地壳应力研究所长期坚持将地震前兆观测技术研究与仪器设备研制的成果应用于台站及台网建设，为地震监测预报和推进地震科技发展做出贡献。

一、“九五”及以前的地震观测技术在台网建设中的应用

早在 20 世纪 70 年代，71 型电感应力仪研制完成后生产了 30 台供地应力台站推广使用，从元器件的安装、电路板的腐蚀制作、机箱面板的加工等等都是手工操作完成的，开创了地壳应力研究所手工作坊生产仪器的先例。4103 型压磁应力仪的研制吸收了以前电桥法测量压磁传感器仪器的优点，对信号源的稳定性、失真度、温度系数以及供桥电压稳定可调、有过电压（过电流）保护、抑制三次谐波等方面做了重要改进，该仪器被国家地震局首次确定为电感法地应力测量专用仪器，由第四机械工业部延吉电子仪器厂定点生产，并在全国台站推广使用。4101A 型自动记录压磁应力仪是根据地应力测量特点和压磁传感器特性，采用阻抗比较法原理设计的，与 DIL-110 型压磁传感器配合使用，进行岩石中的应力测量，在电感法测试系统中首次记录到大地震面波信息，使地应力相对测量电感法测试系统在动态观测捕捉地震信息方面有了突破。该仪器生产了 13 台套供地应力前兆观测台站使用。

RZB-1 型电容式钻孔应变仪研制完成试验后在中国西部多震的新疆、甘肃、四川三省建立 RZB-1 型钻孔应变仪观测网，计有新疆乌什、库尔勒、乌鲁木齐；甘肃高台、武都；四川西昌、攀枝花等站。经过改进、完善、提高的 RZB-2 型电容式钻孔应变仪在建设重庆市钻孔应变台网（6 个子台）、浙江珊溪水库钻孔应变台网（3 个子台），以及更新新疆、四川南北带的几个地应力台站的仪器。

TJ-1 型体积式钻孔应变仪研制完成后在北京、河北、江苏等地多个台站安装使用。在国家“九五”科技攻关计划项目“中短期前兆观测仪器研制”课题支持下，完成了 TJ-2 型系列体积式钻孔应变仪，

并实现了体积式钻孔应变仪的小型化、系列化和实用化，先后在全国各地安装了100多台套推广应用。

SZW—1型数字式温度计研制完成后在滇西建成5个站，在滇东、滇南建成6个站，形成云南地热地震前兆监测网，在地震监测预报过程中显示出较好的地热前兆监测能力，30多年来SZW-1型数字式温度计根据国家地震局任务要求和实践经验的积累先后进行了三次重大改进，研制生产并投入台站观测使用的仪器100多套，顺利完成了世界银行贷款项目、“九五”地震前兆台站（网）技术改造、首都圈防震减灾示范工程等任务。

地壳应力研究所研制生产了76台CCU-1型通信控器和15台DSC-1型地震前兆综合数据采集器，在组建的云南、四川、辽宁、内蒙四个省区的区域地震前兆数据通信网和华北测震大区域联网中应用，完成了世界银行贷款项目建设区域地震前兆数据通信网和部分前兆台站技术改造任务。“八五”期间，研制完成的三种数字化地震前兆遥测、遥控通信传输系统（有线、短波、超短波），小型化了的DSC-2型地震前兆数据采集器，DK-1型和DK-2型电源控制器，V-24型超短波调制解调器，无线遥控器，GPS接收机等仪器设备在河北省由9个台站组成的数字化前兆遥测台网应用。“九五”期间，研制完成的DQS-1至DQS-5型的5种前兆台站的集成模式机柜，DSC系列的3种地震前兆数据采集器，通信系列的4种通信单元，电源系列的2种电源控制器，避雷装置，现场总线技术与光隔离器，通信控制软件和数据应用处理软件，RTP-1型雨量气温气压观测仪在全国29个省市（自治区）的数字化地震前兆观测台网中的253个台站推广应用。改造台站总数超过三分之一，数字化地震前兆仪器达700余套，第一次实现了前兆遥测组网、数据自动采集传输、大范围提升了前兆数据采样率（达每分钟1次）、前兆数据的准实时入库和数据库管理与共享，全面提升了我国地震前兆科学技术水平。

在联合国全球计划——灾害科学与公共管理相结合项目中国协调办公室（UNGP-IPASD）“地震地质、地应力、卫星云图灾害预测研究”课题的资助下，由CZ-1型数字应力仪和YCT-1型压磁探头组成，在菲律宾吕宋岛建立了10个站组成CSCAN民众压磁地应力台网，对监视当地震情起了一定作用。在国家科委援助菲律宾项目中，承担提供一套火山地热检测系统，又在建设博茨瓦纳共和国水资源监测和机井群监控遥测网达成协议。

二、“十五”及以后的地震观测技术在台网建设中的应用

中国地震局自2004年开始实施“十五”重点项目——中国数字地震观测网络项目。地壳应力研究所以企业名义（北京震苑迪安防灾技术研究中心）参与投标，中标后生产的地震前兆观测仪器有SZW数字式温度计、WWY气象三要素、TJ-II体积式应变仪、DRSW水位仪、RZB多分量应变仪、电磁扰动观测仪、地电阻率仪等多种仪器。安装使用范围遍布全国各级台站。截至2010年末，安装使用各种仪器数量近700台，见表4-17-2。

自2010年起又开始对“九五”以前安装使用的前兆观测仪器实施网络化改造，实施网络化改造后的台站，其数据信息纳入中国数字地震观测网络系统以统一的格式输出并供分析使用。

表4-17-2　　2004～2010年前兆观测仪器安装使用情况统计表（单位：台套）

项目名称	年度							合计
	2004	2005	2006	2007	2008	2009	2010	
WWY气象三要素	209			16	8	12	18	263
SZW数字式温度计	152			13	22	18	23	228
DRSW水位仪							30	30
公用设备		30	17	10		45		102
RZB-3多分量应变仪				9	1	1		11
TJ-II体积式应变仪	41		9	6	3	13	17	89
多极距地电阻率仪			2				2	4
电磁扰动观测仪			3		7			10
断层形变仪					25		33	58
应用软件			3					3

第五篇　学术活动与国际合作

概　　述

开展学术活动、进行国际合作与交流是推动研究所学科发展，提升学术水平、提高人员素质、增强科技实力的平台。自 1977 年起，地壳应力研究所先后组织召开了四届全国地应力会议、六届中国地震学会工程勘察专业委员会会议；所、室两级的学术交流活动逐步活跃，学术氛围渐趋浓厚；国际间交流与合作日益频繁，研究所的科研实力和在国际上的知名度逐渐提高。

1983 年，地壳应力研究所与美国地质调查局和威斯康星大学联合开展了“滇西实验场水压致裂深部应力测量及构造应力场研究”。

1989 年，中日“AE 法与水压致裂法原地应力测量对比研究”合作项目是地壳应力研究所与日本电力中央研究所开展民间科技合作项目的一次成功尝试。

1994 年，中日“水压致裂裂缝产生的扩展研究”合作项目是《中日 AE 法与水压致裂法原地应力测量对比研究》合作项目取得成功后的延续。

1993 年 12 月 21 日，首次承担泰国拉姆塔崆抽水蓄能电站场址原地应力测量项目，取得较好的结果。后又承担了港澳地区和泰国、老挝、新加坡等国际科技服务项目数项。

2010 年 8 月 25～27 日，地壳应力研究所成功举办了第五届国际岩石应力研讨会。共有来自 21 个国家和地区的 195 位专业人士出席会议。

2010 年 10 月 23 日，国际岩石力学学会在印度召开的 2010 年学术年会暨第 6 届亚洲岩石力学大会上，国际岩石力学学会理事会正式批准成立“地壳应力与地震”国际专业委员会。该国际专业委员会挂靠在中国地震局地壳应力研究所，委员会主任由地壳应力研究所所长谢富仁研究员担任。

第十八章　学术活动

开展各种学术活动是提高学术水平，增强科学研究实力的技术平台。

地壳应力研究所是中国地震学会“地应力专业委员会”、“工程勘察专业委员会”和“地下流体专业委员会”的牵头单位。在各届专业委员会主任的主持下举办了相应的学术活动。

第一节　全国地应力专业委员会

一、第一届全国地应力专业会议

1977 年 8 月 24 日至 9 月 4 日，在安徽省芜湖市召开了第一届全国地应力专业会议。

会议重点交流了地应力测量理论、测量方法和地震预报方面的科研成果和存在的问题，明确了地应力研究的方向和任务。

会议一致认为本学科和其他学科一样，在地震科研工作中取得了一定的成绩，在地震预报中起着一定作用。

为广泛和深入交流科研成果，由地震地质大队选编了会议论文集。会议收到的论文很多，由于印刷等问题，没能全部刊出，仅编入具有代表性、资料较完整的论文 38 篇，其内容涵盖“测量原理及方法”、“震前地应力异常分析”、“地应力测量仪器及方法改进、干扰排除”、“实验研究工作”等方面的内容。

二、第二届全国地应力专业会议

1983 年 8 月 2～8 日，在北京市八大处召开了第二届全国地应力专业会议。

会议的主要内容：

⑴交流测量地应力的新方法和新技术，以及原理和取得的新成果；

⑵交流地应力相对测量在地震预报方面的经验；

⑶讨论电感法相对地应力测量技术在地震预报中进一步发挥作用的一些关键问题；

⑷对地应力测量技术的其他应用成果进行了交流。

三、第三届全国地应力专业会议

1994 年 8 月，在北京市香山召开了第三届全国地应力专业会议。

来自全国各地、各产业部门、设计院、研究院所、大专院校及地震系统的 50 余位专家参加了会议。

会议共收到论文摘要 66 篇。

会议回顾和总结了近年来地应力测量技术和方法的进展及其所取得的研究成果。紧密结合国民经济建设需要，是这一时期地应力专业发展的一个显著特色，也是这一专业能够持续发展的根本动力。参加本次会议的专家一致认识到，地壳上部应力状态的测量与研究，对能源、资源开发利用，各种岩土工程稳定性评价，科学设计和安全运营，对减轻地震和其他地质灾害都是至关重要，近 10 年来，地应力测量在这些领域的应用，已取得巨大的社会和经济效益，并仍有很大的发展潜力。

会议总结了地应力测量专业领域在对外开放、加强国际交流与合作方面的成绩，以及对促进地应力测量理论和技术的提高所取得的重要收获。会议对地应力专业今后发展的方向和工作重点进行了深入的探讨。

会议提交的论文涵盖“地应力测量在工程中的应用”、“构造应力场研究”、“地应力测量技术的新进展”和“地震预报研究”等方面的内容。

四、第四届全国地应力专业会议

2004 年 11 月 18～24 日，在海南省海口市召开了第四届全国地应力专业会议。

第四届全国地应力专业会议由中国地震局、中国地震学会和中国岩石力学与工程学会联合发起，地壳应力研究所和中国地震局监测预报司承办，海南省地震局、中国科学院岩土力学研究所、中国地质科学研究院地质力学研究所、北京科技大学、长江科学研究院和《岩石力学与工程学报》编辑部协办。

本次会议受到中国地震局和相关方面的高度重视，中国地震局局长宋瑞祥到会发表了重要讲话并为大会题写了贺词（宋瑞祥的题词为：监测地壳应力数异　实践地质力学原理　探索地震事件规律　做好防震减灾服务），中国地震局地质研究所马宗晋院士、中国科学院研究生院计算地球动力学实验室石耀霖院士、大连院士创业园宋振骐院士、地壳应力研究所谢富仁研究员、法国巴黎地球物理学院 F.H.Cornet 教授和日本中央电力研究所 K.Shin 教授、地壳应力研究所郭啟良研究员、中国科学院武汉岩土力学研究所葛修润研究员等在大会做了特邀报告。报告题目分别是：“中国大陆水平重力梯度异常解释”（马宗晋），“关于青藏高原地球动力学问题的讨论”（石耀霖），“煤矿重大事故的动力信息——井下采动应力与事故关系”（宋振骐），“岩石圈构造应力研究趋势”（谢富仁），“应力剖面的确定和解释”（法国 F.H.Cornet），“各项异性岩石应力解除测量新方法研究”（日本 K.Shin），“岩体物理学参数的水压致裂综合测试技术与应用”（郭啟良）和“地壳应力测量新方法原理”（葛修润）。

中国地震局监测预报司、计划财务司、应急救援司领导和海南省地震局领导出席了会议。参加本次学术研讨会的还有全国有关高校、科研院所、设计及施工单位的专家和从业人员 120 余名。地应力专业委员会主任、地壳应力研究所所长唐荣余代表组委会发表讲话。

会议的主题是“面向 21 世纪地壳应力研究的机遇与挑战”。与会学者和专家就地应力研究的现状和发展趋势，地壳应力环境及其动力学问题，大陆地震与应力应变观测和地应力测量技术的新进展等方面的问题进行了广泛地交流和热烈地讨论。研讨内容涉及岩石圈动力学、地震学、岩土力学与工程等许多前沿课题。会议共收到论文 60 多篇，分别刊载于《岩石力学与工程学报》和《地壳构造与地壳应力文集》上。本次研讨会有 8 个特邀报告、16 个专题报告，组织学术沙龙 1 次，另有 16 名来自高校、科研、设计和施工单位的代表在会议上交流了地应力测量在其各自领域最新的研究和应用成果。

会议建议由地壳应力研究所牵头，分别向中国地震学会和中国岩石力学与工程学会申请成立“构造应力专业委员会”和“地应力专业委员会”。

地壳应力研究所副所长谢富仁代表会议学术委员会做了大会总结，倡议各单位加强协作，共同努力，推进下面几项工作：①尽快制定地应力学科发展规划；②加强大陆岩石圈应力非均匀性及其动力学机制研究；③提升地震数字实验室工作水平，推动应力场模拟研究；④加强钻孔应力应变观测技术研究，制定相应规范，提高观测质量；⑤进一步推动钻孔应力应变观测技术在地震预报领域的应用研究，建立地震科技实验场；⑥加强地应力基础理论研究，推进地应力测量方法在工程领域的应用。

第二节　工程勘察专业委员会

中国地震学会工程勘察专业委员会成立于 1998 年，地壳应力研究所是中国地震学会工程勘察专业委员会牵头单位。地壳应力研究所所长杜振民为地震工程勘察专业委员会第一任主任，副主任为：薄景山、李松岭、刘元生、唐荣余、蔡晋安；秘书：栾毅、魏庆云。该专业委员会举办了下列学术活动。

一、工程勘察专业委员会 1999 年年会

中国地震学会工程勘察专业委员会第一届年会于 1999 年在山东省长岛召开。此后，中国地震学会工程勘察专业委员会每 2 年召开一次年会。

二、工程勘察专业委员会 2001 年年会

中国地震学会工程勘察专业委员会第二届年会于 2001 年在宁夏回族自治区银川市召开。

三、工程勘察专业委员会 2003 年年会

中国地震学会工程勘察专业委员会 2003 年年会于 2003 年 8 月 1～9 日分别在青海省西宁市和西藏自治区拉萨市召开。此前，专业委员会已完成换届工作，地壳应力研究所所长唐荣余当选为主任。

会议由专业委员会主任唐荣余和副主任薄景山主持，中国地震局刘玉辰副局长、科技发展司助理巡视员栾毅、中国地震学会秘书长郝记川等参加了年会。

西藏自治区地震局局长张周术、青海省地震局局长陈铁流、甘肃省地震局局长李克、中国地震局二测中心主任丁平等参加了会议。

年会讨论的议题主要有：①地震系统的工程勘察工作要适应当前激烈的市场竞争，在竞争中求发展； ②要做好专业委员会的学术交流、人才培养，注册岩土工程师培训和考试等工作； ③宣布中国地震学会第三届工程勘察专业委员会组成人员名单。

经过讨论，与会代表就地震系统的工程勘察工作提出如下建议：

⑴在继承工程勘察行业已有工作方法和技术的基础上，结合地震科技的优势，发挥特长，建立一支有自己特色和特长的工程勘察队伍，为工程建设提供多方面的技术服务，提高市场竞争力。

⑵利用已有设备、技术和勘察资料，为城市活断层研究需要，开展勘察技术方法研究。

⑶要逐步实现与国际市场接轨，加强注册岩土工程师等专业技术人员的培养，选拔优秀青年技术骨干对其进行培训，鼓励更多从事地震工程勘察工作的从业人员考取注册岩土工程师资质证书，各单位应为他们提供各种优越的条件。

⑷建议在地震系统成立地震工程勘察总院（联合体），取得甲级资质证书，并在各地设立分院，以提高市场竞争力。

四、工程勘察专业委员会 2005 年年会

中国地震学会工程勘察专业委员会 2005 年年会于 11 月 2～7 日在广西壮族自治区南宁市召开。有关省地震局及研究所、勘察研究院工程设计人员共 39 人出席本次会议。会议特邀北京中设认证服务有限公司陈波教授到会作了工程勘察质量认证方面的报告。

会议由专业委员会主任、地壳应力研究所所长唐荣余主持，有三个方面内容：①第三届中国地震局优秀工程勘察奖评选情况介绍及颁奖；②工程勘察质量认证讲座；③地震工程勘察学术交流。

优秀工程勘察奖由工程勘察专业委员会承担评审工作。2005 年 9 月 24～25 日在北京对 12 个省地震局及研究所申报的 27 个项目进行了评审，有 16 个项目获奖。其中：一等奖 3 项，二等奖 7 项，三等奖 6 项。这次的申报奖项目和获奖项目从数量上和质量上都远超上一届。

与会代表就 21 世纪工程勘察技术发展方向，深基坑开挖过程中的关键技术问题，工程隔震技术及产品的研发等内容进行了交流，并围绕提高工程勘察质量，加强工程勘察企业质量管理展开了讨论，取得以下共识：①进一步认清当前面临的严峻形势，增强狠抓质量工作的紧迫感，提升工程勘察企业资质，增强市场竞争力；②重视工程勘察人才培养和引进工作，加强队伍建设；③鼓励技术创新，加快工程勘察技术的发展和进步；④推进质量认证工作，提高管理水平；⑤建议组织专家组进行调研，修订《中国地震局优秀工程勘察奖评选办法》和《中国地震局工程勘察及岩土工程项目质量检查评定

办法》，以树立正确的设计理念，明确技术发展和企业改革方向。

唐荣余主任在总结中提出，要进一步拓宽思路，努力提高地震工程勘察技术水平和管理水平，加强交流合作，共同开拓地震工程勘察新局面。

五、工程勘察专业委员会2007年年会

中国地震学会工程勘察专业委员会2007年年会于2007年11月15～19日在湖南省长沙市召开。

会议由工程勘察专业委员会主办，有关省地震局、研究所、勘察研究院领导及工程设计人员共50多人出席会议。会议主要有三项内容：①地震工程勘察工作总结及学术交流；②按中国地震学会要求，完成地震工程勘察专业委员会换届工作；③讨论新的《中国地震局优秀工程勘察奖评选办法》。

工程勘察专业委员会李松岭副主任主持会议，地壳应力研究所吴荣辉副所长代表唐荣余主任总结上届地震工程勘察专业委员会及地震工程勘察工作。

按照中国地震学会的要求，会议完成了换届工作，新一届地震工程勘察专业委员会主任由地壳应力研究所科学技术处杨树新处长担任。杨树新作了述职演讲，提出：提高工程勘察单位资质等级水平，重视地震工程勘察人才培养，提高行业整体技术水平，健全完善质量监管体系等是今后工作的重点。

黑龙江国振建筑工程技术研究院冯志仁院长就《中国地震局优秀工程勘察奖评选办法》的修订情况作了报告。会议还特邀工程力学研究所林凤桐教授就我国地震工程勘察的现状与发展情况做了报告。

与会代表推举出新一届工程勘察专业委员会委员；对《中国地震局优秀工程勘察奖评选办法》的修订提出建议。大家认为在工作中要充分发挥学会、专业委员会在行业中的积极作用，加强单位间的交流与合作，提高地震工程勘察技术水平和管理水平，不断开拓地震工程勘察新局面。

六、2009年优秀工程勘察奖评审会暨工程勘察专业委员会年会

2009年10月30～31日在北京召开了中国地震局优秀工程勘察奖评审会。评审委员会对十几个省地震局地震工程勘察单位及研究所申报的评奖项目进行了评审，评出一等奖3项，二等奖4项，三等奖5项。

2009年12月4～8日在海南省海口市召开了中国地震局优秀工程勘察奖颁奖暨2009年地震工程勘察年会。与会代表共32人，人事教育和科技司栾毅副巡视员和王峰副处长参加会议。

会议由地震工程勘察专业委员会主任杨树新主持，原主任唐荣余参会并讲话。唐荣余在讲话中回顾了20年来地震工程勘察工作所取得的进步，为防震减灾事业做出的贡献；分析了地震工程勘察专业面临的主要问题，指出今后的工作应结合国家要求和形势发展，认真总结经验，不断研发先进技术和完善管理体系，推动地震工程勘察工作的可持续发展。

获奖单位代表郑州球物理勘探中心贺为民副主任向与会代表介绍了地震灾害评估方面的工作经验；黑龙江国振建筑工程技术研究院冯志仁院长做了“加强工程勘察企业质量管理，提高工程质量”的报告；特邀代表工程力学研究所林凤桐教授就我国工程勘察现状与发展情况做了报告。

第三节　地震流体专业委员会

中国地震学会地震流体专业委员会成立于1995年，第一届至第二届牵头单位为原中国地震局分析预报中心，专业委员会主任为杨玉荣研究员，刘耀炜研究员任第二届专业委员会副主任。2007年第三届地震流体专业委员会成立，地壳应力研究所为牵头单位，中国地震局局长陈建民任名誉主任，刘耀炜任委员会主任，杨选辉任秘书。2011年第四届地震流体专业委员会成立，中国地震局陈建民局长任名誉主任，刘耀炜任主任，杨选辉任副主任之一。自第三届专业委员会成立以来，举办了下列

学术活动。

一、地震流体专业委员会 2007 年年会

2007 年 10 月在湖北省宜昌市召开了“2007 年中国地震学会地震流体专业委员会学术年会暨第三届地震流体专业委员会成立大会”。名誉主任陈建民为大会发来书面致词，提出“一定要把科技创新作为学科生存与发展的灵魂，一定要把保持学科的特色作为立足的根本，为我国防震减灾事业做出更大的贡献。”

上届主任杨玉荣以书面形式为大会发来了贺信。湖北省地震局局长、副主任姚运生、青海省地震局孙雄局长出席了会议。参加会议的代表共 56 人，收到会议学术论文摘要 40 篇。

刘耀炜主任作了地下流体学科 2006～2020 年科学发展规划报告，副主任、中国地质大学王广才教授就当前国内外流体学科研究发展趋势作了报告，赵慈平等 20 余人就深部流体研究、地震前兆机理、资料处理技术、异常识别以及地震预测方法等研究进展进行了学术交流。

二、地震流体专业委员会 2009 年年会

2009 年 9 月在湖南省长沙市召开了地震流体专业委员会 2009 年学术年会。此次会议是 2008 年汶川大地震后召开的一次学术交流会，会议拟定了包括汶川地震异常总结和地震流体专业学科发展等 6 个方面的专题：①地下流体台网优化与发展规划建议；②“十一五”地下流体背景场监测网建设技术问题；③地下流体数字化技术发展与数字化资料应用；④汶川地震异常总结与强震预测技术；⑤地下流体国内外最新研究动态与发展趋势；⑥其他新技术新方法等。

专业委员会主任委员刘耀炜主持会议，地震流体专业委员会副主任、湖北省地震局姚运生局长和湖南省地震学会理事长、湖南省地震局全德辉局长、胡奉湘副局长，以及防灾科技学院刘春平副院长等 50 余位代表参加了会议。

会议收到地震流体学科发展和科学研究方面的论文摘要 39 篇，有 20 余篇研究论文进行了大会交流。刘耀炜主任主持了学术交流会，并作了题为“汶川地震地下流体反思与相关科学问题讨论”的专题发言，陆明勇委员的“汶川 8 级地震地下流体长趋势变化特征及其机理初步探讨”、刘春平教授的“井水位随气压、引潮位变化之解析解”、副主任张慧的“坚固体孕震模式下地下流体异常时空演化的数值模拟—对汶川 8.0 级地震预报问题的反思”、张卫华委员的“利用三峡井网井水位变化反演汶川 8.0 地震后该地区应力变化”等报告，展示了科技人员在地震流体研究领域的最新成果以及在地震监测预报工作中的探索精神。

第十九章　国际、港澳台地区交流与合作

1977 年，地壳应力研究所开始与国际和港澳台地区学术团体和同行进行学术交流及科技合作，并开展了一些对外科技开发工作。随着对外交往的日益频繁，极大的提高了研究所的科研实力和在国际上的知名度。

第一节　科技合作与研究项目

一、中美水压致裂原地应力测量合作项目

根据 1978 年邓小平与美国政府签订的中美科学技术合作协定以及中国地震局与美国地质调查局签订的中美地震科学技术合作议定书，地壳应力研究所与美国地质调查局和威斯康星大学开展了“滇西实验场水压致裂深部应力测量及构造应力场研究”。

1982 年 10 月，美国地质调查局佐巴克博士、希克曼及美国威斯康星大学海姆森教授到中国访问，共同制定了合作研究计划，并到云南省滇西地震预报试验场进行实地考察。

“中美水压致裂原地应力测量研究合作计划协议书”是“中美科技合作地震研究协议”的组成部分，由地壳应力研究所与美国地质调查局及威斯康星大学协商，于 1983 年 11 月签订协议。协议商定从 1983～1985 年（后又延长二年），在云南省滇西地震预报试验场的下关、永平、剑川等地，采用水压致裂技术方法开展较深部的原地应力测量。实验室测量工作在美国威斯康星大学冶金采矿系岩石力学实验室完成。其目的是：研究红河断裂带构造应力场分布特征，为地震成因、大震灾害及地球动力学研究提供重要的基础资料。同时结合测震、地形变等资料综合研究红河断裂带的现今活动性及其与地震发生的关系。1983 年在云南下关一个 500m 深钻孔中进行水压致裂法应力测量，美国地调局佐巴克博士、斯维蒂克和威斯康星大学海姆森教授来华参与研究工作。1984 年在云南永平一个 500m 深的钻孔中进行水压致裂法应力测量，美国地调局斯维蒂克来华参与工作。1985 年在云南剑川一个 800m 深的钻孔中进行水压致裂法应力测量，威斯康星大学海姆森教授和美国地调局斯普林格来华参与研究工作。1986 年在剑川 800m 深钻孔和 1987 年在丽江一个 500m 深钻孔中进行了水压致裂应力测量。

1986 年，李方全、翟青山到美国地质调查局与佐巴克博士及海姆森教授对测量资料共同进行分析研究，并对整个工作进行了总结。

合作研究取得丰富的资料，完成论文 10 多篇，其中 3 篇在 1985 年中美地震预报讨论会上宣读。

合作研究提高了地壳应力研究所水压致裂原地应力测量的理论研究和技术水平，并为研究所培养了一批青年科技骨干，还引进了先进的仪器设备，改进了研究所的测量装备。

二、中日“AE 法与水压致裂法原地应力测量对比研究”合作项目

水压致裂法是目前最适合深部原地应力测量的方法。AE 法是利用钻孔岩芯声发射凯赛效应测量原地应力的一种新方法，已在浅部应力测量中得到应用。

在开展对外科技交流中，地壳应力研究所除了积极争取参加国家地震局领导下的政府间科技合作交流项目，还主动开拓民间科技合法交流渠道。“中日 AE 法与水压致裂法原地应力测量对比研究”是地壳应力研究所与日本电力中央研究所开展民间科技合作项目的一次成功尝试。

在地下基岩内开挖大型洞室时，其三维地应力资料对洞室的合理设计和安全施工至关重要。日本电力中央研究所开发了利用钻孔岩芯简便求取地应力的 AE 法，适用小于 300m 的井深。地壳应力研究所曾在三峡坝区 800m 深的钻孔中进行过水压致裂法原地应力测量。双方决定在同一测点的钻孔中实施 AE 法和水压致裂法地应力测量，对两种方法地应力测量结果进行对比研究，从而把 AE 法的适

用范围扩大到地壳较深部。双方签订了民间科技合作协议，商定合作研究的期限为 1989 年 12 月至 1991 年 3 月。目标是：利用中国三峡坝区 800m 深钻孔，采用日本电力中央研究所的 AE 法进行地应力测量，与中方水压致裂法原地应力测量资料进行所测深部应力状态对比，以检验 AE 法地应力测量技术的可靠性。合作研究利用日方提供的合作经费，更新了岩石力学实验室的声发射记录系统，为 AE 法的实用化奠定了技术基础，其间地壳应力研究所还选派青年科技人员赴日本电力中央研究所的实验室进行研修学习。

通过合作，增进了中日双方在地应力测量研究领域的了解，取得了许多共识，为进一步扩大科研合作奠定了基础。

三、中日“水压致裂裂缝的产生和扩展研究”合作项目

《中日 AE 法与水压致裂法原地应力测量对比研究》合作项目的成功，增进了双方扩大合作研究的兴趣和信心。经双方协商，再次开展“水压致裂裂缝的产生和扩展研究”。

协议内容：科技合作为期三年，自 1994～1996 年，在北京房山进行。中方提供场地、重型设备和工程技术人员；日方负担钻孔经费、专用测量仪器设备、人员往返旅费及生活费。

通过合作，学习和掌握了日方 AE 法野外和实验室的测量技术及资料分析方法。日方按协议提供合作费用，达到了研究所利用外资开展对外科技交流的预期目标。

中日合作研究取得大量、可靠的测量数据，为其后的研究工作，提供了丰富的资料。合作结束共完成学术论文 8 篇，其中有 3 篇参加国际学术交流会议，在国内期刊发表 5 篇。

第二节　对外科技服务项目

一、泰国拉姆塔崆抽水蓄能电站场址原地应力测量

拉姆塔崆抽水蓄能电站，是泰国电力局的重点工程项目之一。泰国电力局曾邀请日本某公司在上库区的一个钻孔中作过地应力测量，由于地质情况复杂，测量失败。泰方了解到地壳应力研究所是国际上从事地应力测量较知名、有实力的科研单位，选定地壳应力研究所承担此项工作。1993 年 12 月 21 日，赵国光所长和李方全研究员率领由 8 名工程技术人员组成的项目组，携仪器设备赴泰国进行两个钻孔的原地应力测量工作，历时 50 天，提前两天完成拉姆塔崆抽水蓄能电站的原地应力测量计划，满足了泰方按时向世界银行专家组提供资料的要求。专家组认为，测量合理、数据可靠，对于在复杂的地质条件下，这么快拿出合乎要求的地应力测量数据表示钦佩。两个钻孔的地应力测量结果一致性很好，重点查明了地下厂房及其周围的应力状态，泰方据此结果修改了地下厂房的深度和设计方案。

拉姆塔崆抽水蓄能项目是地壳应力研究所开拓国际科技服务市场的首次尝试。本次技术输出的成功，表明在亚洲发展中国家技术开发市场上，不论在测量技术和经济成本上，地壳应力研究所的地应力测量有着与日本及西方国家竞争的优势。其后，泰方还主动和地壳应力研究所联系，希望双方继续进行有关方面的技术合作，为新的水电工程项目提供水压致裂原地应力测量技术。

二、南俄第三水电工程水压致裂应力测量

南俄第三水电工程水压致裂应力测量，是与泰国 MDX 电力公司的又一次技术合作。该水电工程项目位于老挝南俄河上，在老挝首都万象以北 90km 处。南俄河是湄公河的主要支流之一。该水电工程是老挝政府与泰国 MDX 电力公司合作开发的项目。

应泰国 MDX 电力有限公司邀请，地壳应力研究所第一研究室水压组一行 5 人在李方全带领下，于 1996 年 4 月 17 日和 4 月 24 日先后两次赴老挝南俄第三水电工程场地进行水压致裂原地应力测量工

作。现场测量工作于 5 月 25 日完成， 6 月 5 日提交最终测试报告。

项目的工作场地处于人迹罕至的热带深山老林，无路可通，人员物资靠直升飞机运送，天气高温闷热，蚊虫成群，工作环境极其复杂艰苦。全体人员在短期内完成两个钻孔的测试工作，写出初步报告，得到了甲方验收专家的一致好评。

三、新加坡蒙代工程场地稳定性评价

新加坡蒙代工程是新加坡国防部的一项重要工程。中国地球物理学会受新加坡《尼康工程公司》的委托对该工程提供技术服务。中国地球物理学会委托地壳应力研究所承担该工程的原地应力测量、岩石原地渗透率测量、钻孔电视观测等项工作。

1999 年 2 月 5 日和 2 月 12 日，李方全、陈群策、毛吉震、张志国 4 人分批前往新加坡开展 “蒙代工程场地稳定性评价”项目中的各项测试工作，于 5 月 8 日完成任务。

水压致裂原地应力测量和钻孔超声波成像电视测量等项技术在新加坡第一次开展工作，新加坡对此给予高度重视，在进行原地应力测量时，新加坡国防部、南洋理工大学、项目监理公司联合组织二十多位官员和专家学者到现场参观。主管项目的监理评价认为：测试过程规范、测试数据完整，测试结果的应用价值极高。

四、澳门天然气陆上传输系统工程场地地震安全性和地质灾害危险性评价

受澳门中天能源控股有限公司委托，王恩福等 7 人于 2007 年 9 月 17 日至 10 月 30 日赴香港、澳门特区，开展天然气陆上传输系统工程场地地震安全性和地质灾害危险性评价工作，任务是为澳门天然气陆上传输系统提供科学合理的抗震设防要求。工作内容：区域地震构造环境评价；区域地震活动特征分析；近场区及场区的地震构造、断层活动和地震活动特征分析；地震危险性和地震衰减关系分析；场地工程地震条件评价；场地土层地震反应分析。现场测试项目：钻孔波速测试；钻孔现场原位测试及野外地质调查工作。

通过工作，对澳门特区及珠海部分区域的地震地质环境有了深刻了解，对该区域未来可能遭受的地震及地质灾害危险性进行了系统分析，并对工程提出了的建议。

五、新加坡南北供电电缆隧道岩土调查

应新加坡 ECON Geotech Pte Ltd 公司邀请，丁立丰、李方全等人分别于 2008 年 12 月、2009 年 6 月赴新加坡开展供电电缆隧道可行性研究项目中的地应力测试及分析工作并顺利完成任务，新方对测试结果非常满意。

第三节　第五届国际岩石应力研讨会

第五届国际岩石应力研讨会于 2010 年 8 月 25 日至 27 日在北京召开。

2008 年 1 月地壳应力研究所正式向国际岩石力学学会提出承办第五届国际岩石应力研讨会申请，同年 5 月获国际岩石力学学会理事会正式批准。

第五届国际岩石应力研讨会由国际岩石力学学会发起，中国地震局地壳应力研究所、中国岩石力学与工程学会、中国地震学会共同承办，国内外多家科研单位和团体协办。本次研讨会历时三天，共有来自国内外 21 个国家和地区的 195 位专业人士参加，其中国内代表 144 人，国外及港澳地区代表 51 人。

会议的主要内容由学术交流主题报告会、分会场报告交流及展板展示等几部分组成。中国地震局副局长刘玉辰出席开幕式，出席开幕式的还有国际岩石力学学会主席 John Husdon 教授、中国岩石力

学与工程学会中国国家小组主席唐春安教授、国际岩石力学学会执行副主席及下任当选主席冯夏庭教授、中国科学院研究生院石耀霖院士、中国地震局监测预报司李克司长、科学技术司（国际合作司）赵明副司长、发展财务司徐铁鞠副司长等领导和专家。

开幕式由组委会秘书长、地壳应力研究所所长谢富仁主持。

会议主席、中国地震局副局长刘玉辰在致辞中首先代表中国地震局，对会议的召开表示热烈祝贺，对出席会议的各位嘉宾和全体代表表示诚挚地欢迎。刘玉辰副局长在致辞中指出，近几十年来世界各国在地壳应力研究的理论方法和工程应用方面均取得长足的发展，其成果在工程建设、资源能源开发等诸多领域发挥了重要作用，为研究地质灾害的成因及其预测预防提供了有力的支撑。1966 年中国邢台地震后，在著名科学家李四光教授的亲自指导下，中国开展了将地应力观测用于地震预测的研究。岩石应力的研究是人类认识地球内部物理过程和研究地震地质灾害机理的重要基础之一，在强震机理和预测研究领域发挥了重要作用。

国际岩石力学学会主席 John Husdon 教授、中国岩石力学与工程学会中国国家小组主席唐春安教授分别在开幕式上致辞。

开幕式后，德国的 Stephansson 教授 、美国的 Haimson 教授 、中国的石耀霖院士、英国的 Hudson 教授、挪威的吕明教授、中国的谢富仁研究员分别结合理论与实际经验，在区域和场地岩石应力模型生成、水压致裂方法的影响因素、中国地应力测量与地震预测研究、原地应力测量的复杂性、地应力在隧道稳定性分析的应用、中国现代构造应力场分区与强震关系方面作了大会主题报告。报告介绍了国内外地应力研究领域的研究方向和最新进展，受到参会代表的广泛关注。

研讨会的主题是:“岩石应力与地震”。谢富仁、石耀霖的“中国现代构造应力场分区与强震研究”、“中国应力测量与地震预报研究”两篇报告，详细介绍了我国地壳应力研究的最新成果，以及在地壳动力学、强震机理、地震预测等研究领域应用的新思路、新进展，包括近年来中国在动态地应力观测和研究方面的成果。

会议分组分为地应力测量技术与理论、地应力测量在工程中的应用、岩石圈应力应变及其动力过程模拟、活动构造与地壳动力学、应力应变观测与地震预测、水压致裂方法与应用研究六个专题进行交流。

会议收到论文摘要 288 篇，会议口头报告及展板 150 篇，由荷兰 CRC 出版社出版了论文集，收录论文 143 篇。

研讨会于 27 日闭幕。会议结束后，部分外国专家到地壳应力研究所访问，参观了地震前兆仪器检测中心、地壳动力学实验室、地下流体实验室及深井综合观测仪器等，并就相关学术问题与科研人员进行了深入的交流与探讨。

2010 年 10 月 23 日，在印度新德里召开的国际岩石力学学会 2010 年学术年会暨第 6 届亚洲岩石力学大会上，国际岩石力学学会理事会，批准成立“地壳应力与地震”国际专业委员会。该国际专业委员会挂靠在中国地震局地壳应力研究所，委员会主任由谢富仁研究员担任。

第四节　国际和港澳台地区学术交流与人员互访

地壳应力研究所在地震科研工作中不断加强与国际和港澳台地区相关学术团体的学术交流及科研人员的密切互访，尤其是在改制为研究所之后，与外界的学术交流和人员互访活动更加频繁。

地壳应力研究所首次对外进行学术交流活动、接待来访专家学者为 1977 年 10 月。截至 2010 年底，共接待 20 余个国家和港澳台地区的专家学者来所访问和进行学术交流，内容包括学术交流、经验介绍、科技合作、现场考察等，具体情况见表 5-19-1。

表 5-19-1　　　　　　国际和港澳台地区学术团体、学者来访和学术交流活动一览表

1977	1. 阿尔巴尼亚 2 人 10 月访问共计 10 天，进行学术交流、经验介绍，参观温泉台站。 2. 法国科研中心天体和地球物理研究所居・奥贝尔副所长，皮埃尔—玛里居里大学构造地质研究室克洛德•让•阿莱格尔主任、孟伯里埃市郎格道科技大学构造地质研究室让•奥布安主任、莫・马德欧尔先生 10 月 22 日访问。介绍法国的科研机构简况、“同位素研究新进展及新方法”、“阿尔卑斯构造带和喜马拉雅山形成模式”，参观温泉地应力试验站。 3. 瑞士联邦苏黎世高工地球物理所斯・米勤所长 10 月 29 日来访，报告：“用板块学说的观点研究地壳演化”，参观温泉台站；高工地球物理所地震服务中心迈耶・郝札主任介绍地震服务中心研制的长周期地震仪。 4. 日本东北大学理学部铃木次郎教授、九州产业大学工学部部长表俊一郎教授、大阪市立大学藤田和夫教授、京都大学理学部田中丰讲师、秋田宏助教、京都大学防灾研究所尾池和夫副教授、日本国际贸易协会关西本部事务局福富纪子等来访。学术报告：“日本地震预测研究的现状”、“震中区域地震动的问题”、“日本的活动断层与地震活动”、“大范围的地壳形变和地震”、“以地球电磁学进行地震预测的研究”、“以地球化学方法进行地震预测研究”、“活动断层和微震活动”
1978	罗马尼亚地球物理和地震研究所柯尔温阿•杨所长、德米特列斯库•克里山研究员、沃依古列斯库•丹研究员 5 月 6 日来访，参观温泉地应力试验站
1981	西德波鸿鲁尔大学鲁梅尔教授 3 月 31 日至 4 月 18 日来访讲学。报告：“高温高压下的岩石破裂与摩擦”、“水压致裂法原地应力测量”、“人工地热能”
1982	1. 美国华盛顿卡奈奇研究所萨克斯教授 4 月 4～28 日前来学术交流及洽商购买仪器事宜 2. 美国地质调查局佐巴克博士、赫克曼先生、威斯康星大学海姆森教授 11 月 6 日至 9 日来所商谈合作研究事宜。学术报告：“美国水压致裂法原地应力测量和构造应力场研究”，考察滇西地震预报试验场 1983 年压裂测点
1983	美国地质调查局佐巴克博士、斯维蒂克先生，威斯康星大学海姆森教授 10 月 22 日至 11 月 5 日来所签署“中美水压致裂原地应力测量和研究合作协议书”，完成第一年度野外测量工作：下关 500m 深孔水压致裂原地应力测量，商谈 1984 年度地应力测量实施计划及考察工作现场
1984	1. 美国地质调查局斯维蒂克先生 12 月 4～15 日来所开展“中美水压致裂原地应力测量和研究”第二年度野外工作，完成永平 500m 深孔水压致裂原地应力测量。 2. 美国地质调查局火山与工程办公室拜尔利博士来访讲学：“岩石力学实验室研究及其应用”。 3. 英国剑桥大学麦肯其教授、杰克逊先生 8 月 16 日至 9 月 15 日来访讲学：“爱琴海及土耳其西部的大地构造”、“地幔对流”、“我的科学生涯（麦肯其）”、“中东地区的大地构造”、“1981 年希腊科林斯湾地震”、“正断层地震记录的大地构造”，考察了通海地震地面破裂现场和红河断裂第四纪活动构造形迹及构造地貌”，参观唐山地震遗迹现场。 4. 美国辛辛那提大学基林克教授、约翰逊教授 11 月 1 日至 13 日来访讲学：“地质力学基础和热力学基础”、“加利福尼亚内华达山区花岗闪长岩中断裂、褶皱及节理的形成条件”、“孔状砂岩中断裂的形成”、“大型滑坡体与速滑剪切和推复体有关的构造”、“地壳部分熔融或核废料扩散”，参观唐山地震遗迹现场。 5. 美国萨克斯博士、埃夫森、麦克、林德、格林 11 月顺访。 6. 西德、福兰克•罗特 7 月顺访
1985	1. 美国地质调查局斯普林格先生、威斯康星大学海姆森教授 9 月 14 日至 10 月 11 日来所进行“中美水压致裂原地应力测量和研究”第三年度野外测量，完成剑川 500m 钻孔水压致裂原地应力测量。学术报告：“孔壁塌陷、地层倾斜和超声波井下电视”（斯普林格）。 2. 澳大利亚新英格兰大学地理系奥利尔教授 9 月 19 日至 10 月 6 日来访讲学及野外考察。报告：“水系的构造分析”、“与侵蚀、隆起和水平运动相关的地貌作用速率”、“澳大利亚（缓慢的）与新几内亚（快速的）活动构造地貌对此”、“侵蚀与重力引起的构造特征”，赴山西野外考察。 3. 英国伦敦大学学院地质系普赖斯教授 10 月 6～17 日来访讲学：“残余应力和剩余应力的区别，它们对地壳浅部破裂发育的影响及其地震学意义”、“大型走滑断层的次生构造及其发育模式”、“关于正断层作用应力场

1985	演变及可能的‘构造逆掩’等若干问题”、“根据地面观察区分深部存在的破裂与浅层风化带中形成的破裂”、“平缓沉积岩中的破裂发育问题”。普赖斯教授向地壳应力研究所赠送其将要出版的新著的部分书稿。 4. 日本田中丰 11 月 18～19 日顺访，报告：“日本的地壳应力测量”、“日本的地壳形变观测”。 5. 美国卡奈奇研究所陈永华博士 9 月顺访，报告：“地震资料与分析处理近况”。 6. 美国伍德豪克海洋研究所冯•海德博士 10 月顺访，报告：“热流测量方法及有关最新成果”
1986	1. 西德鲁尔大学鲁梅尔教授 5 月 18～26 日来访讲学、商谈合作研究事宜，报告：“关于水压致裂现场应力测量”、“地壳应力状态及构造应力场研究”、“断裂力学在水压致裂应力测量中的应用”。 2. 日本国立防灾科学技术研究中心池田隆司主任研究官 9 月 19～28 日来访讲学：“日本国立防灾科学技术中心的水压致裂应力测量”、“200m 深钻孔中孔隙水压的连续观测”、“日本的深井观测”。 3. 美国地质调查局拜尔利博士 10 月 28～29 日前来学术交流，洽谈合作研究事宜。 4. 日本横滨大学太田洋子教授 10 月 19～24 日来访讲学：“日本的活断层开挖研究”、“日本海洋阶地和地震的关系”
1987	1. 日本科学技术厅国立防灾科学技术中心第二研究部综合地震预报研究室主任坂田正治博士 8 月 21～28 日来访讲学：“三分量体积式应变仪及其观测结果”、“三分量体应变仪的弹性理论解”。 2. 日本电力中央研究院土木技术研究所地基基础研究室主任金川忠博士 10 月 13～22 日来访讲学：“套芯法应力解除方法介绍”、“套芯法应力测量成果分析”、“声发射凯赛效应测量地应力的实验”、“声发射法和形变率法测量地应力的对比实验”。 3. 联邦德国亚琛西莱茵技术大学水文地质工程地质研究所克拉普博士 9 月 13～28 日来访讲学：“西德大陆超深钻孔设计介绍”、“苏联 Koia 钻孔情况介绍”、“西德水库诱发地震研究”、“亚琛市的概貌及亚琛工业大学编制”
1988	1. 美国地质调查局 M • L 佐巴克博士 5 月 24 日至 6 月 6 日来访讲学：“地应力研究的方法”、“美国大陆的应力图像”、“全球地壳应力状态图的编制”，参观唐山地震遗迹现场。 2. 日本电力中央研究所金川忠主任研究员、堀义直部长 12 月 1～15 日来访讲学：“AE 法应力测量和水压致裂法应力测量的技术和方法”，拟定“共同研究契约书（草案）”和“合作计划（草案）”。 3. 日本东北大学高速力学研究所林一夫副教授 12 月 19～24 日来访讲学：“日本的地热能研究计划”、“用压力脉冲试验确定原地水力学特性的新方法”、“水压致裂三维构造应力场测量——用人工刻槽的新方法”、“近地表破裂突然生长所产生的弹性波特征”
1989	1. 美国萨克斯 4 月 11 日顺访。 2. 日本小笠原弘 6 月 2 日顺访
1990	1. 日本国立科学技术防灾研究中心滨田和郎流动研究官、高桥末雄主任 3 月 5～6 日来访讲学。 2. 日本电力中央研究所安芸周一所长、国生刚治部长 5 月 15～19 日来访，签定“合作协议书”。 3. 日本通产省公害资源研究所首席研究员、能源资源开发室主任厨川道雄博士 5 月 19～23 日来访讲学：“三维水压致裂应力测量和干热岩地热开发”。 4. 日本科学技术厅防灾技术研究所地壳应力学研究室主任埭原弘昭博士 7 月 6～14 日来访讲学：“由地壳应力测量结果推断沉积岩中的应力状态”、“足尾深钻计划及初步结果”、“板块消减带及消减区周围的应力状态”。参观唐山地震遗迹现场。 5. 日本科技厅防灾研究所流动研究官、总理府技官藤绳幸雄博士、日本丸文株式会社特种机械部副经理石泽俊树先生 10 月 15～21 日来访讲学：“日本 GPS 观测近两年来的实用成果”、“日本的电磁波前兆”、“丸文株式会社的精密仪器”。 6. 日本电力中央研究所金川忠、新孝一 10 月 24 日至 11 月 2 日来访交流：“AE 法深部应力测量合作研究的测量成果”，拟定共同研究报告的提纲和编写初稿的分工，讨论进一步合作事宜。 7. 捷克斯洛伐克布尔诺国营地球物理公司希德林斯基、菲尔巴斯 4 月 20 日顺访。 8. 澳大利亚矿产资源地质和地球物理局丹汉姆、莫奎、英格特、吉伯森 4 月 27 日顺访。 9. 苏联科学院大地物理研究所斯特拉霍夫、索勃列夫、戈尔乔夫、普罗扎尼克夫 5 月 7 日顺访。 10. 日本气象局、东京大学、防灾研究所石川有三、阿部胜征、石田瑞穗 11 月 20 日顺访

1991	1. 美国科罗拉多大学迈克•杰克逊 2 月 20～24 日顺访。 2. 日本地质调查所岩石力学研究室楠濑勤一郎 10 月 4 日顺访。 3. 希腊塞萨洛尼基大学大地测量和地质调查系阿斯德里亚提斯、斯阿拉贝勒斯 10 月 11 日顺访。 4. 日本电力中央研究所我孙子研究所地震工程部青柳征夫 11 月 4～5 日顺访。 5. 苏联大地物理研究所勃洛克地球物理观测实验场 B•N 雷科夫、N•M 古列斯基、A•Г•埃里欣 5 月 9 日顺访。 6. 日本气象厅地震预报课、气象研究所、地震火山部粟原隆治、石川有三 12 月 11 日顺访
1992	1. 英国帝国理工学院 J•W•柯斯格罗夫教授 4 月 10～20 日来访讲学："逆掩断层作用与孔隙流体压力"、"张性构造的力学分析"、"走滑构造的力学分析"、"断层和褶皱对流体运移和富集的作用"、"流体运移的驱动机制"。 2. 日本京都大学地球物理系田中丰教授 5 月 20～26 日来访讲学："低地震活动区的应力状态及应力随深度的变化"、"消减带的地壳运动模式及构造应力场"、"地应力测量、地形变测量与地震预报"。 3. 日本电力中央研究所我孙子研究所江刺靖行所长、堀义直特任研究员 5 月 26～31 日来访讲学："电中研概况介绍及近期研究课题和动向"、"日本高温岩体发电现状及展望"。 4. 法国巴黎皮埃尔玛丽居里大学地球物理系教授 F•H•康尼特 10 月 10～15 日来访讲学："预存破裂的水力学试验确定应力的方法以及测定破裂图像的新设备及测量结果"。 5. 日本电力中央研究所我孙子研究所立地部调查役角田隆彦、主查研究员新孝一 11 月 9～13 日来访，商讨第二期中日民间科技合作事宜。 6. 日本共和电业株式会社东日本营业本部斋藤英一副部长、日本东工物产株式会社机械本部机械部二课毛利达夫课长 2 月 13 日顺访，报告："日本共和电业的传感器及在土木工程中的应用"。 7. 日本科学技术厅防灾技术研究所冈田光义博士、日本东京都总务局灾害对策课石山裕博士 3 月 12 日顺访，学术报告："日本首都圈的地震活动及强化观测计划"、"伊豆半岛东方近海的地震，火山活动"、"东京都大地震震灾预测研究"、"东京都的地震预报研究"。 8. 俄罗斯大地物理研究所尼古拉耶夫副所长 6 月 8 日顺访，学术报告："俄罗斯大地物理所的地球物理研究与地震预报进展"。 9. 前苏联地球物理委员会主席巴•萨•沃里沃夫斯基教授顺访。学术报告："天山—帕米尔地壳结构和地壳构造演化"。 10. 哈萨克科学院副院长、通讯院士阿布杜林、哈萨克地震研究所所长、院士克斯克耶夫、哈萨克地震研究所国际部主任阿布杜拉夫、哈萨克地震研究所考察队队长阿耶夫、科学副博士克尼萨林 6 月 24 日顺访。 11. 美国科罗拉多矿业学院 BIeistoh 9 月 16 日至 17 日顺访。 12. 美国阿拉斯加大学 IASEI 地震预报委员会主席 M•威斯教授 10 月 9 日顺访，学术报告："利用地震断面解估计地壳应力张量"。 13. 俄罗斯科学院大地物理所尼古拉耶夫副所长 10 月 11～12 日顺访
1993	1. 日本电力中央研究所我孙子研究所佐佐木俊二、金川忠 7 月 4～9 日来所进行"中日水压致裂裂缝产生和扩展研究"现场考察及讨论钻孔布设方案，商讨翌年工作计划。 2. 日本东北大学流体科学研究所伊藤高敏 9 月 20～25 日来访讲学："水压致裂应力测量的力学问题"、"水压致裂应力测量中的破裂压力重张压力和关闭压力的物理基础"
1994	1. 日本电力中央研究所新孝一、芝良昭 6 月 22～29 日来所执行"水压致裂裂缝的产生和扩展"项目。野外现场考察钻孔岩芯、柱状图、井下电视资料，确定 AE 法及水压致裂压裂部位，解决双方仪器及计算机接口 2. 日本电力中央研究所新孝一、池川洋二郎 8 月 28～30 日来所执行"水压致裂裂缝的发生和扩展"项目，开展野外现场测量。 3. 日本京都大学防灾研究所地震预报研究中心伊藤洁 10 月 6～12 日来访讲学："地震活动在地壳中的截止深度"、"地表热流及内陆地震"、"地震活动依深度的展布及在下地壳的反射"

1994	4. 美国地质调查局地热与火山分部罗伯特•艾•梯林 10 月 4～15 日来访讲学：“火山喷发前后的观测结果及火山喷发的预测预报研究及如何减轻火山灾害”，绍介 1994 年土耳其国际火山学术研讨会，考察内蒙乌兰哈达火山群。 5. 法国皮埃尔 • 居里大学康尼教授、尹健民 9 月 8～10 日顺访。学术报告：“区域应力场与震源机制解”、“孔隙压力导致的诱发地震与岩石水力学”。 6. 冰岛大学比恩松、恩纳尔松、希格瓦尔松 9 月 10 日顺访，学术报告：“冰岛的地壳形变和地震”（恩纳尔松）。 7. 越南国家自然科学和工艺中心地质科学研究所阮中奄等三人 10 月顺访
1995	1. 日本电力中央研究所佐佐木俊二、海江田秀治 6 月 12～16 日前来执行中“水压致裂裂缝产生及扩展研究”合作项目，了解及安排 1995 年 9、10 月野外大型压裂的准备工作。 2. 日本电力中央研究所佐佐木俊二等 6 人 9 月 2 日至 10 月 25 日前来开展野外压裂试验
1996	1. 日本我孙子研究所地盘部部长井上大荣 8 月 6～9 日顺访，交流及参观中日合作项目试验场。 2. 日本富山大学竹向章教授 8 月 13～14 日顺访，报告：“地震海底调查及水下调查设备介绍”。 3. 日本河野爱 8 月 15 日顺访，报告：“核废料库场地及区域地质稳定性”、“活动构造及地质资料的图像处理”。 4. 古巴费尔南多、何塞、曼穷埃尔顺访，学术交流及圣地亚哥实验场介绍
1997	俄罗斯 EVyaene • Rogogine 教授前来执行中俄地震科技合作项目，交换并讨论双边合作研究资料及成果
1998	奥地利维也纳技术大学布鲁克教授 9 月 24 日顺访，学术报告：“奥地利的滑坡研究”
2001	俄罗斯 1 人来访讲学
2002	日本 1 人来所访问
2003	1. 日本 1 人来所进行学术交流。 2. 德国 2 人来所进行学术交流
2004	美国、英国、法国、德国、日本、澳大利亚、加拿大共 19 人次来所访问讲学，作学术报告 13 场，内容包括：①“钻孔崩落与原地应力”，②“工程地震”，③“地震灾害区划图”，④“城市地区的地面运动”，⑤“INSAR 技术”，⑥“遥感灾害监测与预报”，⑦“新构造与浅层地震勘探”
005	美国、英国、瑞士、荷兰、日本共 15 人次来所访问讲学，作学术报告 3 场，①“地震灾害区划图”，②“遥感灾害监测与预报”，③“新构造与浅层地震勘探”
2006	美国鲍林格林大学维森特教授 5 月 10～18 日来访讲学：“由地脉动记录资料提取龙卷风前兆信息研究”、“遥感在地球物理学中应用研究”
2007	美国加州理工学院工程研究室主任 Wilfred D. Iwan 教授、加州地质调查局 Moh. iahhHuang 博士顺访
2008	加拿大、港、澳地区相关学者顺访
2010	1. 美国伊利诺伊大学宋晓东教授、加拿大地质调查局王克林教授、日本京都地球创新技术研究所薛自求教授、美国肯塔基大学 JamesC. cobb 教授和 ZdwardW. woolry 博士来访，并分别做了有关地震地质、地下流体观测研究、地应力测试技术和方法研究、地球物理、地质灾害等方面的学术报告。 2. 美国密苏里大学刘晃教授、Sandvol 博士和 Gomez 博士 8 月来所进行学术交流，前往河北省三河县夏垫断裂和山西大同盆地进行考察

地壳应力研究所首次出国进行学术交流活动的时间为 1980 年 7 月。截止到 2010 年底，地壳应力研究所科研人员主要到 30 余个国家和港澳台地区进行讲学、考察研究、学术交流、项目合作、进修和参加国际专题会议等，见表 5-19-2。

表 5-19-2　　科技人员出国或赴港澳台地区访问和学术交流活动统计表

1980	1. 赵国光 7～8 月赴法国、西班牙参加第二十六届国际地质大会。论文:“唐山地震前的断层运动与应力积累”。 2. 刘光勋 10～11 月赴土耳其考察北安纳托利亚断裂和土耳其的地震研究工作。 3. 欧阳祖熙 1980 年 10 月至 1982 年 11 月赴英国剑桥大学地球科学系布拉德实验室进修学习。完成论文:“一种用于余震研究的磁带记录系统”、“1981 年希腊柯林思地震正断层活动特征——余震研究”、“希腊柯林斯湾构造的演化——1981 年地震余震序列研究”。仪器研制：1981 年在英研制成功 TRACE-1 磁带记录地震仪，获 1982 年度剑桥科学发明竞赛二等奖
1981	1. 李方全 10 月 3 日至 12 月 1 日赴西德波鸿鲁尔大学地球系，进行水压致裂应力测量短期合作研究。 2. 李方全 12 月 3 日至 5 日前往美国岩石力学委员会和地质调查局参加“水压致裂应力测量”专题讨论会。论文“应力解除和水压致裂法原地应力测量”。 3. 李方全 1981 年 10 月 3 日至 16 日赴法国国家科学中心天文及地球物理研究所参加“构造应力场的判据——原地应力测量的意义”国际专题讨论会。论文：“华北地区现今构造应力场”
1982	赵国光 5 月至 1984 年 5 月在英国伦敦大学进修学习。论文：“冰岛西南部大震的控制因素”
1983	张伯崇 5～11 月赴美国地质调查局开展中美地震科技合作项目岩石力学实验专题合作研究、花岗岩渗透性状的试验研究。论文：“循环加载下韦斯特里花岗岩渗透率的有效应力定律”、“围压和孔隙压力作用下花岗岩的渗透性状”
1984	1. 翟青山 3 月至 1985 年 2 月赴美国地质调查局进行合作研究。学习掌握超声波井下电视的操作、维修和资料解析，HP-85 微处理机的配套及在水压致裂研究中的应用。总结报告:“中美合作水压致裂研究项目赴美工作学习总结”。 2. 刘长义 12 月至 1985 年 12 月赴美国威斯康星大学麦迪逊分校冶金采矿系岩石力学实验室进行合作研究。研究课题：沿试件钻孔径向有预裂缝的水压致裂实验、在具有孔隙压力的试件中进行水压致裂实验、下关钻孔岩芯张破裂强度测试。总结报告：“1985 年在美国威斯康里大学麦迪逊分校冶金采矿系海姆森教授实验室所做工作的报告”。 3. 许寿春 10 月 31 日至 11 月 7 日赴印度参加国际地震与地球内部物理学协会亚洲区域大会。论文：“华北地区原地应力测量和区域应力场方向”、“唐山强余震分布与变温应力”。 4. 李方全 12 月 4～9 日赴日本参加中日地震预报第一次讨论会。论文：“中国大陆地壳上部应力状态”
1985	1. 李方全 2 月 21 日至 3 月 31 日赴日本国家科学技术厅国立防灾科学技术中心作短期合作研究。学术报告：“中国的原地应力测量”。 2. 姜光、王恩福 5～9 月赴美国华盛顿卡奈奇研究所学习体应变仪的设计、加工、安装等工艺。 3. 张超 8 月 12～31 日赴日本参加国际地震学和地球内部物理协会第二十三届会议。论文：“鲜水河断裂带上两次强震间断层蠕滑及传播特征的模型研究”。 4. 刘光勋、康仲远 12 月赴美国旧金山参加中美地震预报讨论会。论文：“我国滇西北地震活动区的活动构造与应力状态”（刘光勋）、“地震前观测到的应力变化异常”（康仲远）。 5. 王继存、续春荣 9～10 月赴香港自动系统香港有限责任公司进行 VAX11/750 计算机软、硬件培训。 6. 赵国柱 1985 年 4 月至 1988 年去美国辛辛那提大学自费公派留学
1986	1. 李兰 9 月去美国自费公派留学。 2. 王维斌 9 月去美国耶鲁大学自费公派留学。 3. 韩如海 9 月去美国新泽西州立大学自费公派留学
1987	1. 李方全、翟青山 5 月至 6 月赴美国地质调查局执行“中美水压致裂原地应力测量合作研究”项目，共同撰写合作研究报告。 2. 江娃利 10 月至 1988 年 10 月前往日本东京大学进修学习。 3. 林辉德、袁又申 1 月 8 日至 15 日去香港参加第二次国际东亚古环境讨论会。论文：“中国东部板内地震与地壳伸展运动”（林辉德）

1987	4. 赵国光、刘光勋、袁又申、黄礼良、谢富仁、林辉德、李鼎容 8 月参加北京中国第三届构造地质学术会议。论文："断裂构造的地震学研究"（赵国光）、"中国大陆活动构造的基本特征"（刘光勋）、"中国中新生代盆地现代构造应力场及与盆地构造、油汽资源的关系"（刘光勋）、"闽粤台海岸晚全新世隆起带与大震关系的初步研究"（袁又申）、"华北地区晚近时期构造活动特征与强震活动关系及其机制探讨"（黄礼良）、"用断层擦痕方向拟合法反演南澳—东山地震的平均应力场"（谢富仁）、"论伸展构造"（林辉德）、"滇西北新生代断块划分及其特征"（李鼎荣）。 5. 孟宪梁、赵国光、林辉德 12 月参加广州国际地震区划学术讨论会，论文："唐山地震对城市地震小区划作用"（林辉德）
1988	1. 李方全 6 月 16～22 日赴美国参加第二次国际水压致裂应力测量专题讨论会。论文："水压致裂法的改进及其资料的解释"。 2. 王树林 3 月去香港参加计算机电源系统培训。 3. 谢富仁 9 月 26 日至 10 月 12 日前往联邦德国参观考察。 4. 谷彦柱 3 月去美国自费留学。 5. 郛慧敏 5 月去美国自费留学。 6. 陈睿 10 月去加拿大自费留学
1989	1. 苏恺之 3 月 4～31 日赴日访问考察。报告："中国的钻孔应变观测"、"介绍地壳所的十个研究室"。 2. 张伯崇、杨新华 4 月 7～18 日赴日本访问考察。 3. 丁健民 7 月 9～29 日赴美国参加第二十八届国际地质大会。论文："中国大陆地壳应力状态"。 4. 刘光勋 8 月 19 日至 9 月 1 日赴土耳其参加第 25 届 IASPE 大会
1990	1. 祁英男、王福江 1 月 22 日至 3 月 22 日赴日本我孙子研究所参加"AE 法深部应力测量合作研究"项目的工作及学习。 2. 徐宗和、周克森 9 月 10～17 日赴苏联参加第 9 届欧洲地震工程会议。 3. 许厚德 9 月 26 日至 10 月 5 日赴日本参加国际减灾十年大会。 4. 郭志涛、袁雷雄、刘长义 10 月 16～20 日赴日参观访问。学术报告：①"中国大陆地壳主应力的分布特征"（郭志涛）；②"地震科研管理"（袁雷雄）；③"岩石力学在地震方面的应用"（刘长义）。 5. 姜光 10 月 26 日至 11 月 13 日赴日本参加 1990 年东京中国科技新成果、新产品展览会
1991	1. 徐宗和 4 月 13～23 日赴苏联访问考察。 2. 付子忠 5 月 31 日至 6 月 16 日赴香港世界银行进行项目验收、培训。 3. 黄锡定 6 月 10～16 日赴日本世界银行进行项目验收、培训。 4. 陈学波 11 月 6 日至 12 月 16 日赴苏联访问考察。 5. 李方全、张伯崇、陈宏德 5 月 19～23 日赴日执行中日 AE 法深部应力测量合作研究
1992	1. 孟宪梁 5～6 月（60 天）赴肯尼亚进行红、兰宝石资源考查。 2. 徐宗和 8 月（21 天）赴俄罗斯进行科技交流。 3. 黄福明 8 月 16～22 日前往香港参加西太平洋地球物理会议。 4. 毕福志、袁又申 8 月 23 日至 9 月 4 日赴日本参加第 29 届国际地质大会。 5. 苏恺之 9 月 24 至 10 月 1 日赴哈萨克斯坦参加天山地震预报讨论会
1993	1. 赵国光、苏恺之、张伯崇、李方全 5 月 11～16 日赴日本签署"中日水压致裂裂缝的产生和扩展研究"合作协议书。 2. 赵国光 8 月 29 日至 9 月 4 日赴泰国访问讲学。 3. 徐宗和 9 月 30 日至 10 月 15 日赴亚美尼亚参加国际地震学术讨论会议。 4. 王宝杰 10 月 31 日至 11 月 7 日赴日本参加国际城市灾害讨论会议。 5. 赵国光、李方全、郭啟良、祁英男、张钧、毛吉震、张志国、陈群策 12 月 20 日至 1994 年 1 月 30 日赴泰国进行拉姆塔崆抽水蓄能工程原地应力测量

1994	1. 勾波、高鹤 4 月 5～20 日赴印度尼西亚访问考察。学术报告："地面沉降，分层标结构以及自动监测方法和地面沉降治理"（勾波）。 2. 谢富仁 7 月 24～29 日赴香港参加西太平洋地球物理会议。 3. 吴为民、贺群禄 9 月 18～22 日赴美国参加国际古地震研讨会。 4. 黄忠贤 9 月至 1995 年 2 月前往德国斯图加特大学地球物理所进行合作研究。主要从事有关利用地震面波反演地壳上地幔结构的研究工作。 5. 李宏、毛吉震 10 月 15 日至 11 月 5 日赴日本执行水压致裂裂缝的产生和扩展合作研究项目，与日方人员共同工作，并讨论 1995 年合作研究工作安排
1995	1. 赵国光 9 月 18 日至 10 月 5 日赴法国参加青藏高原北部变形降升及深部构造学术讨论会。学术报告："青藏高原北部的第四纪断层活动"。 2. 杨智娴 9 月 28 日至 10 月 2 日赴日本参加东亚地区自然灾害编图项目讨论会
1996	1. 杨智娴 2 月 25 日至 3 月 5 日赴印度参加 GSHAP 项目讨论会。 2. 李宏、毛吉震 3 月 28 日至 4 月 26 日赴日本执行中日水压致裂科技合作项目。共同整理，分析房山现场观测资料。 3. 李方全等 5 人 4 月 17 日至 6 月 6 日前往老挝开展老挝南俄第三水电工程水压致裂应力测量。 4. 苏恺之在中国地震局科技司监测处处长陈建民陪同下 5 月 7 日至 17 日赴日本进行访问与学术交流。 5. 张伯崇 6 月 10～14 日赴美国参加第六届地质构造和材料中声发射/微震活动讨论会。论文："定向岩芯的凯赛效应实验"。 6. 苏恺之、杨树新 7 月 7 日至 8 月 8 日赴美国进行学术交流与研修学习。探讨有关体应变仪的资料分析及制做工艺和资料收集。杨树新研修学习至 12 月底。 7. 唐荣余、张伯崇、李方全 9 月 9～14 日赴日本执行中日水压致裂科技合作项目。对中日合作研究报告的编写进行分工、确定发表方式；并参观考察该所重点试验室及神户大地震的发震断层现场。 8. 苏恺之 9 月 7～15 日赴哈萨克斯坦出席中哈地震学术研讨会。论文："小体积的体应变仪的优化设计"。 9. 王廷韫 9 月 29 日至 10 月 10 日赴澳大利亚参加 90 年代减轻自然灾害讨论会。论文："中国的震后救援工作"。 10. 苏怡之 11 月 1 日至 12 月 31 日赴德国访问研修。 11．13 人 8 月 4～14 日参加中国第三十届国际地质大会
1997	1. 杜振民、张伯崇、李方全、李克 6 月 9～15 日赴日本电力中央研究所执行中日水压致裂科技合作项目。讨论三年来科技合作项目的最终报告，商讨新的科技合作事项，顺访东京大学。 2. 李方全 6 月 25 日至 7 月 12 日赴美国参加 1997 年纽约国际岩石力学讨论会及第 36 届美国岩石力学讨论会。论文："长江三峡坝区水库诱发地震的可能性研究"。 3. 杨智娴 8 月 15 日至 9 月 1 日赴希腊萨洛尼卡参加第 29 届 IASPEI 大会。论文："GSHAP 大陆亚洲及其试验区矩震级地震目录"、"不同标度震级向矩级转换中的不确定性估计"。 4. 谢富仁 9 月 19 日至 10 月 6 日赴俄罗斯科学院地球物理联合研究所执行中俄地震科技合作项目。论文："中国大陆活动构造与现代应力场"、"地震活动性参数空间分布函数的确定及其在地震危险性分析中的应用"，交换边界地区的地震地质和地震活动性资料，交流地震区划研究成果和讨论安排下一阶段合作计划
1998	1. 谢富仁、陈虹 7 月 21～24 日前往中国台湾台北市参加第五届西太平洋地球物理会议。论文："中国近代构造应力场及其分布图的研究及结果"（谢富仁）、"一种新的用于分析面波偏振角的时频偏振分析方法"（陈虹）。 2. 李方全 4 月 6～9 日赴奥地利维也纳参加第三届节理、断裂岩石力学国际会议。论文："山西地堑系现今构造应力场研究"。 3. 杨智娴 3 月 2～5 日赴日本筑波参加遥感和地理信息系统在灾害评定中的应用研讨会。论文："大陆亚洲地区（GSHAP8#）地震灾害。 4. 杨智娴 5 月 21 日至 8 月 26 日赴美国开展"建立 20 世纪的数字地震目录"项目合作研究。 5. 朱桂云 5 月 5～17 日赴美国纽约参加"98 新英格兰环境保护博览会"。 6. 张景发 12 月 1～10 日前往中国台北参加"海峡两岸空间资讯及防灾技术研讨会"

1999	1. 谢富仁、陈虹、杨智娴 7 月 18～30 日赴英国伯明翰参加“国际地球物理和大地测量联合会第二十二届大会”。报告：“地震危险性评定的对比研究”（陈虹）、“强震前地震活动异常图像的表示方法及其预测意义”（陈虹），“青藏高原北东边缘地壳动力学环境演化”（谢富仁）。 2. 李方全、陈群策、毛吉震、张志国 2～5 月赴新加坡执行“蒙代地区场地稳定性评价”开发项目，进行水压致裂原地应力测量、钻孔压水实验、原生节理印模实验、超声波成像钻孔电视测量
2000	1. 谢富仁 8 月 6～17 日赴巴西参加第三十一届国际地质大会。论文：“青藏高原北、东边缘第四纪构造应力场及构造事件演化”。 2. 苏恺之赴俄罗斯参加第五届区域人类发展方向国际讨论会。论文：“远东太平洋地区的过去与将来”。 3. 黄忠贤 12 月 12～21 日赴美参加“美国地球物理秋季年会”。论文：“中国及邻域面波层析成像”。 4. 吕悦军赴美国参加“PL19-3 地震危险性分析” 项目第一阶段审查会。 5. 唐荣余、徐宗和、陈军、续春荣随中国地震局代表团赴德国、乌兹别克、新加坡访问考察
2001	1. 9 人出国参加国际会议、工作考察、短期学习访问。 2. 张景发 7 月 9～13 日赴澳大利亚参加“21 届国际地球科学和遥感专题研讨会”。 3. 于慎谔 8 月 7 日至 11 月 6 日赴澳大利亚悉尼大学计算机科学系作短期学习访问
2002	1. 雷建设 5 月 23 日至 7 月 29 日赴日本爱媛大学地球动力学中心地震学实验室短期工作。作“地震射线在地球三维速度模型中的变化”课题研究。 2. 雷建设 9 月 2 日至 2003 年 1 月 28 日赴日本爱媛大学完成同年 5 月访问时未结束的课题。 3. 张景发 12 月 1～5 日赴意大利参加干涉雷达（InSAR）国际高级研讨会。 4. 陈虹、崔效锋 7 月 9～12 日前往新西兰惠灵顿参加“2002 年西太平洋地球物理研讨会”。 5. 谢富仁、张周术、王建军、佟振环 7 月 31 日至 8 月 6 日赴日本考察访问。考察内容：日本防止地震二次灾害的法规与管理；用于防止地震二次灾害的技术和产品
2003	1. 张景发 7 月 21～25 日赴法国参加“国际地球科学和遥感研讨会”。 2. 谢富仁、李方全、李宏、陈群策 11 月 3～6 日前往日本熊本市，参加“第三届国际岩石应力讨论会”。论文：“中国大陆现今构造应力场基本特征与分区”（谢富仁），“原地应力测量在地球科学研究中的意义”（李方全），“水压致裂原地应力测量和水力劈裂试验”（李宏）
2004	谢富仁、阮晓龙等 8 人赴 8 个国家，出席国际学术会议、短期学习、出国考察。谢富仁参加意大洛佛罗伦萨第三十二届国际地质大会。论文：“中国大陆现代构造应力场与强震活动”；阮晓龙 8 月 4～18 日赴法国、德国、意大利访问考察
2005	谢富仁、吕悦军等四人出席学术会议，进行学术访问和考察。9 月 4～18 日谢富仁到美国访问，学术报告：“中国大陆及邻区的现代构造应力特征”
2006	1. 吴荣辉等 7 人 7 月 10～20 日赴日本考察访问。访问考察了株式会社生方制作所，株式会社爱知时计电机，株式会社大北技术贸易，关西电力公司，防灾科学技术研究所，东京瓦斯公司。 2. 谢富仁、李宏、郭啟良、张鸿旭、崔效锋 6 月 18～21 日赴挪威特隆赫姆市出席第四届国际岩石应力讨论会。论文：“中国大陆现今构造应力场基本特征与分区”（谢富仁），“三维应力解除原地应力测量技术在深埋隧道中的应用”（李宏），“水压致裂原地应力测量技术的发展与应用”（郭啟良），“多方面资料反演甘肃玉门区域构造应力特征”（崔效锋）。 3. 刘耀炜、陈连旺 7 月 10～14 日赴新加坡出席“2006 年度 AOGS 第三届年会”
2007	1. 张景发 4 月 22～27 日赴瑞士蒙特勒出席“ENVISAT 雷达 2007 国际高级研讨会”。论文：“应用干涉雷达监测断层活动的最新进展”。 2. 王恩福等 7 人 9 月 17 日至 10 月 30 日赴香港、澳门作科技开发工作，在“澳门天然气陆上传输系统工程场地地震安全性和地质灾害危险性评价”项目中作场地钻孔波速测试与野外地质调查。 3. 张景发、龚利霞 11 月 26～30 日赴意大利罗马参加“干涉雷达国际高级研讨会”。论文：“利用 PS 技术监测当雄断层活动性”、“SAR 图像上角反射器检测方法”。 4. 朱守彪 7 月 2～14 日赴意大利佩罗贾大学出席“IUGG 国际大地测量与地球物理会议”

2008	1. 谢富仁、李宏、王成虎 5 月 18～23 日，赴香港参加“SINOROCK2009 国际会议”。 2. 田家勇 8 月 24～29 日赴澳大利亚阿德莱德，参加“第 22 届国际理论与应用力学大会”。 3. 12 人参加国际会议、3 人外出短期工作，1 人外出进行科技交流
2009	1. 赵国存等 5 人 9 月 20～29 日赴荷兰、法国考察。对救援装备检测装置、检测内容和相关机构认可情况进行调研。 2. 王成虎等 5 人 9 月 3 日（60 天）赴新加坡 ECON 地质工程有限公司短期工作，对新加坡南北供电电缆隧道的岩土分布情况进行调查。 3. 陈连旺等 4 人 8 月 10～16 日赴新加坡出席第三届亚洲—大洋洲地球科学协会年会。 4. 崔效锋等 4 人 7 月（6 天）出席美国地球物理学会的“2009 年西太平洋会议”。 5. 朱守彪等 4 人 12 月（6 天）出席美国地震学会的“美国地震学会 2009 年年会”。 6. 邱泽华 5 月 24～27 日赴加拿大出席美国地球物理学会的“美国地球物理学会 2009 年联合大会”。 7. 王成虎等 3 人 5 月 17～24 日前往香港参加国际岩石力学学会“国际岩石力学学会中国地区 2009 年年会”。 8. 田家勇 11 月 29 日至 12 月 3 日赴香港、澳门出席“第 12 届工程和科学计算方法国际学术大会”
2010	1. 刘耀炜 4 月 7～17 日赴台湾参加“海峡两岸地震断层钻探研讨会”。 2. 王兰炜 8 月 1～6 日赴意大利国家核物理所学术交流。 3. 李海亮 8 月 10～18 日赴台湾参加“2010 年海峡两岸地震科技论坛”。 4. 兰晓雯、赵亚敏 9 月 19～25 日赴新西兰皇家科学院地质与核科学研究所访问学习。 5. 陆鸣、唐荣余、姜文亮 10 月 25～29 日赴英国格拉斯哥大学地质与地球学学院作学术访问。 6. 赵俊香 4 月 11～25 日赴丹麦 DTU 大学培训学习。学习释光仪器的性能、安装、使用、维修和保养，掌握配套软件的使用及相关测试技术。 7. 谢富仁、张世民、刘耀炜、吕悦军、雷建设、朱守彪、张红艳、罗毅、胡幸平 12 月 13～17 日前往美国旧金山参加“美国地球物理学会 2010 年秋季年会”

第六篇　管理与服务

概　　述

地壳应力研究所自建立至今的45年中，虽然经历了不同的历史时期，领导体制也发生较大变化，但每个历史时期都有健全的领导，完善的管理机构，对研究所的党务、行政、科研等各个方面的工作实施有序管理。从总体上看，管理工作都顺应了各个时期形势的要求，机关管理人员逐步地减少，管理水平逐渐地提高，管理工作也卓有成效。

1966年，地质部核定地震地质大队人员编制1199人。其中，机关编制108人，实行党委领导下的大队长负责制，对党政工作实行统一领导。管理工作主要是：通过科研规划和工作计划对华北、西南、西北、中南地震地质队进行管理；根据所处地域和社会背景，还对华北地震地质队涉及职工、家属生活用的票证、家属安置、子女教育等方面统筹考虑，开展管理服务工作。

1970年后，在隶属中国科学院和国家地震局时，根据任务和要求，曾对机关管理部门进行多次调整，基本上仍沿袭以往的管理方式。

1986年，改制为地壳应力研究所后，领导体制也发生了变化，实行所长负责制，由所长对研究所的各项工作实施全面领导，党委的工作重点是保证、监督作用。同年，主管部门确定地壳应力研究所的编制数为620人，实有职工689人，其中机关管理和服务人员为129人。为了适应科研体制的变化，使各项工作更好地开展，根据国家地震局贯彻中央国家机关关于搞好机构编制和清理工作以及之后关于压缩编制的要求，本着精简、统一、效能的原则，逐步对机关职能部门进行归并，人员进行压缩。截至1999年，机关职能部门设置为10个，管理人员缩减为67人。

进入21世纪以后，地壳应力研究所通过举办管理人员学习班、外出培训等方式，不断提升管理部门人员的素质，加之计算机的普遍运用，管理能力和管理效能不断提高。特别是2000～2004年，地壳应力研究所被列入科技部、财政部、中编办、中国地震局等社会公益类科研院所管理体制改革试点单位后，根据组建精干、高效、富于创新的管理机构的原则，确定机关编制40人。此后，通过调整结构、分流人员、转变机制、制度创新，研究所对机关管理部门和管理人员又进行了调整。到2010年底，地壳应力研究所职能管理部门实有人员41人（含所领导6人），管理机构设置为6个，即：办公室、科技发展部、人才资源部、计划财务部、党群工作办公室（纪检监察审计处）、离退休工作办公室，承担着地壳应力研究所的日常管理服务任务。

第二十章　科研管理

第一节　科研规划管理

科研规划是围绕地壳应力研究所（地震地质大队）各时期的方向、任务和上级指派的任务而制定的。

1966 年 5 月，地质部下达的《地震地质工作初步规划》，根据地震地质大队刚刚建立的实际情况，对地震地质工作的主要内容和地震地质工作程序等，提出了明确要求。

经过实践探索和总结，地震地质大队 1973 年 11 月，制定《地应力预报地震科研工作规划（1974～1980 年）》。1974 年 10 月，制定《地震地质科研工作规划纲要（1976～1985 年）》。1977 年 8 月，制定《地质力学学科发展规划纲要（初稿）》。1977 年 11 月，制定《1978～1985 年地震地质工作规划（讨论稿）》等。

《1978～1985 年国家地震局科研工作规划纲要（草案）》中提出地震地质大队的方向任务是：地震监测预报、应用研究和地震基础理论研究。以地质力学的理论和方法，研究地应力场特征与地震的关系。具体任务是：京津唐张地震监测预报；研究构造体系或构造带的展布和活动特征及地应力场的分布和演变；研究直接测量地应力的技术和方法，研制观测仪器系统，探索地应力与地震的关系，找到大震应力集中点及预报指标；开展地壳应力场的理论和实验研究。

1986 年 10 月，国家地震局印发的《对地壳应力研究所方向任务评议活动纪要》指出，鉴于地震地质大队更名为国家地震局地壳应力研究所，其工作重点、工作方式有所变化，建议今后由学科代表组成学术委员会来承担决策研究任务；学术思想近些年虽有了很大的转变，但作为一个研究所，尚需从“野外队”向“研究所”的转变，从思想观念到工作体系有一个彻底变化；目前的研究室设置基本延续了改所前的历史发展和组织状况，某种程度上存在着分兵把守、力量分散的问题，因此很有必要作适当调整；“六五”期间着重抓了观测技术的发展，取得了突出成绩，但也需在方法和理论上走在学科的前沿，“七五”期间应加强应用基础方面的工作；应根据国家地震局的“七五”规划和本所的方向任务，制定几个一级课题，把全所力量组织起来。

1995 年，根据国家地震局地震事业发展“九五”计划和 2010 年远景目标纲要提出的发展目标和主要任务，结合地壳应力研究所的实际情况，经过不断与上级主管部门沟通，取得支持，并充分发动科技人员积极性，尤其是发挥专家的骨干作用，通过认真组织，充分协调，编制申报了研究所《中国防震减灾“九五”计划和 2010 年长期规划优选项目建议》。

为保证按照国家地震局的部署和要求高质量地完成任务，产出较高水平的科技成果，根据国家地震局要求，1995 年，成立了以唐荣余为组长的“九五”重点项目领导小组，制定了“九五”项目管理办法，组织管理、监督、检查和协调工作，为项目的顺利设施创造必要条件。

在总结“九五”经验的基础上，地壳应力研究所根据防震减灾事业发展的新形势研究策划“十五”计划，1998 年就启动“十五”计划的申报工作，多次组织学术委员会及有关专家，对申报的“十五”计划专项进行论证，提出了“中国地壳应力观测网络”、“中国前兆台站技术改造”等 24 份（监测预报 13 份、科技发展 10 份、震害评估 1 份）计划研究立项建议，于 1999 年完成报告。“十五”期间，在促进研究所的科研发展上取得比较好的结果。

2005 年，着手“十一五”科技发展规划的编写和预测工作，研究所选派十余位专家参加了中国地震局“十一五”、“十二五”规划的编制工作，并提交了地壳应力研究所“十一五”项目建议书。

第二节　科研项目管理

一、统一管理

地震地质大队建立之初，人员主要是从地质系统各野外队抽调组成的，按照地质部《地震地质工作初步规划》，初期地震地质工作计划、任务由上级下达，经费由上级划拨，科研力量、仪器设备等由上级统一调配。

年度工作计划的制定过程是由地震地质大队业务主管部门，在广泛征求基层单位的意见基础上，结合“规划”部署，草拟下年度工作计划提纲。待与上级主管人员沟通、协商，根据上级要求和研究所的实际情况，再着手编制年度工作计划，报请上级主管业务部门审批。

工作计划获准后，由项目（课题）负责人编写主要工作内容、起止时间、进度安排、预期成果、经费使用和设备采购计划等详细实施规划，经过审批方可实施。业务部门督促课题组按计划、要求工作，遇有困难或问题时予以协调、帮助，或对计划进行调整。年终课题要有总结，结题要提交研究工作报告，并在规定的时间内，将原始资料（含实验报告、鉴定报告、记录等）和研究报告全部归档。

二、分级管理

1980 年，国家地震局对地震科研工作计划实行统一领导、分级管理、预算包干、专款专用的办法，扩大下属单位的权利，把责任和权利结合起来，更好地发挥两个积极性。

对科研项目实行两级管理：①国家地震局管理的重点项目：国家地震局提出重点项目计划下达，地震地质大队编制计划任务书和年度执行计划，报国家地震局审核。为保证重点项目的落实，对重点项目实行“五定”管理，即定项目，定条件，定负责人，定协作单位，定成果，以明确责任，加强经济核算，提高工作效率。②地震地质大队管理的一般项目：在保证国家地震局管理的重点项目计划基础上，根据地震地质工作的实际情况和工作需要，自行安排的一些科研项目。

按照国家地震局下达的重点项目计划，地震地质大队组织项目组认真编制计划任务书，细化每个环节，落实项目“五定”，报国家地震局审核，在项目计划实施过程中，业务主管部门及时跟踪监控，每年三季度和年底进行小结和总结，并报告上级部门，以确保重点项目顺利实施。

国家地震局每年下达的项目经费，在保证国家地震局重点项目、地震监测预报项目经费支出的基础上，结合地震地质大队的方向任务和轻重缓急，尽量多安排一些课题，并报送国家地震局备查。实施过程中，同重点项目一样进行全程跟踪监控、协调、服务等管理。

三、三制管理

1984 年 10 月，国家地震局下发《地震系统管理体制改革的试行方案》，决定从 1985 年 1 月 1 日起，将研究课题划分为基金制、合同制（重点项目）和责任包干制（一般项目）三类。基金制课题主要资助基础性和应用基础研究项目；合同制项目是国家地震局以合同形式下达的研究课题；责任包干制项目，是国家地震局下达计划，由研究所自行项目分解，并由研究所直接管理的课题。

1．基金制课题（含自然科学基金）：

国家地震局地震联合基金会每年发布项目指南和资助重点，研究所组织科技人员根据基金会的“年度申请指南”，结合自身研究领域的优势和特长，提出基金申请，经科研管理部门汇总，送学术委员会审查，签署推荐意见，最后由研究所主管领导签署意见，报地震联合基金会审批。

地震联合基金会下达资助项目计划，单位主管部门立项后，实行项目的全程管理。项目完成后，单位组织审查，并协助基金会进行成果验收，全部资料归档后，方可结题。

2．合同制项目

国家地震局将项目下达后，研究所业务主管部门组织专家研究，分解课题（或项目自立），课题负责人按国家地震局指定的格式，详细填写各项内容，经学术机构审阅，签署合同，上报国家地震局审批。

项目获批后，业务主管部门正式立项，下达课题组，按合同的内容实施，并全程跟踪监管。年中和年末进行检查总结。课题完成后，协助国家地震局对课题完成情况进行验收，全部资料归档后，结题上报。

3．责任包干制项目

按照国家地震局下达的计划和经费额度，根据研究所的方向任务，安排急需而又能够按期（主要是经费支撑）实施的一些课题，力求提升研究所的科研实力并为基础性研究做铺垫。管理工作与合同制项目相同。

四、 项目储备库

2003 年 3 月，《中国地震局计划项目管理办法》明确提出：要进一步转变观念，完善计划项目管理体制，做好项目储备工作，要重视项目的必要性和可行性研究工作。中国地震局项目储备库设立之日起，即对系统各二级预算单位开放，随时接受各单位项目储备申请，并服务于年度预算的编制。从 2004 年年度预算编制时起，年度项目预算编制所需各类项目将根据计划宏观调控确定的比例从项目储备库中产生，并按财政部当年编制预算的要求填报预算，而不再通知临时申报。

第三节 科技成果管理

科技成果是科研项目管理的组成部分。项目立项、开题、实施、成果预期，是科技管理的全过程。没有成果或没有完整成果的研究课题，是没有完成任务的课题，难于验收，不能结题。

一、 科技成果

按照国家地震局（84）震科字第 20 号文提出："地震科技成果一般是指科技工作者通过实际观测、现场考察、实验和理论研究，解决了地震科学研究、地震预测预报、防震抗震等方面科学技术问题，取得具有创造性、先进性和实用性的研究和工作成果。"地震地质大队自成立起，凡按照方向、任务和上级要求确定的各项科研任务，列入年度地震工作计划（含上级中间指派的科技任务），经过努力而完成课题任务的课题总结、科研报告、实验数据（原始资料）等，都属地震科技成果的范畴。

地壳应力研究所自 1966～2010 年，正式验收归档的科技成果有 2998 项。

二 、获奖科技成果

1．参加评奖成果的范围和条件

凡列入国家或地壳应力研究所地震工作计划的地震科技项目的成果，或经研究所批准为国家建设服务有关项目的科技成果，以及与外单位协作项目（单位或个人排名是第一位的）的科技成果，或按照研究所方向任务科技人员自选科技项目的科技成果，成果内容符合课题要求和科技成果管理规定的，均可申报评奖。

2．参加评奖成果的申报程序

首先由课题组（或个人）整理好相应的材料，交研究室（队）汇总、审查，将符合规定要求的成果资料，签署意见后送交研究所学术委员会参与筛选，科技管理部门审查合格后，然后交有关专家进行评审。由学术委员会再召开评审会，评定出研究所的科技成果奖（基层奖），并在此基础上再推荐申报上级科技奖励的奖项，最后报上级主管部门审批。

1966 年以来，地壳应力研究所共获得各类、各级科技成果奖 479 项。其中：国家级奖励 21 项，省部委级奖励 103 项，基层奖励 328 项，其他奖励 27 项（详见第三篇科技成果）。

三、奖励机制

1．成果奖

为调动科技人员的积极性，促进防震减灾事业的发展，更好地为国民经济建设服务，2001 年地壳应力研究所设立防震减灾优秀成果奖，奖励在地震监测预报、地震灾害预防、地震应急救援、地震科学技术研究与技术开发工作中做出突出成绩的地震工作者。成果分为四类：①地震科学技术成果（包括科学理论研究成果、应用技术研究成果、技术开发成果及科技成果推广转化成果）；②地震灾害防御成果；③地震监测预报成果（包括地震监测成果和地震预测预报成果）；④防震减灾管理科学成果。

防震减灾优秀成果奖每年度评审一次。对获得研究所级防震减灾优秀成果奖，又获得国家级、部委级或中国地震局优秀成果奖励的，研究所给予附加奖励。

2．论文奖

为提高研究所的学术水平，激发科研人员从事科学研究的积极性，研究所对在学术刊物上发表科技论文，第一作者署名为“中国地震局地壳应力研究所”的科研人员，按发表（或收录）科技论文期刊的级别，给予相应的附加奖励。

第四节　科技体制改革

地震地质大队建立后，根据其方向任务、工作性质、业务工作的不断变化，以及台站建设和各个时期的形势，相应地对科技体制进行过多次调整。1971 年在地震工作计划安排中明确指出，“大力加强综合分析和地震科学理论研究工作”，“组织精干攻关队伍，攻破地应力方法技术关，为地震预测预报做出新贡献”。1975 年 10 月 13 日，国家地震局党的领导小组组长胡克实等在接见地震地质大队领导时指出，“地震地质大队的工作性质属研究性质，以研究为主，要继续发展地质力学的理论和实践，在地震预测预报上作出努力”。1978 年全国地震局长会议提出按专业建所的设想，1984 年国家地震局《对地震地质大队方向、任务和机构设置的批复》，结合现实情况，地震地质大队都对科研机构进行了相应地调整。

1986 年，更名为地壳应力研究所之后，围绕研究所的方向任务，为推动学科的发展，对部分研究室和管理机构进行了调整，增强管理职能。在为国民经济建设服务领域方面，调整了技术开发体制。

1992 年，为贯彻国家地震局《关于地震系统深化改革的若干意见》，研究所制定了《机关机构改革方案》，改革了分配制度，对管理体制和人员结构进行了调整。

1995～1996 年，改革的重点是转变观念，坚持稳妥改革，加强地震科研与技术开发的组织协调，促进第三产业迅速发展，强化规章制度建设；提高管理水平。对研究室、测量队、地质工程勘察队、昌平地震台等，实行新的管理体制，明确所、队（台）双方责任、权利、义务，扩大下属单位的自主权。

2000 年，地壳应力研究所被纳入科技部公益性科研院所科技体制改革试点单位。经过两轮五年的改革，按照国民经济建设和社会发展对防震减灾事业的需求，调整结构，分流人员，转换机制，制度创新，逐步建立起“开放、流动、竞争、协作”的管理体制和运行机制，逐步建成适应防震减灾事业发展的社会公益类非营利性研究所。地壳应力研究所定位于从事防震减灾事业的应用基础研究、应用研究。同时，本着“有所为，有所不为”的原则，开展部分地震科学前瞻性、专业性基础研究。

一、组织结构调整

1．科研部门：科研主体由 7 个研究室、1 个信息网络中心和 1 个科技创新基地组成，即地壳动力学研究室、地震前兆观测技术研究室、断层力学研究室、地壳应力研究室、地震监测预报研究室、综合减灾研究室、深部构造研究室、地震信息网络研究室和科技创新基地。此外，为加强学科之间的交叉和渗透，协调多学科综合研究能力，推进技术成果的转化应用，建立了 5 个跨研究室的研究中心。

2．科研辅助部门：期刊编辑与图书资料室、财务室。

3．管理部门：进入科技创新基地的机关职能部门调整为办公室、科技发展部、人才资源部、计划财务部、党群工作办公室（含党务、工青妇、纪检、监察、审计）、离退休干部处。

二、人员结构调整

地壳应力研究所进入创新基地的人员编制数为 175 人，研究人员控制在总编制数的 80%左右，研究员、副研究员、助研及以下技术人员的岗位比例数原则上为 1∶2∶2，管理部门人员为总编制数的 10%左右，科研辅助人员为总编制数的 10%左右。

三、管理体制

1．理事会　主要任务是负责推荐所长、审定研究所的发展规划、年度工作计划和财务收支情况，监督研究所业务和管理活动。

2．科学技术委员会　其职责是为研究所的学科发展、规划、重点科研项目提供咨询和建议，负责科技成果的审核评价。

3．职工代表大会　反映职工意见，并对涉及职工利益的重大决策施行民主监督。

4．所长负责制　所长是研究所的法定代表人，负责执行中国地震局的决议和理事会的决策，负责研究所科研和日常管理工作。

四、运行机制

按照社会公益类科研院所改革的要求，逐步建立起非营利性的“开放、流动、竞争、协作”的运行机制，全面推动运行机制的改革。

1．岗位聘任制　根据事业发展需要，合理设置岗位，按照“公开、平等、竞争、择优”的原则竞争上岗。

2．分配激励机制　依据按岗定酬、按任务定酬、按业绩定酬的精神，实行基本工资、岗位津贴和绩效津贴三元分配方法。

3．课题负责制　全面推行项目法人制、课题负责人制，实行责、权、利的统一，对完成课题所获得的优秀成果、专利、发表的优秀论文、论著给予奖励，鼓励出成果、出人才，提高科研工作的绩效和水平。

4．经费管理制度　建立和完善经费管理、资产管理制度，设立研究生培养、科研人才培养、骨干引进以及预研等专项经费。

第二十一章　人才队伍建设与教育

第一节　职工队伍建设

一、队伍规模

1966 年 4 月，地质部确定地震地质大队编制数为 1199 人。其中，华北队（含大队部）627 人，西南队 282 人，西北队 139 人，中南队 151 人。除四川省地质局地震地质队和广东省地质局新丰江地震研究队原有 500 余人外，又从地质部系统的有关省地质局、普查勘探大队、综合地质大队等单位调配、派遣专业技术干部和管理干部，从大中专院校接收应届毕业生。至 1966 年 12 月，实有职工 894 人，其中工程技术干部 309 人，行政管理干部 126 人，工人 316 人，服务人员 143 人。

1967～1969 年，地震地质大队陆续从地质部系统调入、接收毕业生。截至 1969 年 12 月，职工总数为 985 人。

1970 年，地质部将地震地质大队大队部（包括华北地震地质队）整建制分别移交中国科学院。将中南、西南、西北地震地质队，分别移交有关省地震工作部门领导。当年地震地质大队职工总人数为 593 人。

1974～1980 年，职工主要来源是接收大学毕业生和招工，期间从高校接收毕业生 48 人，招收工人 89 人。

1981 年以后，实行退休职工子女接班顶替工作的政策，招收了一批年轻职工。截至 1985 年，职工总数为 673 人，离休 10 人，退休 16 人。

1986 年改建制地壳应力研究所后，每年都接收一批高校毕业生充实科研队伍。截至 1989 年 9 月，实有职工 697 人。其中，专业技术干部和管理干部共 525 人，占职工总数的 75%；工人 172 人，占职工总数的 25%。专业技术干部中，研究生 28 人，本科生 190 人，大专生 68 人，中专生 94 人，其他学历 57 人。具有高级职称的 48 人，中级职称 226 人，初级职称 104 人。

1990 年以后，老职工离退休逐年快速增长。截至 1995 年，在职职工为 500 人，离休人员 26 人，退休人员 246 人。研究所职工的补充主要是接收应届高校毕业生、硕士研究生留所及人才引进。

1997 年，地壳应力研究所测量队 36 人整建制划归北京市地震局。

2000 年，科技部将地壳应力研究所列为社会公益类科研院所管理体制改革试点单位，重新确定了研究所的方向任务，并组建了精干科研队伍，129 人进入精干科研、管理岗位（其中，科研岗位 106 人，管理岗位 23 人），有 92 人提前办理了退休手续。到 2000 年底，在职人员为 253 人，离休 25 人，退休达到 408 人。

2000～2003 年，接收应届高校毕业生 27 人，其中博士 4 人，硕士 11 人，本科 11 人，引进科技骨干 2 人。

2003 年，参加科技部、财政部、中编办、中国地震局等部委组织的科技体制改革，制定《地壳应力研究所科技体制改革方案》，组建了科技创新基地。依据中国地震局批复的改革方案和核定的编制数，建立“创新、开放、流动”的新型用人机制，实行按需设岗、按岗聘任、竞争上岗、择优聘任、规范管理。科技岗位设置和招聘实行“整体规划、总量控制、留有余地、逐步到位”。科技岗位首批设定 110 个，实行分级设岗、公开竞争上岗。经过竞聘，招聘委员会评审，所长聘任，有 98 人进入科技创新基地岗位，12 人进入科研辅助岗位，聘任管理岗位 19 人。同时，首批聘任创新基地流动岗位 25 人。地壳应力研究所武汉科技创新基地科技岗位聘任 40 人，管理岗位聘任 10 人。

2004～2005 年，接收应届高校毕业生 17 人。其中，博士生 1 人，硕士生 12 人，引进科技骨干 3 人。2005 年在职人员 235 人，离、退休人员达到 450 人。

2006～2010 年，接收应届高校毕业生 52 人，其中博士 7 人，硕士 31 人。

截至 2010 年底，在职人员共 230 人。其中，科学研究人员 157 人，管理人员 41 人。在科技和管理人员中，有博士 31 人，硕士 82 人，大学（大专）72 人。离退休 470 人。

二、职工教育

职工教育是现代教育体系中的重要环节，是培养人才的重要途径，是不断提升研究所整体实力和水平的重要手段，是一项具有战略性的任务。对职工开展不同层次、不同形式的教育和培训，包括文化技术补课、学历教育、专业技能培训、科研人员专题培训、管理干部和领导干部的政治理论素质教育和管理能力的培训等。

20 世纪 60～70 年代，职工教育、培训的方式和途径主要是：选送优秀青年职工上大学；请有关大学的讲师进行专业授课和有关单位的专家进行专业知识讲座；参加隶属机关和社会有关部门开办的各类专业知识讲座和培训班、函授班；派遣科技人员参加相关学科的进修或进行学术交流；各学科举办培训（研讨）班等；20 世纪 80～90 年代，以自办各类培训班为主；20 世纪 90 年代以后，大部分为外培。2001 年，地壳应力研究所先后制定了《职工在职教育管理办法》、《地壳应力研究所职工在职继续教育管理办法》等，使研究所的职工教育更加规范化和制度化。

（一）举办培训班

1．1966～1979 年主要培训项目

（1）1970 年，《地质力学概论》（李四光著）学习班，1 个月，北京大学 4 名讲师任教，参加学员 30 人。

（2）1973 年 7～10 月，受国家地震局委托，举办《国家地震局数学、力学进修班》，分别由北京大学王仁教授和北京地质学院数学系讲师授课。地震系统 20 多个单位 50 人参加，历时 3 个月。

2．1980～1984 年培训项目

（1）英语学习班，参加学员 13 人。

（2）全国第二次地应力专业训练班，培训地应力台站人员 40 人。

（3）组织各类电视大学的学习，共 125 人。

（4）日语学习班，共 12 名学员，历时 7 个月。

（5）地应力测量基础学习讨论班，来自全国 19 个省（市、自治区）35 个台站，共 36 人参加学习。

（6）组织青年职工初中文化补课辅导班，共 127 人参加。

（7）电子计算机算法语言学习班，共 25 人参加。

（8）应力应变培训班，40 人参加。

（9）中级英语培训班，17 人参加。

（10）PC-1500 计算机脱产培训班，两期，培训学员 49 人。

（11）CCS—300 计算机培训班，培训学员 45 人。

（12）多光谱彩色合成仪器培训班，培训学员 20 人。

（13）测量青工培训班，培训学员 6 人。

3．1985～1995 年培训项目

1985 年举办各种培训班七期，参加培训人员 110 人次。1986 年通过培训班形式，共培训 183 人次。1987 年举办培训班七期，培训 101 人次。1993 年举办了英语强化培训班、岗位培训班，共有 31 人参加。

4．1996～2001 年培训项目

⑴1996 年，举办职称英语考试培训班，培训 58 人。

⑵2001 年，举办计算机网络应用软件培训班，培训 30 人。

5．2004～2010 年培训项目

（1）2004 年，英语口语学习班，培训 50 人，培训时间 60 天。

（2）2008 年，外语培训班，培训 25 人，培训时间 1 天。

（3）2009 年，办公 OA 培训班，培训 20 人，培训时间 1 天。

（4）2009 年，MapGIS 平台培训，培训 50 人，培训时间 5 天。

（5）2009 年，举办地震安评工程师考前培训 2 期，培训 50 人，培训时间 5 天。

（6）2009 年，举办前兆仪器培训 9 期，培训 300 人，培训时间 3 天。

（7）2010 年，举办 eCognition8 产品及技术培训 2 期，培训 50 人，培训时间 5 天。

（8）2010 年，地下流体地震预报与观测技术应用培训班，培训 31 人，培训时间 5 天。

（二）派出培训

1．管理干部教育

（1）政治理论素质培训。

主要方式是选派干部到中央党校及局系统培训中心等。参加中央党校培训的主要是局管干部，处级干部分批次参加中央党校中国地震局分校学习。部分局管干部、后备干部和处级干部参加中国地震局杭州培训中心学习培训。

（2）法规知识培训。

主要进行防震减灾法规知识培训，抗震设防技术及财务会计、劳资人员劳动法的培训学习。

2．专业技术培训

（1）学历教育。

学历教育以参加在职博士、硕士教育、成人高等教育、函授教育、自学考试等。

1985～1995 年，352 人次参加学历教育培训，其中博士、硕士占 10%左右。

1996～2000 年，49 人次参加学历教育培训，其中博士、硕士占 95%以上。

2001～2010 年，197 人次参加学历教育培训，其中博士、硕士占 65%，各学历层次人员主要通过成人、函授、自学等形式进行培训。

截至 2010 年 12 月，已获得博士学位有 32 人，在读博士研究生 11 人，详见附录Ⅱ。

（2）业务技术培训。

主要方式是参加中国地震局组织的专业人员培训，参加社会组织的会计人员继续教育培训，医务人员专业技术培训，中央国家机关工人考工委员会组织的工人专业技能培训，不断提高科技人员、管理人员和后勤服务人员的业务水平。据统计，仅 2001～2010 年期间，地壳应力研究所参加中国地震局各司、室组织的专业技术和管理知识培训班 86 期，内容涉及地震分析预报技术、城市活动断层探测技术、数字地震观测技术、地震安全性评价技术、地震信息网络系统、前兆台网数据管理、期刊编辑、以及财务、基建、资产、劳动工资、保密、档案、公文、党建、审计、纪检监察等，参加人员 133 人次。

3．交流访问学者

为促进地震科技交流与合作，加速人才培养，推进防震减灾事业的发展，中国地震局决定自 2003 年开始，在地震系统建立交流访问学者制度。交流访问学者分为高级交流访问学者和普通交流访问学者，工作期限一般为 3 个月至 6 个月。鼓励省局与研究所等直属单位之间进行科技人员交流访问，东、西部地区单位之间进行科技人员的交流访问，优先支持西部地区单位的中青年科技骨干进行交流访问，优先保证中国地震局重点项目实施对交流访问学者的需求。地壳应力研究所从 2003 年开始，实施交流访问学者计划，派出高级交流访问学者及普通交流访问学者，同时也接收各省（市、区）地震局派来的访问学者。

（1）高级交流访问学者从 2003 年开始，派出 2 次共 2 人。

李玉萍，2003 年派往西藏自治区地震局，从事网络信息专业工作，访问期限 3 个月。

刘耀炜，2007 年派往江西省地震局，从事地下流体与地震监测预报专业工作，访问期限 10 天。

（2）普通交流访问学者，从2003～2010年共安排交流访问学者19人。其中，接收访问学者18人，派出访问学者1人，见表6-21-1。

表6-21-1　　　　　　　　　　地壳应力研究所普通交流访问学者

<table>
<tr><th>年份</th><th>接收单位</th><th>指导老师</th><th>派出单位</th><th>姓名</th><th>目前从事专业工作领域</th><th>访问期限</th></tr>
<tr><td>2003</td><td>地壳应力研究所</td><td>黄忠贤</td><td>山西省地震局</td><td>李媛媛</td><td>前兆观测</td><td>3个月</td></tr>
<tr><td>2004</td><td>地壳应力研究所</td><td>张景发</td><td>云南省地震局</td><td>崔建文</td><td>遥感应用</td><td>3个月</td></tr>
<tr><td>2005</td><td>地壳应力研究所</td><td>刘耀炜</td><td>甘肃省地震局</td><td>陆　斌</td><td>地下流体</td><td>3个月</td></tr>
<tr><td rowspan="2">2007</td><td>地壳应力研究所</td><td>刘耀炜</td><td>甘肃省地震局</td><td>苏鹤军</td><td>地下流体</td><td>2个月</td></tr>
<tr><td>地壳应力研究所</td><td>刘耀炜</td><td>山西省地震局</td><td>范雪芳</td><td>地下流体分析预报及研究</td><td>2个月</td></tr>
<tr><td rowspan="8">2008</td><td>地壳应力研究所</td><td>刘耀炜</td><td>安徽省地震局</td><td>陶月潮</td><td>地下流体</td><td>1个月</td></tr>
<tr><td>地壳应力研究所</td><td>刘耀炜</td><td>辽宁省地震局</td><td>王海燕</td><td>地下流体</td><td>1个月</td></tr>
<tr><td>地壳应力研究所</td><td>刘耀炜</td><td>山西省地震局</td><td>张淑亮</td><td>地下流体</td><td>1个月</td></tr>
<tr><td>地壳应力研究所</td><td>张景发</td><td>甘肃省地震局</td><td>陈文凯</td><td>遥感技术</td><td>1个月</td></tr>
<tr><td>地壳应力研究所</td><td>张景发</td><td>河北省地震局</td><td>马　栋</td><td>形变学科</td><td>1个月</td></tr>
<tr><td>地壳应力研究所</td><td>张景发</td><td>四川省地震局</td><td>刘　放</td><td>遥感技术</td><td>1个月</td></tr>
<tr><td>地壳应力研究所</td><td>吕悦军</td><td>第一监测中心</td><td>塔　拉</td><td>地震安全性评价</td><td>1个月</td></tr>
<tr><td>地壳应力研究所</td><td>张世民</td><td>第一监测中心</td><td>余　敏</td><td>岩土工程</td><td>1个月</td></tr>
<tr><td rowspan="3">2009</td><td>内蒙古自治区地震局</td><td>郭文生</td><td>地壳应力研究所</td><td>何仲太</td><td>地震地质</td><td>3个月</td></tr>
<tr><td>地壳应力研究所</td><td>赵　刚</td><td>宁夏回族自治区地震局</td><td>马文娟</td><td>观测数据的分析处理</td><td>3个月</td></tr>
<tr><td>地壳应力研究所</td><td>马保起</td><td>内蒙古自治区地震局</td><td>魏建民</td><td>地震安全性评价</td><td>3个月</td></tr>
<tr><td rowspan="3">2010</td><td>地壳应力研究所</td><td>张景发</td><td>四川省地震局</td><td>张铁宝</td><td>遥感技术</td><td>3个月</td></tr>
<tr><td>地壳应力研究所</td><td>张世民</td><td>第一监测中心</td><td>周海涛</td><td>工程地震</td><td>3个月</td></tr>
<tr><td>地壳应力研究所</td><td>刘耀炜</td><td>新疆维吾尔自治区地震局</td><td>张　涛</td><td>地下流体</td><td>3个月</td></tr>
</table>

三、劳动分配

1966年成立地质部地震地质大队后，执行地质部野外工资标准。

1966年8月起，根据国务院批转全国物委《关于提高粮食销价后对职工实行补贴的报告》精神，对职工生活补贴范围：工人及学徒、干部中行政16级或工资相当于行政16级以下补贴额为每月1.5元。同年7月，参照有关部门改革奖励制度试行的“活工资”办法分为三等：一等3元，二等2.5元，三等2元。

1967年12月，根据国务院关于野外津贴方面的有关规定，地震地质大队自1967年12月1日起，大队部的野外津贴由每人每天0.5元改为0.4元。1968年8月，华北区队野外津贴标准调整，室内工作期间每人每天为0.4元，野外工作期间每人每天为0.6元。

1970年5月，按照中国科学院工资标准执行。

1972年根据国务院（71）国发90号和国发91号两个文件精神，调整低收入职工工资。经调资办公室摸底和群众评议，符合调一级的 112 人，16 人调了 2 级。

1977 年 11 月，国务院国发[1977]89 号《关于调整部分职工工资的通知》，体现“各尽所能、按劳分配”的原则调整职工工资，重点是工作多年、工资偏低的职工。截至 1977 年 9 月 30 日，地震地质大队职工为 626 人，实际调资 297 人，占职工总数的 47.4%。

1978 年，根据国家劳动总局[78]劳薪字第 79 号《关于给工作成绩特别突出的职工升级的通知》精神，对全民所有制单位中生产、工作成绩优异、贡献较大和提职后工作表现好而工资特别低的人员，进行一次考核升级，对个别学习特别优良的徒工提前转正定级。工资升级和提前转正定级的人数，控制在职工总人数的 2%以内。经过职工讨论、评议，当年职工 653 人，升级人数为 13 人。

1980 年，根据国务院《关于职工升级的几项具体规定》（[79]251 号）文件精神，地震地质大队有职工 642 人，按 40%的升级面，升级 256 人；计划内临时工为 23 人，应升级 10 人。

1985 年，国务院工资制度改革小组、劳动人事部《关于地震事业单位工作人员工资制度改革问题的通知》（劳人薪[1985]80 号）及国家地震局《地震事业单位工作人员工资制度改革实施方案》，是为了逐步消除现行工资体制中的平均主义和其他不合理因素，初步建立起能够较好地体现按劳分配的原则，便于管理和调节新的工资制度，为今后进一步理顺工资关系打下基础。地震事业单位行政管理人员和专业技术人员，实行以职务工资为主的结构工资制。结构工资制由基础工资、职务工资、工龄津贴和奖励工资四个部分组成。行政管理人员按照担任的行政管理职务确定职务工资。专业技术人员按照担任的专业技术职务确定职务工资。基础工资、工龄津贴、奖励工资按照国家规定的标准执行。从事野外工作的地质队，按地质矿产部野外地质队工资标准执行。从事野外工作的测量队，按国家测绘局野外测量队工资标准执行。

1989 年，按国务院通知，职工工资普调一级。

1993 年工资改革。全额拨款事业单位职工工资构成分为 70%固定部分和 30%津贴部分。70%固定部分按职工的学历、工龄、职务、任职时间套定，30%津贴按每人进档后工资的 30%设置，定为档案津贴。地壳应力研究所参加工资改革的职工 595 人，人均增资 122.86 元；野外队 88 人，人均增资 181.63 元。工资套改后，月增资额不足 35 元的职工有 7 人。同年，根据工改文件精神和国家地震局的有关规定，研究所有 8 人享受国家 2‰奖励、有 5 人作为有突出贡献的中青年专家、国家地震局科技新星，均高套一个职务档次。

1995 年开始，按照人事部、财政部、国家计委《关于机关、事业单位工作人员正常晋升工资档次办法》，每两年增加一次工资。地壳应力研究所 1996 年 1 月制定了《职工年度考核暂行办法》和《先进集体、先进个人评选办法》，职工每年年底填写年度考核表，各部门提出考核意见，由研究所审批。考核等次分为：优秀、称职、不称职三个等次，年度考核结果是晋升工资的依据。每年有占职工总数 3%的考核优秀人员，提前晋升一级工资。

1997 年 9 月，国家地震局印发《关于事业单位工作人员提前或越级晋升工资档次的实施办法》、《关于机关工作人员年度考核连续三年优秀晋升级别工资的实施办法》，对 1993 年工资制度改革后连续两个年度考核评定为优秀并做出突出贡献的工作人员，可按年度在册职工总人数的 3%提前或越级晋级。1995～2005 年连续 10 年、有 142 人次获提前或越级晋升工资。

1997、2001、2003 年在工资正常晋升的同时，分别按职级提高了基本工资标准。

1999 工资正常晋升。

2000 年，在列入科技部公益类科研院所管理体制改革试点单位中，对进入精干科研队伍人员，实行按需设岗、按岗聘用，按岗位定酬、按任务定酬、按业绩定酬，改革了收入分配制度，建立了事业单位的基本工资、岗位津贴和绩效津贴组成的三元结构工资制度。全面推行项目法人制、课题负责制，实行责、权、利的统一，对完成课题所获得的优秀成果、专利、发表的优秀论文、论著给予奖励。对创新基地内的人员发放岗位津贴。

科研人员岗位津贴标准：

研究员 800 元/月，副研究员（高级工程师）600 元/月，助理研究员（工程师）400 元/月，其他科研人员 300 元/月。

上述人员中，对担任室主任加发管理津贴 200 元/月，副主任加发管理津贴 100 元/月。

机关管理人员岗位津贴标准：

所长、党委书记 1000 元/月，副所长、副书记(及同职级人员)900 元/月，处长、主任 700 元/月，副处长、副主任（含副高专业技术职务）500 元/月，科长 400 元/月，主任科员（含中级专业技术职务）350 元/月，其他工作人员 250 元/月。

部门负责人中，具有副高以上专业技术职务的加发津贴 100 元/月，取得中级专业技术职务的加发津贴 50 元/月。

绩效津贴是，对外争取经费的数量和完成任务的绩效紧密挂钩的一种奖励。

目标管理津贴是，针对机关管理人员制定的分配激励机制，正副所长（含同类人员）的津贴标准为精干科研岗位研究员平均绩效津贴(超额完成年度目标任务 100%,完成为 80%,基本完成为 60%)，正副处长（含副高人员）津贴标准为科研岗位副高人员平均绩效（超额完成年度目标任务 100%，完成为 80%，基本完成为 60%），科长、主任科员、高级工（含中级人员）的津贴标准为科研岗位中级人员平均绩效（超额完成年度目标任务 100%，完成为 80%，基本完成为 60%），其他人员的津贴标准为科研岗位其他人员平均绩效（超额完成年度目标任务 100%，完成为 80%，基本完成为 60%）。结合年终工作总结，由所目标管理小组对本年度工作目标实现情况进行考核评议。根据考核评议结果确定目标管理津贴标准，有效期一个考核年度。后勤服务中心、昌海科技开发公司根据自身情况自行规定。

2003 年，中国地震局根据科技部的要求，对地震系统的研究机构进行科技体制改革，地壳应力研究所在认真吸取改革试点工作经验的基础上，组建科技创新基地。继续实行按需设岗、按岗聘用，根据按岗位定酬、按任务定酬、按业绩定酬的精神，调整了收入分配标准。

2004 年 3 月，对创新基地人员岗位津贴进行了调整，科研人员、机关管理人员、条件保障人员岗位津贴增长幅度为 2003 年标准的 7.8％～6.5％。

2006 年 7 月，再次对创新基地科研人员、机关管理人员、条件保障人员岗位津贴进行调整，发放岗位津贴标准如下：

科研人员岗位津贴：

研究员，一档 2000 元/月。

副研究员（高工），一档 1500 元/月，二档 1200 元/月。

助理研究员（工程师），一档 1000 元/月，二档 800 元/月。

其他科研人员，一档 600 元/月。

上述人员中，担任研究室主任以上职务者加发管理岗位津贴 100 元/月，担任室副主任职务加发管理岗位津贴 50 元/月。

机关管理人员岗位津贴：

所长、党委书记 2200 元/月。

副所长、副书记（及同职级人员）2000 元/月。

处长 1500 元/月，副处长、副高专业技术职务人员 1200 元/月。

科级、中级专业技术职务人员 900 元/月。

科办员、初级专业技术职务人员 700 元/月。

其他工作人员 600 元/月。

上述部门负责人中，取得研究员职务者加发津贴 200 元/月，取得副高级专业技术职务者加发津贴 100 元/月，取得中级专业技术职务者加发津贴 50 元/月。

后勤服务中心人员岗位津贴：

主任 1500 元/月。

副主任（同职级人员）1200 元/月。

部门副主管 900 元/月。

25 年以上工龄人员 800 元/月。

一般岗位 700 元/月。

其他工作人员（含见习期人员）600 元/月。

2006 年工资改革。根据《事业单位工作人员收入分配制度改革方案》(国人部发〔2006〕56 号)、《事业单位工作人员收入分配制度改革实施办法》（国人部发[2006]59 号）文件，中国地震局制定了《中国地震局所属事业单位工作人员收入分配制度改革实施意见》(中震发人[2007]21 号)、《中国地震局所属事业单位离退休人员计发离退休费等问题的实施意见》(中震发人[2007]22 号)，职工工资推行岗位绩效工资制度，由岗位工资、薪级工资、绩效工资和津贴补贴四部分组成，其中岗位工资和薪级工资为基本工资，实行国家统一的工资政策和标准。其岗位分为专业技术岗位、管理岗位和工勤技能岗位。工资套改分为在职人员和离退休人员两类。同年 6 月 30 日，研究所在册职工 369 人，月均增资 444 元。离退休人员共 419 人，其中离休职工 22 人，月均增资 699 元。退休职工月均增资 383 元。初次套定后，原来每两年正常增加基础工资的办法改为年度考核合格者，每年增加一级薪级工资的办法。

第二节　专业技术职务聘任

1978 年，根据国务院、中国科学院文件和国家地震局的具体部署，恢复了技术职称评定工作。同年 8 月，地震地质大队党委研究决定，批准 58 人由技术员提升为助理研究员，33 人由技术员提升为工程师。

1980 年，成立地震地质大队专业技术职称评定委员会。

1981 年，经国家地震局技术职称评审委员会评定，1 人晋升为副编审职务。同年，经地震地质大队专业技术职务评定委员会评审，14 人晋升为助理研究员职务，16 人晋升为工程师职务，4 人晋升为管理工程师职务，2 人晋升为馆员职务。

1983 年，国务院决定暂停职称晋升，对此前的工作进行整顿。1986 年，国家地震局完成了职称评审的整顿工作，职称聘任按照按需设岗、按岗聘任的原则进行，岗位数按科技人员的比例限定，每年由国家地震局核定职称聘任指标。

1985 年，国家地震局《关于进一步做好实行专业技术职务聘任制准备工作的通知》(震人科字第 07 号)，对专业技术职务聘任工作进行了部署。作为人事制度的重大改革，实行专业技术人员聘任制并实行以职务工资为主的结构工资。

1986 年，经国家地震局批准，研究所成立了 7 人组成的职称改革工作领导小组。

1987 年，经国家地震局科研、工程高级专业技术职务评审委员会评审，4 人获研究员任职资格。经国家地震局图书、情报、翻译、出版专业高级专业技术职务评审委员会评审，1 人获编审任职资格。同年，遵照国家地震局关于专业技术职务聘任工作的具体规定和工作部署，经过任职资格评审，研究所有高级专业技术职务 38 人，中级专业技术职务 206 人（其中，含 1985 年研究生 3 人不占限额指标)。

1988 年 12 月，经国家地震局科研、工程高级专业技术职务评审委员会评审，1 人获高级工程师（研究员级）任职资格。经国家地震局会计（审计)、统计、经济专业技术职务评审委员会评审，1 人获高级经济师资格、1 人获会计师资格。同年，20 人被聘为中级专业技术职务。

1989 年，有 4 人聘任为副高级工程师。

1990 年，有 1 人聘任为副研究员。

1992 年，按照人事部、国家地震局文件精神，专业技术职务的评聘转入经常化。为适应地震工作发展需要，国家地震局对研究员级岗位设置原则与职数按学科专业进行调整，不再评审研究员级高工。同年，5 人取得研究员任职资格并聘任。经国家地震局审批，21 人取得副高级专业技术职务任职资格， 12 人聘任副高级专业技术职务。

1993 年，专业技术职务实行评聘分开，研究所制定依据专业技术人员承担的任务择优聘用的原则，对已聘人员连续三年无任务，或研究员级人员个人没有直接承担科研或开发项目，连续三年未申请到项目者，予以解聘。同年，1 人被评聘为研究员职务。经国家地震局审批，有 52 人取得副高级专业技术职务任职资格，受指标限制，当年聘任 21 人副高级专业技术职务。

1994 年，聘任 4 人为研究员职务，聘任 1 人为副研究员职务，1 人为高级工程师职务。同年，副高级任职资格评审有 44 人具备任职资格。

1995 年，职称评审申报资格允许破格申报，破格申报条件对年青科技工作人员进行政策倾斜，同时也解决一些学历较低、长期工作在台站的专业人员不能申报副高级和中级专业技术职务的问题。同年，聘任 3 人为研究员职务，聘任 1 人编审职务。3 人获得研究员任职资格，15 人获得副研究员、副研究馆员资格，累计聘任 26 人副高级专业技术职务。

1995 年，人事部下发《关于加强选拔优秀青年科技人员聘任高级专业技术职务工作的若干意见》（人职发[1995]2 号）文件，1996 年国家地震局实行破格提拔年轻科技人员的政策（俗称“特批”），即 45 岁以下副研申请研究员和 35 岁以下助研申请副研究员的人员。经研究决定，4 名优秀青年聘任研究员岗位职数，地壳应力研究所 1 人特批聘任研究员职务，1 人特批聘任副研究员专业技术职务。

1996 年，地壳应力研究所制定了《副高级专业技术职务任职资格评审量化评分暂行办法》，量化评分分为承担的工作任务、成果效益、论文、论著和表现、奖励四部分。评审工作也分为量化评分和投票表决两个过程。同年，聘任 3 人研究员职务，聘任 20 人副高级专业技术职务，13 人取得副高级专业技术资格。

1997 年，1 人取得研究员任职资格并聘任，14 人取得副高级专业技术职务任职资格，聘任 18 人副高级专业技术职务。同年，根据国家地震局震人（1997）105 号《关于对 35 岁以下优秀青年科技骨干聘任高级专业技术职务岗位职数的批复》，聘任 3 人副研究员职务，聘任 6 人为高级工程师职务，聘任 2 人为高级会计师职务。

1998 年，3 人获得研究员任职资格并聘任，9 人取得副高级专业技术职务任职资格。

1999 年，3 人获得研究员任职资格并聘任，6 人被聘为副高级专业技术职务。

2000 年，1 人获得编审任职资格并聘任，3 人获得研究员任职资格并聘任。15 人聘为副高级专业技术职务。在研究所机构改革中，同年有一部分专业技术职务人员实行聘退。

2001 年，1 人获得研究员任职资格并聘任，3 人取得副高级专业技术职务任职资格。

2002 年，2 人获得研究员任职资格并聘任，聘任 3 人副高级专业技术职务。

2003 年，2 人获得研究员任职资格并聘任，3 人取得副高级专业技术职称并聘任。

2004 年，2 人获得研究员任职资格并聘任，聘任 3 人副研究员职务，聘任 1 人高级工程师职务。

2005 年，1 人获得研究馆员任职资格并聘任，3 人取得研究员任职资格，4 人取得副高级专业技术职务任职资格。

2006 年，2 人获得研究员任职资格并聘任，聘任 4 人副高级专业技术职务，2 人取得研究员任职资格。

2007 年，1 人获得正研级高级工程师资格并聘任，1 人获得研究员任职资格并聘任，2 人取得副高级专业技术职务任职资格并聘任，3 人取得研究员任职资格。

2008 年，2 人获得研究员任职资格并聘任，2 人获得正研级高级工程师职务，2 人取得副高级专业技术职务任职资格并聘任。

2008 年，根据人事部文件精神，中国地震局印发了《中国地震局事业单位岗位管理实施办法（试行）〉等 3 个文件的通知》（中震发人[2008]146 号），地壳应力研究所结合实际制定了《中国地震局地壳应力研究所岗位管理实施细则》和《中国地震局地壳应力研究所专业技术岗位首次分级聘用实施办法》，开始全所专业技术岗位分级工作。首次参加专业技术岗位分级人员有 223 人（含 2008 年 3 月 31 日前退休 10 人），其中 2 人聘为专业技术二级，11 人聘为专业技术三级，10 人被聘为专业技术四级，28 人被聘为专业技术五级，39 人被聘为专业技术六级，19 人被聘为专业技术七级，34 人被聘为专业技术八级，24 人被聘为专业技术九级，15 人被聘为专业技术十级，27 人被聘为专业技术十一级 ，14 人被聘为专业技术十二级，1 人被聘为专业技术十三级。

2009 年，1 人获得研究员专业任职资格并聘任，5 人取得副高级专业技术职务任职资格并聘任。

2010 年，1 人获得研究员任职资格并聘任，3 人取得副研究员任职资格，1 人取得高级工程师任职资格。

同年，经研究所岗位设置聘用委员会投票，所长办公会议批准，对科技岗位、管理岗位和工勤岗位首次设置聘用。科技岗位聘用正研级高工三级 11 人、四级 10 人；副研究员（高级工程师）五级 15 人、六级 22 人、七级 15 人；聘用助理研究员（工程师）八级 20 人、九级 8 人、十级 12 人；研究实习员（助理工程师）十一级 17 人、十二级 11 人、技术员十三级 1 人。聘用管理岗位五级职员 12 人、六级职员 10 人、七级职员 8 人、八级职员 1 人。聘用工勤岗位技术二级 6 人、三级 6 人、四级 7 人。

第三节　研究生教育

历经 45 年的改革和发展，地壳应力研究所已形成了明确的科研方向，培养和造就了一支多学科、多专业的地震科研队伍，科研条件和科研设备不断完善和发展，在地震科学的相关研究领域和观测技术方面，形成了自己独有的特色和优势。从科技实力、科研条件、情报图书等方面都已具备独立招收和培养硕士研究生的条件。为此，1988 年 6 月 28 日向国家地震局提出申请，增列地壳应力研究所硕士学位授予权单位的报告。1990 年 11 月 20 日，国务院学位委员会《关于下达第四批新增博士和硕士学位授予单位名单的通知》（学位[1990]028 号），批准地壳应力研究所为第四批新增硕士学位授予单位，学科专业是地球动力学与大地构造物理学专业。经过筹备，研究所成立了学位评定委员会，自 1992 年起招收硕士研究生。根据 1997 年国务院学位委员会和国家教育委员会颁布的学位培养专业目录，从 1999 年开始，将学科、专业名称改为固体地球物理学学科中的“固体地球物理学”专业。

一、硕士研究生培养

地壳应力研究所招收的硕士研究生，第一年在中国科学院研究生院学习基础课，第二年回研究所在导师指导下确定论文选题，重点培养实际操作能力、分析问题能力、文献资料检索与利用能力等。导师指导经过选题到发表研究成果，最后由人事教育处组织论文答辩和办理学位授予事项。对研究生的报考、复试、调剂、体检、录取、基础课安排、开题报告、中期考核、论文答辩等，都按照规章进行。

为提高研究生教育质量，推动研究生教育管理工作的制度化、规范化，地壳应力研究所于 2005 年 9 月印发了《学生管理规定（试行）》、《硕士研究生培养方案》、《硕士研究生指导教师遴选工作细则》、《硕士研究生中期考核办法》、《硕士学位授予工作细则》、《学生日常管理办法》、《研究生证管理办法》、《学生宿舍管理规定》等一系列管理文件。

二、毕业和在读硕士研究生

地壳应力研究所 1992 年硕士研究生招生计划指标少，每年只招生 2 人，导师分别是欧阳祖熙和赵国光。1993 年没有生源停招。因为生源和计划指标的原因，1994 年后每年招收硕士研究生 1～2

人。1995年授予首届毕业研究生硕士学位。2001年，生源情况有所好转，招生指标增加到5人，并且逐年增加，到2005年，每年招生指标为15个。

1992～2010年，共招收硕士研究生132人，其中，已经毕业的硕士研究生87人（留研究所33人），在读硕士研究生43人，详见附录Ⅱ。

三、优秀硕士论文

2008～2010年度评选的优秀硕士论文有：

⑴PS技术在地壳形变检测应用中的关键技术研究　姜文亮　导师：张景发。

⑵近年来几次强震在中国南北地震带动态应力场触发问题研究　张彬　导师：杨选辉。

⑶构造应力场、活动断裂及区域地震活动性的数值模拟研究　李红　导师：陈连旺。

⑷利用GPS观测数据评估川滇南部地区活动断裂地震危险性　张效亮　导师：谢富仁。

四、硕士研究生指导教师

欧阳祖熙　赵国光　李方全　陆远忠　黄忠贤　谢富仁　付子忠　陈　虹　王恩福

唐荣余　周振安　张景发　王建军　马保起　李玉萍　赵树贤　杨选辉　李海亮

江娃利　张世民　刘耀炜　陈连旺　崔效锋　邱泽华　吕悦军　杨树新　谢新生

朱守彪　李　宏　雷建设　田家勇　王兰炜　王成虎　陆　鸣

第四节　离退休人员管理

离退休工作是党和国家干部工作的一个重要组成部分，是研究所工作的重要内容之一。45年来先后有一大批职工办理了离退休手续，他们为研究所的建设、发展，为防震减灾事业做出了重大的历史贡献。老干部退休制度建立以来，研究所对离退休人员坚持“服务”和“管理”并重的方针，努力做好离退休人员服务管理工作。

一、人员情况

1966年，地震地质大队建立初期，人员多数是从地质部系统调入、或从大中专院校接收的毕业生，职工队伍比较年轻。1982年，国家建立老干部退休制度时，研究所办理离退休手续的职工仅有12人。1990年以后，每年约有20～30名职工办理离退休手续。截至2010年12月31日，地壳应力研究所共有561人离休、退休，其中已去世的离退休人员91人。

离休人员：

离休共29人，其中1937年7月6日以前参加革命工作的（老红军）2人，抗日战争时期参加革命的6人，解放战争时期参加革命的21人。离休人员因病已去世9人。

离休人员有：解肇元、徐炬、陆有勋、韩子文、李宗长、张崇寿、李德岭、徐明显、张仲宽、林泉、张玉山、王仲、母小亨、戚超云、高文波、郭志涛、吕培涛、周英志、程启尉、孙德林、张连云、赵奎华、李美英、王焕武、史宪有、丁素欣、邓华忠、张惠、毕福志。

退休人员：

退休共532人，因病已去世退休人员82人。历年退休人员情况见表6-21-2。

表 6-21-2　　　　　　　　　　　　地壳应力研究所历年退休人员统计表　　　　　　　　　　单位：人

年份	局级	处级	科级	研究员	副研	中级	初级	工人	合计
1982								9	9
1985						1		15	16
1990		3	1		1	12	3	43	63
1995	5	27	8	2	24	59	7	116	248
2000	7	36	22	12	96	84	13	139	409
2005	9	40	27	18	110	80	13	130	427
2010	11	39	27	22	120	82	10	139	450

说明：上述各年统计的人员中，不含当年已去世的退休人员。

二、管理服务

1982 年，中共中央[1982]13 号文《关于建立老干部退休制度的决定》印发后，研究所开始将离退休人员服务和管理工作列入议事日程，决定由人事处代管。同年，分别成立了离休党支部和退休党支部。离休、退休党支部根据研究所党委的统一安排，结合离退休党员的特点，分别组织开展党的活动。先后担任离休党支部书记的有：陆友勋、郭志涛、周英志。先后担任退休党支部书记的有：马荣坚、刘道洪、黄汉松、韩文华、刘丽娟。

1986 年，研究所印发《关于离休干部工作中几个问题的规定》，明确离退休工作由党委书记主抓，具体日常工作由人事教育处承办。按照党和国家各个时期的政策规定，落实离退休人员的政治待遇和生活待遇。每年拨一定的公用活动经费和由福利费项目列支的生活福利费，用于组织开展文体活动、购买学习材料、参观游览活动和解决生活困难人员的补助及走访慰问等。离休人员的特需费列入研究所年度财务预算。每年召开离休干部、退休局级干部、研究员、退休支部委员参加的茶话会，由所长通报一年的工作情况和今后工作的设想，听取意见和建议。

1990 年，依据中共中央组织部关于老干部工作机构“只能加强，不能削弱”的规定，同年 5 月研究所设立离退休办公室，配备专职工作人员负责离退休人员的服务与管理。

1992 年 5 月，研究所制定《关于离退休干部工作中若干问题的规定》，决定成立地壳应力研究所离退休干部工作领导小组，凡涉及离退休工作中的重大问题，由领导小组研究决定，日常工作由离退休办公室负责。离退休干部领导小组由主管老干部工作的领导和机关部门负责人组成。

1995 年，研究所离退休人员呈较快增长趋势。同年 11 月，经国家地震局人事教育司批准，设立了离退休干部处（2010 年 5 月更名为离退休办公室）。

2004 年，根据中国地震局《关于做好提高部分红军时期参加革命离休干部医疗待遇工作的通知》精神，对 1937 年 7 月 6 日以前参加革命工作，“文化大革命”前任正、副局级职务的 2 名离休干部，提高享受副省（部）长级医疗待遇。

2007 年起，研究所决定离退休人员体检由两年组织一次调整为一年一次。

2009 年 4 月，中国地震局老年大学西三旗分校挂牌。老年大学投资 31 万元，建教室和活动室 120 ㎡，开设书画、声乐、电脑课程和医疗保健、诗词楹联等讲座和电影放映等。还组织有夕阳红乐队、手工编织、健身舞蹈等。

2009 年 10 月，根据中国地震局《关于开展部分离休干部提高享受副司局级医疗待遇审批工作的通知》精神，为 3 名符合提高享受副司局级医疗待遇的离休干部办理了医疗手续。

2010 年 1 月 1 日起，按照中国地震局《关于开展规范在京事业单位退休人员津贴补贴工作有关问题的通知》，调整了退休人员的津贴补贴标准。

为发挥离退休人员作用，研究所制定了《关于专业技术人员返聘有关规定》、《关于职工离退休后科研课题及科技开发项目结余经费的管理办法》等。

第二十二章　计划财务与国有资产管理

地壳应力研究所建立以来，计划财务和国有资产的管理，始终设立有专门的机构、按照各个时期上级的要求进行有序的管理。

第一节　计划与经济管理

计划和经济管理，主要是贯彻执行国家有关法律、法规和地震系统的各项财务规章制度，年度综合计划的编报、下达、检查和总结，各种统计报表的编辑和分析，合理编制研究所预算，科学调度和配置资金，管理预算内、外的经济收入，建立健全内部财务管理制度，规范内部经济秩序，对经济活动进行财务预测、控制和监督等。

一、经费来源

1966～1970 年，地震地质大队的主管部门是地质部，年度经费由地质科学研究院拨付，按企业成本核算方法进行管理。期间单位经费来源单一，无计划拨款外的任何经费创收，年经费收入总额仅 190～219 万元。

1971 年后，国家地震局成为地震地质大队的主管部门，执行按国家地震局的指令性任务进行经费切块的拨款制度，年度经费依据国家地震局审批后的预算计划分期拨付，按事业单位核算办法管理。

1980 年开始，国家地震局决定改进计划管理体制，实行“统一领导，分级管理，预算包干，专款专用”，对各单位的经常费、一般项目经费以及国家地震局管理的重点项目经费，均实行节余留用，扩大下属单位的权力，把责任和权力结合起来，更好地发挥两个积极性。1985 年 1 月，国家地震局《地震系统管理体制改革的试行方案（试行）》中，对各类不同性质、特点的科技工作，采取分类管理：对基础研究和部分应用研究项目，实行基金制；对开发研究和部分应用研究项目，实行招标合同和承包合同制；对下属单位管理的一般项目，实行责任包干制。地壳应力研究所结合自身特点，对有关管理工作进行相应的改革，特别是基金制和合同制管理的课题经费逐渐增多。

1985 年以后，地壳应力研究所加快利用现有技术和科研成果，探索为国民经济建设服务的途径，取得的经济效益成为研究所年度经费来源的渠道之一。

2000 年，科技部批准地壳应力研究所为公益类科研院所体制改革的试点单位，下拔改革试点经费和改革启动资金，主要用于重点科研岗位津贴和绩效津贴、重点科研项目研究、重点实验室建设与仪器设备更新、优秀人才引进和培养、人员分流和精干队伍组建、基础条件改造和建设等。此外，新增了科技体制改革经费、修缮购置专项经费、以及基本科研业务经费。地壳应力研究所承担的科技部、财政部、中国地震局和基金委等部门的各类基金制课题、纵向科学研究类项目、纵向工程类科研项目、横向科技开发项目等任务也不断增加。如 2000 年各项科研类、科技开发类项目经费合计为 1611 万元，2009 年达到 9705 万元。

2006 年国家安排基本科研业务专项资金每年 675 万元，用于支持中青年优秀科研人员和团队，开展符合研究所方向、任务的不同类型特别是具有开拓性的研究项目（课题），促进研究所多出成果、出好成果。

1967～2010 年，地壳应力研究所经费来源从初期单一拨款到多渠道增收，其结构呈现多元化的格局。经费逐年增长，特别是后十年增长幅度较大，见表 6-22-1。

表 6-22-1　　1967～2010 年各年代年平均收入总额统计表　　单位：万元

年代	20 世纪				21 世纪
	60 年代	70 年代	80 年代	90 年代	
年平均收入总额	200	311	419	1376	9255

二、计划经济管理

1972 年，地震地质大队经过几年的实践与总结，为加强计划经济管理，规范资金的使用，先后制订 13 项有关管理规定或办法。在《经费管理和费用开支执行办法》中，强调财务管理是经济活动的枢纽，财务工作人员要认真执行党的各项财经政策，遵守财经纪律。在经费使用管理上明确：各部门要根据年度科研生产任务，按规定时间和要求编报下年度用款计划。经报批后执行。同时对资金的使用、报销履行审批手续、限期结账、资产采购或调出、以及公杂费、差旅费、福利费和其他费用的开支范围和标准等，都有详细规定，保证地震地质大队组建初期地震科研工作有序开展。

1980 年，国家地震局加强重点项目的管理，对重点项目实行审批计划任务书和“五定”（定项目、定条件、定负责人、定协作单位、定成果）制度。项目经费由国家地震局统一掌握，采取分项核定、专款专用的办法。下属单位管理的一般项目，由各单位自行安排，上报备查。项目经费和经常费，采取确定限额、包干使用的办法。各单位的经常费、一般项目经费、局管重点项目经费，均实行节余留用。从 1985 年开始，国家地震局为了管好用好事业经费，又试行按任务核定经费，以地震科学基金、合同制、责任包干制分类管理。此外，还对行政经费、离退休人员经费、台站观测经费等规定了预算方法。地震地质大队按上述新的管理模式，编制本单位的规划、年度工作计划和年度经费预算。在日常财务管理工作中，加强核算和监督，提高经济效益。

20 世纪 80～90 年代，年经费收入总额（主要是财政拔款）逐步增长，地壳应力研究所经费短缺仍较为严重，如“六五”期间，科研、监测预报项目经费，年平均只有 125 万元左右。1988 年 5 月，为了加快科技体制改革，根据上级关于放权、搞活等指导性意见和相关政策，逐步推行科研、经营承包责任制，建立起使科技与经济融为一体的体制，促进科技与经济紧密结合，将研究成果转化为生产力，为国民经济建设和地震事业发展服务。承包模式（方式）主要有：①纵向任务（指基金、合同和责任包干项目）经费定额包干使用、超支不补、节余提成。提成比例为节余额的 6∶4 分成，其中 60%上交研究所，40%留研究室作为奖励基金。横向任务（指技术开发、咨询和工程经营等项目）经费，原则上按毛收入 2∶8 分成。留归研究室的纯利部分，需按 5∶5 开分配，分别作为研究室的事业发展基金和参与项目人员的奖励基金、福利基金。②实行内部独立核算，纵向经费和横向经费捆到一块，其纯收入（包括纵向经费节余和横向创收纯利）规定上交研究所的限额数。留归研究室的纯利部分仍需进行再分配。③实行自立帐户、独立核算、自主经营、自负盈亏，其纯收入也规定上交研究所的限额数。为配合责任制的实施，还制定了《关于扩大承包单位自主权若干问题的暂行规定》，要求承包单位根据各自的实际情况，选择其中一个模式试行。1993 年，制定了地壳应力研究所《科技和经济开发管理办法》，对开发形式与管理办法、奖惩等方面，都作了详细规定，调动了科技人员的积极性，在课题组保证完成计划任务的前提下，对经费精打细算，取得了明显的社会和经济效益，较好地完成了纵向科研和横向开发任务，为研究所渡过经费难关起到积极作用。

20 世纪 90 年代后期开始，国家提高离退休人员生活补助标准只给政策，部分经费由单位自行解决，加之医疗费大幅度增长，人员经费特别是离退休人员经费增长突出，使经费缺口逐年加大，详见表 6-22-2。

表 6-22-2　　1985～2010 年离退休人员经费支出情况统计表　　单位：万元

年　份	实际支出	医疗费支出	预算拨款	经费缺口
1985	3.37	8.65		
1995	158.60	100	88.25	70.35
2000	457.18	74.71	254.40	202.78
2005	993.56	157.61	447.76	545.80
2007	1751.41	257.68	1027.36	724.05
2009	1864.81	363.61	1300.88	563.93
2010	2239.55	493.83	1204.92	1034.63

说明：①实际支出包括医疗费支出；②1985、1995 年医疗费支出包括在职职工医疗费支出。

针对地震科研事业、地震事业经费不足的状况，地壳应力研究所根据中国地震局有关增收节支，控制科研事业、地震事业经费支出的通知精神，结合实际制定了十项措施：①加强项目经费的预算管理，控制无计划开支；②严格控制行政公用经费的开支；③做好清仓查库工作；④对控购商品，严格审批手续；⑤加强管理，减少差旅费支出；⑥加强车辆管理，严格用车制度；⑦反对铺张浪费、请客送礼和大吃大喝的不正之风；⑧加强人事教育工作，压缩雇用临时工，节省培训费和外出疗养费用；⑨积极组织预算外收入；⑩加强财务监督，制定奖励办法，充分调动职工的积极性。在年度经费计划和经费预算执行过程中，开源节流，精打细算，坚持量入为出，杜绝无计划开支，合理配置资源。1999 年，为了进一步规范所科技开发的财务行为，在以往实践工作的基础上，制定了《地壳应力研究所科技开发财务管理办法》，对科技开发项目管理费提取和项目经费的管理提出要求。上述措施和办法实施，使研究所各年度经费基本实现收支平衡、略有结余的管理目标，基本保证了年初预算以及各项工作的顺利完成。

1999 年，为了进一步规范科技开发的财务行为，地壳应力研究所制定了《科技开发财务管理办法》，对科技开发项目均按合同额的 10%收取管理费；对于仪器产品研制生产类项目，或有特殊原因的项目，经审核批准可按合同额的 8%收取管理费；对于已纳税的科技开发项目，一般不低于合同额的 5%。依据《科学事业单位会计制度》规定，建立修购基金及成果转化基金（2006 年修订为科技发展基金），用于固定资产的维修购置和科技成果的转让和推广。基金的提取标准是：凡在研究所立项的科技开发项目按合同额的 6%计提（2006 年改为 7%）；提取基金的 50%用于研究室或部门固定资产修购和成果转化，其余 50%作为研究所的修购及成果转化基金；从研究所的自筹资金中，提取研究室上交数额相同的资金共同组成修购及成果转化基金（科技发展基金）。同时，还明确规定了项目经费的使用和利益分配坚持研究所、研究室、个人利益兼顾的原则，实行项目成本大包干或成本核算结余提成两种管理办法。

2000 年，地壳应力研究所被纳入科技部公益类科研院所体制改革试点单位以后，为提高科学研究和科技创新水平，创造良好的学术氛围，激发广大科研人员科研的积极性，制定了《地壳应力研究所科技论文奖励办法》（试行）、《地壳应力研究所防震减灾优秀成果奖励办法》（试行）、《地壳应力研究所创新基地人员岗位津贴发放办法》（试行）、《地壳应力研究所科技工作绩效津贴发放办法》（试行）、《地壳应力研究所目标管理津贴发放办法》（试行）、《地壳应力研究所保障部门岗位津贴发放办法》（试行）等多项试行办法。

为完善科研课题与科技项目管理，适应科技发展的需要，修订的《地壳应力研究所科研课题与科技项目管理办法》，统一了项目（课题）管理费的收取范围和标准：①自然科学基金、地震科学基金等各类基金制与国家或部委规定不交纳管理费的项目，免交管理费。②纵向科学研究类项目、纵向工程技术类科研项目，按实际到研究所经费的 5%交纳管理费。③横向科技开发类项目，按实际到研究所经费的 10%交纳管理费。④研究所控股的公司（企业）承担的科技项目，由公司代收 8%的资源占用费（即管理费）。明确需要交纳税费的项目（课题）按实际到研究所经费交纳相关税费；

横向科技开发类项目按实际到所经费交纳 7%科技发展基金。开发项目（课题）联系奖励费：横向科技开发类项目在交纳管理费、科技发展基金和税费后，可同时按实际到研究所经费的 10%作为联系项目的奖励费，由项目负责人安排使用，并按章纳税。项目(课题)科研津贴标准和提取方式：凡纵向科学研究类项目、纵向工程技术类科研项目按实际到研究所经费配备一定比例的科研津贴，资金由所科技发展基金资助。

在地震业务工作中，对于地震行业专项、基本科研业务专项、修缮购置专项、基础条件改造和建设等专项项目，研究所严格执行《公益性行业科研专项经费管理试行办法》、《地震行业科研专项管理办法（试行）》和《中国地震局地壳应力研究所公益性科研院所基本科研业务费专项资金管理细则》，履行项目法人职责，编制项目实施方案和经费预算。管理部门及项目负责人，对项目实施全过程管理，严格执行项目任务书，按照规定严格管理和使用项目经费，提高了资金使用效益。仅 2007～2008 年批准项目 72 项，落实研究经费 1505 万元。在项目执行过程中，依据管理办法，加强监督管理，定期进行绩效考核和项目进展检查、评估。另外，计划财务、科技、审计监察部门相互配合形成联合监控体系，对基本科研业务专项基金项目进行全程监督管理，充分发挥基本科研业务费的效益。

第二节　国有资产管理

国有资产主要包括房产、地产（详见第二十四章)、物资设备、机动车辆等，截至 2010 年 12 月，地壳应力研究所共有物资设备 2694 台（套)，原值 6577.6 万元。其中单价在 50 万元以上的物资设备 20 台（套)，原值 2259.8 万元。

一、物资设备管理

地震地质大队建立后，国家实行的是计划经济，物资管理执行的是“统一计划、统一订购、统一分配、统一调度、统一管理”的物资政策。物资管理承担从计划到采购，从供应到管理一条龙式的服务，所需各类物资设备均需申报计划。

1972 年，执行《国家地震局关于器材管理暂行办法》，对凡属于国家统配、部管的物资，编制计划报国家地震局，由国家地震局统一汇总报送国家有关部门批准。属于地区包干的物资，计划报单位所在地的省（自治区、市）有关部门批准，并报国家地震局备案。对于贵重、稀缺等器材，除列入申报计划外，另附有申请理由的专题报告。为了严格执行上述规定，地震地质大队 1973 年制定了《物资管理办法》、《机电仪器设备管理办法》和《技术装备与器材管理规定》等，明确对社会集团控购商品的购置进行审核；对于采购的物资器材履行入库、出库手续，统一调配使用；对各类材料的消耗和库存情况，不定期进行清仓查库和专项清查，并向国家地震局报送月报、季报和年报；对于拟报废的仪器设备进行审查鉴定，并依据审批权限，办理报废手续。

对物资设备分为固定资产、低值器具和材料三部分进行管理。

固定资产：每套单价（件）在 200 元以上（1998 年提至 500 元以上)，耐用时间超过一年的各种仪器设备，要组织专业技术人员进行检查验收，确认附件齐全、技术指标和性能合格后，建立仪器设备卡片。单价（件）在 2 万元以上（含 2 万元）的仪器设备，需建立技术档案一式二份，由管理部门和使用单位分别存档，并随仪器设备转移。对于拟报废的仪器设备，经技术鉴定后，按规定办理报批手续，处理的残值全额交财务部门，用于新购置固定资产。

低值器具：每套（件）单价在 200 元以下（1998 年改为 500 元以下)，具有独立使用功能、使用寿命一年以上的，入库前检查、验收并建帐、建卡，采取出库即报销的办法。

材料：一次性使用的原材料、零配件，统计消耗和库存情况，向国家地震局报送统计报表。

1993 年，根据国家地震局关于重点管好、用好大型仪器设备，并进行简政放权的要求，地壳应力研究所制定《关于物资管理和供应工作改革的几项规定》，决定将物资管理和供应工作分离。物资管理主要负责固定资产、低值器具和国家统配材料的管理、分配，以及专控商品的审核。对于多余、闲置5万元以下的仪器设备，经批准可对外租赁、有偿转让、调拨。低值器具、零配件、一般材料和文化办公用品，可自行购置。同年5月，成立物资供应站，负责研究所的材料、劳保用品和文化用品的供应工作。

1997年6月，研究所制定《仪器设备与器材管理暂行规定》，明确购置1万～3万元仪器设备由物资主管部门审批。购置3万元以上仪器设备，由技术委员会审核，主管所长批准。

2008年，根据《中华人民共和国政府采购法》、《中国地震局政府采购管理细则》等法律、法规，制订《地壳应力研究所科研及修购专项仪器设备采购管理办法（试行）》。明确采购单项或批量达到3万元以上的仪器设备、进口科研仪器设备、地震应急救援物资，以及单次批量购买1万元以上打印机耗材、电脑配件及耗材，均需集中采购。

二、机动车辆管理

机动车辆的使用管理以及车辆的转移、报废处理等，按照国家有关部门的规定办理。

地震地质大队建立后，对机动车辆采取分散使用、分散管理。长年从事野外断层位移测量的单位，主要管理一些小吨位的运输车辆。长期承担野外钻探任务的单位，管理汽车钻机、水灌车和少量载重汽车。

1973年成立汽车队，上述车辆仍沿用分散管理，其他车辆统一调配。

1977年，国家对石油产品实行统购、统配，地震地质大队制订了《关于车辆使用的几项规定》，按照保证急需，保证重点和照顾一般的原则，按车种核定用油标准。

1985年，实行机动车辆集中管理、分散使用的方式。对每辆车的使用，填写行车记录，及时进行保养、检修，统一组织车辆年检和报废车辆的处置。之后，办理《北京市海淀区地壳应力研究所汽车队》营业执照，实行内部用车收费（内部支票）和对外承包、租赁进行成本核算的管理方法。

1999年改革中，汽车管理实行不同体制，对外原称谓不变，对内称汽车队，保留原经营执照和银行帐号。核定5辆车承担研究所指令性任务，在完成指令性任务基础上，承担机关和纵、横项目用车。对单车承包实行单独核算，自负盈亏。

2006年，机动车辆为管理部门、震情、应急和机要通信等工作服务。

三、企业占用固定资产管理

研究所开办全民所有制企业占用的固定资产，起初视同科研工作占用的固定资产方式进行管理。1992年以来，按照国家地震局的要求，每年对企业进行一次国有资产产权登记的方式进行管理，了解和掌握国有资产的保值、增值情况。

第二十三章　信息网络、期刊图书和档案管理

第一节　信息网络管理

2000 年 1 月，地壳应力研究所提出了信息网络发展的建议，并将信息网络建设纳入中国地震局《首都圈防震减灾示范区系统工程》，项目名称为：《中国地震局地壳应力研究所地震计算机网络系统工程实施方案》，总经费 85 万元。2001 年 12 月项目竣工验收。首都圈防震减灾示范区系统工程建立了研究所局域网域名（www.eq-icd.cn），开通了WWW、E-MAIL、FTP、DNS服务，通过帧中继以PVC为 512K速率，用 100 兆的网络连接系统，实现了与INTERNET的互联。为前兆台网中心增配了X.25专线，为前兆数据、地应力数据、活动构造数据、深部构造数据、电子地图数据、电子出版物、管理数据等开设了接口，建立了数据库平台。网络信息接入点达 118 个，具备连接中国地震局各网络节点，实现了数据信息共享的能力。

2002 年 6 月，信息网络建设纳入中国地震局“十五”数字地震观测网络项目信息分项项目，并进行地震信息服务系统初步设计，2004 年 7 月，通讯链路及机房改造等项目计划得到中国地震局批复，总投资 355.4 万元。

2005 年 4 月，计算机网络中心与情报资料室合并，成立地震信息网络研究室。2007 年 12 月“地壳应力研究所地震观测网络信息分项”项目竣工验收。研究所地震信息服务系统采用现代通讯技术，完成了集数据、语音、视频为一体的计算机网络平台建设；建立了行业信息发布和信息服务系统，可快速传递地震消息和信息，提供综合的地震数据信息查询服务；建立了网络运行管理系统，保证网络运行质量和地震应急、地震专业数据的传输服务；建立了 VOIP 电话；建立了地震信息网站，提供文件、报表、图形、图像、视频、多媒体信息、地理信息系统查询、数据库内容查询等多种方式的地震信息服务。研究所的地震信息服务系统为地震前兆和办公等实现网络化、自动化、IP 到台站、仪器提供了信道保障。地震信息服务系统成为研究所数字地震观测网络系统中各技术系统的纽带，成为数据共享平台和面向政府和公众的重要窗口。

第二节　图书资料和期刊管理

一、科技图书管理

1966 年，地震地质大队成立初期，科技图书数量很少，设备简单，工作由资料室兼管。随着存书量不断增加，图书室与资料室分开，并设有专人负责管理。1976 年，图书室迁入北京西三旗驻地后，藏书量逐年增加。

科技图书管理工作包括订购、登记、验收、分类、编目、借阅、文献检索及库房管理。

⑴图书订购：根据科研任务需要及长远发展规划要求，图书订购坚持专而不缺、广而不滥的原则，结合科研人员的需求选购书刊。

⑵入库手续：订购书刊办理登记、验收手续，报账时附固定资产入库单。

⑶分类编目：书刊编目依据《中国科学院图书馆图书分类法》进行分类。每种书刊制作书名卡、分类卡、作者卡、借阅卡（前三种卡为检索工具）。

⑷借阅利用：书刊借阅方式是开架式管理，读者可进入书库自主选择所需书刊。

1983 年 11 月，图书馆搬入科研楼 6 层，设立了库房、阅览室、办公室，整体条件有很大改善。2008 年，设立了图书期刊专项资金，图书期刊数量相应增加。

计算机技术和网络技术的发展，研究所管理的图书一部分是以纸为介质的图书期刊，另一部分

是以数据库内通过网络传播的电子图书期刊。

1．电子图书期刊

1990年，研究所参与地震系统建立联合期刊目录、文摘库和中国地震局数字图书馆的工作。2004年，图书馆逐步与地震系统兄弟单位合作，采取购买引进维普期刊数据库、万方学位论文和会议论文数据库等中文图书期刊数据资源，以及部分英文期刊数据资源，还试用各种图书期刊数据库。

2．纸质图书期刊

2004年，研究所安装了金盘公司的图书馆管理软件，输入了部分数据。2007年，通过《图书馆资源数字化管理》所长基金项目，对馆藏纸质图书期刊经过剔旧和整理，将中英文图书期刊制作MARC数据，实现了馆藏资源的数字化管理，加快了图书检索速度和准确性。

截至2010年12月，地壳应力研究所馆藏各文种图书11228种、16787册，各文种期刊691种、7035册，见表6-23-1。

表6-23-1　地壳应力研究所馆藏图书期刊统计表

类　别	图　书		期　刊	
	种 数	册 数	种 数	册 数
中文	8560	13508	328	2438
英文	1700	2311	297	4013
俄文	725	725	34	314
日文	243	243	32	270
合计	11228	16787	691	7035

二、科技资料管理

地震地质大队成立后，为适应地震地质工作的需要，调入或购买了地形图及有关资料，科技人员也收集了地震、地质、地形变和地球物理等方面大量资料。截至2010年，地壳应力研究所有地质资料5949份、地形图53926幅。其中，绝密地形图67幅，机密地形图51020幅，秘密地形图2839幅。

科技资料管理主要是购买、接收、整理、保管和借阅、登记等。

科技资料、特别是地形图，多数属于涉密范围，其他资料也多为地震科研工作所必需。资料管理工作始终坚持保密和方便使用相结合的原则，有序规范地进行。1972年以来，根据国家有关规定制定了《资料管理工作暂行办法》，结合实际制定了《资料借阅制度》、《资料保密制度》、《资料管理及保密制度》等。

收集管理：对新收集的资料，逐件建账立目后入库保管，定期进行清查核对。2008年，对库存的地质资料及地形图进行了统计核实，除原有资料管理建立的两种卡片、三种账本外，新设计并启用了包括资料内容、编号、借阅者及借阅时间、归还时间等横排式登记册。

2008年，为提高资料的利用率和防止泄密，对借用逾期未还的地质资料294份，地形图1815幅进行了清理，收回了地质资料179份，地形图1486幅。

2009年，实现了对5800余份地质资料、10375幅地形图的借阅检索计算机数字化管理，补充地质资料和地形图数据3000余条目，还新建借出地质资料和地形图以及借阅者数据库，实现查找资料方便快捷，缩短了借阅资料人员等候时间，告别了手工检索。

借阅利用：借阅科技资料严格按照资料管理的规定办理登记出库手续。根据国家测绘局和中国地震局关于加强涉密图件的利用与管理工作要求，资料管理人员获得“涉密测绘成果管理人员上岗培训证书”，持证上岗。

三、科技信息和书刊出版

科技信息和期刊管理工作包括地震科技情报的收集、翻译、整理、报导、交流、出版等方面工作。地壳应力研究所结合科研人员需要，收集国内外相关领域研究工作的现状和新的进展情报，本学科及相邻学科主攻方向及成果，中国和外国地震工作的方针、政策、机构设置，学术活动及学术刊物等情报，地震方面著名科学家活动情况，最新研究成果、最新论著等，定期或不定期编译出版期刊和文集，在地震系统及相关领域传播交流。

1978 年，出版《地壳应力状态》。

1980 年，出版《岩石和地壳的应力测量》。

1990 年，出版《世界地应力实测资料汇编》、《地热研究与应用》。

1994 年，出版《中国及其邻区构造应力场》。

2005 年，出版《钻孔应变同震变化观测报告文集》。

1987～2010 年，出版《地壳构造与地壳应力文集》。

创办的期刊有：

《地震地质参考资料》，1974～1980 年创办，共发行 12 期，1981 年停刊。

《地震地质科技动态》，1984 年创刊，当年出版两期，1985 出版双月刊，1986 年停刊。

《地壳构造与地壳应力》，1987 年创刊，双月刊，1997～2005 年改为季刊，2006～2010 年改为半年刊。

第三节　档案管理

一、科技档案管理

地壳应力研究所科技档案管理始于 1981 年。科技档案管理包括建档、归档、分类、组卷、编目和档案利用等方面工作。

科技档案室建立之前，大量科技档案材料及科技资料混杂存放在资料室，有的散落在个人手中。1981 年，研究所开始对科技档案材料进行清理，收集科技人员保留的地震地质、地震预测、仪器研制、地应力测量、地震烈度区划、地震调查、地形变测量等大量的档案材料，并按照当时地震系统科技档案管理办法及临时分类法，进行档案组卷、分类、编目，制作检索工具。

1987 年，根据国家地震局制定的《地震科学技术档案分类法》重新对已建档案进行分类、编目，档案工作逐步走向正规化。

1988 年以来，研究所根据国家科委、国家地震局科技档案管理的有关规定，先后制定了《国家地震局地壳应力研究所科技档案工作管理办法》、《地震科学技术档案保管期限参照表》、《地壳应力研究所档案借阅制度》、《档案室人员岗位责任制》等制度，对科研人员及档案管理部门提出具体要求，实现了科技档案管理“四同步”：①下达计划任务与提出科研文件材料归档要求同步；②检查计划进度与检查科研材料形成情况同步；③验收、鉴定科研成果与验收科技档案材料同步；④上报登记和评审奖励科研成果以及科研人员提职考核与档案部门出具专题归档情况证明材料同步。每年科研人员承担的科研课题或项目完成后，有关材料登记归档率达 98%。同年，国家地震局举办全国地震系统科技档案工作评比，研究所科技档案管理被评为地震系统科技档案分类、编目等工作的二等奖。

1993 年，科技档案建档合格率达到 100%。每年平均接待读者和咨询科研人员 500 人次。

1996 年以来，科技档案建立了档案目录数据库，为科技人员提供方便、快捷的服务。

1997 年，根据国家地震局《关于印发国家地震局科学事业单位档案管理定级办法的通知》和国家档案局、国家科委、建设部联合颁发《科学技术及事业单位档案管理升级办法》，国家地震局对档案管理工作进行考核，研究所案卷质量达国家标准，档案工作获“国家二级档案达标单位”。

截至 2010 年 12 月，研究所科技档案立卷归档共 2998 卷。其中，永久保存的档案 1885 卷，长期保存的档案 1051 卷，短期保存的档案 62 卷。

二、文书档案管理

1971 年，根据中国科学院关于加强档案管理工作的有关要求，地震地质大队对建立以来所形成的文件材料收集、整理、鉴定、分类归档。1976 年，为加强档案工作，成立了文书档案室。1996 年 12 月，根据国家地震局震人编 040 号文关于档案工作统一规划，统一管理的要求，成立了综合档案室（包括文书档案和科技档案）。

文书档案主要任务是：对研究所形成的文件材料整理、立卷和归档；集中管理（除人事档案）各种门类和载体的档案，积极提供利用；对文件材料进行鉴定，确定保存价值；编制各种检索工具，并提供借阅与咨询服务；做好档案的各项统计工作等。

文书档案立卷原则是：根据文件材料形成的年代、性质和重要程度，分别确定为永久保存、长期保存和定期保存三种期限，装订成卷。2003 年，根据国家地震局档案立卷工作的要求，对档案按件分类归档（即一盒内装若干份同类文件）。对于超过保存限期需销毁的文书档案，均登记造册，经主管所长同意，由监销人到指定地点监销。

为便于文书档案的充分利用，对形成的所有文书档案均按照保存期限，制作检索工具。多年以来相继建立了文书档案管理办法，档案人员岗位责任制、研究所主管档案工作领导岗位责任制、材料的归档、立卷、借阅和库房防范措施及消防等管理制度。

文书档案主要内容包括，历年的房地产文书、工作计划和总结、机构和干部任免、会议文件和记录、财务报表、账簿和财务凭证、研究所日常事务工作所形成的文件材料，以及隶属上级机关的发文及同级单位和有关单位的行文等。

截至 2010 年 12 月，地壳应力研究所文书档案立卷归档共 9894 卷（件）。其中，永久保存的档案 2967 卷（件），长期保存的档案 1634 卷（件），定期保存的档案 5293 卷（件）。

三、人事档案管理

人事档案制度从地震地质大队成立时就开始建立，是对人员管理的一项常规方式。

人事档案全面系统地记录了职工的历史情况、工作经历及奖惩情况等。文化大革命以后，人事档案主要记录与职工相关的考核资料、职务职称变迁、劳动分配、加入党、团组织等基本情况。中国地震局管理的干部，档案正本由中国地震局人事教育司管理，研究所作为协管单位保存副本。

20 世纪 70 年代后期，党委曾组织人员对人事档案中在文化大革命中形成的运动情况、个人交待、揭发材料、思想汇报、外调材料、个人笔记、大批判发言稿等进行清理，除有些材料交给本人外，其余材料全部销毁。20 世纪 80 年代中期，按照中组部关于清理和整理干部档案的规定，对干部档案中一些在各种政治运动中受到审查人员的材料，对在“左”的思想指导下由组织所写的不符合实际的考核、评价等材料，进行了清理与销毁。

1997 年，根据中国地震局《关于人事档案工作目标管理暂行办法》、《干部人事档案目标管理考核标准》，对每一份人事档案重新进行鉴别、整理，对不符合要求的材料进行剪裁、裱糊、折叠，并补充了 150 人的履历表等有关材料。

2003 年，中国地震局组织档案管理达标量化考核中，研究所成为首批人事档案达标单位。

2009 年，在推广人事档案信息化试点过程中，对 363 人的档案进行了整理，对 357 人的 5 万余页档案材料进行了数字化扫描， 补充档案材料 200 余份。

为加强人事档案的管理和利用，先后制定了人事档案借（查）阅、收集、鉴别归档、转递、核对、保管保密、管理人员职责、档案材料归档、库房安全防范和研究所主管档案工作领导岗位责任制等项制度和措施。

截至 2010 年底，地壳应力研究所保管人事档案 776 份。其中，在职人员档案 202 份，离休人员档案 21 份，退休人员档案 402 份，内退、出国和其他人员档案 85 份，死亡人员档案 66 份。

第二十四章　基础设施建设与后勤服务

第一节　科研基础条件建设

一、三河驻地基础设施建设

地震地质大队三河驻地，位于河北省三河市（县）东北约 6 ㎞的灵山乡南侧大口，三面环山，正西面与平原相连，1966 年 9 月由朱林青、母小亨选定该址，同年 10 月动工兴建。驻地基本建设速度迅速，当年入冬前部分办公室用房、生活用房已竣工并投入使用。截至 1969 年，主要配套工程项目也相继完工。工程前期负责人母小亨，工程后期负责人王树海。

三河驻地总面积为 124.76 亩，1966～1972 年先后七次征用孟各庄村非耕地 30.37 亩，山河营村非耕地 20.15 亩，东小旺村非耕地 74.24 亩。截至 1971 年 12 月 31 日，建筑总面积为 14922m^2，总投资 54.3 万元。

1966～1972 年，三河驻地为地震地质大队总部和华北区队所在地。驻地内设有办公区、生活区和各种配套设施。其中，办公用房和单身职工宿舍 3659m^2，生产厂房、库房、车库等用房 4951m^2，居民区住宅 3718m^2，生活福利用房 2594m^2。

1972 年，地震地质大队大队部迁往北京西三旗。此后，人员设备陆续搬迁。三河驻地再无大的建设项目，零星新增建筑面积总计为 300m^2左右。

1983 年，国家地震局与河北省三河县人民政府约定，原地震地质大队位于灵山大口驻地全部无偿移交三河县人民政府。经河北省人民政府批准，国家地震局在三河县燕郊镇另行征地，做为地震技术专科学校（现防灾科技学院）由甘肃省天水市迁往燕郊镇的新校址。1985 年，国家地震局震发物基第 034 号文件，同意地震地质大队驻三河县灵山基地的钻探队、机修加工车间和留守人员，迁往燕郊重建基地。基地划定在地震技术专科学校院内东北角，东西宽 122m，南北长 60.3m，土地面积为 11 亩。

1992 年，经国家地震局协调，地壳应力研究所与地震技术专科学校达成协议，地震技术专科学校接收地壳应力研究所 11 名河北省三河户籍的职工，管理地壳应力研究所遗留三河职工、家属户籍。地壳应力研究所将校园内的 11 亩土地及所建 632.2m^2房屋（平房 21 间、库房 1 间）的产权及使用权，划归地震技术专科学校所有。

二、西三旗驻地基础设施建设

西三旗驻地位于西三旗桥西路北，属海淀区和昌平区的结合部。定名为：北京市海淀区西三旗安宁庄路 1 号，占地总面积 65.39 亩。院内中间有一条南北走向的排水沟，将大院分成东西两部分，形成了东、西两院，东院主要是办公区，西院主要为居民区。1986 年，通过城市规划建设，将排水沟治理为暗沟。

东院：占地面积 30.51 亩。其中，由地质部地质科学研究院综合物探大队移交 26.61 亩（1985 年正式办理房地产移交手续），1967 年 6 月，经地质部批准，地震地质大队华北一队 29 名职工家属移驻；1978 年 3 月，地震地质大队与昌平区回龙观生产队协议征用回龙观生产队驻地东面的土地 3.9 亩①，并于 1979 年 10 月 30 日双方签订了征地边界协议。

---

① 1978 年，协议征用回龙观生产队的 3.9 亩土地后，地震地质大队未能及时将其中征用的九分土地圈在院墙内，回龙观生产队又进行复耕。1990 年在建昌海商社房屋时，又把这九分土地从回龙观生产队回租使用，并以合同的方式确定。新建房屋竣工后，将其中 90m^2用房划归回龙观生产队长期使用。1994 年 5 月，昌平县土地管理局在国有土地确权时，将昌海商社坐北朝南的部分门面房确定给回龙观生产队。后经地壳应力研究所详细查阅征地资料，即向昌平县土地管理部门提出确权异议。经地壳应力研究所和回龙观生产队双方多次协商洽谈，本着尊重历史，正视现实，最终于 1995 年 10 月达成协议，双方确认 1979 年 10 月 30 日所签征地边界协议为有效协议，回龙观生产队将复耕的九分土地所有权及其 90m^2房屋使用权归还地壳应力研究所，并同意研究所继续保留水泵房东门，长期无偿给予出入方便。地壳应力研究所给予回龙观生产队一次性经济补偿，解决了这一历史遗留问题。

西院：包括“三角地”，土地面积 34.88 亩。曾先后三次征地：1978 年 9 月 22 日，经北京市海淀区规划局（78）建地市字第 208 号文批准，征用海淀区安宁庄生产队非耕用地 21.5 亩。1978 年和 1986 年，分别以协议的方式征用安宁庄生产队土地 6.7 亩和 6.68 亩。

1972 年地震地质大队大队部由三河迁入西三旗后，驻地的基本建设工作陆续展开，前期以建平房为主，后期以建楼房为主。截至 2010 年年底，院内建设的办公用房有：科研楼、实验楼、综合楼、地震观测仪器综合检测中心、汽车修配厂厂房等，总建筑面积为 17770.27m²，见表 6-24-1。

表 6-24-1　　西三旗驻地办公用房一览表

工程名称	建筑面积（m²）	投资经费（万元）	开工时间	竣工时间	工程负责人	备　　注
科研楼	6215	159.47	1979.11	1983.10	黄远筑	2007 年新扩建门厅 154m²
综合楼	4104.4	250.52	1990	1991	刘同刚	
实验楼	4814	2103	2007.1	2007.12	巩　环 张云柱	南北走向接科研楼
地震仪器检测中心	892.87	1222	2009.10	2010.6	张云柱	含：新建安置房 288m²；职工食堂 511m²；绿地 1355m²
汽车修配厂	1744		2009.3	2009.8	张云柱	北京火星 4S 店投资
合　　计	17770.27	2512.99				

三、地震前兆观测台站基础设施

从 1966 年建队后，根据地震监测任务的需要，迅速在国内 14 个省（市、自治区）选址，建立有 44 个地应力地震观测台站。1972 年，根据中央地震办公室的指示精神，地震地质大队仅保留隆尧、昌平、温泉、八宝山等少数地震台，作为地震科研综合实验台，其他地震台站均整建制移交所在省（市、自治区）地方政府或当地地震部门。

（一）隆尧地震台

位于河北省隆尧县境内，是地应力综合观测台站。地震台台址是原地质部部长李四光选定。1966 年 6 月，投资 3380 元建砖木结构平房 84.5m²。1973 年投资 9000 元，建设地下地震观测室。鉴于河北省地震局在隆尧地震台附近建设有一些台站，1981 年 9 月经隶属单位领导批准，台站撤销。

（二）昌平地震台

位于北京市昌平区大宫门村北面。1970 年 8 月征地 3.03 亩，按当地民房的标准建 200m²办公、观测和住宿用平房。

1983 年 8 月，在台站北侧相连部分征用非耕地 3 亩。1984 年 11 月，经国家地震局批准，建设 450m²科研楼，50m²锅炉房，并修建围墙。1986 年 3 月开工建设，1986 年 10 月竣工，总建筑面积为 505.2m²，总投资 41.9 万元。台站的环境大为改观，台站的工作、生活条件明显改善。

为了避开公路来往车辆对观测数据的干扰，1986 年在距办公区 300m 的卧虎山下，又征用非耕地 3 亩，以供观测使用。

（三）温泉地震台

地应力综合试验观测台站，位于北京市海淀区温泉镇西口 300m处。1975 年初建站，占地面积 6.9 亩，建筑面积 471m²，总投资 14.5 万元。台站建有办公楼 180m²，观测室 80m²，职工宿舍 180m²，食堂 31m²。台站供水接温泉镇自来水管线，由于台站地势较高，水量较小，常年供水不足。

（四）八宝山地震台

形变观测地震台站，位于北京市门头沟区八宝山附近，占地 13.81 亩，1977 年由中国人民解放军工程兵承建。台站地下建有与断层垂直、斜交及平行的三条观测隧道，1978 年 3 月正式进行地震形变试验观测。台站建有较齐全的工作和生活设施，有办公区、生活区、职工食堂等。1992 年，地壳应力研究所与航空航天工业部二院 204 研究所共同规划，在台站联建二栋住宅楼，竣工后划归地壳应力研究所住房共 51 套，其中，西楼住房 48 套，东楼住房 3 套，总建筑面积为 2879m²，改善了台站职工的住房条件。

1997 年，八宝山地震台划归北京市地震局。

四、后沙峪基地基础设施

位于北京市顺义区后沙峪乡东庄。1986 年 10 月，由国家地震局地球物理勘探大队移交地壳应力研究所，同年研究所钻探队进驻。

后沙峪基地占地面积 20.9 亩，建筑总面积 4013m²。其中，实验楼 1893.6m²，双职工宿舍 496.8m²，单职工宿舍 940.5m²，职工食堂 222 m²，锅炉房、浴室 178.3m²，还建有传达室、水泵房、车库和室外卫生间等配套设施，建筑面积为 281.8m²。

1992 年，经国家地震局批准，以 151 万元转让给航空航天工业部华北航天物资站。

第二节　生活基础条件建设

一、三河驻地

生活设施较为齐全，建有居民住宅 3718m²，生活服务配套设施 2594m²。生活服务配套设施包括，学校、幼儿园、医务室、食堂、开水房、浴池、商店、理发室、公厕、供水自备井、配电设施，院内还有篮球场和部分健身器材等。

二、西三旗驻地

（一）现有生活设施

自 1967 年华北一队进驻后，特别是 20 世纪 70 年代以来，通过历年修建改造，驻地生活基础条件不断完善，生活环境明显改善。

1．建筑

1978 年，西三旗驻地建设了第一栋职工住宅楼。截至 2010 年，院内共建有五栋职工住宅楼、一栋研究生公寓，建筑面积共 25356m²，投入资金 2303 万元，见表 6-24-2。

表 6-24-2　　西三旗住宅建设一览表

工程名称	建筑面积（m²）	投资经费（万元）	开工时间	竣工时间	工程负责人	备注
住宅楼 1#	3200	38.51	1977.10	1978	黄远筑	地下室 157m²
住宅楼 2#	4000	196	1980	1981	黄远筑	
住宅楼 3#	4800	110.2	1986.9	1986	刘同刚	地下室 801m²
住宅楼 4#	4963	534.8	1993.7	1994	张　霞	地下室 835m²
住宅楼 5#	6584	1183	1999.11	1999	巩　环	
研究生公寓	1809	240.49	1997.7	1997	巩　环	
合　　计	25356	2303				

另外，驻地还保留改造部分平房，建筑面积为 2466m²，主要用于社区、老年大学用房等。

三角地平房：建筑面积 701m²，1979 年 10 月建。

门面房：东侧南端门面房，建筑面积 288m²，1990 年建。南侧临街房，建筑面积 212m²，1990 年建。东侧北端门面房，建筑面积 219m²，2006 年建。

车库：建筑面积 268m²，2004 年建。

老年大学：建筑面积 191m²，投资经费 22.3 万元，2008 年建。

2．供水

1967～1982 年，由综合物探大队所建老井高压输水，老井位于水沟北端东侧。1983～2001 年，使用东院东侧新建的新井供水，新井建有容量为 100 m³的水塔。2002 年，改为连接北京市市政自来水水网供水。

3．供电

1984 年，经与北京市供电局、海淀区供电局和昌平县供电局多次联系沟通，将西三旗驻地由昌平供电改为由海淀供电，解决了当时由于电力供应极不正常，严重影响办公和生活秩序的问题。解决了研究所用电由按企业标准收费改按事业标准收费问题。同时，拆除了横贯驻地西院南北向的废弃高压线路，为西院综合楼、三、四号居民楼的建设提供了必要条件。

4．供暖

1978 年底，锅炉房建设竣工，建筑面积 391.7 m²，安装 2 台燃煤供暖锅炉。2000 年按照北京市环境保护统一要求，供暖锅炉由燃煤改为燃气，拆除原有燃煤锅炉，安装 2 台 3 吨燃气热水锅炉，改造后的建筑面积为 469.1m²，供暖总面积为 47855m²。

5．供气

1992 年，东院、西院均连接北京市市政天燃气网线。

（二）已拆除工程设施

多年以来，经过对西三旗驻地地面建筑的统一规划，1999 年拆除压力实验楼，面积 678 m²。2006 年拆除职工食堂和会议厅小楼，面积 1406 m²。2009 年拆除汽车修理厂厂房，面积 768 m²。2009 年拆除原供水水塔，封井备用。此外，还先后拆除了综合物探大队原建的办公房、宿舍、库房、食堂等平房，总计建筑面积 2700m²。拆除了地震地质大队迁入后过渡期所建的办公用房、电工房、医务室、车队、家属委员会等平房，面积约 2500m²。

第三节　后勤服务

地震地质大队建立以来，后勤服务工作机构、职责曾几度调整，后勤服务工作始终围绕国家物资供给政策和研究所的需要，为研究所的科研工作提供物质供给和服务保障，为职工家属生活提供便利。在计划经济条件下，后勤工作除日常的服务管理外，还承担国家统配物资的申请、订货采购、分配，以及各种票证的审核发放。在市场经济环境中，后勤服务工作主要是根据研究所工作和居民生活的需要，侧重于物业服务、综合管理、保障服务、房屋管理与开发等。近年来，开展部分大型维修改造项目有：

2003 年，对 1、3、4 号居民楼地下室防水进行了治理，解决 1 号楼 1 单元首层地面以下夹层部位防水、3、4 号楼的暖气主管道、排污主管道的“入墙处”防水，以及地下室立面及地面防水的问题。

2004 年，实施了办公区和居民区排污改造工程，新建雨水管线 1030m，新建污水管线 1050m，恢复沥青砼主干道 2800m²，院内道路恢复改造约 2000m²，修建污水集水井及提升泵等。对 3 号楼地下室电路进行了改造，对东、西院雨水、污水排放进行彻底治理，保证职工、居民的正常工作和生活，投入资金 180 万元。

2006 年，对研究生公寓进行大型修缮，包括内外墙装修、屋面防水、楼房地面装修、天然气管线安装及消防设备和配电改造、厨房及卫生间装修和设施设备改造等项目。解决了公寓在安全防盗，清洁卫生、生活等方面存在的问题，并最终实现物业管理增值保值的目标。项目总投资 260 万元。

2007 年，科研大楼实施大型修缮，新建门厅、内外墙维修装修、地面和门窗装修、新建门厅及楼道天棚吊顶、配电增容改造及消防、卫生间设备更新、上下水管道维修，研究所大门及传达室等基础设施的改造等，改善了科学实验和科研办公条件，消除了安全隐患。同时，在院内重建了 3000m^2 的公园,为职工活动室配备了健身器材等，为职工健身、休闲提供了条件。项目总投资 1217 万元。

2009 年，对科研楼配电系统进行了改造，解决了电力供应不足，电气设备严重老化，电气系统存在安全隐患等问题。投入资金 387 万元。

第二十五章　党的建设和群众团体工作

第一节　党的基层委员会

一、党的组织

（一）中共地壳应力研究所（大队）委员会

1966年6月，地震地质大队建立之初，队址暂设在河北省正定县，党的领导关系实行地质部党委、石家庄地委双重领导，以地委领导为主。同年8月，地质部决定由朱林青、王民、赵奎华、母小亨、马荣坚组成中共地震地质大队委员会（临时），由朱林青任党委书记（代理）。同年12月，地震地质大队迁往河北省三河县，党的组织关系划转天津地委。1971年，国家地震局成立后，同年10月地震地质大队党的组织关系转入国家地震局。

由于文化大革命，地震地质大队党委未能按照党章规定的时间进行换届改选。1971年9月，地震地质大队革命委员会党的核心小组呈报国家地震局并报送天津地委，鉴于地震地质大队"成立党委的条件已经成熟"，请求成立中共地震地质大队委员会（简称"党委"）。同年10月，地震地质大队召开第一次党员大会，选举产生了第一届党的委员会。1971～2010年，党委共进行8次换届选举。

中共地震地质大队第一届委员会（1971.11～1980.11）

书　记：王国亮（军代表）

副书记：朱林青、王　民

常　委：王国亮、朱林青、王　民、喻复先、毕玉铸、徐炬（增补）、苏民（增补）
　　　　崔凤轩（增补）、刘光勋（增补）、侯振国（增补）、陆有勋（增补）

委　员：朱林青、王　民、母小亨、喻复先、毕玉铸（军代表）、于贵宝（军代表）、王奎正
　　　　王树海、欧阳发生、王　仲、黄汉松、罗天赐、唐连祥、李振华

1973年5月军管组撤离后，徐炬任党委书记（代理），苏民任副书记。

1975年10月，王剑一任党委书记，崔凤轩任党委副书记。

1978年2月，解肇元任党委负责人、党委书记。

中共国家地震局地震地质大队第二届委员会（1980.12～1984.1）

书　记：解肇元

副书记：韩子文

委　员：郭志涛、解肇元、韩子文、刘光勋、陆有勋、马长安、戚超云、王树华（增补）
　　　　徐炬以检查组长的身份列席党委会。

中共国家地震局地震地质大队第三届委员会（1984.1～1987.4）

书　记：宫士湘

委　员：宫士湘、王树华、郭志涛、韩子文、刘光勋、戚超云、黄汉松、赵国光（增补）
　　　　徐明治（增补）

1984年12月，宫士湘调离，郭志涛任党委书记。

中共国家地震局地震地质大队第四届委员会（1987.4～1991.7）

书记：郭志涛

委　员：郭志涛、王树华、徐明治、赵国光、黄汉松、刘光勋、许厚德（增补）

1989 年 3 月，黄汉松任党委副书记。

中共国家地震局地震地质大队第五届委员会（1991.7～1996.4）

书　记：陆远忠

副书记：黄汉松

委　员：赵国光、陆远忠、刘光勋、聂宗笙、黄汉松、张卫东、陈书贤

中共中国地震局地壳应力研究所第六届委员会（1996.4～2000.7）

书　记：杜振民

副书记：张卫东

委　员：杜振民、张卫东、杨流平、唐荣余、谢富仁、何玉、李克

中共中国地震局地壳应力研究所第七届委员会（2000.7～2004.11）

书　记：杜振民

副书记：张卫东

委　员：杜振民、张卫东、王恩福、陈云龙、唐荣余、董玉华、谢富仁

2001 年 3 月，张卫东任党委负责人、党委书记。

中共中国地震局地壳应力研究所第八届委员会（2004.11 至今）

书　记：巩曰沐

副书记：唐荣余

委　员：巩曰沐、阮晓龙、杨树新、吴荣辉、何　玉、郭啟良、唐荣余、谢富仁、窦淑芹

2006 年 8 月，唐荣余任党委书记。

2010 年 1 月，谢富仁任党委副书记。

（二）支部委员会

地震地质大队实行军事管制期间，所属各科研部门、机关各职能部门，依据中国人民解放军的体制，均实行连队编制。按照支部建在连上的要求，各连队设立党的支部委员会（党支部，下同）。军事管制结束后，各研究室（队）设立党支部，对正式党员不足 3 人的单位，与业务相近的部门合并成立党支部。机关各职能部门，根据党员的数量和工作需要，成立 1 个或几个党支部。各党支部在一般情况下是 2～3 年换届一次。截至 2010 年 12 月，地壳应力研究所实有党员 290 人，其中，在职党员 116 人，离退休党员 164 人，出国党员 10 人。建立 13 个党支部。

党支部书记由所在支部党员民主选举产生，一般由研究室或部门负责人担任。1995 年以前，根据形势要求和工作需要，有的研究室和部门配备有专职的党支部书记。

二、党委工作

1966 年 8 月，地震地质大队党委（临时）成立后，对各项工作实行全面领导。地震地质大队建立初期，因文化大革命来势迅猛，加之同年 12 月，宣布正式开展文化大革命运动，党委负责人被批斗，党委（临时）无法履行职责，日常工作被大字报、批斗会所代替。

1967 年 4 月，北京军区 4697 部队对地震地质大队实行军管，各项工作走上正轨。野外地震地质调查、台站观测、资料分析、科研生产、物资供应等方面工作正常运转。

1969 年 1 月，开始整党建党工作，在思想整顿的基础上，进行了组织整顿。通过“实行开门整党，搞好吐故纳新”，参加整党 71 名党员（华北区队和机关管理部门党员），其中，69 名党员恢复

了组织生活，1 名党员被劝退，1 名党员因历史问题待查暂未恢复组织生活。同时发展了 9 名新党员，壮大了地震地质大队的党员队伍。

1971～1978 年，党委先后解决 62 名双职工的长期分居问题，解除了部分科技人员的后顾之忧。同时，对多年来存在职工家属就业难的问题，采取多种方式进行解决，为稳定职工队伍创造有利条件。

1976 年，“文革”结束后，天下思治，党中央适时领导全党拨乱反正。党委首先组织对地震地质大队在文化大革命中出现的 46 起冤假错案进行了清理和平反。同时，结合实际开展思想政治工作，清除十年内乱给干部、群众造成的精神和思想上的混乱，在职工中进行思想上的拨乱反正，促进思想解放，为把党的工作重心转向经济建设，打下良好的政治基础。

按照中共中央的决定和中指委对第二期整党单位的要求，从 1984 年 11 月到 1985 年 8 月，地震地质大队组织开展了整党工作。通过“学习文件、对照检查、深入整改、组织处理、党员登记和检查总结”，全面完成了整党各项任务。是年，有党员 203 人（正式党员 196 人，预备党员 7 人），其中，187 名党员进行了登记，8 名党员因病、事假没有参加登记，1 名党员不予登记，1 名预备党员被取消党员资格，6 名预备党员只参加学习和个人总结，不参加登记活动。通过整党，党员普遍受到一次马列主义教育，“左”的思想影响得到了清理，从思想感情上彻底否定了“文化大革命”；坚定了理想、信念，增强了党性，党风明显好转；科研、业务工作的指导思想更加明确，促进了各项工作顺利开展。中共国家地震局党组对地震地质大队党委整党工作报告批复：“经检查验收，认为你们的整党工作，基本上达到了中央整党决定中所规定的五条验收标准，同意你们结束整党，把党的工作转到经常性建设上来。”

1986 年 2 月，地震地质大队改称地壳应力研究所后，实行所长负责制。党的领导体制从以前实行党委领导下的大队长负责制，转变为在研究所发挥政治核心和保证监督作用。其基本职责是：保证监督党的路线方针政策和国家法律在本单位的贯彻执行；参与研究所重大问题的决策，支持行政领导依法行使职权；坚持党的干部路线和党管干部的原则，与行政领导共同搞好干部和科技队伍建设；领导本单位思想政治工作和精神文明建设，增强党组织的凝聚力；搞好党的自身建设尤其是对党员干部的教育、管理和监督；领导并支持工、青、妇等群众组织和职代会的工作等。从此，地壳应力研究所党委集中精力抓好党员干部教育、群众工作和精神文明建设，发挥党支部的战斗堡垒作用和党员的先锋模范作用，为研究所的建设和发展提供政治思想保证和组织保证。同时，建立由党委书记主持召开的党政联席会议制度，与行政领导共同做好对干部的选拔、教育、考核和监督工作。

1990 年，为贯彻中共中央关于在部分单位进行党员重新登记工作的决定精神，落实国家地震局直属机关党委《实施意见》，党委通过组织学习文件、个人总结、民主评议、整改四个环节，对全所 242 名党员进行重新登记，有 2 人未提出登记申请，经所在支部党员大会通过予以除名。党员对研究所党的工作提出 17 条意见和建议，党委经三次研究，从处理好党政关系、搞好党的自身建设、加强思想政治工作、加强党支部工作四个方面提出了具体的整改措施。

1987～1991 年，为了改善党员队伍的组织结构，加强对入党积极分子的培养、教育、考察，有 84 人向党组织提交了入党申请书。在坚持标准、保证质量的前提下，28 人被吸收入党，其中科技人员有 19 人。

1996 年 11 月，按照上级要求，党委用 5 个月时间组织全体党员、机关职工，开展了建设有中国特色社会主义理论和党章的“双学”活动。通过学习，党员干部对邓小平“建设有中国特色社会主义理论”的基本观点有了进一步了解，对党内生活准则有了更明确的理解，增强了党性观念。163 人参加“双学”活动问卷考试，优秀率达 99.4%。

1999 年 10 月，根据中国地震局“三讲”办公室的部署和要求，党委在全所组织开展讲学习、讲政治、讲正气的“三讲”教育活动。所党委在“三讲”教育中，坚持以自我教育为主，坚持开门搞“三讲”，做到把“三讲”教育与通报群众关心的热点问题结合起来，把学习先进典型与“三讲”

教育结合起来。在中国地震局巡视组的指导下，“三讲”教育经过思想发动，学习提高；自我剖析，听取意见；交流思想，开展批评；认真整改，巩固成果等四个阶段。研究所领导班子的剖析材料群众满意和基本满意率为 94.1%，领导班子成员的剖析材料满意和基本满意率平均为 92%，处级干部的剖析材料满意和基本满意率平均为 97.1%。均达到上级文件规定的测评满意率的要求。

2003 年，按照上级对“四五”普法教育的统一安排，党委有重点地组织研究所有关人员进行保密法、行政法、工会法、企业法、合同法、计划生育法等法律法规教育。提高了研究所各项工作依法行政、依法管理的能力和水平。

2005 年 2 月，按照中共中央 20 号文件精神和中国地震局党组《关于开展保持共产党员先进性教育活动的实施方案》部署，经过历时近四个月的学习动员、分析评议、整改提高三个阶段的教育活动，党委围绕“提高党员素质、加强基层组织、服务人民群众、促进各项工作”的目标要求，紧紧抓住学习实践“三个代表”这条主线，充分发动和依靠党员群众，以整风的精神，坚持理论联系实际，坚持正面教育、自我教育。党委通过向职工发放调查问卷，征求群众的意见和建议，共梳理出加强党的建设、科技工作、深化改革、职工队伍建设、领导干部和机关工作作风、职工利益和职工生活等六个方面的问题，提出了整改措施。在中国地震局督导组指导下，积极稳妥地完成了先进性教育活动的各项任务。

2008 年 10 月，党委根据中共中央的决定和中国地震局党组的要求，组织开展了学习实践科学发展观活动。活动中，党委举办了处级干部和党支部书记培训班，还分别组织离、退休党员培训班，集中学习胡锦涛实践科学发展观的讲话。有的党支部还组织党员和入党积极分子参观周恩来、邓颖超纪念馆等，教育活动形式多样。中国地震局督导组对地壳应力研究所组织开展的学习实践科学发展观活动给予评价，认为在四个月的教育活动中，党委正确把握“坚持解放思想，突出实践特色”，“贯彻群众路线，正面教育为主”的原则，较好地完成了三个阶段 11 个环节的各项任务，基本达到了“提高思想认识，解决突出问题，创新体制机制，促进科学发展”的目标要求。

2010 年，组织开展的创建先进基层党组织争当优秀共产党员活动，是党的十七大和十七届四中全会作出的重要部署。根据中国地震局党组关于开展创先争优活动实施方案的要求，党委为做到两手抓、两不误，成立了创先争优活动领导小组及其办公室。制定了坚持立足研究所防震减灾工作实际，开展创建领导班子好、党员队伍好、工作机制好、工作业绩好、群众反映好“五个好”基层党支部，党员带头学习提高，带头争创佳绩，带头服务群众，带头遵纪守法，带头弘扬正气的“五带头”活动。创建先进基层党组织争当优秀共产党员活动，目前仍在继续推进中。

三、民主党派

地壳应力研究所有民盟、民建、九三学社三个民主党派成员，共 10 人。其中，民盟 5 人，民建 3 人，九三学社 2 人。由于研究所内各民主党派成员数量偏少，均没有单独建立支部。各民主党派成员中，有研究员 4 人，编审 1 人，高工 3 人，副研究员 1 人，馆员 1 人。

九三学社社员陆鸣（共产党员、副所长），在 2010 年青海玉树抗震救灾活动中表现优秀，被九三学社北京市委员会授予“社会服务工作先进个人”称号。

地壳应力研究所党委在日常工作中，对涉及科技体制改革和群众利益等重大问题，通过座谈会或个别交流等方式，听取各民主党派成员的意见和建议，注重发挥他们参政议政的作用。多年来，研究所的民主党派成员与中共党组织，同心同德，密切合作，共同为地壳应力研究所防震减灾事业的发展做出了贡献。

第二节　纪律检查委员会

为了贯彻中央从严治党，尽快实现党风根本好转的精神，根据中共国家地震局党组（80）震发党字第 009 号文《关于成立纪律检查组及其工作任务、职权范围、机构设置的意见》，地震地质大队于 1980 年设立纪律检查组。1983 年，建立中共国家地震局地震地质大队纪律检查委员会筹备组，1987 年 4 月，在地震地质大队第四届党员大会上，选举产生了中共国家地震局地震地质大队纪律检查委员会（简称“纪委”）。纪委向党员大会负责并报告工作，每届任期与党委相同。1980～2000 年，纪委书记（纪律检查组组长）由研究所党委负责人兼任，期间曾配备副书记主持纪委的日常工作。为加强纪委工作，2000 年以后设立专职纪委书记。

地震地质大队纪律检查组、纪委成立后，设置了纪委办公室，负责处理日常工作。1993 年，纪委和审计监察处合署办公。1999 年 4 月机构调整，由党群工作办公室（审计监察处）负责纪委日常工作。

纪委（纪律检查组）的主要工作职责任务是：维护党章和其他党内法规，检查所属党组织和党员贯彻执行党的路线、方针、政策和决议的情况；协助党委加强党风廉政建设和组织协调反腐败工作；对所属党组织和党员进行纪律和思想道德宣传教育，作出关于维护党的纪律的决定；对所属党的组织和包括行政负责人在内的每个党员进行监督，检查党风廉政建设责任制的落实情况；检查和处理党组织和党员违反党纪的案件，按照处分批准权限决定或改变对党员的处分；受理对所属党组织、党员违反党纪行为的检举、控告和申诉，做好来信来访工作，保障党员权利等。

一、组织机构

1980 年 11 月 13 日，经国家地震局党组[80]震发党字第 024 号文批准，地震地质大队设立纪律检查组。纪律检查组由徐炬、吕培滔、母小亨、王仲、高文波五人组成。徐炬任组长（兼），吕培滔任副组长。

1983 年 4 月 24 日，地震地质大队党委在贯彻国家地震局党组纪检组《关于贯彻中纪委二次全会精神的通知》时，决定成立中共国家地震局地震地质大队纪律检查委员会筹备组。由宫士湘、吕培滔、母小亨、王 仲、高文波五人组成，组长宫士湘，吕培滔任副组长。

1984 年，在地震地质大队第三次党员大会上，选举产生了第一届纪律检查委员会，到 2010 年共产生六届纪律检查委员会。

中共国家地震局地震地质大队第一届纪律检查委员会（1984.1～1987.4）

书　记：宫士湘、郭志涛（1984 年 12 月兼任）

副书记：吕培滔

委　员：宫士湘、王　仲、吕培滔、李美英、张卫东

中共国家地震局地壳应力研究所第二届纪律检查委员会（1987.4～1991.7）

副书记：吕培滔（主持工作）、张卫东

委　员：吕培滔、张卫东、郭　林、赵双琪、沈柏华、王树海（增补）

中共国家地震局地壳应力研究所第三届纪律检查委员会（1991.8 ～1996.4）

副书记：张卫东（主持工作）

委　员：张卫东、何　玉、郭林、赵双琪、周英志

中共国家地震局地壳应力研究所第四届纪律检查委员会（1996.4～2000.7）

书　记：张卫东

委　员：张卫东、江娃利、陈云龙、李志全、董玉华

中共中国地震局地壳应力研究所第五届纪律检查委员会（2000.7～2004.11）

书　记：何　玉

委　员：何　玉、江娃利、李志全、张卫东、郭啟良

中共中国地震局地壳应力研究所第六届纪律检查委员会（2004.11 至今）

书　记：何　玉

委　员：何　玉、江娃利、李志全、殷翠兰、杨选辉

二、纪委工作

1984～1985 年，为落实中央关于清理“三种人”的指示精神，由纪委牵头建立核查小组，发函 202 封，外调 14 次，召开座谈会 5 次，取得证明材料 357 份，基本摸清了全所 198 名党员在文化大革命中的政治表现，对 7 名党员的问题作为一般性错误，不再做为问题提出。

1986～1987 年，根据中组部 36 号文《关于检查落实知识分子政策工作的通知》精神，主要由纪委承担落实知识分子政策的工作。通过向研究所 378 名知识分子发放调查表调查，对 84 人提出的 128 个包括政治、待遇、业务、生活等四个方面需要落实的历史遗留问题，除转送有关部门处理的问题外，纪委重点对 33 人提出的符合检查内容的 51 个历史遗留问题，通过查阅档案、调查核实、谈心交心，逐个落实，分别向当事人发送《落实知识分子政策问题处理情况通知单》，卸掉他们多年背着的思想包袱。对 1 人错划为右派，当时在经济上受到不公正对待的问题，经党委研究决定，在经济上给予适当补助。

按照工作职能，纪委配合党委把加强党的纪律、维护民主集中制、党风廉政建设教育作为工作重点。先后创办了《纪检通报》、《党风党纪学习材料选辑》、《纪检监察通报》、《纪检监察审计信息》、《纪委党风廉政建设网页》等。1989～1997 年，配合党委在党内开展党性党风党纪教育和中央纪委颁发的《关于共产党员在经济方面违法违纪党纪处分的若干规定（试行）》等八个纪律处分条规的学习，结合形势制定了《地壳应力研究所关于当前进一步加强党的纪律的通知》、《关于领导干部报告个人重大事项规定》等。

2000 年以来，为落实中国地震局党风廉政建设的工作部署，规范处级以上领导干部的行为，完善领导干部自我约束机制，在加大党风廉政建设和预防腐败宣传教育力度同时，结合研究所实际，建立了党风廉政建设责任制和反腐倡廉制度，为防震减灾事业发展提供了良好的制度保障。

纪委协助党委和研究所建立实施的工作制度：

《地壳应力研究所加强领导干部监督工作的意见》；

《地壳应力研究所领导干部述廉暂行办法》；

《地壳应力研究所推进惩治和预防腐败体系建设检查考核实施办法》；

《地壳应力研究所干部监督工作联席会议制度实施意见》；

《地壳应力研究所领导干部党风廉政建设责任目标》；

《地壳应力研究所实行领导干部谈话制度的暂行规定》；

《地壳应力研究所领导干部任期经济责任审计暂行规定》；

《〈建立健全教育、制度、监督并重的惩治和预防腐败体系实施纲要〉的具体意见》；

《关于实施领导干部谈话和函询制度的暂行规定》；

《地壳应力研究所联网审计暂行管理办法》等。

在实施上述制度中，坚持领导干部年度述职述廉，和领导干部个人签订《党风廉政建设责任书》，为处级以上领导干部建立了《干部廉政档案》，对调离和退休干部进行领导干部任期经济责任审计等。同时，协同审计监察部门制定了《地壳应力研究所内部审计工作暂行规定》、《地壳应力研究所内部审计工作管理办法》、《地壳应力研究所“十五”网络项目审计监督实施方案》，和建设工程项目负责

人签订了“项目廉政责任书”等。

2005 年，按照中国地震局党组、研究所党委部署，协助党委组织开展了保持共产党员先进性教育活动。

2008 年，协助党委组织开展了学习实践科学发展观活动。

2010 年，协助党委组织开展了创建先进基层党组织争当优秀共产党员活动。在保持共产党员先进性教育活动中，通过广泛征求意见，纪委为进一步提高和改进工作，提出了四项整改措施：①纪委委员要在三个方面起表率作用；②进一步加强和完善制度建设；③加大反腐倡廉宣传教育力度；④改进工作作风。

第三节 群众工作

一、工会委员会和职工代表大会

1966 年 11 月 28 日，地震地质大队成立了工会筹备委员会，并要求各区队、分队、站、车间也建立工会组织。工会筹备委员会主任：张仲宽，副主任：黄延波（兼职），组织委员：喻复先、黄汉松，宣传委员：蒋玉谦、乔永良，生活福利委员：丘细好。同年 12 月，因文化大革命，工会筹备活动停止。

1980 年，根据国家地震局直属机关党委关于各研究单位成立工会委员会的通知，地震地质大队于同年 11 月成立第一届工会委员会（简称”工会”）。工会联系和组织会员为研究所的稳定发展服务，在维护职工合法权益，组织文体活动，管理家属委员会、综合治理，安置家属子女就业等方面，为群众办实事，充分发挥工会组织密切联系群众的桥梁纽带作用。根据上级工会的要求，为了增强工会自我约束和监督机制， 1994 年 6 月成立工会经济审查委员会。经济审查委员会职责：在同级工会委员会的领导下，充分发扬民主理财，在搞好本级工会经济审查工作的同时，协助做好工会经费的收缴、管理、使用以及对工会财产进行全面审查监督，使工会经费得到更合理、有效的使用，更好地为职工群众服务。工会委员和工会经济审查委员会委员经工会代表大会民主选举产生。

1998 年 9 月 23 日，党委在贯彻全国总工会、国家科委联合下发的《关于完善科研院所职工民主管理的若干意见》及中国地震局直属机关党委关于建立职工代表大会制度的具体要求，为加强民主参与、民主管理、民主监督，完善研究所民主管理制度，于同年 11 月建立了地壳应力研究所职工代表大会制度。职工代表大会换届和工会委员会换届同步进行，在闭会期间工作由主席团负责，日常工作由工会处理。

1980 年 11 月以来，地壳应力研究所产生六届工会委员会、二届职工代表大会。

（一）组织机构

第一届工会委员会（1980～1985）

主　席：韩子文

副主席：李振华

委　员：（缺）

1980 年工会会员总数 573 人，占职工总数的 86%，基层单位建立 12 个工会分会或小组。1982 年在加强组织建设工作中，调整为 15 个工会分会，60 个工会小组。

第二届工会委员会（1985～1988）

主　席：郭志涛

副主席：李振华

委　员：郭志涛、李振华、韩文华、周军、吴经津、王清成、黄锡定、后凤鸣、葛丽明
卞兆银、岳俊卿、周玉森、鞠德祥

第三届工会委员会（1988～1993）

副主席：李振华

委　员：13 人

基层单位建立 24 个工会分会（小组）。

第四届工会委员会（1993～1998）

主　席：陈书贤

副主席：韩文华、刘丽娟（1996）

委　员：孙惠君（专职）、杜春涛、谢振钊、陈立稳、高鹤、吴经津、王远征、刘丽娟

经济审查委员会（1994 年 6 月 25 日成立）

主任委员：陈书贤

委　员：韩文华、陈立稳、李志全

第五届工会委员会（1998～2002）

主　席：陈书贤

委　员：陈书贤、刘丽娟、殷翠兰、陈立稳、陈云龙、刘长义、曹　珏、王焕贞、张周术

经济审查委员会

主任委员：董玉华

委　员：陈书贤、陈立稳

工会会员总数 590 人，基层单位建立 26 个工会分会（小组）。

第一届职工代表大会

1998 年 12 月 8 日成立，职工代表大会代表 39 人，大会主席团成员 11 人，主席团主席：张卫东；主席团副主席：陈书贤；秘书长：陈书贤（兼）

主席团成员：陈群策、刘丽娟、张鸿旭、陈虹、张国富、祝景忠、唐荣余、董玉华、陈书贤、张卫东

第六届工会委员会（2002～）

主　席：张卫东、何　玉（2006.4 兼管）

副主席：殷翠兰

委　员：陈立稳、陈群策、杨树新、李　暐、张宝红、张国富、周　昊

经济审查委员会：主任委员：张卫东，副主任：陈立稳

第二届职工代表大会

2002 年 11 月 12 日成立。职工代表大会代表 32 人，主席团成员 10 人。主席团主席：张卫东，主席团副主席：陈云龙、陈　虹；秘书长：殷翠兰

正、副主席退休或调出后，2006 年 4 月，何玉负责职代会工作。

主席团成员：张卫东、唐荣余、陈云龙、陈　虹、祝景忠、王文清、杨树新、张国宏、张世民殷翠兰

（二）工会和职工代表大会工作

⑴1980 年，工会委员会成立之初，为解决职工家属生活、就业、子女入托、入学等困难，工会组织家属承包托儿所、小卖部、开办家庭缝纫厂、锦盒加工厂等，为家属和子女寻找就业门路。1987 年，解决 49 名中学生、45 名小学生在京借读问题，解决 11 名待业青年的就业问题。1989 年，全国妇联副主席、书记处书记黄启璪、全国妇联书记处书记关涛、北京市妇联主任李钢钟、国家地震局、北京市海淀区、清河街道领导以及有关报社、电台的记者，约 150 人参观家属锦盒加工厂，黄启璪

还即兴挥笔写下了“艰苦奋斗”四个大字，以示勉励。

⑵为开展形式多样的文体活动，满足职工和家属文化生活的需要，1985年在党委安排下，由工会负责为办公区和居民区安装了电视接收公用天线。1993年投资5万元，对线路进行改造，并增设了卫星接收天线系统。1995年投资2.1万元，修建了1025 m²的篮球场，安装了篮球架、排球架、单双杠等运动器材。1977年投资1万元添置了职工活动室音响设备。1998年投资4.8万元，为450 m²的职工活动室购置了乒乓球台和舞厅灯光。2001年清河街道办事处投资3万元，安装一套全民健身器材。2008年投资50余万元，在实验楼舞厅、健身房配备各类健身器材和音响设备。2010年投资199万元，建造羽毛球、乒乓球场馆892m²。

⑶建设职工之家活动以来，工会对职工遇到的特殊困难给予救助，对职工伤、病、亡及时探望慰问，节日开展向困难职工“送温暖、献爱心”活动。组织开展适合职工特点的文体活动和外出休假、郊游、春节联欢等活动。20年来已经成为常规性工作，增强了职工的凝聚力。1994年、1996年分别被中国地震局和中央国家机关工会授予“先进职工之家”。中国地震局直属机关工会组织京区单位两年一次的评比中，地壳应力研究所工会连续14年（1993～2006年）7次被授予“先进基层工会”的称号。计划生育、综合治理、治安保卫、普法宣传等项工作，多次被评为清河地区、海淀区、北京市先进集体。家属委员会1999～2000年，连续两年获北京市公安局“社会治安保卫先进家委会”荣誉称号。

⑷1998年11月，制定并通过了研究所《职工代表大会条例》，1999年1月，主席团第二次会议通过了《职工代表提案管理实施办法》。职工代表具有广泛性和代表性，由研究室（部门）工会分会通过民主推荐选举产生，代表由科技人员、管理人员、领导干部、工人等组成。其中，科技人员占较大比例，女职工、青年职工及先进职工代表也有一定数量，代表人数为在职职工总数的12%左右。职工代表大会每年召开1～2次全体会议，听取所长关于年度工作总结和下年度重点工作安排，并征求代表意见。对于职工代表提案办理结果，在职工代表大会上通报。对涉及研究所改革和职工切身利益的重大问题，通过职工代表大会审议实施。研究所的目标管理、干部考核、年度工作总结、考核评优等项活动，都有职工代表参加。

⑸妇女工作是工会工作的一部分。1998年以前，工会委员会副主席李振华负责妇女工作。1999年成立妇女工作委员会，董玉华、殷翠兰、李俊红等先后担任负责人。截至2010年12月，地壳应力研究所女职工有63人，占职工总数的32%左右。妇女工作委员会广泛联系女职工，为实现研究所的发展目标工作。妇女工作委员会在党委和所长的支持下，响应全国妇联和中国地震局妇联的号召，开展了“巾帼建功”等主题活动，先后有多人受到上级组织的表彰。陈虹1999年被中央国家机关授予“巾帼建功”活动标兵，2001年被授予全国城镇妇女“巾帼建功”活动标兵，2002年被评为中央国家机关优秀女领导干部。黄忠贤、杨秀钧2002年、2004年分别被中央国家机关评选为“五好文明家庭”。

二、共青团

1966年11月，地震地质大队有共青团员76人，经党委决定成立了中国共产主义青年团地震地质大队（临时）委员会，副书记贺杰（代理）。并在下属机构建立了团的支部委员会。文化大革命中，团组织活动一度停止。1971年，根据《中共中央关于整建团工作的通知》，开展整建团工作，恢复健全了团的组织。研究所团委建立以来，前后共经过了9次换届改选，先后担任团委正副书记的有：喻复先、刘帮金、郭铁城、陆覃星、谷晓、韩亚娟、张周术、徐茂亮、安晓灵。

共青团组织是党领导下的先进青年组织。其主要工作任务是团结和带领团员、青年，配合党的中心工作，围绕研究所的发展目标发挥青年人的作用，同时输送优秀青年加入党的组织。共青团组织建立后，开展适合青年特点的主题活动、跨世纪青年工程、青年学术交流等活动，激发青年人朝气蓬勃的精神，成为研究所具有活力的群众组织。

在共青团组织开展的多项活动中，团委和多位团员、青年被上级组织授予荣誉称号。1998～1999年，团委获得中国地震局先进基层团委称号。2000年，张周术获中央国家机关优秀青年称号。2003年，安晓灵获中央国家机关优秀共青团干部称号。2003～2004年度、2007年，团委2次被授予“中央国家机关五四红旗团委”称号。2005年以来，中国地震局直属机关团委分别授予陈征、王凌云、刘旭东、黄春雨、宋茉等优秀团干部或优秀团员称号。工程地震课题组获2008年度中央国家机关“青年文明号”称号。

第七篇　人物简介

概　　述

地壳应力研究所（地震地质大队）成立以来，历届领导班子成员和各级领导干部及科研人员为研究所的组建管理、决策发展做出了积极的、推动性的工作。地壳应力研究所拥有的老一代科学家是科技队伍的精华，中青年科学家和广大科技工作者是研究所地震科技队伍的中坚力量，他们注重实践，严谨创新，勇于攀登，承担着承上启下、推动地震科技事业、促进研究所发展的重任，为提升研究所的科技实力及科技进步，做出了卓有成效的贡献。

截至 2010 年 12 月，地壳应力研究所共有研究员（正研级高级工程师）59 人，被授予国家级有突出贡献的中青年专家 3 人，获国务院政府特殊津贴 28 人，获国家地震局地震科技新星 2 人，获跨世纪科技人才培养系统工程 2 人，获中国地震局优秀人才百人计划人选 6 人，具有硕士研究生导师资格 34 人。

地壳应力研究所有一批红军时期、抗日战争时期、解放战争时期参加革命的老干部，他们为新中国的建立、中国特色社会主义的建设，为地壳应力研究所的发展做出重要贡献，将激励后人努力拼搏、不断奋进。

本篇对众多科技骨干和已调出的少数研究员不能一一介绍。本篇所统计和简介的人员不含地壳应力研究所武汉科技创新基地的人员。

第二十六章　历任领导班子成员

一、现任领导班子成员

谢富仁　男，1956年12月17日出生，内蒙古自治区阿拉善左旗人，中共党员，1995年破格评聘为研究员，博士生导师，2000年获国务院政府特殊津贴，2010年2月至今任地壳应力研究所所长、党委副书记。

1985年毕业于北京大学地质学系，被分配到地质研究所，1986年调入地壳应力研究所。

曾任地壳应力研究所构造应力场研究室副主任、主任，2000年6月任副所长。历任地壳应力研究所科学技术委员会主任、高级技术专业职称评审委员会主任，国际岩石力学学会地壳应力与地震专业委员会主任、中国地震学会常务理事、中国地质学会35、36届理事、中国岩石力学学会理事、中国地球物理学会大陆动力学专业委员会副主任、中国地质学会地质力学专业委员会副主任、中国地震局科学技术委员会委员、《大地测量与地球动力学》、《华北地震科学》副主编、《地壳构造与地壳应力文集》主编、《地震学报》、《地震》、《地震研究》、《西北地震学报》和《国际地震动态》编委。

主要从事活动构造、构造应力场、地壳动力学研究工作。主持完成的重要科研项目有：国家重大基础研究"973"课题"深部煤岩体应力场与采动叠加效应"、科技部基础工作专项"中国大陆地壳应力环境基础数据库"、国家发改委课题"活动断裂探测与地震危险性、危害性评定"、"中国抗震设防区划图"(副主编)、地震科学联合基金重点课题"青藏高原东南侧构造应力环境及其与地震关系研究"等。

1996年入选中国地震局首批跨世纪科技人选，并获人事部授予的国家有突出贡献中青年专家称号。

在国内外重要学术期刊发表论文70余篇，其中SCI、EI收录文章11篇，出版专著2部，获国家科学技术进步二等奖1项、国家地震局科技进步二等奖1项、中国地震局防震减灾优秀成果一、二等奖5项。

阮晓龙　女，1952年3月13日出生，浙江省临安人，中共党员，1999年评定为高级工程师，2001年7月至今任地壳应力研究所副所长。

1985年毕业于甘肃电视大学汉语言文学专业，1997年毕业于中央党校经济管理专业。

1978年7月调入甘肃省地震局（中国地震局兰州地震研究所)，曾任甘肃省地震局及兰州地震研究所人事教育处副处长、处长、纪检组长、直属单位党委书记、甘肃省地震局副局长及兰州地震研究所副所长。2000年调入防灾技术高等专科学校（现防灾科技学院)，任党委副书记、副校长、纪律检查委员会书记。2001年7月调入地壳应力研究所任职。曾分管办公室、震苑迪安防灾技术研究中心、后勤服务中心、计划财务处、昌海科贸集团、工程勘察院等部门。

主持完成地壳应力研究所环境建设和基础设施改造工程近30项，总投资6918万元，建设和改造的总面积达8.7万平方米。负责编制了2006～2008年、2009～2012年修缮与购置专项规划并监督执行。2006～2010年地壳应力研究所已经获得修购专项经费6625万元。

陆　鸣　男，1957 年 8 月 26 日出生，江苏省涟水县人，中共党员，九三学社社员，2000 年评聘为研究员，硕士生导师，2007 年 1 月至今任地壳应力研究所副所长。

1982 年毕业于浙江大学力学系，被分配到中国科学院工程力学研究所，1988 年研究生毕业，获地震工程专业硕士。1992 年调入中国地震局，1998 年组建工程地震研究中心，2007 年 1 月调入地壳应力研究所任职。

曾任中国地震局震害防御司副处长、国际合作司处长、地震工程研究中心副主任（主持工作）。现任中国地震局高级技术专业职称评委、中国地震学会理事、中国建筑学会抗震防灾分会理事、国际隔震与消能减震控制学会会员、防灾科技学院特聘教授、国家地震安全性评定委员会委员、国家地震灾害损失评估委员会委员、一级地震安全性评价工程师等。

多年来在生命线工程结构抗震、结构隔震、工程地震、震害预测方向等领域从事研究和技术应用工作，倡导了无人机在地震灾害评估中的应用。作为第一负责人完成了国家自然科学基金、地震科学联合基金行业专项等科研项目。参加了《中华人民共和国防震减灾法》、《国家地震应急预案》、《国家破坏性地震应急条例》等重要法规的起草工作。

出版专著 1 部，主编书 1 部，译书 1 部，编制挂图 1 套，参与编著书 2 部，提交工程报告和设计书数十部，在国内外刊物和学术会议上发表论文 40 余篇，完成复杂建筑群隔震设计 1 项。获 2008 年国家科技进步特等奖 1 项，获省部级科技进步二等奖、三等奖各 2 项。

何　玉　女，1952 年 12 月 28 日出生，辽宁省凤城市人，中共党员，1998 年被评聘为工程师，2000 年 8 月至今任地壳应力研究所纪委书记。

1970 年参加工作，1978 年 8 月毕业于吉林大学数学系力学专业，被分配到地震地质大队。早期从事科学研究工作，1986 年后从事党政管理工作。

历任地壳应力研究所副处级纪律检查员、办公室副主任、人事教育处处长。中共地壳应力研究所第六届、第八届委员会委员，中共地壳应力研究所第五届、第六届纪律检查委员会委员，中共中国地震局直属机关第五届、第六届纪律检查委员会委员。现主管纪检监察审计工作，协管党委工作，分管党群办公室、工会、职代会和福利委员会工作。

从事科研工作期间，在研究所《地壳应力文集》发表文章 1 篇（第二作者）；从事党政管理工作期间，在中国地震局直属机关党委主办的《震苑经纬》发表文章 3 篇。

任纪委书记期间，曾获中国地震局京区优秀女干部、中国地震局直属机关优秀党务工作者和中国地震局廉政文化建设优秀个人称号。

陈　虹　女，1963 年 4 月 28 日出生，上海市人，中共党员，2001 年评聘为研究员，硕士生导师，2010 年 2 月至今任地壳应力研究所副所长。

1983 年毕业于云南大学地球物理系，获理学学士学位，被分配到云南省地震局工作。1988 年毕业于中国科技大学地球和空间科学系固体地球物理专业，获理学硕士学位，被分配到地壳应力研究所工作。2003 年调中国地震局震灾应急救援司，2010 年 2 月调回地壳应力研究所任职。

历任地壳应力研究所地震预报研究室副主任、科技发展处副处长、监测预报室主任。2003 年至 2010 年 2 月任中国地震局震灾应急救援司副司长。被联合国人道主义事务协调办公室聘为联合国灾害评估与协调队队员、中国儿童少年基金会“安康计划校园安全应急教育工程”专家委员会委员、《中国应急救援》杂志编委。

主要从事地震预测预报理论与方法、地球内部速度结构、地震应力场、地震灾害的应急管理理论及技术、灾害评估及紧急救援体系和搜救技术、国际灾害应急救援领域的协调与合作等方面的工作。2004 年 7 月参加了联合国灾害评估与协调队蒙古灾害应急体制的评估工作，2005 年参加了中国国际救援队赴印度尼西亚地震海啸救援行动，多次带队前往国内地震灾害现场开展现场应急救援工作。

1997 年入选中国地震局“跨世纪科技人才”，1998 年被授予中国地震局直属机关优秀青年称号，1999 年被授予中央国家机关“巾帼建功”活动标兵称号，2001 年被评为全国先进女职工和全国城镇妇女“巾帼建功”活动标兵，2002 年被评为中央国家机关优秀女领导干部。

在刊物上发表各类文章 40 余篇，出版著（译）作 2 部，参与或负责的科研项目中有 9 项获地壳应力研究所科技进步奖，1 项获省部级科技进步二等奖。

杨树新　男，1964 年 11 月 2 日出生，辽宁省凌源市人，中共党员，1998 年晋升为副研究员，硕士生导师，2010 年 2 月至今任地壳应力研究所副所长。

1987 年毕业于重庆大学工程物理专业，获学士学位，被分配到地壳应力研究所，2003 年毕业于北京交通大学，获硕士学位。

历任地壳应力研究所研究室副主任、科学技术处副处长、处长。现任地壳应力研究所党委委员、中国地震学会勘察专业委员会主任委员、中国地球物理学会大陆动力学专业委员会委员、中国岩石力学与工程学会工程实例专业委员会委员。《大地测量与地壳动力学》、《华北地震科学》、《地震监测》、《震害防御与法制建设》编委。

1987 年至今从事科研与科技管理方面的工作，在科研方面主要从事地应力测量技术、地壳动力环境数值模拟实验研究、区域构造应力场与工程局域地应力场研究及应用方面的工作。

发表论文 20 余篇，获部级科技成果奖 5 项。

二、历任领导班子成员

朱林青　男，1926 年 5 月 12 日出生，天津蓟县人，中共党员，1966 年 5 月至 1967 年 6 月任地震地质大队筹备负责人、大队长、党委书记（代理）。

1941～1952 年在河北省蓟县、玉田县、丰润县工作。历任交通员、青年委员、武装部长、区长等职。1952～1954 年在广东南雄县任区委书记、工业部长。1954～1958 年任冶金部石人嶂锡矿地质部中南局组织部长、党委副书记、书记。1958～1964 年任广东肇庆地质局局长、党委书记、广东新丰江地震地质队党委书记。1964～1966 年调四川省地质局 112 地质队任党委书记。1966 年邢台地震后，负责组建地震地质大队，1967 年 6 月后历任革命委员会副主任、党委副书记、副大队长。1975 年调往国家地震局地震仪器厂。

王　民　男，1922 年 8 月 16 日出生，海南省文昌市人，中共党员，1966 年 5 月至 1967 年 6 月任地震地质大队筹备负责人、副大队长（代理）。

1941 年参加革命，1943～1949 年先后在广东省汀迈等乡任助理员、财政员、事务员、副乡长、乡长，1949～1954 年先后任金江镇长，第一区委书记，中共广东省汀迈县委秘书、科长、宣传部部长。1954 年调中南地质局 410 地质队任人事科长，同年 12 月调中南地质局 418 地质队任副队长。1956～1965 年先后任广东省地质局新丰江地质队副队长、队长。1964 年调四川省地质局 112 地质队任副队长。1966 年调地震地质大队任职，1968 年至 1980 年历任革命委员会副主任、副大队长、党委副书记。主管业务、政工、财务、后勤等工作。

母小亨 男，1929年3月7日出生，河北省乐亭县人，中共党员，1966年12月至1967年6月任地震地质大队副大队长（代理）。1989年离休。

1947年参加革命，1966年6月由内蒙地质局203地质队调地震地质大队。1966年7月任地震地质大队河北隆尧台站站长，同年9月任地震地质大队党委委员，1966年12月任地震地质大队代副大队长，1972年9月至1973年5月任革命委员会副主任，1988年毕业于中共中央党校附设函授学院经济管理专业。曾先后任二连连长、业务处长、地震研究室主任、情报资料室主任兼党支部书记等职。

赵景玉 男，1923年6月出生，河北省定县人，初中文化，中共党员。1966年4月至1967年6月任地震地质大队军管组组长。1979年离休。

1939年参加中国人民解放军，经历了抗日战争，在解放战争时期参加过保卫张家口战役、辽沈战役、平津战役。在战争年代主要做战场救死扶伤的医务工作，从华北到东北，到南下广东，做了很多战场外科手术，并用自己的鲜血为病人输血数次，受到过物质奖励。

1939～1948年在后方医院做医生，1949年任四野卫生队队长，1964年任34师后勤部长，1974年任34师副参谋长。1966年作为军代表进驻地震地质大队，任军管组组长，1967年7月至1968年9月任革命委员会副主任。

王国亮 男，1926年1月出生，山西省襄垣县人，初中文化，中共党员，1971年11月至1973年5月任地震地质大队党委书记。1983年离休。

1946年参加中国人民解放军至1950年期间，历任战士、副班长、文书、参谋、团机械长等职。1950年至1959年先后任军械股长、军械主任等职。1959～1971年在4697部队任科长兼任机关党支部书记。1966～1971年执行“三支两军”任务，担任地震地质大队军代表，曾任军管组副组长。1973年调往炮兵34师后勤部。

赵奎华 男，1926年2月20日出生，山东省莱阳市人，小学文化，中共党员，1967年7月至1971年10月任地震地质大队革命委员会主任。1988年离休。

1947年参加中国人民解放军，参加过解放济南、解放南京和淮海战役，1949年随部队解放大西北驻兰州，历任班长、排长、连指导员、营教导员。立过三等功5次。

1966年10月转业到地震地质大队，历任政治处副主任兼干部科长、党的核心小组组长。

1970年1月恢复军籍，任工程兵51师115团政治处副主任。1976年二次转业到地震地质大队，历任基建负责人、汽车修理厂厂长、研究室专职支部书记。

李宗才 男，1933 年 2 月 21 日出生，河南省洛阳市人，中共党员，1967 年 7 月至 1972 年 8 月任地震地质大队革命委员会副主任。1990 年退休。

1951 年在河南省煤矿管理局经理室工作，1952 年 6 月毕业于中央燃料工业部干部学校地质专业。1953 年在山西省大同矿务局钻探公司地质科任助理技术员。1955 年在湖南省 129 地质队地质科、郴州地质局和郴州地质局第三地质队任技术员、技术负责人。1961 年在湖南省地质局 408 地质队任综合组组长。1964 年在湖南省地质局 402 地质队普查办公室任负责人。1966 年调入地震地质大队任华北一队综合组组长、负责人。1972 年调往河南省地震局洛阳地震台站。

徐　矩（曾用名：徐表仪）男，1913 年 10 月出生，贵州省遵义市人，大学文化，中共党员，1973 年 4 月至 1975 年 9 月任地震地质大队负责人、党委书记（代理）。1983 年离休。

1935 年参加革命，在遵义从事地下革命工作，1937 年到上海抗日救亡协会宣传抗日，同年 10 月到延安。1944 年 6 月在延安陕北公学、延安抗日军政大学任教员、助理员、指导员。1944 年 7 月到晋察冀军区开展抗日工作。历任组织干事、指导员、总支部书记、政委等职。1948～1949 年调华北军区军政大学工作，1950～1960 年在华北军区政治部青年部任科长，1958～1963 年调北京军区军事检察院任检察长，兼办公室主任，1963～1965 年调任军事科学院政治部主任，1965 年 8 月转业到地质部水文局任政治部主任，1970～1973 年调湖北省水文大队任党委书记，1973 年调地震地质大队任职，历任大队负责人、副大队长。

苏　民 男，1925 年 9 月出生，山西省五台县苏家庄人，中共党员，1973 年 6 月至 1975 年 9 月任地震地质大队负责人、党委负责人。

1938 年参加革命，参加革命前智擒汉奸立功并获奖，光荣事迹列入山西省五台县县志。1939 年担任山西省区儿童团团长，在敌后武工队工作，曾担任过晋察冀日报社党支部书记。1949 年进京后担任过工人日报社人保科科长和经理部主任、党委副书记。1954～1957 年毕业于中央高级党校。1960 年任中国科学院新技术局二处处长兼科学仪器厂党委书记，1962 年任中国科学院工程力学研究所副所长、党委副书记，1973 年调入地震地质大队任职，1973 年 6 月至 1978 年 2 月任地震地质大队负责人。

王剑一 男，1921 年 7 月出生，江苏省邳州市人，中学毕业，中共党员，1975 年 10 月至 1977 年 9 月任地震地质大队党委书记。

1939 年 3 月参加革命，历任邳县工作队长、邳南行署工作队长、四县联办主任、总支书记、教导员，1942 年在徐州市做地下工作，1945 年在徐州被捕，同年冬越狱。1946 年在华东党校学习，1947 年任安徽界首县区委书记，1949 年任中南公安部人事处科长、基建保卫处处长，1954 年任公安部二局处长、副局长，1966 年任华北警察学校副校长，1971 年派驻秦城监狱任工作组长，1975 年调入地震地质大队任职，1977 年调往公安部秦城监狱。

张荣珍 男，1927年5月出生，小学文化，河北省滦南县人，中共党员，1976年5月至1976年10月、1981年10月至1982年4月任地震地质大队负责人。1987年离休。

1944年参加革命，1945年任冀东军区十四团四连副指导员，1947年任冀东军区十一旅休养所指导员，1948调东北军区第九纵队26师野战收容所任政治协理员，1951年任46军137师后勤处协理员、副政委，1955年任第九预备师后勤处政委。

1958年转业到中国科学院兰州地球物理研究所，历任办公室主任、副所长、党组副书记。1976年调入地震地质大队任职，1976年11月调任国家地震局地震仪器厂党委书记兼厂长，1979任国家地震局京津唐工作委员会副主任，1981年调回地震地质大队任职，1982年调往国家地震局地质研究所。

崔凤轩 男，1920年6月出生，河南省范县人，高中文化，中共党员，1977年10月至1978年2月任地震地质大队党委副书记。

1939～1940年在县小学教书，1940年参加抗日工作，任县政府科员、指导员。1946年在冀鲁豫行署司法学院学习，1947年到县公安局任股长。1948～1951年期间，在河南省九专署、黄河公安局、濮阳专署公安处任科员、秘书、副科长等职。1951年调华北行委会公安局任科长，1954年9月调公安部十一局任办公室副主任，1971年底担任宁夏回族自治区公安劳改局副局长，1975年调入地震地质大队任职，1978年调往公安部十一局。

解兆元 男，1914年5月出生，山西省洪洞县人，高中文化，中共党员，1978年2月至1983年4月任地震地质大队党委负责人、党委书记。1983年离休。

1934年毕业于山西临汾第六师范学校，1937年参加革命，1940年在“决死二纵队”五团任政治指导员、宣传科长等职，1942年派往晋绥新军教导营任政治指导员，1943年调抗大总校和七分校任指导员，1945年在晋绥地区独三旅政治部任民运副科长，雁北游击大队任政委，1948年先后任陆军八师卫生部、干部部政治主任、政委、副部长，1952年任空军二十七师干部部部长，1954年任北京空军干部部组织处长。

1960年转业到中国科学院地球物理研究所任二部主任兼副所长、党委负责人。1966年到“五七”干校学习，1971年恢复工作调七机部505所任党的核心组负责人，1978年调入地震地质大队任职。

陆有勋 男，1921年9月出生，江苏省海门县人，小学文化，中共党员，1978年3月至1983年4月任地震地质大队副大队长。1983年离休。

1941年在苏中四分区抗日军政学校学习，同年6月工作，先后任通东粮食分局副主任、海中区财经分局副局长、海中区副区长、区长等职。1946年8月，参加华中野战军一师七团（后统编为中国人民解放军23军69师205团）任营正、副政治教导员、团组织股股长、师司令部队列科长、办公室主任等职。多次参加重大战役，荣立四等功，获军委颁发三级解放勋章。1952年调入军委装甲兵第一坦克学校学习，获学习二等功。1953年3月分配到军委装甲兵技术部先后任教育科长、计划处车务处副处长、办公室副主任等职。主持组织编写《装甲兵技术工作条令》和《坦克驾驶教材》。1954 年 3 月参加装甲兵积极分子代表会议，在中南海受到毛主席、周总理等国家领导人接见并合影。1964 年 10 月调林业部林业机械管理处任副处长。文革时期，下放到昆明林机厂任生产组长。1976 年调入地震地质大队，曾任后勤处长。

韩子文 男，1928 年 2 月 5 日出生，山东省黄县人（现为龙口市），中共党员，1980 年 10 月至 1986 年 2 月任地震地质大队副大队长、党委副书记。1986 年因病提前离休。

1943 年参加革命，先后在山东省黄县、北海、即墨等县做政府文书、出纳主管员、会计主管员。1949 年春随军南下，先后在人民银行苏南分行，无锡分行任货币管理科长，1953 年进入人民银行总行干校（后更名为财政金融学院）学习，毕业后留校任教，1961 年调北京工业大学任教，1965 年调第一轻工业部任教育司中专处副处长，1970 年任西北轻工业学院教务处副处长，1977 年调国家地震局任宣传处处长，1980 年调入地震地质大队任职，分管人事、财务、后勤等工作，离休后，联系解决了地壳应力研究所职工户口进京报批等重大民生问题。

宫士湘 男，1930 年 3 月 7 日出生，天津市人，中共党员，1983 年 5 月至 1984 年 12 月任地震地质大队党委书记、纪委书记。1993 年退休。

1949 年入中国政法大学学习，1950 年转入中国人民大学法律专修科，同年毕业，1950～1952 年为中国人民大学国家法权理论教研室研究生并担任秘书工作。1949 年 9 月至 1973 年 7 月在中国人民大学做行政管理、宣传工作，历任校长办公室秘书、教务处行政科副科长、科长等职务。1972～1977 年在中国科学院动物研究所任宣传科长，1977～1980 年任北京市地震大队办事组负责人，1980～1983 年任国家地震局分析预报中心副主任兼办公室主任、党委委员。1983 年调入地震地质大队任职，1985 年调往中国人民大学。

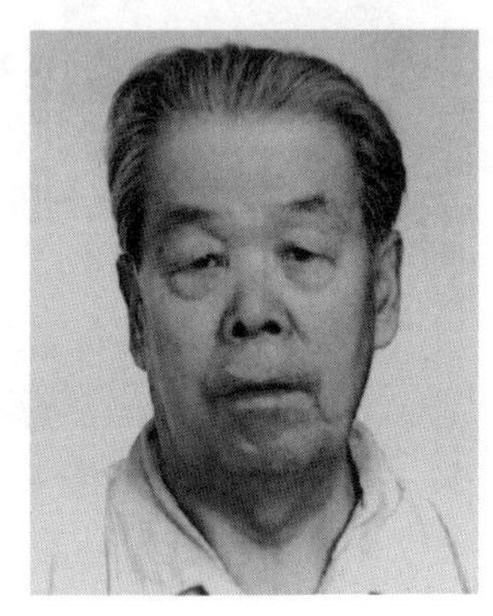

王树华 男，1927 年 6 月 6 日出生，山东省潍坊市人，中共党员， 1983 年任地震地质大队大队长，1986 年 7 月任地壳应力研究所首任所长，1988 年获教授级高级工程师资格。1991 年退休。

1953 年毕业于东北地质学院。1966～1969 年邢台地震以后，负责组织地质部地震地质工作，协助李四光部长在地质系统组建地震工作队伍，开展地震地质研究及地震监测预报工作，曾任中央地震工作领导小组成员。1969～1983 年在国家地震局工作，组织和参加大震考察、震区现场地震预报研究以及地震科研管理工作。

长期从事地质与地震预报工作。从事地震科研管理工作期间，对社会公益类研究所的改革进行了探讨。

1953～1966 年在地质部从事技术管理、计划管理及矿产资源政策研究工作，参与了国家三个五年计划矿产资源部分的制定，编辑出版内部刊物《地质矿产消息》多期。

曾获国家地震局颁发的地震工作者 30 年荣誉证书，先后撰写《以改革为动力促进地震科研的发展》、《决策学与地震科研》、《从地震科学研究试论社会公益型研究所改革的途径》等论文。

郭志涛　男，1930 年 10 月出生，山东省福山县人，大学文化，中共党员，1988 年 5 月至 1991 年 6 月任地壳应力研究所所长、党委书记，1989 年获高级工程师资格。1991 年离休。

1949 年在大连工专（后改大连工学院）就读，在校期间加入中国共产党，任关东学联副主席。1952 年调中国科学院任人事局副科长、科长。1953 年到沈阳参加筹建科学院东北分院、中国科学院沈阳干部学校，负责人事保卫工作，1956 年调中国科学院任秦力生秘书长的秘书。

1959 年进入哈工大学习，1964 年到哈尔滨工程力学研究所工作，任一室副主任兼支部书记、业务处负责人、“三结合”领导班子成员。

1976 年调地震地质大队，历任党支部书记、业务处处长，1983 年 5 月至 1986 年 5 月历任副大队长、纪委书记、党委书记等职。

1987 年被中央组织部评选为全国优秀党务干部。

刘光勋　男，1935 年 8 月出生，山东省夏津县人，中共党员，1983 年 5 月至 1986 年 2 月任地震地质大队副大队长，1987 年聘为研究员，1992 年获国务院政府特殊津贴。1997 年退休。

1957 年毕业于北京地质学院地质系，同年留校从事教学和科研工作。1970 年调入地震地质大队。历任地壳应力研究所研究室主任、学术委员会主任，中国地震学会理事、地震地质专业委员会副主任、中国地质学会构造地质学委员会委员、地质力学专业委员会委员、北京地质学会理事，现任国家地震安全性评定委员会顾问委员、中国地震学会荣誉理事。

早期从事构造地质学、地质力学、航空地质学的教学和科研工作。1970 年以来，从事地震地质学、新构造学（活动构造）、工程地震学的科研工作。

独立或合作出版的专著 3 部，在国内外刊物和学术会议上发表论文 50 余篇。获国家科技进步三等奖 1 项、省部级科技进步一等奖 2 项、二等奖 3 项、三等奖 4 项。

赵国光　男，1937 年 1 月 10 日出生，云南省大理县人，回族，中共党员，1987 年晋升为研究员，1991 年 6 月至 1995 年 7 月任地壳应力研究所所长，1992 年获国务院政府特殊津贴。1997 年退休。

1961 年毕业于北京大学地质地理系，1967 年分配到中国地质科学院地质所工作，1967 年 8 月调入地震地质大队，1982 至 1984 年在英国帝国理工学院进修。

1985 年任地震地质大队副大队长，1986～1988 年任副所长，后曾任第三研究室主任。

曾任地震学会理事、地震学会前兆委员会委员、北京市地质学会会员。

曾从事鲜水河断裂带现代运动特征与构造力学机制研究、华北大地震的控制因素等研究。

发表论文 20 余篇。 1978 年获全国科学大会奖，获国家地震局科技进步三等奖 2 项。

徐明治　男，1934 年 4 月出生，江西省吉安市人，中共党员，1981 年评为高级工程师，1986 年 7 月至 1991 年 6 月任地壳应力研究所副所长。1994 年退休。

1957 年毕业于北京地质学院地质矿产系，被分配到江西省地质部门，曾先后在冶金部江西地质分局、地质部江西省地质局、江西地质学院等单位工作，1960 年获省级先进工作者称号。

1964 年入地质部地质力学进修班进修，后调入地质部地质力学研究所。

1965 年初派往西昌—渡口地区开展地震地质工作，1966 年地震地质大队成立后调回华北地区工作。1969 年调中央地震工作小组办公室（后改为国家地震局）工作，先后任国家地震局综合计划处副处长、处长等职，负责组织编制地震事业、科研工作发展规划、综合计划、财务等工作。1986 年调入地壳应力研究所任职，分管科研、计划财务、基本建设及行政等工作。

许厚德 男，1939 年 7 月 1 日出生，江苏省淮安县人，中共党员，1988 年 5 月至 1991 年 6 月任地壳应力研究所副所长，1996 年聘为研究员。1999 年退休。

1963 年毕业于北京地质学院水文地质工程地质系，同年考入中国科学院地质研究所研究生，1967 年研究生毕业被分配到中国科学院地质研究所。

1979 年 1 月调入国家地震局外事处，历任外事处副处长、处长、外事办公室主任，1988 年调入地壳应力研究所任职，兼任中国灾害防御协会秘书长，1991 年调往国家地震局地质研究所。

早期在中国科学院地质研究所从事工程地质研究工作，1973～1977 年参加国家重点科研项目“宁芜玢岩铁矿研究”，获得 1978 年全国科技大会重大成果奖。1988 年以来除负责行政管理工作以外，主要从事中国灾害防御研究。出版了 10 余部专著并发表多篇论文。

黄汉松 男，1934 年 6 月出生，广东省潮阳县人，中共党员，1989 年 3 月至 1994 年 8 月任地壳应力研究所党委副书记。1994 年退休。

1988 年毕业于中共中央党校附设函授学院党政管理专业。

1951 年 3 月入伍，在广东省陆丰县、惠阳县边防派出所工作。1956 年 9 月转业到湖南省潭家山技工学校学习，毕业后相继在广东省地质 433 队、712 队、新丰江队、726 队、四川省 112 地质队工作，历任班长、代理机长、科员等。

1966 年 4 月，从四川省 112 地质队调往河北省正定县参加组建地震地质大队，负责人事调配工作，历任科员、指导员、党委办公室副主任、主任等职。

1984 年 3 月至 1985 年 5 月曾参加中央科技口整党办公室任联络员工作。

陆远忠 男，1940 年 5 月出生，四川省广安县人，中共党员，1985 年评聘为研究员，博士生导师。1991 年 6 月至 1995 年 7 月任地壳应力研究所党委书记、副所长，1992 年享受国务院政府特殊津贴。2001 年退休。

1963 年毕业于中国科技大学地球物理系，被分配到中国科学院地球物理研究所工作。1971 年调入安徽省地震局（当时为地震队），历任科长、处长、副局长、局长等职。1991 年调入地壳应力研究所任职。

曾任中国地震预报评审委员会委员、中国地震学会地震学专业委员会主任、中国地震局学术委员会委员、安徽省地震学会理事长。

主要从事地震学、地震预报、数值模拟和软件编程等科学研究。

学术专著有：地震预报的地震学方法，地震空区和地震预报，地震预报的动态图像方法，基于 gis 的地震分析预报软件系统等。在国内外学术刊物上发表论文 80 多篇。获国家科技进步二等奖 1 项，省部级科技进步一等奖 1 项，省部级科技进步二等奖 6 项。

聂宗笙 男，1935年2月5日出生，贵州省毕节市人，中共党员，1990年评聘为研究员，硕士生导师，1991年6月至1995年7月任地壳应力研究所副所长，1993年获国务院政府特殊津贴。1995年退休。

1957年毕业于北京地质学院地质系，被分配到北京地质学院任教。1972年调入地震地质大队。

历任地壳应力研究所第六研究室主任、高级技术职称评审委员会评委。

早期从事地质基础课教学。1972年以后，从事地震地质、环境地质及活断层研究。

出版专著1部（合著），在国内外刊物和学术会议上发表论文32篇。《鄂尔多斯周缘断陷盆地现今活动性特征及其与大地震复发关系的研究》课题获1991年国家科技进步二等奖，《鄂尔多斯周缘活动断裂系》专著和“鄂尔多斯活断层”录像片课题获1990年国家地震局科技进步二等奖。

陈书贤 男，1943年6月13日出生，山东省龙口市人，中共党员，1983年晋升为工程师，1992年6月至1995年7月任地壳应力研究所副所长。2003年退休。

1970年毕业于北京地质学院地质系，被分配到地震地质大队。

早期从事地震地质野外考察，研究编图和地震基本烈度鉴定和烈度异常的研究工作。共完成地震基本烈度鉴定报告130余项，参加北京地区地震地质会战，成果获北京市政府颁发的“北京市1981年科学技术成果二等奖”。

1980～1990年，从事科技干部管理和职工教育工作，兼任学术委员会秘书，管理科技干部技术职称职务的评聘工作，负责和参与解决了地壳应力研究所部分职工家属户口进京问题。

1990年以后，历任党委办公室主任、所长助理。任副所长期间，分管后勤基建、离退休干部、行政服务、综合治理、工会等部门，完成办公综合楼、职工四号住宅楼、八宝山联建住宅楼的施工等工作。1995年后任专职工会主席。

张卫东 男，1946年4月出生，河南省渑池县人，中共党员，2001年3月至2004年3月历任地壳应力研究所党委负责人、党委书记、副所长，2006年退休。

1964年参加工作，1966年毕业于河南省委办公厅机要培训班，同年分配到河南省地质局机要科工作。1967年4月调入地震地质大队。

1988年毕业于中共中央党校附设函授学院党政管理专业。

早期从事机要译电工作，长期从事党政管理工作。曾任地壳应力研究所（地震地质大队）办事员、政治处宣传科副科长、党委秘书、党委办公室副主任、审计监察处处长、纪委副书记。1994年以来历任地壳应力研究所副所长、党委副书记、纪委书记。中共中国地震局直属机关纪律检查委员会第一、二届委员会委员，中共中国地震局直属机关第五届委员会委员、常委。

结合党政管理工作，在《震苑经纬》、《中国减灾报》等书报刊发表有关党务、行政管理方面的论文、报告10余篇。

杜振民　男，1942年12月出生，山东省聊城人，中共党员，1993年享受国务院政府特殊津贴，1995年7月至2001年3月任地壳应力研究所所长、党委书记，1996年评聘为研究员。2003年退休。

1966 年毕业于中国科技大学,被分到甘肃省地震局（国家地震局兰州地震研究所）工作，先后担任业务处长、副局（所）长、党委书记兼副局（所）长。1987 调任江苏省地震局党组书记、局长。1995 年调入地壳应力研究所任职。2001 年调往中国地震局。

曾任江苏省第六、七届政协委员，北京市第十一届人大代表，中国地震学会常务理事、科技管理专业委员会主任，中国老科协地震分会副会长兼秘书长，中国国史学会理事。

杨流平，男，1948年8月18日出生，四川省南部县流马镇人，中共党员，1995年7月至2000年6月任地壳应力研究所副所长。2008年退休。

1971 年参加中国人民解放军，1975 年转业到国家地震局地震仪器厂工作，曾任厂团委书记、电子车间负责人。1983年调国家地震局直属机关党委工作，曾任直属机关团委书记、直属机关党委办公室副主任、党委办公室主任、直属机关党委副书记。

1985年毕业于中国人民大学函授学院，获大学本科学历。

1995年调入地壳应力研究所任职，2000年调往中国地震局地球物理研究所。

唐荣余　男，1950年2月出生，江苏省建湖县人，中共党员，1993年享受国务院政府特殊津贴，1998年评聘为研究员，2001年3月至2010年2月历任地壳应力研究所负责人、党委副书记、所长、党委书记。2010 年退休。

1969年参加工作，1975年毕业于中国科学技术大学地球物理专业，毕业后留校，任地球物理专业教师和年级指导员，1978 年在中国科学技术大学地球物理专业读研究生，1981年11月由中国科学院研究生院授予理学硕士学位。

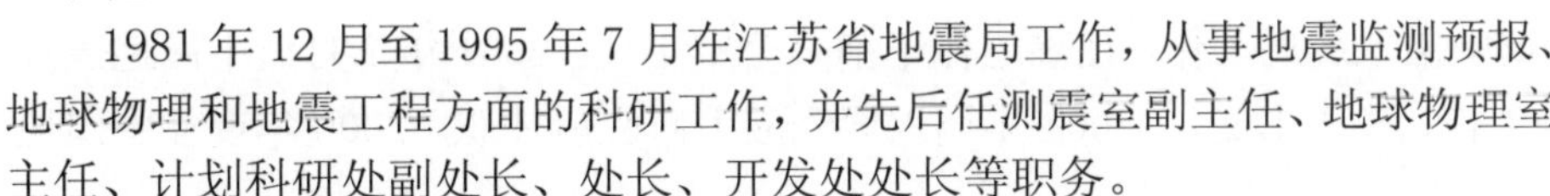

1981年12月至1995年7月在江苏省地震局工作，从事地震监测预报、地球物理和地震工程方面的科研工作，并先后任测震室副主任、地球物理室主任、计划科研处副处长、处长、开发处处长等职务。

1995年调任地壳应力研究所副所长。1999年任国家地震安全性评定委员会委员，2003年获中华人民共和国注册咨询工程师资格，2006 年任国家地震安全性评定委员会副主任，中国地震局第五、六届科学技术委员会委员，中国地震学会第六、七届理事会常务理事，中国地质学会第 38 届理事会理事。

李　克　男，1956年11月2日出生，吉林省长春市人，中共党员，1998年4月至2000年1月任地壳应力研究所副所长，1999年评聘为研究员，2001年获国务院政府特殊津贴。

1979年毕业于北京大学地质学系，被分配到地震地质大队工作。

历任地壳应力研究所研究室副主任、科技开发处副处长、处长、科技处处长。2000 年调往甘肃省地震局任党组书记、局长。现任中国地震局监测预报司司长。

2000 年前主要从事地震地质学研究、工程地震学应用研究和地震科技业务管理，2000 年后主要致力于监测预报、震灾防御、应急救援、科学研究等防震减灾管理工作，现重点从事地震监测与地震预测预报业务管理工作。

吴荣辉 男，1950 年 11 月出生，福建南安市人，中共党员，1997 年获国务院政府特殊津贴，1998 年聘为研究员，2003 年 12 月至 2010 年 2 月任地壳应力研究所副所长。2010 年退休。

1977 年毕业于北京大学地球物理系，被分配到北京市地震队。1982 年国家地震局地质研究所研究生毕业，获理学硕士学位，同年调国家地震局分析预报中心工作。1988 年调国家地震局工作，历任国际合作司副处长、处长、司负责人，科技委副秘书长（副司级）兼科技处处长。1996 年调任地震数据信息中心副主任（副厅级）、党委委员。2000 年调任中国地震局科学技术委员会副秘书长兼办公室主任。2004 年调入地壳应力研究所任职。

历任中国地震学会青年科技委主任、科技情报专业委员会主任、中国地震局声像协作委员会主任，《中国地震》等多个刊物编委、副主编、主编等职。现任中国地震学会地震科技管理专业委员会主任。

早期从事地震科学研究、国际地震科技情报研究及科研管理等工作，2004 年以来，主要从事网络技术、地震应急救援、国家防震减灾发展战略、地壳动力学与地应力环境探测、工程咨询、地震数据共享及地震标准化规划研究等工作。

出版著（译）作 6 本，发表译文 60 多篇，翻译和审校译文 100 多万字，曾获中国地震局科技进步二等奖、天津市科技进步二等奖、基层奖项 7 项、中华人民共和国国家知识产权局实用新型专利。

巩曰沐 男，1957 年 11 月出生，山东省桓台县人，中共党员，1993 年获高级工程师任职资格，2004 年 3 月至 2006 年 3 月任地壳应力研究所党委书记、副所长。

1982 年武汉测绘学院毕业，获学士学位，被分到中国地震局综合观测中心工作，曾任跨断层水准测量组组长、形变测量队副分队长、分队长、党委副书记兼党委办公室主任、党委书记兼中心副主任。

1997 年调内蒙古自治区地震局工作，任党组成员、副局长。2000 年 2 月调中国地震局工作，任离退休干部办公室主任。2001 年 7 月调中国地震局综合观测中心工作，任中心主任、党委书记。 2004 年调入地壳应力研究所任职。2006 年调往中国地震局机关服务中心。

第二十七章　研 究 员

徐宗和　男，1934 年 2 月生于辽宁省大连市（祖籍山东省文登市），中共党员，1986 年聘为研究员，1992 年获国务院政府特殊津贴，1995 年退休。

1952 年考入清华大学土木系，1959 年毕业于苏联第聂伯罗彼得洛夫斯克建筑工程学院，回国后分配到中国科学院工程力学研究所。1976 年调入国家地震局从事科技管理工作，历任国家地震局学术委员会秘书长、科技监测司二处副处长、中国地震学会副秘书长、中国建筑学会地震工程学术委员会委员，1988 年调入地壳应力研究所，任地震工程研究室主任。

20 世纪 60 年代，从事强震观测工作，是中国强震观测创始人之一，论文《新丰江水库诱发地震强震观测》1978 年获全国科学大会奖。1984 年与美国合作，组织建设中国数字化地震仪台网，成果获国家地震局科技进步一等奖。

编（译）著作有《防止房屋和建筑物破坏的避震装置》、《欧亚大陆均匀震级系统》、《世界数字地震台网》、《中国地震台网台志》等。

退休后至 2010 年，参加了《中华人民共和国防震减灾法》的编制、修订工作，《地震安全性评价管理条例》、《地震安全性评价标准》、《地震动参数区划图》等编制工作，以上 4 项获中国地震局科技进步一等奖。

2004 年被中国地震局聘为地震国际合作顾问委员会委员，参与援助乌兹别克建立数字地震台网工作，签订中—哈地震合作项目等。

安　欧　男，1932 年 4 月出生，辽宁省辽阳人，中共党员，1987 年聘为研究员，1993 年获国务院政府特殊津贴，1995 年退休。

1956 年毕业于北京师大物理系，相继在中国科学院物理研究所和地质研究所及北大进修研究 X 射线物理学、晶体范性学、光性矿物学、新构造学和固体物理学。1975 年调入地震地质大队。

历任北京学联执委、北师大学生会主席、地质力学所物理室负责人、研究室主任、国家地震局技术职称评委会委员、中国地震学会理事。

在李四光教授亲自指导下，把物理学、力学、天文学与大地构造学结合起来综合研究地壳动力学及其在地震预测、岩体工程和石油开发中的应用，为之筹建了 9 个实验室，完成 5 项国家级和 11 项部级课题，1958 年发现了地壳残余应力，并在华北和西南 50 万平方公里深达 7000 余米做了测量。

出版专著《构造应力场》、《X 射线地力学》、《潜山油藏》、《石油动力学》，发表论文 118 篇。

苏恺之　男，1937 年 9 月生于北京市，中共党员，1987 年聘为研究员，1994 年获国务院政府特殊津贴，1997 年退休。

1958 年毕业于南开大学物理系，同年留校任教。1972 年调入地震地质大队。

曾任地壳应力研究所方法研究队队长、科研处处长，中国地震学会理事、中国岩体工程与力学学会理事、中国地震局地形变学科协调组副组长、中国地震学会观测技术委员会委员。

1972 年在河北邢台隆尧地应力站做压磁应力仪干扰因素实验中，发现和测定了长导线分布电容对于电感元件电感测值的干扰。20 世纪 70～80 年代

在压磁式钻孔应力计的研究设计改进中，提出将36毫米口径改进为110毫米的大口径以提高灵敏度，将“悬空元件”改变为“第四号受力元件”，以更好地对测值可靠性作校验。1975年最早提出研制断层活动测量仪的建议，将基线尺人工流动测量改为固定场地自动连续观测。退休后，致力于钻孔应变观测类的科研与工程类项目。

获国家地震局科技进步三等奖、防震减灾优秀成果二等奖各1项，出版专业书籍3本，至2009年在全国布设仪器近100套。

张崇寿 男，1929年1月17日出生，江苏省南京市人，中共党员，1987年评聘为编审，1989年离休，1992年获国务院政府特殊津贴。

1948～1949年在南通学院和金陵大学学习，1949～1952年在北京外国语学校和俄文专修学校（今外国语大学）学习，1952～1973年在外交部从事翻译和教学工作。1973年调入地震地质大队。

先后担任科技情报组组长、情报资料室副主任、主任等职。曾任地壳应力研究所《地壳构造与地应力》主编，同时负责编辑出版学术性刊物《地震地质参考资料》。

译有多本地学专著并出版发行，翻译和审校英、俄文科技文献30余篇，出版科研论文单行本30余册，收集国内外研究和应用地应力的情报资料，著有专题论文《地应力测量的发展与当前的研究方向》。

张伯崇 男，1935年9月15日出生，四川省自贡市人，中共党员，1992年晋升为研究员，1993年获国务院政府特殊津贴，1996年退休。

1958年毕业于清华大学水电专业，1959年入读清华大学水工建筑专业研究生，毕业后到中国科学院工程力学研究所工作，1979年调入地震地质大队，曾任研究室副主任、主任。

主要从事地应力测量新方法的研究，岩石摩擦性状的实验研究，地壳岩石渗透性状的研究，根据原地应力测量资料评价断层稳定性的研究，地震前兆物理机制的研究。多次赴日本、美国公派访问。1983年5～11月在美国地质调查局（门罗帕克）岩石力学实验室做中美地震科技合作岩石力学实验研究。1992年担任中日合作项目“水压致裂裂缝产生及扩展机制研究”课题组组长（中方），并开展声发射地应力测量方法的研究。

在国内外刊物发表多篇文章。1992年获国家地震局科技进步一等奖1项。

李方全 男，1938年12月18日出生，四川省宣汉县人，中共党员，1992年评聘为研究员，同年获国务院政府特殊津贴，1999年退休。

1962年毕业于四川大学物理系，毕业后到地质部地质力学研究所，在李四光及钱临照教授指导下从事地壳应力测量、构造应力场及岩石力学实验研究。1975年调入地震地质大队。

历任地壳应力研究所第一研究室副主任、中国地质学会地质力学专业委员会委员、副秘书长、副主任，中国地震学会地震地质专业委员会委员，中国力学学会地球动力学直属专业组组员，第一、二届中国岩石力学与工程学会理事会理事，第一、二届《华北地震科学》编委会编委，国际岩石力学学会水压致裂资料解释委员会及应力测量尺寸效应工作组成员，美国科学促进协会、美国纽约科学院及美国地理学会国际会员。曾任《岩石力学与工程学报》顾问编委、《地质力学学报》编委、中国地球物理学会地球动力学专业委员会委员。

是中国最早从事地壳应力测量的研究者之一，曾主持中美、中日等多项国际合作研究和国内外重大科研和工程项目。

在国内外发表论文90余篇，出版专著5部。曾获1978年全国科学大会重大科技成果奖、国家发明三等奖1项、国家科技进步三等奖1项、中国地震局科技进步一等奖1项、二等奖1项，三等奖3项。

欧阳祖熙　男，1944年3月1日出生，湖北省云梦县人，1992年评聘为研究员，博士生导师，1992年获国务院政府特殊津贴，2004年退休。

1966年毕业于四川大学无线电电子学系。1968年被分配到地震地质大队。

曾任全国青联委员，海淀区人大代表，历任研究室副主任、主任，中国地震学会理事，地壳应力研究所学术委员会委员、副主任。

长期从事地壳应力状态的观测与研究工作，作为钻孔应力应变学科带头人，承担多项地震观测与预报课题。1987～1991年，承担大庆油田油水井套管损坏机理及防治措施研究课题。1998年至今，承担三峡库区地质灾害监测预警及万州地区高切坡监测预警等研究项目。

在国内外刊物和学术会议上发表论文50余篇。1980～1982年在剑桥大学布拉德实验室进修期间，研制的“Trace-1便携式磁带记录地震仪”获1982年度剑桥科学发明二等奖，主持研制的“RZB-1型电容式钻孔应变仪”获1987年度国家地震局科技进步二等奖，主持完成的“钻孔应变应力学科预报方法指南及实用软件系统”获1991年度国家地震局科技进步三等奖，承担并完成了多项国务院三建委与科技部下达的三峡库区地质灾害研究课题，“三峡库区地质灾害监测与研究”等成果获重庆市（省部级）科技进步二等奖2项，还获得北京市、石油部等省部级科技进步三等奖4项。

付子忠　男，1941年4月出生，黑龙江省鸡西人，1991年获国务院政府特殊津贴，1992年评聘为研究员，硕士生导师，2002年退休。

1965年毕业于哈尔滨电工学院，被分配到中国科学院地球物理研究所，年底支援三线建设到昆明地球物理所。1977年调入地震地质大队。

历任地壳应力研究所前兆观测技术研究室主任、科技委主任、地震前兆观测技术中心名誉主任；中国地震局科技委专业组成员、地震标准化委员会委员，中国地震学会地震观测技术委员会副主任，《地震》编辑委员会委员等职。

长期从事地震前兆仪器的研制和地热前兆方法研究工作。先后担任“八五”国家科技攻关二级课题组长、“九五”国家科技攻关一级课题组长、“十五”国家科技攻关一级课题组长、“九五”中国地震局重点项目《中国地震前兆台站（网）技术改造》总体设计组长。

1992年获“国家级有突出贡献青年专家”称号，1996年获中组部和国家地震局授予的“全国地震系统先进工作者”荣誉称号（省部级劳动模范），获四部委颁发的“十五科技攻关先进个人”称号。

获国家地震局科技进步三等奖、二等奖各1项，中国地震局防震减灾优秀成果一等奖1项，“八五”数字地震前兆实验台网获四部委颁发的优秀成果奖。

陈学波　男，1936年11月8日出生，安徽省肥东人，中共党员，1993年评聘为研究员，1994年获国务院政府特殊津贴，1996年退休。

1961年毕业于长春地质学院物探系，被分配到中科院地球物理研究所地壳队。1971年调入地震地质大队，曾任地壳构造研究室主任。

早期在西南地区从事人工地震测探工作，曾任地壳队野外探测组长、地壳队副队长、队长。1979～1981年担任协调小组组长职务，负责长江三峡坝区地壳构造与稳定性探测研究。

编写研究报告、发表相关论文20多篇和2部专著。获中国地震局科技进步一等奖、国家级科技进步三等奖。

勾　波　男，1939 年 10 月 27 日出生于河北省承德市，中国民主建国会会员，1994 年聘为研究员，1992 年获国务院政府特殊津贴，2000 年退休。

1966 年毕业于北京大学无线电物理专业，先在中国科学院地质研究所工作，1973 年调入地震地质大队。

曾任断层力学研究室副主任(1986～1992 年)、主任(1992～2000 年)，地壳应力研究所高级专业技术职称评委、科技委委员，《地壳应力与地壳构造》编委会委员。

早年参加蓝宝石人工生长机理与技术研究、人造地球卫星信号接收技术预研究。1974 年以来主要从事形变观测方法与技术研究，主持研制国内最早的经过传感器转换的固体潮观测仪器、水管倾斜仪和丝式伸缩仪（未推广），系列断层形变观测仪器，数种形变观测仪器。主持鲜水河断裂带、南北天山断裂带断层形变地震前兆监测网建设与观测研究项目，开展大型工程区基础稳定性和建筑物安全性评价新方法研究、地裂缝活动规律监测新方法研究，开展大坝安全监测方法、大坝安全性评价研究和地面沉降自动监测方法研究。

1990 年被中国地震局授予“全国地震监测先进工作者”称号，2007 年被中国地震局、科技部、国防科工委、中国科学院、国家自然科学基金委员会五部委授予“全国地震科技工作先进个人”称号。

获国家级科技进步二等奖 1 项，获省部级科技进步一等奖、二等奖、三等奖各 1 项。

黄福明　男,壮族,1941 年 11 月 30 日出生,广西壮族自治区都安瑶族自治县人,中共党员，1993 年获国务院政府特殊津贴，1994 年聘为研究员，硕士生导师，2002 年退休。

1968 年北京大学地球物理系研究生毕业，分配到地震地质大队。

历任断层力学研究室副主任、地震预报研究室主任、地震科学联合基金会项目主任、高级技术专业职称评委、中国地震学会地震学专业委员会委员、中国地震学会地应力专业委员会委员、中华全国青年联合会第五届委员会特邀委员，《地震》、《地壳构造与地壳应力》杂志编委。

主要从事断层力学在地震预报中的基础与应用研究，1993 年后侧重研究地震的综合预报问题。

先后 8 次被评为局、所级先进个人和优秀党员。

先后在国内外学术会议与学术刊物上发表中、英文论文 40 余篇，撰写研究报告 10 余篇。获中国地震局科技进步二、三等奖各 1 项、科技专项二、三等奖各 1 项。

毕福志　男，1930 年 11 月生于黑龙江省尚志县，祖籍山东省文登，汉族，1992 年获国务院政府特殊津贴，1994 年评聘为研究员。

1958 年毕业于长春地质学院，被分配到北京大学地质系任教。1986 年调入地壳应力研究所。

学术上发现闽粤琼大震区各有一处高位海滩岩，提出大震构造的准确定量标志及主导因素。1992 年参加日本 29 届国际地质大会，提交 6 项创新成果。

发表中英文论文 40 多篇。2010 年将出版科研成果选集《近两万年来大自然环境变化规律及周期》，该书由中科院贾兰坡院士题写书名。

丁建民　男，回族，1939 年 6 月 14 日出生，河南省洛阳市人，中共党员，1992 年获国务院政府特殊津贴，1994 年聘为研究员，硕士生导师，1998 年退休。

1965 年毕业于长春地质学院地球物理勘探系，被分配到国家机械委西安勘察研究院。1973 年调入地震地质大队。

历任工程应力测量研究室副主任、高级技术专业职称评委，北京地球物理学会理事，国际岩石圈计划委员会《世界应力图》项目组成员。

早期从事地下水勘察工作。1978 年以来，研究地应力测量新技术，成功研制“轻便水压致裂应力测量系统”和完善“孔壁崩落应力测量”新方法。1989～1998 年，建立中国地壳应力数据库，编制了《中国地壳应力图》。

出版翻译著作《地应力测量与研究》，在国内外刊物和学术会议上发表论文 30 余篇。《地应力测量及其在油气田勘探开发中的应用》研究成果获 1989 年国家地震局科技进步三等奖。

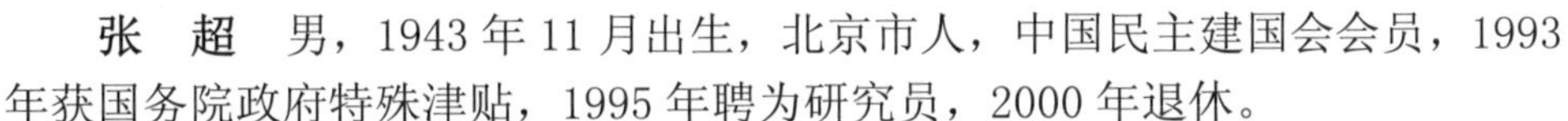

张　超　男，1943 年 11 月出生，北京市人，中国民主建国会会员，1993 年获国务院政府特殊津贴，1995 年聘为研究员，2000 年退休。

1967 年毕业于中国科学技术大学爆炸力学专业，分配到冶金部湖南水口山矿务局。1972 年调入地震地质大队。

任断层力学研究室副主任，中国地震学会构造物理专业委员会委员。

长期致力于断层力学的应用基础研究。主要以多种观测资料和实验结果的综合分析为基础，建立并应用有关物理和力学模型，研究与震源过程密切相关的断层运动学和动力学特征，及其所伴生的多种物理力学效应。分析不同观测资料的地震前兆机理，探讨震源稳定性和失稳性态的综合判定指标，为应用多种观测资料综合分析震源过程提供理论依据和方法。

发表论文 30 余篇，获中国地震局科技进步二等奖 1 项，地壳应力研究所科技进步一、二、三等奖各 1 项、科技进步专项奖及其它基层奖若干项。

黄锡定　男，1940 年 7 月 15 日出生，广东省梅州市人，1993 年获国务院政府特殊津贴，1995 年聘为研究员，硕士生导师，2000 年退休。

1958 年参加工作，先后在广东 701 实验室、地质部新丰江地震地质队、四川省 112 地质队工作，1966 年调入地震地质大队。

历任研究室副主任，防灾技术研究中心总工，高级技术专业职称评委、科技委委员、中国地球物理学会信息技术专业委员会委员、中国地震学会观测技术专业委员会委员、中国老科技工作者协会地震分会理事。

长期从事地震前兆观测理论方法与技术系统的研究和地应力测量仪器设备的研制。先后参加、主持、组织、实施研制的电感应力仪、压磁应力仪、自动记录应力仪、地震前兆综合数据采集器、数字化地震前兆台站公用设备等均为该系统的第一台套设备，填补了该领域的空白，多次获得奖励。

“数字化地震前兆遥测试验台网”获国家计委、国家科委、财政部颁发的科技攻关重大成果奖；“数字化地震前兆观测技术系统及前兆观测仪器的研制”和“强地震中短期（一年尺度）预报技术研究”被科学技术部、财政部、国家计委、国家经贸委评为“九五”国家重点科技攻关计划优秀成果；“中国数字地震前兆观测技术系统的设计、研制和集成联调”获中国地震局防震减灾优秀成果一等奖；2008 年被授予优秀老科学技术工作者荣誉称号。

孟宪樑 男，1938 年 12 月出生，吉林省长春市人，中共党员，1995 年聘为研究员，1999 年退休。

1963 年毕业于北京地质学院，被分到吉林省地质局。1973 年调入地震地质大队。

1973 年以来从事地震地质研究，侧重于特大地震发震构造、活动断裂的调查和研究、工程场址地震安全性评价等工作。

先后参与了《唐山大地震震害》、《中国特大地震研究》、《鄂尔多斯活动断裂系》等专著的编写。在国内刊物和学术会议上发表论文 20 余篇，获中国地震局专项研究三等奖 1 项，地壳应力研究所二等奖 2 项、三等奖 1 项。

陈宏德 女，1939 年 4 月出生，四川省自贡市人，1995 年聘为编审，1997 年退休。

1962 年毕业于四川外语学院，1966 年调入哈尔滨工程力学研究所情报室，1979 年调入地震地质大队。

历任地壳应力研究所情报资料室副主任、中国地震局图书情报编辑系列高级技术专业职称评委、《地震科技情报》编委会委员。

长期从事编辑和地震科技情报研究和翻译工作，主要负责《地壳构造与地壳应力文集》编辑，代表性翻译著作有《地震与活断层》、《世界地应力实测资料汇编》，联系并参加了地壳应力研究所与日本电力中央研究所的科技合作项目。1992 年被国家地震局评为科技情报先进工作者。

黄忠贤 男，1943 年 12 月 21 日出生，上海市人，1994 年获国务院政府特殊津贴，1996 年聘为研究员，硕士生导师，2004 年退休。

1966 年毕业于中国科学技术大学近代力学系，1970 年分配至贵州省毕节无线电厂，1973 年调地震地质大队。1978 年考取中国科学院地球物理研究所研究生，师从傅承义先生学习地球物理学。1981 年赴美国科罗拉多大学地球科学系学习，1987 年获地球物理学博士学位，1988 年回地壳应力研究所工作。

曾任研究室副主任、主任，学术委员会和学位委员会委员等职务。现为地震学报编委、地球物理学报编委及英文版编审。

主要从事地球内部结构反演、构造应力场、地震预报等方面研究。

在地震学报、地球物理学报、中国地震、EPSL、BSSA、JGR、GRL、PEAGEOPH 等国内外学术刊物上发表论文 20 余篇。

游丽兰 女，1940 年 2 月出生，湖南省益阳人，1996 年聘为研究员，1998 年退休。

1962 年毕业于武汉大学测绘学院，1962～1977 年分别在国家测绘总局第一分局计算队和云南省地震局做技术员，1977 年调入地震地质大队。

曾任地壳应力研究所断层形变测量队总工程师，全国跨断层测量技术管理组组长，中国地震学会地壳形变专业委员会委员，北京测绘学会大地测量专业委员会委员等职。

主要研究领域：利用大地测量理论与方法研究地壳形变和进行相应的地震监测，尤以最具中国特色的跨断层测量，重点研究为提取断层瞬时动态信息建立各种使用数学模型，将静态分析推向动态分析。

出版专著《跨断层测量基础理论及标准化研究》，主编《跨断层测量规范》，在《中国地震》(ERC)、

《地震》等刊物发表多篇论文。获国家地震局科技进步三等奖，地壳应力研究所基层科技进步二等奖，三等奖等奖项。

刘耀炜　男，1957 年 7 月 30 日出生，中共党员，1997 年聘为研究员，同年获国务院政府特殊津贴，博士生导师。

1982 年 7 月毕业于中国地质大学地质力学系地震地质专业，获学士学位，被分配到兰州地震研究所（甘肃省地震局）。2004 年调入地壳应力研究所。2009 年中国地质大学博士研究生毕业，获博士学位，晋升二级研究员。

曾任兰州地震研究所研究室副主任、科研处处长（兼外事办主任）。现任地震监测与预测研究室主任、中国地震局地下流体动力学重点实验室主任、中国地震局科技委委员、中国地震局地下流体学科技术协调组组长、中国地震学会地震流体专业委员会主任、地壳应力研究所科学技术委员会主任、学位委员会副主任、中国地震学会理事、全国环境监测技术委员会委员。《地震学报》、《地震》、《大地测量与地球动力学》等多个国内核心期刊杂志编委。

1992 年被评为第一批中国地震局科技新星，1997 年中国地震局“跨世纪科技人才”人选、甘肃省“333 科技人才工程”人选，2003 年“中国地震局新世纪优秀人才百人计划”人选。

长期从事地震流体动力学理论、地震预测理论与方法研究工作。

出版专著 4 部，发表论文 60 余篇。获中国地震局防震减灾优秀成果一等奖 1 项、二等奖 3 项、三等奖 4 项。

王恩福　男，1945 年 11 月 4 日出生，吉林省四平市人，中共党员，1997 年评聘为研究员，硕士生导师，2001 年获国务院政府特殊津贴，2005 年退休。

1964 年 8 月毕业于吉林地质专科学校探矿工程专业，被分配到中国科学院地球物理研究所。1973 年 12 月毕业于北京大学地球物理系，被分配到地震地质大队。

历任课题组长、研究室副主任、主任、高级技术专业职称评委、学术委员会委员、“十五”期间国家地震局地震灾害紧急救援培训基地建设项目首席专家、中国地震学会地震测深专业委员会委员、工程勘察专业委员会委员、中国振动学会土力学专业委员会委员、中国灾害防御学会减灾技术专业委员会委员、中国标准化委员会地震标准委员会委员。

曾从事震源物理模拟实验研究、地震测深、剪切波分裂与偏振研究、城市活断层探测、地震救援和救援装备集成等工作。

2005 年被评为全国地震系统优秀个人，荣记一等功。

发表论文 20 余篇，主持编纂地震灾害紧急救援培训教材 4 部。获 1978 年全国科技大会奖 1 项，中国地震局科技进步一等奖 1 项、三等奖 2 项、防震减灾优秀成果三等奖 1 项。

张鸿旭　男，1946 年 12 月 7 日出生，江西省赣州市上犹县人，1998 年评聘为研究员，2007 年退休。

1970 年毕业于北京地质学院地质系，被分配到地震地质大队。

历任断层力学研究室副主任、主任。曾任中国地震局地壳形变学科技术协调专家组成员、中国地球物理学会中国大陆动力学专业委员会岩石圈应力专业组委员、地壳应力研究所科学技术委员会委员、特聘委员，中国水力发电学会大坝安全监测专委会理事，《大地测量与地球动力学》、《地壳构造与地壳应力》等期刊编委。

长期从事地壳形变、地质灾害和精密工程变形观测方法技术研究。参与了第一、二、三代断层形变观测仪器研制，主持了第四代断层形变观测系统、BSQ 型数字倾斜仪、新一代精密工程变形观测系列化等仪器的研制，负责建立了鲜水河断裂带、南北天山地震带、北京、山东、辽宁等断层形变观测台网，开展了10多项国家大型重点工程建设项目的安全监测研究工作。

合作出版专著2部，发表论文10余篇。获得国家科技进步（推广类）二等奖1项、省部级科技进步一等奖1项、二等奖1项、三等奖3项。

罗光禄 男，1943年1月出生，重庆市人，1999年评聘为研究员，2003年退休。

1965年毕业于四川大学物理系。1967年调地震地质大队。

曾任标定实验室负责人，高级技术专业职称评委。

早期从事应变、压力、温度、液位、光纤等传感器应用研究和标定实验室建设。1992年以来，从事数控CCD光电传感技术研究、新型形变自动监测系统研制和磁悬浮应用技术研究。

获国家科技进步二等奖1项，省部级科技进步一等奖1项、三等奖1项。

周振安 男，1951年8月25日出生，安徽省东至县人，九三学社社员，1999年评聘为研究员，硕士生导师。

1975年毕业于安徽大学物理系，被分配到防灾科技学院（原中国地震局天水地震学校）任教，1994年调入地壳应力研究所。

历任研究室副主任、主任、总工，高级技术职称评委、中国地震学会观测技术委员会委员。

早期从事高校电子线路教学和研究，1994年后从事地震前兆观测技术研究。

出版专著（合作）2部，发表论文30余篇。获中国地震局防震减灾优秀成果一等奖。

江娃利 女，1952年12月15日出生，北京市人，中共党员，2000年评聘为研究员，硕士生导师，2002年获国务院政府特殊津贴。

1975年毕业于北京大学地质地理系，被分配到地震地质大队。1987年10月至1988年10月被国家教委公派到日本东京大学地震研究所进修。1997年获中国地震局地质研究所理学博士学位。2007年获得中华人民共和国一级地震安全性评价工程师资格证书。

曾任地壳应力研究所第六研究室主任、中国地震学会地震地质专业委员会副主任、中国地震学会理事。

主要从事活动断裂、断错地貌、发震构造研究。近年承担多项科研项目。以第一作者在《中国科学》、《地震地质》等刊物发表科研论文40余篇，2002年获中国地震局防震减灾优秀成果二等奖。

王　勇 男，1946年10月30日出生，山东临清市人，中共党员，2000年评聘为研究员，2006年退休。

1970年毕业于北京地质学院水文系，被分配到兰州地震大队（兰州地震研究所），1984年调入地震地质大队。

历任昌平台台长（正处级）、研究室副主任、研究所高级专业职称评委。《大地测量与地球动力学》、《地壳构造与地壳应力文集》等刊物编委。

早期从事地震监测和监测仪器研制工作，1984年以来主要从事地震监测研究，主持完成局级2项工程项目和7项三结合科研项目，主持建成地应力观测标准台，1993年实现数字化分钟值观测、有线传输、异地观测，为2000

年在全国推广提供了经验，观测资料9次获全国同类资料评比前三名。在国内首次实现了钻孔分量应变资料（1#+3#）测值=（2#+4#）测值=1.4倍体应变测值、（1#-3#）测值=差应变测值。用该资料变化的理论符合弹性理论的方法证实该项资料的可靠性。曾较好地预测了北京近郊两次中等地震。

出版专业著作2部，在国内刊物和学术会议上发表论文20余篇。获省部级科技进步二等奖1项，省部级科技专项二等奖1项、三等奖2项，基层科技奖7项。地壳所防震减灾基层科技奖3项。

郭啟良 男，1954年12月5日出生，河北省吴桥县人，中共党员，2000年评聘为研究员，硕士生导师。

1982年毕业于长春地质学院地质系地震地质专业，被分配到地震地质大队。

历任地壳应力研究所科技开发处副处长、研究室副主任，现任地壳应力研究室主任、中国岩石力学与工程学会理事。

近30年来一直致力于地应力研究，尤其是水压致裂测量技术、方法及其应用研究，发展了岩体原地抗载强度与岩体高压透水性测试技术，并在水利水电、交通（公路、铁路）、地下空间开挖、能源矿山等领域广泛应用。

在《地球物理学报》、《岩石力学与工程学报》、《水力发电学报》等刊物发表学术论文20多篇，主持完成的《溪洛渡巨型水电工程水压致裂原地应力测量与岩体高压透水性测试研究》，获2003年度中国地震局防震减灾优秀成果二等奖。

王文清 男，1946年5月出生，安徽省亳州市人，中国民主同盟盟员，2000年被聘为编审，2006年退休。

1970年毕业于北京地质学院地质系，被分配到地震地质大队。

历任地壳应力研究所情报资料室副主任、主任，中国地震局高级技术专业职称评委、中国地震学会情报专业委员会委员。

长期从事野外地震地质考察、唐山地震震害实地调查和室内构造物理模拟实验工作。1983年后从事情报资料翻译和期刊图书编辑工作。

编辑出版译文期刊60多期、译文集和科技图书30多部，近500万字，在国内图书、刊物和学术会议上发表论文10多篇，发表译文译著数百万字，审读稿件数千万字。获中国地震局优秀科技情报奖和地壳应力研究所科技进步三等奖1项、四等奖2项。

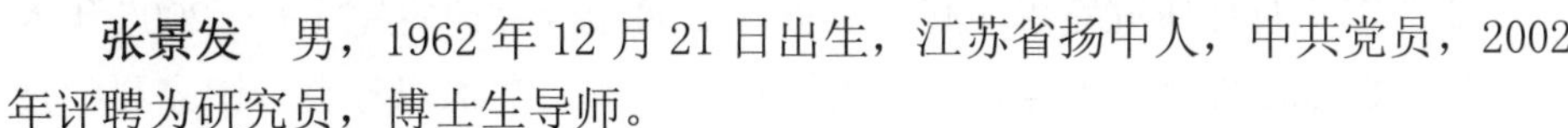

张景发 男，1962年12月21日出生，江苏省扬中人，中共党员，2002年评聘为研究员，博士生导师。

1983年毕业于山东矿业学院地矿系，被分配到江苏煤田地质五队。1989年毕业于中国矿业学院北京研究生部地质系，获硕士学位，被分配到地壳应力研究所。2002年获中国地震局工程力学研究所博士学位。2004年北京大学地图学博士后流动站出站，同年选为中国地震局工程力学研究所博士生导师。2005年入选“中国地震局新世纪优秀人才百人计划”。

2003年任地壳动力学研究室主任，中国遥感应用学会常务委员、专家委员会常务委员。

主要从事遥感及GIS技术在地震地质中的应用，包括活动断裂带遥感解译，震害应急评估中的遥感应用，干涉雷达技术等。

在国内外刊物和学术会议上发表论文40余篇，参与或负责的项目分别获中国地震局防震减灾优秀成果一等奖1项，二等奖1项，三等奖1项。

王建军　男，1964年9月27日出生，江苏省泰兴市人，2002年评聘为研究员，硕士生导师。

1989年毕业于中国矿业大学北京研究生部力学系，获工学硕士学位，被分配到地壳应力研究所。历任科学技术处副处长、断层力学研究室副主任、主任，北京震苑迪安防灾技术研究中心总经理。现任地震信息网络研究室总工程师，高级技术专业职称评委，中国岩石力学与工程学会测试专业委员会委员。

主要从事地壳应力观测、断层形变监测、地震灾害防御、信息网络技术应用等方面的研究和地震灾情监控与紧急处置技术装备研制工作。

合作出版专著1部，发表论文21篇，取得实用新型专利1项，获山东省煤炭工业局科技进步二等奖。

邱泽华　男，1959年9月25日出生，北京市人，2003年聘为研究员，硕士生导师。

1982年毕业于北京大学地质系地震地质专业，被分配到地震地质大队。2003年获中国科学院研究生院固体地球物理学博士学位，2006年地质研究所博士后出站。曾2次赴日本东京大学地震研究所作访问学者。

曾任地震监测与预测研究室副主任，现任总工程师。地壳应力研究所高级技术专业职称评委、科技委委员、学位委员会委员、全国钻孔应力-应变台网观测技术管理组负责人，形变专业委员会委员，《地震学报》、《大地测量与地球动力学》编委。

主要从事地震成因机制研究、钻孔应力-应变观测研究。

出版专著《构造塌陷地震》，在国内外刊物和学术会议上发表论文约50篇。

吕悦军　男，1966年10月22日出生，安徽省阜阳市人，中共党员，2003年评聘为研究员，硕士生导师。

1989年毕业于中国科技大学数学系，获学士学位，被分配到地壳应力研究所工作。2008年获中国地质大学固体地球物理专业博士学位。

2003年6月任研究室副主任，2005年2月至今任研究室主任。2005年入选“中国地震局新世纪优秀人才百人计划”。主要学术职务有：国家科学技术奖评审专家、国家地震安全性评定委员会委员、《震害防御技术》副主编、中国地震动参数区划图编委、国家地震安全性评价工程师资格考试专家委员会委员、中国地震学会历史地震专业委员会委员、中国地震学会青年委员会委员、地壳应力研究所科技委委员、高级技术专业职称评委等。

早期从事地震预报、地壳应力场等方面的研究工作。1996年以来主要研究方向为工程地震，涉及研究领域包括：地震区划的理论和方法研究、地震活动性模型研究、工程结构抗震设防标准研究、地震地质灾害评价方法研究、重大工程地震安全性评价实践。

出版专著1部，在国内外刊物和学术会议上发表论文30余篇，撰写研究计划和工程报告100多部，荣获中国地震局防震减灾优秀成果三等奖2项。

陈连旺 男，1960 年 7 月 29 日出生，北京市人，2004 年评聘为研究员、硕士生导师。

1983 年毕业于北京大学力学系，被分配到地震地质大队。2003 年获中国地震局工程力学研究所防灾减灾工程及防护工程专业博士学位。

曾任中国力学学会地球动力学专业委员会委员，现任地壳应力研究所数值模拟实验室主任、中国地震学会构造物理专业委员会委员、中国地球物理学会大陆动力学专业委员会岩石圈应力专业组成员。

主要从事地球动力学、断层力学、构造应力场演化与强震孕育触发关系以及大型数值模拟实验在地球科学中的应用等领域研究工作。承担的项目主要有：国家重点基础研究发展计划 973 项目子课题、国家科技支撑计划项目子专题、中国地震局攻关项目子课题、地震行业科研专项、科研院所基本科研业务专项等。

发表学术论文 17 篇，参与出版学术专著 4 部，获省部级科技进步二等奖 1 项。

谢新生 男，1953 年 12 月 23 日出生，湖南省攸县人，中共党员，2004 年聘为研究员，硕士生导师。

1975 年武汉地质学院地质力学系毕业，被分配到地震地质大队。1992 年被授予中国地震局地震科技新星称号。

现任地壳应力研究所高级技术专业职称评委和科技委委员、中国地质学会地质力学专业委员会委员、中国地震学会构造物理专业委员会委员。

早期从事地震预报、断层运动学研究，现从事地球动力学和地震地质学研究。在雁行褶皱、串珠状褶皱和旋转构造力学解析方面作过开创性工作。在山西晋中盆地西界交城断裂带北段的太原市西山发现全新世多次古地震活动依据等。

出版专著 2 部，在国内刊物和学术会议上发表论文 23 篇，获中国地震局科技进步三等奖、防震减灾优秀成果二等奖各 1 项。

朱守彪 男，1964 年 2 月 11 出生，安徽省舒城县人，中共党员，2005 年聘为研究员，硕士生导师。

1992 年毕业于中国地震局兰州地震研究所，获硕士学位。2003 年中国科学院研究生院地球科学学院固体地球物理专业毕业，获博士学位。2004 年评为教授，2005 年北京大学地球与空间科学学院博士后出站，同年调入地壳应力研究所。

曾任防灾科技学院地球物理系、防灾技术系副主任，图书馆馆长等职。

任研究员以来，主持国家自然科学基金 3 项、北京市自然科学基金 2 项，参加国家自然科学基金重点项目 2 项、国家 973 汶川地震项目 1 项。

以第一作者、地壳应力研究所为第一单位发表 SCI(EI)论文 14 篇。2008 年获中国地震局防震减灾优秀成果二等奖。

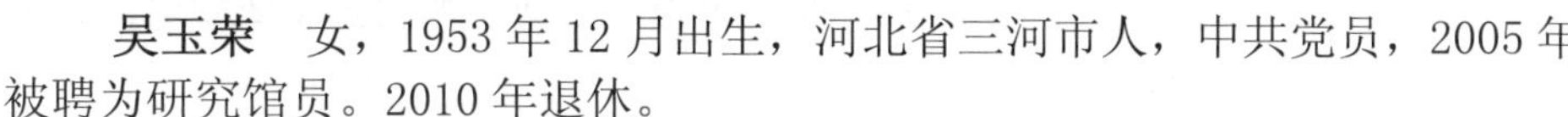

吴玉荣 女，1953 年 12 月出生，河北省三河市人，中共党员，2005 年被聘为研究馆员。2010 年退休。

1979 年毕业于北京大学地球物理系地球物理专业，被分配到地震地质大队。

早期从事地壳深部构造研究工作，1990 年以来从事地震科技档案管理工作。主要从事地壳深部构造研究、地震科技档案管理、综合档案管理、地震档案法规性文件的编写及制定、档案编研及论文（论著）的登记标注工作。

在学术刊物上发表论（译）文 30 余篇，获地壳应力研究所科技进步二等奖 1 项、三等奖 1 项、中国地震局防震减灾三等奖 1 项；负责的地壳应力研究所档案工作 1998 年被评为“国家二级”档案管理单位。

李　宏　男，1965年7月29日出生，内蒙古商都县人，中共党员，2006年聘为研究员，硕士生导师。

1988年中国矿业大学工程力学专业硕士研究生毕业，被分配到地壳应力研究所。

现任地壳应力研究所断层力学与形变观测技术研究室主任、中国岩石力学与工程学会测试专业委员会副主任、中国岩石力学与工程学会深层岩石力学专业委员会委员。

主要从事岩石力学与应力应变测量技术、断层形变观测方法与技术研究，并将其推广应用。主持完成国家重点基础研究发展计划课题、科技部基础研究专项、“十一五”国家科技支撑计划、国土资源部重大科技研究专项、国家重点科学工程专题、地壳应力研究所地震应力过程实验室筹建工作等。完成了几十项国内大型水电工程、深埋隧道的地应力测量工作。

发表学术论文 30 多篇，获省部级科技进步二等奖 2 项、三等奖 3 项。

杨选辉　男，1965 年 8 月 1 日生，四川省岳池人，中共党员，2006 年评聘为研究员，硕士生导师。

1986 年重庆大学采矿系毕业，被分配到地壳应力研究所。1996 年调地震数据信息中心。2000 年中国地震局地球物理研究所固体地球物理专业博士毕业，获博士学位，同年调回地壳应力研究所。

现任地壳应力研究所监测预报研究室副主任，兼任昌平地震台台长，中国地震学会、中国地球物理学会会员，地震流体专业委员会秘书，地下流体学科技术协调组、技术管理组成员。

曾从事钻孔应变前兆观测资料分析处理、台站监测、地震与爆破信号识别、地声观测技术研究、监测预报研究等。

出版专著 1 部，发表论文 20 余篇，获防震减灾优秀成果二等奖 1 项、三等奖 1 项。

马保起　男，1965 年 5 月 25 日生，山东省莘县人，中共党员，2007 年聘为正研级高级工程师，硕士生导师。

1987 年北京大学地理学系毕业，被分配到地壳应力研究所。2000 年北京大学城市与环境学系博士研究生毕业，获地貌学与第四纪地质学博士学位。

现任研究室副主任，中国地震学会地震地质专业委员会委员，北京地质学会理事，中国地理学会会员。持有中国地震局地震安全性评价甲级资质证书，一级地震安全性评价工程师。

主要从事地震地质学、活动构造学、地貌学与第四纪地质学研究。

负责国家自然科学基金、地震科学联合基金、大城市活断层探测、活动断裂条带状地质填图与综合研究、重大工程地震安全性评价等 20 多项课题研究。

在国内外刊物上发表学术论文 10 余篇，获煤炭部科技进步二等奖 1 项。

崔效锋 男，1963 年 4 月 25 日生，陕西省宝鸡市人，2007 年聘为研究员，硕士生导师。

1983 年毕业于北京大学地球物理系地球物理专业，获理学学士学位，1986 年中国地震局地质研究所研究生毕业，获构造物理学硕士学位，被分配到地壳应力研究所。

现任研究室副主任、地壳应力研究所科技委委员、高级专业技术职务评审委员会委员、中国地震学会构造物理专业委员会委员、中国地球物理学会大陆动力学专业委员会岩石圈专业组成员。

长期从事构造物理学、地震学和地球动力学等方面的研究，近年来主要致力于中国大陆现代构造应力场的研究。

在国内外刊物和学术会议上发表论文 30 余篇，获中国地震局防震减灾优秀成果二等奖 1 项。

雷建设 男，1969 年 5 月 4 日生，山西省运城市人，中共党员，2008 年聘为研究员，硕士生导师。

1993 年毕业于山西师范大学物理系，获学士学位。1996 年毕业于中国地震局兰州地震研究所，获硕士学位，被分配到山西省地震局工作，从事震害预测，2001 年获中国科学技术大学博士学位，被分配到地壳应力研究所。以访问学者身份 2 次访问日本爱媛大学，做博士后研究工作。

《地震学报英文版》(Earthquake Science)编委、中国地震学会地震专业委员会委员、中国灾害防御协会火山专业委员会委员、中国地球物理学会会员、美国地球物理学会(AGU)会员。

主要致力于地震层析成像理论与应用地幔柱起源、板块俯冲机制、地震发生和火山喷发机理以及造山带成因等研究工作，在多震相全球地震层析成像、远震层析成像和高分辨率地壳成像等方面取得了一些研究进展。

受国家自然科学基金、人事部留学回国人员基金、中央级公益性科研院所基本科研业务专项重大研究课题和北京市自然科学基金等经费资助，发表科研论文 40 余篇。曾获“第十一届中国青年科技奖”、“傅承义青年科技奖”、“李善邦优秀青年科技论文奖”、专业学会优秀论文奖、基层防震减灾优秀成果一等奖 1 项、三等奖 2 项。

张世民 男，1965 年 4 月 30 日生，山东省寿光市人，中共党员，2008 年评聘为正研级高级工程师，硕士生导师。

1988 年毕业于北京大学研究生院自然地理专业，获硕士学位，被分配到地壳应力研究所，从事地震地质工作。2007 年获中国地震局地质研究所构造地质专业博士学位。

现任研究室副主任、学术委员会委员、高级技术专业职务评审委员会委员与学位委员会委员，中国地震学会地震地质专业委员会委员。

主要从事构造地貌、活动构造与地壳动力学研究。

以第一作者在《中国科学》、《科学通报》、《第四纪研究》、《地震学报与地震地质》等国内外核心专业期刊发表论文 10 余篇。获中国地震局防震减灾优秀成果二等奖 1 项。

王兰炜　男，1968 年 8 月 29 日出生，甘肃省兰州市人，2008 年聘为正研级高级工程师，硕士生导师。

1990 年毕业于电子科技大学电子工程专业，被分配到兰州地震研究所。2000 年获兰州地震研究所固体地球物理学硕士学位，同年调地壳应力研究所。2005 年获中国地震局地质研究所固体地球物理学博士学位。

现任研究室主任、中国地球物理学会地球电磁专业委员会委员、中国地震学会地震电磁专业委员会委员、中国地震学会空间对地观测委员会委员、中国地震电磁卫星项目组常设专家组成员。

目前主要从事地震电磁观测技术和地震电磁观测方法的研究。

近年来共发表论文 10 余篇，获中国地震局防震减灾优秀成果二等奖 1 项、三等奖 2 项。

田家勇　男，1974 年 8 月 15 日生，山东省枣庄市人，中共党员。2009 年评聘为研究员，硕士生导师。

1998 年毕业于哈尔滨工程大学，获固体力学工学硕士学位。2002 年北京大学毕业，获固体力学理学博士学位，同年在中国科学院自动化研究所从事博士后研究。2002～2004 年任日本大阪大学基础工学部日本学术振兴会（JSPS）外籍特别研究员。2004 年调入地壳应力研究所。2007 年 11 月入选“中国地震局新世纪优秀人才百人计划”。

现任科学技术处处长、中国地震学会青年科技工作委员会委员。

1996 以来，主要从事弹性动力学、岩石声学和接触振动理论方面的研究。

在国内外刊物上发表论文 41 篇，其中 SCI 正式收录 20 篇，EI 收录 25 篇，ISTP 收录 2 篇。2000 年和 2002 年分别获得戴姆勒奔驰基金会和日本学术振兴会研究奖励基金，2000 年和 2006 年先后获得中国力学学会优秀论文奖和第五届李善邦青年地震科技优秀论文奖。

李海亮　男，1965 年 11 月 10 日出生，山西省灵丘县人，中共党员，2010 年评聘为正研级高工，硕士生导师。

1987 年毕业于山西师范大学物理系，获学士学位。1990 年兰州地震研究所毕业，获硕士学位，分配到山西省地震局。2000 年毕业于中国地震局地球物理研究所，获理学博士学位，分配到地壳应力研究所。

曾任前兆观测技术研究室副主任，现任断层力学与形变观测研究室副主任，2003 年入选“中国地震局新世纪优秀人才百人计划”、中国地震局地壳形变学科技术协调组成员。

近年来主要从事钻孔地形变观测技术研究，数据采集与通讯技术研究，新型传感器研发。主持研发了多分量短基线应变仪、竖直摆倾斜仪网络化地面仪、土层应变观测仪、深井综合观测应变倾斜传感器等。目前主要从事新一代体积式应变仪等仪器、钻孔倾斜数字化、网络化仪器主机的研发、生产、安装与服务等工作。

发表论文 20 余篇，其中以第一作者发表论文 10 篇、核心期刊 3 篇，国际会议论文集上收录 2 篇。获中国地震局防震减灾优秀成果一等奖 1 项、二等奖 2 项，国家实用新型专利 2 项。

第二十八章　获政府特殊津贴及各类人才称号人员

一、获国务院政府特殊津贴人员

付子忠（1991）　赵国光（1992）　陆远忠（1992）　刘光勋（1992）　欧阳祖熙（1992）
李方全（1992）　丁建民（1992）　徐宗和（1992）　姜　光（1992）　勾　波　（1992）
毕福志（1992）　张崇寿（1992）　聂宗笙（1993）　苏恺之（1993）　黄福明　（1993）
安　欧（1993）　黄锡定（1993）　张　超（1993）　唐荣余（1993）　张伯崇　（1993）
陈学波（1994）　黄忠贤（1994）　吴荣辉（1997）　刘耀炜（1997）　谢富仁　（2000）
王恩福（2001）　江娃利（2002）

二、国家级有突出贡献的中青年专家

付子忠（1992 年度）　　谢富仁（1996 年度）

三、国家地震局地震科技新星

谢新生（1992 年度）　　刘耀炜（1992 年度）

四、跨世纪科技人才培养系统工程

谢富仁（1996 年度）　　陈　虹（1997 年度）　　刘耀炜（1997 度）

五、中国地震局优秀人才百人计划人选

刘耀炜（2003 年度）　　陈　虹（2003 年度）　　张景发（2003 年度）
李海亮（2003 年度）　　吕悦军（2005 年度）　　田家勇（2008 年度）

六、全国地震系统等部委表彰的先进工作者

王　瑛　（1977 年）

付子忠　（1996 年，中组部、中国地震局）

勾　波　（2007 年，中国地震局、科技部、中国科学院、国防科工委、国家自然科学基金委）

大事记（1966～2010年）

1966年

4月25日　河北省邢台强烈地震后，根据周恩来总理关于“要抓住邢台地震不放”的指示精神，中华人民共和国地质部1966年4月25日，以特急件[66]地办字第50号文，成立地质部地震地质大队，下设华北、西南、西北、中南四个区队，以加强对全国地震地质和地震监测预报工作的领导。

确定朱林青、王民负责组建筹备工作，大队部暂定在河北省正定县。

5月5日　地质部以[66]办字第57号，关于“地震地质工作初步规划”一文，明确了地震地质大队开展地震地质工作的主要内容、工作程序、组织机构和人员编制1500人等。确定地震地质大队工作任务是：查明活动性构造带的范围和它们之间的关系，并在活动构造带中选择合适的地点，建立地应力和断层位移观测台站，测量地震发生前的地应力变化和断层微量位移变化的情况，从而探索它们与地震之间的内在规律，达到预报地震的目的。同时，通过地震地质工作，选择地质构造比较稳定的地块，为国家建设提供安全基地。

6月22日　地震地质大队［66]地震办字第001号文宣布：地质部地震地质大队在河北省正定县正式开始办公，启用“地质部地震地质大队”印章。

8月20日　地质部地质科学研究院政治部[66]地科政字第49号文，决定临时党委会由朱林青、王民、赵奎华、马荣坚、母小亨五人组成，朱林青为代理书记。

9月2日、19日　在选定河北省三河县灵山公社山河营大队大口的新址后，与灵山公社山河营、孟各庄大队签定征地协议书，首次征用土地50.52亩。

9月6日　组建基建办公室，有徐明显、吴达均等11人参加，母小亨全面负责基建工作。基建总面积包括生产、办公、生活及附属用房共10000平方米，年底前完成3000平方米。所建房屋均为砖灰砌墙、石棉瓦盖顶的一式平房。

11月　职工家属开始从正定县迁往河北省三河县新址。

12月9日　李四光接见地震地质大队各区队在北京参加会议的人员，就地震地质工作的内容、目的和开展地震地质工作的方法等讲了话。

12月28日　赵奎华在职工大会上动员，正式开展文化大革命运动。

1967年

4月7日　奉国务院命令，北京军区4697部队军事管制小组进驻，开始对地震地质大队实行军事管制。组长：赵景玉；副组长：王国亮；成员：屈华山、孙思兰、李海田。

5月　群众组织实现了革命大联合和“三结合”。

7月1日　经群众代表选举并经中共北京军区炮兵委员会批准，地震地质大队革命委员会成立。主任：赵奎华；副主任：赵景玉、李宗才；委员：赵峰、乔永良、邱平和、王奎正、王津、梁寿林。

7月8日　革命委员会对地震地质大队组织机构进行调整，实行两级管理。设立：革命委员会办公室、生产办公室。

革命委员会办公室下设：政宣组、人事组、批改保卫组。

生产办公室下设：驻京办事组、行政组、生产组、物保组、基建组。

革命委员会直辖：中南区队、西南区队、西北区队、物探队、华北一分队、华北二分队、华北三分队、华北测量队。

12 月 28 日　李四光听取地震地质大队西南区队工作汇报后，讲了断层微量位移观测工作的目的。

1968 年

1 月　开展政治与业务大辩论，坚持政治建队方向，明确用地质力学方法开展地震地质工作，坚定不移地走政治建队的道路。

1 月 8 日　李四光听取地震地质大队部分领导、科技人员汇报工作后，谈了地震地质大队的方向任务。

1 月 12 日　李四光会见地震地质大队尧山地应力观测站工作人员，在听取汇报后谈了地应力测量仪器试制等问题。

3 月 13 日　李四光听取尧山、新丰江地应力观测站工作汇报，谈地应力测量方法预报地震等问题。

7 月 21 日　首届活学活用毛泽东思想积极分子代表会议在三河驻地召开，历时 10 天。来自中南区队、西北区队和华北区队的代表共 60 人。

9 月 20 日　为纪念毛主席大办民兵师发表 10 周年，地震地质大队成立民兵营。营级以下设两个连、5 个直属排、37 个班，共计民兵 341 人。营长：王奎正；副营长：邱平和；政治指导员：赵奎华；副政治指导员：王树海。

12 月 28 日　李四光听取地震地质大队领导工作汇报后，谈了地震地质工作的内容和步骤。

1969 年

7 月 18 日　13 时 24 分，渤海湾发生 7.0 级强烈地震，震中位于长山县西偏北 65km 的海域中。赵国光、乔永良、韩文华参加了长山列岛考察工作。

8 月 4 日　龚家祥在物探渡河布线工作中溺水死亡，被追认为革命烈士，终年 27 岁。龚家祥 1942 年出生，四川省南充县人，1958 年参加工作，1961 年参加中国人民解放军，1966 年调入地震地质大队。

9 月 22～26 日　第二届活学活用毛泽东思想积极分子代表会议在三河驻地召开，出席会议正式代表 43 人，列席 40 人。

9 月 25 日　中央地震工作领导小组刘英勇和于允生到地震地质大队了解“抓革命，促生产”情况，赵奎华、王国亮、尚波汇报了工作。

11 月 15 日　中央地震工作领导小组办公室军代表王克仁和刘英勇等 3 人来地震地质大队了解工作情况并作指示。

1970 年

1 月 7 日　云南省通海发生 7.7 级强烈地震，王树海等 3 人前往地震现场考察。

科技人员开始集中力量收集地震地质资料，编制中国主要构造体系与震中分布图（1∶400 万），并于当年印刷出版，提供有关单位使用。

1 月 17 至 2 月 9 日　全国地震工作会议在北京召开。在正式会议之前的 1 月 7 日，周恩来总理接见了出席会议的全体代表。地震地质大队参加会议的代表有：赵奎华、尚波、袁雷雄等。

2 月 23 日　经天津地委批准，赵奎华、王国亮、王民、朱林青、喻复先 5 人为地震地质大队党的核心小组成员。

4 月 18 日　中央地震工作领导小组办公室军代表董铁城等 3 人来地震地质大队检查工作。

5 月　根据国务院关于全国地震工作归口统一领导的指示精神，地质部将地震地质大队成整建制移交给中国科学院领导。地震地质大队下属的中南区队，西南区队，西北区队，分别移交给所在省地震部门领导。

7 月 23 日　上午 10 时，李四光部长冒着盛夏酷暑和长途颠簸，从北京西郊驱车来到地震地质大队三河驻地视察工作，朱林青、王国亮等领导接待。李四光在职工大会上作了讲话，阐述了近期地震的发展趋势、特点以及地震发生所引起的物理现象，并一一回答了科技人员十分关心的一些问题。李四光参观了实验室和地应力测量探头，频频点头说：好！好！还和实验室的工作人员合影留念。此行实现了李四光多年“想去地震地质大队看看”的心愿。翌年 4 月 29 日，李四光与世长辞，享年 82 岁。

9 月 14 日　中国科学院器材供应站汽车修配厂移交地震地质大队，有职工 23 人。

10 月 12 日　全国地应力工作经验交流会在北京召开，参加会议代表 43 人。中央地震工作领导小组办公室军代表董铁城在会上讲话。16 日，王国亮、朱林青等专程到北京向李四光部长汇报全国地应力工作情况。17 日李四光在讨论会上讲了话。

12 月 16～19 日　在三河驻地召开活学活用毛泽东思想积极分子、四好单位、五好职工代表会议（即“三代会”)。中央地震工作领导小组刘英勇到会指导。大会表彰了活学活用毛泽东思想积极分子 32 人，五好职工 212 人，四好集体 2 个。

1971 年

2 月 20 日　调整了组织机构，基层单位实行连队编制。革命委员会下设 4 个组，基层设 7 个连队。

4 月　根据上级指示，原中国科学院地球物理研究所昆明分所地壳构造测深队，成建制并入地震地质大队，职工 14 人。

5 月 5 日　根据国家地震局[71]震办字第 037 号，关于地震台站下放交接工作的几点意见精神，地震地质大队将北京的 6 个台站、山东的 2 个台站、河北的 7 个地应力台站和 3 个形变电阻率台站、山西的 3 个台站，先后建制移交给所在省市的地震工作部门。

5 月　经中国科学院办公会议决定，地震地质大队队部迁到北京市西三旗。

10 月 5 日　地质部地震地质大队更名为国家地震局地震地质大队，同时启用新印章。

10 月 28～30 日　中共国家地震局地震地质大队第一届党员大会召开，选举产生了新一届党的委员会，经上级批准，王国亮任书记，朱林青、王民任副书记。

11 月　国家地震局主办、地震地质大队承办的地应力测量仪器检修班在北京举办，历时 1 个月，参加学习的有来自 16 个省（自治区、直辖市）的台站人员 40 人。

1972 年

2 月 26 日　根据基层单位工作性质和工作需要，地震地质大队将原 1～7 连分别改为地质一队、地质二队、钻探队、测量队、汽车修配厂、机械仪器修配厂。撤销原四连编制，成立行政管理组。

5 月 20 日　国家地震局[72]震字第 087 号文，经中国科学院党的核心小组批准，同意地震地质大队队部和汽车修配厂迁回北京西三旗。

8 月 3 日　根据国家地震局关于基本建设项目要求提供地震基本烈度的通知精神，地震地质大队承担北京、天津、河北、山西、内蒙五省（市、区）地震基本烈度鉴定工作。

8 月 23 日　中国科学院办公会议决定，地震地质大队由国家地震局直接领导。

9 月 11 日至 10 月 7 日　国家地震局举办的地应力（电感法）分析方法研究会在三河驻地召开，到会代表 37 人，国家地震局军代表董铁城、副局长卫一清到会听取汇报并讲话。北京大学王仁副教授、地质力学研究所潘立宙、国家地震局刘甫雄、地球物理研究所王妙月，分别对材料力学的基础理论和地应力测量与计算以及地震机制等方面授了课。

9月13日 地震地质大队试行以下几项规章制度：《机关各职能组职责范围暂行规定》、《文书档案工作暂行条例》、《保密工作试行办法》、《物资管理工作暂行条例》、《行政管理暂行条例》、《职工调动和干部任免几项暂行规定》、《资料管量工作暂行办法》、《车辆管理暂行规定》。

1973年

2月 国家地震局给中国科学院党的核心小组的报告中明确，地震地质大队按所级待遇。分发文件、传达上级指示时，按其他各研究所同样待遇。

4月18日 地震地质大队向国家地震局报送新的机构设置意见。机关职能部门是：办公室、政治处、业务处、供应处、团委，人员编制117人。科研机构是：综合研究队、地质队、测量队、前兆队、钻探队、方法研究队、新疆工作队、汽修厂、机修厂，人员编制449人。

5月 中国人民解放军4697部队入驻地震地质大队军事管制小组奉命撤离。

1974年

4月13日 国家地震局胡克实、刘英勇等领导到三河驻地调研，并在学习《红旗》杂志第四期短评《要团结大多数》干部学习班上，就当前形势和团结工作讲了话。

6月28～29日 京津唐协作区地应力预报地震工作组会议在三河驻地召开，参加会议的有北京市地震队、河北省地震队和地震地质大队有关人员。

8月14～17日 京津唐协作区地应力震情分析和工作经验交流会第二次会议，在三河驻地召开，有8个单位31名代表参加会议。

8月29日 地震地质大队[74]地革字第054号文，向国家地震局提出地应力测量探头精加工重点技术措施的申请报告并获批准。

10月 由地震地质大队和地质力学研究所共同研制完成的《地应力绝对值测量系统》获得成功，填补了国内空白。经实验室和野外测量结果证明，该系统具有较好的线性、重复性和稳定性，灵敏度最高可达0.1kg/cm^2，量程为0～150 kg/cm^2，接近或达到国际先进水平。项目代表马长安应邀出席了国务院举办的国庆招待会。

1975年

2月4日 辽宁省海城—营口发生7.3级强烈地震。张文涛、刘光勋、聂宗笙、彭少华等10余人到地震现场考察。

10月20日 国家地震局任命王剑一为地震地质大队党委书记。

12月中旬 地震地质大队在三河县召开土地应力会议。参加会议有各省、市、区地震办公室（地震队）负责群防工作代表和部分群测点代表共63人。

1976年

3月 地震地质大队撰写的《京津地区现今区域应力场的初步探讨》，正式列入参加第25届国际地质大会征文目录。

6月2～6日 地应力（电感法）台站技术规范修改小组第一次会议在三河驻地召开。国家地震局台群处负责人出席会议并作指导。参加会议的有广州、兰州、广西、湖南地震队（大队）和地震地质大队的代表共 15 人。会议编写的《地应力（电感法）台站技术规范（修订稿）》，报国家地震局台群处。

7 月 14 日　地震地质大队组织震情会商，根据地应力、形变测量及土应力的异常反映，结合京津地区地震地质条件，于当日向国家地震局上报第 04 号《地震监测报告》，提出了近期地震预报意见。

7 月 19 日　潘宝琪在唐山“京津唐群测群防经验交流会”上，介绍了近期地震异常情况和预报意见。

7 月 28 日　唐山发生 7.8 级强烈地震发生后，根据国家地震局的紧急安排，地震地质大队立即组织三个搜寻小组分北、东、西方向寻找震中。向东搜寻小组途中与唐山李玉林相遇，立即向国家地震局报告，并派卞兆银陪同向中央报告灾情。

侯振国、崔作舟带领科技人员，对北京至唐山一线以北，遵化至丰润以西和唐山以南地区进行全面地震考察，完成《唐山 7.8 级大地震烈度分布图》说明书的编写。

8 月　《内参清样》刊发新华社记者顾迈南关于断层动态形变观测的消息，时任中共中央副主席、国务院总理华国锋，国务院副总理李先念、谷牧分别作了批示。国家计委指示建设北京八宝山、唐山赵各庄断层形变监测站。八宝山断层形变监测站由正在毛主席纪念堂施工的工程兵部队进行施工建设。

是年　地震地质大队设在北京八宝山断层上的大灰厂台站安装的断层活动测量仪，记录到唐山大地震后和当天滦县 7.1 级地震前后八宝山断层急速运动的动态变化图像，第一次取得在非地震断层上存在对震源孕育发生过程响应变形的观测证据。国务院办公厅主任周春、中国科学院王光伟、国家地震局胡克实、中国计量科学研究院鲁绍增、欧阳俊等领导到大灰厂台站现场视察、参观。

1977 年

1 月 25～29 日　用于地应力相对测量的《4103 型压磁应力仪》设计定型鉴定会在北京召开。出席会议的有 34 个单位 46 名代表。会议认为，同意设计定型，先生产样机，尽快批量生产，推广使用。

3 月 23 日　《地应力（电感法）台站观测工作技术规范》定稿会议在广西南宁召开，会期 10 天，参加会议的代表共 32 人。

5 月 16 日　经国务院批准，应中国科学院的邀请，以日本东北大学教授铃木次郎为团长、日本九州产业大学教授表俊一郎为副团长的日本地震学者代表团一行 8 人，来地震地质大队进行为期 3 周的友好访问和学术交流。

8 月 24 日至 9 月 2 日　在安徽省芜湖市主持召开了地应力专业会议。出席会议的有 28 个省、市、自治区地震局（办、大队）等单位代表 146 人。

1978 年

2 月 2 日　中国科学院以[78]科政字 032 号文，任命解肇元为地震地质大队党委负责人。

3 月 23 日　地震地质大队第一届学术委员会成立。主任：徐炬，副主任：马荣坚、郭志涛；委员：刘光勋、安欧、苏恺之、赵国光、李方全、张文涛、王瑛、高丽青、黄相宁、欧阳祖熙、柴本栋、黄诗斌、张培耀。秘书：张文涛、杨新华。

9 月 22 日　北京市海淀区规划局[78]建地市字第 208 号文批准，地震地质大队征用安宁庄生产队非耕用地 21.5 亩。是年，以协议方式又征用安宁庄生产队土地 6.7 亩。

是年　地震地质大队参与完成的《中国活动构造和强震震中分布图（1∶300 万）》、《中国地震烈度区划综合研究》合作项目,《西南烈度区划综合研究》合作项目、《地应力绝对测量系统和方法研究》合作项目，地震地质大队撰写的《京津及华北地区地震地质研究》、《震前应力场研究》等，均获全国科学大会奖。

1979年

4月2～6日　国际地震预报学术讨论会在法国巴黎联合国科教文总部大楼召开，参加会议的有56个国家的318人。黄福明随中国代表团出席大会，并在会上宣读了《倾斜断层错动产生的应力场》一文。

10月30日　协商征用昌平县回龙观生产队在西三旗驻地东侧的土地6.9亩，地震地质大队与回龙观生产队签定了征地边界协议。

是年　西三旗科研楼破土兴建。

1980年

7月10日　中国科学院任命解肇元为国家地震局地震地质大队党委书记。

8月12日　地震地质大队成立首届技术职称评定委员会。

主任委员：郭志涛；副主任委员：胡畏、侯振国；委员：郭志涛、胡畏、侯振国、马荣坚、刘光勋、安欧、苏恺之、赵国光、李方全、王瑛、黄相宁、柴本栋、孙彦生。

1981年

3月31日　德国鲁尔大学鲁梅尔教授夫妇来地震地质大队访问，并作学术报告，参观了温泉台站。

6月30日　国家地震局[81]发计字第198号文关于对地震地质大队方向、任务和机构设置的批复是：重点研究地应力分布、变化和现今构造运动及其与地震的关系，进行地震预报。主要途径是在地质构造（着重活动构造）调查研究的基础上，进行地应力测量和断层运动测量工作。开展地应力观测技术和观测方法的研究，以及室内试验和理论分析工作。并负责对全国地应力台站进行业务技术指导，汇总、处理、分析地应力观测资料。工作性质是根据上述方向任务，从实际出发，可逐步过渡到以研究工作为主，并通过野外各方面的实际观测工作，不断提高地震预报水平。科研机构设置为六室一队一厂。

1982年

9月　刘光勋参加了在北京召开的“大陆地震和地震预报国际学术讨论会”。

10月8～16日　国家地震局主办、地震地质大队承办的“全国地应力专业台站管理工作会议”在山东省蓬莱县召开。

11月16～19日　美国派门洛公园地质调查所佐巴克博士、赫克曼先生和威斯康星大学海姆逊教授来华会谈中美水压致裂应力测量合作事宜，并进行学术交流。

1983 年

1 月 6～8 日　受中国地震学会前兆专业委员会的委托，地震地质大队在北京召开了《地应力相对测量干扰排除讨论会》。会议对地应力（电感法）相对测量中各种干扰因素的影响及排除方法等问题进行了充分的讨论和研究。会议收到论文 41 篇。

4 月 5 日　中国科学院党组[83]科发党字第 067 号文，任命宫士湘为地震地质大队党委书记，王树华为大队长（任期三年）。

8 月 2～8 日　国家地震局主办、地震地质大队承办的“全国地应力测量技术专业会议”，在北京八大处召开。会议对近年来地应力测量工作中取得的新成果进行了交流和总结，全面、客观地分析了地应力测量中存在的问题，提出了 3～5 年内解决这些问题的途经和方法。会议收到论文 70 篇。国家地震局高文学、陈鑫连等领导和孙殿卿、王仁、陈庆宣、胡海涛、潘立宙等专家学者出席会议并讲话。

8 月　经国家地震局同意，昌平地应力测量标准台改建工作开始，将用 3 年时间完成改建工作。

9 月 22～27 日　在北京召开了《地应力清理评价座谈会》，14 个单位 30 余人参加了会议。会议着重就地应力（电感法）地震预报能力、经验教训和存在的主要问题进行研究。

10 月　根据中美地震研究学术合作协议，佐巴克、海姆森和地壳应力研究所有关科技人员赴云南下关共同进行水压致裂应力测量，并签订“中美水压致裂法原地应力测量和研究合作计划协议书。”

11 月 14 日　国家地震局以[83]震发计字第 303 号文对地震地质大队机关机构设置和人员编制批复，原则同意机关设置一室三处一科，人员编制 60 人。

11 月　西三旗驻地建筑面积 6000㎡的科研楼，通过竣工验收，各处、室、队迁入新楼办公。

1984 年

3 月 14 日　国家地震局[84]震发计字第 081 号文，批复地震地质大队研究机构设置。同意下设 5 个研究室、1 个地震地质研究队、4 个科研服务辅助单位和 1 个行政服务机构。

7 月 21～25 日　“全国地应力相对测量悬空元件研究成果交流会”在江苏溧阳县沙河水库召开。有关省、市地震部门共 36 人参加了会议。

10 月 10～15 日　地震地质大队[84]震字第 085 号文，决定在山东省蓬莱县召开“地应力（电感法）清理攻关成果交流、验收总结会议”。

11 月 4 日　根据中美地震科技合作议定书水压致裂地应力测量计划，美国地质调查局斯维蒂克先生来华与地震地质大队合作，在云南省西部试验场的永平地区，进行水压致裂现场应力测量工作。

11 月 14～18 日　国家地震局主持召开的“跨断层短水准，短基线流动测量清理评价阶段成果交流会议”在福建省厦门市召开。参加会议的第二测量大队、云南省地震局、四川省地震局、山东省地震局、地震地质大队等单位 15 人参加。会议检查了本课题的工作进度，交流了阶段成果和工作经验，并对下阶段工作安排进行了商讨。

是年　国家地震局汽车修配厂整建制划归地震地质大队，职工 40 人，未带编制。

1985 年

9 月 14 日至 10 月 11 日　为了执行中美科技合作议定书水压致裂现场地应力测量，美国地质调查局构造物理研究室 J. 斯普林格先生和威斯康星—麦迪逊大学 B. 海姆森教授来华工作，与地震地质大队有关科研人员，在云南西部地震预报试验场的剑川地区共同开展水压致裂原地应力测量工作。

9 月 19 日　应地震地质大队的邀请，澳大利亚矿产资源局主任顾问、国际活动构造地貌委员会委员奥利尔先生来华访问。在京期间作了4次学术报告，到山西进行了考察。

10月6～17日　应地震地质大队的邀请，英国伦敦大学学院地质系普赖斯教授来华进行学术访问，作了五次学术报告和学术讨论，参观了部分研究室、实验室和科技成果。

是年　根据中共中央《关于科学技术体制改革的决定》和国家地震局地震系统管理体制改革会议精神，遵循"经济建设必须依靠科学技术、科学技术工作必须面向经济建设的战略方针"，地震地质大队在坚持以地震科研和监测预报为主导的前提下，成立了技术开发处、生产服务处，调整了组织结构，引入了市场竞争机制，开始全面推进技术开发和生产服务工作，扩大为国民经济建设服务的领域。

1986年

1月16日　地质部综合物探大队与地震地质大队就西三旗的房地产产权发生争议，经国务院机关事务管理局、地质矿产部、国家地震局多次调解、协商达成协议，地质矿产部物探实验站将西三旗的房地产基地26.1亩，建筑面积2850㎡产权及征地手续，交给国家地震局地震地质大队。地震地质大队将回龙观的房产22.5亩，建筑面积1857㎡产权及征地手续移交给物探实验站。

2月6日　国家地震局[86]震发计字第053号文批复，国家地震局地震地质大队称谓改为国家地震局地壳应力研究所。明确地壳应力研究所科研任务与方向主要是，研究地壳构造运动和应力场及其随时间变化的过程与地震孕育发生的关系，包括构造活动、构造应力、以及相应的测量技术与实验理论研究，着重应用于解决地震预报和工程地震中的问题，为国民经济建设服务等。

3月4日　正式启用国家地震局地壳应力研究所印章。

5月5日　国家地震局批准地壳应力研究所成立由七人组成的职改工作小组。

5月13日　国家地震局决定将地球物理勘探大队的顺义后沙峪基地20.9亩，建筑面积4148.9㎡等，连同征地手续证明及所有建筑技术资料，移交地壳应力研究所。

6月3日　对机构进行了调整，机关由原来的一室三处一科改为一室六处一组；科研机构为九室一队；下设服务机构为一处一部一厂；两个临时办事处（三河办事处、厦门工程办事处）。

7月8日　任命王树华为第一任所长，郭志涛为党委书记，赵国光、徐明治为副所长。

8月21日　日本技术厅国立防灾科学技术中心第二研究部综合地震预报研究室主任坂田正治博士来地壳应力研究所讲学，通过交流促进钻井式应变—应力仪的研制工作。

8月27日　所务会议决定撤销三河职工子弟小学。

9月17日　经研究撤销三河办事处，三河驻地搬迁。全部人员、设备并入钻探队管理，搬迁到后沙峪驻地。三河县人民政府限同年12月31日前将三河基地人员设备全部迁出。

是年　赵国光、黄福明、高忠宁、勾波等参加中国地震局地震工作会议，在中南海紫光阁受到李鹏总理和国务院负责科技工作的领导周谷成、严济慈的集体接见。

是年　地震地质大队与安宁庄生产队协商，双方以协议方式征用安宁庄生产队土地6.68亩。

1987年

9月4日　国家地震局[87]震发计字435号文正式批准地壳应力研究所成立科技开发公司。

1988年

2月2日　调整高级专业技术职务任职条件评审委员会，由赵国光主任等十一人组成。

3月15日　国务院国办通[1988]17号文批复劳动人事部，国务院同意分期分批批准国家地震局地壳应力研究所部分职工返京，相应解决他们户口迁京的问题。

5 月 12 日　国家地震局到研究所领导班子进行调整，任命郭志涛为所长，徐明治、许厚德任副所长。

6 月 20 日　国家地震局批准地壳应力研究所成立经济技术开发公司。

7 月 19 日　国家地震局重新核定地壳应力研究所编制人数为 639 人。

10 月 25～29 日　国家地震局第一次全国跨断层测量专业会议在地壳应力研究所召开。会上对 21 个单位跨断层测量资料进行了检查、验收、评比，评出 1987 年度优秀单位，优秀个人。

12 月 24 日　办理了 1、2、3 号宿舍楼、科研楼、食堂、东院平房房屋所有权证，房产证编号为：海全字第 00276 号。

1989 年

1 月 20 日　^{14}C实验室建设通过验收。

3 月 8 日　国家地震局成立活动断层填图工作专家组，负责全国活动断层填图工作的技术指导、质量监督与把关工作，刘光勋研究员参加。

9 月 1 日　为加强首都圈地震监测预报和大震应急工作，地壳应力研究所成立领导小组和大震宏观考察组。

9 月 26 日　全国妇联副主席黄启璪，书记处书记关涛，北京市妇联主任李钢钟，海淀区、清河街道各级领导以及北京市各区县妇联干部 60 余人，在国家地震局副局长周锐、工会主席林晴生陪同下，参观地壳应力研究所家属锦盒厂和服装加工厂，所长郭志涛等陪同参观，黄启璪当场挥笔写了“艰苦奋斗”四个大字。

11 月 10 日　首次全国钻孔应变-应力台站观测资料评比和工作会议在地壳应力研究所召开，17 个省局 24 个单位的 76 名代表参加。

12 月 29 日　参加虾拉沱近地面形变观测基本台阵的仪器安装、调试及人员培训工作完成，基本台阵于 11 月 1 日正式向四川省地震局报数。

1990 年

2 月 8 日　经国家地震局批准，撤销地壳应力研究所经济技术开发公司。

5 月 21 日　成立离退休办公室，为副处级机构，隶属人事教育处代管。

5 月 25 日　国家地震局核定地壳应力研究所编制为 653 人。

11 月 7 日　地壳应力研究所震情综合预报组被评为亚运会期间首都圈监测预报工作先进集体，杨修信、葛丽明、吕广明被评为先进个人。

12 月 5 日　为加强昌平地应力综合台的管理，昌平台提升为副处级机构，王勇为台长。

12 月 10 日　地壳应力研究所被评为国家地震局 1989 年度地震事业经费决算编审工作优秀单位。

12 月 19 日　经国务院学位委员会批准，地壳应力研究所为第四批新增硕士授予单位，学科专业是地球动力学与大地构造物理学。经国家地震局学位委员会批准，赵国光研究员等七人为硕士学位研究生指导老师。

1991 年

6 月 11 日　国家地震局任命赵国光为所长，陆远忠、聂宗笙为副所长；任命郭志涛为党委书记、黄汉松为党委副书记。

6 月 20 日　国家地震局批复地壳应力研究所成立硕士学位评定委员会。主任赵国光，副主任刘光勋、聂宗笙。

7 月 2 日　成立职称改革领导小组，成员 7 人，赵国光任组长，任期到本届领导班子换届为止。

12 月 5 日　成立硕士研究生招生工作领导小组，组长赵国光，办公室主任王焕贞。

1992 年

1 月　经国家地震局批准，地壳应力研究所与地震技术高等专科学校（现防震科技学院）协商，将地壳应力研究所法德明等 11 人调入地震技术专科学校工作，地壳应力研究所将燕郊 11 亩土地及 639.2 m^2房屋产权，划归地震技术专科学校。

1 月　国家地震局同意地壳应力研究所有价转让顺义后沙峪房地产。

1993 年

12 月 20 日　赵国光一行 8 人赴泰国进行拉姆塔崆抽水蓄能工程原地应力技术合作的实施工作，历时 40 天。

1994 年

1 月 13 日　聂宗笙等 9 人获准享受 1993 年政府特殊津贴。

1 月 25 日　核定地壳应力研究所参加工资制度改革 507 人。其中，行政人员 65 人，专业人员 346 人，工人 96 人。

5 月 31 日　三河汽修厂停产清理，进行终结审计和债权债务清理、资产的处理以及职工的安排。

7 月 3 日　办理了四号宿舍楼房屋所有权，证号为海全字第 05313 号。

9 月 20 日　国家地震局批复地壳应力研究所钻探队、测量队工资制度改革方案，钻探队执行野外队工资标准，测量队执行测绘野外队工资标准，外业人员津贴比例提高百分之十。

11 月 29 日　地质矿产品开发公司转让给北京华泰宝石有限公司。

1995 年

9 月 18 日　赵国光随地矿部代表团赴法国蒙贝利埃出席“青藏高原北部变形升降及深部构造”学术讨论会，当选为“活动构造议题”的主席之一。在大会上作了题为“青藏高原北部第四纪断层运动”的报告。

2 月 24 日　地壳应力研究所获国家地震局工程场地地震安全性评价甲级许可证 006 号证书。

7 月 24 日　国家地震局调整研究所领导班子，任命杜振民为所长兼党委书记，杨流平、张卫东、唐荣余任副所长。

1996 年

1 月 1 日　全国范围内行政事业单位首次进行国有资产产权登记，发放事业单位法人证书。地壳应力研究所事业单位法人证编号 110000003235 号。

2月1日　成立《目标管理和职工年度考核工作领导小组》，由组长杜振民等8人组成。

2月23日　成立综合档案室，实施对科技、文书、基建、会计档案的综合管理。

5月8日　成立北京地壳应力科贸中心。

6月6日　制定地壳应力研究所《科技开发管理办法》和《科技工作奖励办法》。

1997年

1月20日　国家地震局科技发展司组织召开鉴定会，会议由司长李裕澈主持，庄灿涛任鉴定委员会主任，对“断层形变系列化观测仪器研制”进行技术鉴定。鉴定委员会认为MD4211型水平变形测量仪和MD4412型垂直变形测量仪两种数字化智能型仪器达到了国际同类仪器的先进水平，MD44821型垂直变形测量仪的实用性很强，适用于不具备供电条件的地区。

1月22日　国家地震局科学技术委员会聘任第四届科学技术委员会专业组成员，地壳应力研究所被聘的有刘光勋、谢富仁、徐宗和、杜振民、付子忠。

1月29日　测量队（含大灰厂、八宝山、康庄、华山地震台）36人划归北京市地震局，八宝山台站房地产划归国家地震局。

2月14日　谢富仁被批准为1996年度有突出贡献的中青年科学技术专家。

6月26日　岳明生副局长和有关司室领导来地壳应力研究所，与清河街道领导共同参加军民共建单位中国人民解放军空军第二研究所庆祝香港回归活动。

8月15日　组建“国震工程勘察研究院”，为国家地震局下属企业，人员编制暂定40～50人，所需编制由地壳应力研究所在现有编制中调剂，领导成员由国家地震局任命。院长杜振民（法人代表），副院长唐荣余、刘元生。

10月20日　“区域前兆台网中心局域网和数据库平台培训班”在地壳应力研究所举办，汤泉副局长在结业式上作重要讲话。

11月13日　杜振民所长当选为北京市第十一届人民代表大会代表。

1998年

1月6日　与日本电力中央研究所我孙子研究所共同开展的“中日水压致裂裂缝的产生与扩展研究”合作项目，经过中日双方科技人员三年合作顺利完成。

4月20日　中国地震局中震发人[1998]6号《关于部分机构更名的通知》，为规范统一机构名称，将国家地震局地壳应力研究所更名为中国地震局地壳应力研究所。

4月27日　启用中国地震局地壳应力研究所印章。

7月10日　为保证国家建设单位和施工单位的合法利益，促进工程质量的提高，地壳应力研究所编制了工程检测《质量管理手册》。

11月26日　中国地震局科学事业单位档案管理定级考评结束，地壳应力研究所综合档案室达到国家二级标准。

1999年

1月8日　勾波作为获得国家级科技进步奖的代表，在人民大会堂受到党和国家领导人江泽民、朱镕基、李岚清、宋健等的集体接见，应邀参加了李岚清出席的座谈会。

4月12日　以第八研究室为基础成立地壳应力研究所工程测量测试中心。

6 月 20 日　中国地震局批准地壳应力研究所燃煤锅炉改造列入京区煤改气项目计划。

7 月 8 日　成立地壳应力研究所地震预报评审委员会，由陆远忠等人组成，负责审核提出的地震预报意见。

7 月 14 日　成立修购及成果转化基金管理委员会，唐荣余任主任。

9 月 6 日　工程测试研究中心通过了计量认证，报北京市技术监督局审批领证。

11 月 22 日　由地壳应力研究所为主要负责单位的山东省前兆台网技术改造项目，通过中国地震局组织的验收。

12 月 16 日　汤泉、赵和平副局长，办公室主任张宏卫等来地壳应力研究所，就“十五”计划和 2015 年远景规划进行调研。《中国地壳应力观测网络》项目受到中国地震局领导的高度关注，汤泉详细询问了地应力测量现状和技术进展以及建网的基本原则。

12 月 29 日　结合实际重新制订了《地壳应力研究所地震应急预案》。

2000 年

6 月 19 日　地壳应力研究所领导班子换届（任期四年）。

7 月 5 日　汤泉副局长到地壳应力研究所宣布新一届领导班子组成，并对新班子成立后如何适应新的形势，继续推进工作的开展作了讲话。

7 月 12 日　地壳应力研究所召开第七次党员大会，中国地震局直属机关纪委书记杨小瑛等参加。大会选举产生了第七届党委委员和第五届纪委委员。

11 月 30 日　作为科技部社会公益科研院所管理体制改革试点单位，地壳应力研究所震应〔2000〕134 号文印发《精干科研队伍组建办法（试行）》、《精干科研岗位津贴发放办法（试行）》、《科研课题管理的若干规定（试行）》、《科技工作绩效津贴发放办法（试行）》、《精干科研队伍中地震监测、预报及图书情报等人员管理有关问题的规定（试行）》五个管理办法。

12 月 8 日　为适应工作需要，决定调整科研机构为 8 个研究室，分别是：地壳动力研究室、地震前兆观测技术研究室、断层力学研究室、地壳应力研究室、地震监测预报研究室、综合减灾研究室、深部构造研究室、情报资料室。

是年　地壳应力研究所标志设计完成。标志是由一个旋转的地球仪和地壳应力研究所的英文缩写 ICD 组成。左侧的 3 条圆弧在视觉上突出了地壳，也表示地球的结构，寓意地壳应力研究所研究工作的领域。中间由宽到窄的一段开口，象征对地球的研究和探索逐步深入，也表现了地壳应力这个概念。同时英文简称 ICD 标示在此处，标明地壳应力研究所研究机构的特征。由细到粗的 2 条交叉弧线构成了地球的经线和纬线，表现出旋转运动的地球，也象征地壳应力研究所的蓬勃发展。标志整体设计力求简洁，颜色为湖蓝色，表示科学研究工作的严谨和科研人员求真、务实的作风。标志由中国地震局办公室曹飒设计。

2001 年

1 月 16 日 中国地震局离退休办公室主任巩曰沐等，应邀出席地壳应力研究所离退休老干部迎新春联欢会并讲话。

2 月 27 日　中国大陆地壳应力环境基础数据库启动，国家地震局地球物理研究所为参加单位，谢富仁为项目负责人。

3 月 6 日　陈章立局长在地壳应力研究所干部会议上宣布，所长杜振民调中国地震局工作，副所长唐荣余主持地壳应力研究所全面工作。

3 月 6 日　震应〔2001〕033 号文印发《机关管理工作改革调整办法》、《机关管理岗位津贴发放办法》、《条件保证部门岗位津贴发放办法》、《目标管理津贴实施办法》四个管理办法。

5 月 30 日　重新确定地壳应力研究所方向任务，主要工作任务和科研领域为：现代地壳动力学与地震关系研究，地震前兆观测技术研究，地壳应力应变基础与应用研究，强地震短临预报基础研究和减轻地质及地震灾害工程技术研究。

7 月 19 日　汤泉副局长等来地壳应力研究所听取体制改革方案汇报。

11 月 21 日　中国地震局地震灾害紧急救援工作协调办要求，在地震紧急救援训练基地建成前，地壳应力研究所承担管理地震紧急救援装备的任务。

2002 年

1 月 17 日　宋瑞祥局长一行到地壳应力研究所视察工作。在听取汇报后，对地壳应力研究所提出了三条希望：一是抓住地震这个核心不能放，围绕几个学科方向，抓住重中之重；二是组建一支强有力快速反应队伍，仪器装备要精良，有了大震立即赶赴现场；三是仪器开发要服务于民间，服务于公用，一些重大建设工程，易发生次生灾害的都应予以关注。同时还强调，有了学科支柱还要干出东西来，社会才会认可，才能使原有的学科不断的丰富、发展。

2 月 6 日　工程地质、岩土工程、工程测量、地质灾害防治等取得国家计委颁发的甲级工程咨询资格证书。

2 月 6 日　邀请国家自然基金地球学部主任于晟同志来地壳应力研究所讲学。

2 月 8 日　宋瑞祥局长看望地壳应力研究所两位老红军，唐荣余所长等陪同。

8 月 22 日　修定了《地壳应力研究所地震现场科学应急预案》与《地壳应力研究所地震现场科学考察应急工作细则》。

10 月 18 日　工会召开第二届职工代表大会第一次会议，中国地震局直属机关工会主席张连瑛等出席会议并讲话。

2003 年

1 月 24 日　陈建民副局长带领中国地震局直属机关党委、工会等领导到地壳应力研究所进行节前慰问，并走访了生病住院的职工家属。

2 月 11 日　宋瑞祥局长、刘玉辰副局长来所视察指导工作。在汇报座谈会上，宋瑞祥对地壳应力研究所一年来的工作充分肯定，认为学科思路和定位有了新的认识，找到了自己的位置，在科技成果推广应用方面也有了长足的进步。针对专家提出的建议，宋瑞祥表示，中国地震局将在“十五”立项及经费方面给地壳应力研究所更大的支持。

4 月　由地壳应力研究所与工程力学研究所和宁夏回族自治区地震局合资，成立北京震科工程监理有限责任公司，董事长杜振民、唐荣余任董事、杨树新任监事。

6 月 25 日　中央电视台新闻频道连续 3 天对欧阳祖熙研究员负责的课题组进行报道，认为在三峡库区进行的地质灾害监测预警工作，不但密切监视库区可能发生的地质灾害，确保三峡蓄水的正常进行，而且对当地政府在确定移民房搬迁、大桥加固、规划和兴建大型基础设施（如污水处理工程）等方面起到了辅助决策支持作用。

6 月 25 日　地壳应力研究所援建的西藏自治区地震局计算机培训室正式兴建，刘玉辰副局长参加了计算机捐赠仪式。

7 月 1 日　在工商部门注册成立股份制高新技术企业“北京震苑迪安防灾技术研究中心”，注册资本 60 万元。

8 月 12 日　中国地震局地壳应力研究所武汉科技创新基地建立，聘任李强为武汉科技创新基地主任。

9 月 12 日　北京吉欧特地震装备技术有限公司成立，企业注册资本 300 万元，地壳应力研究所出资 50 万元。出资日期 2003 年 7 月 25 日，股证编号：2003-003。

2004 年

3 月 23 日　调整地壳应力研究所领导班子，所长兼党委副书记唐荣余，党委书记兼副所长巩曰沐，副所长谢富仁、阮晓龙、吴荣辉，纪委书记何玉。

7 月 3 日　领取四号宿舍楼房屋所有权证，所有权证编号为：海全字第 05313 号。

11 月 4 日　昌海汽车修理厂（该企业拥有汽修行业一级证书）以 30 万元转让给米学峰等人，并签订了债权债务责任书。

12 月 26 日　司洪波参加第一批中国国际救援队到印度尼西亚进行地震海啸救援。

2005 年

1 月 11 日　经中国国际救援队赴印度尼西亚进行地震海啸救援的全体党员讨论，临时党支部决定火线发展司洪波、李尚庆为中国共产党预备党员。

4 月 29 日　办理了西三旗驻地的土地使用证，编号：京海国用（2005）第 2996 号。

5 月 9 日　岳明生副局长到地壳应力研究所检查工作，听取先进性教育第二阶段分析评议工作汇报。

是年　科研机构管理体制改革经科学技术部、财政部、人事部、中国地震局等部委验收通过，地壳应力研究所重新确定为国家社会公益类的非营利性研究所。

2006 年

3 月 2 日　工程测试研究中心获中国实验室国家认可委员会认可，证书编号：No. 2568，有效期至 2011 年 3 月 1 日。同月，获得国家实验室认可委员会颁发的 CNAL 证书，具备了液压、气动救援装备监测的 CNAL 国际互认资质，并进一步建立了中国地震局系统最高计量标准的气动救援装备的计量器具。

4 月　纪念地壳应力研究所建立 40 周年，组织开展了讲座、老职工座谈会等一系列活动，回顾走过的历程，展望未来。

7 月 4 日　河北文安县发生 5. 1 级地震，启动应急预案，马保起等赴文安地震现场进行科学考察。

8 月 24 日　岳明生副局长一行 6 人，来地壳应力研究所检查中国数字地震观测网络项目进展情况，对前兆仪器、水温仪生产提出了整改意见，并鼓励相关科技人员要努力高质量地完成任务。

10 月 30 日　经考核认定，江娃利、唐荣余、谢富仁、陆鸣获一级地震安全性评价工程师资格。

11 月 22 日　成立中震工程咨询中心（甲级），为经费自理事业单位，所需编制由研究所内部调剂解决。

12 月 19 日　中国地震局地壳应力研究所工程测试研究中心获计量资质认定认可证书，证书编号：2004010321G。

2007 年

1 月 19 日　作为地下流体、钻孔应力应变管理的牵头单位，完成了地下流体学科发展规划的编写工作，完成了 2005 年全国应力应变台站观测资料、地下流体观测资料、地热观测资料质量全国统评工作，完成了全国台站地下流体学科岗位培训工作。

3 月　注册成立“北京震苑经纬技术开发有限公司”，为北京震苑迪安防灾技术研究中心控股的股份制企业，注册资本 15 万元。

8 月 13 日　筹建工程测试与检测技术研究中心，注册资本 48 万元，陈明金为董事，陈军为监事。

8 月 31 日　印发《地壳应力研究所中央级公益型科研院所基本科研业务费专项资金财务管理办法》（试行）。

12 月 26 日　在北京组织召开了测震前兆信息三个分项联合验收会议，验收专家组听取地壳应力研究所的工作报告、技术报告、运行报告、测试报告和现场演示，认为所承担的前兆和信息分项完成了全部建设任务，建设质量合格，系统运行稳定，系统总体功能和技术指标达到设计要求，一致同意通过验收。

2008 年

1 月 19 日　中国地震局应急救援司陈虹副司长一行 6 人来地壳应力研究所检查指导工作，对研究所震灾应急救援领域科研工作给予充分肯定。

2 月 20 日　陈建民局长到地壳应力研究所检查指导工作，谈到研究所发展问题时，他认为地壳应力研究所的发展必须要有自己的特色，有特色才有优势，有优势才有地位，有地位才有支持。特色研究所建设是非常重要的，希望地壳应力研究所在科研方面做得更好，更深入，要形成自己的特色，要有重点地发展科研，实验条件要提高，工作环境要改善，只有条件好才能引进人才，人尽其才，才尽其用。

2 月 28 日　地球物理研究所副所长高孟谭研究员应邀做了“‘十一五’地震安全工程建议书”的学术报告

3 月 10 日　地球物理研究所金严研究员应邀做了题为“从区划图到地震安全性评价”的学术报告。

3 月 23 日 中国地震局地下流体学科全国地震分析预报培训班在京举办，地下流体学科组长刘耀炜研究员在开班时说，以后还会针对不同科学问题举办培训班，按照“创新”与“合作”并举的思想，充分发挥研究所和省局的各自优势，为全面提高中国地震分析预报队伍的科学水平创造条件，提高研究水平，共同攻克地震预报难关。

5 月 12 日　14 时 28 分四川汶川发生 8.0 级特大地震后，地壳应力研究所在第一时间启动地震应急预案，成立了汶川大地震现场救援、现场应急和科学考察、震情研究、应急救援保障等工作组，先后派遣 50 多人赴地震灾区开展工作，并集中力量组织与汶川地震相关的震情会商、应力应变、断层形变、地下流体、遥感震害解译分析等专项科研工作。

5 月 21 日　全体党员踊跃参加向四川灾区交纳“特殊党费”，共交纳 22 万元，支援抗震救灾。

5 月 28 日　在抗震救灾第一线，刘爱春、李建华火线加入中国共产党。

7 月 8 日　修济刚副局长到地壳应力研究所检查指导工作，认为地壳应力研究所近几年变化非常大，软硬件环境、科研条件明显改善，是京区硬件条件最好的，应在防震减灾工作中发挥重要作用。

8 月 28 日　赵和平副局长检查奥运安全保障工作，对地壳应力研究所开展的奥运安全保障工作给予肯定。强调安全工作是做好地震科技工作的基础保障，要确保奥运期间各项工作安全稳定。

10 月 29 日　陈颙院士应邀到地壳应力研究所作专题报告，题目是“从地震学的发展到学习实践科学发展观的几点体会”。

11月6日　赵和平副局长一行来地壳应力研究所调研深入开展学习实践科学发展观活动的情况。

11月5日　陈运泰院士来地壳应力研究所进行深入学习实践科学发展观辅导报告和学术报告，题目是“认真学习实践科学发展观，做好防震减灾本职工作”。

12月11日　赵和平副局长一行参加地壳应力研究所学习实践科学发展观专题民主生活会扩大会议。

2009年

2月6日　召开所长基金汶川专项的成果汇报会，会上各项目负责人就断裂活动与地震研究、龙门山断裂带构造变形、汶川8.0级地震破裂卫星遥感解译、震源机制解、构造应力场、背景应力场探测、GPS地壳形变场、地震动力过程数值模拟、强震危险性预测、地壳动力学模型等相关研究工作做了汇报。

2月10日　阴朝民副局长一行来所检查指导工作，对地壳应力研究所工作提出五点要求：一是要充分发挥研究所科研工作对三大工作体系建设的支撑和引领作用；二是要发挥地壳应力研究所的特色优势，坚持地壳动力学研究方向，重点发展观测技术的发展思路；三是地壳应力研究所应在前兆观测技术上更好发挥优势，在新型传感器研发、前兆公用技术集成数据处理等方面发挥优势；四是继续加大人才培养力度，为地震系统和研究所培养更多人才；五是中国地震局相关司室会一如既往支持研究所的发展。地壳应力研究所干部职工应进一步努力，不断提高科技创新能力，为地震事业发展做出新贡献。

2月14日　唐荣余所长主持召开中层干部会议，传达防震减灾联席会议精神，指出：一是要在研究所的工作任务与防震减灾工作结合上下功夫，提高对三大工作体系的贡献率，特别是监测预报工作；二是抓住机遇，深化改革，优化资源配置；三是利用现有的条件做好实验室及科研条件基础建设；四是加强人才培养，创造良好的条件培养高层次人才。

3月31日　中央国家机关团委命名57个青年集体为2008年度中央国家机关青年文明号，地壳应力研究所工程地震课题组获2008年度中央国家机关文明号荣誉称号。

4月20日　修济刚副局长出席中国地震局老年大学西三旗分校挂牌仪式，祝贺西三旗分校正式成立。同时指出老年教育工作既是离退休管理工作的任务，也是中国地震局党组非常关注的一件重要事情。老年大学为老职工搭建了一个丰富生活、交流思想感情的平台，希望老年大学办得丰富多彩，使老年人老有所乐，老有所为，健康长寿。

9月27日　地壳应力研究所为解决地震救援现场网络接入和应用购置的一套卫星通讯设备（诺大），纳入中国地震卫星通讯网。

12月22日　中国地震局党组对地壳应力研究所领导班子进行任期届满考核。

12月28日　地壳应力研究所副所长竞争上岗答辩会召开，全体职工参加了会议。参加竞争上岗的7人分别在答辩会上做个人陈述，并对答辩小组提出的问题进行答辩，与会人员对2名副所长人选进行了投票推荐。

2010年

1月13日　中国科协第七届全国委员会第五次会议在京召开，雷建设研究员荣获第十一届中国青年科技奖项。

2月3日 刘玉辰副局长宣布地壳应力研究所新一届领导班子成员。谢富仁任所长兼党委副书记，阮晓龙、陆鸣、陈虹、杨树新任副所长，何玉任纪委书记。

4月14日　青海玉树县发生7.1级地震，地壳应力研究所启动应急预案，各应急救援小组按照中国地震局要求做好地震应急救援工作。陆鸣副所长一行 5 人携无人驾驶小飞机赶赴地震现场开展地震考察工作。

4 月 16 日 吴荣辉研究员在中央电视台作了关于玉树地震相关情况的讲座。

7 月 16 日 阴朝民副局长一行来地壳应力研究所进行专题调研，并对地震监测预报相关工作进行检查与指导。

8 月 17 日 8 月 8 日甘肃省甘南藏族自治州舟曲县因强降雨发生特大山洪泥石流灾害，党委发出倡议后，党员、干部和职工踊跃捐款支援灾区。离退休的老党员、老干部积极参与，为灾区人民献上一份爱心。

8 月 25 日 地壳应力研究所承办的第五届国际岩石应力研讨会在北京召开，历时 3 天，学术交流由主题报告会、分会场报告交流及展板展示等几部分组成。共有来自国内外 21 个国家和地区的 195 位专业人士参加，其中，国内代表 144 名，国外及港澳地区代表 51 人。会议由谢富仁所长主持，刘玉辰副局长出席开幕式并作了重要讲话。会议取得圆满成功。

10 月 23 日 在印度新德里召开的国际岩石力学学会 2010 年学术年会暨第 6 届亚洲岩石力学大会上，国际岩石力学学会召开理事会议，正式批准“地壳应力与地震”国际专业委员会成立。该国际专业委员会挂靠在地壳应力研究所，委员会主任由谢富仁研究员担任。

11 月 9 日 全国政协常委、北京化工大学金日光教授一行应邀来地壳应力研究所进行学术交流，作了“钻孔应变观测与地震前兆识别”学术报告，详细介绍了群子统计力学理论及在汶川、玉树等震例的钻孔应变、倾斜等观测数据处理分析方面的应用，并提出了地震前兆识别的新方法。金教授还简要介绍了地应力观测网络计划，认为该项计划可以有效加强地壳应力应变观测的技术发展和学科建设，为地震预测的探索提供宝贵的基础资料。

11 月 28 日 地壳应力研究所召开“十二五”事业发展规划编制工作会议，领导班子成员及中层干部参加会议。按照“十二五”防震减灾规划编制工作方案，地壳应力研究所“十二五”事业发展规划分为科技发展、科技平台、基本建设发展、人才队伍建设、体制机制建设及国际合作交流五个分规划，并分别成立了分规划编制组。

12 月 8 日 与青海省地震局共同举办的监测预报工作座谈会在地壳应力研究所召开，青海省地震局副局长哈辉一行 5 人和陈虹、杨树新副所长、科技处及相关研究室负责人及科研人员参加了会议，双方就地震监测预报等方面拟开展的合作研究工作进行了交流。

附录Ⅰ　科研课题总览

地壳应力研究所早期的业务主要以野外工作为重点，研究类课题较少。本志书的科研课题总览内容从 1981 年开始收录。

总览分三部分列出：①基金类课题（包括：国家自然科学基金、北京市自然科学基金、地震科学联合基金、基本科研业务专项基金、财政部修购专项基金）；②国家部委（含中国地震局）下达的重点课题；③对外协作、合同制及其他研究类课题。课题名称以开题为准，延续课题不重复列出。地壳应力研究所自行安排的责任包干类课题未做收录。

一、基金类课题

表Ⅰ-1-1　　国家自然科学基金（含北京市自然科学基金）

年 份	课题编号	课 题 名 称	负责人
1987	89401	深井自采的应力测量技术研究	丁旭初
1990	90305	跨断层流动测量地震分析预报方法库	游丽兰
	90401	中国地壳应力图的编制 1∶400 万	丁建民
1995	0792401	压磁全应力计的研制	李立球
1996	49574223	华北地区构造应力场演化图像的研究	陆远忠
2001	0101501	滇西特提斯造山带地壳和地幔细结构研究	黄忠贤
2003	40274010	中国大陆岩石圈及软流圈各向异性研究	黄忠贤
2004	40371017	洪积扇上全新世古土壤年龄与断层活动时间的关系	马保起
	40374011	对远距离观测同震应变阶的分析研究	邱泽华
2007	10602053	多物理场作用下超声弹性接触振动问题研究	田家勇
2008	40704018	基于地壳浅层应力数据的地壳深部应力状态预测模型研究	王成虎
	40774023	永久散射体干涉雷达测量当雄断层活动性的关键技术研究	张景发
	40774024	断层活动的有限单元法模拟及其在地震预测研究中的应用	朱守彪
	40774044	多震相远震层析成像与中天山地幔波速精细结构	雷建设
	0108505	北京地区 25 万年来高分辨率环境演化综合集成研究（北京市自然科学基金）	黄鹤桥
	8082024	首都圈地区地壳应力应变环境的时空演化与未来强震预测（北京市自然科学基金）	朱守彪
2009	8092028	北京及邻区壳幔波速精细结构与地震强震机理（北京市自然科学基金）	雷建设
	40872209	震后应急中地震诱发滑坡与地震动参数关系应用研究	王秀英
2010	40904024	天山构造带现代构造应力场的非均匀性及成因机理分析	张红艳
	40972143	五台山北麓断裂晚第四纪分期活动及其与气候变化在时间上的关系	张世民
	40974020	1999 年台湾集集 M_S7.6 地震后地表变形的动力学机制研究	朱守彪
	40974021	滇缅及邻区壳幔波速细结构与腾冲火山深部起源	雷建设
	40974109	基于光纤光栅的高精度温度传感器研制	周振安
	41010304002	第五届国际岩石应力研讨会	朱守彪
	50908215	地震紧急自动处置用智能传感器的贫信息处理方法	付继华

表Ⅰ-1-2　　　　　　　　　　　　　　　　　地震科学联合基金

年 份	课题编号	课 题 名 称	负责人
1985	Z8502—01	应力对岩石中孔隙流体压力影响和井孔映震前兆的机理	张伯崇
	Z8504—01	地应力测量新方法方案的可行性研究	李方全
	Z8504—02	各种岩石在不同应力条件下岩石破裂过程中的CO_2气体前兆研究	杨新华
	Z8507—03	东亚大陆地震的地球自转动力	安　欧
	Z8515—07	中国大陆地震活动的合理分区和分期原则和方法	李咸叶
	Z8523—02	应力探头与井壁固结力法的研究	欧阳祖熙
	Z8527—05	用水压致裂法精确推算最大水平主应力	徐福昆
	85—47	地热前兆探索	付子忠
1986	J86-Ⅰ-042	用地震波精确探测3000m以上地壳应力和介质状态	刘建中
	J86-Ⅰ-065	中国大陆地震的成因研究	高德禄
	J86-Ⅱ-033	滇西热形变场初探	林素珍
	J86-Ⅲ-016	华北和西部地区地壳应力状态与地震活动性的相关研究	梁海庆
	J86-Ⅲ-017	断裂深部近距复发地震的成因及长期预报法	安　欧
	J86-Ⅲ-032	华北地区大地震的控制因素	赵国光
	J86-Ⅲ-048	地衣测年法的研究及应用	谢新生
	86241	应变-应力数据库建设	杨修信
	86332	东南沿海近五千年海岸升降周期与地震周期	毕福志
1987	87381	跨断层测量资料的动态处理	游丽兰
	87382	地震特征量与地应力、断层定量关系的研究	黄福明
	87383	孕育断层深部力学状态研究	张　超
	87384	闽粤海岸带古地震及大震地质构造背景	毕福志
	87385	高摸量动态应力仪研制	苏恺之
	87386	松潘震区构造应力三维光弹模拟实验研究	郭世凤
	87387	中国大陆近期强震活动状态研究	高德禄
	87388	横波激发和接收在烈度区划和工程地震中的应用	王恩福
	87389	不同应力状态断裂形式下岩石中孔隙流体压力的基本特征	刘长义
1988	88214	张家口、怀来地震台体积应变仪的安装、观测	苏恺之
	88215	昌平台电源线架设	王　勇
	88216	延怀盆地地温场试验观测	付子忠
	88217	京—怀地区基线、水准前兆特征及临震预报	戴樑焕
	88218	首都圈应变应力资料分析与研究	杨修信

续表

年 份	课题编号	课 题 名 称	负责人
1988	88381	无摆动压电式井下地震仪的研制与应用	刘建中等
	88382	古构造残余应力场对古今和未来地震的控制作用	安 欧
	88383	应用分数维理论研究地震破裂	韦 伟
	88384	松潘盆地深部地壳应力场的测量与研究	郭啟良
	88385	概率危险性分析中多因素不确定性影响的研究	周克森
	88386	地震综合分析预报工作程序与技术规范研究	黄福明
	88387	钻孔应力与应变数据与震例	黄相宁
	88388	钻孔应力应变测量资料的前兆特征类型及预报	李建春
	88389	钻孔应力应变数据库及软件包的研制	欧阳祖熙
	88390	钻孔应变预报方法实用化攻关研究	欧阳祖熙
	88391	跨断层定点台站流动测量资料处理及地震预报	沈建华
	88392	轻便水压致裂应力测量系统的研制及试验	丁建民
1989	89301	山西地堑系强震非均匀分布的构造机制及地壳动力学环境	刘光勋
	89302	应用航空相片进行强震区地震断层变位地形的研究	江娃利
	89303	利用断层滑动矢量拟合法反演我国西南地区现代构造应力场	谢富仁
	89113	昌平站正常观测与分析预报研究	王 勇
	89114	温泉站恢复与观测	卞兆银
1990	90301	区域无线通讯网技术实验方案设计、试验与联调	付子忠
	90302	部分重点地区前兆观测技术试验与联调	黄锡定
	90303	首都圈地热前兆观测试验	刘永铭
	90304	构造应力场非均匀性的三维光弹性模拟实验研究	郭世凤
	90306	中国海岸带大震构造定性与定量标志及潜在震源区的研究	毕福志
	9000025	钻孔崩落的实验研究与连续破坏模型	阮小平
1991	9100014	断层障碍模型与构造应力	谢富仁
	91040	中国大陆强震群发机制研究	黄忠贤
	91044	从构造塌陷的角度研究唐山地震的一些前兆现象	邱泽华
	91046	各走向断裂带残余应力场对地震时空强分布的控制	安 欧
	91048	TM 遥感在活动断裂带中的应用研究	张景发
	91050	利用地壳测深观测资料研究横波分裂与偏振异常及其潜在震源物理标志	王恩福
	91055	单孔全应力自采测量仪研制	丁旭初
	91174	云南省地热前兆研究	付子忠
	91268	用地震学方法测定地壳深部应力	刘建中
	9100051	深井空隙压力测量及与断层活动的关系	高建理

续表

年 份	课题编号	课 题 名 称	负责人
1992	92175	活动断裂带多源地学信息的综合研究	张景发
	92177	雁行构造与山西地堑系强震规律研究	谢新生
	92178	地震与火灾	陈宏德
	92179	探索算法复杂性和多重分形理论在地震预报中的应用	陆远忠
	92270	单孔三维水压致裂应力测量及在中长期地震预报中的意义	安其美
	92366	光纤维应变传感器测量方法研究及对地震预报工作的意义	高德禄
	92376	口泉断裂古地震研究	闫凤忠
	9200001	从地震及前兆时间序列重建孕震动力系统	吴依农
1993	93039	面波偏振与地壳上地幔速度结构	陈　虹
	93061	华北平原西向强震构造全新世活动特征研究	江娃利
	93132	用构造塌陷的观点研究铲状断层运动与地震机制的关系	邱泽华
	93143	构造地貌的定量化研究及其在活断层分段中的应用	贺群禄
	93144	公元 849 年地震地表破裂带及发震构造研究	聂宗笙
	9300005	由井壁崩落估算水平主应力量值的研究	张彦山
1994	94008	首都圈强震追踪方法研究	李淑恭
	94013	青藏高原北东边界活动断裂相互作用机制和现代构造应力	谢富仁
	94156	地震综合预报研究	祝景忠
	CL9402	长江三峡坝区及外围深部构造特征研究论文集	陈学波
1995	95018	山间断陷盆地边界活动断裂分段界区类型及其持久性研究	于慎谔
	95302	走滑断裂带破裂段演化过程及其边界性研究	苏　刚
	95303	地震面波波场和地壳上幔结构的联合反演	黄忠贤
1996	96301	山西交城断裂活动习性大震复发间隔及强震构造环境研究	许桂林
	96302	河套北缘断裂活动习性的定量研究	马保起
	96303	褶皱构造力学解析与控震过程研究	江娃利
	96304	川滇菱形块体边界活动断裂分段与地震危险性	杨智娴
1997	73091	钻孔应变应力中短临地震前兆信息提取及预报方法研究	李淑恭
	97302	强地震孕育与应力变化关系的模拟研究	吕悦军
	97303	云南曲靖—昭通活动断裂带北段晚第四纪活动习性及未来强震发生强度、地点的预测	侯治华
	97304	辽宁海城北西向构造全新世活动特征及与地震研究	江娃利
1998	98301	雁行断裂及其临界应力场随地壳深度变化的定量研究	谢新生
	98302	用多个交汇钻孔水压致裂资料进行三维地应力非线性研究	陈群策
	98303	大青山山前断裂活动速率的精确定量研究	马保起
	98304	庄木—张公渡和奉贤—灵壁剖面基底结构性状及其结构研究	唐荣余
	98305	震害遥感影像的模式识别及信息提取技术的研究	张景发

续表

年 份	课题编号	课 题 名 称	负责人
1999	99301	由震源机制解和断层摩擦参数估算华北地区构造应力场强度	崔效锋
	99302	原地应力测量 AE 法试验研究	李 宏
2000	00301	山西平原凹陷晚第四纪地层变形与古地震关系研究	窦淑芹
	00302	活动断层定量研究中的若干地貌学基本理论和方法研究	赵国光
	00303	预测强震发生地区的新方法研究	黄福明
	00304	X 射线学地力学测量与应用	安 欧
	00304	中国及外围地区 MOHO 面深度分布图及说明书（1∶1500 万）	陈学波
2001	0101301	山西断陷带全新世古地震活动序列研究	江娃利
	0101302	临汾盆地横向断裂活动特点的地貌学定量研究	张世民
	2201303	深井组合式压容应变计研制	张周术
	0101304	洪积扇上全新世古土壤发育和倾滑断裂活动的关系——以大青山山前断裂为例	马保起
2002	8927A32	断层位移定点动态观测台的正规化与技术管理条例制定	勾 波
2003	103079	唐山地震沙土液化的地貌学研究	张世民
	103081	集集地震震源区构造应力场及其与地震关系的研究	崔效锋
	103082	地震学前兆机理的有限元数值模拟研究	陆远忠
	103084	由多种控制因素研究华北地区构造应力场的动态演化	陈连旺
	603008	三峡库区水库地震诱发崩滑次生灾害研究	陈明金
	603009	建筑物地震前后遥感图像变化检测技术研究	田云峰
	102097	三峡工程水库蓄水诱发地质灾害的综合研究	张 路
	602019	中强地震震源矩张量反演方法研究	张红艳
2004	104031	地震前兆仪器网络通讯技术研究	李海亮
	104032	小当量事件的小波包方法识别研究	杨选辉
	104033	永久散射体干涉 SAR 监测地表形变的关键技术研究	张景发
	104037	观测同震应变阶研究	邱泽华
	104042	黄土坡体三维最危险滑裂面的搜索及其地震稳定性分析	黄雅虹
	304003	体应变观测的短临前兆特征与跟踪	苏恺之
	304004	川滇地区及西秦岭构造带中短期地震跟踪研究	戴梁焕
	504001	数据采集系统的原理、设计与实践	周振安
	604005	地震信息传输及共享的应用研究	李玉萍
2005	105109	青藏高原现今构造变形机制的对比研究	陈连旺
	105110	喜马拉雅东构造速度结构及各向异性研究	郑月君
	605019	时间一震级可预测模型中期地震预测研究	陈 卓
	605021	川滇活动地块构造变形多时空特征的比较研究	荆 燕
	605022	通用台站地震前兆数据系统的研制	王秀英

续表

年 份	课题编号	课 题 名 称	负责人
2006	106069	地震废墟环境下基于 GC/MS 的人工嗅觉技术研究	王恩福
	106070	土层应力测量技术研究	李 宏
	106071	对新发现的唐山地震大断层的研究	邱泽华
	606031	干涉成像雷达技术中的稳定散设面研究与应用	龚丽霞
	606035	念青唐古拉山南东麓地貌分析与新构造演化	刘旭东
	606036	活断层浅层地震勘探数值模拟	兰晓雯
	606037	罗云山山前断裂古地震与公元 649 年强震研究	孙昌斌
2007	C07028	五台山北麓断裂晚第四纪地震错动与河流地貌	任俊杰
	A07084	苏门答腊 8.7 级地震地下水微温度同震响应研究	刘耀炜
	A07086	中天山地幔精细结构研究	雷建设
	C07033	地震观测井质量综合检测方法研究	陈 征
2008	0508301	钻孔应变观测资料用于地震预报的可靠性研究	王 勇
	2208302	开拓热核爆炸地震机理实验研究	陈学波

表Ⅰ-1-3　　基本科研业务专项基金

年 份	课题编号	课 题 名 称	负责人
2007	ZDJ2007-02	深井应力应变测试技术研究	田家勇
	ZDJ2007-03	新型地震前兆观测传感器及设备研究	王兰炜
	ZDJ2007-04	地震前兆观测网络综合信息服务系统	王秀英
	ZDJ2007-05	基于地壳浅层应力数据的地壳深部应力状态预测模型研究	王成虎
	ZDJ2007-06	川滇地区强震前兆异常动态过程与预测方法	沙海军
	ZDJ2007-07	基于第四纪地质与剪切波速的场地类型划分方法研究	彭艳菊
	ZDJ2007-08	昆明及其周边地区第四纪构造应力场演化特征	杜 义
	ZDJ2007-09	尾波干涉测量法在小震精确定位中的应用	郑月君
	ZDJ2007-10	基于震源区应力环境分析的强震年平均发生率综合评价方法	张永庆
	ZDJ2007-11	张渤带现代构造应力场非均匀性及成因机理分析	张红艳
	ZDJ2007-12	五台山北麓断裂晚第四纪古地震复发模式研究	任俊杰
	ZDJ2007-13	GPS 观测中时间相关噪声的特性研究	田云锋
	ZDJ2007-14	正断层崩积楔演化的光释光年龄约束	赵俊香
	ZDJ2007-15	元谋断裂晚第四纪活动性的定量研究	卢海峰
	ZDJ2007-16	地下流体流量观测技术的研究	刘爱春

续表

年 份	课题编号	课 题 名 称	负责人
2007	ZDJ2007-17	钻孔气体总量观测仪的研制	何案华
	ZDJ2007-18	大震应急考察与专项资金指南研究	陈明金
	ZDJ2007-19	中国大陆现今地形变场多动态特征的比较分析研究	荆 燕
	ZDJ2007-20	地应力测试与分析处理软件系统初级研发	丁立峰
	ZDJ2007-21	地震流体水位与水温同震响应协调性特征研究	孙小龙
	ZDJ2007-22	具有动力学含义的地震预测方法研究	张 彬
	ZDJ2007-23	昌平地震台实验观测基地建设预研究	刘福生
	ZDJ2007-24	盆地边缘地形对地震动特性的影响分析	荣棉水
	ZDJ2007-25	剪切波速对场地设计反应谱平台高度的影响研究	兰景岩
	ZDJ2007-26	角反射器雷达干涉实验	龚丽霞
	ZDJ2007-27	地震废墟人体气味获取技术研究	闻 明
	ZDJ2007-28	地球物理正反演中的多尺度模拟与计算方法研究及应用	谢周敏
	ZDJ2007-29	高分辨活断层浅层地震勘探数值模拟	兰晓雯
	ZDJ2007-30	跨断层自动化形变观测资料数据库建设	李玉萍
	ZDJ2007-31	新疆跨断层形变观测资料与地震活动的关系研究	刘冠中
	ZDJ2007-32	图书馆资源数字化管理	宋富喜
2008	ZDJ2008-01	地热前兆观测条件的对比研究	赵 刚
	ZDJ2008-02	张渤带断层活动与现代构造应力场动力学机制研究	张红艳
	ZDJ2008-03	岱海盆地断裂晚第四纪活动性的定量研究	何仲太
	ZDJ2008-04	中国大陆强震地下流体判定指标的研究	刘冬英
	ZDJ2008-05	渤海海域典型场地土壤动力学参数的统计分析	兰景岩
	ZDJ2008-06	数字化感应式磁传感器的研究	朱 旭
	ZDJ2008-07	五台山北麓断裂地震分段破裂模型研究	任俊杰
	ZDJ2008-08	流固耦合数值模拟技术及其应用研究	杨多兴
	ZDJ2008-09	火山倾斜变形监测技术研究	董云开
	ZDJ2008-10	基于新疆地形变观测多源信息融合的地壳形变场演化研究	刘冠中
	ZDJ2008-11	地震现场灾情的实时监控管理系统	付继华
	ZDJ2008-12	钻孔应变观测专用分析软件的研制	唐 磊
	ZDJ2008-13	基于汶川 8.0 级地震的紧急救援基本对策研究	张国宏
	ZDJ2008-14	^{14}C 与晚第四纪地震地质事件断代	黄鹤桥
	ZDJ2008-15	前兆网络系统接入设备研制	刘大鹏
	ZDJ2008-16	深井（千米级）地应力动态观测系统研制	陈 征
	ZDJ2008-17	汶川地震震后效应分布特征的数值模拟研究	陈连旺
	ZDJ2008-18	汶川 8.0 级地震序列的震源机制解研究	崔效峰
	ZDJ2008-19	汶川地震主震区活动构造形迹调查与构造应力场研究	杜 义

续表

年 份	课题编号	课 题 名 称	负责人
2008	ZDJ2008-20	汶川8.0级大震区域原地应力测量成果的综合分析	郭啟良
	ZDJ2008-21	汶川8.0级大地震沿中央断裂崩塌、滑坡分布特征统计分析	黄雅虹
	ZDJ2008-22	汶川地震前后中国大陆主要活动断裂的活动特征分析	焦 青
	ZDJ2008-23	基于断层形变观测与地倾斜观测的震情跟踪研究	荆 燕
	ZDJ2008-24	四川地区波速精细结构与汶川强震孕育机理	雷建设
	ZDJ2008-25	汶川地震对中国大陆地下流体场的影响研究	刘耀炜
	ZDJ2008-26	基于近断层效应的汶川强震记录的特征统计分析	吕悦军
	ZDJ2008-27	龙门山断裂带北段晚第四纪活动性研究	马保起
	ZDJ2008-28	汶川地震钻孔应变观测资料分析	邱泽华
	ZDJ2008-29	汶川地震资料整理及研究专辑与图集出版	宋富喜
	ZDJ2008-30	龙门山断裂带南段晚第四纪活动性与古地震研究	田勤俭
	ZDJ2008-31	四川汶川8.0级地震-前兆观测资料的跟踪分析	王子影
	ZDJ2008-32	龙门山断裂带运动及其构造变形特征	谢富仁
	ZDJ2008-33	龙门山前山断裂带晚第四纪活动特征研究	谢新生
	ZDJ2008-34	汶川地震流体同震响应初步分析	杨选辉
	ZDJ2008-35	汶川地震地震活动性及动态孕育过程研究	张 彬
	ZDJ2008-36	应用卫星遥感资料判读汶川8.0地震区活动断裂及地表破裂带展布	张景发
	ZDJ2008-37	龙门山断裂带中段晚第四纪活动性与古地震研究	张世民
	ZDJ2008-38	汶川大地震震区地震活动图像分析	张永庆
	ZDJ2008-39	利用GPS资料计算龙门山断裂带及附近地区的地应变场	朱守彪
	ZDJ2008-40	地应力-应变观测实验研究	邱泽华
2009	ZDJ2009-01	南北地震带中段地壳力学与强震发生机理研究	张世民
	ZDJ2009-02	地震前兆观测关键技术研究	王兰炜
	ZDJ2009-03	地震灾情的超低空航模技术研究及应用	谢周敏
	ZDJ2009-04	钻孔式压磁频率应力观测系统继承与发展	范良龙
	ZDJ2009-05	地应力测试技术发展的关键问题研究	王成虎
	ZDJ2009-06	华北地区现今应力状态变化与强震孕育进程的综合数值分析技术系统	陈连旺
	ZDJ2009-07	强震作用下斜坡复杂岩土体性能弱化及致灾机理研究	钱海涛
	ZDJ2009-08	汶川等强烈地震竖向与水平向加速度反应谱差异性研究及其在抗震设计规范中的应用	赵亚敏
	ZDJ2009-09	生命线工程地震紧急自动处置关键技术研究	付继华
	ZDJ2009-10	大震应急科学考察	陈明金
	ZDJ2009-11	各向异性地震矩张量及其在汶川“5.12”强震序列中的应用	蔡晓刚
	ZDJ2009-12	地下流体综合观测的集成技术研究	刘爱春
	ZDJ2009-13	钻孔应变观测数据影响因素的数值模拟分析	李玉江
	ZDJ2009-14	断裂对地震属性影响的模型研究	兰晓雯
	ZDJ2009-15	数字式双气体红外传感器的研制	朱 旭
	ZDJ2009-16	映秀—北川断裂大震复发模型研究	任俊杰
	ZDJ2009-17	北天山构造应力场的分布演化特征研究	张红艳
	ZDJ2009-18	钻孔气体总量仪的实用化研究	何案华

续表

年 份	课题编号	课 题 名 称	负责人
2009	ZDJ2009-19	基于光纤光栅的精密温度传感器研制	李 阔
	ZDJ2009-20	汶川 8.0 级地震前后龙门山断裂带附近地倾斜场变化特征初步分析	荆 燕
	ZDJ2009-21	下一代网络技术——云计算的基础性研究	李智涛
	ZDJ2009-22	电磁扰动观测对比研究	张世中
	ZDJ2009-23	华北地区地震危险性空间光滑模型研究	张力方
	ZDJ2009-24	秦岭北缘断裂带第四纪分期活动及其对气候变化的响应	刘旭东
	ZDJ2009-25	元谋—昔格达断裂北段晚第四纪活动性研究	卢海峰
	ZDJ2009-26	新一代电容式钻孔倾斜仪的研制	吴立恒
	ZDJ2009-27	地震地表破裂带宽度研究——以汶川地震为例	何仲太
	ZDJ2009-28	曲江断裂晚第四纪滑动速率及地震危险性分析	荆振杰
	ZDJ2009-29	深井多分量应变探头垂向应变测量单元研制	陈 征
	ZDJ2009-30	新型高精度钻孔倾斜仪的研制	董云开
	ZDJ2009-31	海洋平台地震反应分析中近场大震效应研究	荣棉水
	ZDJ2009-32	地震废墟探索机器人测控系统研究	张 策
	ZDJ2009-33	实用化钻孔倾斜仪研制与实验观测	熊玉珍
	ZDJ2009-34	钻孔体应变震兆异常指标研究	宋 茉
	ZDJ2009-35	水压致裂 P-T 曲线特征值计算机确定	丁立峰
	ZDJ2009-36	基于 SAR 图像提取地震三维同震形变参数技术研究	姜文亮
2010	ZDJ2010-01	各向异性 ATI 介质地震矩张量及其波形模拟研究	蔡晓刚
	ZDJ2010-02	汶川地震长周期地震动衰减关系研究	兰晓雯
	ZDJ2010-03	钻孔应力-应变观测体系性能及环境影响研究	宋 茉
	ZDJ2010-04	汶川地震近场同震地表变形研究	任俊杰
	ZDJ2010-05	基于 IPv6 的地震传感器网络组网关键技术研究	李智涛
	ZDJ2010-06	汶川地震断层孕震应力状态和余震分布的力学机制研究	谢周敏
	ZDJ2010-07	天山现代构造应力场精细结构的定量分析及其与强震活动关系研究	张红艳
	ZDJ2010-08	近断层地震动特性研究及其对基础隔震结构地震反应的影响分析	赵亚敏
	ZDJ2010-09	口泉断裂晚更新世以来的右旋走滑活动特征	刘旭东
	ZDJ2010-10	乌拉山山前断裂晚第四纪活动性精细研究	何仲太
	ZDJ2010-11	利用布格重力数据研究川滇地区精细地壳结构	姜文亮
	ZDJ2010-12	汶川地震大震复发周期的数值模拟研究	李玉江
	ZDJ2010-13	水压致裂法测量地应力影响因素的数值模拟分析	包林海
	ZDJ2010-14	地壳应力研究所科技资料资源数字化管理	谭 巧
	ZDJ2010-15	井水位固体潮效应与含水层应力的反演研究	张 彬
	ZDJ2010-16	海底软弱场地非线性地震反应及其特征研究	兰景岩
	ZDJ2010-17	利用单历元 GPS 监测地壳形变的技术研究	田云锋
	ZDJ2010-18	CO_2 生命探测仪研制	闻 明
	ZDJ2010-19	应用阶地调查研究罗云山山前断裂晚第四纪活动性	孙昌斌
	ZDJ2010-20	地震区带的现代中小地震活动的空间分布特征	谢卓娟
	ZDJ2010-21	新型低功耗数据采集器的关键技术研究	张 宇
	ZDJ2010-22	龙门山前陆冲断-褶皱系晚第四纪活动的河流地貌研究	丁 锐

续表

年 份	课题编号	课 题 名 称	负责人
2010	ZDJ2010-23	电磁扰动观测系统检测装置的研发	胡　哲
	ZDJ2010-24	恒山北麓断裂晚第四纪地层与地貌断代及活动性定量研究	赵俊香
	ZDJ2010-25	地壳应力研究所区域前兆台网数据服务网站建设	刘福生
	ZDJ2010-26	应力场动态分析与地震预测研究	沙海军
	ZDJ2010-27	钻孔四分量应变观测产品产出技术研究	唐　磊
	ZDJ2010-28	基于地震动数据的地震滑坡灾害研究	王秀英
	ZDJ2010-29	隐伏活断层探测三维地震勘探关键技术研究	赵国存
	ZDJ2010-30	“十二五”地应力监测网络调研	陈明金
	ZDJ2010-31-01	四分量式钻孔应变仪实用化改造	陈　征
	ZDJ2010-31-02	三分量体积式钻孔应变仪的研制	马相波
	ZDJ2010-31-03	钻孔应变传感器水泥耦合技术研究	马京杰
	ZDJ2010-32	所长基金评审及管理系统研发	李　蕊

表Ⅰ-1-4　财政部修购专项

年 份	课题编号	课 题 名 称	负责人
2007	0106804	地震地表过程实验室设备购置	马保起
	0107850	空间遥感与测量实验室软件购置	张景发
	1906805	科研楼修缮（修购专项）	阮晓龙
	2207851	闭路监控系统设备购置	阮晓龙
2008	0308846	地震应力过程实验室设备购置	李　宏
	0508845	地下流体动力学实验室设备购置	刘耀炜
2009	0109861	地壳动力学实验室建设/防震减灾空间遥感与对地测量实验室仪器设备购置（二期）	张景发
	0209860	地震观测技术实验室设备购置（一期）	王子影
	0809859	地壳动力学实验室建设/地壳动力学数值模拟实验室设备及软硬件购置	王建军
	2209858	科研楼配电工程改造	阮晓龙
	2209862	重力仪实验室设备购置	武汉创新基地
2010	0210819	地震观测技术实验室设备购置（二期）	王子影
	0510820	地壳动力学实验室建设/地下流体动力学实验室设备购置（二期）	刘耀炜
	2210822	甚宽频带数字地震测试中心设备购置（武汉创新基地）	武汉创新基地

二、国家部委（含中国地震局）级重点课题

表Ⅰ-2-1

年份	课题编号	课 题 名 称	负责人
1992	85-02-1-01	华北张性构造区 1∶5 万活动断裂地震地质填图和综合研究	刘光勋
		山西忻定盆地 1∶5 万地震地质填图	刘光勋
		内蒙古大青山山前断裂带 1∶5 万地质填图	李　克
	85-02-2-01	已知大震震源区地壳细结构及介质物性与地震发生关系的探测研究	陈学波
		邢台大震区深部构造背景的研究——DSS 资料再解释	陈学波
	85-03-1-04	数字化前兆仪器和数字遥测试验系统研制	付子忠
		总体技术设计、课题协调与系统联调	付子忠
		地震前兆数据采集研制	黄锡定
		台站电源控制器的研制和试验	于世亮
		数据汇集通信控制口软件研制	张志波
		遥测试验系统中心建设和系统软件研制	付子忠
		地热测量仪器输出接口技术改造	徐文凯
		水位现场标定技术及数字式标定仪器	罗光禄
		前兆遥测网信道设计及超短波数传电台	栾成强
		测度传感器的现场标定技术及标定仪器	高福兰
		体积式应变仪输出接口技术改造	刘瑞民
		数字前兆遥测试验系统实验建设	付子忠
		地热异常用于地震短临预报实用性研究	付子忠
		地热前兆异常特征与震例分析	杨修信
		地热前兆观测技术研究	高福兰
		地热正常动态预测及实用性预报软件的建立	陈桂兰
		地热前兆预报指标及预报效能评价	付子忠
		滇西震情跟踪研究	付子忠
		地热前兆干扰因素分析及干扰排除方法实验	刘永铭
	85-04-6-03	我国大陆断层现代形变特征与地震关系	张　超
	85-05-4-04	近期强震危险区应力状态的动态分析及强震预测判据	黄福明
	85-06-1-01	地热短临前兆特征研究	付子忠
	85-06-2-03	首都圈强震活动的基本规律与构造条件的研究	杨修信
		京西北—北三省交界地区断层活动特征及应力增强地段的分析研究	高忠宁
		孕震构造及其失稳的研究	杨修信
	85-06-2-04	首都圈强震与构造关系的研究及应力场模拟	杨修信
	85-06-3-01	钻孔应变方法清理及指标研究	张宗润

续表

年份	课题编号	课 题 名 称	负责人
1992	85-06-3-02	地震活动性图像演化特征和机理及在短临预报中的应用研究	陆远忠
		地热前兆新方法的研究	付子忠
	85-07-04-01	场源前兆特征鉴别	赵国光
		华北北部工作区强震构造条件和应力场分析	黄福明
		工作区强震构造条件和应力场分析	黄福明
	85-907-04	华北北部构造应力场分析	黄福明
	85-08-1-01	华北平原西向前兆构造全新世活动特征研究	江娃利
	85-08-1-06	构造地貌的定量化研究及其在活断层分段中的应用	贺群禄
	85-08-3-02	板内地震孕育过程的理论与实验研究	谢富仁
	85-08-3-02	断层障碍模型与应力构造	谢富仁
		深井空隙压力测量及其与断层活动的关系	高建理
	85-16-4094	南北向人工地震剖面探测和北西向断裂活动与发展可能性的评价	陈学波
		地应力问题的综合研究	苏恺之
1993	333 专项	昌平数据传输完善	地壳所
		中心建设及系统软件研制	付子忠
1994		色尔腾山前断裂 1∶5 万地质填图和综合研究	聂宗笙
	85-03-1-04	数字前兆遥测系统设备试验生产及系统联调	黄锡定
		系统总体设计和技术总结	付子忠
		电源装置及控制	黄锡定
		系统项目协调及联调试验	黄锡定
		地震前兆观测技术研究和现场实验	高福兰
		无线遥测装置研制试验	徐铁菊
	85-04-5-03	温度传感器现场标定及标定仪器	地壳所
		地震活动图像演化特征和机理及在短临预报中的应用研究	陆远忠
	85-07-04-01	水压致裂裂缝传播规律在工程灾害预报预防中应用研究	赵国光
		试验项目协调及系统联调试验	黄锡定
		水位现场标定技术及数字式标定仪器	罗光禄
		温度传感器的现场标定技术及标定仪器	高福兰
		体积应变仪输出接口技术改造	刘瑞民
		系统总体设计和技术总结	付子忠
		地震前兆数据采集器	黄锡定
		数据汇集、通信控制及软件研制	黄锡定

续表

年份	课题编号	课 题 名 称	负责人
1994		系统设备试验与建设	付子忠
		无线遥控装置研制及试验	黄锡定
		跨断层形变仪接口改造	勾　波
1995	85-907-01-04	（数字遥测试验系统）系统总体设计和技术总结	付子忠
	85-03-1-04	系统联调及工程实施	付子忠
	85-05-3-05	中国大陆强震危险区预测图编制	李　克
1996	96210	工程实施方案设计、培训、指导、协调	付子忠
	96211	地震前兆遥测试验网完善	黄锡定
	96212	前兆台网中心公用软件、应用软件和数据库	付子忠
	96213	台网公用技术	黄锡定
	96214	前兆测试服务中心工程实施方案	黄锡定
	96215	环境条件改造	黄锡定
	96216	购置基本测试仪器设备	黄锡定
	96217	台站计算机通信建设	科技处
	96219	中短期前兆仪器研究	付子忠
	96220	体积式钻孔应变仪研制	苏恺之
	96221	断层位移测量仪研制	张鸿旭
	96222	高稳定性温度传感器及其标定装置的研制	徐文凯
	96223	适合不同类型台站条件的前兆数据采集器	周振安
	96224	多途径的地震前兆信息传输技术的研究	栾成强
	96225	台网供电及避雷技术的研究	黄锡定
	96226	区域台网中心硬件平台管理软件的编制	孙　杰
	96227	反应介质和应力场特征的地震学参数的动态图像与孕震过程关系研究	陈　虹
	96228	强震中短期动态图像预报系统的建立	陆远忠
	96229	多媒体会商系统的研制	吴天安
	96230	多媒体会商系统中图像的研究	张周术
	96231	成组强震活动的概率预测方法及其应用	黄福明
	96232	首都圈平原区隐伏断裂的定量化研究	江娃利
	96233	胶辽渤海地震重点监视防御区孕震(隐伏)活动构造的定量研究与强震危险性评估	于慎谔
	96234	广电工程抗震设防标准的编制	李　克
	96235	地震资料的统一修订和不确定性评价	杨智娴
	96236	中国近十年强震构造背景详细研究	于慎谔
	96238	中国应力应变状态研究及其在地震区划中的应用	谢富仁
	96241	抗震设防区划图使用问题的研究	徐宗和
	96242	成组强震活动的概率预测计算模型研究	易志刚
	96243	中国近十年强震构造背景详细研究	孟宪樑

续表

年份	课题编号	课 题 名 称	负责人
1996	96245	测量队垂直斜交断层测线DSJ断层形变测量	科技处
	96246	燕家台、八宝山、小水峪形变测量观测点位修复	杨文斌
	96247	昌平台供电电源UPS	王　勇
	96249	昌平台综合数据采集器	王　勇
	96808	震情异常落实、短临应急跟踪	陈　虹
	96809	大灰厂等8个水准点加密观测	科技处
1997	95-01-02	地震前兆台站（网）技术改造	付子忠
	95-01-0201	地震前兆台站（网）技术改造总体技术设计、工程实施指导与协调	付子忠
		工程实施培训、指导与协调	付子忠
		前兆台网中心技术改造、技术系统软件、硬件建设	付子忠
		前兆台网中心技术实验研究培训	孙　杰
	95-01-0202	地震前兆台站综合化、数字化技术改造	地壳所
		中短期前兆仪器研制课题管理	付子忠
		体积式钻孔应变仪的实用化研制	苏恺之
	95-04-0205	数字化地震前兆遥测台网和前兆信息处理技术研究	黄锡定
		多途径的地震前兆信息传输技术的研究	栾成强
		地震前兆异常检查、处理软件的研制	孙　杰
	95-04-04	判定中短期地震危险区动态场及其跟踪方法研究	陆远忠
	95-04-0403	圈定中短期地震危险区动态图像预报技术的研究	陆远忠
		重点地区中短期预报方法和区域特征的研究	陆远忠
	95-04-0404	中短期动态图像显示系统的建立	吴天安
	95-04-0702	中长期背景性地震预测新方法及其在重点研究区的应用	黄福明
		首都圈活动断层包括隐伏活动断层的定量化研究	江娃利
	95-05-0103	邮电工程抗震设防标准编制	徐宗和
	95-05-0301	中国大陆地震与构造环境的研究	谢富仁
		中国近十年强震构造背景详细研究	于慎谔
	95-05-0307	抗震设防区划图编制	徐宗和
		地理信息系统在地震区划中的应用	李　克
	95-07-424	青藏高原东南侧地壳应力环境及与强震活动关系研究	谢富仁
	95-08-01	《地震安全性评价条例》起草	徐宗和
	95-08-0201	《地震震级测定》标准的制定	陆远忠
	专　项	地壳应力研究所震情监测预报及应急改造项目	地壳所

续表

年份	课题编号	课 题 名 称	负责人
1997	专 项	昌平台避雷设施改造	地壳所
		首都圈地区震情跟踪专用 IS 系统数据库建设	地壳所
		首都圈前兆信息网络（CAPnet）前兆数据学处理软件包及震情跟踪专用软件研制	地壳所
		地震前兆台站（网）技术改造工程实施技术	付子忠
		三马坊地热台改造	刘永铭
		八宝山 DSJ 形变测量仪的更新与安装	张鸿旭
		RZB-1 型多路压容应变测试系统的安装	王 勇
	97210	中短期强震仪器研制课题管理	付子忠
	97214	交通工程抗震设防标准编制	徐宗和
	97216	各种前兆地震仪器产品标准的制定	付子忠
	97801	西昌压容应变异常落实及对比观测	科技处
	97802	震情强化跟踪	陈 虹
	97803	首都圈地温震情强化跟踪	姚宝树
1998	98505	地震机制与破裂过程	谢富仁
	95-01-0111	数字地震面波资料反演地壳上地幔速度结构	黄忠贤
	95010207	前兆技术系统集成、安装、试运行、培训合作等	付子忠
		前兆台站综合化、数字化改造	付子忠
		昌平台技术改造	地壳所
	95-01-0203	地震前兆台网中心技术改造	付子忠
	95-01-0204	地震前兆仪器测试技术服务中心建设	黄锡定
	95-03-02	地震前兆观测与测试技术实验室建设	付子忠
	95040203	地下流体前兆信息检测技术研究	宁立然 徐文凯
		邮电工程抗震设防分类标准	徐宗和
	95-05-03	全国抗震设防区划图的编制	谢富仁
	95-050301-1	地震资料的统一修正和不确定性评价	杨智娴
	95-050301-4	中国应力应变状态研究及其在地震区划中的应用	谢富仁
	95-0801-3	《地震安全性评价条例》起草	徐宗和
	95080202	制定地震行业标准	付子忠
1999	95-01-0201	山东示范网资料分析实施技术总结报告编制	付子忠
		前兆台站技术改造扩大示范网工程实验指导	付子忠
	95-04-0103	INSAR（合成孔径雷达）监测技术在地震预报中的可应用性研究	张景发
	95-04-02	山东网公用调试及数据处理	付子忠
	95-13-0204	中国大陆地震的重新定位及其在板内活动地块研究中的应用	杨智娴

续表

年份	课题编号	课 题 名 称	负责人
1999	95-30-02	基于GIS的地震分析预报软件系统建设	陆远忠
	99212	专题资料汇总及数据处理	黄锡定
	99214	三马坊台供电及传输设备改造	张周术
	99215	前兆数字化仪器数据的综合分析	张周术
2000	96913-08	数字化地震前兆系统的完善研究	付子忠
	96913－0802	山东地震前兆试验台网完善	黄锡定
	95050103-3	邮电工程抗震设防标准编制	徐宗和
	00210	前兆台网技术系统集成	付子忠
	00211	中短期前兆仪器研制课题汇总	付子忠
	00212	中短期前兆仪器及前兆台网技术系统完善及总体评价研究	付子忠
	00213	数字前兆台网和前兆信息处理技术研究汇总及验收	黄锡定
	00215	圈定中短期地震危险区动态图像预报技术的研究专题汇总	陆远忠
	00219	INSAR(合成孔径雷达)监测技术在地震预报中的可应用性预研究	张景发
	00501	人工地震测深资料整理	张国宏
	00803	地震预报评审委员会专用查询系统建设	张周术
	00805	中国大陆地壳应力环境基础数据库	谢富仁
2001	0101501	滇西特提斯造山带地壳和地幔细结构研究	黄忠贤
	0101502	中国边缘海及相邻地区岩石层面波成像及各向异性研究	黄忠贤
	0101805	防震减灾重点地区遥感数据库	张景发
	0301806	大中城市活断层及建筑安全检测研究与示范	王建军
	2201801	昌平（Z04）前兆台工程	王 勇
	2201802	计算机网络系统工程	续春荣
	2001BA601B03-01	新型地震短临前兆观测仪器的研究	付子忠
	2001BA609A-09	大型紧缺金属矿产资源基地综合勘察与高效开发技术研究	郭啟良
2002	00220	体应变数字化仪研究	苏恺之
	00221	水温仪完善	付子忠
	00222	公用数采器小型化研究	周振安
	00223	前兆台网通信控制与通讯协议的强化研究及软件编制	王子影
	00224	前兆台网及台站数据收集及数据服务管理软件编制	王秀英
	00225	前兆数据常规处理与专用方法集成	王秀英
	00226	前兆台网分布式数据库共享与复制技术研究	付子忠
	00227	课题管理	付子忠
	00228	专题汇总验收	黄锡定
	00229	台网安全技术改进	周振安

续表

年份	课题编号	课 题 名 称	负责人
2002	00230	台网软件升级	黄锡定
	00231	台网通讯系统完善与改进	付子忠
	00232	前兆台站前兆仪器集中供电系统实用化研究	黄锡定
	00233	前兆数字化观测系统实用化研究	付子忠
	00234	华北地区动态图像预报系统实用模型	陆远忠
	00235	西南地区动态图像预报系统实用模型	陆远忠
	00236	地磁观测资料应用分析	续春荣
	00237	公用技术系列教材编写	周振安
	00238	钻孔资料及断层资料的处理分析	张周术
	00239	前兆台网中心技术研发与技术支持平台建设	付子忠
	00240	第 31 届国际地质大会	谢富仁
	00241	全面工程安装实施指导与协调组织	付子忠
	00242	全国地震前兆台站（网）技术改造系统集成、总结与规划设计、新技术预研	付子忠
	00243	项目验收材料编制与验收组织	付子忠
	00247	多分量定点高精度应变仪预研制	李海亮
	00248	流体总量观测方法的分析与预研究	付子忠
	00249	地声观测方法的分析与预研究	赵　刚
	00250	前兆公用技术完善与应用	付子忠
	00251	网络系统建设总结与规划设计	科技处
	00252	地震现场科学考察软件研制	张周术
		基于遥感图像的震害快速评估技术研究	张景发
		由小波分析方法提取强地震短期预测指标	雷建设
	020180401	甚低频电磁场（ELF）接收机研制	王兰炜
	020180403	深部地声测量传感器研制	杨选辉
2003	200301	城市活动断裂带遥感专题信息提取技术研究	张景发
	200302	利用卫星雷达影像和 ETM 影像进行大城市隐伏断裂快速初步定位	王　峰
	200303	提高大城市隐伏活动断裂定位精度德浅层地震勘探方法试验研究	张国宏
	200304	中等地震活动强度地块区活动断裂定量研究	江娃利
	200305	城市活断层定量研究中德地貌学方法研究	马保起
	200306	应用探槽及断错地貌调查活动断裂古地震参数	谢新生
	200307	钻探技术与沉积地层学相结合探测隐伏活断层	张世民
	200308	利用城市工程地质资料进行大城市隐伏活断层定位与定年	于慎谔
	200309	应用 PS INSAR 方法研究当雄活断层活动性	张周术

续表

年份	课题编号	课 题 名 称	负责人
2003	200310	地壳应力状态与活断层地震危险性、危害性评定	谢富仁
	200311	中强地震活动区断层应力测量	李　宏
	200312	概率分析与数值模拟在活断层地震危险性评价中的综合应用	陈连旺
	200313	地震活断层探测数据的综合分析与可视化	赵树贤
	200314	利用钻孔相对应变观测资料研究活断层的现今运动状态	邱泽华
	200317	活断层探测课题汇总	杨树新
	0103521	强震应力触发机制的仿真研究	陈连旺
	0201804	具有水位、水温传感器并达到规定指标的综合观测仪器研制	付子忠
	0203196	应急能力建设	周振安
	2203159	前兆传感器研制	付子忠
	2203194	巴楚—伽师地震应急	杨树新
	010352001	地震减灾仿真网络数据库建设——专业	谢富仁
	010352002	地震减灾仿真网络数据库建设——基础	崔效锋
	020180402	多分量定点高精度低应变测量传感器研制	李海亮
	020180404	前兆仪器研制	赵　刚
	2003-DZGX-	地震科学数据共享——国家数字地震台网波形数据库	王建军
	2003-DZGX-	地震科学数据共享——中国地壳应力环境基础数据	崔效锋
	2003-DZGX-	地震科学数据共享——地震台站基本数据库	王建军
		矢量地震勘探技术研究	郭啟良
	020480502	高精度地应变测量传感器实用化研究	李海亮
	020480504	小型化、低功耗的地电场仪	席继楼
	020480505	用于监测钻孔内逸出气总量的连续观测传感器	陈华静
	200407	标准制订	刘耀炜
	2204801	南北地震带和华北地区强化跟踪	杨选辉
	020480501	新型地震前兆观测仪器实用化研究（一）	王兰炜
	020480502	新型地震前兆观测仪器实用化研究（二）	李海亮
	2004DIA3J010	2006~2020 年这个国地震危险区与地震灾害损失预测研究	张景发
	2004DIB3J132	深井地壳变形宽频带综合观测系统	欧阳祖熙
	2004DEA71000-62050303-1-6	电磁扰动观测方法标准编写与专项试验——电磁扰动观测仪器研究	王兰炜
	2004DKA20180	中国大陆活动断裂带构造应力与遥感信息数据集	崔效锋
	2004-DZGX-	地震科学数据共享——地震数据共享标准规范建设	王建军
	2004-DZGX-	地震科学数据共享——中国历史地震目录数据库	王建军
	2004-DZGX-	地震科学数据共享——首都圈数字地震台网数据库	王建军
	2004BA901A02	西南公路交通环境生态灾损可视化监控演绎研究	欧阳祖熙

续表

年份	课题编号	课 题 名 称	负责人
2005	0205201	EDA 在数字化前兆仪器设计中的应用	何案华
	0205203	地震监测预报发展战略研究	付子忠
	0205204	前兆仪器集成方案研究	赵　刚
	0205205	高精度 AD 转换器在前兆数据采集中的应用	郭貌西
	2205202	前兆台网运行管理经验交流	杨树新
	2205206	地震前兆观测技术现状与发展战略研究	吴荣辉
	2205801	西昌、攀枝花钻孔应变观测站建设	欧阳祖熙
	2205802	西昌地震台水压致裂原地应力测量研究	郭啟良
	2205803	地震危险区应力环境及其动态变化综合研究	崔效锋
	2205804	钻孔应变观测构造运动信息提取	邱泽华
	2205805	南北带流体场观测强化跟踪与印尼 8.7 级地震对南北地震带趋势影响分析	刘耀炜
		强地震短期预测方法研究	刘耀炜
	2206806	深部煤岩体应力与采动叠加效应	谢富仁
	2006BAC01B02-03-01	地下流体协调特征与强震综合异常判定技术研究	刘耀炜
	2006BAC01B02-02	井下综合观测技术研究	李　宏
	2006BAC13B01-0203	中国东部中强地震活动强度与盆地结构特征的关系研究	马保起
	2006BAC13B01-0301	强震构造大震复发周期的定量评价方法研究	张世民
	2006BAC13B01-0303	地震动力学环境与大震复发周期研究	陈连旺
	2006BAC13B01-0304	中强地震活动区地震年平均发生率评价方法研究	彭艳菊
	2006BAC13B01-0305	大震复发周期与年平均发生综合评价技术	谢富仁
	2006BAC13B01-0501	不同场地分类方法特点以及内在联系	黄雅虹
	2006BAC13B01-0502	不同场地条件震动特征参数统计分析	吕悦军
	2006BAC01B02-03	地下流体动态信息提取与强震预测技术研究	刘耀炜
	2006BAC01B02-0203	活动断裂带构造变形动态特征及地震危险性研究	焦　青
	2006BAC01B02-0305	强震监测预报技术研究——数字化前兆资料处理与软件系统研制	王秀英
	2006BAC13B04	地震灾情监控仪研制及布控技术研究	王建军
	2006BAC13B02	重大工程地震参数确定技术研究——空间大跨结构减隔震效应及优化技术研究	陆　鸣
	2006BAC01B01-0203	强地震监测预报技术——井下温度计研制	赵　刚
	2006BAC13B02	各类重大工程抗震设防要求研究	唐荣余
	2006BAC13B02	设定地震的地震动参数确定方法研究	沙海军
	2006BAC13B02	大型水利与海洋平台工程结构地震动输入研究	彭艳菊
	2006BAC01B01-0201	强地震监测预报技术研究——井下分量应变计研制	李　宏
	E0311/1112/JS 03	雷达应急与隐伏构造探测技术研究	张景发
		中国地球系统科学数据共享部分遥感图像处理与分析任务	张景发
		遥感震害快速评估技术系统研制	张景发

续表

年份	课题编号	课 题 名 称	负责人
2007	0107559	D-INSAR 技术在地震短期预测中的应用	张景发
	200708019	地下流体观测方法技术标准研究	刘耀炜
	200708022	地震救援装备检测/校准技术研究	赵国存
	200708025	现代网络技术在地震应急救援现场应用的关键技术研究	吴荣辉
	200708028	华北地区第四纪断层活动分期特征研究	张世民
	200708045	全国地热观测资料分析处理及动态分布图像研究	赵 刚
	200708046	青藏高原现今构造变形分布特征的大型数值模拟实验	陈连旺
	200708047	震后烈度分布快速判定方法与应用技术研究	陆 鸣
	200708050	地震动参数场地条件调整技术方法研究	唐荣余
	200708055	海域强震构造判断及海域工程抗震设防技术综合研究	吕悦军
2008	Z0508503	区域强震活动演化的物理模型和预测模型试验	陈连旺
	Z0208504	地震电磁卫星观测技术、数据处理与应用	王兰炜
	200808030	新型地震前兆观测方法及传感器技术研究	王兰炜
	200808031	黄土高边坡地震失稳机理研究及稳定性预测	黄雅虹
		高黎贡山越岭段活动断裂及其工程影响评价	杜 义
		地应力测试技术和高地应力三维分布与集中规律研究	郭啟良
	0508506	强震孕育的深部岩石物理	邱泽华
	0508855	断裂带深部流体行为及其在地震过程中的作用	刘耀炜
	0508849	汶川地震宏观异常调查	刘耀炜
	0408850	汶川地震震区地应力测量	郭啟良
	0308851	汶川地震震情跟踪地倾斜观测	李 宏
	0208852	汶川地震震情跟踪广元地温观测	赵 刚
	0208853	汶川地震震情跟踪德阳流体综合观测	周振安
	220885401	汶川地震资料收集、整理、归档	吴玉荣
	220885402	地震百科全书编写（地应力部分）	李 宏
	220885403	地震百科全书编写（钻孔应力应变）	邱泽华
	220885404	地震百科全书编写（形变重力与地震）	唐荣余
	2008BAC35B04-1	基于空间对地观测的地震监测技术，预测方法与应用示范	张景发
2009	2209802	地应力测量的声弹法研究	田家勇
	200908001	中国地震活动断层探测——华北构造区	地壳所（协作）
	200908011	重大建设工程抗震设防风险水准标准研究	地壳所（协作）
	200908034	地震电磁探测卫星地面应用系统	地壳所（协作）
	0509502	典型水库诱发地震危险性评定技术及预警技术研究	刘耀炜
2010	201108008	水压致裂法原地应力测量技术的标准研究	郭啟良
	SinoProbe-06	地应力测量与监测技术试验研究项目	崔效锋

续表

年份	课题编号	课 题 名 称	负责人
2010	221018501	甘南电磁实验	王兰炜
	221018502	高淳、南安台电源避雷系统升级更新及测试	赵 刚
	221018503	昌平台站观测技术系统维修改造	杨选辉
	H2210853	大地震灾害救援现场关键环节标准工作程序及管理系统研发	陈 虹
	0510509	华北强震强化监视跟踪	焦 青
	0110855	巴颜喀拉块体边界带地震空段法阵危险性鉴定	马保起
	2210856	结古镇震害遥感图像实地获取与震灾综合分析	陆 鸣
	0510857	地震流动观测	邱泽华

三、对外协作、合同制及其他研究类课题

表Ⅰ-3-1

年份	课题编号	课 题 名 称	负责人
1981	81—1	研究鉴定活断层的技术与方法	李鼎容
	81—3	京津及华北地区活动断裂与地震关系的考察	聂宗笙
	81—5	郯庐断裂輓近地质时期以来构造活动与地震关系的研究	李庆山
	81—8	水压致裂应力测量的试验研究	李方全
	81—9	YJ—81 型压磁应力计的研制	李立球
	81—10	4101—A 型自记压磁应力仪的研究	黄锡定
	81—12	现行压磁法（电感法）测量系统的完善及实验研究	肖学文等
	81—13	应变片（丝式）土层应力仪样机的研制和野外试验观测	黄诗斌
	81—14	震源应力场与构造应力场的研究	李建春
	81—15	地震前后地应力变化信息的识别和提取的研究	康仲远等
	81—16	地应力场前兆异常的模拟实验及理论解释	王铁男
	81—17	多段闭锁断层的应力分布特征和地震的中短期以及临震前兆现象关系的研究	黄福明
	81—18	土层应力观测技术和预报方法研究及预报实践	潘宝琪
	81—19	京津及华北北部地区地震危险区发震构造标志的研究	林辉德等
	81—21	房山大理岩的三轴压缩、摩擦及直剪摩擦实验研究	张伯崇
	81—22	构造应力场的光弹模拟实验	郭世凤
	81—23	中国活动构造体系与地震分布规律图（1∶250 万）的编制	李咸业等
	81—24	体积式应变仪的研制	苏恺之
	81—25	我国大震前后的断层运动及有关位移场特征的研究	马廷著
	81—26	断层运动方式、传播类型及相应的位移、应变场的基础理论研究	张 超
	81—27	断层活动预报地震的研究	戴樑焕

续表

年份	课题编号	课 题 名 称	负责人
1981	81—29	开展八宝山（大灰厂）试验站DY—Ⅰ型断层活动测量仪的试验观测	陈森辉等
	81—30	压容地应变仪的研制	欧阳祖熙
	81—31	地应力波接收仪的研制	戚文忠
	81—32	新方法调研和石英振子测量系统总结	罗光禄
	81—33	数字式石英温度计的研究	付子忠
	81—34	ZQ型自记水管倾斜仪的野外观测试验	勾　波
	81—36	京津地区有关工程项目的地震基本烈度和研究	地震地质大队
	81—37	利用工业爆破等观测资料研究地壳深部构造	陈学波
	81—40	华北地区受力方式及应力时空分布与地球自转变化关系的研究	王贵华
	81—41	现今构造应力场影响因素的实验研究	安　欧
	81—42	岩石残余应力、应变及某些弹性常数的X射线法测量	李政兆
	81—43	岩石应变与时间的函数关系	林素珍
	81—44	强震区和典型构造应力场的数值模拟	王继存等
	81—45	地应力前兆特征研究及预报实践	黄相宁
	81—47	我国人类历史时期以来构造活动特征及应力场演变的研究	曾秋生
	81—49	地应力变化与地震突变过程关系的数字模拟	康仲远
	81—55	唐山地震形变前兆场活动过程的研究	王宋贤
	81—56	土层体积式应力仪野外试验观测	王连成
	81—57	活动构造与区域应力场研究	王瑛等
		文坝地区活动构造体系与地震关系的研究	王　瑛
		华北及渤海地区主要活动断裂的特征与强震活动的关系	林辉德
		从理论和实践上对土层应力观测方法进行系统清理和评价	黄诗斌
		多种年周期性干扰因素的统计分析	许寿椿
		DY—1型断层活动测量仪观测试验及安装技术的研究	范九善
		电容法测量系统的研究	李秉元
		汇总、处理和分析全国主要地应力台站观测数据	黄相宁
		岩石破裂过程中的光弹性涂层法实验	高德禄
		TJ—5型体应变仪的研制	苏恺之
		烈度鉴定及影响因素的研究	张国庆
		汇总、处理和分析京津地区跨断层测量资料，研究断层活动前兆特征与地震三要素的关系	戴樑焕

续表

年份	课题编号	课 题 名 称	负责人
1981		京津地区流动短水准、短基线测量与选建	刘执枢等
		三维应力场的模拟实验研究	安　欧
		岩体残余应力、应变及热应力实测研究	安　欧
		活动断层位移测量中热应变的测量和排除以及热应力场的研究	尹淑珍
		京津唐张地区深部构造的研究	陈学波
		工业爆破观测研究	陈学波
		滇西地区地壳深部构造的探测研究	陈学波
		岩石脆性破裂及其前兆特征和岩石摩擦性状的实验研究	杨新华
		华北地区构造体系活动性与地震关系的研究	李咸业
		华北地区地震构造活和今后十年地震危险性的预测	林辉德
		地震前兆和预报基础	安　欧
		滇西实验场三维应力场的模拟实验研究	陈葛天
1982	82—1	增建人工热释光等常规测定活断层年代的测试手段	谢振钊
	82—1（c）	断层现今运动的观测原理和方法的研究	张　超
	82—1（b）	京西紫荆关断裂、四川鲜水河断裂、滇西红河断裂北段调查研究与对比	刘光勋等
	82—2	断层位移测量数据处理方法和延怀地区现今构造运动的研究	王宋贤等
	82—3（a）	中国主要活动断裂带的现今活动特征图	刘光勋等
	82—3（b）	中国地应力分布图	曾秋生
	82—3（c）	华北地区人类历史时期活动构造图	曾秋生
	82—7	流动测量工作的观测研究	郑东炎等
	82—8	京津唐地区绝对应力测量及研究	李方全等
		计算机应用技术研究	王继存
		中国主要活动断裂带及现今活动特征图	马廷著
		华北地区人类历史时期活动构造图	曾秋生
		筹建 C^{14} 年龄测定实验室	谢振钊
		滇西主要地震断裂活动性的定量研究，并总结鉴定活断层的技术与方法	李鼎容
1983	83—1	基本台站检测标定工作	肖学文
	83—2	体积式应变仪的实验观测	欧阳祖熙
	83—3	压容式应变仪的实验观测	苏恺之
	83—4	地应力标定技术的研究	二室
	83—5	南北地震带爆破地震测深资料解释	陈学波

续表

年份	课题编号	课 题 名 称	负责人
1983	83—6	制定人工地震与工业爆破测深技术规范	陈学波
	83—7	汇集全国CBY磁带地震仪磁带记录及有关资料整理	陈学波
	83—8	用测震学方法开展断层微破裂观测和活动性的研究	欧阳祖熙
	83—9	活断层现今活动、应力分布特征及其与地震活动关系的研究	勾　波等
	83—10	地应力绝对值测量及构造应力场研究	李方全等
	83—11	水压致裂应力测量的理论及实验研究	刘长义
	83—12	压磁应力仪Ⅱ型的研制	付子忠
	83—13	DSJ、DSD型断层活动测量仪的研制	勾　波
	83—14	力平衡传感器式地应力仪的研制	付子忠
	83—15	声发射技术在地应力测量中应用的研究	刘长义
	83—16	强震区深部构造各向异性的研究	陈学波
	83—18	改建温泉台站地下室或地面观测室以及仪器设备的保养、维修	王忠常
	83—20	电感法地应力测量与预报方法的清理和评价	郭志涛
	83—36	有关工程项目的地震烈度鉴定及断裂与烈度关系的研究	张国庆
		原地水压致裂应力测量	李方全
		声发射在地应力测量中应用的研究	江南生
		Ⅱ型压磁应力仪的研制	张培耀
		地应力预报多种方法的研究	于允生等
		探索水压致裂过程中声发射特性和应力历史效应的试验研究	李方全
		川滇地区重点危险性地区监测科研工作	赵国光
		完善CBY型磁带地震仪观测资料的集中管理	张正墨
1984	84—1	平原区隐伏活动断裂带的特征与地震危险性的研究	王　瑛
	84—2	晋冀蒙地区重点危险性地区监测科研工作	欧阳祖熙
	84—3	甘宁地区重点危险性地区监测科研工作	孟宪梁
	84—4	内蒙古大青山山前断裂的研究	聂宗笙
	84—5	跨断层测量的清理和研究	柴本栋
	84—11	下杨子地区人工地震测深工作及资料汇集	陈学波
	84—12	地热前兆的探索	付子忠
	84—13	构造应力场的理论计算及数值模拟	王继存
	84—14	地应力绝对值测量及构造应力场的研究	孙世宗
	84—15	油井水压致裂应力测量的研究	丁建民

续表

年份	课题编号	课 题 名 称	负责人
1985	85—1	滇西实验场构造应力场研究	李方全
	85—2	利用油井水力压裂技术测定华北地区深部应力	丁建民
	85—4	压容式应变仪的对比观测试验	欧阳祖熙
	85—5	体积式应变仪的对比观测试验	苏恺之
	85—7	鲜水河断裂带运动特征，有关的形变和应力变化及其与地震关系的研究	赵国光
	85—8	跨断层短水准、短基线流动测量干扰因素与异常识别的研究	郑东炎等
	85—10	山西断陷盆地带主要活动断裂现代活动特征及大震复发周期的研究	孟宪梁
	85—11	大青山山前断裂带第四纪活动性研究及地震危险性评价	聂宗笙
	85—12	完成 ^{14}C 实验室建设	黄诗斌
	85—13	地震磁带资料回收中心	陈学波
	85—14	大震区深部介质各向差异与深浅构造关系探测	陈学波
	85—16	压容应变仪的研制	欧阳祖熙
	85—17（a）	应力动态测量在工程上的应用研究	欧阳祖熙
	85—19	断层位移测量流动监测	刘执枢
	85—20	DSJ 型断层仪的研制	勾　波
	85—21	断层位移测量分析预报工作	戴樑焕
	85—22	八宝山、大灰厂台站监测工作	陈森辉
	85—23（a）	地震地质与地应力预报多种研究	黄相宁等
	85—23（b）	地应力（应变）观测新方法的测量理论研究	杨修信
	85—23（c）	地应力数据微机处理	康仲远
	85—25	光弹双轴应力计的研制	高德禄
	85—26	地震小区划方法综合研究	孙小平
	85—27	全国及华北地区中近期强震趋势预报	卞兆银
	85—28	套芯法应力解除法的改进与完善	李立球
	85—45	华北地区近期断裂活动方式研究	赵国光等
	85201	川西—华北水压致裂和油井压裂应用测量与研究	李方全
	85205	钻孔应变-应力仪对比观测	苏恺之
		全国高温热水井、川西温泉的物化特征及地热与地震关系的研究	付子忠
	85207	鲜水河断裂带运动特征及地震活动的构造力学机制	赵国光
		流动地震台网在研究活断层中的应用	欧阳祖熙

续表

年份	课题编号	课 题 名 称	负责人
1986	Z8515—07	中国大陆地震活动的合理分区和分期的原则与方法	李咸业
	Ⅶ-03-01	人工地震测深数据库的建设	陈学波
	Ⅴ-02-22	青海花石峡历史地震发震构造及阿尔金断裂中断的活动性研究	刘光勋
	Ⅴ-02-23	鲜水河断裂运动特征与地震活动的构造力学机制	赵国光
	Ⅴ-02-24	鄂尔多斯周边断陷盆地活动断裂研究	聂宗笙等
	Ⅴ-02-25	钻孔应变仪对比扩大试验	
	Ⅴ-02-26	川西、华北地区水压致裂应力测量与研究	
		流动微震台网与活动断层应用研究	欧阳祖熙
	Ⅴ-02-28	华北和西南地区现代水系与现代构造及强震构造定量关系研究	李鼎容等
	86202	青海花石峡地震断裂调查	刘光勋
	86203	西南地区水系与现代构造定量关系的研究	李鼎容
	86204	断层活动垂直分量观测技术研究	陈葛天
	86205	华北和西南地区现代水系构造运动及与强震关系研究	刘光勋
	86206	钻孔应变仪的对比观测	欧阳祖熙
	86545	京津唐国土整治及环境地质	奚　云
		怀来盆地、延庆盆地及其周围山区地震地质条件的调查研究工作	
		八宝山、妙峰山地区和地铁八支线路的地震地质条件调查研究	
		三河平谷地区断裂展布、特征、輓近活动性及其与地震活动的关系	
		滦县地区地震地质条件的研究	
		地质资料、物探资料地震及各种微观资料综合分析研究	
		剑川—下关地区构造断裂带近期活动性与地震关系的研究	
		小江断裂带、石屏断裂带构造特征和近期活动性的研究及其与地震活动的关系	
		安宁河及亚龙江两断裂带的活动性及与地震关系的研究	
		永胜、华坪地震带的地质调查	
		土城地区主要断裂带构造特征、活动性调查	
		马边—雷波地震带构造特征的研究	
		石嘴山地区贺兰山东麓地震地质调查	
		天水周围地震地质调查	
		鄂西地区地震地质调查	

续表

年份	课题编号	课 题 名 称	负责人
1987	87201	钻孔应变-应力台网技术管理	欧阳祖熙
	87210	绝对应力测量新方法的研究	赵国光
	87207	中国现代地壳形变图集编制	马廷著
	87209	地震前兆综合采集系统	黄锡定
	87291	局 OA 系统应用软件的完善与开发	沈建华
	27-Ⅰ-15	阿尔金活动断裂带构造应力场测量研究	翟青山
		花石峡—玛曲断裂带调查研究	刘光勋
		地震学专题地图绘制程序包	沈建华
		钻孔应变台网技术管理	姜 光
		新的中国地震区划图编制及编制华北地区地震潜在震源图	林辉德
		地震台站综合数据采集器的研制与开发应用	付子忠
		元—济剖面深部介质横向变化及 S 波研究	陈学波
		绝对应力测量新方法的研究	赵国光
		川西—华北水压致裂和油井压裂应用测量与研究	李方全
		跨断层垂直位移测量仪研制	勾 波
	27D101	滇西中甸—思茅地壳测深工程	陈学波
		场区构造应力场测量及研究	李方全
	Ⅲ—19	水压致裂应力测量	
	Ⅲ—20	岩石力学试验研究	
	综合预报方法	中国大陆及其不同地区断层活动和应力场变化特征的研究及其在综合预报中的应用	黄福明
1988	88201	地震区域数据通信网控制器的研制	付子忠
	88202	滇西地热观测台网的完善及前兆研究	付子忠
	88203	门源—宁德断面随县—宁德段地壳厚度结构分析	陈学波
	88204	东秦岭北缘断带第四纪活动与地震关系研究	聂宗笙
	88205	强震及核爆近场特征的研究	徐宗和
	88206	完善地震危险性分析方法的基础应用研究	周克森
	88207	中国东部应力状态研究 1∶400 万应力图编制	梁国平
	88208	原地应力测量与断层稳定性的研究	张伯崇
	88209	全国跨断层测量专业技术管理	游丽兰
	88210	深井地震前兆综合观测系统	欧阳祖熙
	88211	新的中国地震区划图	许桂林

续表

年份	课题编号	课 题 名 称	负责人
1988	88212	三峡地应力、孔隙水压和渗透率测量	李方全
	88580	注水开发对油田地层稳定性影响	欧阳祖熙
	8927A02	青海花石峡地震断层库—玛断裂带活动性及强震复发周期	刘光勋
	8927A03	东秦岭北缘断裂带第四纪活动特征及其与地震关系的研究	聂宗笙
	8927A04	黄河上游拉西瓦水电工程水库诱发地震的研究	赵国光
	8927A05	中国大陆强震活动渐变与突变过程的物理意义及构造机制	李咸业
	8927A06	华东地区强震孕育条件及潜在地震区划分	孟宪梁
	8927A07	地震与地质灾害对策	张受生
	8927A08	深井前兆综合观测系统的研制	欧阳祖熙
	8927A09	首都圈钻孔应变仪台网的正规化建设	欧阳祖熙
	8927A10	数字地震仪的研制	欧阳祖熙
	8927A11	地震前兆数据综合采集器	黄锡定
	8927A12	通讯控制器的研制试验	付子忠
	8927A13	钻孔应变仪的对比观测的收尾验收	苏恺之
	8927A14	首都圈地热试验观测	付子忠等
	8927A15	京区地震前兆观测台网建设中体应变仪的布设	苏恺之
	8927A16	滇西地热观测台网的完善及前兆研究	付子忠等
	8927A17	地震前兆与京区地震预测的研究	杨修信
	8927A18	孔隙压力计的研制	刘瑞民
	8927A19	十六位记录器的研制	付子忠等
	8927A20	中国大陆主要断裂带古构造残余应力场测量	安　欧
	8927A22	利用原地应力测量资料估计断层稳定性	张伯崇
	8927A23	强震及核爆近场地面运动特征研究	徐宗和
	8927A25	土动力学试验研究	徐宗和
	8927A26	近场强震观测（机动观测）	周克森
	8927A27	三峡工程库坝区地壳深部构造特征研究	陈学波等
	8927A28	断层活动垂直分量观测仪器研制	陈葛天
	8927A29	鲜水河断裂带定点断层位移观测台网建设	张鸿旭等
	8927A30	鲜水河断裂带虾拉沱连续形变综合观测台的建设	张鸿旭等
	8927A31	«断层位移测量观测规范»的编写	范九善
	8927A32	断层位移定点动态观测台的正规化与技术管理条例制定	勾　波

续表

年份	课题编号	课 题 名 称	负责人
1988	8927A33	深钻孔应力测量技术及在地震和能源工程中的应用	丁建民
	8927A34	井下仪器安装施工工程车的配置	李秉元
	8927A35	水压致裂微破裂源的三维定位研究	刘建中
	8927A36	（DSS 协调组）资料与数据库开发应用	陈学波等
	8927A37	办公自动化远程通讯（AT 机）	沈建华
	89201	DDS 人工地震测深资料数据库的开发应用	司洪波
	89202	山西地堑系活动断裂填图	刘光勋
	89203	内蒙古大青山山前断裂地震地质填图与第四纪以来断裂活动性研究	李 克
	89204	长江三峡工程坝区及外围地震测深资料综合解释	陈学波
	89205	三峡工程坝区及外围深部构造中 S 波分裂和偏振异常研究	王恩福
	89206	三峡地区人工地震非纵资料研究	赵静娴
	89208	数字式地震仪的研制与推广	欧阳祖熙
1990	90205	昌平台无线传输工作的完善	王 勇
	90208	地震前兆特征及其孕育过程的机理综合研究	科研处
	90501	地震震源体的含义及地震预报的意义	黄忠贤
	90502	中国历史强震目录	杨智娴
	90503	鲜水河断裂带的现代形变特征，动力学与灾害预测	赵国光
	90504	北京怀来地区主要断层深部滑动速率的研究	巫映祥等
	C0	云南滇西地区地震短临预报跟踪研究	付子忠
1991		北京首都圈及有关地区大尺度应变动态观测进行地震预报研究	
		数字地震前兆观测无线自动遥测系统的研制	
		重点地震监视区无线通信网技术研究	
		昌平台井下近震观测与近场地壳应变、应力前兆关系的研究	
		系列断层活动测量仪器研制与方法研究	
		钻孔应力台站仪器的更新换代	
		中等灵敏度电容式钻孔应变仪的研制	
		大陆板内地震发生地点和强度的中、长期预报研究	
		井下综合观测系统的研制	
		钻孔应变-应力短临预报的现场综合研究	
		新的前兆观测仪器技术要求的研究	
		华北地区形变趋势异常物理背景研究及其在地震中短临前兆分项中的应用	

续表

年份	课题编号	课 题 名 称	负责人
1991		地应力及其变化与几种地震前兆现象相互关系的理论与实验研究	
		我国大陆若干重点地区现今构造应力场特征与强震关系的研究及 $M_S \geqslant 7$ 强震趋势预测	
		中国东部北北东向强震带时空危险段的残余和现今应力场综合预报	
		中国大陆东部地区构造应力场不均匀性及其与地震关系的研究	
		我国大陆重点地震监视防御区地壳应力状态研究	
		全国跨断层测量专业数据库	
		地热前兆观测试验	
		水压致裂破裂传播的研究	
		狼山—包尔腾山山前活断层调查	
		桑干河南岸活动断裂带东段地震地质 1∶5 万填图与研究	
		南北地震带深部构造特征及其和两侧构造演化关系——动力学过程	
		太行—武陵重力梯级带深部过程与地壳稳定性研究	
		首都圈重点监测台站或危险地段浅层结构与活动断裂详细研究与地基岩土力学参数测定	
		DSS 资料数据库开发应用	
		地震动参数在抗震规范中的反映和应用研究	
		地应力与地震前兆实验室的技术改造	
		建立温度计量检定系统	
		青海花石峡地震断层调查	
		忻定盆地活动断裂地质填图	
		鲜水河断裂带动学和动力学综合观测和中短期地震预报研究	
		鲜水河断裂带运动特征及地震活动的构造力学机制	
		内蒙古大青山山前活动断裂带 1∶5 万地质填图	
		滇西实验场地热前兆异常及预报指标的研究	
	91130	原地应力测量新方法的研究	张伯崇
	91217	前兆观测系统现场分析及发展规划和总体设计	付子忠
	91601	首都圈形变异常的追踪分析	高忠宁
1992	92204	高灵敏度孔隙压力计的研制	苏恺之
	92207	川西构造地貌定量化研究及其在活断层分段中的应用	贺群禄
	92301	多层织造厂房动力特性的研究	王科滨
	92302	地震相关性相关类型研究	孙小平

续表

年份	课题编号	课 题 名 称	负责人
1992	92205	场地地震活动参数确定的基础研究	徐宗和
	92206	中国地震烈度区划图使用规定的制定	徐宗和
	92207	川西构造地貌定量化研究及其在活动断层分段中的应用	贺群禄
	92113	昌平台应力、应变观测与维护	王　勇
	92114	全国跨断层资料异常分析及地震趋势预报	戴樑焕
	92115	构造应力场在地震预报中的应用初探	李群芳
	92116	地壳形变研究动态调研	韩　晔
	92117	应力、应变地震预报研究	黄相宁
	92125	全国地震趋势研究	黄忠贤
	92126	京西北地区桑干河等北东向断裂活动特征及地震可能性研究	李学新
	92128	首都圈跨断层测量资料异常分析及地震趋势预报	高忠宁
		地震信息及技术系统建设	苏恺之
		钻孔应变、断层形变场地、地温网牵头及首都圈形变异常的跟踪分析	苏恺之
		控磁观测数据定量评估及预报方法相同研究	续春荣
		断层蠕变仪观测系列常规动态模型及异常信息的探讨	巫映祥
1994	94201	地震安全性评价收费标准研究制定	徐宗和
	94510	地震活动性研究	陆远忠
		地震信息及技术系统建设	巫映祥
1995	95203	体应变资料的实用化研究	李群芳
	95205	前兆规范技术系统标准及规范制定	付子忠
	95206	地壳应力场动态图像及地震预报研究	陆远忠
	95501	不同区划方法结果对比分析	杨智娴
		断层活动与数据异常特征与大同6.1级地震关系的探讨	巫映祥
	96501	地震局系统结构调整的问题研究	杜振民
	96502	重庆及其邻区地震磁效应研究	续春荣
		各种前兆观测量的加卸载响应比综合预报方法研究	续春荣
		地磁中短期前兆识别方法、标志体系及预报方法研究	续春荣
		孕震过程中地震电磁效应的统一模式研究	续春荣
	96503	中国海域岩石层三维速度结构研究	黄忠贤
	96504	中国重要含油盆地地壳应力研究	张景发 吕悦军
	96506	中国重要含油盆地地壳应力研究	邱泽华
	96507	各种尺度应力应变场的动态演化图像与强震活动关系数值模拟	吕悦军

续表

年份	课题编号	课 题 名 称	负责人
1996	96508		陈连旺
	96509	INSAR(合成孔径雷达)监测技术在地震预报中的可应用性预研究	张景发
	96510	各种前兆观测量的加卸载响应比综合预报方法研究	续春荣
	96511	地磁中短期前兆识别、标志体系及预报方法研究	续春荣
	96201	地震前兆及相应预报方法研究	黄福明
	96202	多媒体技术在年度会商会中的应用	陆远忠
	96203	中国海岸带大震构造定性与定量标志研究	袁又申
	96204	地震失稳的刚度研究	邱泽华
	96205	地震安全性评价和设防标准技术	李　克
	96206	水库大坝预报监测系统研制与推广	王建军
	96207	地震前兆台站(网)技术改造	付子忠
	96208	前兆观测技术研究	付子忠
	196070	山西交城断裂活动习性大震复发间隔及强震构造环境研究	许桂林
	196071	河套北缘断裂活动习性的定量研究	马保起
	196078	褶皱构造力学解析与控震过程研究	江娃利
	196079	川滇菱形块体边界活动断裂分段与地震危险性	杨智娴
1997	97501	利用前兆资料研究孕震介质特性参数	戴樑焕
	97502	地壳形变、应力应变场的演化及 1~3 年强震预报的研究	黄福明
	97504	地下水物理参量中短期异常识别、标志体系及预报方法研究	刘永铭
	97506	正断层分段理论研究	江娃利
	97508	地震地质-地应力卫星条带云预测地震研究	黄湘宁
	97201	深部勘探数据库	王恩福
	97202	热释光仪更新改造	科技处
	97203	集团化发展战略方案编写	李　克
	97204	地震安全性评价工作成果的系统整理与数据库建立	李　克
	97205	多媒体技术应用研究	李　克
	97208	昌平台综合观测前兆短临异常判别指标研究	王　勇
1998	198046	雁行断裂及其临界应力场随地壳深度变化的定量研究	谢新生
	198048	用多个交汇钻孔水压致裂资料进行三维地应力非线性研究	陈群策
	198050	大青山山前断裂活动速率的精确定量研究	马保起
	198051	庄木—张公渡和奉贤—灵璧剖面基底结构性状及结构研究	唐荣余
	198052	震害遥感影像的模式识别及信息提取技术的研究	张景发
	98505	地震机制与破裂过程	谢富仁
	98506	中国主要煤田地壳应力研究	张景发

续表

年份	课题编号	课 题 名 称	负责人
1998		轻便实用序列化岩层渗透率高压测试系统的研制与应用	郭啟良
		首都圈钻孔应变资料地震前兆研究	王 勇
		光纤维应变传感器测量方法研究及对地震预报工作的意义	高德禄
1999	99201	深部地震勘探数据维护	王恩福
	99501	四川西昌压容仪改造	刘长义
	99502	面波偏振和频散的联合反演	黄忠贤
	99503	区域能量背景局部孕震过程与强震预测物理方法的研究	陈 虹
	99504	首都圈分析预报新方法研究	张周术
	99505	深圳地热台站建设	黄锡定
	99506	深圳台站建设	付子忠
	99507	深圳体应变台站建设	苏恺之
		原地应力测量 AE 法试验研究	李 宏
2000	00501	人工地震测深资料整理	张国宏
	00502	断层资料分析	张周术
	00503	中国大陆活动地块	谢富仁
	00504	时间-震级可预测模型和视应变方法对中国大陆未来 1~3 年的扫描	陈 虹
	00506	INSAR 技术可应用性预研究课题总结	张景发
	00508	断层仪调试试验协作费	张鸿旭
	00509	华北地区三维黏弹性模型	陈连旺
	00510	首都圈地震预报新方法研究	张周术
	00511	首都圈工程分析预报技术系统软件集成	陆远忠
	00512	强震背景研究	戴樑焕
	00201	重点监视防御区预报研究	张周术
	00202	工程勘察会议与项目评比、培训	唐荣余
	00203	中国地震局应急预案编写	张周术
	00204	防震减灾规划编制	唐荣余
	00205	应力-应变台站资料处理软件包	王 勇
2001	0101502	中国边缘海及相邻地区岩石层面波成像	黄忠贤
	0501505	地壳及岩石圈虚空间问题的理论研究	邱泽华
	0201511	科技成果管理软件制作	杨选辉
	0501512	首都圈地热震情跟踪	姚宝树
	0701513	紧急救援队装备配置与实施工作经费	王恩福
	0601515	三峡工程万州库区 GPS 滑坡监测示范研究	欧阳祖熙
	0201517	地磁软件研制	续春荣
	0501518	钻孔应变-应力台站观测归一化及其推广研究	王 勇
	2201503	深部研究	陈学波
	2201506	地震立法条款依据与释义研究	徐宗和
	2201514	天津市地震类型和震后趋势快速判定系统	陆远忠
	2201516	救援工作宣传材料编纂、出版与印刷	张周术
	2201519	GIS 分析预报系统 1.1 版本研制	陆远忠

续表

年份	课题编号	课 题 名 称	负责人
2002	0102501	山东淄博城市活断层探查遥感综合研究	张景发
	0102509	基于断层相互作用理论的地震孕育发生过程和短期前兆模型研究	陈连旺
	0102515	由GPS结果研究中国大陆应变-应力场特征及动力学问题	陈连旺
	0102517	遥感在地震灾情信息获取中的应用	张景发
	0102521	遥感图像特征参数提取	张景发
	0102522	遥感资料的综合分析处理	张景发
	0102525	阿尔金断裂带中西段非线性断裂作用定量地貌学研究	王　峰
	0202505	地震前兆观测仪器通讯与控制	付子忠
	0202520	利用小震振幅比资料反演震源机制	王秀英
	0302524	川滇震情跟踪地倾斜观测	张鸿旭
	0402503	水压致裂应力测量技术实验室研究	李　宏
	0402508	大型紧缺金属矿产资源基地综合勘查与高效开发技术研究	郭啟良
	0502519	形变台站建设规范制定	邱泽华
	0602514	示范区新型、高效地质灾害遥测台网技术系统研究	欧阳祖熙
	2202511	华北地区地震活动短期特征综合研究	陆远忠
	2202512	华东南地区地震短期预测新方法及综合预报专家系统的研究	陆远忠
	2202510	由GPS结果研究中国大陆应变-应力场特征及动力学问题	陆远忠
	2202513	《工程场地地震安全性评价技术规范》修订	徐宗和
	2202504	大城市活动断层监理	陈学波
	2202527	生命线工程安评结果应用	徐宗和
	1802516	我国自然灾害情况及防灾管理体制研究	何　玉
	1802518	全国流动观测仪器及台网发展规划	何　玉
		遥感在地震灾情信息获取中的应用——遥感影像预处理与变化监测识别	张景发
		钻孔应力-应变数字台网技术管理系统	邱泽华
2003	0103519	长江中下游遥感资料收集	张景发
	0103520	INSAR技术应用于三峡滑坡监测	张景发
	0103521	强震应力触发机制的仿真研究	陈连旺
	010352001	地震减灾仿真网络数据库建设（专业）	谢富仁
	010352002	地震减灾仿真网络数据库建设（基础）	崔效锋
	0103516	D-INSAR监测武安矿山地表变形	张景发
	0203506	西藏地震局网页制作	李玉萍
	0203504	前兆测项分类标准	王子影
	0203514	地震前兆观测技术声像教材编写	王子影
	0503515	地形变台站观测环境技术要求	邱泽华
	0503501	钻孔应力应变台网管理系统	邱泽华
	0603502	小观音坝址近场区主要断裂活动性鉴定	于慎谔

续表

年份	课题编号	课 题 名 称	负责人
2003	0703512	湖北荆门沙洋县纪山楚墓群防爆破盗墓智能震动监控系统	赵国存
	0703505	三门峡虢国古墓防盗掘智能化震动监控系统	赵国存
	2203508	地震现场应急工作专项	宋富喜
	2203509	中国地球科学数据中心完善与共享平台建设	谢富仁
	2203513	川滇地区地震跟踪研究	戴樑焕
		昌平台钻孔应变资料（分量式）的自校及与体应变、差应变资料的关系研究	王　勇
2004	0104502	遥感图像处理与分析	张景发
	0104513	合成孔径雷达与光学遥感技术研究	张景发
	0204506	信息网络新技术跟踪	续春荣
	0204511	地动仪模型的研制	王兰炜
	0304504	地震科学数据资源建设及标准规范制定	王建军
	0304514	旧井地区断裂活动性年代学分析	荆　燕
	030450402	地震科学数据共享政策研究	吴荣辉
	0404503	持续高地应力作用下深埋长隧硐软弱围岩长期变形研究	郭啟良
	0504507	《强震短期前兆异常特征的物理分析和解释》论著出版与发行	刘耀炜
	2204501	科学数据共享研究	徐宗和
	2204508	重大建设工程抗震设防概率水准确定准则的研究	徐宗和
	2204510	江苏省地震预报及震后趋势快速判定系统软件集成	陆远忠
	2204512	超低频振动测试系统改造	徐宗和
	2204308	地震科学联合基金专家数据库补充完善	杨树新
	2204515	《中国防震减灾百科全书》编写启动经费	唐荣余
	2204517	青藏高原东北缘地区地震活动分布与主要断裂的关系研究	黄雅虹
	2204526	拉萨至格尔木应力剖面构造应力场分析	陈群策
	220451501	《百科全书》编写	安　欧
2005	0105501	上海大城市活动断层调查卫星遥感数字图像处理	张景发
	0105541	星载雷达数据沉积岩区地质信息提取技术	张景发
	0105542	中国陆上及海外部分地区遥感图及地形资料研究	张景发
	0105511	川滇地区构造应力场反演研究	崔效锋
	0105535	四川地区三维地壳上地幔结构的高分辨率综合地球物理探测——研究区地震活动性与活动断层之间关系研究	郑月君
	0105527	南海东北部及邻区地震层析成像与岩石圈结构	黄忠贤
	0105528	研究编制《国家防震减灾规划》	崔效锋
	0105506	全面建设小康社会对于防震减灾事业的战略需求研究	崔效锋
	010551001	川西地震活动模型的建立	陆远忠
	0205522	监测信息共享网站建设	续春荣
	0205523		王秀英
	0305525	地震前兆地热观测数据库建设及共享	王建军

续表

年份	课题编号	课 题 名 称	负责人
2005	0205536	地震监测预报发展战略研究	付子忠
	0305530	数据共享管理办法及实施细则制定	王建军
	0305531	青藏高原强震活动区三维数据成像	荆　燕
	030450401	中国地壳应力环境基础数据	崔效锋
	030550901	地壳应力研究所网络计算应用分节点建设（一）	王建军
	030550902	地壳应力研究所网络计算应用分节点建设（二）	杨树新
	030550903	地壳应力研究所网络计算应用分节点建设（三）	陆远忠
	0305516	地电阻率多级距观测系统研究	张世中
	0505504	昌平台钻孔应变资料的自校及与体应变、差应变资料的关系研究	王　勇
	0505519	首都圈地热震情跟踪	姚宝树
	0505520	印尼地震研究成果书籍与地震台站人员上岗培训教材编写及出版	刘耀炜
	0505524	地震前兆地热观测数据库建设及共享	杨选辉
	0505529	地震大形势跟踪判定	刘耀炜
	0505536	地下流体观测仪器入网技术要求	刘永铭
	0605537	渤海地震动参数区划研究	吕悦军
	0505529	地震大形势跟踪判定	刘耀炜
	2205503	强地震短期预测方法研究	陆远忠
	0605507	三城地震危险性评价	张　璐
	0605515	人员交流与活断层野外调查研究	吕悦军
	0705540	提高活断层探测精度的横波勘探方法研究	王恩福
	0705526	地震应急救援设备调研	王恩福
	0805518	高分辨率卫星遥感影像的城市震害信息提取算法研究	李玉萍
	2205514	地震现场调查标准制订	徐宗和
	2205508	资料搜集整理与处理研究	巩曰沐
	2205513	《防震减灾法》修正工作经费	徐宗和
	2205521	地震科学数据共享机制研究	吴荣辉
	220520201	前兆台网形变资料整理	朱守彪
	2205532	地震科学数据共享规定	付子忠
	2205533	防震减灾百科全书编写	刘光勋
2006	0106501	太原市活断层探测与地震危险性评价遥感图像处理与活动构造解释	张景发
	0106506	海口市地震活断层探测目标区活断层地震地质调查与 1∶5 万活断层分布图编制	江娃利
	0106512	海口市地震活断层探测琼东北地区的小震精确定位	雷建设
	0106516	基于 D-InSAR 技术监测苏州地面沉降研究	张景发
	0106519	多震相地震层析成像与北京及邻区地壳精细结构构造特征	雷建设
	0106523	北京市 1∶50000 活断层编图	张世民
	010650501	海口市地震活断层探测遥感图像处理与活动构造解译	张景发 江娃利
	0306507	多极距观测系统研究	张世中

续表

年份	课题编号	课 题 名 称	负责人
2006	030651001	数据共享分中心改造	王建军
	030651002	地壳应力环境数据库数据更新与网络查询系统升级	崔效锋
	030651003	钻孔水温数据库数据扩充更新	杨选辉
	0506511	成果管理系统软件改版	杨选辉
	0506522	东北地区本地震活跃期地震及前兆变化特征综合分析及未来 3 年地震活动趋势分析预测	刘耀炜
	0606503	崩、滑体遥测台网地质监测分析	魏学勇
	0606518	海口市地震活断层探测项目基础数据库建设	赵树贤
	0706508	救援液压设备、救援气动设备检测和救援侦检设备标定	王恩福
	0806517	国家地震网络计算系统建设	王建军
	2206504	基于 IPV6 的智能型地震烈度传感器研制及 IPV6 地震烈度传感器网络技术研究与实验系统建设	吴荣辉
	2206509	《防震减灾法》修正	徐宗和
	2206151	井下综合观测系统预研	杨树新
	2206171	首都圈深井观测技术在震情跟踪中的研究	杨树新
	2206179	流体台站观测效能评估体系建设与实施	刘耀炜
	2206520	地震安全性评价技术服务规范	唐荣余
2007	0107504	多模式 SAR 干涉处理技术研究与应用	张景发
	0107170	地震现场生命线工程破坏等级研究	张景发
	0107550	地震电磁探测试验卫星地面应用系统总体方案	张景发
	0107551	遥感震害快速评估技术系统研制	张景发
	0107559	D-INSAR 技术在地震短期预测中的应用	张景发
	0107560	层析成像技术在介质参数三维动态图像提取中的应用研究	雷建设
	0207160	全国地震监测系统管理网络平台建设与日常维护	王秀英
	0207546	深井温度计研制	赵　刚
	0207562	大横向黏度变化的地幔对流研究	
	0507514	基于物理统计模型的强地震预测方法研究	杨选辉
	0507515	强震动力动态图像预测技术研究	刘耀炜
	0507516	北京北部地震形势研究	杨选辉
	0507520	数值模拟与大震复发周期研究	陈连旺
	0507544	地震前兆钻孔水温观测数据整合	杨选辉
	0507545		邱泽华
	0307547	深井集成系统研制	李　宏
	0507549	构造变形动力过程的野外观测与物理解释	孙小龙
	0507550	钻孔应变台网技术管理	邱泽华
	0507558	川滇菱块构造深部应力时空演变与强震预测	焦　青
	0607165	安评培训教材编写补贴	吕悦军
	0607501	海口市地震活断层探测项目信息管理系统建设	赵树贤
	0607521	地壳应力环境与大震复发周期研究	张永庆
	0607556	海洋平台工程结构地震动输入研究	彭艳菊
	0807543	地壳应力环境数据共享分中心维护、共享服务及钻孔应变数据网络发布系统开发	王建军
	0807552	昆明地震活断层数据库与管理系统建设	赵树贤

续表

年份	课题编号	课 题 名 称	负责人
2007	2207167	地震动参数区划图编制	谢富仁
	2207193	地壳动力学与地应力环境探测发展规划研究	吴荣辉
	2207198	国家流体台站观测效能评估体系实施	刘耀炜
	2207502	地壳地幔界面附近流变性质对比的研究	朱守彪
	2207513	防震减灾法	徐宗和
	2207518	国际搜寻和救援反映指南翻译及出版	陆　鸣
	2207542	地震科学数据共享效益分析	吴荣辉
	2207551	地震网络计算运行管理机制研究	吴荣辉
	2207552	地震标准审查与宣贯	徐宗和
	2207553	隔震研究	陆　鸣
	2207554	断层活动的有限元模拟	朱守彪
	2207555	各类重大工程抗震设防要求研究	唐荣余
	2207561	黄海及其邻近地区的地震层析成像与深部构造研究	黄忠贤
	2207563	应急救援标准	宋富喜
	2207564	地震作用下砌体结构的破损分析	陆　鸣
2008	0108508	地震电磁探测卫星地面应用系统关键技术研究	张景发
	0108509		王兰炜
	0208512	电磁台站干扰抑制技术研究	张世中
	0308506	汶川 8 级震区强化监测跟踪	范良龙
	0508501	科技成果管理软件编制与完善	杨选辉
	0508506	强震孕育的深部岩石物理	邱泽华
	0508507	数字化地震前兆形变观测方法标准研究	邱泽华
	0508510	7 级以上地震中长期危险性预测专题研究	焦　青
	0508513	汶川大地震动力成因的数值模拟研究	朱守彪
	0508516	地壳应力环境数据共享中心数据整合与共享服务	杨选辉
	0808518	地壳应力环境数据共享中心数据整合与共享服务	王建军
	0508855	断裂带深部流体行为及其在地震过程中的作用	刘耀炜
	2208502	建筑物倒塌搜索犬训练标准及准备能力评价标准	孙文欣
	2208509	近场脉冲型地震动作用下高层建筑结构的非线性破坏机理研究	田家勇
	2208519	地震科学数据共享服务机制的研究	吴荣辉
	200808034	地震电磁探测卫星地面应用系统	地壳所（协作）
	200808012	强震孕育的深部岩石物理性质实验研究	地壳所（协作）
	220817401	海底温度监测设备研制和实验	付子忠
2009	0109145	基础资料收集整理与地震活动性参数确定（区划图编制）	谢富仁
	0109146		张世民
	0109147		沙海军
	0109148		崔效锋
	0109149		吕悦军
	0109188	地震灾害遥感与现场调查比对方法总结	张景发
	0109401	北京及邻区壳幔波速精细结构与地壳强震机理	雷建设
	0109507	广元地区地质稳定性评价遥感技术	张景发
	0109511	汶川地震科考经费	张世民
	0109512	汶川地震孕育发生的应力环境研究	李　宏
	0109513		崔效锋

续表

年份	课题编号	课 题 名 称	负责人
2009	0109514	InSAR 误差分析与校正方法研究	张景发
	0109531	利用雷达数据解译江油地区活动断层分布情况	张景发
	0209180	前兆台网公用技术系统更新与升级	赵 刚
	0209527	近地表大气电场地电场观测试验综合研究	王兰炜
	0209528	地震监测管理基础数据库设计	王秀英
	0409526	高温高压岩石变形本构试验研究	王成虎
	0509501	电磁扰动观测实验研究	杨选辉
	0509502	典型水库诱发地震危险性评定技术及预警技术研究	刘耀炜
	0509508	全球现代地壳运动和形变场观测研究	朱守彪
	0509509	典型水库诱发地震危险性评定技术及预警技术研究	陈连旺
	0509510	典型水库诱发地震危险性评定技术及预警技术研究	杨多兴
	0509515	首都圈震情跟踪——流体	孙小龙
	0509524	国家流体台站效果与流体监测运行	张 彬
	0609518	红河断裂带北段地应力监测研究	欧阳祖熙
	0609519	青藏高原东缘主要断裂带地应力监测	欧阳祖熙
	0809504	汶川地震资料库	吴玉荣
	2209142	震情形势与短临判定	杨树新
	2209143		刘耀炜
	2209144		陆远忠
	2209150	安评工程师考试题库建设	吕悦军
	2209174	前兆综合数据采集系统更新	赵 刚
	2209175	井下综合观测系统试验与比测	杨树新
	2209185	我国地震重点监视防御区活动断层地震危险性评价	江娃利
	2209186		张世民
	2209187		马保起
	2209517	《破坏性地震应急条例》立法后评估研究	徐宗和
	2209520	深部探测	李 宏
	2209521		杨树新
	2209522		陆远忠
	2209530	中国海陆面波层析成像图	黄忠贤
	2209532	四川地震灾区地形地质勘察实验	陆 鸣
	2209534	地震救援人员岗位认证标准研究	王恩福
	220916001	“地震监测管理系统”推广应用补贴	王秀英
	220916401	全国钻孔应力应变资料汇总	邱泽华
2010	0110163	山西太原盆地交城断裂条带状填图	江娃利
	0110164	夏垫断裂综合制图	张世民
	0110165	河套盆地乌拉山山前断裂填图	马保起
	0110194	大同盆地口泉断裂条带状填图	张世民
	0110513	苏州地区高分辨遥感与重磁信息处理与解译	张景发
	0110514	徐州地区高分辨遥感与重磁信息处理与解译	张景发
	0110521	华北平原区重磁遥感数据处理与地质解释	张景发
	011050601	构造应力分析方法研究与应力探测数据集成	陆远忠
	011050602		杜 义
	011050603		李 宏

续表

年份	课题编号	课 题 名 称	负责人
2010	011050604		张红艳
	011050605		崔效锋
	0210144	前兆台网控制系统维护	赵　刚
	0210145	华南电源避雷系统升级更新	赵　刚
	0210146	全国“九五”系统接入升级改造	赵　刚
	0210195	监测处网上办公系统	王秀英
	0210508	地震监测管理数据库建设与维护	王秀英
	0210519	北京、云南等部分省市前兆数采更新及网络改造	何案华
	0410505	隧道围岩稳定性及其控制技术研究	郭啟良
	0510160	全国钻孔应变台网运行维护监督与观测质量监控管理	邱泽华
	0510174	全国流体台网运行与发展技术指导与咨询	刘耀炜
	0510175	全国流体台网观测资料评比与交流	刘耀炜
	0510177	华北强震强化监视跟踪	刘耀炜
	0510186	宏观异常信息汇总	杨选辉
	0510199	测震、前兆台网中心数据处理与报告编制	杨选辉
	0510507	国家流体台站观测效能评估系统实施试点	张　彬
	0510510	全国前兆趋势变化与大形势跟踪预测	孙小龙
	0510512	地震灾害志编写	刘耀炜
	0510515	全国形变台网学科中心运维与产品产出	邱泽华
	0510520	华北地区地下流体异常跟踪分析与研究	张　彬
	0610142	安评工程师考试题库建设	吕悦军
	0610143	基础资料收集整理	吕悦军
	0710166	夏垫断裂物探测	张国宏
	0810505	基于 IPV6 技术的地震观测试验系统	王建军
	2210147	汶川特大地震灾害志编纂	陆　鸣
	2210155	分析预报信息系统调研设计	陆远忠
	2210156	应急条例修订专题研究和人大执法检查	徐宗和
	2210157	云计算技术在地震行业应用的预研究	吴荣辉
	2210168	大震前异常场两种时空变化与震中震时的关系	安　欧
	2210187	地震活动性参数确定	谢富仁
	2210189	《防震减灾法》执法检查	徐宗和
	2210199	地震应急救援发展战略研究	吴荣辉
	2210501	太谷断裂 1∶5 万地质填图	谢富仁
	2210502	恒山北麓断裂 1∶5 万地质填图	于慎谔
	2210503	罗云山山前断裂 1∶5 万地质填图	谢新生
	2210504	喜马拉雅计划	张世民
	2210511	分析预报会商技术系统调研与设计	陆远忠
	2210516	重大建设工程抗震设防风险水准标准研究	唐荣余

附录Ⅱ　基本信息

一、获博士学位（含在读博士研究生）人员名单

表Ⅱ-1-1　获博士学位研究生人员情况一览表

姓名	性别	出生年月	读博时间	毕业时间	专　业	学位论文题目	毕业学校	导师姓名
黄忠贤	男	1943.12	1981～1987	1987.08	地球物理	Time-space distribution of coda Q in fault zone and surface wave dispersion in eastern China	美国科罗拉多大学	C.Kiss linger
江娃利	女	1952.12	1993～1997	1997.08	地震地质	山东沂沭活动断裂中段微地貌定量研究及多元地貌要素相关分析	中国地震局地质研究所	邓起东
赵树贤	男	1962.12	1996～1999	1999.12	采矿工程	煤矿床可视化构模技术	中国矿业大学(北京校区)	张达贤
马保起	男	1965.05	1997～2000	2000.07	第四纪地质学	大青山山前断裂晚第四纪活动性	北京大学	杨景春
李海亮	男	1965.11	1996～2000	2000.09	地震学	地震计传递函数精确测定研究	中国地震局地球物理研究所	庄灿涛
杨选辉	男	1965.08	1996～2000	2000.11	固体地球物理	非稳态、非线性信号处理理论和方法在地震资料分析中的应用研究	中国地震局地球物理研究所	郑治真
雷建设	男	1969.05	1998～2001	2001.02	地球物理	中国及邻区地幔底部部分地区地壳上地幔三维速度结构研究	中国科技大学研究生院(北京)	周蕙兰
张景发	男	1962.12	1996～2002	2002.03	地震工程	防震减灾中的遥感应用研究	中国地震局工程力学研究所	谢礼立
田家勇	男	1974.08	1998～2002	2002.07	固体力学	弹性波在结构中的传播及在无损检测中的应用	北京大学	苏先樾
朱守彪	男	1964.02	2000～2003	2003.03	固体地球物理	中国大陆邻区构造应力场的遗传有限单元法反演及其应用	中国科学院研究生院	石耀霖
陈连旺	男	1960.07	1997～2003	2003.07	防灾减灾工程及防护工程	构造应力场动态演化图像与强震活动关系的研究	中国地震局工程力学研究所	谢礼立 陆远忠
邱泽华	男	1959.09	2000～2004	2004.11	地质学	钻孔应力—应变观测与地震研究	中国地震局地质研究所	马　瑾
王成虎	男	1978.03	2002～2005	2005.06	地质工程	节理化岩体成型爆破技术研究	中国地质大学(北京)	何满潮
王兰炜	男	1968.08	2000～2005	2005.11	固体地球物理学	SLF/ELF 观测系统研究及应用	中国地震局地质研究所	赵家骝
钱海涛	男	1978.12	2003～2007	2007.06	地质工程	水利水电岩溶发育深度的定量化理论研究	中国科学院地质与地球物理所	伍法权 秦四清
赵亚敏	女	1977.09	2003～2007	2007.06	结构工程	三维隔震体系理论与振动台试验研究	北京工业大学	周锡元

续表

姓名	性别	出生年 月	读博时间	毕业时间	专 业	学位论文题目	毕业学校	导师姓名
张世民	男	1965.04	2002～2007	2007.07	构造地质	忻定盆地第四纪断块活动分期研究	中国地震局地质研究所	聂高众
荆 燕	女	1975.02	2004～2007	2007.12	第四纪地质学	中国大陆现今地形变场多动态特征的比较分析研究	中国地质大学	田明中
董云开	男	1980.05	2001～2008	2008.01	机械设计	微尺度形貌修饰硅表面的磨擦特性研究	清华大学	温诗铸
付继华	男	1979.08	2004～2008	2008.06	测试计量技术及仪器	微小尺寸精密测量中的非统计方法及其关键技术研究	北京航空航天大学	王中宇
李智涛	女	1978.02	2005～2008	2008.07	电路与系统	无线分组网络测量技术及网络性能改善的研究	北京邮电大学	徐惠民
吕悦军	男	1966.10	2004～2008	2008.12	固体地球物理	渤海海域地震区划研究	中国地质大学(北京)	孟小红
彭艳菊	女	1976.06	2004～2008	2008.12	固体地球物理	基于渤海地震环境的海洋平台抗震设防标准研究	中国地质大学(北京)	孟小红
张 路	男	1964.07	2002～2008	2009.02	构造地质学	福建东南沿海盆地第四纪构造模式与动力学成因	中国地震局地质研究所	曲国胜
杨多兴	男	1974.09	2006～2009	2009.07	地质工程	二氧化碳在空隙咸水层中多相流动数值模拟研究	中国科学院地质与地球物理研究所	李国敏 张德良
蔡晓刚	男	1979.01	2004～2009	2009.09	固体地球物理	各向异性 ATI 介质地震矩张量理论研究	北京大学	陈晓非
王秀英	女	1972.04	2004～2009	2009.12	构造地质	地震滑坡灾害快速评估技术及对应急影响研究	中国地震局地质研究所	聂高众
刘耀炜	男	1957.07	2005～2009	2009.12	水文学及水资料	动力加载作用与地下水物理动态过程研究	中国地质大学(北京)	李慈君 邵景力
张永庆	男	1972.10	2004.09	2010.06	构造地质学	利用地震活动数据研究汶川震区应力状态及地震危险性	中国地震局地质研究所	谢富仁
王建新	男	1980.09	2006～2010	2010.07	水利工程	降雨非饱和入渗过程的水势描述及理论模型研究与应用	清华大学	王思敬 王恩志
马志霞	女	1979.12	2007～2010	2010.07	地质资源与地质工程	三维三分量 VSP 处理及与地面地震的综合应用研究	中国石油大学(北京)	孙赞东
颜 蕊	女	1981.08	2006～2010	2010.07	防灾减灾与防护工程	中国电磁监测试验卫星地面应用系统关键技术研究	中国地震局工程力学研究所	张景发

表Ⅱ-1-2 在读博士研究生情况一览表

姓 名	性别	出生年月	读博时间	拟毕业时间	专 业	学位论文题目	在读学校	导师姓名
李玉萍	女	1966.06	2004.09	2012.07	固体地球物理		中国地震局地球物理研究所	尹京苑 单新建
田云锋	男	1976.07	2005.09	2011.06	地球物理学	GPS 中非构造成份的起源和剔除方法研究	中国地震局地质研究所	沈正康
杨树新	男	1963.12	2005.09	2010	水文地质与工程地震	中国大陆实测地壳应力特征与数值模拟研究	北京交通大学	许兆义 白明洲
赵俊香	女	1976.09	2007.09	2013	地球化学		中国地质大学(北京)	陈岳龙
兰晓雯	女	1978.08	2007.09	2011.07	地球探测与信息技术		中国地质大学	牛滨华
张红艳	女	1980.07	2008.09	2014.07	构造地质学		中国地震局地质研究所	谢富仁
任俊杰	男	1979.11	2008.09	2012	构造地质学		中国地震局地质研究所	徐锡伟
谢周敏	男	1975.07	2008.09	2012.07	固体地球物理		北京大学	蔡永恩
卢海峰	男	1975.12	2009.07	2012.06	构造地质学		中国地质大学(北京)	万天丰
何仲太	男	1982.01	2009.07	2013.07	构造地质学		北京大学	侯建军
龚丽霞	女	1981.03	2009.09	2013.07	遥感		北京大学	曾祺明

二、历届硕士研究生主要信息

表Ⅱ-2-1　　硕士毕业生信息

年度	论文题目	姓　名	指导教师	专　　业
1992	水压致裂裂缝方位的微震法估计——理论研究与仪器研制	魏保国	欧阳祖熙	地球动力学与大地构造物理学
	库马活动断裂带东段全新世滑动速率及古地震活动特征分析	李春锋	赵国光	地球动力学与大地构造物理学
1994	楼房整体质量无损检测分析系统的研制	吉小恒	欧阳祖熙	地球动力学与大地构造物理学
	遗传有限单元反演法及在影响中国构造应力场因素分析中的应用	安美建	李方全	地球动力学与大地构造物理学
1995	华北地区构造应力场演化图像研究	张　杰	陆远忠	地球动力学与大地构造物理学
1996	多媒体会商制作系统的建立	王秀英	陆远忠	地球动力学与大地构造物理学
	华北地区地震活动性及地震预报方法的研究	闫利军	陆远忠	地球动力学与大地构造物理学
1997	中国大陆东部及邻区地壳上地幔速度结构	李红谊	黄忠贤	地球动力学与大地构造物理学
1998	唐山地震震源区构造应力场量值初步计算	赵建涛	谢富仁	固体地球物理学
	用 LOVE 波研究中国大陆及邻区地壳上地幔速度结构	彭艳菊	黄忠贤	固体地球物理学
1999	青藏高原及邻区的面波地震层析成像	苏　伟	黄忠贤	固体地球物理学
	地声观测的技术研究	赵　刚	付子忠	固体地球物理学
2000	全球观测应力场的短波分量分析与川滇地区应力场的伪三维数值模拟	黄玺瑛	陈　虹	固体地球物理学
	基于 GIS 的三峡库区滑坡信息系统	苗家友	欧阳祖熙	固体地球物理学
2001	3S 技术在三峡库区地质灾害监测中的应用	杨旭东	欧阳祖熙	固体地球物理学
	小波域震后结构损伤快速识别方法（WSSDF）研究	赵国存	王恩福	固体地球物理学
	华北地区地震烈度衰减关系的研究	沙海军	唐荣余	固体地球物理学
	地学数据库开发与中国大陆 S 波分析研究	罗　艳	黄忠贤	固体地球物理学
2002	枇杷坪地质灾害监测地理信息系统	陈　诚	欧阳祖熙	固体地球物理学
	青藏高原地区现今构造应力场数值模拟	杜　义	谢富仁	固体地球物理学
	地震前兆监测中心高频信息的提取技术和方法研究	范良龙	周振安	固体地球物理学
	InSAR 技术及其在地面沉降中的应用	龚丽霞	张景发	固体地球物理学
	五台山北麓层状地貌与断块隆升	任俊杰	陈　虹	固体地球物理学
	活动断裂带遥感信息提取方法研究及应用	王冬雷	张景发	固体地球物理学
	活动断层高分辨率多波地震勘探技术研究	徐秀力	王恩福	固体地球物理学
2003	电容式钻孔倾斜仪的研制	何成平	欧阳祖熙	固体地球物理学
	由跨断层连续形变资料分析新疆天山地区断层运动特征与地震活动的关系	刘冠中	王建军	固体地球物理学
	新疆地区现代构造应力场非均匀性及成因机理分析	张红艳	谢富仁	固体地球物理学
	InSAR 技术应用研究及强震震源参数模拟	冯万鹏	张景发	固体地球物理学
	我国大陆水位、水温观测对印尼 8.7 级地震的同震响应特征及机理研究	陈大庆	陈　虹	固体地球物理学
	地球物理正反演中的多尺度模拟与分析方法研究	谢周敏	王恩福	固体地球物理学
	大青山山前断裂活动的地貌与沉积记录	李玉森	马保起	固体地球物理学
	地下流体高精度流量观测技术的研究	刘爱春	周振安	固体地球物理学
2004	洪积扇上石土壤年龄与全新世活断层的关系	何仲太	马保起	固体地球物理学
	中国大陆地应力模拟计算应用系统网络开发	郭文宇	王建军	固体地球物理学
	PS 技术在地壳形变检测应用中的关键技术研究	姜文亮	张景发	固体地球物理学
	基于主动网络技术的网络管理系统的设计与实现	邹　妍	李玉萍	固体地球物理学
	基于 ArcIMS 的震害评估网络发布系统	李智慧	张景发	固体地球物理学
	地震活断层探测数据的三维分析与可视化	刘玉娟	赵树贤	固体地球物理学
	近年来几次强震在中国南北地震带动态应力场触发问题研究	张　彬	杨选辉	固体地球物理学

续表

年度	论文题目	姓　名	指导教师	专　　业
2004	体应变及其辅助传感器的抗雷击技术研究	马爱虹	李海亮	固体地球物理学
	琼北地区晚第四纪火山活动与强震关系的研究	闫成国	江娃利	固体地球物理学
	南口-孙河断裂北段晚第四纪活动特征的钻孔地层学研究	王丹丹	张世民	固体地球物理学
2005	星载扫描 SAR 干涉技术及其应用	罗　毅	张景发	固体地球物理学
	震害遥感影响信息提取方法研究	张　磊	张景发	固体地球物理学
	断裂活动对地下流体运移影响机制的研究	王　博	刘耀炜	固体地球物理学
	北京断陷第四纪地层对比与断层活动性分析	罗明辉	张世民	固体地球物理学
	利用断层滑动矢量反演昆明地区构造应力场	荆振杰	谢富仁	固体地球物理学
	构造应力场活动断裂及区域地震活动性的数值模拟研究	李　红	陈连旺	固体地球物理学
	嵌入式数据库在前兆仪器中的应用研究	孙海霞	李海亮	固体地球物理学
	应用地貌指数研究岱海流域的构造运动特征	王　林	马保起	固体地球物理学
	利用大量震源机制解初步分析华北地区现今构造应力场的非均匀特征	李瑞莎	崔效锋	固体地球物理学
	钻孔应变观测的实地标定	阚宝祥	邱泽华	固体地球物理学
	中国地热前兆台网对汶川 8.0 级地震的响应研究	王　军	付子忠	固体地球物理学
	中国钻孔应变台网观测的地震激发的地球自由振荡	唐　磊	邱泽华	固体地球物理学
	中强地震区地震活动性参数研究	张力方	吕悦军	固体地球物理学
	EDA 技术在质子旋进磁力仪中的应用	何案华	付子忠	固体地球物理学
2006	北京地区场地条件对地震动参数的影响	施春花	唐荣余	固体地球物理学
	基于水系指数研究唐山周围地区的构造活动性	王金艳	马保起	固体地球物理学
	龙门山断裂带的逆冲作用在地貌上的表现	吕志强	张世民	固体地球物理学
	用钻孔应力应变观测检验强震“前驱波”	周龙寿	邱泽华	固体地球物理学
	川滇地区构造应力场演化与龙门山断裂带大震复发周期的数值模拟研究	李玉江	陈连旺	固体地球物理学
	五台山北麓断裂南峪口段晚第四纪活动与古地震	丁　锐	张世民	固体地球物理学
	中国大陆岩石圈有限元数值模型的建立与应力场初步分析	米　琦	杨树新	固体地球物理学
	利用 GPS 观测数据评估滇南部地区断裂地震危险性	张效亮	谢富仁	固体地球物理学
	1990 年以来中国大陆及邻区地震资料的统计分析	谢卓娟	吕悦军	固体地球物理学
	与地震有关的氡的异常特征及其机理的研究	任宏微	刘耀炜	固体地球物理学
	1976 年 M_S7.8 唐山地震断层动态破裂及近断层地震动研究	杜晨晓	谢富仁	固体地球物理学
	首都圈地区多源地学信息处理及活动构造分析	焦孟梅	张景发	固体地球物理学
	地震应急和评估中的遥感应用研究	蔡　山	张景发	固体地球物理学
	高精度光纤光栅温度传感器研制	李　阔	周振安	固体地球物理学
	青岛市活断层浅层地震勘探技术研究	杨岐焱	谢富仁 尤惠川	固体地球物理学
2007	张渤带深浅部构造特征与交切关系研究	路　静	张景发	固体地球物理学
	重复轨道雷达干涉测量中的大气效应及其校正	商晓青	张景发	固体地球物理学
	乌拉山山前断裂晚第四纪活动性研究	郝彦军	马保起	固体地球物理学
	大渡河流域层状地貌研究	毛昌伟	张世民	固体地球物理学
	龙门山构造演化历史及与汶川地震地表破裂关系的讨论	黄　伟	江娃利	固体地球物理学
	山西交城断裂北段晚第四纪活动特征及构造演化	盛　强	谢新生	固体地球物理学
	龙陵—瑞丽断裂南支北段晚第四纪活动性研究	黄学猛	谢富仁	固体地球物理学
	汶川地震序列震源机制解及其动力学模拟	胡幸平	崔效锋	固体地球物理学
	青藏高原隆升及现今构造变形分布特征的数值模拟研究	叶际阳	陈连旺	固体地球物理学
	三峡工程万州库区地质灾害监测评估技术研究	李　捷	杨选辉	固体地球物理学
	水库诱发地震机理研究	王秋月	朱守彪	固体地球物理学
	深孔应力解除关键技术研究	喻建军	李　宏	固体地球物理学
	天津滨海软土场地对地震动参数的影响	史丙新	吕悦军	固体地球物理学
	井水温度固体潮效应及其应变响应能力	马玉川	刘耀炜	固体地球物理学
	强震前断层逸出气监测的卫星监测指标及技术方法的探索	滕荣荣	刘耀炜	固体地球物理学

注：王志娟（2001，导师　周振安）、刘亮（2004，导师　李玉萍）未毕业

表Ⅱ-2-2 在学硕士研究生信息

年　度	姓　名	指导教师	专　　业
2008	张井飞	谢富仁	固体地球物理学
	王健楠	邱泽华	固体地球物理学
	刘　杨	朱守彪	固体地球物理学
	姚　瑞	杨树新	固体地球物理学
	詹自敏	陈连旺	固体地球物理学
	王艳华	崔效锋	固体地球物理学
	郭　慧	江娃利	固体地球物理学
	许丽卿	刘耀炜	固体地球物理学
	吴平静	赵树贤	固体地球物理学
	沙　鹏	郭啟良	固体地球物理学
	徐　伟	张世民	固体地球物理学
	安立强	张景发	固体地球物理学
	张广伟	雷建设	固体地球物理学
	扈桂让	马保起	固体地球物理学
2009	骆佳骥	崔效锋	固体地球物理学
	张　磊	刘耀炜	固体地球物理学
	方　震	杨选辉	固体地球物理学
	缪　淼	朱守彪	固体地球物理学
	张　祯	王建军	固体地球物理学
	黎　源	雷建设	固体地球物理学
	龚　正	张世民	固体地球物理学
	马　莉	赵树贤	固体地球物理学
	李　妍	陈连旺	固体地球物理学
	王华青	田家勇	固体地球物理学
	王玉婷	吕悦军	固体地球物理学
	葛双超	王兰炜	固体地球物理学
	许建红	谢新生	固体地球物理学
	甄宏伟	杨树新	固体地球物理学
	陈　曦	张景发	固体地球物理学
2010	李成龙	张景发	固体地球物理学
	刘大鹏	王兰炜	固体地球物理学
	马晓川	周振安	固体地球物理学
	王佳龙	谢富仁	固体地球物理学
	火明譞	陆　鸣	固体地球物理学
	黄禄渊	杨树新	固体地球物理学
	徐丹丹	吕悦军	固体地球物理学
	谭　佩	陈连旺	固体地球物理学
	朱敏杰	崔效锋	固体地球物理学
	查小惠	雷建设	固体地球物理学
	宋成科	王成虎	固体地球物理学
	姜大伟	马保起	固体地球物理学
	陈　涛	刘耀炜	固体地球物理学
	李天龙	张世民	固体地球物理学

三、人员分类情况

表Ⅱ-3-1 人员分类情况统计

年度	编制数	期末职工总数	干部总数	其中		人员结构					文化程度					年龄结构						
				司局级	处级	管理人员	其中专技人员	科技人员	教学人员	工人	博士	硕士	大学大专	中专高中	初中及以下	≤35	36～40	41～45	46～50	51～55	56～60	≥61
1975		588	323			103		224		261						282	242		40		1	23
1976		586	341			113		228		245						260	256		54		4	12
1977		631	360			112		248		271						280	289		55		4	3
1978		662	385		8	95	5	290		277												
1979		656	371		8	113	26	288		255		2	200	182	272							
1980	660	661	391	3	12	118	11	285		258		1	199	184	277							
1981	660	660	403	4	13	124	44	279		257		1	200	190	269							
1982	660	670	410	4	11	124	62	286		260		3	213	206	248							
1983	660	675	420	5	11	126	70	294		255		3	218	210	244							
1984	620	703	453	5	39	130	73	321	2	250		5	236	228	234							
1985	620	673	441	5	40	125	74	316		232		6	222	220	225							
1986	620	689	451	4	57	129	75	322		238		10	234	223	222							
1987	620	695	468	4	57	132	72	336		227		14	243	219	219	190	60	103	158	140	37	7
1988	638	683	477	3	51	116	62	361		206		20	249	228	186	200	61	91	152	136	41	2
1989	638	684	498	5	57	109	60	389		186		20	269	218	177	221	62	98	146	129	27	1
1990	638	676	494	4	53	102	60	392		182		22	273	211	170	187	95	92	129	136	36	1
1991	638	663	485	4	52	106	65	379		178		27	254	212	170	201	62	81	123	144	50	2
1992	628	630	469	6	55	98	61	371		161		27	244	204	155	199	60	80	113	135	41	2
1993	626	590	440	6	55	95	64	345		150		27	234	193	136	191	63	74	109	119	34	
1994	624	564	427	5	51	101	69	326		137		26	229	179	130	153	64	63	90	120	73	1
1995	622	500	389	4	44	95	69	294		111	1	21	200	167	111	107	71	67	76	106	73	
1996	622	456	368	7	53	87	50	281		88	1	32	200	140	83	132	62	67	70	83	43	
1997	567	400	323	6	47	83	50	240		77	2	28	182	119	69	98	62	63	58	82	37	
1998	567	382	305	7	45	78	45	227		77	2	30	173	113	64	86	63	63	55	76	39	
1999	567	353	279	6	45	67	43	212		74	3	30	153	105	72	63	65	59	51	66	39	
2000	527	253	194	5	38	57	43	137		59	6	33	113	69	32	66	61	42	32	34	18	
2001	527	243	184	6	40	50	38	134		59	7	35	103	67	31	57	59	43	33	32	19	
2002	527	246	188	6	37	45	37	143		58	9	39	103	67	28	60	57	48	30	26	25	
2003	527	236	179	5	38	44	35	135		57	10	37	97	65	27	59	41	56	33	22	25	
2004	527	239	184	7	36	45	35	139		55	11	42	96	62	28	61	29	63	37	29	20	
2005	527	235	185	7	32	44	34	141		50	12	59	84	59	21	64	26	55	42	31	17	
2006	527	224	174	5	39	41	32	150		33	13	59	77	54	21	59	27	56	41	27	14	
2007	527	214	180	6	41	42	32	138		34	16	64	75	46	13	66	22	40	45	28	13	
2008	527	220	186	6	38	41	31	145		34	20	71	72	44	13	72	23	29	49	30	15	
2009	527	223	190	6	43	41	31	150		32	27	77	70	37	12	79	22	26	48	32	16	
2010	527	230	198	7	38	41	31	157		32	32	81	72	33	12	79	29	24	43	34	22	

四、专业技术人员情况

表Ⅱ-4-1 1975年后专业技术人员情况统计表

年度	专业技术职务					
	总计	正高级	副高级	中级	初级	待定
1975	224			6	218	
1976	228			5	223	
1977	248			4	244	
1978	295		3	9	283	
1979	314		3	85	226	
1980	296		3	86	207	
1981	323		4	140	121	58
1982	348		6	166	126	50
1983	364		10	200	117	37
1984	396		10	200	136	50
1985	390		10	192	129	59
1986	397		10	187	130	70
1987	408	5	38	206	138	21
1988	423	6	40	255	88	33
1989	449	6	40	248	108	47
1990	452	6	42	244	110	50
1991	444	9	36	239	108	52
1992	432	12	50	208	114	48
1993	409	13	92	166	92	46
1994	395	15	107	174	68	31
1995	363	19	71	184	60	29
1996	331	16	82	175	58	
1997	290	14	67	154	55	
1998	272	13	80	130	49	
1999	255	13	87	105	50	
2000	180	13	62	71	34	
2001	172	14	67	57	34	
2002	180	13	65	67	35	
2003	170	15	63	59	33	
2004	174	16	62	52	44	
2005	175	19	57	53	46	
2006	182	20	52	46	64	
2007	170	23	44	54	48	
2008	176	23	48	58	47	
2009	181	23	47	65	46	
2010	188	24	57	64	43	

五、地壳应力研究所（地震地质大队）建立以来工作人员名单

表Ⅱ-5-1

序号	姓名	性别	出生年月	民族	来所时间	离岗时间	离岗原因	调往单位
1	朱林青	男	1926.05	汉	1966	1975.09	调出	地震仪器厂
2	王　民	男	1922.09	汉	1966	1982.12	离休	
3	王家恩	男	1919.11	汉	1966	1979.11	退休	
4	蔡艺荣	男	1923	汉	1966	1974.02	开除	
5	冯声富	男	1923.10	汉	1966	1980.05	退休	
6	孟昭珍	男	1925.02	汉	1966	1970.12	病故	
7	柴洪飞	男	1925.04	汉	1966	1972	调出	
8	杨长水	男	1939.11	汉	1966	1979.01	调出	陕西省缝纫机厂
9	黄洪艾	男	1933.07	汉	1966	1975.05	调出	山东省物探队
10	孙　叶	男	1934.02	汉	1966	1976.12	调出	562 地质队
11	王炳臣	男	1936	汉	1966	1977.04	调出	562 地质队
12	谭志强	男	1936.01	汉	1966	1977.12	调出	四川省地震局
13	王　津	男	1936.03	汉	1966	1976.12	调出	562 地质队
14	陈舜烈	男	1936.08	汉	1966	1976.09	调出	广州市矿务局
15	冯玉姿	女	1936.09	汉	1966	1980.04	退休	
16	何先学	男	1936.09	汉	1966	1978.04	调出	湖南省
17	徐位兴	男	1936.11	汉	1966	1996.11	退休	
18	付以昌	男	1937.07	汉	1966	1975.10	调出	四川涪陵宣传部
19	尚　波	男	1937.07	汉	1966	1975.10	调出	阿克苏地震队
20	徐成忠	男	1937.08	汉	1966	1975.05	调出	成都市地震大队
21	罗雄茂	男	1937.11	汉	1966	1976.05	调出	广州省矿务局
22	申端生	男	1938	汉	1966	1982.05	调出	衡阳纺织机械厂
23	贺　杰	男	1938.03	汉	1966	1977.04	调出	湖南省观测队
24	黄希文	男	1938.03	汉	1966	1976.06	调出	广州市矿务局
25	赵　峰	男	1938.10	汉	1966		调出	河北省地震局
26	欧阳法生	男	1938.12	汉	1966	1975.05	调出	湖南郴县 408 地质队
27	李春南	男	1938.12	汉	1966	1973.05	调出	四川省西昌市
28	王清成	男	1939.03	汉	1966	1995.12	退休	
29	王奎正	男	1939.09	汉	1966	1977.02	调出	山西省
30	谢宝田	男	1940.02	汉	1966	1980.09	调出	广东曲东县劳动局
31	覃如碧	男	1940.04	汉	1966	1968.08	病故	
32	李月坤	男	1940.08	汉	1966	1976.11	调出	广州市矿务局
33	龚家祥	男	1942	汉	1966	1969.08	牺牲	
34	唐文根	男	1942.03	汉	1966	1978.02	调出	成都市地震大队
35	刘殿明	男	1942.10	汉	1966	1978.09	调出	大兴安岭
36	陈先培	男	1943.01	汉	1966		病故	
37	程仁泉	男	1940.03	汉	1966	1974.11	调出	国家地震局

续表

序号	姓名	性别	出生年月	民族	来所时间	离岗时间	离岗原因	调往单位
38	李宗才	男	1933.02	汉	1966	1972.08	调出	河南地震局
39	朱　诠	男		汉	1966	1975.09	调出	国家地震局
40	黄延波	男			1966			
41	蒋玉谦	男			1966			辽宁省地震局
42	滕瑞增	男			1966			西北地震地质队
43	张作山	男			1966			北京市地震局
44	王振才	男			1966			
45	梁昌太	男			1966			湖南省地质局
46	刘粦荀	男			1966			
47	黄兰池	男	1939.10	汉	1966	1976.09	调出	广州市矿务局
48	张埠南	男	1940.11	汉	1966	1976.10	调出	广州市矿务局
49	陈章壮	男	1940.11	汉	1966	1975.05	调出	阿克苏地震队
50	彭鼎煌	男	1912.12	汉	1966	1979.08	退休	
51	黄汉松	男	1934.06	汉	1966.04	1994.07	退休	
52	刘志嘉	男	1939.03	汉	1966.04	1997.03	调出	北京市地震局
53	梁寿林	男	1926.01	汉	1966.05	1983.01	退休	
54	李运和	男	1930.03	汉	1966.05	1990.09	退休	
55	王进英	女	1933.05	汉	1966.05	1989.01	退休	
56	刘　义	男	1933.09	汉	1966.05	1993.10	退休	
57	李昌雍	男	1933.12	汉	1966.05	1983.09	退休	
58	罗天赐	男	1935.07	汉	1966.05	1986.02	病故	
59	喻复先	男	1937.02	汉	1966.05		调出	青海省地震局
60	谭纪全	男	1937.07	汉	1966.05	1977.12	病故	
61	丁旭初	男	1937.10	汉	1966.05	1993.05	病故	
62	薛建国	男	1938.08	汉	1966.05	1978.02	调出	山东省
63	成隆伟	男	1940.10	汉	1966.05	1994.07	病故	
64	徐位悦	男	1940.10	汉	1966.05	1996.03	退休	
65	陈伟添	男	1941.08	汉	1966.05	1976.09	调出	广州市矿务局
66	沈国华	男	1941.09	汉	1966.05	1992.06	退休	
67	赖济旺	男	1941.10	汉	1966.05	1975.10	调出	阿克苏地震队
68	孔善航	男	1923.07	汉	1966.06	1980.10	退休	
69	张仁山	男	1923.09	汉	1966.06	1979.08	退休	
70	罗克平	男	1924.11	汉	1966.06	1987.08	退休	
71	马荣坚	男	1926.10	汉	1966.06	1987.08	退休	
72	徐明显	男	1927	汉	1966.06	1983.01	离休	
73	吴达均	男	1927.08	汉	1966.06	1987.04	退休	
74	李宗长	男	1928.10	汉	1966.06	1988.07	离休	
75	母小亨	男	1929.03	汉	1966.06	1989.07	离休	

续表

序号	姓名	性别	出生年月	民族	来所时间	离岗时间	离岗原因	调往单位
76	沈柏华	男	1930	汉	1966.06		调出	中国地震局
77	吴献巢	男	1931	汉	1966.06	1980.01	调出	广东省丰顺劳动局
78	陈玉清	男	1931.10	汉	1966.06	1976.03	调出	河北省三河县
79	肖传世	男	1932.10	汉	1966.06	1992.10	退休	
80	罗钿坚	男	1932.11	汉	1966.06	1979.04	调出	广东省
81	唐连祥	男	1933.09	汉	1966.06	1975.04	调出	湖南省江永县委
82	刘继珍	男	1933.12	汉	1966.06	1976.09	调出	广州市矿务局
83	吴长淦	男	1934.09	汉	1966.06	1980.08	调出	广东揭西县委
84	周雁南	女	1934.10	汉	1966.06	1976.06	调出	
85	康洪云	女	1936.03	汉	1966.06	1991.07	退休	
86	蒋丽芳	女	1936.08	汉	1966.06	1991.10	退休	
87	袁雷雄	男	1936.08	汉	1966.06	1995.12	退休	
88	范伯群	男	1936.11	汉	1966.06	1977.06	调出	浙江省
89	伊聚昌	男	1939.01	汉	1966.06	1995.12	退休	
90	吴经津	男	1937.03	汉	1966.06	1995.12	退休	
91	韩文华	男	1937.06	汉	1966.06	1995.12	退休	
92	曾令奖	男	1937.09	汉	1966.06	1995.12	退休	
93	邱平和	男	1937.10	汉	1966.06	1995.12	退休	
94	莫巽坤	女	1937.11	汉	1966.06	1993.02	退休	
95	白玉兰	女	1937.11	汉	1966.06	1988.03	退休	
96	林泽堤	男	1937.11	汉	1966.06		退休	
97	王福民	男	1937.11	汉	1966.06		退休	
98	刘正龙	男	1937.12	汉	1966.06	1973.06	调出	湖南省湘潭市
99	徐庆丰	男	1938	汉	1966.06	1977.04	调出	562 地质队
100	黄淦伦	男	1938.01	汉	1966.06	1976.05	调出	广州矿务局
101	李文林	男	1938.03	汉	1966.06	1973.11	调出	山东胜利油田
102	徐名富	男	1938.10	汉	1966.06	1976.06	调出	广州市矿务局
103	张培耀	男	1939.10	汉	1966.06	1999.12	退休	
104	李有财	男	1939.10	汉	1966.06	1976.01	调出	成都市地震大队
105	刘居平	男	1939.12	汉	1966.06	1976.12	调出	广州市矿务局
106	魏立锦	男	1940.02	汉	1966.06	1976.09	调出	广州市矿务局
107	王继哲	男	1941.01	汉	1966.06	2000.11	退休	
108	陈永昌	男	1941.05	汉	1966.06	1976.06	调出	广州市矿务局
109	马国荣	男	1941.07	汉	1966.06	1976.05	调出	广州市矿务局
110	陈祖印	男	1942.08	汉	1966.06	1975.03	调出	陕西省
111	黄文洁	男	1943.03	汉	1966.06	2003.05	退休	
112	孙文瀚	男	1922.04	汉	1966.07	1979.08	退休	
113	陈厚希	男	1925.03	汉	1966.07	1987.04	退休	
114	方雪英	女	1927.07	汉	1966.07	1987.08	退休	

续表

序号	姓名	性别	出生年月	民族	来所时间	离岗时间	离岗原因	调往单位
115	陈德明	男	1927.09	汉	1966.07	1974.03	开除	
116	刘淑再	男	1929.07	汉	1966.07	1982.12	退休	
117	李美英	女	1930.07	汉	1966.07	1986.08	离休	
118	史宪友	男	1931.11	汉	1966.07	1986.08	离休	
119	邱钦昌	男	1932.02	汉	1966.07	1976.05	调出	广州市矿务局
120	张伟仲	男	1933.04	汉	1966.07	1993.05	退休	
121	李学琪	男	1934.09	汉	1966.07	1983.01	退休	
122	蒋成恩	男	1935.10	汉	1966.07	1995.12	退休	
123	袁立伯	男	1936.05	汉	1966.07	1993.07	退休	
124	范国章	男	1936.07	汉	1966.07	1993.03	退休	
125	赵仲三	男	1936.08	汉	1966.07	1978.02	调出	唐山市
126	孔长善	男	1936.10	汉	1966.07	1997.03	退亡	
127	玄孝千	男	1936.10	汉	1966.07	1978.03	调出	江苏省
128	赖祥佳	男	1937.05	汉	1966.07	1974.02	调出	江西省
129	许桂林	男	1937.06	汉	1966.07	1997.08	退休	
130	尹帮醒	男	1937.09	汉	1966.07	1994.04	退休	
131	成纪春	男	1937.10	汉	1966.07	1995.02	退休	
132	丁代华	男	1937.10	汉	1966.07	1976.03	调出	湖南省地震队
133	李振华	女	1940.02	汉	1966.07	1995.03	退休	
134	冉立富	男	1940.11	汉	1966.07	1983.05	调出	陕西省测绘局
135	向光华	男	1942.07	汉	1966.07	2000.12	退休	
136	王　瑛	男	1938.07	汉	1966.07	1995.12	退休	
137	魏道兰	女	1934.01	汉	1966.08	1979.09	退休	
138	刘执枢	男	1934.01	汉	1966.08	1994.03	退休	
139	赵振臻	男	1935.01	汉	1966.08		退休	
140	刘仲温	男	1936.03	汉	1966.08	1995.12	退休	
141	李咸叶	男	1937.11	汉	1966.08	1998.01	退休	
142	高　词	男	1938.01	汉	1966.08	1995.12	退休	
143	刘玉琢	男	1938.01	汉	1966.08	1990.01	病故	
144	王文斌	男	1939.03	汉	1966.08		调出	河北省地震局
145	卞兆银	男	1940.02	汉	1966.08	2000.05	退休	
146	杨光钦	男	1940.12	汉	1966.08	1995.12	退休	
147	唐端阳	女	1941.05	汉	1966.08	1995.12	退休	
148	冯建敏	女	1941.09	汉	1966.08	1996.11	退休	
149	吴治中	男			1966.08	1983.03	调出	上海松江县地震办
150	张仲宽	男	1926.02	汉	1966.09	1983.01	离休	
151	宋文瑞	男	1930.09	汉	1966.09	1981.05	调出	国家地震局
152	王忠跃	男	1930.10	汉	1966.09	1987.04	病故	
153	杨承先	男	1931.01	汉	1966.09	1992.03	退休	

续表

序号	姓名	性别	出生年月	民族	来所时间	离岗时间	离岗原因	调往单位
154	乔永良	男	1931.07	汉	1966.09	1991.09	退休	
155	潘宝琪	男	1932.09	汉	1966.09	1992.10	退休	
156	胡仕元	男	1933.10	汉	1966.09	1993.03	退休	
157	郑东炎	男	1935.07	汉	1966.09	1994.11	退休	
158	黄佩玉	女	1936.02	汉	1966.09	1991.07	退休	
159	林素珍	女	1936.08	汉	1966.09		调出	
160	黄礼良	男	1937.02	汉	1966.09	1997.04	退休	
161	周玉卿	女	1937.06	汉	1966.09	1992.07	退休	
162	沈洁贞	女	1937.10	汉	1966.09	1993.01	退休	
163	严桐宝	男	1939.09	汉	1966.09	1983.08	调出	河北省地震局
164	吴舒敏	女	1940.02	满	1966.09	1996.02	退休	
165	胡贞瑞	女	1943.02	汉	1966.09	1989.07	退休	
166	王　仲	男	1927.07	汉	1966.10	1988.07	离休	
167	王陶然	女	1930.02	汉	1966.10	1987.08	退休	
168	王文昌	男	1934.02	汉	1966.10	1994.05	退休	
169	岳俊卿	男	1935.04	汉	1966.10	1993.08	退休	
170	马廷著	男	1935.03	汉	1966.10	1995.05	退休	
171	李学新	男	1935.06	汉	1966.10	1995.08	退休	
172	李立球	男	1935.06	汉	1966.10	1996.02	退休	
173	尹万祥	男	1935.12	汉	1966.10	1995.08	退休	
174	赵玉甫	男	1936.01	汉	1966.10	1995.12	退休	
175	高忠宁	女	1936.03	汉	1966.10	1996.04	退休	
176	赵淑珍	女	1936.08	汉	1966.10		调出	
177	杨先成	男	1938.01	汉	1966.10	1996.08	退休	
178	王树海	男	1937.01	汉	1966.10	1995.12	退休	
179	黄相宁	男	1937.03	汉	1966.10	1997.05	退休	
180	吴　刚	女	1937.03	汉	1966.10	1977.04	调出	562 地质队
181	王桂柏	男	1938.05	汉	1966.10	1995.12	退休	
182	秦守光	男	1940.02	汉	1966.10	1995.12	退休	
183	丁仁布	男	1940.06	汉	1966.10	1987.12	退休	
184	孙景朝	男	1940.06	汉	1966.10	1996.02	退休	
185	张庚申	男	1941.03	汉	1966.10	1995.12	退休	
186	营同献	男	1941.08	汉	1966.10	1988.04	退休	
187	孙德林	男	1927.05	汉	1966.10	1987.08	离休	
188	赵奎华	男	1926.02	汉	1966.10	1988.02	离休	
189	彭少华	男	1936.08	汉	1966.11	1977.02	调出	武汉市
190	曹金城	男	1938.05	汉	1966.11	1995.12	退休	
191	王保亭	男	1938.06	汉	1966.11	1993.03	退休	
192	曾秋生	男	1938.08	汉	1966.11	1985.08	调出	青海省地震局

续表

序号	姓名	性别	出生年月	民族	来所时间	离岗时间	离岗原因	调往单位
193	欧阳记	男	1939.09	汉	1966.11	1977.07	调出	广州地震大队
194	黄锡定	男	1940.07	汉	1966.11	2000.09	退休	
195	陈昀东	男	1944.12	汉	1966.11	1974.08	调出	重庆市委组织部
196	张　涛	男	1947.03	汉	1966.11	1999.04	病故	
197	张　诚	男	1947.08	汉	1966.11	1978.02	调出	四川省
198	易志强	男	1947.08	汉	1966.11	1973.11	调出	四川省配件制造厂
199	易志刚	男	1948.06	汉	1966.11	2008.07	退休	
200	刘　旭	男	1948.06	汉	1966.11	1978.06	调出	重庆市
201	李国明	男	1948.12	汉	1966.11	1980.12	调出	重庆大溪沟发电厂
202	张学政	男	1945.08	汉	1966.11	2005.06	病故	
203	杨柳河	男	1931.01	汉	1966.12	1977.04	调出	562 地质队
204	邢　开	男	1932.06	汉	1966.12	1981.04	退休	
205	肖振敏	男	1942.08	汉	1966.12	2000.11	退休	
206	李克明	男	1943.10	汉	1966.12	1976.06	调出	陕西省
207	李建斌	男	1940.07	汉	1967	1980.08	调出	陕西省科委
208	邹泉生	男	1941.03	汉	1967	1978.09	调出	山东省东营
209	沈树民	男			1967	1981.01	调出	浙江省平湖县
210	何怀信	男		汉	1967	1978.03	调出	地质部 562 地质队
211	侯忠民	男		汉	1967	1984.12	调出	台州地区财税局
212	邱义赞	男			1967			
213	戴樑焕	男	1937.02	汉	1967.01	1997.04	退休	
214	后凤鸣	女	1937.12	汉	1967.01	1992.03	退休	
215	张文国	男	1940.12	汉	1967.01	1995.12	退休	
216	孙友胜	男	1942.06	汉	1967.01	1973.06	调出	陕西省水文二队
217	祝　武	男	1942.09	汉	1967.01	2000.12	退休	
218	韦恩记	男	1943.08	汉	1967.01	1978.07	调出	陕西省地震局
219	国文秀	男	1946.06	汉	1967.03	1978.09	调出	地质研究所
220	张卫东	男	1946.04	汉	1967.04	2006.07	退休	
221	蒋红娣	女	1937.11	汉	1967.04	1993.02	退休	
222	肖学文	男	1938.01	汉	1967.04	1995.12	退休	
223	闫学良	男	1945.09	汉	1967.04	1995.12	退休	
224	谷彦铸	男	1947.03	汉	1967.04	2007.04	退休	
225	张文友	男	1932.01	汉	1967.05	1980.10	退休	
226	陈森辉	男	1934.07	汉	1967.05	1994.09	退休	
227	刘伟国	女	1934.09	汉	1967.05	1989.11	退休	
228	许静玉	女	1939.08	汉	1967.05	1994.10	退休	
229	王宋贤	男	1940.11	汉	1967.05	1997.03	调出	北京市地震局
230	汪建洲	男	1941.09	汉	1967.05	1995.12	退休	
231	周耀华	男	1942.12	汉	1967.05			

续表

序号	姓名	性别	出生年月	民族	来所时间	离岗时间	离岗原因	调往单位
232	薛定瑞	男	1943.08	汉	1967.05	1973.07	调出	陕西省水文三队
233	沈芝江	男	1947.08	汉	1967.05	2000.11	退休	
234	陈樟兴	男	1947.08	汉	1967.05	1978.01	调出	教育部
235	吕载阳	男	1947.11	汉	1967.05	1979.12	调出	浙江省
236	刘永铭	男	1947.12	汉	1967.05	2006.08	退休	
237	于百友	男	1948.01	汉	1967.05	1979.01	调出	浙江省
238	郭福明	男	1948.01	汉	1967.05	1976.04	调出	医科院药物所
239	王瑞忠	男	1948.04	汉	1967.05	1993.09	调出	长城建筑工程公司
240	王晓东	男	1948.07	汉	1967.05	1979.01	调出	浙江省地震局
241	周永健	男	1949.05	汉	1967.05	1976.02	调出	
242	秦月发	男			1967.05	1984.03	调出	四川省地震测量队
243	王文庆	男	1934.12	汉	1967.07	1995.01	退休	
244	张振声	男	1937.12	汉	1967.07	1995.12	退休	
245	沈均礼	男	1939.08	汉	1967.07	1975.12	调出	四川省地震地质队
246	许成林	男	1942.08	汉	1967.07	2000.11	退休	
247	赵国光	男	1937.01	回	1967.08	1997.12	退休	
248	周　军	女	1938.03	汉	1967.08	1993.05	退休	
249	李秉元	男	1938.05	汉	1967.08	1998.07	退休	
250	罗光禄	男	1943.01	汉	1967.08	2003.03	退休	
251	杨淑琴	女	1945	汉	1967.08	1989.11	调出	建筑工人医院
252	李秀环	男	1945.02	汉	1967.08	2005.04	退休	
253	高桂兰	男	1945.05	汉	1967.08	1995.12	退休	
254	张　钧	男	1945.05	汉	1967.08	2005.08	退休	
255	过加元	男	1947.09	汉	1967.08	2000.11	退休	
256	焦书太	男	1944.08	汉	1967.09	1977.04	调出	562 地质队
257	李玉霞	女	1945.06	汉	1967.09	1976.12	调出	562 地质队
258	詹保俊	男	1943.09	汉	1967.10	1979.09	调出	安徽省
259	马长安	男	1939.08	汉	1967.12	1998.01	退休	
260	胡维立	男	1939.08	汉	1968	1990.04	退休	
261	陈如荣	男	1940.11	汉	1968	1979.07	调出	江苏省无锡市
262	朱德瑜	男	1942.03	汉	1968	2000.12	退休	
263	尹子良	男			1968			
264	张军民	男			1968			陕西省
265	车致远	男			1968			
266	冀安祥	男			1968			
267	刘瑞民	男	1937.10	汉	1968.02	1997.12	退休	
268	徐福昆	男	1942.05	汉	1968.02	2000.11	退休	
269	张秀亭	男	1939.05	汉	1968.03	1979.09	调出	永清县
270	关伟沂	男	1936.08	汉	1968.04	1995.12	退休	

续表

序号	姓名	性别	出生年月	民族	来所时间	离岗时间	离岗原因	调往单位
271	李建华	男	1938.06	汉	1968.04	1994.06	退休	
272	江南生	男	1941.02	汉	1968.04	2001.03	退休	
273	李　山	男	1938	汉	1968.07	1974.04	病故	
274	欧阳祖熙	男	1944.03	汉	1968.07	2004.05	退休	
275	杨国富	男	1938.10	汉	1968.08	1975.01	调出	天津市重光五金厂
276	黄福明	男	1941.11	壮	1968.08	2002.01	退休	
277	张安庭	男	1942.12	汉	1968.08	1973.04	调出	天津市计委
278	曹祥林	男	1943.06	汉	1968.08	1976.06	调出	江苏省
279	张兆良	男	1945.09	汉	1968.09	2004.05	退休	
280	李志锡	男	1936.04	汉	1968.10	1974.12	调出	连云港
281	耿庆瑞	男	1940.10	汉	1968.12	1996.02	退休	
282	吕宝祥	男			1969	1985.04	调出	农牧渔业部
283	汪铁成	男	1939.11	汉	1969.05			
284	李长征	男	1942.05	汉	1969.05	1995.12	退休	
285	孙泽孚	男	1942.09	汉	1969.05	1997.03	调出	北京市地震局
286	赵永财	男	1942.10	汉	1969.05	1995.12	退休	
287	周玉森	男	1942.10	汉	1969.05	2002.12	退休	
288	冯子义	男	1942.11	汉	1969.05	1997.03	调出	北京市地震局
289	张　玉	男	1942.11	汉	1969.05	1998.12	退休	
290	刘玉凤	男	1942.11	汉	1969.05	1980.09	调出	沧州市劳动局
291	常文国	男	1942.12	汉	1969.05	1995.12	退休	
292	赵存河	男	1943.07	汉	1969.05	1995.12	退休	
293	赵　峰	男	1943.09	汉	1969.05	1995.12	退休	
294	王文国	男	1943.11	汉	1969.05	1995.12	退休	
295	赵玉海	男	1944.01	汉	1969.05	1994.04	退休	
296	吴尚贤	男	1944.05	汉	1969.05	1984.08	病故	
297	何殿岭	男	1944.06	汉	1969.05	1995.05	退休	
298	化　福	男	1944.08	汉	1969.05	1995.12	退休	
299	韩允兴	男	1944.09	汉	1969.05	2004.10	退休	
300	焦俊田	男	1944.11	汉	1969.05	1995.04	退休	
301	王玉贵	男	1945.05	汉	1969.05	1999.07	退休	
302	崔云祥	男	1945.07	汉	1969.05	1992.09	退休	
303	童志贤	男	1945.07	汉	1969.05	1995.12	退休	
304	巩　环	男	1945.07	汉	1969.05	2005.09	退休	
305	陈云通	男	1945.07	汉	1969.05	1976.01	调出	肃宁县
306	苏荣申	男	1945.08	汉	1969.05	1982.04	调出	蓟县外贸局冷冻厂
307	张兆祥	男	1945.09	汉	1969.05	1997.03	调出	北京市地震局
308	姜松林	男	1945.10	汉	1969.05	1995.12	退休	
309	王忠礼	男	1945.10	汉	1969.05	1997.03	调出	北京市地震局

续表

序号	姓名	性别	出生年月	民族	来所时间	离岗时间	离岗原因	调往单位
310	王凤熬	男	1946.03	汉	1969.05	1988.07	退休	
311	王化义	男	1946.03	汉	1969.05	1994.04	退休	
312	陈三生	男	1946.04	汉	1969.05	2000.10	退休	
313	王玉友	男	1946.06	汉	1969.05	1995.12	退休	
314	胥树海	男	1948.11	汉	1969.05	2000.11	退休	
315	陈宝田	男			1969.05	1982.08	调出	蓟县二砖厂
316	王文权	男	1936.07	汉	1969.06	1973.03	调出	陕西省物探队
317	赵计忠	男	1947	汉	1969.07	1983.01	调出	隆尧劳动局
318	段景章	男	1942.12	汉	1969.08	1995.06	退休	
319	李秀菊	女	1940	汉	1970	1994.04	退休	
320	薛　峰	男			1970	1974.01	调出	国家地震局
321	杨文海	男		汉	1970	1978.06	调出	公安部
322	邹其嘉	男		汉	1970	1975.07	调出	国家地震局
323	陶万山	男			1970	1985.02	调出	中央教育行政学院
324	侯君义	男	1920	汉	1970.01	1988.08	退休	
325	焦　惠	男	1937.07	汉	1970.01	1992.03	退休	
326	刘光勋	男	1935.08	汉	1970.02	1996.07	退休	
327	王贵华	女	1937.12	汉	1970.02	1993.02	退休	
328	石　礳	女	1936.12	汉	1970.03	1973.11	调出	国家测绘局
329	俞霞芳	女	1939.05	汉	1970.03	1980.05	调出	
330	胡　荣	女	1945.11	汉	1970.03	1978.06	调出	天津地震队
331	韩淑秀	女	1948.11	汉	1970.03	1976.04	调出	地球物理研究所
332	张存德	男	1934.06	汉	1970.04	1980.05	调出	江苏省地震局
333	孙连柱	男	1936.01	汉	1970.04	1980.05	调出	流动观测队
334	王桂芝	女	1937.11	汉	1970.04	1980.09	调出	综合观测队
335	武　军	女	1938.10	汉	1970.04	1974.11	调出	测绘总局
336	金志秋	女	1938.12	汉	1970.04	1977.04	调出	562 地质队
337	葛丽明	女	1940.11	汉	1970.04	1996.12	退休	
338	龚复华	女	1945.11	汉	1970.04	2001.01	退休	
339	戴水荣	男	1929.09	汉	1970.05	1981.04	退休	
340	王友琪	男	1933.05	汉	1970.05	1983.09	退休	
341	崔作舟	男	1934.03	汉	1970.05	1977.04	调出	562 地质队
342	王宝玺	男	1935.09	汉	1970.05	1993.09	退休	
343	葛淑华	女	1935.10	汉	1970.05	1991.03	退休	
344	黄　然	男	1936.07	汉	1970.05			
345	潘加初	男	1936.08	汉	1970.05	1995.12	退休	
346	曹月娥	女	1937.06	汉	1970.05		调出	江苏省地震局
347	业成之	男	1937.08	汉	1970.05		调出	江苏省地震局
348	张书俊	男	1940.07	汉	1970.05	1990.12	退休	

续表

序号	姓名	性别	出生年月	民族	来所时间	离岗时间	离岗原因	调往单位
349	王宝成	男	1940.11	汉	1970.05	1989.04	退休	
350	刘玉杰	女	1936.12	汉	1970.06	1988.03	退休	
351	李　林	男	1937.08	汉	1970.06	1992.03	退休	
352	关志民	男	1944.10	汉	1970.06	1999.12	退休	
353	鞠德祥	男	1934.08	满	1970.07	1994.10	退休	
354	赵宝忠	男	1936.08	汉	1970.07	1978.06	调出	任丘油田
355	杜春涛	男	1938.11	汉	1970.07	1999.01	退休	
356	陈书贤	男	1943.06	汉	1970.07	2003.09	退休	
357	荆瑞英	女	1943.11	汉	1970.07	1979.05	调出	唐山市
358	王焕贞	男	1944.07	汉	1970.07	2004.08	退休	
359	张鸿旭	男	1946.12	汉	1970.07	2007.02	退休	
360	韩德润	男	1946.01	汉	1970.07	2000.11	退休	
361	关元益	男	1946.03	汉	1970.07	2000.12	退休	
362	王文清	男	1946.05	汉	1970.07	2006.07	退休	
363	姚宝树	男	1947.01	汉	1970.07	2007.03	退休	
364	孙世宗	男	1936.10	汉	1970.08	1996.12	退休	
365	郭义周	男	1936.11	汉	1970.08	1992.03	退休	
366	李庆山	男	1936.11	汉	1970.08	1995.12	退休	
367	余雨生	男	1937.07	汉	1970.08	1973.06	调出	浙江大学
368	李振兆	男	1937.12	汉	1970.08	1991.03	调出	北京印刷机械研究所
369	赵双琪	男	1938.01	汉	1970.08	1995.12	退休	
370	谢振钊	男	1938.01	汉	1970.08	1997.02	退休	
371	张全英	女	1938.06	汉	1970.08	1993.08	退休	
372	李木川	男	1939.05	汉	1970.08	1995.12	退休	
373	刘　正	男	1939.11	汉	1970.08	1995.05	退休	
374	张　友	男	1940.10	汉	1970.08	1995.12	退休	
375	李志明	男	1940.12	汉	1970.08	1995.12	退休	
376	郭世凤	女	1941.10	汉	1970.08	1997.10	退休	
377	史玉江	男	1942.11	汉	1970.08	1978.09	调出	山东省
378	王明深	男	1943.06	汉	1970.08	1976.04	调出	保定市
379	李桂荣	女	1943.11	汉	1970.08	1999.01	退休	
380	陈英远	男	1944.09	汉	1970.08	1974.04	调出	河北省委组织部
381	张秀兰	女	1945.03	汉	1970.08	1985.06	调出	门头沟区人事局
382	苏怡之	女	1945.09	汉	1970.08	1998.11	退休	
383	冯计珠	女	1945.09	汉	1970.08	1975.03	调出	天津 764 厂
384	古桂云	女	1945.10	汉	1970.08	1995.12	退休	
385	王福江	男	1945.11	汉	1970.08	2006.01	退休	
386	杨泽遂	女	1946.01	汉	1970.08	2000.10	退休	
387	李淑恭	女	1946.02	汉	1970.08	2000.12	退休	

续表

序号	姓名	性别	出生年月	民族	来所时间	离岗时间	离岗原因	调往单位
388	李栋林	男	1946.03	汉	1970.08	2000.10	退休	
389	周欣然	男	1946.03	汉	1970.08	1975.01	调出	咸宁农机厂
390	陈葛天	男	1946.06	汉	1970.08	2006.08	退休	
391	殷德禄	男	1946.06	汉	1970.08	1975.12	调出	中央广播事业局
392	陈忠民	男	1946.08	汉	1970.08	1975.10	调出	阿克苏地震队
393	缪惟祥	男	1946.11	汉	1970.08	1994.11	调出	青海地震局
394	任秀芝	女	1948.09	汉	1970.08	1983.05	调出	国家地震局
395	朱秀芳	女	1948.12	汉	1970.08	2000.12	退休	
396	魏庆云	女	1950.12	汉	1970.08	2006.02	退休	
397	王俊英	女	1952.01	汉	1970.08	1978.03	调出	地震仪器厂
398	李志林	男	1911.10	汉	1970.09	1978.08	退休	
399	王荣久	男	1913.11	汉	1970.09	1976.12	调出	国家地震局
400	田贵成	男	1921.07	汉	1970.09	1980.09	退休	
401	李克勤	男	1925.08	汉	1970.09	1976.12	调出	国家地震局
402	王焕武	男	1926.12	汉	1970.09	1984.08	离休	
403	宁培俭	男	1927.04	汉	1970.09	1976.12	调出	国家地震局
404	崔惠林	男	1929.06	汉	1970.09	1976.06	调出	北京锅炉厂
405	李春焕	男	1931.12	汉	1970.09	1975.11	调出	科学院计算站
406	周武富	男	1934.02	汉	1970.09	1980.09	调出	观测队
407	黄伯崖	男	1935.09	汉	1970.09	1976.04	调出	北京石油机械厂
408	刘生富	男	1936.05	汉	1970.09	1975.12	调出	中科院计算站
409	关启业	男	1938.08	汉	1970.09	1976.12	调出	国家地震局
410	孙景平	男	1938.11	汉	1970.09	1972.11	调出	山东省
411	肖国泰	男	1941.08	汉	1970.09	1976.07	调出	感光研究所
412	凌毓存	男	1941.12	汉	1970.09	1976.12	调出	国家地震局
413	刘菊花	女	1942.05	汉	1970.09	1973.09	调出	
414	殷成孝	男	1942.09	汉	1970.09	1971.02	病故	
415	刘万鹏	男	1943.06	汉	1970.09	1975.12	调出	海洋研究所
416	刘大民	男	1947.09	汉	1970.09	1976.12	调出	国家地震局
417	莫　慧	女	1948.09	满	1970.09	2000.10	退休	
418	昝庆发	男	1947	汉	1970.09	1988.09	退休	
419	徐炳生	男	1927.12	汉	1970.10	1988.05	退休	
420	刘道洪	男	1929.09	汉	1970.10	1990.01	退休	
421	赵贵福	男	1931.12	汉	1970.10	1991.07	退休	
422	邢继润	男	1933.11	汉	1970.10	1993.12	退休	
423	朱家骏	男	1934.08	汉	1970.10	1995.04	退休	
424	杜万箱	男	1934.11	汉	1970.10	1993.03	退休	
425	李际财	男	1935.06	汉	1970.10	1992.03	退休	
426	梁士祥	男	1937	汉	1970.10	1992.03	退休	

续表

序号	姓名	性别	出生年月	民族	来所时间	离岗时间	离岗原因	调往单位
427	焦伟成	男	1937.11	汉	1970.10	1984.11	调出	平山劳人局
428	张正墨	男	1939.02	汉	1970.10	1999.06	退休	
429	周玉兰	男	1939.09	汉	1970.10	1990.01	退休	
430	马步山	男	1940.06	汉	1970.10	1999.07	退休	
431	姜　光	男	1940.06	汉	1970.10	2000.08	退休	
432	董宝峰	男	1941.02	汉	1970.10	2000.12	退休	
433	涂允松	男	1941.05	汉	1970.10	2000.11	退休	
434	卢广顺	男	1941.10	汉	1970.10	2000.11	退休	
435	赵静娴	女	1942.03	汉	1970.10	1995.06	病故	
436	戚文忠	男	1942.09	汉	1970.10	2000.11	退休	
437	刘长义	男	1942.12	汉	1970.10	2000.12	退休	
438	曹　珏	男	1944.11	汉	1970.10	2000.12	退休	
439	李金森	女	1944.12	汉	1970.10	2000.02	退休	
440	李桂英	女	1945.06	汉	1970.10	2000.08	退休	
441	王恩福	男	1945.11	汉	1974.01	2005.12	退休	
442	王刚军	女	1951.01	汉	1970.10	2006.03	退休	
443	刘其向	女	1952.08	汉	1970.10	2000.11	退休	
444	张翠菊	女	1952.09	汉	1970.10	2000.12	退休	
445	梁金鹏	男	1953.06	汉	1970.10	2000.12	退休	
446	李石建	男	1954.09	汉	1970.10	2000.11	退休	
447	吴春华	男	1930.01	汉	1970.11	1988.05	退休	
448	张士英	男	1938.07	汉	1970.11	1974.12	调出	国家地震局
449	刘保祥	男	1939.01	汉	1970.11	1995.04	退休	
450	李　文	女	1939.11	汉	1970.11	1995.05	退休	
451	吴棣棣	女	1940.04	汉	1970.11	1990.12	退休	
452	刘启芬	男	1940.06	汉	1970.11	1995.12	退休	
453	王文柱	男	1952.09	汉	1970.11	2000.11	退休	
454	李益利	男	1953.04	汉	1970.11	2000.11	退休	
455	梁发明	男	1953.07	汉	1970.11	2000.11	退休	
456	黄廷芳	男	1936.07	汉	1970.12	1993.03	退休	
457	张克良	男	1938.05	汉	1970.12	1993.07	退休	
458	范荷英	男	1938.09	汉	1970.12	1988.12	退休	
459	王炳玲	男	1938.11	汉	1970.12	1976.12	调出	国家地震局
460	李启元	男	1941.03	汉	1970.12	1996.02	退休	
461	王淑华	女	1944.12	汉	1970.12	1979.10	调出	地震出版社
462	张明珍	女	1946.01	汉	1970.12	2000.10	退休	
463	王玉璞	女	1953.11	汉	1970.12	2009.01	退休	
464	孙　良	男	1954.05	汉	1970.12	2000.11	退休	
465	刘国民	男	1954.11	汉	1970.12	1998.11	病故	

续表

序号	姓名	性别	出生年月	民族	来所时间	离岗时间	离岗原因	调往单位
466	刘晓辉	男			1970.12	1984.04	调出	中国工商联合总公司
467	黄仁禄	男	1934.03	汉	1971	1975.12	调出	地震仪器厂
468	陈世光	男	1936.03	汉	1971	1977.03	病故	
469	车士林	男	1937.10	汉	1971	1975.05	调出	阿克苏地震队
470	高　日	男	1938.11	汉	1971	1975.12	调出	张家口市劳动局
471	杨　鹰	男	1942.03	汉	1971	1978.09	调出	南京市
472	王援朝	男	1950.09	汉	1971	1973.05	调出	国家地震局
473	郭　林	男	1937.01	汉	1971.01	1995.12	退休	
474	施兆贤	男	1938.12	汉	1971.01	1995.12	退休	
475	张宗润	女	1943.01	朝鲜	1971.01	1998.06	退休	
476	韩　军	男	1953.12	汉	1971.01	2001.03	退休	
477	李金池	男	1937.01	汉	1971.02	1993.12	退休	
478	梁文斗	男	1932.09	汉	1971.03	1979.01	调出	地球物理研究所
479	闻　琦	男	1938.10	汉	1971.03	1995.12	退休	
480	张家茹	女	1939.01	汉	1971.03	1975.10	调出	地质研究所
481	黄诗斌	男	1941.01	汉	1971.03	2001.03	退休	
482	王富民	男	1941.07	汉	1971.03	1976.03	调出	吉林省
483	邢满子	男	1943.04	汉	1971.03	1975.08	调出	石家庄测绘局
484	闻昆娣	女	1945.06	汉	1971.03	1977.02	调出	广州地震大队
485	宋福敏	男	1945.07	汉	1971.03	1973.08	调出	医科院
486	郑阳芝	男	1931.12	汉	1971.04	1982.12	退休	
487	滕吉文	男	1934.03	汉	1971.04	1973.07	调出	地球物理研究所
488	熊新振	男	1937.11	汉	1971.04	1974.04	调出	广东省
489	周连生	男	1938	汉	1971.04	1978.04	调出	562 地质队
490	于占波	男	1942.07	汉	1971.04	1976.12	调出	地震仪器厂
491	鱼鹏年	男	1943.03	汉	1971.04	1976.01	调出	宁波市
492	张万辉	男	1943.11	汉	1971.04	1974.04	调出	首钢公司
493	冯炽芬	女	1944.11	汉	1971.04	1977.02	调出	北京市仪表局
494	申　裕	男	1945.02	汉	1971.04	1975.09	调出	国家地震局
495	张晓梅	女	1952.05	汉	1971.04	1985.07	调出	地震出版社
496	王高明	男	1942.07	汉	1971.05	1980.06	调出	陕西临潼缝纫机厂
497	杜　聚	男	1937.02	汉	1971.06	1993.08	退休	
498	刘邦金	男	1940.11	汉	1971.06	1997.03	调出	北京市地震局
499	赵文盼	男	1942.05	汉	1971.06	1999.07	退休	
500	张文涛	男	1935.01	汉	1971.07	1995.03	退休	
501	王　瑞	男	1941.12	汉	1971.07	2000.12	退休	
502	王　辉	女	1942.12	汉	1971.07	1975.01	调出	感光所
503	李建春	男	1943.10	汉	1971.07	2000.11	退休	
504	江妮利	女	1951.06	汉	1971.07	2006.08	退休	

续表

序号	姓名	性别	出生年月	民族	来所时间	离岗时间	离岗原因	调往单位
505	江娃利	女	1952.12	汉	1971.07			
506	王敬恒	男	1921.10	汉	1971.08	1979.10	退休	
507	吕　越	女	1936.06	汉	1971.08	1984.11	调出	冶金部标准研究所
508	王墨申	男	1940.01	汉	1971.08	1975.04	调出	河北测绘分局
509	郑宝善	男	1923	汉	1971.09	1980.09	退休	
510	白玉湘	男	1935.02	汉	1971.09	1988.05	退休	
511	马仲敏	女	1920.02	汉	1971.10	1984.12	退休	
512	陈学波	男	1936.11	汉	1971.10	1996.11	退休	
513	孙君馥	女	1937.01	汉	1971.10	1992.03	退休	
514	李泽英	男	1934.01	汉	1971.11	1977.04	调出	562 地质队
515	林仲光	男	1936.01	汉	1971.12	1973.01	调出	
516	吴振生	男	1940.11	汉	1972	1978.04	调出	北京市纺织局
517	崔迎春	男	1941.01	汉	1972	1975.12	调出	国家地震局
518	蔡玉珍	女	1942.04	汉	1972	1975.09	调出	国家地震局
519	周忠江	男	1944.08	汉	1972	1979.11	调出	华北油田
520	邹宗平	女	1953.03	汉	1972	1976.02	调出	地质科学院
521	崔占桃	男	1938.01	汉	1972.01	1995.12	退休	
522	单桂英	女	1938.02	汉	1972.01	1988.03	退休	
523	王秉成	男	1939.09	汉	1972.01	1977.01	调出	密云县
524	刘志强	男	1953.07	汉	1972.01	1976.12	调出	国家地震局
525	张月华	女	1954.04	汉	1972.01	1976.12	调出	国家地震局
526	冯　威	女	1954.07	汉	1972.01	2000.12	退休	
527	白子禄	男	1954.09	汉	1972.01			
528	张　鑫	男	1954.10	汉	1972.01	2000.11	退休	
529	刘平昌	男	1955.01	汉	1972.01	2001.01	调出	中国地震局
530	赵　明	男	1955.01	汉	1972.01			
531	高艳玲	女	1955.01	汉	1972.01	1972.12	调出	国家地震局
532	徐爱东	男	1955.03	汉	1972.01			
533	李银申	男	1955.03	汉	1972.01			
534	韩文心	男	1955.06	汉	1972.01			
535	刘保平	男	1955.08	汉	1972.01	1976.12	调出	广州矿务局
536	王雅杰	男	1955.08	汉	1972.01	1993.06	调出	中国地科院
537	孟宪美	女	1955.09	满	1972.01			
538	金秋平	男			1972.01	1984.03	调出	中国旅行社总社
539	王安德	男	1934.06	汉	1972.02	1994.08	退休	
540	翟青山	男	1942.05	汉	1972.02	1989.02	调出	交通银行
541	郝宝泉	男	1939.12	汉	1972.03		退休	
542	梁国平	男	1940.09	汉	1972.03	2000.11	退休	
543	何承恩	男	1941.05	汉	1972.03	1984.11	调出	地矿部情报研究所

续表

序号	姓名	性别	出生年月	民族	来所时间	离岗时间	离岗原因	调往单位
544	朱德旺	男	1937.08	汉	1972.04	1980.04	调出	国家地震局
545	苏恺之	男	1937.09	汉	1972.04	1997.11	退休	
546	谢树清	男	1938.10	汉	1972.04	1979.10	调出	地震出版社
547	李占元	男	1942.06	汉	1972.04	2000.12	退休	
548	焦振兴	男	1942.11	汉	1972.04	2000.12	退休	
549	瓮永祥	男	1936.02	汉	1972.05	1995.12	退休	
550	朱秀岗	男	1936.11	汉	1972.05	1995.12	退休	
551	刘万琪	男	1943.01	汉	1972.05	2000.12	退休	
552	昝德义	男	1944.01	汉	1972.05	1995.03	退休	
553	杨景春	女	1955.03	汉	1972.05	1975.02	调出	国家地震局
554	迟连铎	男	1934.04	汉	1972.06	1977.05	调出	北京市
555	史南方	男	1955.07	汉	1972.06	2000.11	退休	
556	高德禄	男	1938.07	汉	1972.07	1998.09	退休	
557	钟　复	男	1939.12	汉	1972.07	1993.09	退休	
558	李和文	男	1942.12	汉	1972.07	1980.12	调出	地震出版社
559	许远琴	男	1943.06	汉	1972.07	1993.06	退休	
560	王福进	男	1934.09	汉	1972.08	1975.04	调出	保定农业局
561	蒋玉成	男	1935.05	汉	1972.08	1972.11	调出	中科院植物所
562	穆瑞华	男	1936.12	汉	1972.08	1992.09	退休	
563	舒塞兵	男	1947.11	汉	1972.08	2008.01	退休	
564	王泽文	男	1934.11	汉	1972.09	1992.03	退休	
565	张　超	男	1943.11	汉	1972.09	2000.11	退休	
566	刘自强	男	1921.01	汉	1972.10	1977.11	调出	油田
567	聂宗笙	男	1935.02	汉	1972.10	1995.08	退休	
568	黄兴根	男	1936.03	汉	1972.10	1995.12	退休	
569	韩玉娥	女	1939.03	汉	1972.10	1994.06	退休	
570	牛双海	男	1942.12	汉	1972.10	1998.01	退休	
571	于占明	男	1937.08	汉	1972.11	1993.03	退休	
572	张梦泽	男	1937.10	汉	1972.11	1979.01	调出	
573	刘　鹏	男	1938.12	汉	1972.11	1997.02	退休	
574	张桂玲	女	1941.09	汉	1972.11	1995.12	退休	
575	张春湘	男	1936.09	汉	1972.12			
576	李杏荣	女	1938.06	汉	1972.12	1975.10	调出	地质研究所
577	勾　波	男	1939.10	汉	1972.12	2000.01	退休	
578	冯海英	女	1952.10	汉	1973	1976	调出	地震仪器厂
579	母国强	男		汉	1973	1984.12	调出	电子技术推广应用所
580	徐　炬	男	1913.10	汉	1973.01	1982.12	离休	
581	任竞成	男	1941.09	汉	1973.01	1978.11	调出	物资总局
582	李秀田	男	1942.03	汉	1973.01	1995.12	退休	

续表

序号	姓名	性别	出生年月	民族	来所时间	离岗时间	离岗原因	调往单位
583	郭铁城	男	1943.10	汉	1973.01	1991.10	调出	交通银行
584	黄忠贤	男	1943.11	汉	1973.01	2004.01	退休	
585	张肇良	男	1944.04	汉	1973.01		出国	
586	曾　夏	男	1952.06	汉	1973.01	2000.06	调出	中国地震局服务中心
587	勾子成	男	1940.10	汉	1973.02	1988.05	退休	
588	李群芳	女	1942.10	汉	1973.02	1997.12	退休	
589	潘　敬	男	1947.04	汉	1973.02	1980.11	调出	浙江温岭微型电机厂
590	张崇寿	男	1929.01	汉	1973.03	1989.07	离休	
591	白玉芹	女	1938.01	汉	1973.03	1993.01	退休	
592	刘凤起	男	1940.06	汉	1973.03	1995.07	退休	
593	李　刚	男	1944.10	汉	1973.03	2000.12	退休	
594	董保生	男	1945.01	汉	1973.03	1979.06	调出	北京市起重机厂
595	苏　民	男	1925.09	汉	1973.04	1980.08	病故	
596	徐凤林	男	1926.04	汉	1973.04	1977.04	调出	562 地质队
597	祁英男	男	1938.07	汉	1973.04	1998.09	退休	
598	孟宪梁	男	1938.12	汉	1973.04	1999.02	退休	
599	张称夫	男	1939.12	汉	1973.04	1995.12	退休	
600	李士伟	男	1933.03	汉	1973.05	1974.10	调出	国家地震局
601	连维荣	男	1934.01	汉	1973.05	1994.02	退休	
602	李群义	男	1935.01	汉	1973.05	1978.06	调出	华北海仓
603	李　瑞	女	1935.07	汉	1973.05	1990.12	退休	
604	王铁男	男	1945.04	汉	1973.05	1983.06	调出	中科院地球所
605	侯振国	男	1934.10	汉	1973.05	1985.02	调出	国家计量局
606	胡　艮	男	1930.05	汉	1973.06	1981.10	调出	国家人事局
607	邓华忠	男	1930.09	汉	1973.06	1983.09	离休	
608	田德培	男	1939.01	汉	1973.06	1978.04	调出	天津市
609	宋永增	男	1942.03	汉	1973.06	1976.06	调出	国家地震局
610	严维玲	女	1945.02	汉	1973.06	1981.03	调出	国家地震局
611	范雪玲	女	1945.12	汉	1973.06	1983.10	调出	北京农业大学
612	林　泉	男	1927.01	汉	1973.07	1983.04	离休	
613	杜　力	女	1929.08	汉	1973.07	1984.08	退休	
614	李根远	男	1938.05	汉	1973.07	1998.01	退休	
615	章明川	男	1945.02	汉	1973.07	2005.04	退休	
616	范九善	男	1929.12	汉	1973.08	1990.01	退休	
617	林辉德	男	1934.02	汉	1973.08	1994.04	退休	
618	康仲远	男	1936.05	汉	1973.08		调出	
619	许寿椿	男	1938.07	汉	1973.08	1985.08	调出	中央民族学院
620	巫映祥	男	1938.10	汉	1973.08	1997.03	调出	北京市地震局
621	丁建民	男	1939.06	回	1973.08	1998.03	退休	

续表

序号	姓名	性别	出生年月	民族	来所时间	离岗时间	离岗原因	调往单位
622	王振文	男	1947.12	汉	1973.08			
623	付　伟	男	1948.08	汉	1973.08	1978.09	调出	远洋公司
624	关雪琴	女			1973.08		调出	
625	吴玉芹	女	1937.12	汉	1973.09			
626	高莉青	女	1935.09	汉	1973.11	1994.07	退休	
627	王有朋	男	1942.09	汉	1973.11			
628	刘红林	女	1950.05	汉	1974	1979.10	调出	国家地震局
629	徐和平	男	1955.02	汉	1974.03	2000.11	退休	
630	沈永昌	男	1940.10	汉	1975.01	1989.09	调出	三河县
631	刘桂芬	女	1942.10	汉	1975.01	1995.03	调出	北京市地震局
632	李方全	男	1938.12	汉	1975.02	1999.02	退休	
633	王一新	女	1938.12	汉	1975.03	1995.03	退休	
634	梁焕贞	女	1948.08	汉	1975.05	2003.10	退休	
635	安　欧	男	1932.04	汉	1975.08	1995.05	退休	
636	安其美	男	1946.12	汉	1975.08	2007.02	退休	
637	刘志增	男	1948.01	汉	1975.08	2000.12	退休	
638	陈桂兰	女	1950.04	汉	1975.08	2000.06	退休	
639	张秀梅	女		汉	1975.08	1975.11	调出	地质研究所
640	董玉华	女	1948.02	汉	1975.09	2003.04	退休	
641	林锦伟	男	1949.04	汉	1975.09	1982.01	调出	
642	梁海庆	男	1952.01	汉	1975.09	2000.11	退休	
643	崔凤轩	男	1920.06	汉	1975.10	1979.01	调出	
644	王剑一	男	1921.07	汉	1975.10	1977.09	调出	公安部
645	严美超	男	1947.10	汉	1975.10	1980.04	调出	湖北省地质局
646	祁正敏	男	1949.07	汉	1975.10	1979.08	调出	建筑研究院
647	毛吉震	男	1952.08	汉	1975.10			
648	刘春莲	女	1952.10	汉	1975.10	2000.11	退休	
649	曹贵方	女	1952.11	汉	1975.10	2000.11	退休	
650	王宝山	男	1952.12	汉	1975.10	1985.08	调出	北京市
651	张静善	男	1954.07	汉	1975.10			
652	李秀云	女	1954.10	汉	1975.10	2000.12	退休	
653	冯希英	女	1955.04	汉	1975.10	2010	退休	
654	刘志辉	男	1955.09	汉	1975.10	2000.11	退休	
655	吴小岩	男	1956	汉	1975.10			
656	李俊明	男	1956.02	汉	1975.10	1988.12	调出	河北省三河县
657	焦　青	女	1956.07	汉	1975.10			
658	于小波	男	1956.09	汉	1975.10	1993.04	调出	三河县劳动局
659	王远征	男	1956.11	汉	1975.10	1997.03	调出	北京市地震局
660	韩丙东	男	1957.01	汉	1975.10	1989.08	调出	地震技术学校

续表

序号	姓名	性别	出生年月	民族	来所时间	离岗时间	离岗原因	调往单位
661	石　英	女	1957.05	汉	1975.10			
662	李志娟	女	1957.07	汉	1975.10	1988.12	调出	河北省三河县
663	刘国权	男	1957.09	汉	1975.10		调出	
664	王宝华	男	1957.10	汉	1975.10			
665	王保东	男	1957.10	汉	1975.10			
666	陈艳霞	女	1958.06	汉	1975.10			
667	尹志军	男			1975.10	1983.12	调出	国家地震局
668	殷燕华	女	1950.12	汉	1975.11	1978.04	调出	地质研究所
669	申金娥	女	1951.10	汉	1975.11	2006.11	退休	
670	赵仕广	男	1950.12	壮	1975.12			
671	谢新生	男	1953.12	汉	1975.12			
672	陆有勋	男	1921.09	汉	1976.01	1982.12	离休	
673	李德正	男	1924.04	汉	1976.02	1979.01	调出	中国农科院
674	张庆五	男	1926.08	汉	1976.02	1978.06	调出	公安部
675	姜跃珊	男	1932.04	汉	1976.02	1979.04	调出	公安部
676	杨增学	男	1950.02	汉	1976.02	2000.12	退休	
677	吕培涛	男	1932.06	汉	1976.03	1992.07	离休	
678	贾景兴	男	1938.03	汉	1976.03	1993.07	退休	
679	李天初	男			1976.03	1982.02	调出	中国计量科学院
680	王瑞珉	女			1976.04	1982.11	调出	北京工业大学一分校
681	李桂兰	女	1930.01	汉	1976.05	1982	退休	
682	张荣珍	男	1927.05	汉	1976.05	1976.11	调出	地震仪器厂
683	张玉山	男	1929.11	汉	1976.06	1984.05	离休	
684	戚超云	男	1929.12	汉	1976.06	1990.01	离休	
685	尹淑珍	女	1938.11	汉	1976.06	1982.11	调出	建材工业部
686	边希武	男	1939.02	汉	1976.06	1982.11	调出	建材工业部
687	郭柏林	男	1949.03	汉	1976.06	2009.05	退休	
688	郭志涛	男	1930.10	汉	1976.07	1991.09	离休	
689	柴本栋	男	1930.10	汉	1976.07	1991.03	退休	
690	杨新华	女	1936.10	汉	1976.07	1996.01	退休	
691	李宝琼	女	1937.07	汉	1976.07	1992.10	退休	
692	毕尚煦	男	1942.07	汉	1976.07	1997.01	病故	
693	李锡山	男	1944.08	汉	1976.07	1999.10	退休	
694	曹国庆	男	1944.12	汉	1976.07	1980.04	调出	国家地震局
695	续春荣	女	1949.12	汉	1976.07	2005.02	退休	
696	袁学明	男	1953.03	汉	1976.08	1997.03	调出	北京市地震局
697	刘凤秋	男	1957.07	汉	1976.08			
698	韩建军	男			1976.08	1983.12	调出	环保部综合勘察院
699	孟　明	男		汉	1976.08	1985.03	调出	中国外贸运输公司

续表

序号	姓名	性别	出生年月	民族	来所时间	离岗时间	离岗原因	调往单位
700	王兰英	男	1939.10	汉	1976.09	1990.01	退休	
701	刘文景	男	1941.11	汉	1976.09	1992.03	退休	
702	张云柱	男	1951.12	汉	1976.09			
703	杨文斌	男	1957.04	汉	1976.09	1997.03	调出	北京市地震局
704	赵永箴	女			1976.09	1984.01	调出	电子工业部 402 医院
705	于月华	女	1933.08	汉	1976.10	1986.10	退休	
706	孙彦生	男	1937.10	汉	1976.10	1988.07	退休	
707	庄义惠	女	1940.11	汉	1976.10	1995.08	退休	
708	马秀琛	女	1942.12	汉	1976.10		调出	
709	王训碧	女	1946.11	汉	1976.11	2001.01	退休	
710	陈永德	男	1940.11	汉	1976.12	2001.01	退休	
711	田　鹄	男	1942.08	汉	1976.12			
712	陆覃星	女	1957.06	汉	1976.12	2002.01	调出	中国地震局
713	李　桐	男	1937.12	汉	1977.01	1992.04	退休	
714	宁谦宝	男	1938.07	汉	1977.01	1981.05	调出	地震出版社
715	杨孝林	男	1938.11	汉	1977.01	1995.12	退休	
716	杨承勋	男	1939.07	汉	1977.01	1979.07	调出	公安部
717	王廷韫	女	1943.10	汉	1977.01	1995.12	退休	
718	王忠常	男	1945.04	汉	1977.01	2000.10	退休	
719	李忠兴	男	1956.04	汉	1977.01			
720	关天开	男			1977.01	1983.03	调出	中国科学院
721	闫连仲	男	1934.12	汉	1977.02	1987.08	退休	
722	郑国友	男	1940.03	汉	1977.02	1995.12	退休	
723	王桂琴	女	1941.10	汉	1977.02	1994.06	退休	
724	高国宝	男	1948.12	汉	1977.02	2002.12	退休	
725	马元春	男	1949.07	汉	1977.02	2009.09	退休	
726	胡宝生	男		汉	1977.02	1985.05	调出	北京市劳动局
727	程启蔚	男	1926.12	汉	1977.03	1987.08	离休	
728	李天京	男	1936.10	汉	1977.03	1990.11	退休	
729	席世宽	男	1937.03	汉	1977.03	1995.12	退休	
730	赵满成	男	1941.04	汉	1977.03	1995.12	退休	
731	郑继芬	男	1942.11	汉	1977.03	1993.01	退休	
732	窦汝成	女	1943.10	汉	1977.03	1995.12	退休	
733	陈士旺	男	1943.12	汉	1977.03	1993.08	退休	
734	王天池	男	1946.03	汉	1977.03	1995.09	调出	地震出版社
735	马满荣	女	1947.02	汉	1977.03	2000.12	退休	
736	周俊萍	女	1947.03	汉	1977.03	2000.12	退休	
737	侯　湛	女	1948.04	汉	1977.03	1999.09	退休	
738	韩　风	男	1951.11	汉	1977.03	1988.05	出国	

续表

序号	姓名	性别	出生年月	民族	来所时间	离岗时间	离岗原因	调往单位
739	史素云	女	1953.07	汉	1977.03	1997.03	调出	北京市地震局
740	刘　江	男	1954.09	汉	1977.03	1981.09	调出	北京市公安局
741	张介穆	男	1927.06	汉	1977.04		退休	
742	张英礼	男	1938.01	汉	1977.04	1998.01	退休	
743	刘桂梅	女	1943.12	汉	1977.04	1997.03	调出	北京市地震局
744	王连成	男	1945.01	汉	1977.04	1992.04	调出	电子物资供应公司
745	张遂甫	男	1950.07	汉	1977.04	1982.02	开除	
746	杨秀钧	女	1953.01	汉	1977.04	2008.03	退休	
747	高喜奎	男			1977.04	1984.06	调出	民族出版社
748	丁素欣	女	1930.04	汉	1977.05	1987.08	离休	
749	刘同刚	男	1933.12	汉	1977.05	1994.08	退休	
750	徐忠发	男	1939.02	汉	1977.05	1999.04	退休	
751	裴玉珍	女	1939.11	汉	1977.05	1996.02	退休	
752	李冰冶	女	1946.12	汉	1977.05	1983.09	调出	北京市人事局
753	吴凤玲	女	1949.02	汉	1977.05	1999.07	退休	
754	匡小湘	女	1950.06	汉	1977.05	1981.11	调出	公安部
755	孙启伟	男	1950.12	汉	1977.05			
756	晏晓玲	女	1954.05	汉	1977.05		调出	
757	李鼎容	女	1936.04	汉	1977.06		调出	地质研究所
758	刘明达	男	1940.03	汉	1977.06	1995.12	退休	
759	付子忠	男	1941.04	汉	1977.06	2002.06	退休	
760	高银秀	女	1945.02	汉	1977.06	2000.04	退休	
761	戴建华	男	1946.10	汉	1977.06	2000.10	退休	
762	黄远筑	男			1977.06	1984.12	调出	南海石油开发公司
763	刘洪林	女			1977.06		调出	
764	张连云	男	1926.11	汉	1977.07	1988.01	离休	
765	张国庆	男	1928.10	汉	1977.07	1989.10	退休	
766	高文波	男	1930.04	汉	1977.07	1990.08	离休	
767	吕国贤	女	1943.12	汉	1977.07	1989.02	病故	
768	赵国夫	男	1945.11	汉	1977.07	2002.01	退休	
769	张　包	男	1946.01	汉	1977.07	2000.11	退休	
770	陈云龙	男	1946.08	汉	1977.07	2006.10	退休	
771	邵　正		1949.01	汉	1977.07		调出	
772	王践明	男	1954.03	汉	1977.07	2000.12	退休	
773	杨文魁	男	1934.07	汉	1977.08	1991.04	调出	国土局规划院
774	游丽兰	女	1940.02	汉	1977.08	1998.01	退休	
775	张东冬	男	1946.11	汉	1977.08		调出	
776	盛小青	女	1946.11	汉	1977.08	2002.01	退休	
777	程云修	男	1946.12	汉	1977.08	2007.02	退休	

续表

序号	姓名	性别	出生年月	民族	来所时间	离岗时间	离岗原因	调往单位
778	舒桂林	女	1947.09	汉	1977.08	2002.11	退休	
779	石亚军	女	1955.04	汉	1977.08	1991.04	调出	农业部财务司
780	张　惠	女	1928.01	汉	1977.09	1984.12	离休	
781	孙家蓦	男	1933.06	汉	1977.09	1989.11	退休	
782	王继存	男	1935.04	汉	1977.09	1995.04	退休	
783	陈景松	男	1940.09	汉	1977.09	2000.11	退休	
784	郭　星	男	1950.09	汉	1977.09	1979.08	调出	公安部
785	王宝杰	男	1952.01	汉	1977.09	1999.05	调出	中国地震局
786	黄　胜	男			1977.09	1984.05	调出	武警部队学院
787	李海玉	女			1977.09		调出	
788	李德岭	男	1929.02	汉	1977.10	1989.06	退休	
789	陈彭年	男	1939.08	汉	1977.10	1998.03	退休	
790	潘复春	男	1940.01	汉	1977.10	1990.06	退休	
791	叶晓鲁	女	1948.09	汉	1977.10	1999.09	退休	
792	陆祖琼	女	1950.10	汉	1977.10	1984.09	调出	民航北京管理局
793	林木森	男	1952.01	汉	1977.10	1984.05	调出	
794	赵小平	女	1950.02	汉	1977.11	2000.12	退休	
795	鹿霞霞	女	1954.02	汉	1977.11	1999.05	调出	中国地震局
796	金丽芳	女	1938.03	汉	1977.12	1980.08	调出	北京大学
797	凌　晋	男	1947.02	汉	1977.12	1979.07	调出	公安部
798	杜　方	男	1951.03	汉	1977.12		调出	
799	解肇元	男	1914.05	汉	1978.02	1982.12	离休	
800	马占文	男	1938.03	汉	1978.02	1995.07	退休	
801	于世亮	男	1941.03	汉	1978.02	2001.05	退休	
802	王顺玲	女	1941.06	汉	1978.02	1991.10	退休	
803	贾维九	男	1943.01	汉	1978.02	2000.12	退休	
804	杨枝莲	女	1947.10	汉	1978.02	2003.02	退休	
805	姜晋中	男	1949.04	汉	1978.02			
806	闫　萍	女		汉	1978.02	1978.04	调出	地质研究所
807	马惠茹	女		汉	1978.02	1985.03	调出	深圳人事局
808	郭　林	男	1950.10	汉	1978.02	1985.08	调出	中组部
809	李桂芬	男	1938.08	汉	1978.03	1989.01	退休	
810	秦维勇	男	1939.08	汉	1978.03	1988.09	退休	
811	杜青山	女	1944.08	汉	1978.03	1999.10	退休	
812	卢广珍	女	1945.01	汉	1978.03	1995.12	退休	
813	王树林	男	1948.02	汉	1978.04	2009.01	退休	
814	樊祺城	男			1978.04	1982.07	调出	地质研究所
815	冯云峰	男	1948.02	汉	1978.05	1994.04	退休	
816	苏岳鲁	男	1949.09	汉	1978.05	1981.05	调出	562 综合地质队

续表

序号	姓名	性别	出生年月	民族	来所时间	离岗时间	离岗原因	调往单位
817	程双喜	男	1949.12	汉	1978.05	2000.12	退休	
818	高福兰	女	1942.10	汉	1978.06	1997.12	退休	
819	陆松澄	男	1945.05	汉	1978.06		调出	
820	赵玉昆		1957.07	汉	1978.06		调出	
821	奚　云	男	1940.08	汉	1978.07	1995.08	病故	
822	张宝兴	男	1947.12	汉	1978.07	2000.11	退休	
823	颜爱苗	女	1949.06	汉	1978.07	1999.11	退休	
824	魏贵荣	女	1944.11	汉	1978.08	1998.01	退休	
825	曹永平	男	1950.09	汉	1978.08	2000.11	退休	
826	苏　敏	男	1951.03	汉	1978.08	1997.03	调出	北京市地震局
827	王希文	女	1946.08	汉	1978.09	1999.07	退休	
828	王珊玲	女	1949.04	汉	1978.09	2004.06	退休	
829	董建业	男	1957.02	汉	1978.09			
830	马　刚	男	1958.11	汉	1978.09		调出	
831	宋　立	男	1958.12	汉	1978.09	1982.10	调出	北京市绒毯厂
832	柴建忠	男	1959.03	汉	1978.09			
833	张志国	男	1959.03	汉	1978.09			
834	张　伟	男	1959.04	汉	1978.09		开除	
835	赵建荣	女	1959.10	汉	1978.09			
836	李建华	男	1960.06	汉	1978.09			
837	张忠武	男	1960.07	汉	1978.09	1997.03	调出	北京市地震局
838	吴　刚	男	1958.12	汉	1978.09			
839	关玉奎	男	1935.06	满	1978.10	1995.08	退休	
840	付小平	男	1957.11	汉	1978.10	1980.05	调出	北京出租汽车公司
841	徐　杰	男	1959.09	汉	1978.10		调出	
842	宋朝忠	男	1959.12	汉	1978.10			
843	赵瑞芙	女	1932.05	汉	1978.11	1988.04	退休	
844	李一兵	女	1942.02	汉	1978.11	1995.12	退休	
845	马德元	男	1946.02	汉	1978.11		调出	
846	何　玉	女	1952.12	满	1978.11			
847	安德生	男	1957.03	汉	1978.12			
848	王　征		1958.01	汉	1978.12		调出	
849	刘春章	男	1958.04	汉	1978.12		调出	中国地震局
850	王　敏	女	1958.04	汉	1978.12			
851	苏丽萍	女	1958.05	汉	1978.12	2000.12	退休	
852	丁建刚	男	1959.11	汉	1978.12			
853	伊志荣	男	1961.06	汉	1978.12			
854	张兰凤	女			1978.12	1984.02	调出	地质研究所
855	张雅军	男	1954.09	汉	1979	1981.10	调出	吉林四平城建局

续表

序号	姓名	性别	出生年月	民族	来所时间	离岗时间	离岗原因	调往单位
856	樊文奎	男	1950.02	蒙	1979.01	2000.10	退休	
857	金　平	女	1948	汉	1979.02	1991.10	退休	
858	吴玉荣	女	1953.12	汉	1979.02	2010.04	退休	
859	侯治华	男	1954.01	汉	1979.02			
860	范国胜	男	1955.03	满	1979.02			
861	李　克	男	1956.01	汉	1979.02	2000.03	调出	甘肃省地震局
862	刘丽娟	女	1947.09	汉	1979.04	2002.11	退休	
863	刘诚志	男	1933.01	汉	1979.05	1992.06	退休	
864	彭建琼	女	1955.04	汉	1979.08	2000.12	退休	
865	张国富	男	1962.04	汉	1979.08			
866	仇桂萍	女	1951	汉	1979.09	1982.01	调出	
867	马建兰	女	1957.07	汉	1979.09	1989.05	调出	地质研究所
868	刘满杰	男	1941.11	汉	1979.10	1988.06	退休	
869	王水生	男	1950.07	汉	1979.10	1992.01	调出	山东招远金矿
870	王海忠	男	1958.07	汉	1979.10			
871	李　暐	女	1960.09	汉	1979.10			
872	孙盛广	男	1962.03	汉	1979.10			
873	孙卜庆	男	1928.02	汉	1979.12	1985.09	退休	
874	张伯崇	男	1935.09	汉	1979.12	1996.02	退休	
875	陈宏德	女	1939.04	汉	1979.12	1997.12	退休	
876	杨修信	男	1943.03	汉	1979.12	1993.09	病故	
877	陈源俊	女	1944.02	汉	1979.12	1999.04	退休	
878	范红庆	女	1954.05	汉	1980.01	1988	出国	
879	简春林	男	1954.04	汉	1980.02		调出	分析预报中心
880	陈立稳	女	1950.02	汉	1980.05	2005.04	退休	
881	朱　正	男	1956.09	汉	1980.05	1984.10	调出	民族印刷厂
882	冯东英	女	1957.11	汉	1980.05	2000.12	退休	
883	郑慧敏	女	1962.10	汉	1980.05	1997.03	调出	北京市地震局
884	金本奕	男			1980.08	1985.01	调出	化工进出口总公司
885	梁世品	男	1953.09	汉	1980.09			
886	张　青	女		汉	1980.09	1985.01	调出	北京燕联实业公司
887	李嘉麟	男	1933.05	汉	1980.10	1993.02	退休	
888	苏春萍	女	1950.04	汉	1980.10	2000.12	退休	
889	孔北台	男	1960.09	汉	1980.10	1995.01	调出	湖南浏阳人事局
890	郑学军	男	1961.04	汉	1980.10	1992.07	调出	地震技术学校
891	张德利	男	1961.09	汉	1980.10	2007.01	退休	
892	侯文坦	男	1964.08	汉	1980.10	2004.01	退休	
893	田　云	男			1980.10			
894	张　霞	女	1951.11	汉	1980.11	2003.03	调出	人才交流中心

续表

序号	姓名	性别	出生年月	民族	来所时间	离岗时间	离岗原因	调往单位
895	杨占富	男	1954.08	汉	1980.11	1985.04	调出	新华通讯社北京分社
896	韩子文	男	1928.02	汉	1980.12	1986.08	离休	
897	华丽琼	女	1953.11	汉	1980.12	2006.12	退休	
898	母文祥	女	1957.02	汉	1980.12	2000.11	退休	
899	谷　晓	男	1957.12	汉	1980.12	1990.06	调出	中国科学技术协会
900	张　帆	男	1958.11	汉	1980.12			
901	郭　杰	男	1960	汉	1980.12	1993.01	调出	北京汽车机油泵厂
902	庞冬青	女	1960.05	汉	1980.12			
903	德贵发	男	1960.06	汉	1980.12			
904	张　宇	男	1960.09	汉	1980.12	1996.04	调出	
905	赵京梅	女	1961.04	汉	1980.12			
906	康淑梅	女	1961.05	汉	1980.12			
907	侯砚和	男	1961.05	汉	1980.12			
908	柴景昆	男	1961.09	汉	1980.12	1996.03	调出	北京市地震局
909	宋　晶	女	1961.12	汉	1980.12	2000.12	退休	
910	伊志华	女	1963.06	汉	1980.12			
911	韩亚娟	女	1963.06	汉	1980.12	1995.11	出国	
912	王秀丽	女	1948	汉	1981.01		调出	
913	于允生	男	1935.07	汉	1981.05		调出	
914	殷翠兰	女	1954.01	汉	1981.05	2009.03	退休	
915	邢国政	男	1958.05	汉	1981.05			
916	戴晓凤	女	1960.07	汉	1981.05	2000.12	退休	
917	王存有	男			1981.05	1985.04	调出	中国老龄问题委员会
918	张　敏	女	1956.03	汉	1981.07			
919	胡凤珍	女	1941.08	汉	1982.01	1996.11	退休	
920	赵洪发	男	1949.10	汉	1982.01		调出	
921	赵启运	男	1952.10	满	1982.01	2000.11	退休	
922	邬慧敏	女	1953.08	汉	1982.01	2008.08	退休	
923	张　耿	男	1958.11	汉	1982.01			
924	沈建华	男	1958.11	汉	1982.01	1989.09	调出	国家地震局
925	郭啟良	男	1954.12	汉	1982.02			
926	刘士平	男	1955.04	汉	1982.02	1984.08	调出	长春市地震局
927	窦淑芹	女	1956.10	汉	1982.02			
928	李荣吉	男	1957.02	汉	1982.02	1984.10	调出	吉林省文化局
929	于慎谔	男	1957.06	蒙	1982.02			
930	吴一凡	女	1957.11	汉	1982.02	1984.12	调出	吉林化学工业公司
931	朱桂云	女	1958.03	汉	1982.02	1999.01	辞退	
932	赵　莉	女	1958.05	汉	1982.02	1984.12	调出	吉林科技情报研究所
933	王东霞	男	1959.09	汉	1982.02	1993.06	出国	

续表

序号	姓名	性别	出生年月	民族	来所时间	离岗时间	离岗原因	调往单位
934	朱　虹	女	1960.05	汉	1982.02	1992.07	调出	西海技术开发部
935	罗小农	男	1961.02	汉	1982.02		出国	
936	陈苕华	女	1943.10	汉	1982.04	1998.12	退休	
937	张振铎	男	1944.01	汉	1982.04	1995.12	退休	
938	赵国柱	男	1944.08	汉	1982.05	2004.10	退休	
939	刘万宝	男	1940.11	汉	1982.07	1994.03	退休	
940	韩　晔	女	1957.07	汉	1982.07			
941	孙小平	男	1948.01	汉	1982.08	1994.01	调出	中国教育电子公司
942	邵　进	男	1958.01	汉	1982.08	1999.11	调出	
943	张宝红	女	1959.05	汉	1982.08			
944	邱泽华	男	1959.09	汉	1982.08			
945	陈　健	男	1959.12	汉	1982.08			
946	姚志强	男	1960.04	汉	1982.08	1993.01	调出	四川省地震局
947	孙为国	男		汉	1982.08	1985.06	调出	地球物理研究所
948	彭占秋	男	1935.10	汉	1982.11		退休	
949	梁发东	男	1962.12	汉	1982.12	2007.01	退休	
950	刘明辉	男	1963.01	汉	1982.12	2007.01	退休	
951	李建平	男	1963.10	汉	1982.12	2007.01	退休	
952	张　杰	女	1964.10	汉	1982.12			
953	陈祖安	男	1965.06	汉	1982.12	1997.03	调出	北京市地震局
954	宋富英	女	1951.02	汉	1983.02	2000.12	退休	
955	宫士湘	男	1930.03	汉	1983.05	1984.12	调出	人民大学
956	赵天真	女	1940.04	汉	1983.06	1989.09	调出	国家地震局
957	李来友	男	1944.10	汉	1983.06	2000.12	退休	
958	王树华	男	1927.06	汉	1983.07	1991.06	退休	
959	刘凤卿	女	1935.12	汉	1983.07	1991.03	退休	
960	苏　刚	男	1961.03	汉	1983.07	2005.02	调出	分析预报中心
961	朱　葵	男	1963.01	汉	1983.07			
962	陈连旺	男	1960.07	汉	1983.08			
963	司洪波	男	1960.07	汉	1983.08	2005.06	调出	中国地震应急搜救中心
964	田　柳	女	1961.10	汉	1983.08	1991.11	调出	国家地震局
965	郭　敬	男	1961.12	汉	1983.08		调出	
966	张彦山	男	1962.10	汉	1983.08			
967	雷兴利	男	1963.04	汉	1983.09	2000.09	调出	人才交流中心
968	李平安	男	1963.12	汉	1983.09	1997.03	调出	北京市地震局
969	苏晓菲	男	1964.04	汉	1983.09	1997.03	调出	北京市地震局
970	王　军	男	1966.05	汉	1983.09	1997.03	调出	北京市地震局
971	郑　勇	男	1966.12	汉	1983.09	1997.03	调出	北京市地震局
972	罗朝生	男		汉	1984.02	1985.03	调出	北京外交人员服务局

续表

序号	姓名	性别	出生年月	民族	来所时间	离岗时间	离岗原因	调往单位
973	蒋　玲	女			1984.02	1985.02	调出	北京市淡水渔业公司
974	李　彤	男		汉	1984.02	1985.05	调出	581 厂
975	高长虹	男		汉	1984.02	1985.05	调出	581 厂
976	薛八四	男	1932.02	汉	1984.03	1989.04	退休	
977	毛丽华	男	1938.02	汉	1984.03	1988.07	退休	
978	田俊葆	男	1940.04	汉	1984.03	1995.12	退休	
979	许秀佳	男	1941.01		1984.03			
980	李凤昆	男	1941.06	汉	1984.03	1996.10	退休	
981	冯殿玉	男	1942.08	汉	1984.03	1994.04	退休	
982	朱庆林	男	1945.05	汉	1984.03	1984.09	调出	中国水产科学研究院
983	张　岩	男	1946.03	汉	1984.03	1985.07	调出	国家地震局
984	何惠明	女	1953.03	汉	1984.03	1989.11	调出	局供应站
985	李志全	男	1954.06	汉	1984.03			
986	董福来	男	1954.06	汉	1984.03	2000.12	退休	
987	刘　颖	女	1956.12	汉	1984.03	2000.12	退休	
988	赵玉双	女	1957.12	汉	1984.03	2000.11	退休	
989	王　平	男	1958.07	汉	1984.03			
990	崔　俊		1959.04	汉	1984.03			
991	于　箭	男	1959.10	汉	1984.03	1984.10	调出	分析预报中心
992	梁建新	男	1959.11	汉	1984.03	1989.02	调出	中国科学院
993	顾伟年	男	1959.12	汉	1984.03	1984.11	调出	航天部五院
994	叶新兴	男	1960.02	汉	1984.03	1997.09	调出	
995	宁　岩	女	1960.09	汉	1984.03	1993.01	调出	深圳深华运输公司
996	孙卫红	女	1961.01	汉	1984.03	1999.04	调出	
997	刘德宇	男	1961.04	汉	1984.03	1984.10	调出	分析预报中心
998	赵正武	男	1961.12	汉	1984.03			
999	于美丽	女	1962.08	汉	1984.03	2000.12	退休	
1000	胡先坤	男	1937.11	汉	1984.04	1993.01	调出	国家地震局
1001	林天民	男	1946.03	汉	1984.04		调出	
1002	李伟光	男	1960.10	汉	1984.04		退休	
1003	张　军	男	1961.12	汉	1984.04	1984.10	调出	分析预报中心
1004	党京平	女	1961.12	汉	1984.04	1984.12	调出	地球物理研究所
1005	宋子安	男	1932.10	汉	1984.05	1992.02	退休	
1006	史新华	男	1937.05	汉	1984.05	1995.12	退休	
1007	刘　松	男	1943.12	汉	1984.05	1999.01	退休	
1008	杨智娴	女	1945.12	汉	1984.05	1999.08	调出	地球物理研究所
1009	吴玉纯	女	1933.07	汉	1984.06	1989.01	退休	
1010	师洁珊	女	1946.11	汉	1984.06	2002.01	退休	
1011	李桂荣	女	1945.03	汉	1984.07	2000.05	退休	

续表

序号	姓名	性别	出生年月	民族	来所时间	离岗时间	离岗原因	调往单位
1012	刘向军	男	1962.08	汉	1984.07	1995.10	调出	
1013	王　军	男	1963.04	汉	1984.07	1989.12	调出	青岛电业局
1014	陈　鹏	男	1964.04	汉	1984.07		调出	
1015	王　勇	男	1946.10	汉	1984.08	2006.12	退休	
1016	刘德权	男	1950.05	汉	1984.10	2010.07	退休	
1017	刘建中	男	1948.09	汉	1984.11	1991.11	调出	石油勘探开发科学院
1018	张　雪	女	1949.07	汉	1984.11		调出	地球物理研究所
1019	吴保国	男	1966.08	汉	1984.11	1996.05	出国	
1020	张康富	男	1936.02	汉	1984.12	1995.12	退休	
1021	高　鹤	男	1963.08	汉	1985			
1022	甄永富	男	1932.11	汉	1985.01	1992.03	退休	
1023	张淑英	男	1937.12	汉	1985.01	1993.02	退休	
1024	张淑慧	女	1950.07	汉	1985.02	2001.03	退休	
1025	王瑜青	女	1963.01	汉	1985.07	1994.12	调出	国家地震局
1026	刘宗坚	男	1963.09	汉	1985.07	1992.01	调出	国家地震局
1027	徐　斌	男	1964.09	汉	1985.07	1997.03	调出	北京市地震局
1028	高建理	女	1958.08	汉	1985.08	1995.03	出国	
1029	汤　毅	男	1964.07	汉	1985.08	1990.07	调出	地球物理研究所
1030	高　宏	男	1964.07	汉	1985.08	1990.08	出国	
1031	董立本	男	1941.07	汉	1985.09	1999.07	退休	
1032	孙惠君	女	1944.04	汉	1985.09	1999.06	退休	
1033	赵永丽	女	1947.07	汉	1985.09	2000.12	退休	
1034	王维斌	男	1960.06	汉	1985.09	1986.09	出国	
1035	陈　睿	女	1961.06	白	1985.09	1988.07	出国	
1036	张玉松	男	1938.12	汉	1985.10		调出	地质研究所
1037	岳　辉	男	1965.10	汉	1985.10	1997.03	调出	北京市地震局
1038	柴　军	男	1954.09	汉	1985.11	2000.11	退休	
1039	刘　莉	女	1963.10	汉	1985.11			
1040	罗绍华	男	1962.05	汉	1985.12	2007.01	退休	
1041	李亚兴	男	1963.12	汉	1985.12			
1042	高志强	男	1965.12	汉	1985.12	2007.01	退休	
1043	袁　辉	男	1968.06	汉	1985.12	1997.03	开除	
1044	周英志	男	1932.08	汉	1986	1992.10	离休	
1045	祝景忠	男	1954.10	汉	1986.01			
1046	龚自伦		1955.09	汉	1986.01			
1047	郭藐西	女	1959.12	汉	1986.01	2009.05	病故	
1048	魏敬平	女	1956.05	汉	1986.05	2000.11	退休	
1049	徐明治	男	1934.04	汉	1986.07	1994.04	退休	
1050	韩伟侠	女	1943.11	汉	1986.07	1998.01	退休	

续表

序号	姓名	性别	出生年月	民族	来所时间	离岗时间	离岗原因	调往单位
1051	杨选辉	男	1965.08	汉	1986.07			2000 调回
1052	刘凤麟	男	1964.01	汉	1986.08	1992.09	调出	国家地震局
1053	韩如海	男	1951.12	汉	1986.08	1986.09	出国	
1054	韦　伟	男	1959.10	汉	1986.08	1991.06	出国	
1055	李　兰	女	1962.05	汉	1986.08	1986.09	出国	
1056	贺群禄	男	1962.05	汉	1986.08	1995.08	出国	
1057	冯　明		1963.08	汉	1986.08	1991.04	调出	中国华阳技贸公司
1058	张志波	男	1964.04	汉	1986.08	1994.12	调出	国家地震局
1059	胡益光	男	1964.04	汉	1986.08	2002.07	调出	出国
1060	韩成太	男	1965.01	汉	1986.08	1990.06	调出	山西省地震局
1061	杨仕春	男	1965.04	汉	1986.08	1992.01	调出	北京有色冶金研究院
1062	李静宜	女	1936.12	汉	1986.10	1992.04	退休	
1063	陈　军	女	1959.04	汉	1986.10			
1064	孙立萍	女	1961.05	汉	1986.10	1991.06	出国	
1065	崔效锋	男	1963.04	汉	1986.10			
1066	毕福志	男	1930.11	汉	1986.11	1994.05	离休	
1067	袁又申	女	1934.07	汉	1986.11	1989.09	退休	
1068	谢富仁	男	1956.12	汉	1986.11			
1069	孙于芳	女	1969.12	汉	1986.11			
1070	周玉荣	女	1941.09	汉	1986.12	1988.12	调出	三河县医院
1071	苗　子		1954.10	汉	1987			
1072	何淑玉	女	1954.05	汉	1987.01	2000.12	退休	
1073	李　侃	女	1957.05	汉	1987.01			
1074	吴　凡	男	1958.09	汉	1987.01			
1075	李玉芹	女	1954.01	汉	1987.02	2009.03	退休	
1076	吕兴平	男	1964.04	汉	1987.07	1991.01	调出	深圳公司
1077	郝凤菊		1964.08	汉	1987.07			
1078	俞　力	男	1964.10	汉	1987.07	1990.03	调出	地质研究所
1079	祝水平	男	1964.10	汉	1987.07	1992.01	调出	中国工商银行
1080	杨树新	男	1964.11	汉	1987.07			
1081	吴天安	男	1965.01	汉	1987.07	2000.12	调出	分析预报中心
1082	马保起	男	1965.05	汉	1987.07			
1083	林书民	男	1965.07	汉	1987.07	1993.08	调出	国家地震局数据中心
1084	李发祥	男	1965.02	汉	1987.08	2001.06	调出	人才交流中心
1085	高　强	女	1966.01	汉	1987.08	1996	调出	
1086	黄清阳	女	1966.04	汉	1987.08	1994.07	调出	发展规划研究院
1087	余华春	男	1933.12	汉	1987.09	1994.07	退休	
1088	白金友	男	1950.05	汉	1987.09	2000.11	退休	
1089	王幼玲	女	1954.02	汉	1987.09	2004.04	退休	

续表

序号	姓名	性别	出生年月	民族	来所时间	离岗时间	离岗原因	调往单位
1090	高卫民	男	1958.11	汉	1987.09	1993.03	调出	人才交流中心
1091	程勃山	男	1963.03	汉	1987.10	2007.01	退休	
1092	阎　广	男	1964.10	汉	1987.10	1994.11	调出	三河县项目办公室
1093	夏大荒	男	1955.10	汉	1987.11	1993.03	调出	国家地震局
1094	彭文涛	男	1963.05	汉	1987.11	1993.08	调出	发现杂志社
1095	王元原	男	1964.10	汉	1987.11	1998.03	调出	人才交流中心
1096	李国栋	男	1934.05	汉	1987.12	1994.07	退休	
1097	吕　强	男	1946.08	汉	1987.12	1992.07	退休	
1098	吴永安	男	1963.10	汉	1987.12	1996.12	调出	人才交流中心
1099	田保勇	男	1956.09	汉	1988	1993.02	调出	国家地震局
1100	徐宗和	男	1934.02	汉	1988.01	1995.03	退休	
1101	李同才	男	1953.08	汉	1988.01	2000.11	退休	
1102	阮小平	男	1959.03	汉	1988.02	1995	出国	
1103	王江丰	男	1961.12	汉	1988.02	2007.01	退休	
1104	法德民	男		汉	1988.02	1992.03	调出	地震技术学校
1105	周克森	男		汉	1988.03		调出	广东地震局
1106	李润生	男	1945.08	汉	1988.04	1995.12	退休	
1107	单金凤	女	1951.12	汉	1988.05	1992.03	调出	地震技术学校
1108	范世明	男	1957.09	汉	1988.05	2000.11	退休	
1109	许厚德	男	1939.07	汉	1988.05	1991.09	调出	地质研究所
1110	杨建质	男	1964.01	汉	1988.06	2007.01	退休	
1111	杨秀云	男	1962.10	汉	1988.07	1995.08	调出	北京市第五工程公司
1112	高迺箴	女	1963.10	汉	1988.07	1993.09	调出	银建出租汽车公司
1113	张世民	男	1965.04	汉	1988.07			
1114	柴宝龙	男	1965.06	汉	1988.07	1992.07	辞职	
1115	李　宏	男	1965.07	汉	1988.07			
1116	景鸿利	男	1965.10	满	1988.07	1995.11	出国	
1117	樊志勇	男	1965.10	汉	1988.07	1997.03	调出	北京市地震局
1118	王子影	女	1966.03	汉	1988.07			
1119	颜雪红	女	1966.05	汉	1988.07	1994.12	调出	中科院研究生院
1120	张周术	男	1967.01	汉	1988.07	2002.11	调出	西藏自治区地震局
1121	陈　浩	男	1967.07	汉	1988.07	2000.12	调出	国家会计学院
1122	王永国	男		汉	1988.07	1992.01	调出	纺织工业部设计院
1123	沈方方	男	1962.04	汉	1988.08			
1124	刘宛华	女	1944.06	汉	1988.09	1999.08	退休	
1125	肖　杰	男	1961.11	汉	1988.09	1997.03	调出	北京市地震局
1126	王科滨	男	1963.09	汉	1988.09	1997.05	调出	
1127	林真明	女	1963.10	汉	1988.09	1993.03	调出	人才交流中心
1128	陈　虹	女	1963.04	汉	1988.10			

续表

序号	姓名	性别	出生年月	民族	来所时间	离岗时间	离岗原因	调往单位
1129	金邓辉	男	1964.09	汉	1988.10		出国	
1130	梁中庠	男	1962.11	汉	1989			
1131	张　海	男	1964.10	汉	1989	2001.12	开除	
1132	赵　军	男			1989	2007.01	退休	集体工
1133	卓　越	男	1965.06	汉	1989.01	1999.01	辞职	
1134	唐亚烽	男	1965.10	汉	1989.01	1998.05	调出	人才交流中心
1135	赵大山	男	1965.09	汉	1989.02	1997.03	调出	北京市地震局
1136	李光臣	男	1963.02	汉	1989.04			
1137	范又功	男	1937.05	汉	1989.05	1997.09	退休	
1138	田　源	女	1948.10	汉	1989.05	2000.11	退休	
1139	刘长玲	女	1950.11	汉	1989.05	1991.04	调出	地质矿产信息研究所
1140	张　方	男	1957.04	汉	1989.05	2007.01	退休	
1141	全丽丽	女	1962.04	蒙	1989.05			
1142	刘进友	男	1962.09	汉	1989.05	2009.06	退休	
1143	刘小明	男	1963.02	汉	1989.05	2007.01	退休	
1144	陈志辉	男	1963.10	汉	1989.05	2007.01	退休	
1145	张受生	男	1933.05	汉	1989.06	1993.07	退休	
1146	唐万能	男	1961.09	汉	1989.07	1995.08	出国	
1147	张景发	男	1962.12	汉	1989.07			
1148	王建军	男	1964.09	汉	1989.07			
1149	金虎范	男	1965.06	朝	1989.07	1998.01	调出	人才交流中心
1150	赵营海	男	1966.03	汉	1989.07	2006.03	调出	公司
1151	吴卫民	男	1966.03	汉	1989.07	1995.12	调出	国家地震局
1152	吕悦军	男	1966.10	汉	1989.07			
1153	张立稼	男	1966.11	汉	1989.07	1993.08	出国	
1154	徐文凯	男	1967.03	汉	1989.07	1999.10	调出	
1155	于庆才	男	1967.07	汉	1989.07	1997.03	调出	北京市地震局
1156	石开宇	女	1968.09	汉	1989.07	1994.02	调出	百盛轻工发展公司
1157	孙福梁	男	1964.12	汉	1989.08	1992.01	调出	国家地震局
1158	李　明	男	1965.04	汉	1989.08	1997.11	调出	国家地震局
1159	周克昌	男	1965.08	汉	1989.08	1993.01	调出	国家地震局数据中心
1160	陈群策	男	1966.08	汉	1989.08	2006.10	调出	地质科学院
1161	王　霞	女	1955.04	汉	1989.12	2000.12	退休	
1162	张　路	男	1964.07	汉	1990.01			
1163	杨　纯	女	1969.04	汉	1990.01	1998.06	调出	中科院研究生院
1164	金国生	男	1960.01	满	1990.06	2007.01	退休	
1165	韩养贞	男	1936.08	汉	1990.07	1995.12	退休	
1166	段德欣	女	1965.08	汉	1990.07	1997.12	调出	
1167	希　平	男	1968.05	汉	1990.07	1996.12	调出	

续表

序号	姓名	性别	出生年月	民族	来所时间	离岗时间	离岗原因	调往单位
1168	吕广明	男	1969.04	汉	1990.07	1993.01	调出	北京市大兴县
1169	张国红	女	1969.08	汉	1990.07			
1170	刘福生	男	1970.07	汉	1990.07			
1171	李劲松	男		汉	1990.09	1992.03	调出	国家测绘局
1172	李　强	男	1970.05	汉	1990.11			
1173	连　渊	男	1968.10	汉	1990.12			
1174	刘京生	男			1991.03	1991.05	调出	解放军 6109 工厂
1175	汪　铮				1991.04	1991.04	调出	中联部
1176	陆远忠	男	1940.05	汉	1991.07	2001.08	退休	
1177	郑月军	女	1968.08	汉	1991.07			
1178	张国宏	男	1968.10	汉	1991.07			
1179	凌　宏	男	1969.09	汉	1991.07	1996.09	调出	地质研究所
1180	徐铁鞠	男	1969.12	汉	1991.07	1997.11	调出	国家地震局
1181	李俊红	女	1971.03	汉	1991.07			
1182	袁　樨	男	1965.12	汉	1991.08	1995.08	出国	
1183	吴依农	男	1966.03	汉	1991.09	1998.04	调出	华能公司
1184	朱凤鸣	男	1929.08	汉	1991.10	1993.09	退休	
1185	王　跃	男	1964.04	汉	1991.10	1997.07	调出	
1186	张　强	男	1965.11	汉	1991.10	2007.01	退休	
1187	郭　莉	女			1991.10	1992.03	调出	北京市技术监督局
1188	闫凤忠	男	1948.10	汉	1991.11	2000.11	退休	
1189	薛　意	男	1973.08	汉	1991.12			
1190	吴玉萍				1992.01	1992.01	调出	北京有色冶金研究院
1191	穆晓梅	女	1973.06	汉	1992.01			
1192	李永臣	男	1968.04	汉	1992.03			
1193	郭若眉	女	1940.03	汉	1992.04	2000.01	退休	
1194	刘海峰	男	1958.04	汉	1992.06	2000.12	退休	
1195	刘冬英	女	1971.01	汉	1992.06			
1196	聂云刚	男	1967.10	汉	1992.07	1996.09	调出	
1197	孙　杰	男	1971.04	汉	1992.08	2000.05	调出	公司
1198	胡小兰	女	1968.02	汉	1993.03			
1199	杜俊平	男	1971.11	汉	1993.03			
1200	王建平	男	1971.11	汉	1993.03	2005.06	调出	中国地震应急搜救中心
1201	于长虎	男	1974.01	汉	1993.03	2005.07	调出	人才交流中心
1202	黄春雨	男	1977.01	汉	1993.03			
1203	赵国存	男	1971.01	汉	1993.06			
1204	谢宝洞	男	1972.09	汉	1993.06	1997.05	调出	
1205	徐　方	男	1970.03	汉	1993.12			
1206	周振安	男	1951.08	汉	1994.04			

续表

序号	姓名	性别	出生年月	民族	来所时间	离岗时间	离岗原因	调往单位
1207	高玉峰	男	1968.03	满	1994.07	1997.11	调出	国家地震局
1208	陆晓华	女	1954.08	汉	1994.09	1995.01	调出	北京农垦管理学院
1209	李红霞	女	1970.12	汉	1994.09	1997.03	调出	北京市地震局
1210	杜振民	男	1942.12	汉	1995.07	2001.03	调出	中国地震局
1211	杨流平	男	1948.08	汉	1995.07	2000.06	调出	地球物理研究所
1212	唐荣余	男	1950.02	汉	1995.07	2010.04	退休	
1213	杨　军	男	1963.06	汉	1995.07	2001.06	调出	人才交流中心
1214	李春峰	男	1970.07	汉	1995.09	1998.09	调出	出国
1215	魏保国	男	1968.12	汉	1995.10	1995.10	出国	
1216	李春莲	女	1973.09	汉	1995.12	1997.03	调出	北京市地震局
1217	缪　坤	男	1975.10	汉	1995.12			
1218	郑崇林	男	1972.04	汉	1995.12	1995.12	调出	
1219	栾成强	男	1962.09	汉	1996.01	1997.05	调出	
1220	李尚庆	男	1973.07	汉	1996.01	2005.06	调出	中国地震应急搜救中心
1221	王显军	男	1974.04	汉	1996.01			
1222	耿　杰	女	1974.05	汉	1996.01			
1223	孙　强	男	1976.07	汉	1996.02			
1224	魏　智	女	1962.12	汉	1996.03	1998.05	调出	
1225	徐绿清	女	1978.10	汉	1996.04	1997.03	调出	北京市地震局
1226	侯志春	男	1964.11	汉	1996.05	2001.09	调出	人才交流中心
1227	杨佳全	男	1971.05	汉	1996.07			
1228	余书明	男	1972.09	汉	1996.07	2000.11	调出	中国地震局
1229	陈　锋	男	1973.05	汉	1996.08	1999.03	调出	中国地震局
1230	吴　晋	女	1974.01	汉	1996.09	2003.04	调出	中国地震局
1231	蒋林根	男	1971.10	汉	1997.06	2003.09	调出	出国
1232	张　生	男	1973.12	汉	1997.06	2001.09	调出	人才交流中心
1233	张黎明	男	1973.09	汉	1997.07	2001.08	调出	中国地震局
1234	周　昊	男	1973.03	汉	1997.08			
1235	李成日	男	1973.08	朝鲜	1997.08	2001.08	调出	中国地震局
1236	秦久刚	男	1974.05	汉	1997.09	2002.06	调出	中国地震局
1237	梁江华	男		汉	1998.04	1998.08	辞职	
1238	徐　坤	男	1973.04	汉	1998.07	2000.06	调出	人才交流中心
1239	范良龙	男	1975.02	汉	1998.07			
1240	沙海军	男	1976.02	汉	1998.07			
1241	马相波	男	1976.03	汉	1998.07			
1242	牟艳珠	女	1976.06	汉	1998.07	2001.08	调出	中国地震局
1243	丁立丰	男	1974.02	汉	1999.04			
1244	张　倩	女	1976.01	汉	1999.07	2007.12	调出	
1245	王秀英	女	1972.04	汉	1999.07			

续表

序号	姓名	性别	出生年月	民族	来所时间	离岗时间	离岗原因	调往单位
1246	张永庆	男	1972.10	汉	1999.07			
1247	徐茂亮	男	1975.10	汉	1999.07	2003.03	调出	中科电子技术信息所
1248	李玉萍	女	1966.06	汉	2000.01			
1249	陈明金	男	1974.12	汉	2000.07			
1250	谢周敏	男	1975.07	汉	2000.07			
1251	熊道慧	男	1975.08	汉	2000.07	2003.04	调出	中国地震局
1252	陈旭庚	男	1978.02	汉	2000.07			
1253	安晓灵	女	1975.12	汉	2000.07			
1254	李海亮	男	1965.10	汉	2000.08			
1255	王兰炜	男	1968.08	汉	2000.12			
1256	雷建设	男	1969.05	汉	2001.04			
1257	陈亚策	女	1964.10	汉	2001.06			
1258	阮晓龙	女	1952.03	汉	2001.07			
1259	赵建涛	男	1976.02	汉	2001.07			
1260	彭艳菊	女	1976.05	汉	2001.07			
1261	王凌云	女	1979.05	汉	2001.07			
1262	宋富喜	男	1969.01	汉	2001.09			
1263	卢丽平	女	1977.11	汉	2002.04	2006.08	调出	公司
1264	魏学勇	男	1974.09	汉	2002.07			
1265	赵　刚	男	1974.10	汉	2002.07			
1266	田云锋	男	1976.07	汉	2002.07			
1267	穆昱东	男	1979.09	汉	2002.07			
1268	何案华	男	1979.12	汉	2002.07			
1269	孙文欣	男	1980.03	汉	2002.07			
1270	陈　卓	男	1980.09	汉	2002.07	2006.09	调出	云南省
1271	赵树贤	男	1962.12	汉	2002.08			
1272	张雪松	女	1963.03	汉	2002.08			
1273	王　峰	男	1974.10	汉	2002.08	2004.04	调出	中国地震局
1274	荆　燕	女	1975.02	汉	2002.08			
1275	赵京铁	男	1980.09	汉	2002.09			
1276	曹　颖	女	1968.05	汉	2002.10	2004.05	调出	北郊医院
1277	黄雅虹	女	1963.01	汉	2002.11			
1278	刘旭东	男	1974.09	汉	2003.07			
1279	崔光来	男	1975.09	汉	2003.07	2006.07	调出	中国地震局
1280	陈　征	男	1979.06	汉	2003.07			
1281	万玉莉	女	1967.11	汉	2003.08			
1282	吴荣辉	男	1950.11	汉	2004.03			
1283	巩曰沐	男	1958.01	汉	2004.05	2006.04	调出	中国地震局
1284	张世中	男	1970.11	汉	2004.05			

续表

序号	姓名	性别	出生年月	民族	来所时间	离岗时间	离岗原因	调往单位
1285	李　涛	男	1980.08	汉	2004.06			
1286	刘耀炜	男	1957.07	汉	2004.07			
1287	卢海峰	男	1975.12	汉	2004.07			
1288	赵俊香	女	1976.09	汉	2004.07			
1289	马京杰	男	1976.09	汉	2004.07			
1290	闻　明	男	1978.04	汉	2004.07			
1291	兰晓雯	女	1978.08	汉	2004.07			
1292	孙昌斌	男	1979.08	汉	2004.07			
1293	谭　巧	女	1981.08	汉	2004.07			
1294	吴国强	男	1981.10	汉	2004.07			
1295	王志勇	女	1957.09	汉	2004.11	2005.03	调出	北京市地震局
1296	田家勇	男	1974.08	汉	2004.11			
1297	柳艳智	女	1979.10	汉	2005.03			
1298	徐秀力	男	1972.08	汉	2005.07		调出	
1299	熊玉珍	女	1976.10	汉	2005.07			
1300	杜　义	男	1977.09	汉	2005.07			
1301	王成虎	男	1978.03	汉	2005.07			
1302	任俊杰	男	1979.11	汉	2005.07			
1303	吴立恒	女	1980.01	汉	2005.07			
1304	龚丽霞	女	1981.03	汉	2005.07			
1305	宋　茉	女	1983.08	汉	2005.07			
1306	朱守彪	男	1964.02	汉	2005.09			
1307	彭　珊	女	1982.02	汉	2005.10			
1308	王延祜	男		汉	2006.03	2006.06	调出	
1309	黄鹤桥	男	1972.02	汉	2006.07			
1310	刘爱春	男	1974.10	汉	2006.07			
1311	刘冠中	男	1980.01	汉	2006.07			
1312	张红艳	女	1980.07	汉	2006.07			
1313	兰景岩	男	1981.11	汉	2006.07			
1314	安　然	男	1983.10	汉	2006.07			
1315	刘大鹏	男	1984.03	汉	2006.07			
1316	王永昕	女	1974.07	汉	2006.10			
1317	陆　鸣	男	1957.08	汉	2007.02			
1318	朱　旭	男	1971.10	汉	2007.07			
1319	孙小龙	男	1981.10	汉	2007.07			
1320	张　彬	男	1981.12	汉	2007.07			
1321	何仲太	男	1982.01	汉	2007.07			
1322	荣棉水	男	1982.03	汉	2007.07			
1323	姜文亮	男	1982.05	汉	2007.07			

续表

序号	姓名	性别	出生年月	民族	来所时间	离岗时间	离岗原因	调往单位
1324	李　兵	男	1984.03	汉	2007.08			
1325	杨多兴	男	1974.09	汉	2007.10			
1326	张兴国	男	1973.01	汉	2008.07			
1327	荆振杰	男	1976.04	汉	2008.07			
1328	付继华	男	1979.08	汉	2008.07			
1329	董云开	男	1980.05	汉	2008.07			
1330	唐　磊	男	1981.01	汉	2008.07			
1331	张　策	男	1981.11	汉	2008.07			
1332	张力方	男	1982.02	汉	2008.07			
1333	包林海	男	1982.08	汉	2008.07			
1334	罗　毅	男	1983.07	汉	2008.07			
1335	胡　哲	男	1983.09	汉	2008.07			
1336	刘晓皙	女	1985.10	汉	2008.07			
1337	李智涛	女	1978.02	汉	2009.04			
1338	钱海涛	男	1978.12	汉	2009.06			
1339	周龙寿	男	1976.07	汉	2009.07			
1340	赵亚敏	女	1977.09	汉	2009.07			
1341	蔡晓刚	男	1979.01	汉	2009.07			
1342	李　阔	男	1982.08	汉	2009.07			
1343	丁　锐	男	1982.08	汉	2009.07			
1344	李玉江	男	1982.12	汉	2009.07			
1345	谢卓娟	女	1984.01	汉	2009.07			
1346	张　宇	女	1984.07	汉	2009.07			
1347	任宏微	女	1984.01	汉	2009.07			
1348	马志霞	女	1979.12	汉	2010.07			
1349	王建新	男	1980.09	汉	2010.07			
1350	颜　蕊	女	1981.08	汉	2010.07			
1351	黄学猛	男	1983.09	汉	2010.07			
1352	苏文浩	男	1984.01	汉	2010.07			
1353	喻建军	男	1984.10	汉	2010.07			
1354	李　蕊	女	1986.01	汉	2010.07			
1355	胡幸平	男	1987.01	汉	2010.07			
1356	王向南	女	1987.07	汉	2010.07			
1357	蒋　瑶	女	1987.10	汉	2010.07			
1358	王敏生	男	1931.11	汉		1982.02	调出	北京高教局
1359	辛书庆	男	1941.01	汉		1976.01	调出	国家地震局
1360	王　浩	男	1924.11	汉		1984.11	退休	
1361	于桂英	女	1943.08	汉		1986.09	退休	
1362	李建国	男						

续表

序号	姓名	性别	出生年月	民族	来所时间	离岗时间	离岗原因	调往单位
1363	王桂兰	女				1980.09	调出	流动队
1364	赵金华	男				1977.06	调出	
1365	王　灏	男					调出	
1366	王东生	男				1985.05	调出	总参京西宾馆
1367	崔占波	男						
1368	吴雪芹	女					调出	中国民族大学
1369	丘细好	男						
1370	张汉朋	男						
1371	谷德勤	男				1972.07	调出	安徽省
1372	张良玉	男				1972.08	调出	山西地震队
1373	杨家森	男				1972.08	调出	山西地震队
1374	李茂恒	男				1972.06	调出	
1375	张玉淦	男				1972.05	调出	中科院动物所
1376	邓志明	男						
1377	邢洪厚	男						
1378	王　欣	男				1984.04	调出	地震出版社

说明：1．曾在地壳应力研究所（地震地质大队）工作的人员统计资料，来源于不同时期的职工花名册。

2．本表工作人员以到研究所时间先后为序，部分人员到研究所时间没有查实，列在其后。

3．在地壳应力研究所工作人员中，不含早期在中南、西北、西南区队工作的职工，以及 1970 年前后调往北京、河北、山西地震台站和沈阳地震大队的职工约 150 人。

六、历年经费收支情况

表Ⅱ-6-1　　1967～1999年历年经费收支情况统计表　　单位：万元

年度	经费收入			经费支出			
	合计	财政拨款	其他收入	合计	在职人员	离退休人员	其他支出
1967	219. 32	219. 32					
1968	190. 00	190. 00					
1970	191. 00	191. 00					
1977	292. 00	292. 00		337. 77	337. 77		
1978	314. 25	314. 25		297. 12	297. 12		
1979	303. 00	303. 00		277. 48	277. 48		
1980	335. 50	335. 50		290. 15	290. 15		
1981	335. 10	335. 10		337. 42	337. 42		
1982	388. 25	388. 25		339. 95	339. 95		
1983	411. 70	411. 70		394. 26	394. 26		
1984	439. 50	439. 50		366. 83	366. 83		
1985	340. 80	318. 60	22. 20	300. 37	300. 37		
1986	474. 30	438. 78	35. 52	426. 10	95. 10	6. 40	324. 60
1987	419. 40	419. 40		377. 40	119. 40	10. 00	248. 00
1988	453. 02	436. 00	17. 20	448. 80	118. 80	16. 00	314. 00
1989	379. 90	370. 30	27. 60	358. 50	112. 40	19. 30	226. 80
1990	475. 70	447. 80	27. 90	402. 50	99. 10	22. 10	281. 30
1991	723. 50	706. 80	16. 70	646. 40	148. 30	26. 30	471. 80
1992	507. 80	469. 90	37. 90	598. 40	150. 70	44. 20	403. 50
1993	605. 20	573. 20	32. 00	634. 80	163. 20	69. 20	402. 40
1994	969. 40	938. 40	31. 00	864. 40	298. 20	114. 60	451. 60
1995	771. 90	724. 10	47. 80	795. 30	290. 50	158. 60	346. 20
1996	1209. 90	1086. 90	123. 00	1143. 60	279. 40	244. 60	619. 60
1997	1082. 02	907. 10	175. 10	961. 90	308. 30	285. 00	368. 60
1998	2310. 65	1112. 30	1198. 35	1836. 66	327. 93	297. 17	1211. 56
1999	2205. 12	1019. 62	1185. 50	1871. 60	385. 70	302. 67	1183. 23

说明：1.其他支出中，主要包括科研（含监测预报）项目支出、科技开发项目支出、公用项目支出、基建项目支出。
2.1985年经费收入和支出中不含基建经费。

表Ⅱ-6-2　2000～2010年历年经费收支情况统计表　单位：万元

年度	经费收入						经费支出				
	总收入	财政拨款				其他收入	总支出	在职人员	离退休人员	公用	科研
		在职人员	离退休人员	公用	科研						
2000	3374.64	1913.45				1461.19	2469.31	410.10	434.64	138.28	1486.29
2001	5426.57	3544.05				1882.52	4554.66	605.64	1731.18	397.47	1820.37
2002	4549.07	2670.96				1878.11	3832.94	712.76	938.56	241.46	1940.16
2003	5549.85	526.88	919.31	767.56	1322.30	2013.80	4060.51	859.05	1273.73	259.53	1668.20
2004	6565.99	539.05	782.31	546.85	2131.00	2566.78	5207.44	1034.54	1213.88	515.97	2443.05
2005	6761.87	519.05	834.76	793.65	1565.10	3049.31	6312.77	945.25	1328.22	1174.91	2864.39
2006	10042.31	511.05	1797.04	1042.50	3203.00	3488.72	6657.60	1004.21	1581.73	1232.10	2839.56
2007	12054.24	1312.37	1918.98	1952.30	2798.60	4071.99	11652.53	1889.50	2837.56	2373.58	4551.89
2008	12993.43	1131.49	1473.05	498.25	5038.80	4851.84	11238.23	1910.25	1774.29	991.19	6562.50
2009	14411.82	1131.49	1303.97	1378.90	4796.20	5801.26	15602.79	2299.56	2079.17	1343.00	9881.06
2010	14203.32	1165.52	1467.19	778.85	4565.40	6226.36	15386.38	2474.93	2155.34	1093.51	9662.60

说明：1．其他收入含横向收入、纵向收入、专款收入、房租收入、利息收入、附属单位上缴款等；横向收入与纵向收入均指当年到款金额。

2．离退休人员经费收入和支出中均含住房改革经费；2001年财政拨款和离退休人员支出中含1999～2001年度购房补贴1149.53万元。

3．公用经费中含基建项目经费。

七、历年仪器设备情况

表Ⅱ-7-1　　历年仪器设备情况统计表

年代	仪器设备		5千元以上仪器设备（台、套）									报废调出		机动车（辆）						
	总计（台、套）	原值（万元）	合计	0.5万～5万元		5万元以上		仪器年代				总计（台、套）	原值（万元）	合计	小轿车	大轿及旅行车	运输及载重车	特种工程车	吉普车	其他车
				地震专用	通用	地震专用	通用	1970年以前	1980年后	1990年后	2000年后									
1978	1738	539																		
1979	1931	649.6										84	40.49							
1980	2247	727.24	534	86	448									88						
1981	2418	872.62	303	45	258							87	19.46	89						
1982			146	38	108									90	2	5	33	13	24	13
1983			177	59	118									75	2	7	16	13	24	13
1984			274	76	198									75	2	10	18	13	21	11
1985			306	73	233									69						
1986			306	66	240							259	70.16	66	4	10	15	9	18	10
1987							35													
1988			255	26	214	3	12					1 (TQ-16机)	111.37	73	6	10	15	14	16	12
1989																				
1990			1万元以上 210					856	2725	58		37	50.44							
	3639	1199.4						70	131	9										
1991	3719	1217.36																		
1992			306	25	267	3	11	41	189	76		177	41.87	53	8	8	8	8	13	8
1993												134	20.78							
1994			297	25	254	3	15	38	179	80		36	10.96	59	6	16	10	9	13	5
1995	3392	1212.7	387	15	334	3	35					36	18.96	55	5	15	10	9	13	3
1996	2630	1219.2	422	15	334	5	68	84	231	107		592	151.4							
												40(调出)	12.96	43	6	10	8	5	12	1
1997	2417	1202.8	394	10	349	1	35					63	44							

续表

年代	仪器设备		5千元以上仪器设备（台、套）									报废调出		机动车（辆）						
	总计（台、套）	原值（万元）	合计	0.5万～5万元		5万元以上		仪器年代				总计（台、套）	原值（万元）	合计	小轿车	大轿及旅行车	运输及载重车	特种工程车	吉普车	其它车
				地震专用	通用	地震专用	通用	1970年以前	1980年后	1990年后	2000年后									
1998		1060.7	390	10	347	1	32	19	160	221		73	36.42	27	5	9	3	3	6	1
1999		828.0	385	10	348	0	27	12	144	229				17	2	4	3	3	2	1
2000		1018.8	360	10	330		20	12	127	221				14	2	4	3	2	2	1
2001		1163.7	289	7	266		16	8	88	70	123			13	2	3	2	2	3	1
2002		1353.1	470	7	430		33		100	214	156			12	2	3	2	1	3	1
2003		1520.5	545	7	498		40		94	207	244			13	2	4	2	1	3	1
2004		1695.9	165	7	118		40		18	25	122			13	2	4	2	1	3	1
			20万元及以上			50万元及以上														
2005	1782	1634.0	9						1		8			14	2	4	2	1	3	2
2006	1736	1572.9	8								8			13	3	7	1	1		1
2007	1744	1756.4	8								8			15	6	6	1	1		1
2008	2049	2331.0	15								15			11	5	6				
2009	2069	4479.3		10							10			10	6	4				
2010	2694	6577.6	20				20				20			11	6	5				

1. 1975年在金川铜镍矿进行地应力测量
2. 1976年在隆尧尧山进行地应力测量

3. 1984年“RZB-1型电容式钻孔应变仪”在新疆乌什建设观测站
4. 1985年在香山1号洞检查断层测量仪工作情况
5. 不同应力场作用下断裂活动特征及形变场分布状态的模拟试验
6. 现场测试土层应力

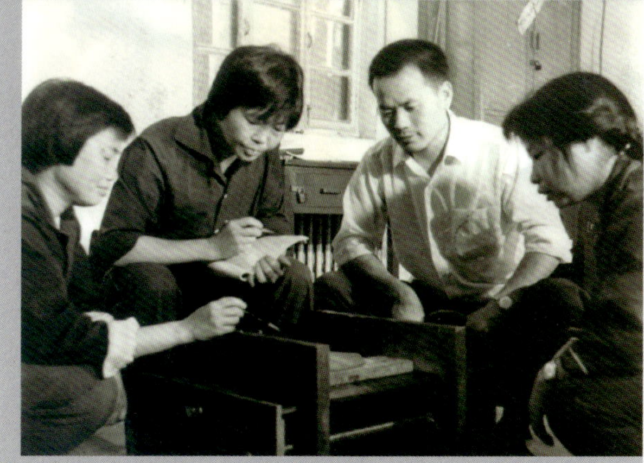

1. 1985年“RZB-1型电容式钻孔应变仪”验收鉴定
2. 体积式应变仪在北京香山台投入试验观测
3. 1987年小水峪跨断层测量建站
4. 专家组验收地应力测量仪
5. 1987年在湖南凤滩水电站断层上安装DSJ型断层活动测量仪
6. 地壳应力研究所主持召开全国钻孔应力—应变研讨会

1．1987年12月22日顾功叙、王仁参加体应变仪鉴定会议

2．岩石圈应力专业组成立会议

3．1990年全国钻孔应变学科会议代表

4． 1989年在大庆油田900米深井安装地层变形综合测量系统

5．野外考察断层滑动方向

1. 1997年香港流浮山断层野外考察
2. 小浪底滑坡现场考察
3. 三峡坝址地应力测量选点
4. 丁国瑜院士检查断层情况
5. 6. 仪器出厂前的烤机和调试

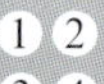

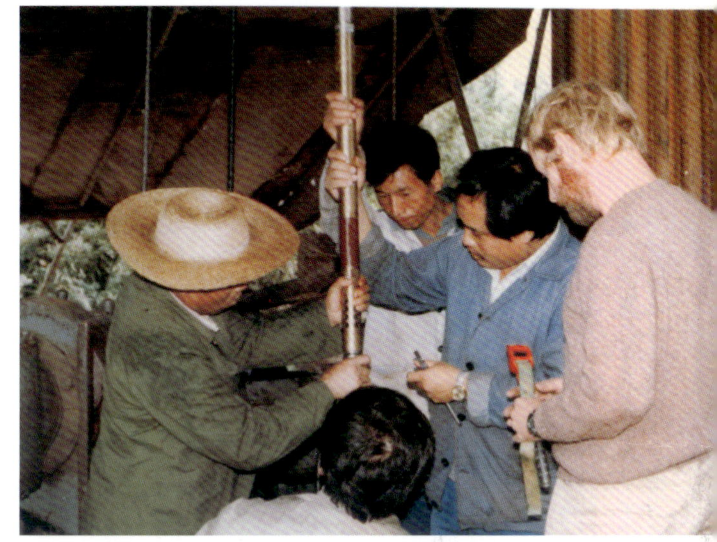

1. 内江—昆明铁路地震安全性评价实地调查
2. 处理分析全国地震台站观测数据
3. 1998年海南琼山地震遗址现场考察
4. 超声波钻孔电视现场实验
5. 系列化断层位移精密观测系统研制
6. 汶川地震后赶赴西昌台站落实震情

1 2
3 4
5 6

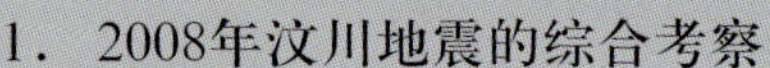

1. 2008年汶川地震的综合考察
2. 汶川地震灾害评估人员在灾区现场
3. 研究所震害调查飞机在青海玉树震区航拍
4. 三峡库区地质灾害监测及防治
5. 佛峪口探槽勘察罗云山断裂新活动
6. 地壳变形深井宽频带综合观测系统验收

1. 1982年向美国专家介绍地应力探头情况
2. 1982年4月萨克斯博士来华访问，交流正在研制的体应变仪
3. 1983年佐巴克博士在滇西试验场参加地应力测量
4. 1984年剑桥大学麦肯其教授访问温泉台站

5. 1986年日本京都大学田中丰教授来地壳应力研究所讲学和访问
6. 1986年美国地震专家萨克斯、艾弗森、林德和地壳应力研究所开展技术合作

1. 地壳应力研究所与日本电力中央研究所技术合作协议签字仪式
2. 1992年日本电力中央研究所负责人来研究所访问

①
②

3. 1994年日本东京大学伊藤高敏教授到研究所访问
4. 中日地应力综合测试合作项目房山试验基地工作现场
5. 1994年泰国拉不答空抽水蓄能电厂水压致裂应力测量现场

1 2
3 4
5 6

1. 博茨瓦纳国务部长和驻华大使参观地震前兆观测实验室和昌平台站
2. 1999年新加波蒙代工程工作现场
3. 2005年中德专家讨论三峡库区滑坡监测项目合作
4. 中荷专家研讨救援装备检测技术
5. 中英专家在西藏当雄地区开展地壳活动监测
6. 独联体地震专家参观研究所研制的断层形变观测仪器

1．中法学者在青海地区进行地震地质考察

2．美国学者来地壳应力研究所讲学

3.4．2010年美国海姆森、德国斯蒂芬森、日本伊藤高敏教授参观地壳应力研究所地震应力过程实验室和学术长廊

5．2010年12月组团赴美参加美国地球物理学会秋季年会

奖状

0013488

为表扬在我国科学技术工作中作出重大贡献者，特颁发此奖状，以资鼓励。

受　奖　者：国家地震局地震地质大队

完成的成果：1. 中国主要构造体系与震中分布图（1:400万）
2. 震前应力场的研究（实验室、分析室）
3. 京津及华北地区地震地质研究（一队、实验室）

合作完成的成果：1. 中国地震烈度区划的综合研究
2. 西南烈度区划的综合研究
3. 中国活动性构造和强震震中分布图（1/300万）
4. 地应力绝对测量系统和方法的研究（四队）
5.《地震地质》

全国科学大会

一九七八年

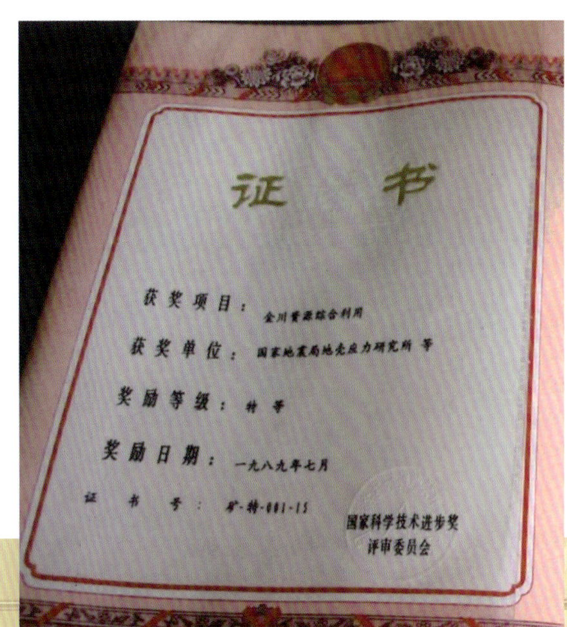

证　书

获奖项目：金川资源综合利用

获奖单位：国家地震局地壳应力研究所　等

奖励等级：特　等

奖励日期：一九八九年七月

证　书　号：矿-特-001-15

国家科学技术进步奖
评审委员会

证　书

获奖项目：国土卫片在京津唐地区国土资源与环境调查的应用研究

获奖单位：国家地震局地壳应力研究所　等

奖励等级：二　等

奖励日期：一九九零年十二月

证　书　号：矿-2-002-04

国家科学技术进步奖
评审委员会

国家科学技术进步奖

证　书

为表彰国家科学技术进步奖获得者，特颁发此证书。

项目名称：青藏铁路工程

奖励等级：特等

获 奖 者：陆　鸣

2008 年 12 月 3 日

证书号：2008-J-221-0-01-R87

科技进步奖
证书

为表彰在促进科学技术进步工作中做出重大贡献者，特颁发国家科技进步奖证书，以资鼓励。

获 奖 项 目：断层形变系列化观测仪器研制的推广应用（推广类）

获 奖 单 位：国家地震局地壳应力研究所

奖 励 等 级：二等奖

奖 励 时 间：一九九八年十二月

证 书 号：17-2-002-01

中华人民共和国
科学技术部部长 朱丽兰

证 书

获 奖 项 目：鄂尔多斯周围断陷盆地带现今活动性特征及其与大地震复发关系的研究

获 奖 单 位：国家地震局地壳应力研究所 等

奖 励 等 级：二 等

奖 励 日 期：一九九一年十一月

证 书 号：矿-2-007-02

国家科学技术进步奖
评审委员会

国家科学技术进步奖
证 书

为表彰国家科学技术进步奖获得者，特颁发此证书。

项目名称：中国地震动参数区划图编制

奖励等级：二 等

获 奖 者：中国地震局地壳应力研究所

2004年1月20日

证书号：2003-J-232-2-01-D05

为了表彰在科学技术现代化方面作出重大贡献的发明者，特颁发此证书，以资鼓励。

发明项目：CW—250型传感器围压率定机

发 明 者：地质力学研究所、辽宁省开源省机电修造厂；国家地震局地震地质大队：丁原辰、王连捷、孙林桂、李立球、李方全、任济民

奖励等级：三等

奖章号码：3023

中华人民共和国
国家科学技术委员会主任

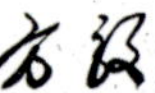

一九七九年九月

证 书

获奖项目：地质力学地应力测量技术及应用

获奖单位：国家地震局地壳应力研究所等

奖励等级：三 等

奖励日期：一九八七年七月

证 书 号：矿-3-008-02

国家科学技术进步奖
评审委员会

证 书

获奖项目：六枝矿务局综合防突措施的研究

获奖单位：国家地震局地壳应力研究所等

奖励等级：三 等

奖励日期：一九九一年十一月

证 书 号：矿-3-005-03

国家科学技术进步奖
评审委员会

证 书

获奖项目：长江三峡工程坝区及外围深部构造特征研究

获奖单位：国家地震局地壳应力研究所 等

奖励等级：三 等

奖励日期：一九九二年十一月

证 书 号：[illegible]

国家科学技术进步奖
评审委员会

证 书

获奖项目：阿尔金活动断裂带

获奖单位：国家地震局地壳应力研究所

奖励等级：三等奖

奖励日期：一九九五年十二月

证 书 号：04-3-020-03

国家科学技术委员会
年 月 日

奖 状

为表彰在促进地质科技进步工作中做出重要贡献，特颁发此奖状，以资鼓励。

获奖项目：国土卫片在京津唐地区国土资源与环境调查中的应用

获奖单位：国家地震局地壳应力研究所

奖励等级：科技一等奖

奖励日期：一九九一年三月二十日

证书号 [illegible]

中华人民共和国地质矿产部

成果编号：913304

科研成果 长江三峡工程坝区及外围深部构造特征研究 被评为国家地震局科学技术进步奖励 壹 等奖

完成单位：国家地震局地壳所、地震所、地球所、兰州地震研究所、江苏省地震局、湖北省地矿局航空物探队、山东省地震局、中科院武汉测量与地球物理所等

协作单位：

主要人员：陈学波 陈步云 张四维 王椿镛 邹宗濂 赵静娴 王石任 彭文涛 张碧秀 王恩福 李清河 蒋福珍 尹尊国 宋文荣 林中洋

国家地震局

一九九一年十月廿三日

成果编号：913601

科研成果 中国大地形变测量成果表 被评为国家地震局科学技术进步奖励 壹 等奖

完成单位：国家地震局第二形变监测中心、第一形变监测中心、地震研究所、地壳应力研究所、科技监测司

协作单位：

主要人员：何冉浩 龙果普 王启梁 杨文魁 肖庆达 王国治 章书庆 陈鑫连 韩廷会 俞俊元等

国家地震局

一九九一年十月廿三日

成果编号：922804

科研成果 长江三峡工程水库诱发地震问题的研究 被评为国家地震局科学技术进步奖励 一 等奖

完成单位：[illegible]

协作单位：

主要人员：胡毓良 胡平 [illegible] [illegible] [illegible] 李方全 [illegible] [illegible] 高士钧 [illegible] [illegible] 丁旭初 [illegible] [illegible] [illegible]

国家地震局

1992年11月4日

成果编号：942301

科技成果：阿尔金活动断裂带 被评为国家地震局科学技术进步奖励 壹 等奖

完成单位：
新疆地震局
国家地震局兰州地震所
国家地震局地壳应力所
青海省地震局
国家地震局地质所

主要人员：
戈澍谟 柏美祥 刘光勋 邢成起 郑剑东 叶廷青 胡军 郑福畹 何振巧 李玉龙 朱德瑜 尹光华 陈寨兵 吕德徽 曹秋生

国家地震局

一九九四年十月二十七日

成果编号：952803

科技成果：山西临汾地区地震区划与防震减灾规划 被评为国家地震局科学技术进步奖励 壹 等奖

完成单位：（共5个单位）
国家地震局地质研究所
山西省地震局
国家地震局地壳应力研究所
国家地震局工程力学研究所
国家地震局分析预报中心

主要人员：（共15人）
马宗晋 邓起东 刘国栋 刘光勋 赵新平
尹之潜 周克森 蒋溥 陈建英 傅征祥
马宝林 苗良田 杨广才 徐德诗 高振寰

国家地震局

1995年10月27日

成果编号：952802

科技成果：

中国东部地学大断面的编制和研究

被评为国家地震局科学技术进步奖励壹等奖

完成单位：（共9个单位）

国家地震局地质研究所　国家地震局地球物理勘探中心　国家地震局地球物理研究所　辽宁省地震局　云南省地震局　国家地震局地壳应力研究所　国家地震局兰州地震研究所　国家地震局分析预报中心　江苏省地震局

主要人员：（共15人）

马杏垣 孙武城 刘国栋 杨主恩 阚荣举 林中洋 卢造勋 刘昌铨 李裕澈 夏怀宽 徐　杰 蔡文伯 马宝林 孙　彤 陈学波

国家地震局

1995年10月27日

成果编号：9713301

科技成果：

断层形变系列化观测仪器研制

被评为国家地震局科学技术进步奖励壹等奖

完成单位：（共1个单位）

国家地震局地壳应力研究所

主要人员：（共12人）

勾　波 张鸿旭 陈　浩 陈篤天 张周术 阚学良 刘凤秋 孙启伟 李根远 赵雪海 罗光禄 董建业

国家地震局

1997年9月17日

获奖证书

为表彰2003年中国地震局防震减灾优秀成果奖的获奖单位，特颁发此证，以资鼓励。

成果编号：200312701

成果名称：大别山超高压变质带的地壳结构及其构造意义

获奖等级：壹等

主要完成单位：中国地震局地球物理所、中国地震局物探中心、中国地震局地震所、中国地震局地壳应力所

中国地震局

二〇〇三年十一月十二日

获奖证书

为表彰2004年中国地震局防震减灾优秀成果奖的获奖单位，特颁发此证，以资鼓励。

成果编号：200412701

成果名称：防震减灾法律制度的研究与建立—中华人民共和国防震减灾法起草

获奖等级：壹等

主要完成单位：中国地震局地球物理研究所、中国地震局震害防御司、防灾技术高等专科学校、中国地震局地震预测研究所、中国地震局地壳应力研究所、中国社会科学院法学所

中国地震局

二〇〇四年十一月五日

成果编号：200213301

项目名称：中国数字地震前兆观测技术系统的设计、研制和集成联调

奖励等级：壹等

主要完成单位：

中国地震局地壳应力研究所

颁发单位：中国地震局

颁发日期：二〇〇二年十月三十日

成果编号：200212701

项目名称：中国地震动参数区划图编制

奖励等级：壹等

主要完成单位：

中国地震局地球物理研究所、中国地震局地质研究所、中国地震局工程力学研究所、中国地震局分析预报中心、中国地震局地壳应力研究所

颁发单位：中国地震局

颁发日期：二〇〇二年十月三十日

获 奖 证 书

为表彰 2006 年中国地震局防震减灾优秀成果奖的获奖单位，特颁发此证，以资鼓励。

成果编号：200613301

成果名称：地震安全性评价法制管理研究与制度建设

获奖等级：壹等

主要完成单位：中国地震局地壳应力研究所、中国地震局震害防御司（法规司）、中国地震局地球物理研究所、国务院法制办公室农业资源环保法制司

中国地震局

二〇〇六年十一月二十日

证书

国家"八五"科技攻关重大科技成果

成果名称：地震和前兆数字化观测试验系统研制

完成单位：国家地震局地壳应力所

国家计委 国家科委 财政部

一九九六年十月

获 奖 证 书

为表彰 2008 年中国地震局防震减灾优秀成果奖的获奖单位，特颁发此证，以资鼓励。

成果编号：200813202

成果名称：土体动力特性试验及场地地震反应分析理论研究

获奖等级：壹等

主要完成单位：中国地震局工程力学研究所 南京工业大学 北京交通大学

中国地震局地球物理研究所 中国地震局地壳应力研究所

中国地震局

二〇〇八年十二月三十日

证书

中国标准创新贡献奖

为表彰中国标准创新贡献奖获得者，特颁发此证书。

标准项目名称：GB 18306—2001 中国地震动参数区划图

奖励等级：一等奖

获 奖 者：中国地震局地壳应力研究所

证书编号：2006-357-1-04-G-D04

二〇〇六年十月十二日　　二〇〇六年十月十二日

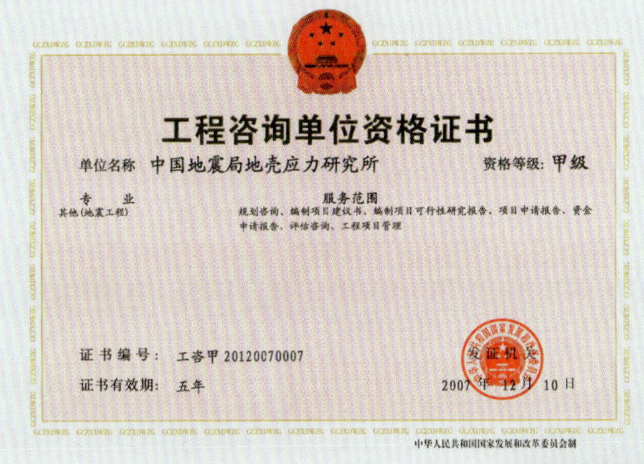

工程咨询单位资格证书

单位名称 中国地震局地壳应力研究所 资格等级：甲级

专 业	服务范围
其他(地震工程)	规划咨询、编制项目建议书、编制项目可行性研究报告、项目申请报告、资金申请报告、评估咨询、工程项目管理

证书编号：工咨甲 20120070007

证书有效期：五年

发证机关

2007 年 12 月 10 日

中华人民共和国国家发展和改革委员会制

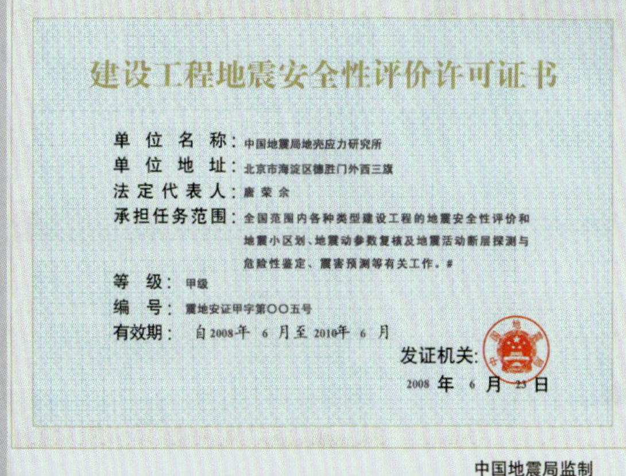

建设工程地震安全性评价许可证书

单位名称：中国地震局地壳应力研究所

单位地址：北京市海淀区德胜门外西三旗

法定代表人：唐荣余

承担任务范围：全国范围内各种类型建设工程的地震安全性评价和地震小区划、地震动参数复核及地震活动断层探测与危险性鉴定、震害预测等有关工作。#

等 级：甲级

编 号：震地安证甲字第〇〇五号

有效期：自2008年 6 月至 2010年 6 月

发证机关：

2008 年 6 月 23 日

中国地震局监制

资质认定

计量认证证书

证书编号：2004010320G

名称： 中国地震局地壳应力研究所工程测试研究中心

地址： 北京市海淀区西三旗安宁庄路1号

经审查，你机构已具备国家有关法律、行政法规规定的基本条件和能力，现予批准，可以向社会出具具有证明作用的数据和结果，特发此证。

检测能力见证书附表。

准许使用徽标

发证日期： 2006 年 12 月 19 日

有效期至： 2009 年 07 月 08 日

发证机关：

中国实验室国家认可委员会

认 可 证 书

（No. L2568）

兹证明：

中国地震局地壳应力研究所工程测试研究中心

北京市海淀区西三旗安宁庄路1号，100085

经评审符合 CNAL/AC01：2005《检测和校准实验室能力认可准则》（等同 ISO/IEC17025：2005《检测和校准实验室能力的通用要求》）的要求，予以认可。

获认可的技术能力范围见附件。

发证日期：2006-03-02

有效期至：2011-03-01

中国实验室国家认可委员会秘书长

（主任委员授权签字人）

（CNAL经国家认证认可监督管理委员会授权）

评 估 单 位

资质等级证书

中国地震局地壳应力研究所 经审查核定为甲级地质灾害危险性评估单位，特发此证书。

发 证 机 关 中华人民共和国国土资源部

证书编号：国土资地灾评资字第（ 20061101014 ）号

发证日期 2009 年 06 月 05 日

有效期至 2012 年 06 月 04 日

勘 查 单 位

资质等级证书

中国地震局地壳应力研究所 经审查核定为地质灾害防治工程甲级勘查单位，特发此证书。

发 证 机 关 中华人民共和国国土资源部

证书编号：国土资[ ]勘资字第( )号

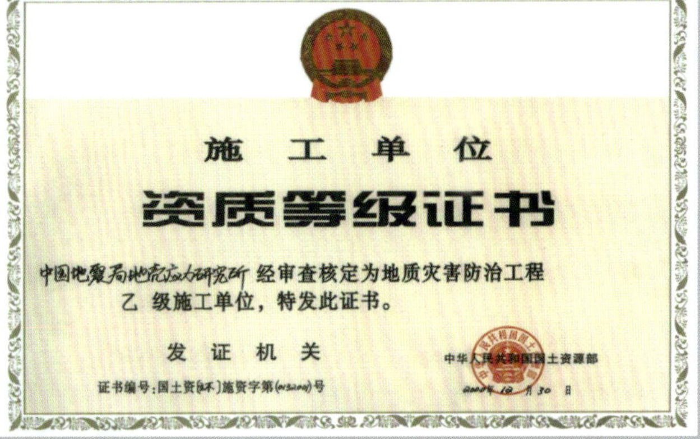

施 工 单 位

资质等级证书

中国地震局地壳应力研究所 经审查核定为地质灾害防治工程乙级施工单位，特发此证书。

发 证 机 关 中华人民共和国国土资源部

证书编号：国土资[ ]施资字第( )号

重点实验室建设

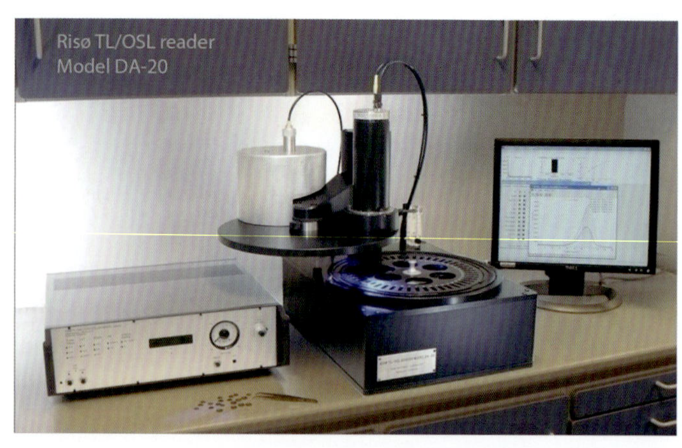

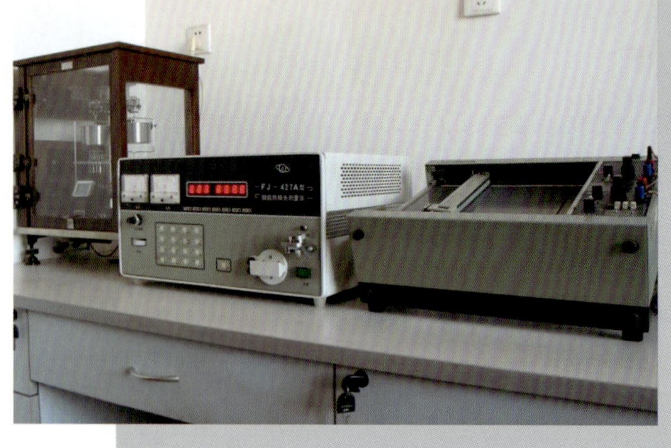

1 2
3 4
5 6

1. ^{14}C 测年实验室
2. 光释光测年实验室
3. 热释光测年实验室
4. 宇宙成因核素实验室
5. 沉积环境分析实验室
6. 岩石力学实验室

1. 地应力过程实验室
2.3.4. 地下流体实验室

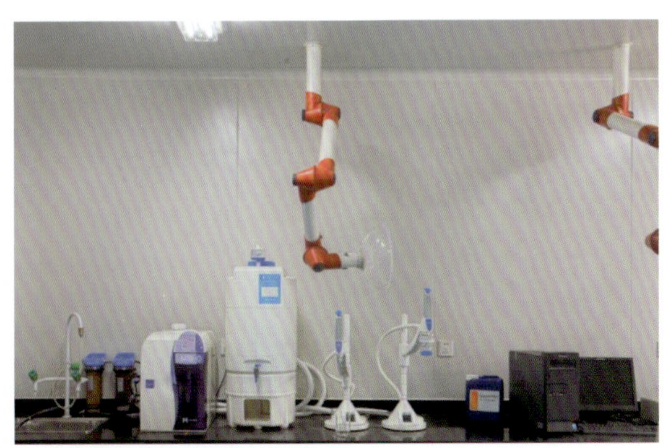

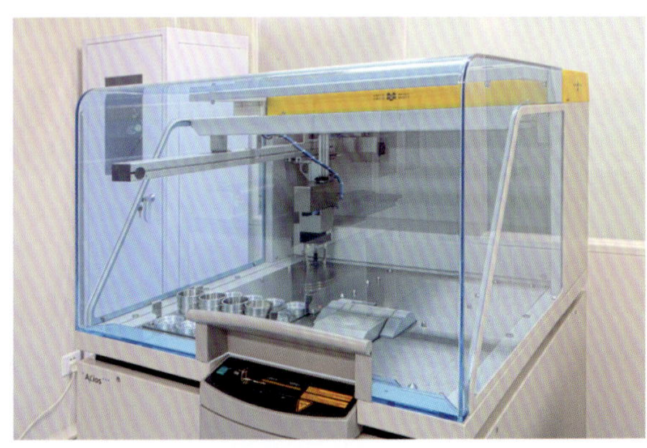

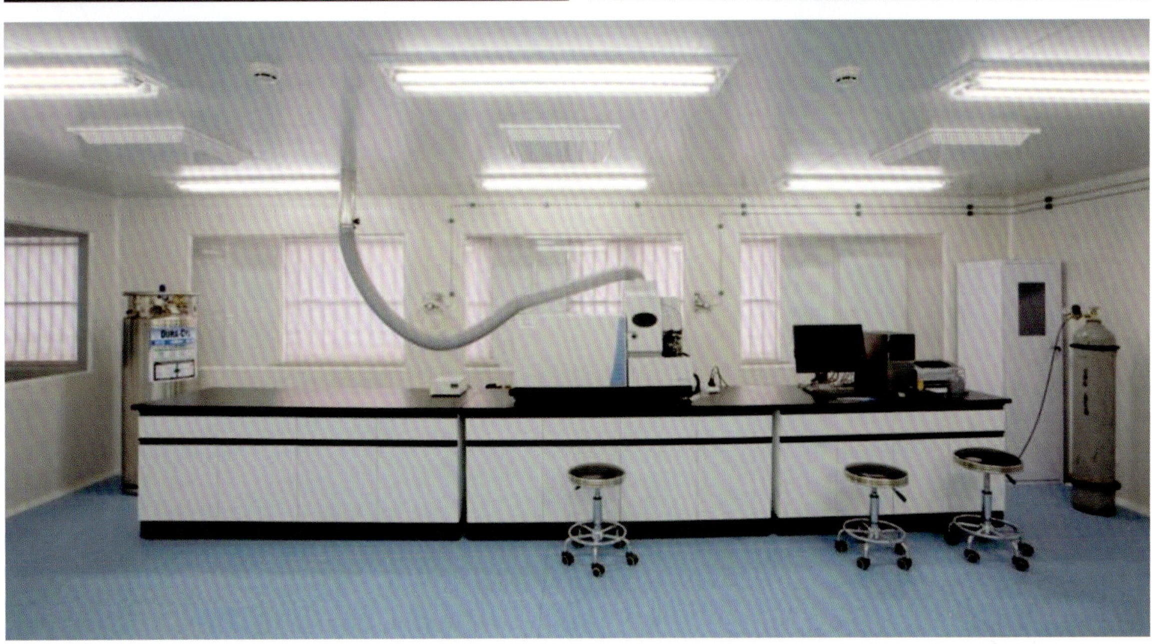

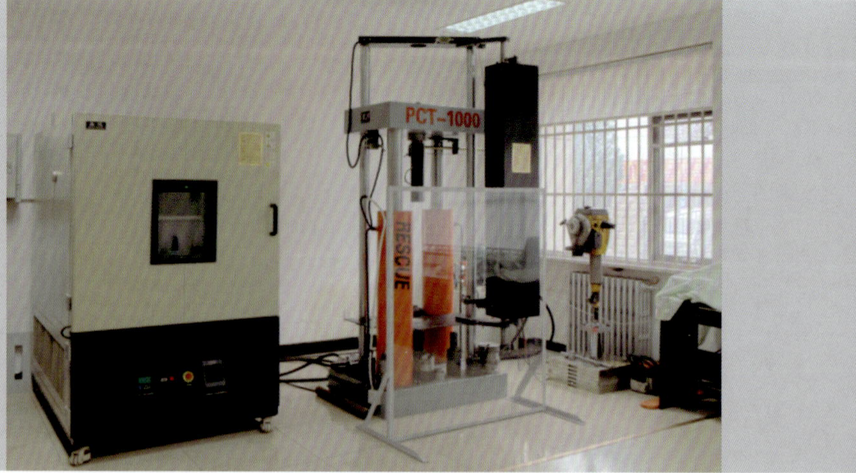

1. 遥感实验室
2. 信息网络中心

3.4. 地震前兆观测技术实验室

5.6. 地震救援实验室

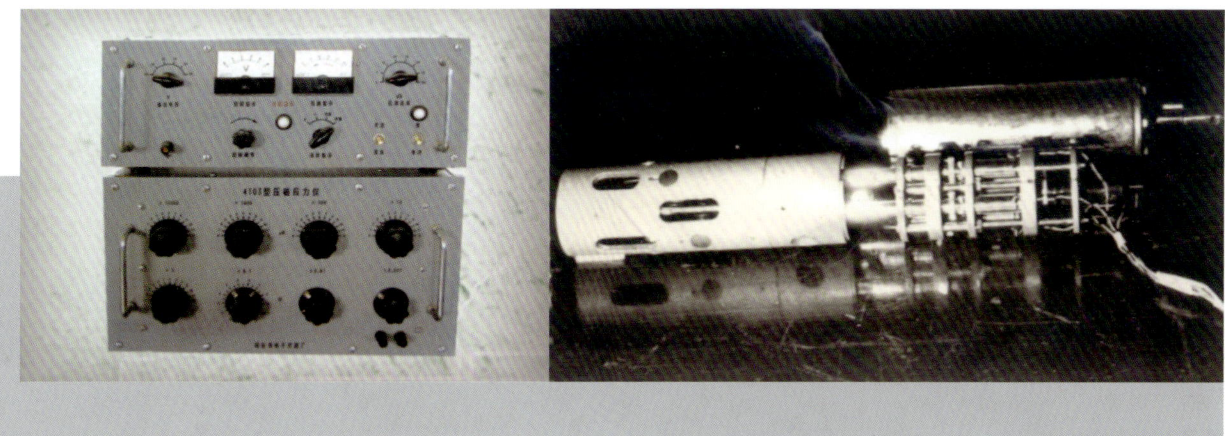

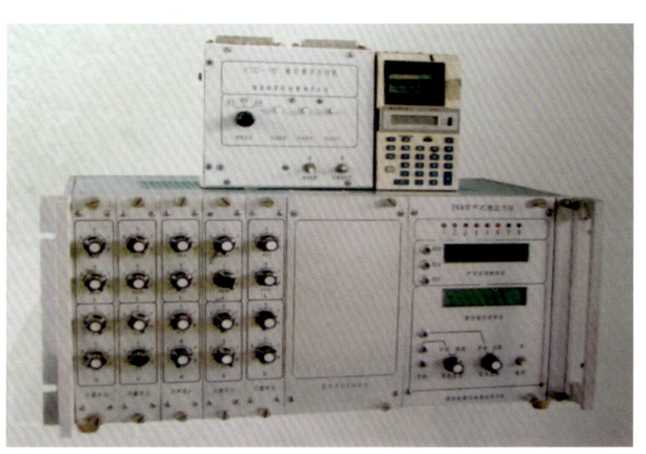

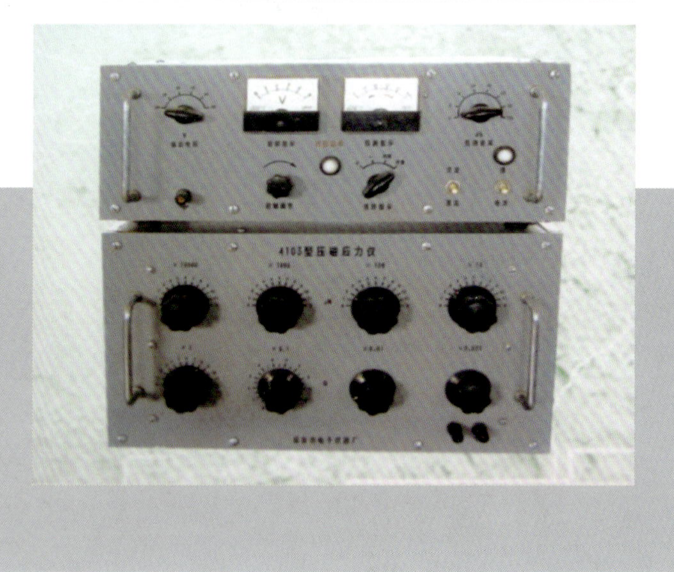

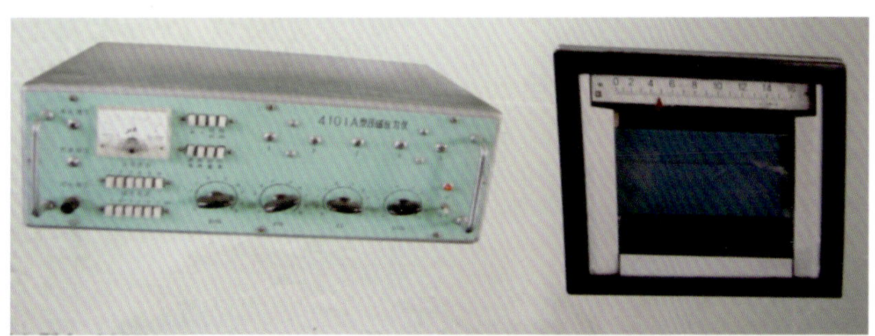

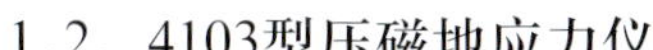

1.2. 4103型压磁地应力仪

3. 768型数字地应力仪主机

4. 4103型压磁钻孔应力仪主机

5. 4101型自动记录压磁应力仪主机

6. CY型数字压磁地应力仪

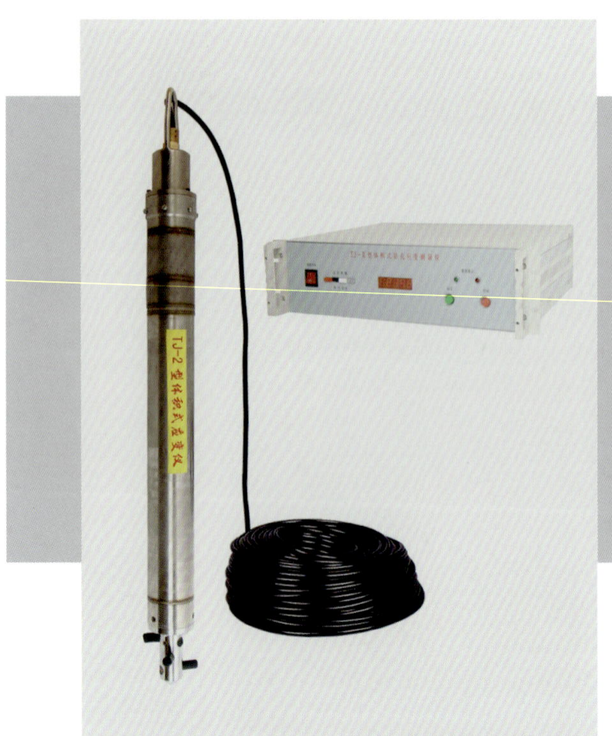

1. RZB-3型深井综合观测仪
2. 体应变传感器
3. DY-1型断层活动测量仪
4. 断层形变三维测量仪器系统
5. DRSW-1型地热水位仪

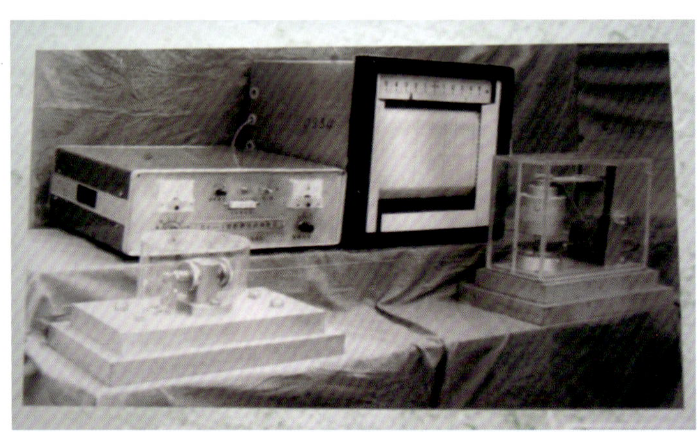

① ②
③ ④
⑤

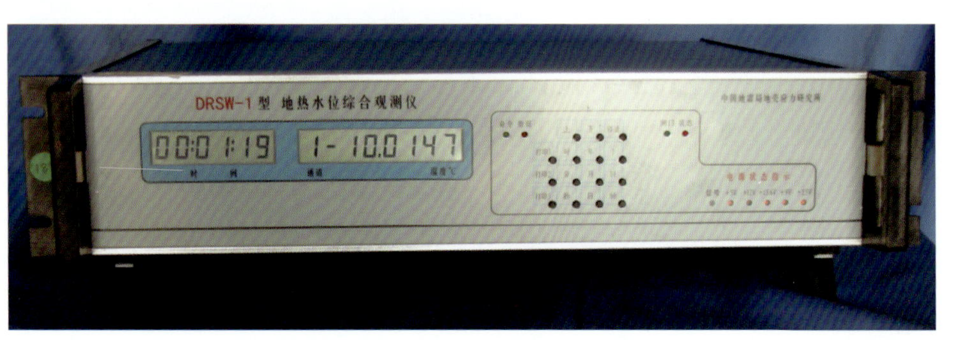

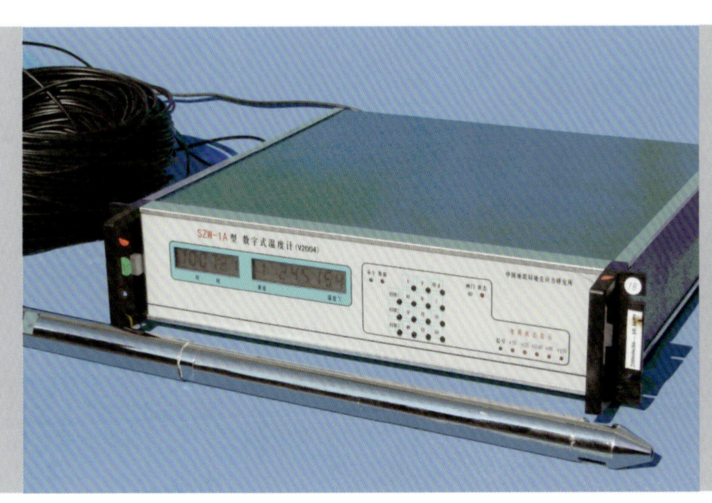

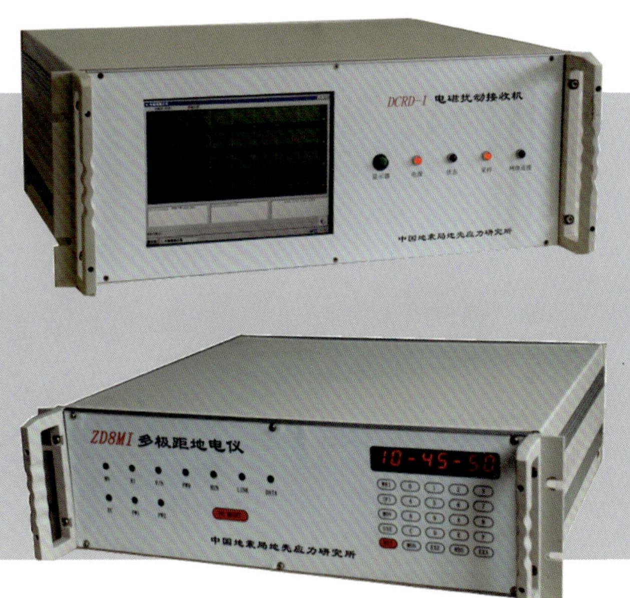

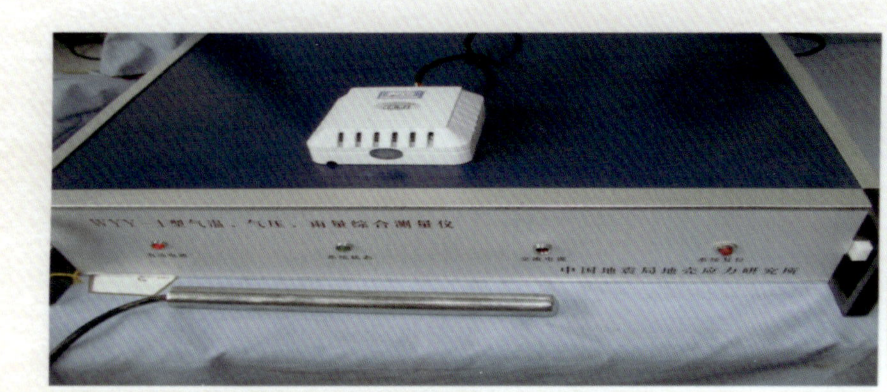

1. SZW-1A数字式温度计
2. DCRD-1电磁扰动观测仪
3. WYY-1型气温、气雨量综合观测仪
4. DSC-2型、2A型、2B型、3型地震前兆数据采集器
5. DQS系列 数字化地震前兆台站公用设备

① ②
③
④ ⑤

人才培养

1. 1983年地震地质大队组织文化补习班参加人员
2. 研究生教室
3. 研究生论文答辩
4. 2010年在四川龙门山地区开展研究生地质实习
5. 研究生毕业纪念

1. 1969年地震地质大队第一届职工运动会
2. 2007年6月研究所参加唱歌比赛
3. 2007年11月20日登山比赛人员合影
4. 拔河比赛
5. 参观抗日战争纪念馆

1. 2009年4月中国地震局修济刚副局长为老年大学西三旗分校揭牌
2. 2009年5月参加京区第三届老同志运动会

① ②

3. 2008年向汶川地震灾区捐献特殊党费
4. 老科协组织活动
5. 在老年大学学习新知识
6. 表演文艺节目

③ ④
⑤ ⑥

编 后 记

《中国地震局地壳应力研究所志》循着历史的轨迹，全面系统地记录了地壳应力研究所45年中地震工作者拼搏的足迹，对于读者回顾、了解研究所的发展历程，总结经验教训，继承优良传统，开拓振奋精神，推进研究所深入发展，应该说是一件很有意义的事。

自纪念地壳应力研究所成立40周年活动以来，许多职工和离退休老同志念及研究所的可持续发展，通过多种形式提出建议和设想，希望对研究所的历史进行疏理，服务当代，激励后人。此议引起领导重视，2009年初研究所在落实年度工作计划时，决定以编纂志书的方式以回应大家的期望。

2009年2月18日，所志办公室成立并开展工作。工作人员在学习、调研的基础上，制定工作规划，研究志书框架，设计志书纲目。在征询部分专家和老同志意见的基础上，对纲目进行了修改。同年10月29日，召开有研究所领导、专家、老同志参加的专题会议，对志书纲目进一步征求意见。之后，所志办公室又对纲目进行细化，以保证实际操作的科学和可行。

2010年3月至2011年7月，所志编纂工作全方位展开。按照编目框架，组织有关人员，大量查阅历史资料，广征博采，对志书内容进行全面的归并整理。期间，对志书草稿曾多次分别征求部分老专家、科技人员和管理人员的意见，对草稿进行研究、补充、调整、修改。2011年7月完成所志的送审稿（初稿）。

2011年7月12日所志编纂委员会成立。8月18日编委会会议对志书初稿进行了审议。之后，又通过分发征求意见稿、网上公布初稿以及召开座谈会等方式，广泛听取全所职工的意见。根据专家和职工的意见及建议，编辑人员进一步对志稿的内容查漏补缺，去伪存真。按照体例的要求，对部分章节的结构再次进行调整，力求做到分类合理，领属得当，层次分明，标准规范。

2011年10月，按照地壳应力研究所各学科和管理部门承担的工作内容，邀请50余位领导、专家对志书的复审稿分别地、有重点地进行审阅。其中，聘请谢富仁、杨树新、黄锡定、王树华、刘光勋、安欧、勾波、李方全、吴荣辉、韩文华、李俊红、陈亚策等同志对全书从体例到内容进行全面的审核。综合专家、领导提出的具体意见和建议，张卫东、祝景忠、王文清进一步对复审稿进行研究修正、推敲打磨，并完成了志书的未尽事宜，于2012年4月交由地震出版社编审、出版。

《中国地震局地壳应力研究所志》在形成过程中，始终得到全所职工的关注和支持，特别是许多离退休人员克服年事已高的困难，怀着极高的热情为编纂工作出谋划策，为撰写志稿尽心奋力，为提高志书质量耐心细心的工作。先后有百余人参与撰写和提供资料，仅查阅档案资料就达数千卷次，完成了百万字的编纂任务。几度寒暑，三易其稿，在《中国地震局地壳应力研究所志》付梓之际，编委会对所有为编纂工作提供关心、帮助、支持的单位和个人，表示诚挚的感谢！也正是由于所有参与人员辛勤的耕耘，保证了志书编纂的速度和质量；各职能部门、特别是文书档案、科技档案、人事档案等管理部门提供的便利和协助，使之获得了丰富翔实的史料和数据；研究所领导的关心和支持，解决了工作中的一些实际问题，以及各级领导的题词作序，为本志增光添色。

为所志提供图片资料的人员有（排名不分先后）：王树华、李方全、勾波、王勇、马荣坚、王文清、祝景忠、卞兆银、欧阳祖熙、黄锡定、苏恺之、王瑛、杨承先、何玉、张卫东、李俊红、谢新生、李文、王敏、吴刚、陈亚策、黄春雨、张世民、王凌云、李暐、安晓灵、张雪松、郑月君、李蕊、祝武、田家勇、张云柱、吴凡、李永、丁素欣、刘义、高桂兰、刘大朋、沈晓明等，宋茉、闻明、吴刚为图片的整理提供了热心的帮助，至此一并致谢。

《中国地震局地壳应力研究所志》是全面反映地壳应力研究所发展历程的资料性书籍，时间跨度45年，空间较大，涉及的专业、事件和人物较多，具体情节比较复杂。掩卷沉思，尽管我们力求史料翔实、持论公允、文体统一、文字简洁、图文并茂，但由于是首次修志，边干边学，经验不足，时间限制，加之受部分资料（特别是早期资料）所限，在史料的查阅、鉴别、核对过程中，客观上存有某些困难，因此，对于错讹疏漏之处，敬请广大读者谅解和指正。

《中国地震局地壳应力研究所志》编纂委员会

2012年4月